# 생명과학개론 제3판

## CONCEPTS of BIOLOGY 3rd Edition

Sylvia S. Mader 저
유 민 역

McGraw Hill
정문각 JMK

**Concepts of Biology, 3rd Edition**



2 3 4 5 6 7 8 9 10 JMK 20 22

Original: Concepts of Biology, 3rd Edition © 2014
By Sylvia Mader
ISBN 978-0-07-352553-2

This authorized Korean translation edition is published by JMK in arrangement with McGraw-Hill Education Korea, Ltd. This edition is authorized for sale in the Republic of Korea.

This book is exclusively distributed by JMK.

**When ordering this title, please use ISBN 979-11-6260-221-8**

**Printed in Korea**

# 저자 소개

**Sylvia S. Mader 박사**는 McGraw-Hill 출판사와 함께, 그동안 세계적으로 잘 알려진 생물학 저서들을 여러 권 저술하였다. Mader 박사는 Bryn Mawer College, Havard University, Tufts University 및 Nova Southeastern University 등에서 수학하였으며, 생물학과 교육학의 두 개 학위를 가지고 있다. Mader 박사는 수년 동안 University of Massachusetts, Lowell, Massachusetts Bay Community Collegy, Suffolk University, 그리고 Nathan Mathew Seminars 등지에서 교수로 재직하였다. 그녀는 특별히 자연과학을 어려워하는 학생들을 이해시키는 능력이 탁월하여 첫 번째 저서인 '생명의 탐구(*Inqury of Life*)'는 현재 14판까지 연속 출간되고 있다. 예리하면서도 흥미를 이끌어 내는 문장 스타일이 특징인 그녀의 저서들은 생물학 분야의 다른 저자들에게 모델 케이스가 되어 오고 있다.

책을 저술할 일정으로 인해 언제나 바쁘지만, Mader 박사는 그래도 틈틈이 짬을 내어 요즘도 여러 생태계를 방문하고 조사 · 연구할 정도로 열정적이다. 그녀는 플로리다의 Everglades와 카리브해의 산호초를 수차례 방문하였고, 여러 학술 그룹들에게 자신의 연구 결과물들을 제공하였다. 또한 알래스카의 툰드라(tundra) 지대, 캐나다 로키 산맥의 타이가(taiga) 지대(북반구 냉대 수림지역), 애리조나의 소노란 사막지대(Sonoran Desert), 남아메리카의 열대우림지대 및 호주 등지를 탐방 조사하였다. 생물학 교사 모임과 함께 갈라파고스 섬을 탐방할 때는 다윈의 발자취를 따라 걸으면서 흥분과 감회에 젖기도 하였다. Mader 박사는 생물학 교사 모임의 회원으로서 중국을 방문하여 관계자들과 함께 최신 생물학 교육에 관한 여러 가지 의견을 교환하기도 하였다.

*사랑하는 나의 자녀들을 위하여*

Sylvia Mader

# 저자 머리말

생명과학개론(Concepts of Biology)은 학생들이 자신과 주변 환경에 대해 지속적인 열정과 흥미를 갖고, 적극적으로 참여하게 하는 전통적 접근 방식을 적용하고 있다. 이 책은 화학적 논의에서 출발한 주제를 점차 생명권으로 확대하면서 여러 가지 유추와 흥미로운 삽화들을 풍부하게 도입하여 활용하고 있다.

이 책의 개념 접근은 그 구성에서부터 명백하게 드러난다. 이 책은 생물학의 5개 학설에 준하여 구성되어 있다. 이들은 세포학설, 유전자설, 항상성설(동적평형성설), 생태계설 그리고 진화설 등이다. 이번 판에서는 여러 진화적 주제들을 설명하기 위해 진화적 논리를 적절하게 이용하고 있다. 가령, '자연도태'라는 개념을 들어 박테리아들 사이에 어떻게 공통적인 항생제 내성이 유지되어 왔는지, 그리고 Hox와 같은 발생유전자가 왜 세균, 식물, 사람처럼 속성이 매우 다른 생물체 사이에서 공통으로 발견되는지를 가능한 한 쉽게 설명하고 있다. 이러한 논리와 연구는 오늘날 분자생물학 분야에서부터 생태 복원 분야에 이르기까지 수많은 연구자들이 도움을 얻고 있는 부분이다. 이러한 흐름을 지속시키고자 본 저서에서는 장별로 서론과 적용의 관점에서 진화론적인 설명을 강화시켰다.

개정된 서론에서는 제목을 '생명을 응시하며(Looking at Life)'라고 붙여 보았다. 여기에 인용된 여러 토픽들은 생물학이 사람을 포함한 유기체들의 생명과 어떤 관련이 있는지를 설명해 준다. 이 책의 많은 적용 사례들에는 그 주요 주제들, 즉 진화, 연관성 그리고 과학적 과정 등이 반영되어 있다. 이 책의 다른 부분들도 서론과 적용 사례들을 통해 생명체에 대한 개념적 이해를 고취시켜 주고 있다.

# 역자 머리말

생명과학은 자연과학 중에서도 가장 근본이 되는 학문입니다. 생명과학은 생명의 기원을 추적함으로써 삶의 원리와 유래를 밝히려는 창조적인 학문인 동시에, "영원히 늙지 않고 병들지 않는 건강한 삶"이라는 숙원을 해결하기 위한 실질적인 학문입니다.

예전에는 생명과학이 순수한 학문적 차원에 머물러 있었습니다. 그러나 이제는 생명과학의 많은 이론들이 실생활에 응용되고 있고, 그 사례들도 주변에서 쉽게 찾아볼 수 있습니다. 친자 확인을 위해, 또는 범죄용의자를 확인하기 위해 활용되고 있는 DNA 검사도 이 시대를 살고 있는 우리들에게 더 이상 낯설지 않은 용어입니다. 양과 소를 복제해 낸 기술이라든지, 암의 정확한 진단과 새로운 치료법 개발 등은 생명과학이 최근에 개가를 올린 대표적인 사례들입니다.

생명과학이 궁극적으로 추구하는 것은 "인류의 건강한 미래"입니다. 생명과학은 그만큼 활력이 넘치는 학문이고, 인류가 추구하는 모든 삶의 조건들을 향상시키고자 노력하는 종합 학문입니다.

"한눈에 보는 생명과학개론"은 세부적인 지식들을 단순히 전달하여 여러분이 많이 외우기만을 요구하지 않습니다. 특별히 본 역서에서는 쉽게 쓰인 문장 구조와 논리 전개를 통해 생물학, 미생물학, 의학, 간호학, 보건학은 물론 법학, 인문과학에 이르기까지 모든 학문 분야의 학생들이 생물의 '구조'와 '기능'을 빠르게 익히도록 필수적인 내용들만 엄선하여 수록하였습니다. 생명과학은 우리가 살아가는 모습을 그저 있는 그대로 보고 논의하는 "이해(understanding)"의 학문입니다. 본 교재를 통해 생명현상의 신비함을 하나씩 이해해 나가면서, 자연스럽게 전체적인 논리에 빠져 들어가도록 노력하시기 바랍니다.

2022. 1.

역자 **유 민**

# 차 례

# 제 1 장

# 생물학, 생명의 연구

### 본 장의 개요



## 불개미들은 그들의 삶을 지켜 간다

불개미는 보통 넓은 초목 지역에 서식을 한다. 땅 속에 지하터널을 만들고 그 터널에서 파내온 흙으로 둔덕(봉분)을 쌓아 아래에 있는 집을 외부로부터 보호해낸다. 불개미들이 먹을거리를 찾아 이동할 때에는 이렇게 만들어진 지하터널을 이용하기 때문에 비교적 안전하게 움직여 다닐 수 있다. 여왕개미와 많은 일개미들은 보통 둔덕 내의 방이나 둔덕 바로 밑에 위치한 작은 공간에 서식한다. 여왕개미는 군집의 다른 구성체들보다 몸집이 훨씬 큰데, 오직 한 가지 목적, 즉 수천 개의 작은 백색 알들을 만들어내는 목적만을 위해 존재한다. 일단 알을 낳게 되면 시간이 지나면서 점차 구더기 같은 애벌레로 성장하는데 몸은 크림색을 띠게 된다. 이들 애벌레를 보살피고 키우는 것은 일개미들의 역할이다. 일개미들은 애벌레를 위해 주변을 청결하게 청소해주고 음식 또한 공급해준다. 애벌레는 크면서 점차 딱딱한 외피로 덮히게 되어 번데기로 성장한다. 번데기는 겉보기에 아무 변화가 없는 것 같지만 실제로 그 속에서 놀라운 생물학적 변신이 일어나 결국 성충이 되어 밖으로 빠져나온다. 이렇게 자란 개미들은 대부분 일개미이다. 그러나 그중 몇 마리는 봄에 '교미용' 날개를 달고 태어나기 때문에 생식능력을 갖춘 암컷과 수컷이 된다. 이들 교미를 위한 개미들은 군집을 위해서는 아무런 하는 일 없이 그냥 콜로니(군집체) 속에 머물고 있다가 알맞은 기후조건이 되면 공중으로 날아 올라 교미를 한다. 그리고 몇 마리 수정된 암컷들은 여러가지 외부 위험 속에서 간신히 생존하여 또 다른 군집(콜로니)을 만들기 시작한다.

군집 내의 모든 개미들은 계보로 볼 때 동일한 모체, 즉 알을 낳은 여왕개미 아래에 있다. 일개미들은 모두 생식학적으로 불임이며 근친(자매) 관계의 개미들이다. 이러한 근친 관계 때문에 우리는 한 군집의 구성체들을 통틀어서 초개체(superorganism)라고 부르기도 한다. 즉 한 군집내에서 여왕개미는 생식계로, 일개미는 소화 및 비뇨기계로 기능을 하며, 그외 모든 시스템들 이 모여 통합적으로 초개체를 유지하는 것이다. 그러면 무엇이 초개체 구성원 간의 협력을 조성시키는 것일까? 해답은 화학물질인 페로몬에 있다. 페르몬이 외부로 분비되어 이러한 통합적 행동 및 번식 본능에까지 영향을 주기 때문이다. 불개미 역시 여타의 다른 개미들처럼, 몇 가지 상이한 종류의 페로몬을 만드는데 이를 통해 주변으로 필요한 메시지를 날려 보낸다. 메시지는 아마도 '여기 먹을 것이 있다'라든가 '위험하니 빨리 피하라'는 단순한 것일 수도 있고, 여왕이 일개미들을 자신에게 모여들도록 부르는 신호일 수도 있다.

그렇다면 일개미들이 그렇게까지 수고하면서 다른 불임 암컷들을 보호하고 양육하는 이유는 무엇일까? 즉 자신의 안전조차 도외시 한 채 오직 자기가 속한 군집을 보존하기 위해 자신의 삶을 통째로 헌신하는 것은 생물학적으로 무슨 이유가 있기 때문일까? 그 이유는 바로 이것이다. 집단을 대표하는 몇 마리 암컷에게 생식력을 부여하여 그 군집의 공동 유전자를 다음 세대, 그리고 또 다른 장소로 가능한 많이 전파하려는 본능 때문이다. 이렇게 생물체가 자기 유전자를 자꾸 주변으로 전파하려는 본능은 척박한 환경 속에서 자신이 속한 군집을 보존하고 생존하기 위해 필수적이면서도 매우 진화된 사회 시스템인 것이다.

이번 장에서 우리들은 우선 생명에 대한 과학적 이해를 관찰과 실험을 통해 배우게 될 것이다. 그런 다음 이 책을 구성하고 있는 5개 학설들에 관해 조사하고 특별히 진화론을 상세히 검토할 것이다.

불개미 둔덕

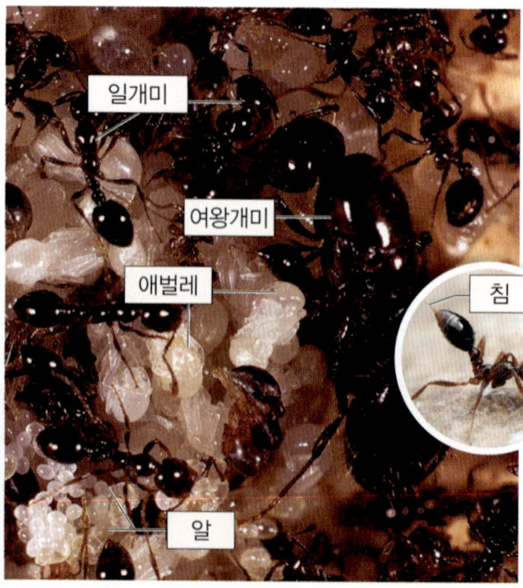



불개미 군집(*Solenopsis invicta*)

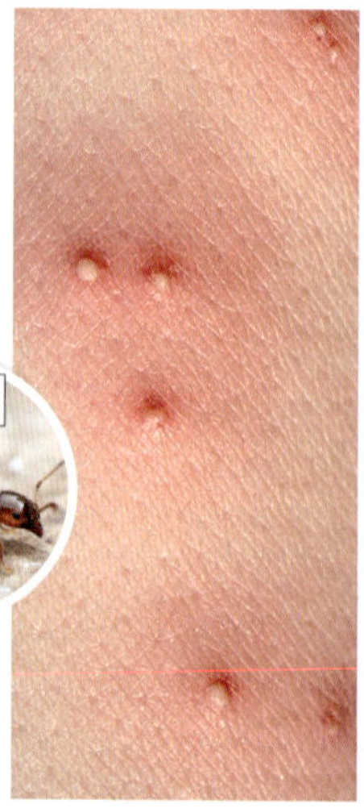

불개미들로 인한 농포들

## 과학의 과정

생물학은 '생명현상에 관한 과학적 연구'이므로 먼저 과학의 일반적 의미를 고려하는 것이 적절하다. 과학은 자연계에 대한 의미를 파악하는 여러 방법 중 하나이다. 즉 종교, 미학, 윤리학 등도 모두 자연계의 질서를 고찰하는 방법들이지만 과학은 검증이 가능하다는 점에서 이런 여타 학문들과 차이가 있다. 과학은 또한 현대 사회가 필요로 하는 테크닉들을 더욱 발전시켜서 이동, 통신, 농업, 의학, 건축 등 다양한 분야의 문제점들을 해결하고 삶의 질을 향상시켜주는 중요한 기술적 책임을 떠맡고 있다.

### 1.1 과학자들은 자기가 선호하는 방법을 사용한다

#### 학습 성과들

본 절을 공부하고 나면 다음에 대한 이해와 능력이 향상될 것이다.

1. 과학적 방법 4개 과정에 대해 설명하기
2. 생물학에 대한 6개 학설을 분석하는 능력에 대해 이해하기

과학자들마다 연구 분야와 주제가 매우 다양함에도 불구하고(그림 1.1A), 연구 방법에는 보편적으로 4가지 단계가 있다. (1) 먼저 관찰하고, (2) 가설을 체계화하며, (3) 실험하고 관측한 다음 최종적으로 (4) 결론에 이르는 것이다(그림 1.1B).

**관찰** 과학적인 방법은 **'관찰'**에서 시작된다. 맛있는 저녁식사가 준비되었다는 것은 코를 통해 냄새로 알 수 있고, 표면이 매끄러운지 차가운지는 피부로 감촉하며, 귀로 음의 높낮이를 듣고 피아노 조율의 필요성을 감지해낼 수가 있다. 때로 과학자들은 기구를 사용하여 이러한 관찰 능력을 확대시킬 수도 있다. 예를 들어 현미경은 육안으로 볼 수 없는 미세한 물질을 관찰할 수 있도록 도와준다.

농경지의 생물학자 / 실험실의 생화학자 / 인공산호초를 살펴보는 생태학자

**그림 1.1A** 생물학자들을 다양한 상황과 조건에서 연구를 수행해나간다.

**가설의 체계화** 어떤 현상에 대해 관찰하고 지식을 모은 다음 과학자는 귀납적 추리를 하게 된다. '**귀납적 추리**'란 분리되어 있는 독립적 사실들을 하나의 연관된 전체로 결합시키는 창조적 사고를 말하는 것이다. 작은 기회 하나가 과학자를 획기적인 아이디어에 도달하게 할 수 있다. 대표적인 경우가 항생제 페니실린의 발견이다. 페니실린은 1928년에 Alexander Fleming에 의해 발견되었는데 세균 배양접시에 우연히 곰팡이가 오염되었고 그 곰팡이 주변에는 세균이 전혀 자라지 못하는 것을 관찰하면서 곰팡이가 분비하는 페니실린의 존재를 확인한 것이다. 당시 Fleming은 세균 감염으로 걸리는 질병을 치료할 물질을 찾고 있었는데, 이처럼 우연한 기회에 곰팡이가 분비하는 유용한 항생물질의 존재를 발견한 것이다. Fleming은 곰팡이의 이 같은 항균 효과를 극적으로 발견하였을 때 분명 곰팡이가 어떤 항균물질을 분비하고 있을 거라고 추론하였는데 결국 이 물질이 순수하게 정제되었고 페니실린이라는 이름까지 붙여지게 되었다. 이처럼 자연적 현상에 대해 추론 가능한 설명을 붙이는 것을 '**가설**'이라고 한다. 그리고 가설은 현존하는 지식에 기반을 두고 있으므로, 단순한 추측보다는 훨씬 많은 정보들에 기초하여 만들어진다. 물론 Fleming의 가설도 위에 기술한 것보다 실제로는 훨씬 더 많은 관찰들의 결과로 뒷받침된 것이다. 만약 처음에 세운 가설이 증명되지 못할 경우에는 수정되거나 추가 연구를 필요로 하게 된다.

**실험과 관찰의 시행** 과학자들은 일련의 과정을 거쳐 가설을 테 스트하고 연구를 수행한다. 이렇게 과학자가 **실험**을 수행하는 방식을 디자인(설계)이라고 부른다. 좋은 실험 설계는 과학자들이 테스트하고 싶은 것을 정확하게 시험하고 그 결과의 의미가 명확하도록 만들어준다. 한 실험이 실험실에서 행해질 때 모든 조건들은 '**실험적 변수**'만을 제외하고는 항상 일정하게 유지될 수 있어야 한다. 여기서 실험 변수란 의도적으로 변화를 줄 수 있는 요소들을 말한다. 변수를 바꾸어가며 그 변수의 영향을 조사하는 그룹을 '**테스트 그룹(실험군)**'이라 하고, 이와 달리 아무런 변수를 주지 않은, 즉 기준이 되는 그룹을 '**대조군**'이라 한다. 만약 대조군의 실험 결과와 테스트 그룹의 실험결과가 동일하게 나온다면 주어진 변수가 실험에 미친 영향은 없는 것으로 간주할 수 있다.

과학자들은 자주 어떤 '**모델**'을 사용하는데, 이것은 연구를 위한 실험 대상물(object)을 나타내는 것이다. 예를 들어 인간 활동이 기후에 어떻게 영향을 미치는가를 알기 위하여 소프트웨어를 사용할 때, 또는 신약을 테스트하고자 인간 대신 생쥐를 사용할 때, 우리는 이들을 실험 모델이라고 부른다. 물론 정확히 하기 위해서는 신약이 생쥐 모델에서 효과가 있었다 해도 인간에 있어서의 효과는 다시 테스트해야 한다. 이런 문제는 인간이 직접 대상이 되기 전에는 아무리 반복해도 되풀이되기 때문에 '정말 모델을 이용한 테스트가 연구에 꼭 필요한가'라는 의문을 항상 남기고 있다.

실험이나 관찰의 결과물들은 '**데이터**'라는 이름으로 참고하게 된다. 수학적 데이터는 자주 그래프나 표로 나타낸다. 때로는 통계자료에 의존해서 연구를 진행하기도 한다. 가령 한 연구자가 식용 양파의 여성 골다공증 예방효과 유무를 알아본다고 치자. 그 과학자는 여성들의 양파 식습관에 대한 설문 조사를 행하여 그 결과 자료들이 여성들 뼈의 상태와 상호연관성이 있는지를 알아보려 할 것이다. 그러나 만일 이 연구에 대해 비평을 가하려는 과학자들이 있다면 그들은 다음과 같은 사항을 추가로 알아보고 싶어 할 것이다: 즉 얼마나 많은 여성들을 조사하였는가? 여성들의 연령은 어느 정도였는가? 그들의 운동습관들은 무엇이었는가? 그들 뼈의 상태를 정하는 기준은 무엇이었는가? 그리고 데이터의 오류 가능성은 얼마나 있는가? 등의 질문이다. 심지어 과학자들은 양파 속에 들어 있는 뼈에 영향을 주는 생화학적 또는 생리학적 성분이 무엇인지 정확하게 알고 싶어 할 것이다. 결국에는 상호연관성이 있어도 반드시 인과관계가 형성된다고 말할 수 없을 경우도 있다는 것이다. 양파를 먹는 여성들은 그렇지 않은 여성들보다 채소 섭취량이 많기 때문에 대체적으로 건강한 다이어트를 한다고 볼 수는 있을 것이다. 그러나 이런 식으로 과학자들은 끝없이 질문을 던지며 서로에게 압력을 가하는 일종의 회의론자들이다.

**결론에의 도달** 과학자들은 주어진 가설이 타당한지 아닌지에 대한 **결론**에 도달하고자 데이터를 분석해야만 한다. 그리고 그 데이터는 주어진 가설에 한해 뒷받침해 줄 수 있지만 궁극적인 진실을 '증명'할 수는 없음을 인정해야 한다. 왜냐하면 실험과 관찰의 결론이란 항상 또 다른 실험 및 수정의 대상이기 때문이다. 때로는 주어진 가설의 허위성이 입증될 수도 있다. 왜냐하면 과학은 발전하는 것이므로, 한 실험의 결론이 그림 1.1B에 나타낸 것처

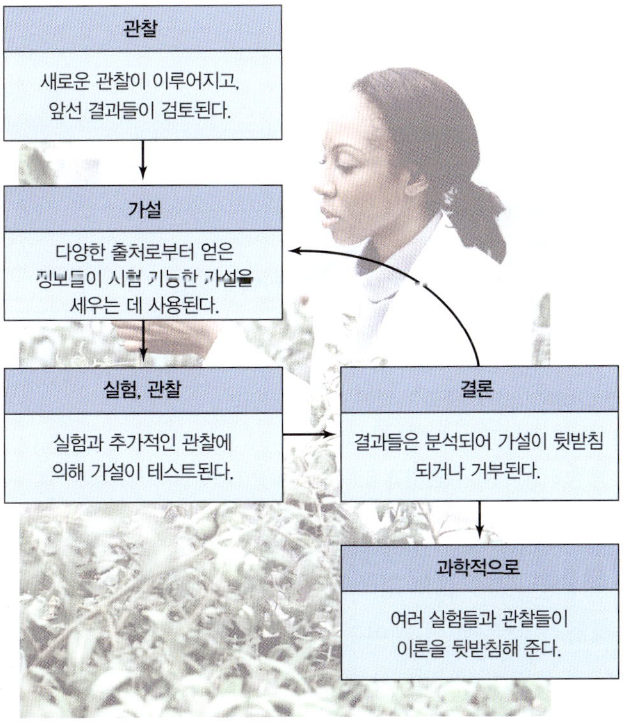


**그림 1.1B** 과학적 방법에 관한 흐름도. 관찰의 기본에 관해서는 과학자는 상세 계획을 세우고 가설을 테스트한다. 데이터는 가설을 뒤받침하게 되거나 그렇지 않게 된다. 역으로 표시된 화살은 한 과학자가 많은 관련된 가설을 테스트하였음을 뜻한다. 과학적 학설은 다수의, 다양한 연구들의 지지를 받는다.

| 학설 | 개념 |
|---|---|
| 세포설 | 모든 생물체는 세포로 구성되어 있으며, 새로운 세포들은 기존의 세포들에서 발생된다. |
| 유전자설 | 모든 생물체는 그들의 형태, 기능과 행동을 지시하는 부호화(암호화)된 정보를 포함하고 있다. |
| 항상성설 | 모든 생물체는 자기 생명을 보호하는 범위 내에서 비교적 변함 없이(항구적) 있도록 하는 내적 환경을 갖고 있다. |
| 생태계설 | 모든 생물체는 서로 간에, 그리고 하나의 국지적 지역 내의 물리적 환경에서 상호작용하는 집단들의 구성체들이다. |
| 진화설 | 모든 생물체는 동일 조상을 갖고 있으나, 각 생명체들은 독특한 삶의 방식에 적응하고 있다. |

럼, 새로운 가설이 될 수 있기 때문이다. 다른 말로 하자면, 실험 결과가 주어진 가설을 뒷받침하지 못할 때 과학자는 당연히 다른 가설을 만들고 그것을 새로이 테스트하게 마련이다. 과학자들은 자기의 연구 결과를 학술지에 발표하여 다른 과학자들이 그 연구방법과 데이터를 활용할 수 있도록 제공하기 마련이다. 실험과 관찰들은 '**반복이 가능**'해야 한다. 다시 말하면 결과를 보고한 과학자와 그 실험을 되풀이 실시한 과학자의 결과치가 서로 일치해야 한다는 것이다. 만일 그렇지 않으면 그 데이터는 당연히 의심스러운 것이 된다. 우리는 뒤에서 이에 대해 다시 논하고 지금은 한 가지 과학적 실험에만 집중하기로 한다.

**과학적 이론** 과학의 궁극적 목표는 자연계를 **과학적 이론**으로 이해하는 것이며, 이는 자연계가 어떻게 작동하는지에 대한 설명 (개념)이라 할 수 있다. 수많은 관찰과 실험의 결과가 과학적 이론 을 뒷받침해 준다. 본 교재는 아래의 생물학 5개 기본 이론들에 따라 구성되어 있다.

▶ **1.1 진도 체크**

1. 과학적 방법의 각 단계별 목적을 확인하라.
2. 5가지 학설이 각각 생물체의 기능과 어떻게 연관되는지를 비교하라.

## 1.2 많은 실험들은 실험군과 대조군으로 되어 있다

### 학습 성과들

본 절을 공부하고 나면 다음에 대한 이해와 능력이 향상될 것이다.

1. 과학적 실험을 분석하고 실험군과 대조군 확인하기
2. 과학은 현재도 진행 중이고, 계속 발전하고 있음에 대해 인식하기

이제는 여러분이 과학적 방법 속의 일반적 단계들과 친숙해졌다. 그러면 이들 단계를 다음과 같이 실제 연구에 적용해보자. 합성 질소 비료는 환경에 유해하기 때문에(이 페이지의 유기농 설명 참조) 가능한 피하는 게 좋다는 것이 일반적 견해이다. 따라서 연구자들은 인공비료를 사용하는 대신 겨울 밀(소맥)과 나무콩을 돌려심기 함으로써 밀의 수확량을 증대시킬 수 있는지 연구하기로 결정하였다. 나

무콩은 **협과**(두과)에 속하는데 뿌리에 마디가 있고, 여기에 박테리아가 서식하면서 대기 중 질소를 전환시켜 천연 비료로 이용할 수 있도록 만들어준다. 과학자들이 세운 가설은 다음과 같다.

**가설** 겨울 밀과 나무콩의 돌려심기는 밀 생산량을 증가시킬 것이다. 즉 합성질소비료 처리보다 효과적일 것이다.

이 연구에는 실험군과 대조군이 분명하게 구별되어 있다. 그리고 그런 면에서 좋은 실험디자인이라 할 수 있다(그림 1.2*a*). 실험군과 대조군은 동일한 환경조건에서 이루어지지만, 실험군에만 돌려심기라는 변수를 줌으로써 가설을 테스트할 수 있게 만들었기 때문이다. '**대조군**'은 돌려심기를 하지 않았기 때문에 실험적 변수와 아무런 상관이 없다. 즉 이렇게 함으로써 실험군에서 얻은 데이터가 온전히 변수 때문이며 외부의 어떤 다른 요인에 영향받지 않았다는 것을 보장할 수 있는 것이다. 실험군의 규모(모집단)는 가능한 크게 하는 것이 통계적 오차를 줄이는 방법이다.

## 생물학은 우리 삶에 어떻게 영향을 주는가?

건강에 대한 염려와는 물론이고, 유기농산물을 구입하는 사람들은 생태에 대한 염려도 하는 사람일지 모른다. 유기농은 사람의 건강과 생태계를 지키고 우리 세대와 미래세대를 위해 땅을 보존하는 영농법으로 지속 가능한 농업을 이룩하려는 시도의 일부이다.

현대의 영농 방법은 수확량 증대 면에서 획기적인 성공을 거두고 있다. 그러면 과연 비용 면에서는 어떨까? 우리는 현대적 농업활동이 지표 토양을 열화시키고, 지하수 오염도 유발한다는 사실을 알고 있다. 식물계에 영양물을 공급해주는 영양이 풍부한 지표층이 없다면 농업은 불가능한데, 아직도 현대적 농업방식은 밭을 갈고 나서 별도의 조치 없이 휴경지 상태로 내버려두곤 한다. 이러한 방식은 표토를 침식시켜서 궁극적으로 사라지게 만든다. 한 가지 해결방법은 협과(두과)를 두어 토양을 보호하고 영양분을 공급하도록 하는 것이다. 1.2절에 기술한 연구 수행자들은 겨울 밀을 재배하는 사이에 나무콩을 심어 토양을 비옥하게 하는 방법을 사용하였다. 그러나 실제 농가에서는 두과(협과) 재배 대신, 농부들이 점점 더 많은 질소비료를 사용하여 풍성한 수확을 올리는 데에 익숙해지고 있다. 불행하게도 질소비료는 식수용 샘물을 오염시킬 뿐 아니라 멕시코만, Chesapeak 포구, Greate Lakes 같은 거대 수원 역시 오염시키고 있다. 신생아용 식수에 들어 있는 질소는 청색증후군을 일으키며, 혈액의 산소부족으로 사망까지도 유발한다. 성인들에게는 질소가 소화관 암 유병인자로 작용한다. 질소는 확실히 녹조를 창궐케 하여 우리나라의 사대강 일부 표면처럼 녹색 쓰레기를 양산시키는 것으로 인식된다.

이런 문제들에 대한 대응으로, 일부 유기농 농부들은 철저하게 질소비료 사용을 제한하는 대신에, 질소를 공급하는 두과와 질소를 필요로 하는 밀을 번갈아 심는 돌려심기를 시행하고 있다. 유기농 영농자들은 제초제와 살충제 사용을 가능한 줄이고 있는데, 이것이 바로 우리가 유기농 산물을 구매하는 첫 번째 이유이기도 하다. 이러한 화학물질의 장기간 사용은 출생결함, 신경손상 및 발암 등과 같은 건강문제와 연관되어 있다. 어린이들은 특히 살충제에 의한 위험에 민감하다. 살충제가 살포된 잔디밭에 경고 문구를 붙이는 것은 바로 이런 이유 때문이다. 명심해야 할 것은 우리 자신도 잔디밭이나 정원에 화학제 사용을 제한함으로써 유기농 생활방식에 기여할 수 있다는 것이다. 그렇게 함으로써 우리의 건강을 증진하고 우리 자신과 미래 세대를 위한 환경을 보존하는 것이다.

연구자들은 먼저 화분을 3개 세트 준비하였다. 그리고 대조군으로서는 아무것도 처리하지 않은 화분에 겨울 밀을 파종하였다:

**대조 화분** 겨울 밀을 비료 처리하지 않은 토양의 화분에 심었다 – 즉 인공합성비료를 처리하지도 않았고, 나무콩을 미리 심지도 않은 것이다.

**조사 화분 I** 겨울 밀은 인공비료 처리 토양의 화분에서 자라게 하였다.

**검사용 화분 II** 겨울 밀을 토분들에서 자라게 했다. 나무콩은 여름철에 크는 식물이다. 나무콩은 토양 속에서 겨울을 넘긴다. 즉 토분들은 나무콩 처리를 받은 것이다.

**결과** 그림 1.2*b*의 그래프는 각 토분 그룹에서 거둔 밀의 비교량 을 비교한 것이다. 1년이 지난 후 겨울 밀의 수확량은 인공비료 처리 실험화분들에서 대조군 토분들보다 다소 높았다. 연구자들이 놀란 것은, 나무콩을 미리 심은 실험용(조사용) 화분들에서의 수확양이 대조군보다 그다지 높지 않았다는 것이다.

**결론** 가설은 실험 데이터의 뒷받침을 받지 못했다. 나무콩 성장 다음의 밀 수확량은 인공비료 처리로 나온 수확량보다 크지 않았다.

**후속 실험과 결과** 연구원들은 전과 동일한 실험 디자인과 동일 화분으로 실험을 계속하기로 하였다. 여기서는 나무콩에서 나온 잔여분 토양질소의 형성이 결과적으로 밀 생산량을 인공비료 사용시 보다 훨씬 크게 할 것으로 내다보았다. 이것은 연구자들이 만든 새 가설이다.

**가설** 일관된 나무콩 처리는 결과적으로 겨울 밀 생산을 증가시킬 것이다.

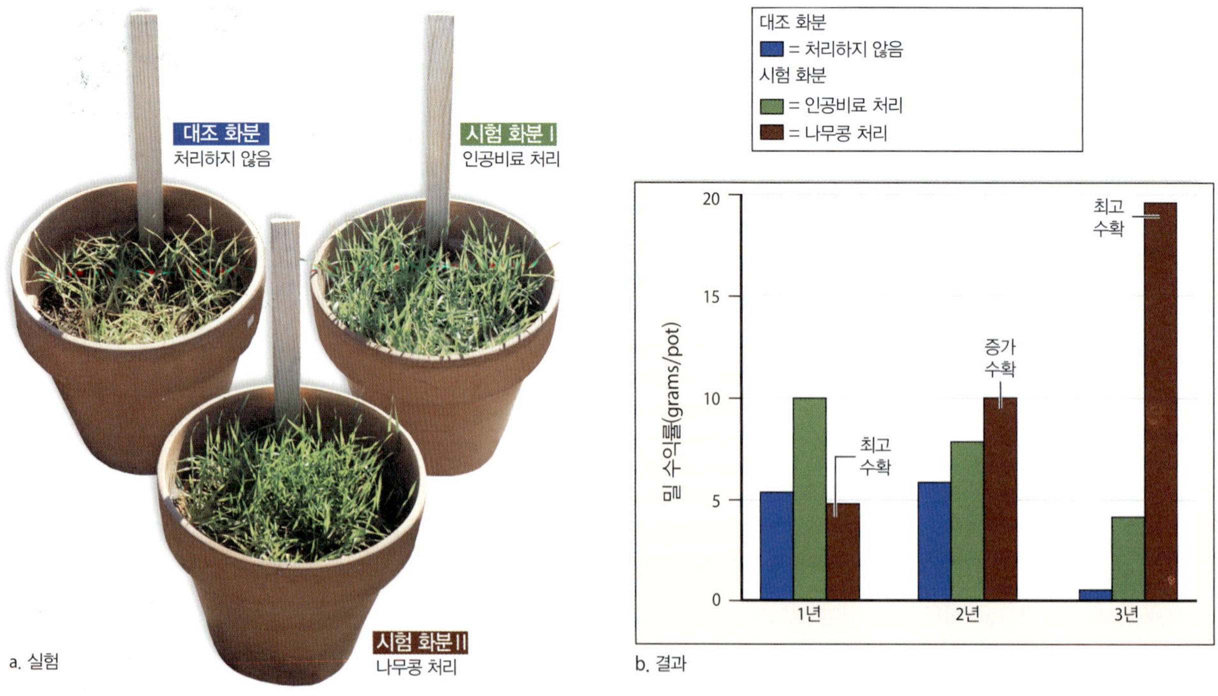


**그림 1.2** 과학적 연구. a. 실험에 나무콩 처리분 포함하여 3개 토분 사용됨. b. 나무콩 처리(갈색)는 첫해는 수확이 적지만, 장기적으로 3차년부터 최고의 수확을 낸다.

그들은 장기간(3년간) 나무콩을 처리하면 밀 생산량이 인공비료 처리한 결과를 초과할 것으로 예측하였다.

**결과의 분석** 2년 후, 인공비료처리 화분의 수확량은 첫해보다 줄어들었다. 반대로 나무콩을 여름에 식재한 다음 밀 수확량은 모든 처리군 중에 최고치를 나타내었다. 3년 뒤, 인공비료 처리 화분의 수확량은 대조군 화분보다는 컸지만 나무콩의 하절기 식재 다음에 식재한 밀의 수확량만큼 크지는 않았다. 첫해와 비교하면, 나무콩/겨울 밀 돌려심기 화분의 밀 수확량은 거의 4배에 가까웠다.

**결론** 가설이 실험적 데이터의 지원을 받게 되었다. 3년이 지난 후, 나무콩/겨울밀 돌려심기 후의 겨울밀 수확량은 다른 형태의 조사 화분군에서보다 훨씬 많았다.

실험 결과를 설명하기 위해서, 연구원들은 화분 내의 토양 유기물이 나무콩에서부터 나온 질소분 첨가에 의한 것이기에 그만큼 토양을 개선시킨 것이라고 제안하였다. 그들은 결과물을 과학분야 학술지[1]에 게재하였는데, 이를 통해 같은 분야의 과학자들과 실 험방법 및 결과들을 공유할 수 있게 되었다.

▶ **1.2 진도 체크**

1. 겨울밀 실험에서 실험군 화분과 대조군 화분을 확인, 구별해 보라.
2. 연구자들이 후속 실험을 한 이유를 설명하라.

# 세포설

거대한 상어에서부터 작은 이국적 모습의 야생난에 이르기까지, 생명체는 지극히 다양하다. 이러한 다양성에도 불구하고, 생물학자들은 본서에 강조된 5개 학설의 관점에서 정리하면, 생명현상을 쉽게 이해할 수 있다는 결론을 내렸다.

## 1.3 세포는 생명체의 기본 단위이다

### 학습 성과들

본 절을 공부하고 나면 다음에 대한 이해와 능력이 향상될 것이다.

1. 세포설의 2개 주요 원리를 구별하기
2. 세포들은 계속 복제하며, 생존을 위해 물질들과 에너지를 필요로 한다는 사실에 대해 이해하기

그림 1.3A는 우리가 왜 **'세포설'**에 대하여 처음부터 논의하는지를 잘 설명해주고 있다. 세포설은 **'세포들'**이 생명체의 기본 단위임을 설명한다. 세포 속에는 원소의 최소부분인 **'원자들'**이 서로 결합되어 있거나 다른 원자들과 결합하여 **'분자들'**을 형성한다. 비록 세포들이 더

1) Bidlack, J. E., Rao, S. C., and Demezas, D. H. "Nodulation, nitrogenase activity, and dry weight of chickpea cultivars using different Bradyrhizobium strains", *J. of Plant Nutrition* 24: 549–560 (2001)

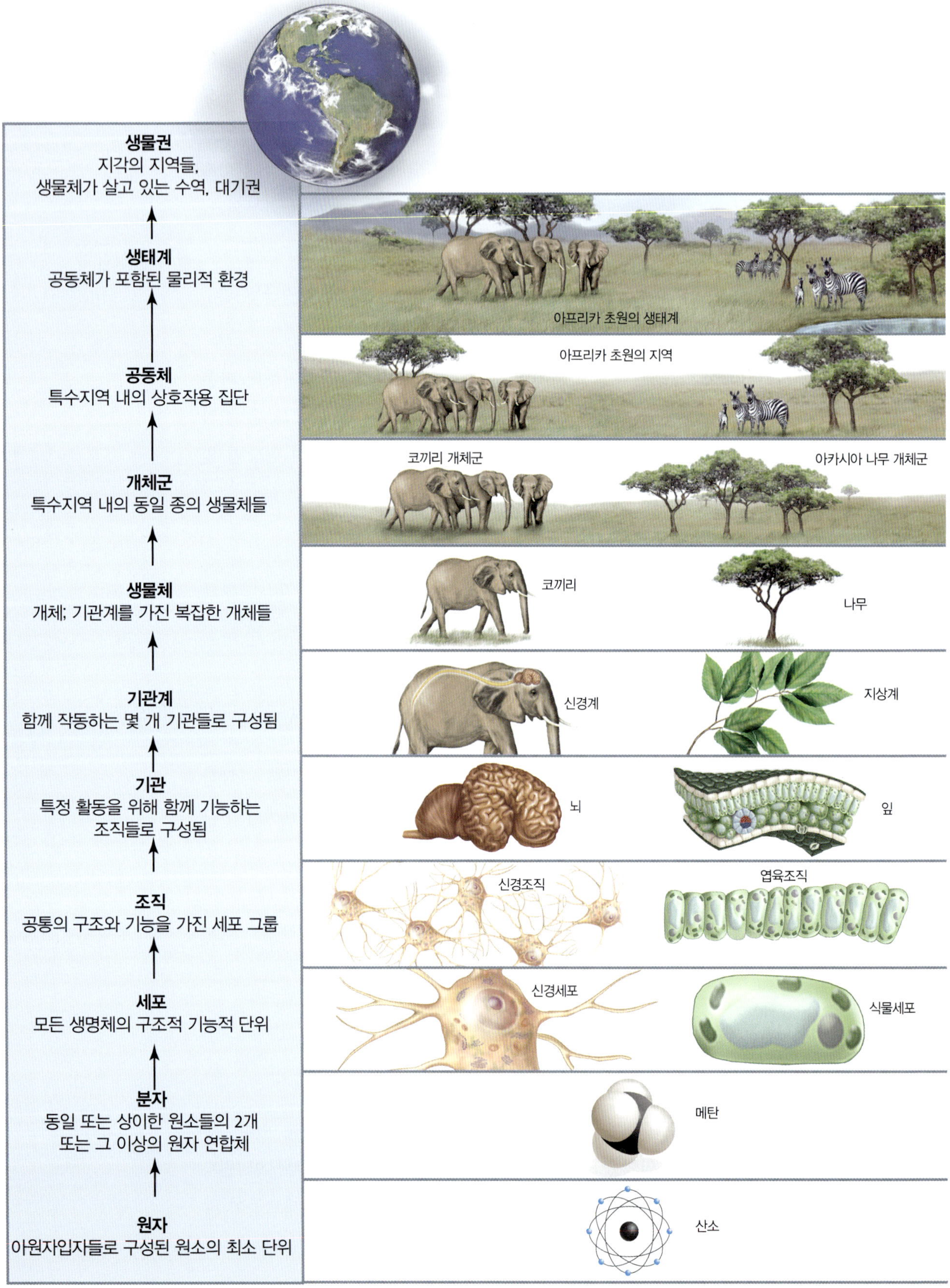


그림 1.3A 생물학적 구성의 초기 단계들

작은 분자들로 구성되어 있지만 살아있는 최소 단위는 세포들이다. 일부 세포들은, 이를테면 단세포성 짚신벌레 같은 것은 독립적으로 살아간다. 다른 세포들, 가령 조류인 *Volvox* 같은 것들은 현미경으로 관찰하면 군집을 이루고 있다. 코끼리는 다세포 생물체인데 기능적으로 유사한 세포들이 결합하여 **'조직'**을 이룬다; 포유류에서 관찰되는 조직 중 하나는 신경조직이다. 조직들은 다시 **'기관'**을 이루는데, 이것은 많은 조직이 결합하여 뇌를 이루는 것과 같다. 기관들은 **'기관계'**에서 함께 일한다. 뇌는 척수와 신경망이 함께 일하고 이것은 신경계를 이루게 된다. 오직 현미경으로만 **생물체**가 세포들로 구성되어 있는 것을 확인할 수 있다(그림 1.3B).

본 장의 후반에서, 우리는 그림 1.3A에서 본 고등한 수준의 생물학적 조직화(organization)에 대해 생각해 볼 것이다.

**세포들은 다른 세포들로부터 온다** 세포들은 오로지 이전의 세포로부터만 생기며, 생물체들은 오직 다른 생물체로부터만 생긴다. 다시 말하자면 세포와 생물체들은 **번식**(재생)한다. 모든 형태의 생명체는 번식(재생)할 수 있거나, 그 자신을 닮은 다른 생명체를 만들 수 있다. 세균들이나 원생생물(protists), 기타 단세포 생물은 단순히 이분법에 의해 2개로 갈라진다. 대부분의 다세포 생물체는 그 생식 과정이 훨씬 복잡하다. 그것은 두 세포, 한쪽의 정자와 다른 한쪽의 난자가 짝을 이루는 과정에서부터 시작된다. 정자와 난자가 짝을 이룬 후에는 수 많은 세포분열이 일어나게 되고, 미성숙 상태의 결과에서 계속 자라나가 여러 발생 단계를 거쳐 한 성체가 된다.

**세포들은 물질과 에너지를 사용한다** 세포들과 생명체들은 외부로부터 영양물질과 에너지를 얻지 못하면 조직화(organization)도, 생명활동도 유지시킬 수 없다. 영양소는 마치 집짓는 블록처럼 조직을 구성하는 재료로 쓰이거나, 에너지원으로 사용된다. **'에너지'**는 일을 하는 능력이며, 세포와 생물체의 조직을 유지시킨다. 세포들이 영양소를 사용하여 세포소기관

**그림 1.3B** (c)의 사진처럼, 현미경 사진들은 생물체들이 세포로 이루어진 것을 나타내 보여준다.

과 생성물을 만들 때, 일련의 화학반응을 일으킨다. 생물체가 움직일 때 신경세포들과 근육세포들도 역시 에너지를 사용한다. **'물질대사'**라는 용어는 세포 내에서 일어나는 모든 화학작용을 통칭하는 것이다.

지구상의 거의 모든 생명체는 태양에너지에 의존한다. 식물계와 어떤 다른 생물체들은 태양에너지를 이용하여 **'광합성'**을 수행하는데, 이것은 태양에너지를 유기영양소들의 화학에너지로 변환시키는 과정이다. 지구상의 모든 생명은 이 광합성으로 만들어진 영양소들을 분해하여 얻는다. 이것은 식물계에도 적용된다.

▶ **1.3 진도 체크**

1. 그림 1.3A를 참조하여 생명은 어떻게 질서를 유지하는지 설명하라.
2. 세포가 어떻게 번식하며 자신을 유지하고, 에너지를 얻는가를 설명하라.

## 유전자설

1.3절에서 공부한 세포설과 유전자설은 깊이 연관되어 있다. 유전자는 세포 안에 있는데, 세포가 분열할 때 복제되어 다음 세포나 생물체로 전달된다. 생물체의 형질을 결정하는 것은 단백질이고, 이 단백질에 대한 유전정보는 유전자에 담겨 있다.

### 1.4 생물체는 유전적 유산을 갖고 있다

#### 학습 성과들

본 절을 공부하고 나면 다음에 대한 이해와 능력이 향상될 것이다.

1. 자신의 생각과 표현으로 유전자설을 고쳐 말하기
2. DNA 기술의 몇 개 적용사례들을 이해하고 발표하기

19세기 과학자인 Gregor Mendel은 유전학의 아버지라고 불린다. 왜냐하면 강낭콩을 이용한 식물 실험으로 **'유전자'**라는 유전의 실체적인 단위가 있어 양친에서 후손으로 전달된다는 것을 최초로 발표했기 때문이다. 후세 학자들 중, 특별히 James Watson과 Francis Crick은, 유전자가 **'DNA(deoxyribonucleic acid)'**라고 알려진 분자로 구성되어 있음을 발견하였다. 이들과 여타 많은 학자들의 연구로 우리들은 **유전자설**의 첫 번째 전제, 즉 '유전자는 DNA로 구성된 유전 단위이다.'라는 사실을 알게 되었다. DNA에 관한 지식이 증가하게 되어 유전자는 세포와 생물체의 구조 및 기능을 조절하는 부호정보를 갖고 있음이 또한 밝혀졌다. DNA는 나선식 계단 구조로 뉴클레오티드라고 하는 4종류의 상이한 분자들을 갖고 있으며, 각 분자는 그림 1.4에 상이한 색으로 표시되어 있다. DNA는 **돌연변이**(항구적 변화)가 일어나기도 하며, 생물체의 각 형태는 이들 4개 뉴클레오티드의 특수한 순서에 의해서 형성된다. 이것을 암호화된 정보라고 부르는데 그 이유는 어느 특정한 뉴클레오티드 순서가 암호화되어서 특수한 단백질을 만들게 하기 때문이다. **'단백질'**들은 세포질 분자로서

세포와 생물체가 무엇처럼 되게 할 것인가를 결정한다. 유전자설의 두 번째 전제는 '유전자가 세포들과 생물체의 구조와 기능을 부호화한 단백질로 통제한다'라는 것이다.

유전자설은 그 성과와 의미가 매우 커서 막대한 양의 실험과 적용을 가능하게 하였다. 유전자 분석과 DNA 조작능력의 발전은 다음과 같이 생물학의 모든 분야와 우리 삶의 다양한 측면을 변화시켜 주고 있다.

**기초 유전학 연구**

우리는 DNA를 추출할 수 있으며 물질대사를 분자수준에서 연구 할 수 있다. 그러므로 우리는 한 세포의 유형이 다른 것과 어떻게 게 다른지를 곧 알게 될 것이다.

우리는 또한 DNA 내의 뉴클레오티드 배열을 밝힐 수 있으며, DNA 활동을 제어하는 방법을 연구하게 될 것이다.

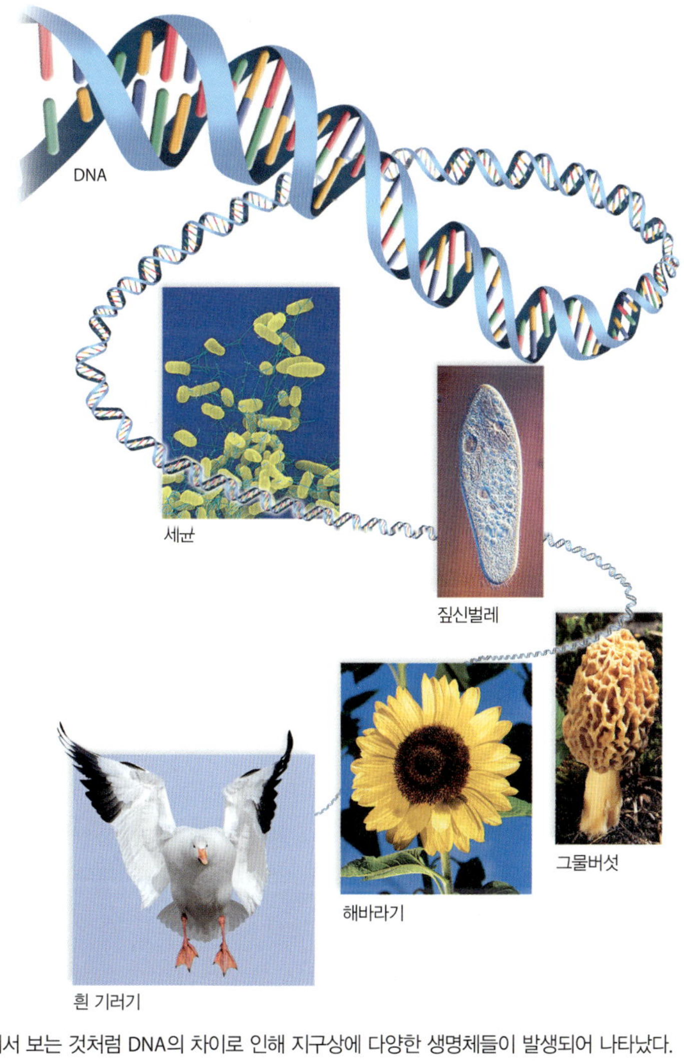


그림 1.4 이들 예에서 보는 것처럼 DNA의 차이로 인해 지구상에 다양한 생명체들이 발생되어 나타났다.

**의약**

유전자 검사로 어떤 질환에 더 쉽게 걸리는지를 파악할 수 있어서, 의사들은 이 정보를 약물요법 처방에 이용하거나, 우리 자신을 어떻게 보호할 수 있는지 그 방법을 알려줄 수 있을 것이다.

당료치료제, 혈액질환용 제제, 백신 및 기타 질환용 제제는 이제 DNA 기술 활용으로 대량 제조할 수 있게 되었다.

**종들 간의 관계성**

DNA 기술은 지구상에 나타난 생명의 기원을 연구하는데 기여하고 있다. 즉 누가 누구와 관계가 있는가에 대한 연구이다. 예를 들면 최근에 비교연구를 통해 초기 인간들이 네안데르탈인이라고 불리는 옛 인종들과 이종교배가 있었다고 결론을 내린 것이 그것이다.

또한 야생 생물학자들은 DNA 염기서열 데이터를 이용해서 다양한 생물종들을 보존하기 위한 최적의 방법을 찾아내곤 한다.

▶ **1.4 진도 체크**

1. 그림 1.4에서 보는 것처럼 한 생물체의 자손이 계속 이어져 나올 수 있는 이유는 무엇인가?
2. 어떤 DNA 기술들이 생물학적 이해도를 향상시킬 수 있는지 몇 가지만 예를 들어 기술하라.

## 항상성설

생존을 위해 세포들과 생물체들은 생물학적 균형 상태, 그러니까 항상성을 유지하지 않으면 안 된다. 예를 들면 온도, 습도, 산성도, 기타 생리학적 요소들이 세포의 내성 범위 내에서 유지되도록 하지 않으면 안 된다. 생물체가 내 · 외적 자극에 반응할 능력이 없다면 항상성을 유지할 수 없다. 온도가 하강하면 복잡한 생물체들은 자체적으로 온기를 발생시키거나, 또는 체온을 상승시킬 수 있는 환경을 찾게 된다.

## 1.5 생물체는 그들의 내부 환경을 조절한다

### 학습 성과들

본 절을 공부하고 나면 다음에 대한 이해와 능력이 향상될 것이다.

1. 항상성에 대한 이해와 설명하기
2. 항상성과 어떤 자극과의 관계성을 분석하기

**'항상성설'**에 의하면 세포들과 생물체들은 일정한 내부환경을 유지하며, 이를 일정하게 유지하기 위해 생존체계를 이용하여 주변환경을 조절한다. 개별세포들이 항상성을 잘 유지한다면 개별세포들이 모여 구성된 생명체들 역시 항상성을 유지할 수 있다. 동물들은 복잡한 피드백(되먹임) 조절기전을 갖고 있어서 항상성을 무의식적으로 조절할 수 있다. 예를 들어 어떤 학생이 공부에 몰두해서 점식식사를 잊었다 해보자. 그 학생의 간은 스스로 알아서 저장되어 있는 당을 방출해 혈당을 정상치 범위 내로 유지시킨다. 이 경우 호르몬이 당의 저장과 방출을 조절해준다. 또 다른 경우에서는 신경계가 항상성 유지에 관여한다.

많은 동물들은 내부환경 조절을 위해 적절한 행동을 한다. 상기 학생은 배고픔을 느껴 근처 식당에 갈 것이다. 도마뱀은 체온을 올리려고 햇빛을 쬐거나(그림 1.5A), 그늘로 들어가 체온을 낮출 수도 있다. 비슷하게 불개미들은 햇빛의 온기가 필요할 때는 자기네 둔덕(개미 분봉) 위로 올라가고 햇빛이 너무나 뜨거우면 자기네들 지하 통로길 속으로 내려간다.

우리는 식물군에서도 어느 정도 항상성이 유지되는 것을 알 수 있다. 예를 들면 식물들은 빛을 향해 기울어지고, 또 곤충들이 잎을 먹거나 세균 혹은 바이러스에 감염되는 피해를 막는 기전들을 갖고 있다.

**자극에 대한 반응** 자극에 반응하는 능력은 생물체들의 항상성 능력에 도움을 준다. 예를 들면 포식성 곤충의 존재에 반응할 수 있다는 그 이유만으로 식물들은 자신들을 잘 보호할 수 있다. 심지어 단세포 생물체들도 주변환경에 반응한다. 일부는 극미세모의 울림에 반응하고, 다른 것들은 회초리 같은 꼬리를 찰싹거림으로 빛이나 화학물질을 향하거나 피해간다. 다세포 생물체는 더 복잡한 반응들을 한다. 아메리칸 독수리는 1마일이나 떨어져 있는 사체의 냄새에 반응하여 이를 찾아 하늘로 치솟아 오른다. 왕나비는 폭포 근접지를 감지하고 그곳을 향해 먼거리를 날기 시작한다. 박쥐들은 밤에 먹이를 찾는다. 그들은 고주파를 내보내고, 그들의 귀로 돌아오는 음향을 계산하여 먹잇감인 곤충이 위치한 장소를 찾아낸다.

식물은 햇빛 방향으로 굽어져(그림 1.5B) 광합성에 필요한 에너지를 얻으며, 동물은 위험으로부터 안전하게 피해 자기 수명을 연장시킨다. 종합하면 우리들의 모든 활동은 항상성 유지를 위한 행동이라고 볼 수 있다. 생물체들은 그들이 필요한 에너지, 영양소, 피난처, 교미상대 등을 찾아내고, 생존을 위해 경쟁할 때 다양한 종류의 행동을 보여준다. 많은 생물체들은 또한 복잡한 교신, 사냥 및 방어행위들도 보여준다. 한 생물체의 이러한 행동들은 자주 항상성에 도움을 준다.

**그림 1.5A** 도마뱀이 체온을 올리기 위해 햇빛을 쬐고 있다.

**그림 1.5B** 식물들이 햇빛을 향해 굽어서 반응하고 있다.

▶ **1.5 진도 체크**

1. 내부환경을 비교적 일정하게 지키는 여러 가지 기전을 비교하라.
2. 이들 기전들이 특정 자극에 대해 반응을 나타낼 때 어떻게 필요한지를 설명하라.

# 생태계설

생명의 조직화는 개체를 넘어 '생물권'까지 확대되는데, 보통 생물체가 발견되는 대기층, 대지, 지구 표면의 수역 등이다. 생물체들의 각 개체는 개체군(population)에 속하는데, 한 종의 구성체들은 특정 지역 내에 함께 존재한다. 한 공동체 내의 개체군들은 자신들 간에도 상호작용하지만, 주위 물리적 환경(토양, 대기 등)과 상호작용을 함으로써 생태계를 이룬다.

## 1.6 생물권은 생태계로 나누어진다

### 학습 성과들

본 절을 공부하고 나면 다음에 대한 이해와 능력이 향상될 것이다.

1. 생태계설과, 생태계가 어떻게 기능하는지에 대해 논의하기
2. 열대우림지대들과 산호초들 같은 생태계 존재를 위협하는 인간들의 여러 가지 행위들을 확인하기

**'생태계설'**에 의하면 생물체들이 그 환경 구성요소인 무생명체와 상호작용하기 위한 단위를 형성한다. 생태계의 한 예는 북미의 초원인데, 여기에서는 토끼들, 매들, 그리고 기타 동물들과 다양한 종류의 잡초 개체군들이 서식한다. 이들 개체군들은 한 개체군이 다른 개체군을 먹이로 하는 먹이사슬을 이룸으로써 상호작용을 한다. 예를 들면 토끼들은 잡초를 뜯어 먹고 매들은 토끼나 기타 생물체를 포식한다.

그림 1.6에서 보듯이, 생태계는 화학순환과 에너지 흐름으로 특징지을 수 있다. 이것은 잡초류와 같은 식물군이 태양에너지와 무기영양소를 취하여 광합성을 통해 식품(유기영양물)을 생산할 때 시작된다. 화학순환(회색 화살표)은 먹이사슬 내에서 화학물질이 한 개체 그룹에서 다른 개체 그룹으로 이동할 때 일어나는데, 죽음 이후의 사체 분해를 거친 무기물들이 다시 광합성 생물체에게 돌아갈 때까지 진행된다. 다른 한편, 에너지(오렌지색 화살)는 태양으로부터 식물로 흐르고, 먹이사슬 내의 다른 생물체가 식물을 섭취할 때 다른 생명체로 흘러 들어간다. 에너지는 점차 소멸되어가며 열의 형태로 다시 대기로 돌아간다. 에너지는 순환하지 않기 때문에 생태계는 태양에너지와 태양에너지를 흡수하는 광합성 식물들이 없이는 존재할 수 없다.

**생물권** 기후에 따라 상이한 생태계가 생물권 이쪽저쪽에 큰 규모로 생겨난다. 예를 들면 사막지대는 우량이 최소인 곳에 생기고, 삼림지대는 우량이 풍부한 곳에 형성된다. 생물학적으로 가장 상이한 조건의 생태계들, 예를 들어 열대 우림지대와 산호초 지역은 태양 에너지가 풍부한 곳에 형성된다. 사람은 끊임없이 이러한 생태계들을 인간의 생존 목적을 위

그림 1.6 초원지대는 중요한 생태계이다. 분해자들이 무기영양소들을 생산자들에게 돌려주기 때문에 화학물질 주기는 분해자들을 포함한 소비자들에게 유기영양물을 공급한다. 영양물질들이 이동할 때마다 에너지는 열로써 사라진다.

해 변경시키려 한다. 사람들은 곡물을 재배하려고 삼림이나 초원을 없애고 있다. 그리고 한때는 농지였던 땅에 집들을 짓기도 한다. 결국 작은 마을을 도시로 바꾸어 생태계를 훼손시켜 버린다. 해안이 개발될 때에도 사람들은 폐기성 침적물들, 하수와 폐수, 그리고 기타 오염물들을 바다로 흘려보낸다.

인간들이 식량, 의약품, 기타 여러 가지 원료물질을 얻기 위하여 건강한 생태계에 오래 동안 의존해온 것은 분명한 사실이다. 우리는 현재 생태계가 제공하는 혜택 이상으로 생태계에 의존하고 있다. 인간의 영속을 위해서는 적합한 환경조건이 생태계의 올바른 작동을 통해 제공되어야 하는 것이다.

**1.6 진도 체크**

1. 그림 1.6을 참조하여 왜 화학물질들의 순환주기가 있어야 하며, 에너지는 생태계를 통하여 흐르는지를 설명하라.
2. 사람들이 생태계의 지속성을 어렵게 만드는 몇 가지 상황들을 리스트화 해보라.

## 진화설

진화는 생명의 통일성과 다양성을 설명해준다. 모든 생물체는 공통의 근원(원천)에서 내려왔기 때문에 동일한 특징들을 공유하고 있다. 그러나 진화되어 내려오는 동안 각자의 환경에 맞추어 형태들이 조금씩 상이해지면서 적응하게 되었다. 무한에 가까운 다양성에도 불구하고 생물체들이 어째서 각종 특징들을 공유하고 있는지를 포함하여, 생명의 수많은 양상들을 설명할 수 있기 때문에 진화는 생물학의 근본 개념이다.

### 1.7 종들의 가계는 결정될 수 있다

#### 학습 성과들

본 절을 공부하고 나면 다음에 대한 이해와 능력이 향상될 것이다.

1. 진화설을 공통 가계에 관련지어 설명하고, 이런 개념을 지원하는 데 이터를 분류하기
2. 진화계보의 분지 양상이 진화의 관계성을 어떻게 나타내는지를 결정하기

'**진화설**'에 따르면 생물은 근본 공통가계로 인하여 특징들을 공유하게 되었다. 마치 가까운 친척들과 가계를 따지다보면 아주 오래 전 조부모에게로까지 발자취가 닿을 수 있는 것처럼, 생물의 종들도 그들 가계(혈통)를 추적하여 공통 근원에 다다를 수 있다. **진화계보**는 한 집안의 가계도와 같다. 마치 한 가계보(족보)가 처음의 한 쌍으로부터 그 집단이 어떻게 내려와 이루어졌는지를 보여주듯이, 진화계보는 한 그룹의 가계를 추적하여 **공통 조상**에 이르게 하는 방식이다. 한 쌍의 커플이 다양한 자녀들을 가질 수 있듯이, 한 개체군도 여러 다른 집단들을 이루게 한 한 쌍의 공통 조상에서 나뉜 것이다. 시간이 흐르면서 다양한 생명체와 형태들이 생겨난다.

생물학자들은 분자적 데이터, 화석기록, 생물체에 관한 해부학과 생리학, 배아 발생 등을 이용하여 어떤 집단의, 심지어 생명 그 자체까지도, 진화를 추적할 수 있게 되었다. 조류의

**그림 1.7A** 이 시조새의 묘사도는 새와 파충류의 공통 특징들을 보여준다.

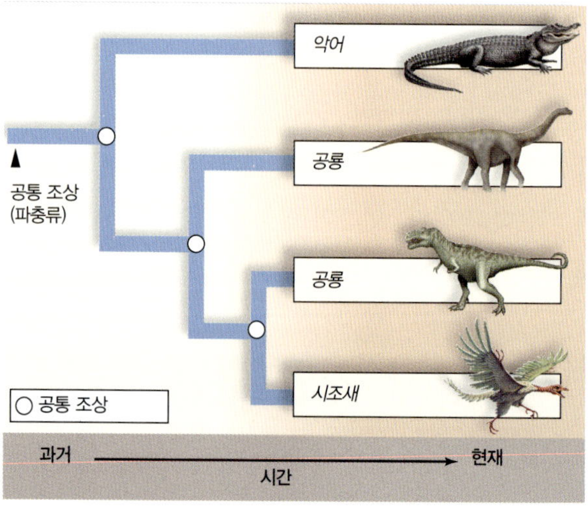

**그림 1.7B** 시조새의 진화 계보를 통해 악어류와 공룡류의 공통 조상을 어떻게 추적할 수 있는지를 보여주고 있다. 각 동그라미는 공통 조상을 나타낸다.

공통 조상들은 화석 기록으로부터 알게 되었는데, 초기 새인 시조새가 확실히 파충류의 특징을 갖고 있다는 사실도 밝혀내었다(그림 1.7A). 이런 분명한 증거로 인해 조류는 현재 파충류의 일부로 분류되고 있다. 일부 생물학자들은 조류를 날아다니는 공룡류라고도 부른다. 오늘날까지 존재하는 파충류에는 악어류, 도마뱀류, 뱀류, 그리고 거북이와 조류 등이 있다. 그림 1.7B는 시조새의 가계를 추적하여 초기 파충류의 조상에까지 이른 모식도이다.

1.8절에서 우리는 진화계보를 조사할 것이다. 또한 개체군을 어떤 방식으로 분류할지 고려할 것이다. 1.9절에서는 새가 점차 날 수 있게 된 것처럼 자연선택이 환경에의 적응을 초래하는 기작임을 보여줄 것이다. 한 가지 기억해야 할 것은 단지 종(species)–특정 개체군에 속하는 다양한 형태들–의 차원에서 진화할 뿐 개개의 생명체가 진화하지는 않는다는 사실이다. 이것은 유전학으로 설명될 수 있다. 유전학에 따르면 살아가면서 축적된 돌연변이는 체세포에 변화를 줄 수 있지만 다음 세대로 전달되지 않는다. 반대로 어떤 집단에서 새로 발견된 돌연변이는 다음 세대로 전해질 확률이 높다.

▶ **1.7 진도 체크**
1. 동일 혈통(후손)의 개념을 설명하고, 이 개념을 지원하는 데이터 유형들을 식별하라.
2. 그림 1.7B에서 얻을 수 있는 진화계보에 관한 정보들을 설명하라.

## 1.8 생물학자들은 진화 관련성으로 생물체를 분류한다

### 학습 성과들

본 절을 공부하고 나면 다음에 대한 이해와 능력이 향상될 것이다.
1. 최소 단위로부터 시작해서 분류의 주요 범주들을 리스트하기
2. 세균류(domain), 고세균류(archae), 및 진핵생물류의 진화 관계성을 확인하기
3. 주변 생물체들의 과학적 이름들을 알아보고, 이 절에서 배운 대로 분류하기

다양성에도 불구하고 생물체들은 어떤 특징들을 서로 공유하고 있다. 그리고 그 이유는 공통조상으로부터의 진화로 설명될 수 있다. 예를 들면 모든 형태의 생명체는 세포들로 구성되어 있으며 유전 물질로서 DNA를 사용한다. 그림 1.8A는 예시로 든 진화계보인데 중요한 생물집단들이 진화를 통해 서로 연관되어 있음을 잘 보여준다.

**체계화된 다양성** 생명은 너무나도 다양하므로, 분류 체계를 세우는 것이 도움이 된다. '**분류학**'은 생물체들을 일정 규칙에 따라 분류군을 만들고 식별하는 학문분야이다. 분류학은 지구상의 수많은 각양 각색의 생명으로부터 그 의미를 끌어내며, 진화에 대해 소중한 통찰을 제공해준다. 종들 간의 진화적 관계성을 포함하여 생명체에 관해 더 많은 것을 알아가면서 분류학은 변해간다. 현대 DNA 기술의 발전은 최근 정보의 수정과 이전에는 알 수 없었던 생물체들 간의 관계성을 발견하는 데에도 이용되고 있다.

기초적 분류 범주들은, 최소를 포함하는 것에서부터 최대를 포함는 분류군들인 '**종**', '**속**', '**과**', '**목**', '**강**', '**문**', '**계**', 그리고 '**역**'(**domain**: 세균역, 고세균역, 진핵생물역)이다(표 1.8). 가

장 작은 범주인 종은 개체간의 이종교배를 하는 그룹으로 정의된다. 위 종들의 각각 이어지는 분류 범주는 그 이전 것 보다 더욱 많은 생물체들을 포함한다. 즉 속(genus)에 위치해 있는 종은 많은 특이성들을 공유하고 관계도 가장 가까운 반면, 동일계(kingdome)에 위치한 종은 오직 서로 간의 일반적 특징들만이 공유된다. 예를 들면 완두콩 속의 모든 종들은 상당히 동일해 보인다. 그러나 이것은 완두콩의 입장이고, 식물계(kingdom)의 관점에서 보면 대단히 많은 차이점이 존재한다. 이는 마치 잔디를 수목과 비교하는 것같이 확연하다. 다른 역(domain)들에 위치한 종들은 그 관계가 가장 멀다.

**여러 가지 영역(domain)** 생물학적 증거들로 보면 오직 3개 영역만이 존재한다. 즉 **세균역**, **고세균역**, **진핵생물역**이다. 그림 1.8A는 역들이 서로 어떻게 관련되어 있는지를 보여준다. 두 역인 세균역과 고세균역은 생명이 지구상에 시작된 직후에 첫 번째 공통 조상으로부터 진화하였음을 보여주고 있다. 이들 2개 역은 단세포 '**원핵생물**'들을 포함하는데, 진핵생물역의 **진핵생물**들은 세포막으로 싸인 핵이 있지만 원핵생물들은 그렇지 않다. 그러나 고세균의 DNA는 세균류들과 다르다. 게다가 그들의 세포 표면은 화학적으로 세균류보다 진핵생물류와 더 유사하다. 그래서 생물학자들은 진핵생물류가 고세균계의 후손에서 분리되어 나온 것으로 잠정 결론짓고 있다. 원핵생물류는 구조가 단순하지만 물질 대사는 복잡하다. 고세균류(그림 1.8B)는 산소가 부족하거나 염도와 산도가 지나치게 높은 수중환경에서도 살 수 있다. 이러한 환경들은 원시 지구의 환경과 유사하다는 점에서 의미가 있다. 고세균류는 그들 명칭이 의미하듯이 생명의 형태로서는 진화가 가장 덜 된 생물체들일 것이다. 세균류(그림 1.8C)는 지구상 거의 모든 곳, 수중, 토양, 대기권뿐만 아니라 우리들의 피부나 구강, 대장 속에도 다양하게 분포되어 있다.

분류학자들은 고세균류와 세균류의 역 안에 있는 생명체들을 몇 개의 계(kingdom)로 분류하는 방법을 고안하고 있다. 진핵생물역은 4개의 중요 생물체 그룹을 포함하고 있다. 현재 여러 개의 계를 포괄하고 있는 '**원생생물(protists)**류'들은 그 범위가 단세포 형태에서부

**표 1.8** **분류의 수준**

| | 인간 | 옥수수 |
|---|---|---|
| 역 | 진핵생물역 | 진핵생물역 |
| 계 | 동물계 | 식물계 |
| 문 | 척삭문 | 속씨식물문 |
| 강 | 포유동물강 | 외떡잎식물강 |
| 목 | 영장류목 | 닭의장풀목 |
| 과 | 사람과 | 벼과 |
| 속 | 사람속 | 옥수수속 |
| 종* | 사람(H.sapiens) | 옥수수(Z.mays) |

** 한 생물체를 명시하고자 할 때는, 이형명칭 식으로 전체 이름을 다 써야함. 즉 Homo sapiens*

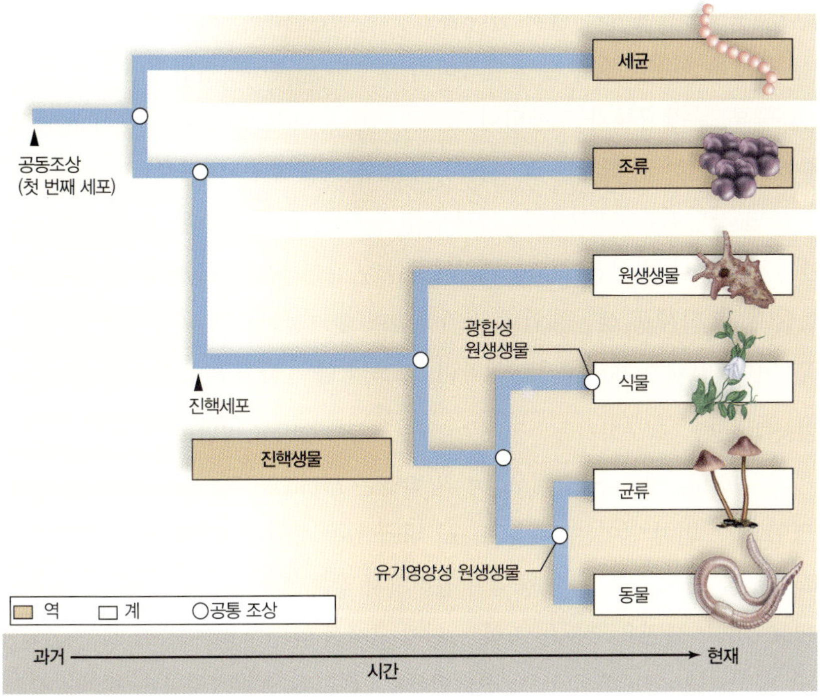


**그림 1.8A** 모든 종들의 공통 조상들은 약 400만 년 전에 존재했었다. 세균류와 고세균류 역은 최초로 나타났었다. 원생생물류, 식물류, 곰팡이류, 및 동물류가 속하는 진핵생물역은 고세균류와 공통 조상을 공유한다.

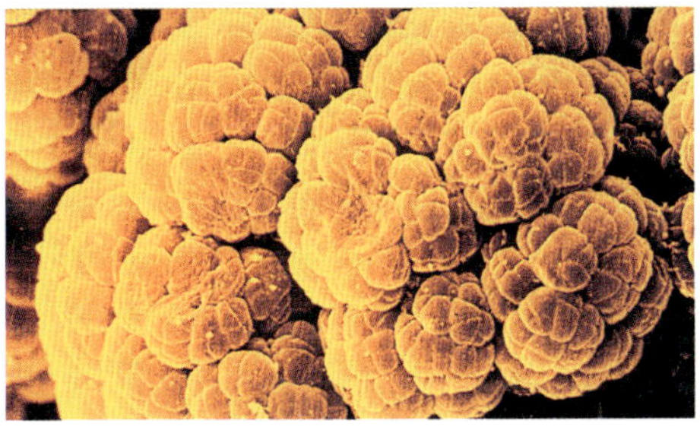

*마타노사르시나 마제이*, 고세균의 일종 20,000×

- 다양한 형태의 원핵세포들
- 극한 환경에 대한 적응
- 영양분 흡수 혹은 화학합성
- 고유한 화학적 특징

**그림 1.8B** 고세균 영역

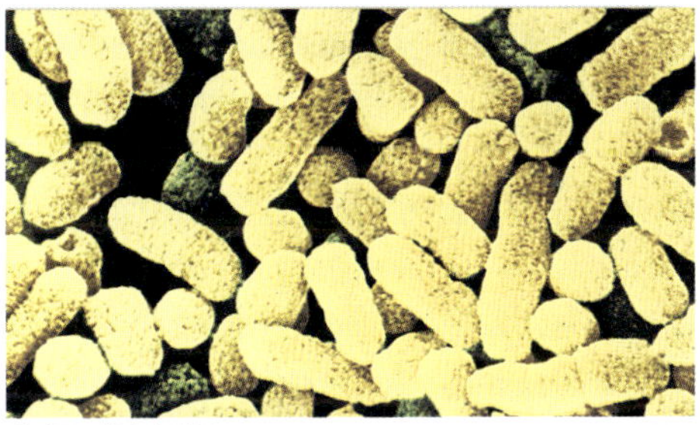

대장균, 세균의 일종 6,600×

- 다양한 형태의 원핵세포들
- 모든 환경에 대한 적응
- 영양분의 흡수, 광합성 혹은 화학합성
- 고유한 화학적 특징

**그림 1.8C** 세균 영역

**원생생물류: 몇 개의 계로 나뉨**

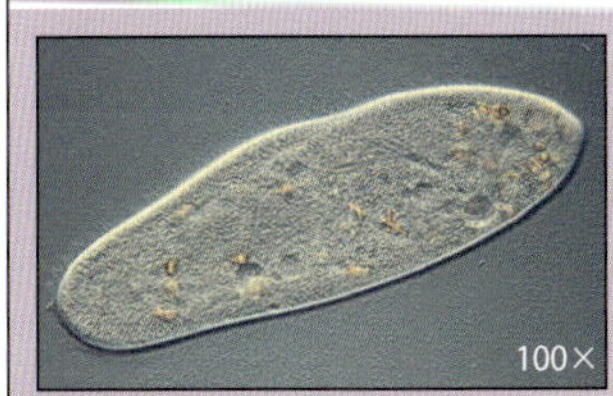

짚신벌레, 단세포 원생생물 100×

- 원생생물, 몇몇 조류와 이끼류, 수상 이끼류
- 복잡한 구조의 단세포(종종 필리멘트가 있고, 군락을 형성, 때로는 다세포이기도 함)
- 먹이흡수, 광합성, 음식물 섭취

**계: 균류(곰팡이류)**

광대버섯, 빨강모자버섯

- 곰팡이류(사상균류), 버섯류, 이스트류, 백선류
- 다세포이며 특수 필라멘트가 있음, 특화된 복합세포들을 가짐
- 먹이 흡수

**계: 식물류**

시계풀류, 시계꽃, 현화식물류(꽃식물류)

- 조류, 양치류, 침엽수류, 현화식물류(꽃식물류)
- 다세포이며 특수 조직과 복잡한 세포들로 되어 있음
- 광합성 가능

**계: 동물류**

은여우, 붉은여우

- 해면류, 벌레류, 곤충류, 어류, 개구리류, 조류, 포유류
- 복잡한 세포로 구성된 특수조직을 가진 다세포동물류임
- 먹이 섭취

**그림 1.8D** 진핵생물 영역

터 여러 다세포생물류에까지 걸쳐 있다. 이 중 일부는 광합성체(photosynthesizer)들이지만 그외 다른 것들은 식량을 외부에서 획득하지 않으면 안 된다. 일반적인 원생생물류에는 조류, 원생동물류, 수생균류가 포함되어 있다. 그림 1.8A는 식물류, 균류(fungi), 그리고 원생생물류에서 진화한 동물류를 보여준다. **식물류**(식물계)는 다세포성 광합성 생물체들이다. 예를 들면 진달래류, 백일홍류, 소나무류 등이다. **균류**(균류계, 곰팡이계) 중에는 우리가 잘 아는 곰팡이나 버섯류가 있는데, 세균류와 같이 죽은 생물체를 분해하도록 돕는다. **동물류**(동물계)는 다세포 생물체인데 자가생산이 불가능하므로 외부에서 먹이를 섭취하지 않으면 안 된다. 땅돼지(개미핥기), 해파리, 얼룩말 등이 대표적인 동물들이다.

**과학적 명칭들(학명)** 생물학자들은 학명이라고 부르는 2명식 명명법을 사용하여 각 생물종에게 이름을 부여한다. 예를 들면 겨우살이의 학명은 *Phoradendron tomentosum*이다. 첫 번째 단어는 속명이고 두 번째 단어는 그 속(genus) 내에 있는 종들의 **소종명**이다. 속명은 약자(예: *P. tomentosum*)로 쓸 수 있지만, 혹시 종명이 알려지지 않은 것은 sp.(예: *Phoradendron* sp.)로 종명을 표시할 수 있다. 학명은 혼돈을 피하기 위해 국제적 약속에 의해 쓰이고 있다. 공통된 이름(일반명)은 가끔 겹치기도 하지만, 각국별 언어로 그냥 사용한다. 학명은 기본적으로 라틴어를 쓰는데, 대부분의 학자들에 의해서 국제적 언어로 쓰이게 된 것은 그리 오래되지 않았다.

**▶ 1.8 진도 체크**

1. 각 영역들 사이의 진화적 관계성을 설명하라.
2. 불개미의 학명인 *Solenopsis xyloni*가 무엇을 말해주는지 설명하라.
3. 불개미의 역(domain)과 계(kingdom)를 확인하라.

## 1.9 자연도태를 통한 진화는 환경에 적응한 결과이다

### 학습 성과들

본 절을 공부하고 나면 다음에 대한 이해와 능력이 향상될 것이다.

1. 자연도태과정이 한 종을 그 환경에 어떻게 적응토록 하는가에 대해 설명하기

'변화(수정)된 공통의 후손'이라는 귀절은, 후손들이 공통 조상들로부터 내려올 때, 이들 생물체들이 그 환경에 적응(맞춤)될 수 있게 만든 변화(수정)가 드러난다는 뜻이다. 이 말에는 진화의 과정이 함축되어 있다. 많은 관찰과 실험을 통하여 진화의 아버지인 찰스 다윈은 자연도태는 변화, 즉 '**적응**'을 가능하게 만드는 과정이라는 결론에 이르렀다. 다른 말로 하면 진화가 일어날 때 '**자연 도태**'는 그 환경에의 적응을 야기시킨다는 것이다. 따라서 여러 가지 환경에의 적응은 생명의 다양성을 설명하는 것이다.

**자연선택** 자연선택을 통해, 환경은 어떤 형질이 차세대로 전달되는 데 더 적합할지를 선택한다. 이 선택의 요인은 무생물적(*abiotic*, 위도와 같은 물리적 환경의 부분)일 수도 있고, 생물학적(*biotic*, 사슴과 같은 생명체)일 수도 있다. 그림 1.9A는 사슴이 특수한 돌연변

이를 위하여 어떻게 선택 요인으로 작용할 수 있는가를 보여준다. 돌연변이는 개체군의 구성체들에게 변이를 일으키기 때문에 자연선택을 촉진시킨다. 그림 1.9A에서 보듯이 어떤 식물이 일반적으로 부드러운 잎을 생산한다고 하자. 그러다가 어느 때 갑자기 식물의 잎이 다소 적어지거나 털이 나도록 하는 돌연변이가 발생했다면 털이 덮인 잎을 사슴(선택의 동인)이 싫어하기 때문에 이 돌연변이는 식물이 번성하기에 오히려 유리하다. 그러므로 털잎을 가진 식물은 점차 다른 이웃 식물보다 더 잘 생존하고, 더 많은 씨를 만들어낸다. 결과적으로 이 식물의 후세대는 대부분 털잎을 생성시키게 된다.

펭귄(그림 1.9B)의 예를 들어보자. 펭귄은 극지방에서 살 수 있도록 잘 적응되었다. 피부에는 솜털층이 하나 더 있고, 짧고 두터운 깃털의 겉옷으로 싸여 있다. 게다가 차가운 바닷속에서 이 조류를 따뜻하게 해주는 지방층이 피하조직에 존재한다. 대부분의 조류들은 앞날개가 날아오르기 위해 균형이 맞추어져 있지만, 펭귄들은 앞날개가 뭉툭하고, 수영에 알맞도록 편평하다. 펭귄들의 발과 꼬리는 물 속에서 방향타 역할을 할 뿐 아니라 육지에서 걷는 데에도 편리하다. 펭귄들은 이 바위 위에서 다른 바위 위로 건너뛸 수도 있으며, 부리는 작은 패류를 먹을 수 있도록 구조가 적응되어 있다. 펭귄들은 극지에서 살 수 있도록 많은 행동들이 적응되어 있다. 그들은 빠르게 움직일 때 가끔 에너지를 아끼려고 배로 지치듯이 얼음과 눈 위를 미끄러져 간다. 펭귄은 알을, 기껏해야 하나 또는 두 개, 발 위에 옮겨 놓고 피부의 주머니로 보호한다. 이때문에 펭귄들은 서 있거나 알을 부화시킬 때 옹기 종기 모여서 따뜻함을 유지하려고 노력한다.

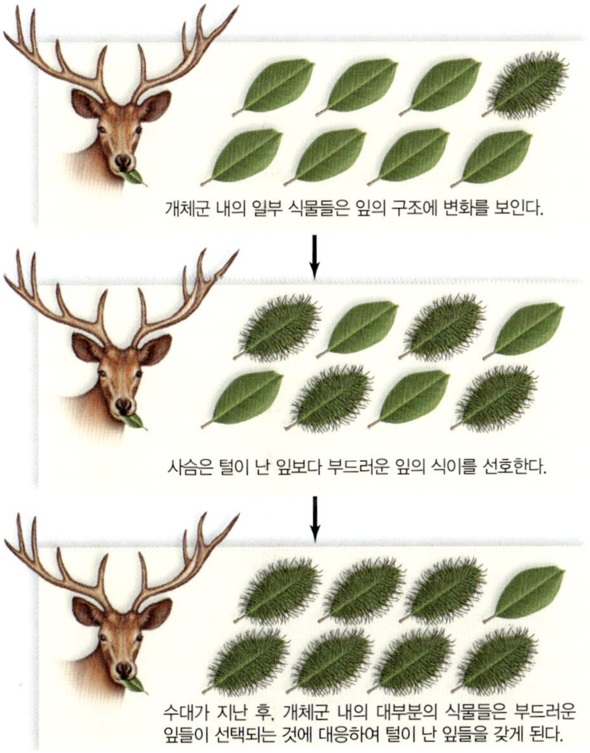


**그림 1.9A** 부드러운 잎(먹이)을 좋아하는 사슴은 식물 개체군에 변화를 일으키는 선택 요인으로 작용한다.

**그림 1.9B** 펭귄은 극지방의 얼음층을 미끄러져 건너가는 데 잘 적응되어 있다.

▶ **1.9 진도 체크**

**1.** 자연도태가 환경 적응의 결과로 일어날 수 있음을 보여주는 시나리오를 만들어라.

## 생명은 어떻게 변화하는가?

진화의 원리는 우리들로 하여금 세상이 어떻게 움직여 가는가에 대한 이해를 증진시켜줄 뿐만 아니라 우리의 삶에 영향을 주고 있는 실제적 문제들의 해결을 가능하게 해준다. 농업, 의학, 자연 보존 등의 분야에서 좋은 예들을 많이 볼 수 있다.

### 농업 분야

야생 바나나 나무의 열매는 작으며 씨는 거칠고 딱딱하다. 대조적으로, 오늘날 우리가 먹고 있는 바나나는 크고 부드럽고 달며, 실질적 목적 때문에 씨도 없다. 인간들은 **'인위적 선택'**을 이용하여 이같은 종류의 바나나를 생산하였다. 이런 경우, 인간이 선택의 '요인'이고 환경은 요인이 아니었다. 오늘날 우리가 먹는 대부분의 채소들과, 말, 개, 소들과 같이 길들인 동물들은 모두 이와 같은 방식으로 생산되었다.

우리는 농경 식물류에 대한 진화를 이해함 으로써 그들을 더욱 건강하게 유지할 수 있다. 예를 들면 옥수수백화왜소바이러스(MCDV)는 어린 옥수수를 감염시켜 병을 일으켜서 수확량을 감소시킨다. 그러나 길든 옥수수는 테오신트라고 하는 야생 식물로부터 유래된 것인데, 과학자들은 테오신트 종이 야생 상태에서 MCDV 질병을 포함한 여러 가지 바이러스 질환에 저항성이 있음을 발견하였다. 그리고 이 유전자를 옥수수에 주입시킴으로써 저항성을 갖게 변형시켰다.

### 의학 분야

항생제의 존재로 인해 저항성 세균이 거듭 증식하게 되고, 결국 전체 세균의 개체군은 대부분 항생제 저항성이 된다.

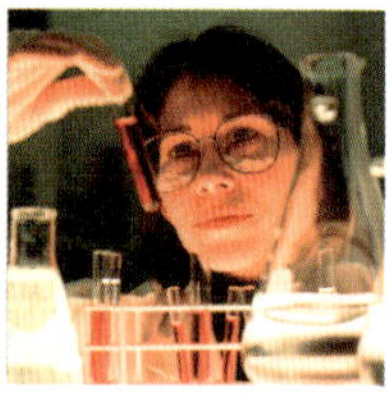

1959년 메티실린이라는 새로운 항생제를 이용할 수 있어 이미 페니실린 에 저항성을 띈 세균의 감염을 치료할 수 있게 되었다. 1997년에는, 병원내 포도상구균 감염자의 40%가 MRSA(methicillin-resistant *Staphylococcus aureus*)에 의한 감염이었다. 이 균은 사람들이 가깝게 접촉만 해도 개체군 간에 자유롭게 퍼질 정도로 감염 빈도가 높다. 이러한 감염질환을 CD-MRSA(community-acquired MRSA)라고 한다. 진화에 관한 지식은 과학자들로 하여금 병원체(예: 세균류와 바이러스류)들이 항생제에 대하여 어떻게 저항성을 갖게 되는지를 이해하게 할 뿐만 아니라, 그들 병원체를 사멸시킬 수 있는 신약 개발 과정도 창조해낼 수 있게 해주었다. 우리는 종종 특수한 병균을 사멸시킬 수 있는 능력을 바탕으로 수백만 개의 가능성 있는 약들을 선택한다. 그런 다음 가장 효능이 우수한 약들을 선별하여, 이것이 문제의 병원체들을 정말 죽이는 능력이 있는지 여부를 시험해 보고, 사용하기 앞서 일부 구조를 화학적으로 수정하기도 한다. 이런 선택 과정을 계속적으로 반복 시험하여 결국 신약이 개발되는 것이다. 이 신약은 다른 포유류(가령, 생쥐)나 영장류(이를테면, 침팬지)들을 이용하여 다시 임상 시험하는데, 이 동물들은 진화로 인해 인간과 가깝게 연관되어 있는 종들이다. 만약에 이 신약이 기타 유해성이 거의 없다고 판명되면, 인간의 질환 치료제로 처방될 수 있다.

### 환경(자연)보호

진화에 관한 지식은 과학자들로 하여금 여러 기술들을 이용하여 환경을 지킬 수 있다고 확신하게 한다. 예를 들면 지금 우리들이 연료로 사용하는 것은 대부분 석유에서 추출한 휘발유이다. 그러나 석유는 언젠가는 고갈될 수밖에 없는 대체 불가능한 자원이다. 우리가 미래에 필요로 하는 것은 영구적으로 대체될 수 있는 재생 자원이다. 옥수수는 재생 가능한 자원으로서 에탄올을 생산할 수 있어 휘발유를 대체할 수 있는 좋은 재료이다. 더욱이 환경을 위해서도 매우 적합하다. 일부 과학자들은 사람과 가축의 먹이로 사용되는 옥수수 말고, 미국에서 버려지고 있는 수십억 톤의 먹지 못하는 옥수수 폐기물을 에탄올로 전환시킬 수 있다고 믿고 있다. 의약품 개발에서 설명된 것과 같은 자연 선택 과정을 응용하여 폐기물을 에탄올로 전환시키는 능력을 지닌 박테리아를 선발할 수 있을 것이다. 자연선택 과정을 이용하여 최고의 약품을 얻거나 최적 세균, 또는 특수한 기능을 위한 균을 선택하는 것을 유도 진화(인위적 진화)라고 부른다.

진화에 관한 지식은 현재 멸종위기에 처한 종을 구하는 데에도 도움을 줄 수 있다. 예를 들면 치누크 연어(큰 연어)는 미국 멸종위기종보호법에 의해 멸종위기에 처한 생물 리스트에 올라있다.

## 1.10 한 공통조상들로부터의 진화는 생명의 특성을 설명한다

### 학습 성과들

본 절을 공부하고 나면 다음에 대한 이해와 능력이 향상될 것이다.

1. 공통 혈통(후손)의 개념을 이용하여 왜 생물체들이 동일한 특징을 공유하고 있는가에 대해 설명하기
2. 생명의 기본적인 특징들에 대해 확인하기

생명의 다양성은 이제까지 여러 번 언급되었다. 그러다면 다양성의 종류가 그토록 큰데, 우리는 어떻게 생명을 한 마디로 정의할 수 있을까? 생물과 무생물을 구별하는 방법은 무엇인가? 여기에 대한 대답은 모든 생물체가 공유하고 있는 특징들을 목록화하는 것이다. 이들 생명의 특징들이 공통 조상 속에 계속 존재해 내려왔고 무생물에는 없는 것임을 설명하는 것이 최선의 방법이다.

1. **생명은 조직화되어 있다.** 생물학적 조직화는 세포로부터 생물권(10 페이지 참조)에까지 확대된다. 최초의 생물체는 단세포였고, 훨씬 후에야 다세포 형태가 생겨났다. 일단 생물체가 몇 개의 상이한 유형으로 생겨났을 때, 그들은 서로 간 상호작용을 하며 생태계의 생명(biotic) 구성 요소가 되었다.
2. **생명은 물질과 에너지를 사용한다.** 생물체가 그 조직을 유지하고 성장하기 위해 필요로 하는 대사 경로들은 모두 동일하다(11 페이지 참조). 우리는 앞으로 이들 대사경로들을 꼼꼼하게 공부할 것이다. 왜냐하면 대사경로들은 생물체의 생명 활동에 대단히 중요하기 때문이다.
3. **생명은 번식한다.** 단세포 생물체들은 번식할 때 단순히 둘로 나누어지지만, 다세포 생물체의 경우 수정난으로 시작하여 발생과 성장을 거쳐서 새 생명이 된다. 생물체가 번식(생식)할 때, 진화를 일으키는 유전적 차이가 발생한다(12–13 페이지 참조).
4. **생명은 항상성을 기반으로 한다.** 조절기전으로 인하여 세포들과 생물체의 내부 환경은 비교적 일정하다(14 페이지 참조). 항상성은 또한 진화한다. 왜냐면 항상성을 잘 유지하는 개체군의 구성원들이 항상성을 유지하지 못한 경우보다 후손이 더 많기 때문이다.
5. **생명은 자극들에 반응한다.** 생물체는 내부 자극과 외부 자극에 반응하는데, 이로 인해서 항상성이 유지되도록 한다. 자극에 대한 반응은 또한 생물체들의 행동 패턴을 설명한다(15 페이지 참조). 행동 패턴은 생물체의 해부학적 특색에서 보는 것과 동일한 방법으로 자연선택을 통하여 진화된다.
6. **생명은 생태계를 형성한다.** 상호작용은 생물체들의 특징이 다. 세포들은 생물체 내에서 상호작용하며, 개체군들은 생태계 속에서 상호작용한다. 우리들은 식물계가 생산하는 식자 원 없이는 살아갈 수 없으며, 세균류나 균류 없이는 사체(시체)가 분해되지 않고 그대로 남아 있게 된다(16 페이지 참조).
7. **생명은 진화한다.** 생명의 역사는 동일한 근원(원천)을 가지고 시작되었으나 생명이 번식하면서 돌연변이가 일어날 수 있는 유전자들이 전달된다. 돌연변이들을 통하여 환

경에 적합한 장점들이 생기며, 자연선택을 통하여 그 장점들은 개체군 내에서 더 확산된다. 상이한 환경에 대한 적응은 지구상에 있는 생명의 다양성을 설명해준다.

▶ **1.10 진도 체크**

**1.** 매와 그 자손들이 생명의 특징들을 어떻게 보여주고 있는지를 설명하라.

## 본 장에 대한 리뷰

### 개념들의 연결

과학적 방법은 관찰들, 가설의 설정, 가설의 실험, 결과들(데이터)에 기초한 결론 도달 등으로 이루어진다. 많은 연구 결론들에 따라서 과학자들은 5가지 학설(세포설, 유전자설, 항상성설, 생태계설, 진화설)을 발전시켰다. 본서는 이 학설들을 기초로 하였 다. 학설들은 어떻게 생명의 세계가 움직여 가는지를 말해주는 개념 체계이다. 생물학의 모든 학설들은 서로 연관되어 있다. 예를 들면 유전자설은 진화설과 연결되는데, 돌연변이 개체군 구성원들 간에 차이점들을 만들어내기 때문이다. 더 잘 적응된 구성원들은 자연 선택을 통하여 번식할 기회를 더 많이 갖게 되고 이런 방식으로 한 종은 주어진 환경에 적응되는 것이다.

또 다른 학설들도 서로 관계가 있다. 예를 들면 진화는 생태계설과 연결된다. 그 이유는 자연선택이 일어날 때처럼, 종들은 특수한 생태계에서의 삶에 적응하기 때문이다. 우리는 이런 관찰을 세포설에도 연결시킬 수 있다. 가젤(gazelle)의 신경세포들은 신경자극을 근육으로 전달할 때 사자보다 더 신속하게 전달할 수 있다. 그 결과 포획으로부터 쉽게 피할 수 있는 것이다.

학설들을 탐구하면서, 우리는 생명의 특징들도 논의할 수 있다. 세포설은 모든 생물체들이 세포로 구 성되어 있다는 것과 모든 세포들은 생명의 기본 단위 임을 가르쳐 주었다. 항상성설은 모든 생물체들이 그 내부환경을 비교적 일정하게 유지토록 하는 기전들을 갖고 있음도 말해준다. 유전자설은 모든 생물체가 여러 가지 모양들로 변하게 하는 돌연변이 진행의 유전 단위, 즉 유전자들을 갖고 있음을 말해준다. 진화설이 주장하는 것처럼 모든 생명 형태는 근원을 따지면 공통 조상에까지 닿아 있다. 때문에 유사한 특성들을 공유하고 있는 것이다. 모든 생명 형태는 상호작용으로 그들이 존재하는 데에 필요한 물질과 에너지를 획득할 수 있게 해주는 생태계 속에서 살아간다. 사람들도 생태계에 의존하여 살아가며, 사람들이 생물권을 보존할 때 곧 자기 자신의 존재도 보존하는 것이 된다.

### 분석과 평가

1. 어떤 예(본서에 나오지 않은 것)를 들어서 상기한 학설 중 두 개끼리 서로 관계가 있음을 보이라.
2. 어떻게 세균이 항생제에 대하여 저항성을 갖게 되었는지를 자신의 견해로 설명하라.

## 요약

### 과학의 과정

**1.1 과학자들은 자기가 선호하는 방법을 사용한다**

- 과학적 방법은 4단계로 구성된다. (1) 우리 자신의 감각기관과 특별 도구를 이용한 '**관찰하기**', (2) 귀납적 추론에 의해서 '**가설**' 이라고 불리는 가능한 설명을 작성하기, (3) 실험상의 변수, **실험군**, 그리고 실험 변수와 관계 없는 **대조군**을 포함하는 '**실험하기**'(또는 과학자들은 단순하게 더 깊이 관찰할 수도 있다. 실험을 할 때 과학자들은 '**모델**'을 설정한다), (4) **데이터**에 근거하여 가설이 뒷받침되는지 아닌지에 따라 **결론**을 낸다.
- 하나의 **과학적 학설**은 많은 관찰들, 실험들, 그리고 데이터에 의해서 뒷받침되는 중요 개념이다.

**1.2 많은 실험들은 실험군과 대조군으로 되어 있다**

- 실험적 처리를 한 실험군들과는 다르게, 대조군은 실험적 처리 없이 결과치들이 다른 요소로 인한 것이 아님을 확인해주 는데에 사용된다. 비료의 타입을 시험하는 실험에서 비료 처리를 하지 않은 그룹이 대조군으로 설정되었다.

### 세포설

**1.3 세포는 생명체의 기본 단위이다**

- 생물학적 조직화(organization)는 세포 내의 분자들에서부터 생물체와 그 상위단계에까지 확대된다.

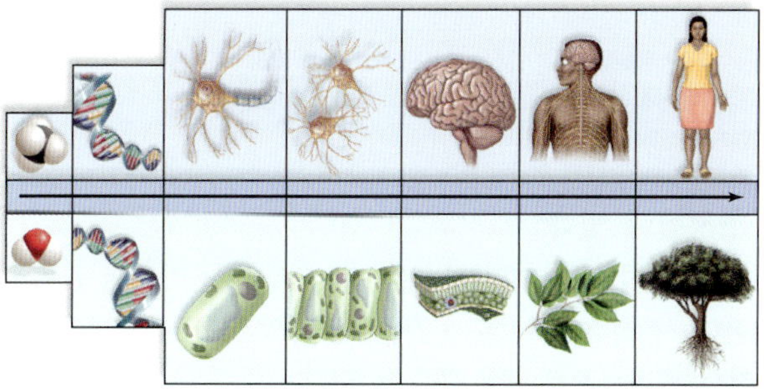

- **세포설**은 생명의 기본 단위인 **세포**들이 미리 존재한 다른 세포들로부터 유래한 것임을 설명해준다. 세포들 안에는 '**원자들**'이 결합하여 '**분자**'를 형성한다. 비슷한 세포들이 모여 조직을 만들며, 조직들은 기관계에서 함께 작용(일)하는 '**기관들**'을 구성한다. **기관계**들은 생물체에서 함께 작용(일)한다.
- 세포들과 생물체들은 그들의 통합성을 유지하고자 그들이 살 고 있는 환경으로부터 물질과 **에너지**를 획득한다(얻는다). 그 이후부터는 화학작용을 통하여 **대사**가 진행된다. 식물계는 **광합성**을 통해서 태양 에너지를 잡아낼 수 있으며, 모든 생물체를 생존하게 하는 영양물을 생산한다.

### 유전자설

**1.4 생물체는 유전적 유산을 갖고 있다**

- **유전자설**은 유전자가 **DNA**로 구성된 **유전** 단위임을 설명해준 다. 유전자는 세포 내 분자(**단백질**)의 암호이다. 따라서 유전자는 세포들과 생물체들의 구조 및 기능을 조절한다. 유전자들은 **돌연변이**를 일으킬 수 있기 때문에 각 생물체는 그들 고유의 DNA 뉴클레오티드 배열순서를 갖고 있다.
- 유전자설의 유용성은 매우 높기에 12 페이지에 열거된 것들과 같은 수많은 실용적 응용 사례들이 산출되었다.

### 항상성설

**1.5 생물체는 그들의 내부 환경을 조절한다**

- **항상성설**은 생물체와 세포들이 내부 환경을 비교적 일정하게 유지하는 기전들을 지니고 있을을 설명한다. 오직 항상성을 유지함으로써 그들은 생명을 지속시켜 갈 수 있다.
- 항상성을 유지하기 위해 외부 및 내부 환경을 모니터할 감각적 수용체를 활용해야 한다. 생물체들은 환경 변화에 반응할 수 있다. 예를 들면 식물이 햇빛을 향해 방향을 잡고 자라면서, 그들은 광합성에 필요한 에너지를 획득하게 된다.

## 생태계설

### 1.6 생물권은 생태계로 나누어진다

- **생태계설**은 한 지역적 환경 내의 사안을 설명한다. 각 종들의 구성원들은 **개체군**이다. 개체군들은 서로 간에 상호작용하는 **공동체**를 형성한다. 공동체 속에서 화학물질이 순환하고 에너지가 흐르지만, 에너지가 순환하지는 않는다. 화학순환은 물리적 환경과의 상호작용이 필요하다.
- 열대우림지대들과 산호초 암석지를 포함한 여러 생태계들은 인간 활동에 의해서 파괴되고 있다.

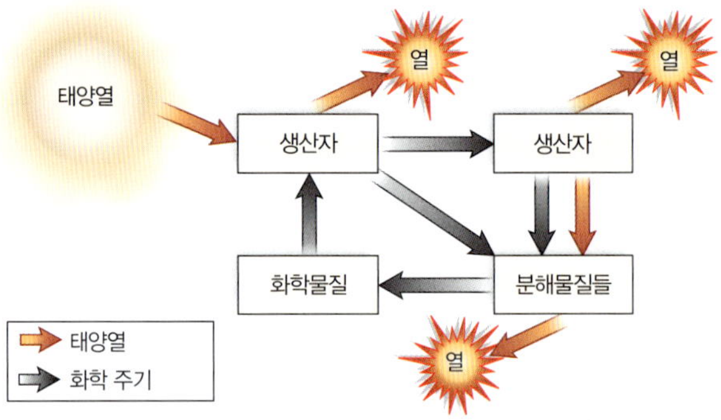


## 진화설

### 1.7 종들의 가계는 결정될 수 있다

- '**진화설**'은 모든 종들(살아 있거나 멸종되었건 간에)이 그들 가계의 공통 근원으로까지 추적해 갈 수 있음을 설명한다. '**진화 계통 나무**'는 '**공통조상들**'의 길을 따라 혈통의 패턴을 그려낼 수 있다.

### 1.8 생물학자들은 진화 관련성으로 생물체를 분류한다

- '**분류학**'은 생물체를 진화관계성에 따라 분류하는 것이다. 분 류 범주에는 '**종**'(최소), '**속**', '**과**', '**목**', '**강**', '**문**', '**계**', 및 '**역**'(생물체 대부분을 포함) 등이 포함된다. 역(domain)에는 '**세균 영역**', '**고세균 영역**', 및 '**진핵생물 영역**' 등 3개가 있다.
- 고세균 영역과 세균 영역에는 **원핵생물**(**prokaryotes**: 핵을 둘러싸는 막이 없는 생물체)들이, **진핵생물 영역**(**eukaryotes**: 핵이 막으로 둘러싸인 생물체)에는 진핵생물들이 포함된다. 진핵생물 영역에는 4가지 주요 그룹이 있다:

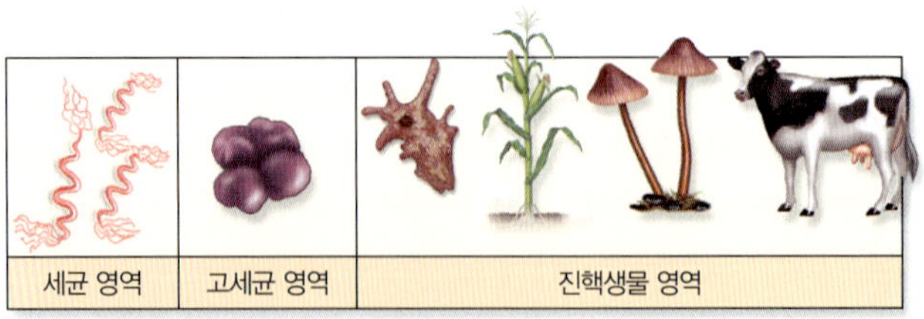


'**원생생물**' – 단세포에서 다세포 생물체까지 다양한 영양 형식을 갖고 있다.
'**균류**' – 곰팡이류와 버섯류들
'**식물류**' – 다세포성 광합성체들
'**동물류**' – 먹이를 섭취하는 다세포 생물체

- 생물체를 분류하기 위하여 2부분으로 된 학명–2명식 명명 체계–을 사용하는데, 이는 속명과 **별칭**으로 이루어진다.

**1.9 자연도태를 통한 진화는 환경에 적응한 결과이다**

- 진화설은 진화가 진행되면서 변형이 발생한다고 설명하고 있 는데, 이런 변형들이 **적응**을 돕게 되면 그들은 **자연선택**을 통하여 더욱 일반화가 된다. 그 결과로 지구상에 광범위한 생명 형태의 다양성이 생기면서 다른 환경으로 각각 적응해 간다.

**1.10 한 공통조상들로부터의 진화는 생명의 특성을 설명한다**

- 생물체는 공통의 가계(혈통)를 가졌기 때문에 공통의 특징들을 지니고 있다. 생명은 조직화되며, 물질과 에너지를 사용하고, 생식(번식)하며, 항상성을 유지하며, 자극들에 반응하고, 생태 계를 이루며 진화한다.

## 자기 테스트

### 과학의 과정

1. 다음 단어 중 결론에 해당하지 않는 단어는?
   a. 증거　b. 뒷받침　c. 배제　d. 모든 단어가 결론의 부분이 될 수 있다.
2. 단어와 정의가 적절히 연결되지 않는 것은?
   a. 데이터 – 사실적 정보
   b. 가설 – 시험할 아이디어
   c. 결론 – 데이터가 우리에게 말해 주고 있는 것
   d. 이들 전부가 적절히 맞게 연결되고 있다.
3. 겨울밀 실험에서 대조군을 올바르게 설명하고 있는 것은? 대조군은
   a. 나무콩을 심은 것　b. 질소비료로 처리된 것
   c. 처리하지 않은 것　d. 물을 주지 않은 것　e. c와 d 둘 다 맞다.
4. 개념적 사고　본서기 기본으로 삼고 있는 과학적 방법과 5가지 학설 간의 관계성은 무엇인가?

### 세포설

5. 유사 구조와 기능을 지닌 세포들로 구성된 조직화 정도는 무엇인가?
   a. 기관　b. 조직　c. 기관계　d. 생물체
6. 생물계에서 복잡성이 증가하는 순서로 올바른 것은?
   a. 세포, 분자, 기관, 조직　b. 기관, 조직, 세포, 분자
   c. 분자, 세포, 조직, 기관　d. 세포, 기관, 조직, 분자
7. 세포 내에서 일어나는 모든 화학 반응을 일컫는 말은?
   a. 항상성　b. 대사　c. 정체이형　d. 세포질
8. 태양에너지를 유기화학 에너지로 전환하는 공정을 일컫는 말은?
   a. 일　b. 대사　c. 광합성　d. 호흡
9. 개념적 사고　세포설의 이론 체계 작성에 있어 첫 단계가 어째서 동, 식물 조직들에 관한 현미경적 연구여야 했는가?

### 유전자설

10. 유전자들은
    a. 진핵생물에는 존재하지만 원핵생물에는 없다.
    b. RNA와 DNA로 구성된다.
    c. 세포에서 세포로, 생물체에서 생물체로 전해진다.
    d. 위 모든 설명이 전부 맞다.
11. 유전자들은
    a. 단백질들을 위한 암호　b. 돌연변이를 일으킴
    c. 항상 세포들 속에서만 발견됨　d. 이들 설명 모두가 맞다.

12. 개념적 사고 유전자와 생명 다양성 간의 관계는 무엇인가?

### 항상성설

13. 다음 중 어느 것이 항상성의 부분인가?
    a. 동물들은 그들의 내부온도를 비교적 일정하게 유지한다.
    b. 당신의 혈액 세포 수는 항상 같다.
    c. 어떠한 기관들, 신장들과 같은 것들은 노폐물을 배설시킨다.
    d. 식물류는 해를 향해 자기들의 방향을 돌릴 수 있다.
    e. 위 모든 것이 다 옳다.
14. 항상성을 유지하려면, 생물체들이 할 필요가 있는 것은
    a. 다세포성이어야 한다.
    b. 환경 속에서 물질과 에너지를 획득해야 한다.
    c. 신경계를 갖는다.
    d. 자극들에 대하여 반응한다.
    e. b와 d의 둘이 맞다.
15. 개념적 사고 신체 조건에 항상성이 없을 때, 어느 기질화 수준이 가장 먼저 위협을 받는가?

### 생태계설

16. 복잡성을 증가시키는 올바른 순서는 다음 중 어떤 것인가?
    a. 생물권, 공동체, 생태계, 개체군
    b. 개체군, 생태계, 생물권, 공동체
    c. 공동체, 생물권, 개체군, 생태계
    d. 개체군, 공동체, 생태계, 생물권
17. 생태계 내에서, 에너지는
    a. 흐르며 영양물질들을 순환시킨다.
    b. 순환하며 영양물질들을 흐르게 한다.
    c. 함께 영양물질들을 흐르게 한다.
    d. 함께 영양물질들을 순환시킨다.
18. 화학순환의 예는 다음의 경우에 일어난다.
    a. 식물류가 태양에너지를 흡수하여 자신의 음식을 만들 때
    b. 생태계를 통해서 에너지가 흐르고 열이 될 때
    c. 매가 날아 오르며 나무에 둥지를 지을 때
    d. 사체와 부패물이 무기 영양물질로 되어 식물류가 이용할 때
    e. 우리가 음식을 섭취함으로 성장하고 조직이 새로워지게 될 때
19. 에너지는 다음의 어떤 것에 의해 생태계로 이동하는가?
    a. 균류와 기타 분해자들
    b. 소들과 기타 초식성성 생물체들
    c. 육식성 동물류들
    d. 식물류처럼 광합성하는 생물체들
    e. 이들 모두가 맞다.
20. 개념적 사고 건물들, 학생들, 교수들, 관리자들로 구성된 대학 캠퍼스는 어떻게 하나의 생태계와 같은가?

### 진화설

21. 생물체들은 서로 관계가 있는데 그 이유는 그들이
    a. 모두가 동일한 구조와 기능을 갖고 있다.

b. 동일한 특징을 갖고 있다.
c. 그들 가계를 추적하면 모두가 공통적 근원에 도달할 수 있다.
d. 모두가 유전자를 포함하고 있다.

22. 진화계통나무는
a. 공통의 조상들을 보여준다.
b. 생물체 그룹의 역사를 그려준다.
c. 적절한 데이터에 근거하고 있다.
d. 어떠한 생물체들이 어떻게 관계되어 있는지를 보여준다.
e. 위의 모든 것들이 다 옳다.

23. 생물체 분류는 다음 사항을 반영한다.
a. 유사성들 b. 진화의 역사 c. a와 b 모두 틀리다. d. a와 b 둘 다 맞다.

24. 보기 중 어느 것이 더욱 점진적으로 넓은 포괄적 분류 체계를 보여주고 있는가?
a. 계, 문, 강, 목 b. 문, 강, 목, 과 c. 강, 목, 속, 과 d. 속, 과, 목, 강

25. 사람들이 속한 영역은?
a. 고세균역 b. 세균역
c. 진핵생물역 d. 이들 모두가 다 틀린다.

26. 단세포 생물체를 어느 그룹 내에서 가장 잘 찾아낼 수 있는가?
a. 원생생물역 b. 진균(균류)계 c. 식물계 d. 동물계

27. 학명의 두 번째 단어는, Homo sapiens에서와 같이
a. 속 b. 문 c. 특이 별칭
d. 종 e. 과

28. 생명체를 그 생활 방식에 맞도록 하는 변형을 무엇이라고 부른가?
a. 생태계 b. 개체군 c. 적응 d. 맞는 것이 없다.

문제 29 – 32, 각 문제의 내용에 맞는 생명의 특징을 '키(열쇠)'에서 고르라.

키(열쇠):
a. 조직화된다. b. 물질과 에너지를 쓴다. c. 생식한다. d. 항상성을 지닌다.
e. 자극에 반응한다. f. 생태계를 이룬다. g. 진화한다.

29. 생물체들은 행동을 보여준다.
30. 개체군들(populations)은 상호작용한다.
31. 기린은 오직 기린만 낳는다.
32. 변형된 공통의 혈연을 보여 준다.
33. **개념적 사고** '진화는 생물학을 통일시킨다'라는 구절을 뒷받침(지지)할 증거를 말하라.

## 참여하기

1. 당신은 큰 토마토를 재배하고 싶다. 그때 마침 유명 상표의 비료가 다른 상표의 비료보다 생산성이 더 우수하다는 주장을 접하게 되었다. 이 주장을 어떻게 테스트할 것인가?
2. 한 연구원이 평판배양 그릇에 염료를 쏟았고, 그 세균을 햇빛에 놓았는데도 살아 있음을 알게되었다. 그는 그 염료가 자외선에 대한 방호력이 있는지 여부를 시험하기로 하였다. 세균과 염료가 포함된 평판배양접시 그룹과, 염료는 없고 오직 세균만 들어 있는 그룹을 자외선에 노출시켰더니 모든 배양 섭시 속의 세균들이 죽어버렸다. 이 연구원의 연구 단계들을 확인하는 다음 도표를 완성하여라.

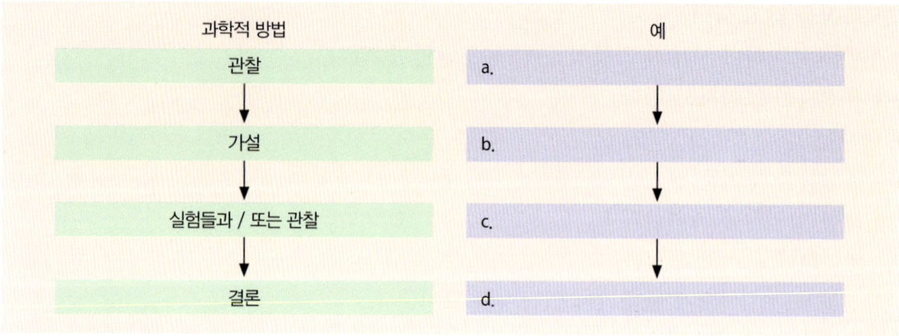


## 미디어 연구 도구

mhhe.com/ maderconcepts3

상호작용 학습도구들, 연습문제들 등을 이용하여 여러분의 학습을 강화하라. 또한 ConnetPlus를 통해 이용가능한 학습자료들에 대해서도 여러분의 선생님에게 문의하라. ConnetPlus에는 개인별 맞춤형 학습 프로그램인 LearnSmart와 영상매체가 풍부한 eBook이 포함되어 있다.

# 제 2 장

# 세포(들)에 관한 기초 화학



## 생명은 물에 의존한다

생명의 기본 단위인 세포는 바다에서 유래했을 가능성이 대단히 높다. 대부분의 생명체는 구성 성분의 70~90%가 물인데, 물에서는 화학 반응이 쉽게 일어나기 때문에 생존 환경을 유지하기에 유리하다. 뿐만 아니라 생존에 필요한 물질들을 세포 내로 운송하는 것도 물이 많으면 훨씬 용이하다. 게다가 물은 주변 온도가 갑작스럽게 변화하는 것을 막아주기 때문에 항상성을 유지하기에 적합하다. 이처럼 육지 생물의 다양함은 주변에 물이 얼마나 풍부한지와 직접적인 연관이 있다. 사막에는 생명의 다양성이 매우 제한되어 있다는 사실을 상기해보라. 그리고 반대로 강수량이 월등하게 많은 열대 지방에는 생명체의 다양성이 훨씬 뛰어나다는 것을 기억하자. 일년 내내 강수량이 많은 지역에서는 밤과 낮의 온도가 거의 일정하게 유지되기 때문에 그만큼 생명체가 잘 보존될 수 있다.

그러면 다른 행성에도 생명체가 있을까? 이 질문에 대답하기 위해 과학자들은 제일 먼저 그 행성에 물이 있는지 여부를 조사한다. 왜냐하면 우리가 알고 있는 한, 물 없이는 생명체가 존재할 수 없기 때문이다. NASA는 그동안 화성에서 '물의 징후'를 탐사해왔는데, 마침내 2008년, *Phoenix* 로봇 실험 장치를 화성에 상륙시켜 얼음을 발견하였다. 또한 착륙 지점 주변의 토양을 분석하여 화성에도 수백만 년 이상 습기가 존재해 왔을 가능성을 제시하였다. 이러한 자료를 토대로 과학자들은 언젠가 화성에서 생명의 증거가 발견되리라 기대하고 있다.

물과 생물체와의 연관성은 모든 동물에서 관찰된다. 동물이 번식하는 데에 물이 반드시 필요하다는 것이다. 담수에 사는 동물이든지 또는 바다에 사는 동물이든지 간에, 난자와 정자는 물속에 담겨있어야 그 곳에서 서로 만나 배아를 형성하고 발생할 수 있다. 사람도 마찬가지이다. 여성 생식기 내부는 항상 촉촉하게 젖어있기 때문에 정자가 그 안에 들어가 보호받을 수 있다. 포유류의 배아는 임신기간 중 자궁에서 양수로 둘러싸여 발생을 한다. 양수는 배아의 체온을 유지해주는 동시에, 완충작용을 해서 혹시나 있을 수 있는 외부 충격으로부터 보호해 준다. 또한 아기의 손발이 자라면서 자궁에 달라붙는 것을 막아주고, 자유롭게 운동하면서 근육이 골고루 발달할 수 있게끔 도와준다.

본 장에서는 생명체가 항상성을 유지하도록 도와주는 물의 특성들에 관하여 논의하도록 한다. 또한 세포와 생물체의 기능이 어떻게 가능한지를 이해하기 위해 기초적인 화학의 개념도 다룰 것이다. 어떤 화학물질들은 물의 특성을 바꾸어버리는데, 그렇게 되면 생물체의 항상성이 위협받을 수 있다.

지구는 물이 풍부하다.

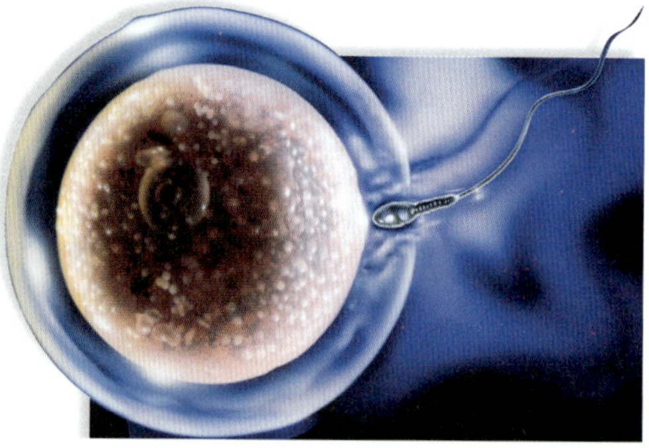

편모가 달린 동물의 정자와 일부 식물류는 난자에 헤엄쳐 가기 위하여 물이 필요하다.

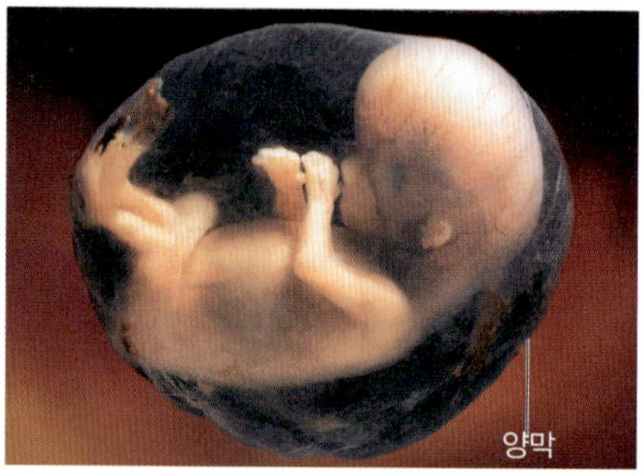


사람의 배아도 다른 동물들처럼 '물'의 환경에서 발생한다.

모든 행성 중에서 지구에만 물이 풍부하고, 생명체 역시 다양하다.

## 세포의 원자들

생명의 최소단위인 세포는 작은 화학적 분자들(그림 1.3A)로 구성되어 있다. 때문에 생명의 구조적인 측면을 이해하려면 분자가 어떻게 만들어져 있는지를 먼저 아는 것이 중요하다. 분자는 원자들의 집합체이므로 우리는 원자에 대한 이야기를 먼저 하도록 한다.

### 2.1 생명의 기초는 총 6종류의 원자들로 이루어진다

#### 학습 성과들

본 절을 공부하고 나면 다음에 대한 이해와 능력이 향상될 것이다.

1. 세포의 기본이 되는 6가지 원자(들)의 리스트 만들기
2. 원자를 구성하는 입자들의 위치와 음극, 양극에 관한 내용 이해하기
3. 원자기호와 원자번호, 질량수 및 동위원소에 대한 용어 구별하기

지표면처럼 모든 생물체들도 물질로 구성되어 있다. 책갈피를 넘기고, 개를 쓰다듬고, 공을 던지는 등의 행위와는 달리, **물질**이란 공간을 차지하면서 질량을 갖는 물리적 실체를 뜻한다. 우리가 마시는 물과 숨쉬는 공기 역시 물질로 구성되어 있다.

**원소와 원자(들)** 물질을 구성하는 기본단위는 원소이다. 현재 지구상에는 92개의 원소가 존재하는데 생명체의 다양성에 비해 그 숫자가 다소 적은 편이라 조금은 놀랍기도 하다. **원소**란 성질상 더 이상 쪼개질 수 없는 화학적 상태를 말한다. 원소와 원자는 그 의미가 다르다. 동일한 **원자**들이 많이 모여야 원소가 되는 것이다. 예를 들면 '구리'는 원소의 이름인데 구리 원자들이 모여서 만들어진 것이다. 이처럼 원자야말로 화학적, 물리적 특성을 존속시키는 최소 단위이다. 그중에서도 탄소, 수소, 질소, 산소, 인, 황 등 6개 원자는 생명의 기본 요소이다. 한 생물체의 체중에서 95%가 이들 6개 원자로 인한 것이다. 그리고 나머지 5%가 기타 원자로 인한 것이다. 그림 2.1A에 나오는 마코 앵무새는 그 한 예이다. 마코 앵무새는 남아메리카의 소금해안에 모여 사는 새다. 소금은 나트륨과 염소 원자로 되어있으며 거의 모든 생명체에서 관찰되는 주요 물질이다.

원자는 이름뿐 아니라 **기호**로 표시할 수도 있다. 나트륨의 기호는 Na이고, 라틴어로는 소듐(sodium)이라고 한다. 다른 한편으로 염소는 Cl이라고 표시하며, 영어 chloride에서 유래되었다. 이처럼 원자 기호는 라틴어나 영어에서 대부분 유래되었다. 철(iron)의 기호는 Fe인데, 라틴어로 *ferrum*이 철을 뜻하는 데서 유래되었다. 상기한 6가지 기본 원자들의 기호는 각각 C, H, N, O, P 및 S이다. 편의상 우리는 이들 6개 원자기호를 잘 기억하기 위해 머리글자만을 모아 CHNOPS로 표기하기도 한다. 앞으로 3장에서 또 한 번 언급하겠지만 CHNOPS 원자들은 모든 세포들과 생물체의 특이성을 이루는 데에 있어서 필수적이다. 그러나 이외에도 몇몇 중요한 원자들이 또 있는데 나트륨, 칼륨, 칼슘, 철, 그리고 마그네슘 등이 그것들이다.

**아원자 입자들** 물리학자들은 원자를 구성하는 몇 개의 아원자 입자들을 확인하였다. 이

들은 원자를 구성하는 단위로서 단순한 입자 형태이다. 가장 잘 알려진 아원자 입자들은 양전하(positive)를 띠는 **양성자(proton)**와, 극성이 없는 **중성자(neutron)**, 그리고 음전하(negative)를 띠는 **전자(electron)** 등 3종류이다. 양성자와 중성자는 원자핵에 위치하고, 전자들은 핵 주위의 궤도를 돌면서 운동한다. 그림 2.1B의 점으로 표시한 궤적은 한 개의 원자 구조에서 핵에 위치한 10개의 중성자와 양성자, 그리고 전자들의 상호 개연성 있는 위치를 나타내 보여준다. 그림 2.1C에서는 점 대신 원으로 **전자 궤도**를 표시하였다. 핵과 가까울수록 전자 궤도의 에너지 수준이 낮아서 더욱 안정되며, 제일 안쪽의 전자 궤도에는 2개의 전자가 위치할 수 있다. 핵에서 멀어질수록 궤도의 에너지 수준은 높아지고, 전자 수가 증가하는데, 그림에서는 제일 바깥쪽 궤도에 8개의 전자가 표시되어 있다.

어떤 과학적 사실을 설명하기 위해 우리는 종종 모델 또는 도식화된 그림을 사용한다. 여기서 모델이란 실제보다 그 구조와 과정을 이해하기 쉽도록 단순화시켜 가상적으로 만들어 낸 것이다. 예를 들어 그림 2.1C의 원자 모델을 보면 실제보다 많이 축소되었고 단순화되어 있다. 만약에 원자의 실제 크기를 축구장에 비교해 그린다면 핵은 탁구공만 할 것이며, 전자는 그보다도 훨씬 작은 점으로 표시해야 할 것이다. 그럼에도 불구하고 대부분의 생물학자에게는 이정도 단순화된 표시만으로도 원자 개념을 이해하는 데에 충분하다는 것이다. 때문에 많은 경우 설명을 위해 너무 복잡하지 않은 모델화된 그림을 활용하곤 한다.

**원자번호와 질량번호** 원소는 동일한 원자들의 집합이다. 즉 어떤 원소를 구성하는 원자들은 모두 동일한 수의 양성자를 갖고 있다. 이것을 '**원자번호**'라고 부른다. 예를 들면 탄소원자의 원자번호는 6이다. 원자번호는 양성자 수를 말할 뿐만 아니라 전자의 수를 나타내기

**그림 2.1A** 소금기가 많은 해안지대에 사는 열대 앵무새들. 사진 속의 표는 생물체를 구성하는 원소들의 비율과, 지구 표면에서 발견되는 원소들의 분포를 비교해 보여준다.

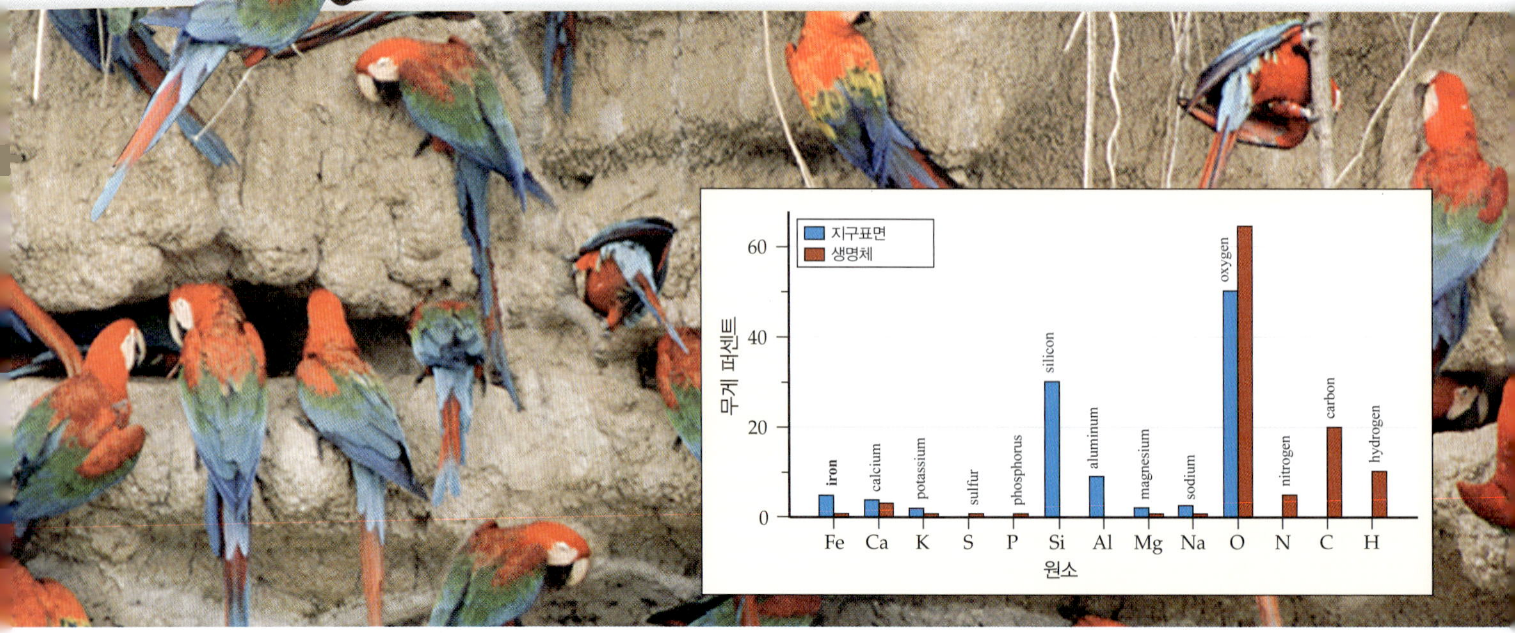

도 한다. 원자가 전기적으로 중성이라면 전자의 수가 양성자의 수와 동일하기 때문이다. 그림 2.1D는 전기적으로 중성일 때(중성전하)의 탄소원자는 양성자가 6개이고 전자도 6개임을 보여준다. 각 원자는 고유한 질량(원자량)을 가지고 있다. 원자의 **질량수**는 양성자 및 중성자 숫자에 의해 결정된다. 즉 이 두 가지를 합한 숫자가 질량수(표 2.1)이다. 전자는 너무 작기 때문에 질량수에 영향을 미치지 못한다.

탄소의 질량수는 12이다. 관례적으로 원자번호는 원자기호의 좌측 하단 아래첨자로 쓰고, 질량수는 원자기호의 좌측 상단 위첨자로 표기한다. 표기된 숫자의 크기가 서로 다르다면 일반적으로 그림 2.1D에서와 같이 더 작게 쓰인 숫자가 원자번호를 나타낸다.

'**동위원소들**'은 원자번호는 같고, 중성자 수가 서로 다른 원자들이다. 즉 동위원소들은 동일한 수의 양성자를 갖고 있지만 질량수가 서로 상이하다. 예를 들어 탄소원자는 3 종류의 동위원소 형태로 존재한다.

$$^{12}_{6}C \qquad ^{13}_{6}C \qquad ^{14}_{6}C^{*}$$

*방사성

탄소 12는 6개의 중성자, 탄소 13은 7개의 중성자, 그리고 탄소 14는 8개의 중성자를 가지고 있다. 비록 질량수는 다르지만 이들의 원자번호는 모두 6으로 동일하다. 이들 중 탄소 14는 구조적으로 불안정하기 때문에 자연계에 존재할 수 있는 시간이 매우 짧다. 즉 빠르게 붕괴해서 더 낮은 수의 원자번호를 갖는 안정된 형태로 바뀌려는 성향을 가지고 있다. 이렇게 한 원자가 붕괴될 때 그 결과로 작은 방사성 입자 또는 에너지가 방출된다. 따라서 탄소 14는 방사성동위원소(radioisotope)라고 불린다. 생물학자들, 그리고 과학자들은 방사성동위원소의 유익한 사용처를 많이 발견하였다. 예를 들어 Malvin Calvin과 그 동료 연구원들은 탄소 14를 사용해 광합성 과정 중에 일어나는 반응들의 순서를 추적할 수 있었다.

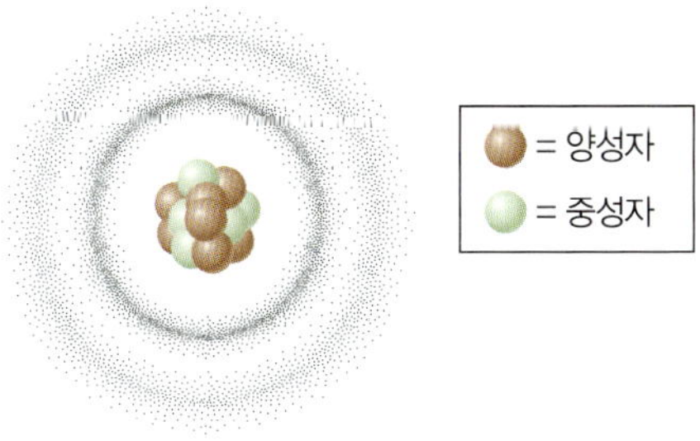


**그림 2.1B** 점으로 표시된 지역은 전자들이 위치할 가능성이 높은 곳이다.

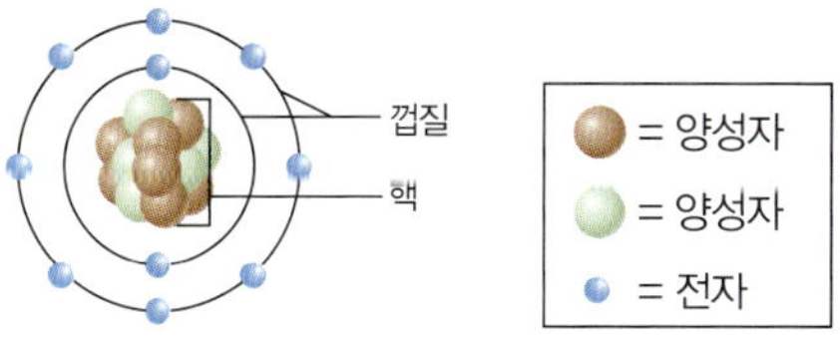


**그림 2.1C** 이 원자 모델의 궤적은 전자들의 평균적 위치를 나타낸다.

| **표 2.1** | **아원자 입자들** | | |
|---|---|---|---|
| **입자** | **전하** | **원자량** | **위치** |
| 양성자(양자) | +1 | 1 | 핵 |
| 중성자 | 0 | 1 | 핵 |
| 전자 | −1 | 0 | 전자각 |

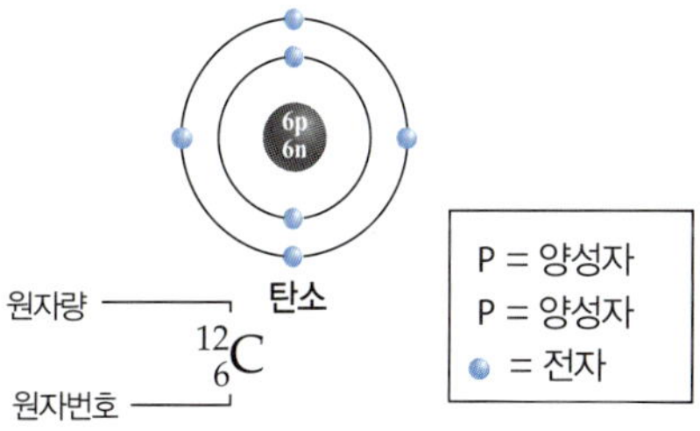


**그림 2.1D** 탄소원자의 모델

**원자질량(원자량)** **'원자질량'**은 동위원소를 모두 포함한 어떤 원자의 평균 질량을 의미한다. 원자무게(*atomic weight*)라는 용어보다 원자질량(*atomic mass*)이라는 용어가 더 흔하게 쓰이는데 그 이유는 질량은 일정한 데 비해서 무게(weight)는 중력에 따라 변하기 때문이다. 지구의 중력은 달의 중력보다 크다. 그러므로 물질의 무게는 심지어 질량이 변하지 않았는데도 달에서는 줄어들게 된다.

**▶ 2.1 진도 체크**

1. 그림 2.1A를 보고 세포에서 가장 공통적인 4개 원자들을 찾아내라.
2. 산소원자(원자번호 8)의 양성자 및 전자의 수, 그리고 각각의 위치를 알아보라.
3. 동위원소 칼슘 40과 칼슘 48의 차이점을 말하라(칼슘의 원자번호는 20이다).

# 원자가 모여 분자를 형성한다

한 원자의 전자 궤도를 돌고 있는 전자의 개수가 그 원자의 반응성을 결정한다. 생물학적으로 중요한 것들은 서로 반응하려는 경향이 강하며 그 결과는 화학결합이라고 부르는 결합이다. 화학결합 중 가장 일반적인 두 종류는 이온결합과 공유결합이다. 공유결합이 극성을 나타내면 수소결합이 일어날 수도 있다.

## 2.2 원자들이 서로 반응하여 결합하면 새로운 전자 궤도가 형성된다

### 학습 성과들

본 절을 공부하고 나면 다음에 대한 이해와 능력이 향상될 것이다.

1. 원소주기율표를 사용하여 전기적으로 중성을 띠는 원자들을 구별하기
2. 원자의 원자번호만 알고 있고, 전기적으로 중성일 때 그 원자에 들어있는 전자 개수를 계산하기
3. 옥테트 규칙(8전자 규칙)의 중요성을 설명하기

화학자들은 그동안 많은 원소들을 발견하였고, 그들의 특징에 따라 주기율표에 배열, 정리하였다. 그림 2.2A에서 유의할 것은 주기율표의 원자들이 원자번호의 증가에 따라 배열되어 있다는 것이다. 이 표는 핵에 인접한 전자각(shell)과 외각(outer shell)에 있는 전자들의 수가 각각 얼마나 되는지를 말해주고 있다. 각 줄의 순서는 각의 수를, 그리고 로마 숫자로 표시된 컬럼은 외각의 전자 수를 말해 준다. 예를 들면, 두 번째 줄의 탄소는 각이 두 개이고, 칼럼 IV에 위치하므로 외각에 4개의 전자들이 있다는 것이다.

주기율표를 보고 각 원자에 해당하는 모델을 만들어 그릴 수도 있다. 그림 2.2B는 생물체에 가장 흔히 있는 6개의 원자들, 소위 CHNOPS 원자들에 대한 모델 그림들이다. 이 원자들과 원자번호 20번(칼슘)까지의 원자들의 경우, 낮은 전자각이 먼저 전자로 채워진 후 다음 전자각에 전자가 채워진다. 첫 번째 각(핵에 가장 가까운)에는 2개의 전자가 위치하고 있다. 그 다음 외곽에 위치하는 전자각에는 총 8개의 전자까지 포진이 가능하다.

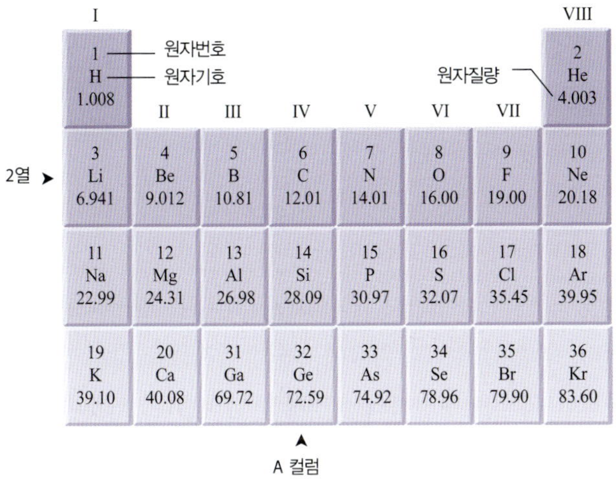


**그림 2.2A** 원소주기율표의 일부분. 한 칼럼(로마 숫자로 표기)은 외각의 전자들 수를 말해준다. 줄은 한 원자의 전자각 수를 말한다. 이 표에서는 4개의 줄을 볼 수 있다. 완전한 주기율표는 책의 뒷 표지 안쪽에 있다.

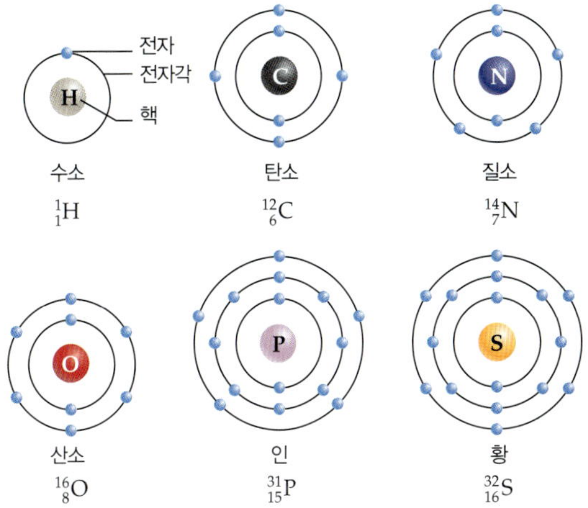


**그림 2.2B** 반응 전의 6개 원자의 모델들. 첫 번째 전자각에는 2개의 전자까지 포함될 수 있고, 다음 전자각에는 8개의 전자까지 포함될 수 있다. 전자는 다음 외각을 채우기 전에 반드시 그 앞 전자각을 먼저 채워나간다.

CHNOPS 중에서 수소는 외각에 두 개의 전자들을 포함할 때 안정적이지만, 다른 것들은 외각에 8개의 전자들이 있을 때 가장 안정적이다. 그러므로 대부분의 원자들은 이른바 **'옥테트 규칙'**(8전자 규칙)을 따르게 된다. 즉 원자 외각에 8개의 전자를 채우기 위하여 잉여 전자를 버리거나 새로 받아들이고, 필요하면 서로 공유하기도 한다. 원자의 가장 외각을 **'원자가 전자각(valence shell)'**이라고 부르며, 여기에 몇 개의 전자가 위치하는지에 따라 그 원자의 반응성이 결정된다. 때로는 원자의 크기도 원자반응성에 영향을 줄 수 있다. 탄소와 실리콘은 각각 4개의 외각 전자들을 갖고 있지만, 탄소원자가 상대적으로 작기 때문에 반응성이 더 높다. 따라서 탄소원자는 더 쉽게 다른 탄소원자와 결합해서 긴 연쇄 분자들을 이룰 수 있다.

이미 외각에 8개의 전자들을 갖고 있는 칼럼 VIII 내에 있는 원자들을 제외하고는, 원자들은 가능한 서로 결합하여 분자를 이루려는 경향이 짙다. 예를 들어 산소는 자연계 내에 단일 산소원자, 즉 그냥 'O'로 존재하지 않는다. 대신에 두 개의 산소원자가 합쳐져 산소분자($O_2$)를 형성한다. 이와 비슷한 것들에 $H_2$와 $N_2$ 분자들이 있다. 이처럼 2개 또는 그 이상의 원소들이 정해진 비율로 함께 결합하면 그 산물을 **화합물(compound)**이라고 부른다. 물($H_2O$)은 수소와 산소원자들을 포함하고 있는 화합물이다. 그리고 **분자**는 그 화합물의 특성을 지니고 있는 가장 작은 형태이다.

### ▶ 2.2 진도 체크

1. 주기율표에서 한 가지 원자를 선택하여, 그 원자가 얼마나 많은 각을 갖고 있는지와 외각에 있는 전자들의 수를 밝혀라.
2. 그림 2.2B에 있는 인의 경우 외각에 5개의 전자들만 있는 이유를 설명하라.
3. 물 분자가 2개의 수소원자들과 한 개의 산소를 포함하고 있을 것으로 기대되는 이유를 설명하라.

## 2.3 이온결합과 공유결합은 흔하게 발견되는 결합들이다

### 학습 성과들

본 절을 공부하고 나면 다음에 대한 이해와 능력이 향상될 것이다.

1. 이온결합과 공유결합이 포함된 분자들의 전자모델을 이해하고 구성하기

두 어린아이가 놀고 있을 때, 장난감을 같이 가지고 놀지 않고 한 아이가 모두 빼앗아 독차지해 버릴 수도 있다. 원자들의 행동도 이와 유사하다. 즉 한 원자가 다른 원자로부터 전자(들)를 모두 빼앗아가려는 성질이다. 염소(Cl)는 그 외각에 7개의 전자들을 갖고 있는데 어디에선가 한 개를 더 획득하여 완전한 외각을 형성하려는 경향을 나타낸다. 이것이 바로 반응성이다. 나트륨(Na)은 그와 반대로 3번째 외각에 한 개의 전자만 있어서 염소로 하여금 그 전자를 가져가도록 제공한다. 이 경우 나트륨(Na)은 전자 공여자이다. 이렇게 원자들이 상호 작용을 하면 그 결과 각각은 외각에 8개의 전자를 충족시켜 안정될 수 있게 된다(그림 2.3A).

그렇지만 이런 전자전달은 각 원자들에게 전하 불균형을 야기시킨다. 나트륨원자는 자신이 갖고 있는 전자 수보다 결과적으로 양성자가 하나 초과되어 +1(기호상으로는 $Na^+$)의 유효전하(순전하)를 갖게되고, 염소원자는 양성자보다 하나 더 많은 전자를 갖게 된다. 그래서 유효전하(순전하)는 −1(기호로는 $Cl^-$)이다. 이렇게 만들어진 하전 입자들을 **'이온'**이라고 부른다.

**이온결합** 이온 화합물들은 **이온결합**으로 함께 묶여 있는 것인데, 음성적으로 하전된 이온과 양성적으로 하전된 이온들 간의 상호 인력에 의한 것이다. 나트륨이 염소와 반응할 때 염화나트륨(NaCl)이라고 부르는 이온 화합물이 만들어진다. 염화나트륨은 소금의 한 예이

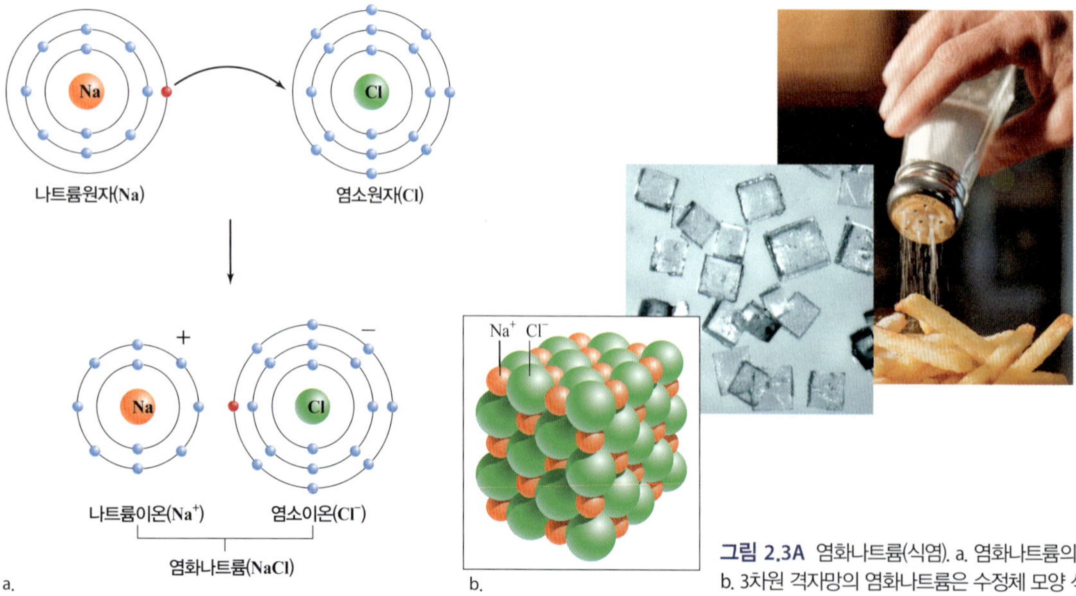


**그림 2.3A** 염화나트륨(식염). a. 염화나트륨의 형성. b. 3차원 격자망의 염화나트륨은 수정체 모양 식염이 된다.

다. 이것은 음식의 간을 볼 때 사용하므로 보통 식염이라고 부른다(그림 2.3A). '**소금**'은 건조한 고체로 존재하는데 물에 녹으면 이온을 방출하면서 용해가 된다. 용해되었을 때 NaCl은 $Na^+$와 $Cl^-$로 분리된다. 이온 화합물들은 생물체 내에서 대부분 이렇게 분리된(단절된) 형태로 존재한다. 왜냐하면 생물학적 시스템의 70~90%가 물이기 때문이다.

나트륨($Na^+$)과 염소($Cl^-$)만이 생물학적으로 중요한 것은 아니다. 칼륨($K^+$) 역시 전자 한 개가 다른 원자로 이동해갔기 때문에 만들어진 이온이다. 칼슘($Ca^{2+}$)과 마그네슘($Mg^{2+}$)은 2개의 전자 이동으로 인해 형성된 것들이다. 이외에 인체에 있어서 생물학적으로 중요한 이온들이 표 2.3에 나열되어 있다. 이온들의 체내 균형은 우리 건강에 있어 대단히 중요하다. 혈액 내에 과량의 나트륨이 존재하면 고혈압이 야기되며, 너무 소량이면 심장박동이 불규칙해진다. 칼슘이 불충분하면 소아에게서 구루병(다리가 휘는 것)이 발생한다. 또한 중탄산염 이온들은 인체의 산과 염기의 균형 유지에 작용한다.

**공유결합** 때로 유아들은 장난감을 공유하기도 한다. 두 명의 아이가 같은 장난감을 함께 가지고 노는 경우이다. 두 개의 원자가 일부 전자를 공유하여 각각 최외각에 8개의 전자(수소의 경우에는 2개 전자)를 가짐으로써 모두 안정된 형태를 취하는 경우가 이것이다. 산소는 공유결합에서 특별히 중요한데 강한 전자수용체로 작용하기 때문이다. 만약 수소가 산소같이 강한 전자수용체와 공존할 경우라면 수소는 자기가 가지고 있는 한 개의 전자를 산소에게 포기하고 자신은 수소이온($H^+$)이 되는 것이 보통이다(이렇게 되면 수소이온은 결국 전자가 없는 상태이기 때문에 양자라고 부른다). 그러나 또 다른 경우 수소가 자기의 전자를 포기하지 않고 다른 원자와 공유할 수도 있다. 예를 들면, 수소원자가 다른 수소원자와 전자를 서로 공유할 수 있다. 그들 둘의 전자 궤도가 합쳐지면 전자 한 쌍이 만들어지고 이른바 안정된 '**공유결합**'이 가능하기 때문이다. 공유의 의미는 전자모델이라고 불리는 분자모델을 통해 더 정확하게 설명될 수 있다(그림 2.3B).

원자들이 전자를 공유하고 있다는 것을 표기하는 간단한 방법은 두 원자를 H—H처럼 선으로 이어주는 것이다. 다만 분자식으로 표기할 경우는 보통 선을 생략하기 때문에 단순히 $H_2$로 쓰면 된다(그림 2.3B). 때로는 원자들이 '옥테트 규칙'에 맞추어 한 쌍 이상의 전자를 공유하는데, 이럴 때 이중 또는 삼중결합이 가능해진다. 즉 이중 공유결합은 두 개의 원

**표 2.3 인체에 중요한 이온들**

| 이름 | 기호 | 특별한 의미 |
|---|---|---|
| 나트륨 | $Na^+$ | 체액 내에서 발견됨; 근육 수축과 신경 전달에 중요 |
| 염소 | $Cl^-$ | 체액 내에서 발견됨 |
| 칼륨 | $K^+$ | 주로 세포 내에서 보임; 근육 수축과 신경 전달에서 중요 |
| 인 | $PO_4^{3-}$ | 뼈와 치아의 구성 성분; 생체에너지 ATP에 중요 |
| 칼슘 | $Ca^{2+}$ | 뼈와 치아의 구성 성분; 근육 수축과 신경 전달에 중요 |
| 중탄산염 | $HCO_3^-$ | 뼈와 치아, 생체에너지 ATP에 중요 |

자들이 두 쌍의 전자들을 공유할 때 일어나는 것이다. 산소 가스($O_2$)는 이중결합을 가지며, 분자는 O=O로 표시한다. 질소 가스는 3개의 공유결합을 형성하는 것이 가능하며, N≡N으로 표기된다. 공유결합은 강력한 결합이기 때문에 이중 또는 삼중 결합이 될수록 더욱 강해진다.

메탄가스는 탄소가 수소원자 4개($CH_4$)와 결합할 때 만들어진다. 메탄의 모습은 사면체인데 각 결합이 이 사면체의 각각 코너를 향해 위치한다. 공–막대 모형이 이러한 배열을 잘 나타내 보여주지만 공간충전모형(space-filling model)이야말로 분자의 모양을 가장 실제적으로 보여줄 수 있는 방법이다(그림 2.3C). 분자들의 모양은 생물체 내에서의 그들의 역할을 유추할 수 있도록 도와준다.

**화학 반응** 광합성과 같은 화학 반응은 생물체에서 대단히 중요하다. 광합성에 포함된 일련의 반응들은 분자들의 결합이 끊어지거나 새로 형성되는 과정의 반복이다:

| $6\ CO_2$ | + | $6\ H_2O$ | → | $C_6H_{12}O_6$ | + | $6\ O_2$ |
|---|---|---|---|---|---|---|
| 이산화탄소 | | 물 | | 포도당 | | 산소 |

이 화학방정식은 6개의 이산화탄소 분자와 물 6개 분자가 상호 반응하여 포도당 1 분자와 6개의 산소 분자들을 생성하는 것을 나타낸다. 반응에 관여하는 분자들은 화살표 좌측에 보여주며, 생성물들(반응에 의해서 형성된 분자들)은 화살표 우측에 표시된다. 전체적으로 이 화학방정식이 '균형'을 이루고 있음에 주목하자. 즉 원자 종류별로 개수를 살펴보면 화살표의 좌우가 동일하다.

또 이 방정식에서 포도당 분자를 주목할 필요가 있다. 포도당은 탄소원자 6개, 수소원자 12개, 그리고 산소원자 6개가 결합하여 만들어진 분자이다. 포도당의 구조식은 그림 3.3A와 같다.

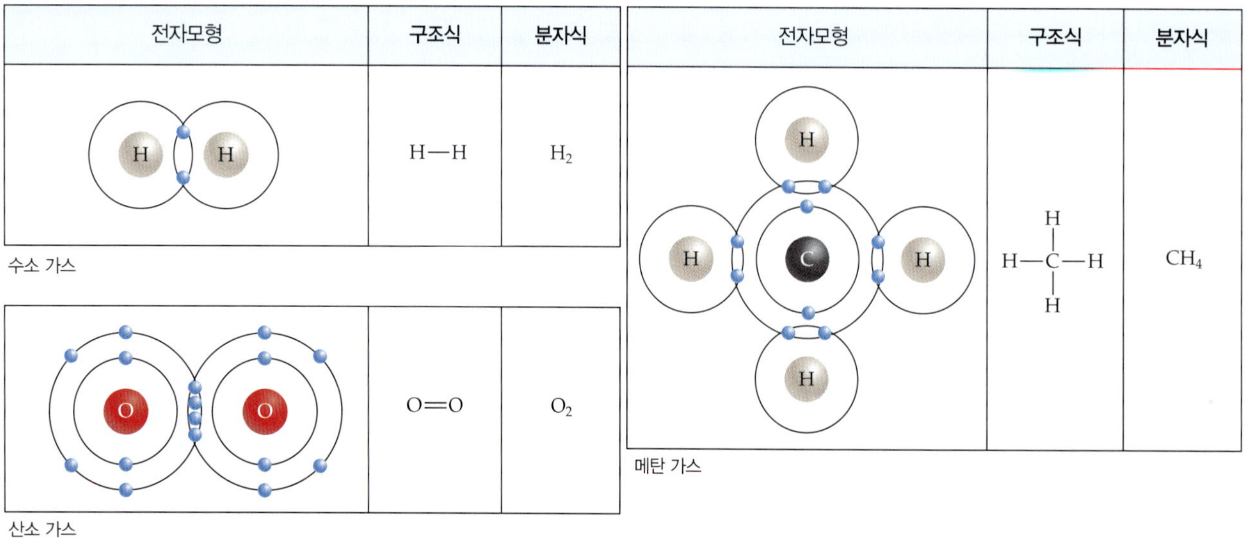


**그림 2.3B** 공유결합을 나타내는 전자모델과 구조식들

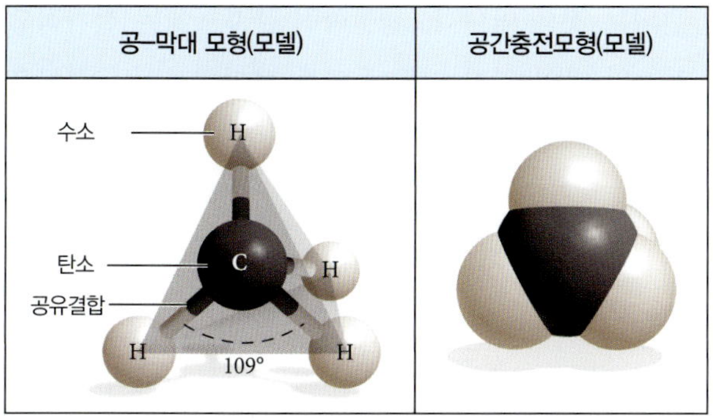


그림 2.3C 다른 유형의 분자모형–이 경우는 메탄분자($CH_4$)임

▶ **2.3 진도 체크**

1. 일반적으로 나트륨(Na)은 전자를 하나 내어주고, 염소(Cl)는 전자를 하나 받게 되지만, 물 속에서는 이들이 전자를 공유하는 이유를 설명하라.
2. 산소(O)는 수소(H)보다 전자 하나를 훨씬 더 강하게 잡아당길 수 있다. 물이 $H_2O \rightarrow H + OH$와 같이 분해될 때 각 이온들의 정확한 전하를 밝혀라.

## 2.4 공유결합은 극성 또는 비극성이다

### 학습 성과들

본 절을 공부하고 나면 다음에 대한 이해와 능력이 향상될 것이다.

1. 극성공유결합과 비극성공유결합을 구별하기
2. 수소결합이 언제 일어나는지와, 분자에 미치는 수소결합의 영향을 평가하기

두 원자들 사이에 동등한 전자 공유가 이루어지면서 형성된 결합을 **'비극성공유결합'**이라고 한다. 그림 2.3B에서 메탄($CH_4$)을 포함한 모든 분자들은 비극성이다. 그러나 물 분자($H_2O$)의 경우 산소와 수소원자간 전자 공유가 동등하게 이루어졌다고 볼 수 없다. 전자가 산소 쪽으로 치우쳐 있기 때문이다. 이처럼 공유결합에서 한 원자가 전자들을 끌어당기는 성향을 그 원자의 전기음성도라고 부른다. 산소원자는 수소보다 크므로 양성자 개수가 더 많고, 수소보다 전기음성도 역시 더 크다. 때문에 산소원자는 수소보다 전자쌍을 더욱 강하게 끌어당길 수 있다. 물 분자의 모양을 보면 산소원자가 다소 음전하를 띠고 있고(δ 마이너스), 수소원자들은 약간의 양성 전하를 유지하고 있다(δ 플러스). 이처럼 한쪽으로 전자쌍이 치우쳐 공유되면 **'극성공유결합'**을 만들어 내며, 결과적으로 물 분자는 극성 분자이다. 그림 2.4는 전자모형과 물 분자의 공간충전모형을 보여주고 있다.

**수소결합** 극성 때문에 서로 다른 물 분자의 산소원자와 수소원자 사이에는 인력이 작용하게 된다. 이 인력(끄는 힘) 때문에 생기는 결합을 **수소결합**이라고 하며, 이온결합이나 공유결합보다 다소 약한 결합이다. 수소결합은 비교적 용이하게 파괴될 수 있기 때문에 점선(그림 2.4)으로 표시하는 것이 관례이다.

수소결합이 물에서만 특이적으로 발견되는 것은 아니다. 생물학적 분자들에는 전기적으로 양성인 수소와 전기적으로 음성인 질소가 많이 있기 때문에 이들 사이에서도 극성공유결합이 흔하게 일어난다. 때로는 수소결합이 분자 내에서뿐만 아니라 서로 다른 분자 사이에서도 일어날 수 있다.

수소결합의 특성 중 하나는 벨크로(찍찍이)와 같다는 것이다. 각각의 수소결합을 따로 떼어놓으면 약하지만 수백, 수천 개가 모여 동시에 작용하면 강해진다는 것이다. 또 찍찍이는 평소에 단단히 붙어 있지만 필요할 때 약간의 에너지만 가하면 그다지 분리하기가 어렵지 않은데 수소결합도 이처럼 모여 있으면 강하지만 약간의 에너지만 가해도 쉽게 부서진다는 것이다. 이런 성질은 평소에 강하면서도 때로 약해져야 하는 생물학적 고분자의 특성을 잘 반영하는 것이다. 수소결합의 융통성에 대해서는 다음 장에서 더욱 자세히 알아볼 것이다. 일단 수소결합의 생물학적 장점을 다음과 같이 나열해보도록 한다.

- 수소결합은 평소에 DNA 이중나선 구조를 안정화시켜준다. 그렇지만 DNA가 복제되어야 할 경우에는 각각의 수소결합이 쉽게 끊어져 DNA 지퍼가 열리도록 해준다. 수소결합이 있기 때문에 DNA 분자는 파괴되지 않고 핵 속에서 형태가 유지될 수 있다.
- 수소결합은 단백질의 구조를 안정시킨다. 그러므로 수소결합은 단세포로부터 유기체 수준에 이르는 모든 생물체들의 구조와 기능 유지에 기여하고 있다.
- 수소결합은 효소가 3차 및 4차 구조를 유지하도록 도와준다. 그럼으로써 효소가 대사작용에서 필요한 기능을 발휘할 수 있도록 만들어 준다. 예를 들어 면역단백질(면역 기능을 돕는 혈액 단백질)을 바이러스와 세균에 부착시켜 질병을 퇴치시켜 주는 것도 수소결합이다. 이처럼 수소결합은 직접, 간접적으로 우리 인체가 건강할 수 있도록 도와주고 있다. 생체 내에서 여러 분자나 구조들이 일시적으로 결합하고 떨어져 나오며 대사가 일어날 때 필요한 결합이 바로 수소결합이다.

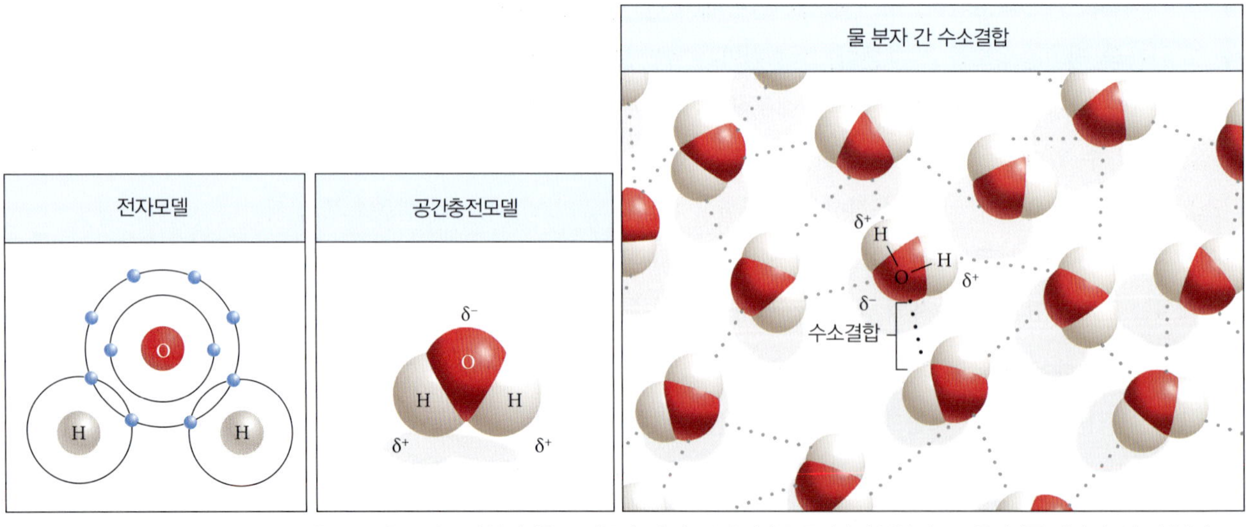


**그림 2.4** 물 분자들. 전자모델과 공간충전모델은 물이 극성 분자임을 보여준다. 산소는 공유전자를 끌어당겨 부분적으로 음전하를 띤다. 수소는 부분적으로 양전하를 띤다. 그러므로 물 분자 간에 수소결합이 발생한다.

• 수소결합은 모발의 1/3 정도 힘을 가진 것으로 알려져 있다. 그 정도의 강도로 인해 곧은 모발이 적당히 굽어 곱슬머리가 될 수 있도록 만드는 것이다. 곱슬머리를 곧게 만들려고 스트레이트 퍼머를 한다면 수소결합들이 끊어지게 된다.

**▶ 2.4 진도 체크**

1. 물 분자의 부분적 양성전하와 부분적 음성전하를 설명하라.
2. 암모니아($NH_3$)는 극성 분자이다. 암모니아 분자들 간에, 그리고 암모니아와 물 분자 사이에 수소결합이 발생하는 기작을 설명하라.

# 물의 특성

33–34 페이지의 서론 '생명은 물에 의존한다'에서 물과 생물체 간의 연계(유대)성을 강조하였다. 본 장의 이 부분에서는 물의 4가지 특성을 공부하고 이들 특성이 생물체들에게 어떤 혜택을 주는가를 살펴보도록 한다. 우리는 물이 (1) 응집성과 점착력이 있고, (2) 동결시 팽창하고, (3) 열을 상승시키거나 빼앗지만 그로 인한 온도 변화는 느리고, (4) 다른 극성 물질들을 용해시킨다는 사항들을 살펴볼 것이다.

## 2.5 물 분자들은 서로 응집하면서 다른 물질에 점착(부착)할 수 있다

### 학습 성과들

본 절을 공부하고 나면 다음에 대한 이해와 능력이 향상될 것이다.

1. 생명 유지에 적합한 온도에서 물 분자들 간의 수소결합이 물을 액체로 존재하게 하는 원리 이해하기
2. 물의 물질 수송 능력이 수소결합에 기인함에 대해 설명하기

소금쟁이

수소결합은 생명유지를 가능하게 하는 물의 특성을 잘 설명해주고 있다. 예를 들어 수소결합이 없다면 동결된 빙수는 영하 100도에서도 용해되어 버릴 것이며, 물은 영하 −91도에서 끓어 비등할 것이므로 지구상의 물 대부분이 증발되어 생명체가 존재할 수 없을 것이다. 그러나 수소결합이 있기 때문에 지구 표면의 전형적인 온도에서 물은 액상을 유지할 수 있다. 즉 0도에서 녹으며, 100도에서 끓는다.

수소결합 때문에 물 분자들은 **'응집'**(서로 붙음)과 **'점착'**(부착; 다른 극성물질에 붙음)하는 성질을 나타낸다. 물속으로 물체를 집어던지면 그 부위의 수소결합이 잠시 분쇄되지만 물체가 지나가고 난 자리에서는 또다시 수소결합이 형성된다. 응집현상 때문에 물 분자가 완전히 분리되지 않고 있다가 점착되어 다시 붙기 때문이다. 물은 또한 표면장력이 있어 소금쟁이가 연못 위를 자유롭게 떠서 이동할 수 있다.

응집과 점착(유착) 현상의 결과로 물은 식물계와 동물계의 수송 도관 내에서 탁월한 수송 수단이 된다. 물이 어떻게 큰 나무들의 꼭대기까지 올라갈 수 있는 것일까? 식물계에서의

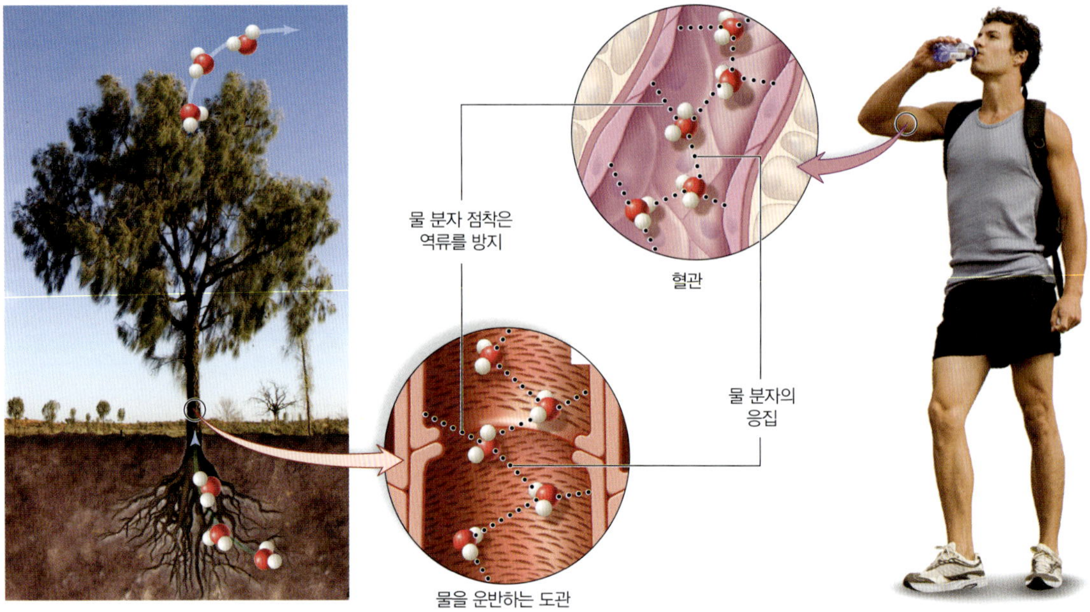


**그림 2.5** 물 분자들은 응집(서로 붙는 것)하고 점착(도관들에 붙는 것)하며, 수목과 인체의 탁월한 운반수단이 된다.

물 운반은 마치 스트로우(아니면 여러 개의 스트로우 묶음)로 물을 빨아들이는 것과 같다. 잎으로부터의 수분 증발은 식물이 도관들을 통해 더욱 많은 물 분자들을 뿌리로부터 끌어 올리게 만들어준다. 응집현상으로 인해서 수주(물기둥, water column)가 파괴되어 나가지 않도록 하며, 물 분자들의 유착은 도관 벽으로부터 물이 거꾸로 낙하하는 것을 방지한다(그림 2.5).

인체의 혈액은 액상이다. 수분이 약 90%를 차지하며, 인체 여러 곳으로 용해 및 부유성 물질들을 운반해준다. 우리가 마신 물은 혈관으로 흘러 들어가는데 응집과 점착이라는 특성 때문에 한 방향으로만 흐르고, 거꾸로 흘러나오는 것을 막아주어, 모세혈관까지의 정상적인 혈행을 가능하게 한다.

▶ **2.5 진도 체크**

1. 수소결합으로 인해 물의 물질 운반을 가능하게 해주는 2가지 특성을 연관시켜 설명하라.
2. 여러 생물체에서 물의 물질 운반 사례를 말해 보라.

## 2.6 동결, 액상의 물은 생물체의 정상적 온도 유지를 도와준다

### 학습 성과들

본 절을 공부하고 나면 다음에 대한 이해와 능력이 향상될 것이다.

1. 물이 얼 때 부피가 늘어나는 이유와, 물의 온도가 오르거나 내려가는 속도가 느린 이유를 설명하기

물은 섭씨 0도일 때보다 섭씨 4도에서 밀도가 높다. 대부분의 물질들은 고체화되면서 수축하지만 물은 오히려 동결할 때 부피가 확대된다. 얼음의 물 분자들은 격자망을 형성하고

있는데 수소결합의 간격이 액상에서 보다 더 멀다. 이것이 바로 왜 음료수 캔을 냉동고에 넣어 두었을 때 부풀어 터지며, 도로가 동절기에 성에로 갈라지고 울퉁불퉁해지는가에 대한 이유이다. 얼음이 물에 뜨는 이유도 밀도가 액상보다 낮기 때문이다(그림 2.6A).

얼음이 물 위에 뜨지 않는다면 가라앉을 것이고, 그러면 연못과 호수, 바다까지도 모두 얼어버리고 말 것이다. 그 결과 당연히 물속에서나 지상에서의 생명체 유지가 불가능하였을 것이다. 추운 겨울날에는 호수가 상부에서 하부까지 모조리 동결되고 말 것으로 예측되지만, 얼음이 마치 단열재처럼 물 위에 떠 있어 그 아래 부분의 동결을 방지해준다. 또한 호수의 얼음 층 아래 열이 상부로 손실되지 않도록 막아주기도 한다.

이처럼 연못 속에서 얼음은 원생생물류(protists), 식물류, 동물류를 보호하여, 이들이 동절기에도 생존할 수 있게 해준다(그림 2.6B). 동물은 수달 같은 종류를 제외하고는 대부분 외온성(ectothermic)이다. 이것은 그들이 생존을 위해 외부 온도에 영향을 심하게 받는다는 뜻이다. 겨울날 물속이 추울 것으로 예상되기 때문에 이런 외온성은 오히려 생존에 불리한 것처럼 보일 수도 있지만, 실제로는 물의 비열이 커서 물속이 오히려 따듯한 상태로 유지된다.

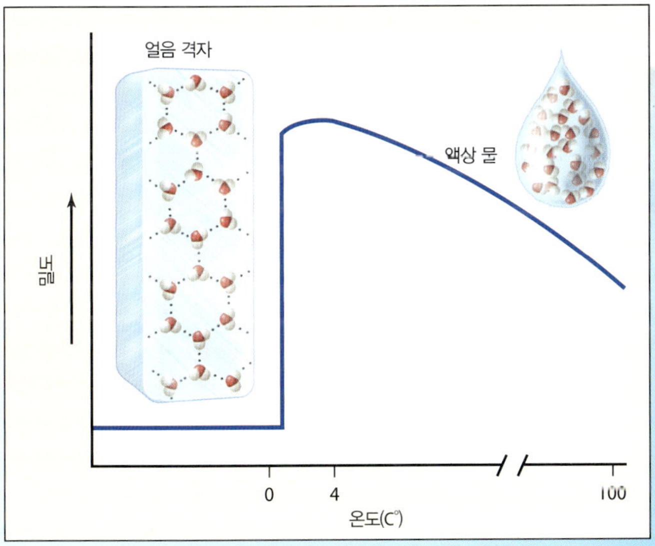


**그림 2.6A** 얼음은 액상의 물보다 밀도가 낮다.

**그림 2.6B** 동절기의 연못. 동절기 중에는 개구리와 거북이가 동면하는데, 이들은 동면을 통해 그들의 산소요구량을 낮출 수 있다. 곤충들은 에어 포켓 속에서 생존한다. 어류에 관해서는 본서 후반에 다시 배우겠지만, 이들은 물에서 산소를 추출하는 효과적인 수단을 가지고 있다. 그리고 이들은 외온성 동물인 수달보다 적은 양의 산소를 필요로 한다. 수달은 혈액 온도를 근육활동에 의존하여 따뜻하게 유지한다.

**그림 2.6C** 생물체들은 그들의 체열로 물을 증발시킨다.

**물의 비열** 물 분자들을 연결하고 있는 다수의 수소결합들은 큰 온도 변화없이 물이 열을 취할 수 있게 해준다. 물은 온도가 완만하게 오르기 때문에 생물체들은 그들의 체내 온도를 정상적으로 유지할 수 있고, 급작스런 온도 변화로부터 보호할 수 있다. 1칼로리는 1g의 물을 섭씨 1도 올리는 데 필요한 열에너지 양이다. 공유결합으로 이루어진 다른 액체들은 온도를 섭씨 1도 올리는 데 약 1/2 칼로리가 필요하지만, 물은 스스로 열을 포함하고 있어서 다른 액체들에 비해 수온이 비교적 완만하게 내려간다. 물의 이런 특성은 수서 생물뿐만 아니라 모든 생물체들에게 중요하다. 물 1g을 얼음으로 전환시키려면 열에너지 손실이 80칼로리 이상 있어야 한다.

또한 물은 높은 기화점을 지니고 있다. 즉 물을 끓이려면 많은 에너지가 필요하다는 말이다. 왜냐하면 물이 끓고 물 분자들이 증발하려면 수소결합이 파괴되어야 하기 때문이다. 물 1g을 기체로 전환시키려면 최소한 540칼로리 이상의 열에너지가 요구된다. 물이 증발할 때의 고열은 열대 지방의 동물들이 과잉의 체온을 방출하는 데에 효과적인 방법이다. 동물이 땀을 흘리거나 붉게 상기될 때는 체열로 수분을 증발시켜 몸을 식히는 것이다(그림 2.6C).

물의 높은 비열과 기화점 때문에 해변가의 온도는 일년 내내 큰 변화 없이 생존에 알맞은 환경을 제공한다. 하절기 동안 바다는 태양열을 흡수하고 저장하며, 동절기 동안에는 그 에너지를 서서히 방출한다. 대조적으로 내륙 지역에서는 갑작스런 온도 변화가 일어난다.

▶ **2.6 진도 체크**

1. 에스키모인들의 얼음집(이글루)이 따뜻한 이유를 설명하라.
2. 팬을 돌려 물에 적신 섬유 패드를 통해 뜨거운 공기를 끌어들이는 증발형 냉각기의 작용 원리를 설명하라.

## 2.7 물은 다른 극성 물질들을 용해시킨다

### 학습 성과들

본 절을 공부하고 나면 다음에 대한 이해와 능력이 향상될 것이다.

1. 물은 극성분자들에 대해 친수성 용매로 작용한다는 사실을 이해하기

물은 극성을 띠고 있기 때문에 수많은 물질을 용해시킬 수 있다. **용액**은 고체인 **'용질'**과 액체인 **'용매'**로 나뉜다. 이온성 소금, 즉 염화나트륨(NaCl)을 물에 넣으면 물 분자들의 전기적 음성부위는 나트륨이온에게 끌리며, 양성부위는 염소이온들에게 끌리게 된다. 이러한 성질 때문에 물속에서 나트륨이온과 염화이온은 서로 해리(분리)되게 된다(그림 2.7). 물은 또한 이온화된 원자들이나 극성을 갖는 보다 큰 분자들에 대해 용매로 작용한다. 물이 나무뿌리에서 잎 쪽으로 이동할 때 물에 용해된 미네랄들도 함께 운반될 수 있다. 혈액의 운반 기능도 작은 분자들이 혈장에 용해되어 있거나 섞여서 부유하기 때문에 가능한 것이다.

물을 끌어당길 수 있는 분자들을 **'친수성'**이라 부른다. 물속으로 이온과 분자들이 분산되면 그들은 움직여 다니면서 서로 충돌하는데 그러면서 화학 반응이 일어난다. 그러므로 물은 화학 반응을 촉진시킨다. 물을 끌어당길 수 없는 비이온화 물질 및 비극성 분자들을 **'소수성'**이라고 부른다. 휘발유는 비극성 분자들로 되어 있기 때문에 물과 섞일 수 없고, 따라서 소수성인 것이다.

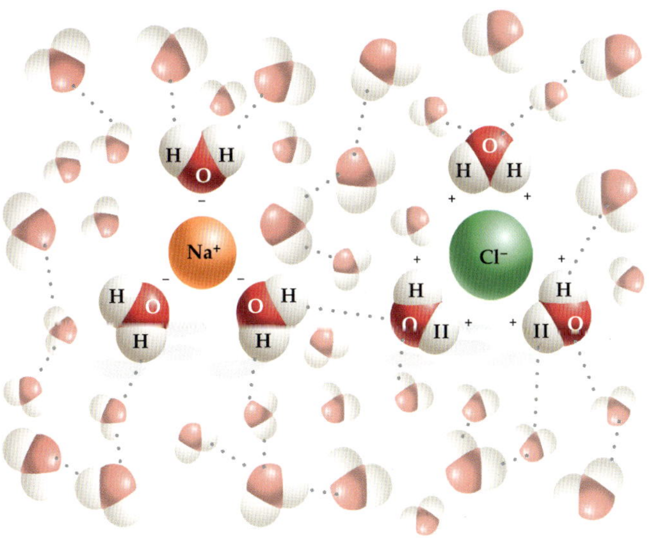


**그림 2.7** 이온화된 소금은 물속에서 해리된다.

▶ **2.7 진도 체크**

1. 유화제들은 서로 결합하여 비극성 지방을 물속에 분산시킨다. 지방질을 없애려면 유화제가 무슨 특성을 가져야만 하는가?

## 산, 염기 및 pH

생물체들은 특별히 액체의 수소이온농도[$H^+$]에 민감하다. pH 측정기는 산이나 염기를 용액에 첨가하여 일어나는 변화를 판정하는 데 사용된다. 완충제는 체액의 수소이온농도[$H^+$]를 비교적 일정하게 유지하도록 도와준다.

### 2.8 산과 염기는 세포와 생물체에게 영향을 미친다

#### 학습 성과들

본 절을 공부하고 나면 다음에 대한 이해와 능력이 향상될 것이다.

1. 산과 염기를 구별하기

물이 해리되면, 동일한 개수의 **수소이온($H^+$)**들과 **수산화이온($OH^-$)**들이 유리된다.

$$\underset{\text{물}}{H-O-H} \rightleftharpoons \underset{\text{수소이온}}{H^+} + \underset{\text{수산화이온}}{OH^-}$$

물의 경우는 한 번에 몇 개의 물 분자들만 부분적으로 해리된다. $H^+$의 실제 농도는 $1 \times 10^{-7}$ 몰/리터[Mol/l][1]이고, 이때 동일한 농도의 $OH^-$가 만들어진다(그림 2.8A).

**산: 과잉 수소이온들** 산성의 음식물을 섭취하면 혈액이 점차 산성화된다. 레몬주스, 식초, 토마토, 커피 등은 모두 산성 음식이다. 이들에게 공통적인 것은 무엇인가? '**산**'은 물에서 해리되며 수소이온을 방출한다. 예를 들면, 염산(HCl)은 다음과 같이 해리되는 중요한 산성 무기물이다.

$$HCl \rightarrow H^+ + Cl^-$$

염산은 해리 반응이 전체적으로 완전하게 일어난다. 그러므로 HCl은 강산이라고 불린다. 만약에 염산을 물이 든 비이커에 첨가하면, 수소이온($H^+$)의 농도는 크게 증가한다(그림 2.8B).

염산은 위에서 생성되어 단백질을 비롯한 음식물을 소화시킨다. 강한 염산은 대부분 독성으로 작용해 접촉하면 화상을 입을 수도 있다. 그러나 위장에는 점액층이 있어 염산으로부터 위를 잘 보호해준다.

**염기류: 과잉 수산화이온들** 우리가 염기성 물질들을 섭취하면 혈액은 더욱 염기성으로 변한다. 소화제인 산화마그네시아 우유와 중탄산나트륨(중조)은 사람들이 좋아하는 염기성 용액류이다.

**염기류**는 수소이온 대신 수산화이온($OH^-$)을 발산하는 물질들이다. 예를 들면 수산화나트륨(NaOH)은 아래와 같이 해리되는 중요한 무기 염류이다.

---

1) 화학에서 몰(mole) 농도란, 12C 원자 1개의 질량을 정확하게 12로 규정하고, 이를 기준하여 물질들(원자, 분자, 이온)의 비교 질량을 나타낸 값.

$$NaOH \rightarrow Na^{+} \quad + \quad OH^{-}$$

물 속에서는 수산화나트륨의 해리가 완전하게 일어난다. 그래서 수산화나트륨을 강염기라고 부른다. 만약 수산화나트륨을 물이 든 비이커에 첨가하면 해리되어 수산화이온이 증가한다(그림 2.8C).

수산화나트륨은 보통 양잿물 또는 가성소다라고 잘 알려져 있다. 양잿물은 강산만큼이나 위험하여 알루미늄을 부식시킬 수 있을 정도이다. 그만큼 위험하므로 강산이나 강염기를 직접 접촉하는 것은 피해야 한다. 이 때문에 양잿물이 들어있는 용기에는 경고성 문구가 표시되어 있다.

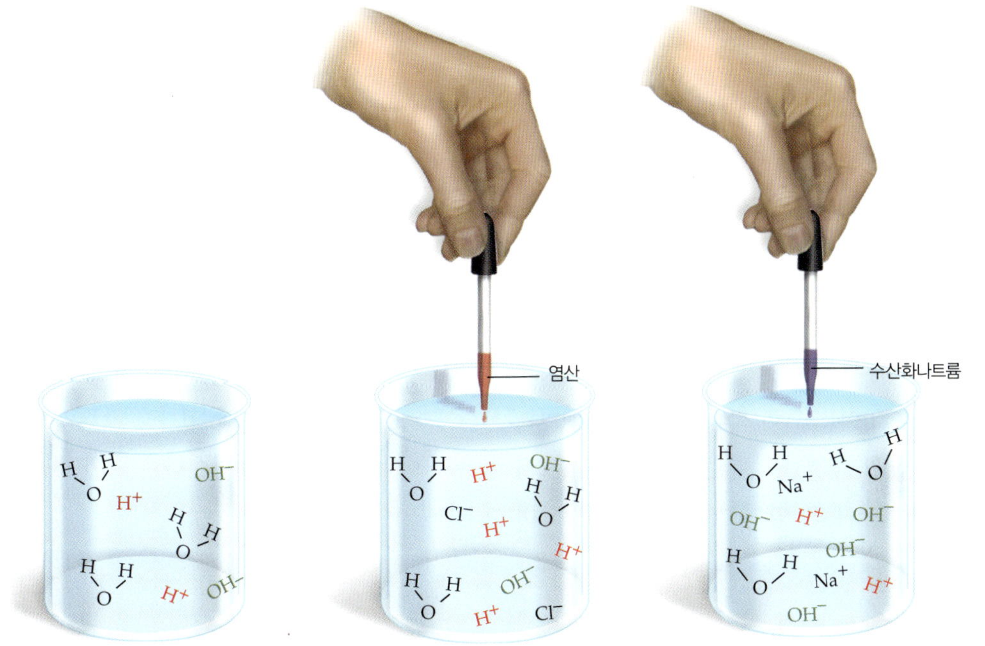


**그림 2.8A** 물 분자가 해리되면 동량의 $H^{+}$와 $OH^{-}$가 유리된다

**그림 2.8B** 산류를 $H^{+}$에 첨가하면 $H^{+}$가 $OH^{-}$보다 많아진다.

**그림 2.8C** 염류를 $OH^{-}$에 첨가하면 $H^{+}$가 $OH^{-}$보다 줄어든다.

**▶ 2.8 진도 체크**

1. 산류를 물에 첨가하면 $H^{+}$와 $OH^{-}$ 중 어느 것이 증가하는지 말하라. 또 염기류가 첨가되면 어떤 이온들이 상대적으로 감소하는지 설명하라.

## 2.9 pH 측정기로 산도와 염기도를 측정한다

### 학습 성과들

본 절을 공부하고 나면 다음에 대한 이해와 능력이 향상될 것이다.

1. pH 측정기의 사용법을 설명하기
2. 완충제에 대하여 기술하고, 완충제가 어떻게 생물체에 도움이 되는지 설명하기

**pH 측정기**는 용액의 산성도 또는 염기도(알칼리도)를 측정하는 기기이다. pH 측정기의 측정범위는 0에서부터 14까지이다(그림 2.9). pH 7은 중성 상태로서 수소이온농도[$H^+$]와 수산화물 이온농도[$OH^-$]가 동일하다. pH 7 이하는 [$H^+$]가 [$OH^-$]보다 많기 때문에 산성 용액이며, pH가 7보다 크면 [$OH^-$]이 [$H^+$]보다 많기 때문에 염기성(알칼리성)이라고 한다.

pH 14에서 pH 0을 향해 내려간다고 가정하면, 각 1단계마다 [$H^+$]의 농도가 이전 단위보다 10배씩 증가한다. 반대로 pH 0에서 pH 14로 올라갈 때는 각 1단계마다 [$OH^-$] 농도가 10배씩 증가한다. 다음 리스트에서 왼쪽은 수소이온의 농도이고, 오른쪽은 pH 값을 나타낸다.

| [$H^+$](1리터당 몰) | pH |
|---|---|
| 0.000001 = $1 \times 10^{-6}$ | 6 |
| 0.0000001 = $1 \times 10^{-7}$ | 7 |
| 0.00000001 = $1 \times 10^{-8}$ | 8 |

[$H^+$]와 pH 사이의 관계를 보다 잘 설명하기 위해 위에 열거된 숫자들을 생각해보자. 위에 열거된 pH 값들 중에서 어떤 것이 pH 7보다 더 많은 수소이온농도[$H^+$]를 가리키는 것이며, 산성 용액을 뜻하는 것일까? 답은 더 작은 마이너스 지수의 숫자이다. 즉 10−6은 그만큼 수소이온의 양이 더 많은 것을 뜻하며 그 결과 pH 6은 산성 용액이다.

그림 2.9 pH 측정기. pH 미터의 문자판은 0에서부터 14까지의 범위를 측정하게 되어있다. pH 7은 중성 pH($H^+$와 $OH^-$가 동일한 양임)이다. pH가 0–7이면 산성으로서 $H^+$가 $OH^-$보다 많다. pH가 7–14 사이면 $OH^-$가 $H^+$보다 더 많다.

대부분의 생물체에서 체액의 pH 값은 큰 변화 없이 좁은 범위 내에서 유지되어야 한다. 인간의 혈액은 pH 값이 7.35와 7.45 사이이다. 이 범위가 세포 내 효소 단백질이 가장 적절하게 기능할 수 있는 최적 범위이다. 이 pH 값을 균일하게 유지하기 위해서 혈액은 완충제 역할을 한다.

**완충제** **완충제**는 pH에 변화에 저항하여 가능한 이를 막으려는 저항성 제재를 지칭한다. 아스피린과 샴푸, 탈취제 같은 상업 제품들에도 완충제가 일부 첨가되어 있다. 혈액을 비롯한 우리 몸의 체액들은 pH가 일정한 범위 내에 있도록 완충제 역할을 하는 것이 첫 번째 임무이다. 만약 혈액의 pH가 7.45 이상으로 상승하면 알칼리증(알칼리 혈액증)이 발생한 것이고, pH가 7.35 이하로 내려가면 산성증(산성 혈액증)이 유발된 것이다. 허약증, 근육경련증, 과민성(흥분성) 등은 모두 알칼리증의 증상들이다. 산성증 역시 심각하여 발작, 혼수상태, 그리고 심지어는 사망까지 유발할 수 있다. 혈액의 완충 작용이란 과잉된 수소이온($H^+$)들이나 수산화이온($OH^-$)들의 효과를 막아 위의 증상들을 예방해주는 것이다.

완충제는 보통 화학물질들의 결합체로 구성된다. 예를 들어 탄산수소염($H_2CO_3$)과 탄산수소($HCO_3^-$)는 혈액 내에 존재하는 화학물질로서 혈액의 pH가 정상범위 내에서 유지되게 해준다. 탄산수소염의 완충작용은 다음의 해리반응을 통해 이루어진다.

$$\underset{\text{탄산수소염}}{H_2CO_3} \rightleftharpoons H^+ + \underset{\text{탄산수소이온}}{HCO_3^-}$$

약산인 탄산수소염($H_2CO_3$)은 해리되지 않으려는 경향이 있지만 일단 염기를 첨가하면 해리가 일어난다. 염기류와 수산화이온($OH^-$)들이 혈액에 첨가되면 $OH^-$와 $H^+$기 결합하여 물을 형성하기 때문에 해리반응이 일어난다. 반면 산성류가 첨가되어 혈액에 $H^+$가 증가되면 해리된 탄산이 쉽게 재형성된다.

$$H^+ + HCO_3^- \longrightarrow H_2CO_3$$

완충제 외에도 호흡은 체내의 $CO_2$ 함량을 조절하여 pH가 유지되도록 해준다. 체내에 $CO_2$가 많아지면 혈액 내에 탄산이 더 많아지기 때문에 산성효과를 발휘하게 된다. 신장은 광범위하게 산성과 염기성 물질들을 제거하여 pH의 항상성을 조절해준다. 신장의 기능은 다른 화학적 기전들 보다 비록 작용이 느리지만, pH에 대한 효과만은 더욱 강력하다. 신장 기능이 부실해지면 당연히 알칼리증과 산성증이 발생될 수 있다.

생태계 차원에서도 완충작용은 중요하다. 산성침적(acid deposition)이 과해지면 생태계의 완충 능력이 약화되어 호수들과 삼림지가 죽음의 장소로 변하게 되는데 이에 대해서는 54 페이지 '산성비의 유해 효과'에서 더 자세히 논의할 것이다.

**▶ 2.9 진도 체크**

1. pH가 5.6인 비가 산성인지 혹은 염기성인지 밝혀라. 그 pH 값에서는 pH 7에서 보다 $H^+$가 더 많은가 아니면 더 적은가?
2. 탄산수소이온 $HCO_3^-$가 어떻게 혈액을 완충시킬 수 있는지 설명하라.

## 생물학은 우리 삶에 어떻게 영향을 주는가?

빗물은 대기 중의 $CO_2$가 물과 결합하여 산성 용액을 만들기 때문에 pH가 평균 5.6 정도이다. 이처럼 지상으로 낙하하는 산성비, 산성눈, 산성 입자들의 pH는 대체로 5.0 이하이다. 석탄, 유류, 휘발유 등 화석연료가 연소될 때는 이산화유황($SO_2$)과 질소산화물(NOX)이 대기 중으로 배출되고, 물과 결합하여 황산($H_2SO_4$)과 질산($HNO_3$)을 생성한다. 이들 공해물질들은 바람이 부는 패턴과 높은 공장 굴뚝들 때문에 주변 수백 마일(수백 km)까지도 퍼져 나갈 수 있다. 예를 들면 캐나다 동남부에서 내리는 산성비는 미국 중서부 지역에 있는 공장들과 발전소들에서 화석연료를 연소시켜 생긴 결과이다.

### 호수에 미치는 영향

산성비는 호수에 영향을 주는데 특별히 토양층이 얇고 산성침적(acid deposition)을 완충시키는 석회암(탄산칼슘, 또는 $CaCO_3$)이 부족한 지역에 더 큰 영향을 준다. 산성비는 독성 알루미늄을 토양 속으로 침출시켜서 결과적으로 수역권(body of water) 내로까지 흘러 들어가게 만든다. 또한 호수의 수은 퇴적층을 유독성 메틸수은으로 전환시키는데 이 물질은 어류에 축적이 된다. 그레이트 레이크(Great Lakes)에서 잡힌 어류는 먹지 말도록 권고되는데 그 이유는 수은 함량이 기준치보다 높기 때문이다. 캐나다와 뉴잉글랜드의 많은 호수들에는 어류가 살지 못하며, 스칸디나비아 반도의 수천 개 호수들도 같은 운명에 놓여 있다. 이들 호수 중에는 생명의 신호가 아예 없는 경우도 있다.

### 숲에 미치는 영향

식물의 잎이 산성비에 의해 파괴되면 삼림 전체가 병들어 예전만큼 광합성을 할 수 없게 된다. 게다가 식물은 스트레스를 받으면 해충과 질병들에 대하여 민감해진다. 그리고 산 정상의 삼림은 저지대의 것들보다 더 많은 비를 맞게 된다. 결과는 산성비의 영향에 더 많이 노출되는 것이다(그림 2A). 삼림은 알루미늄 같은 유독성 화학물질들이 토양으로 침출(침투하여 다시 용출됨)될 때 역시 파괴되며, 이 유독 물질들은 나무에게 필요한 영양물을 제공하는 토양 곰팡이들을 사멸시킨다. 뉴잉글랜드 내의 약 390억 제곱미터의 고원지대가 이렇게 황폐화된 상황이다.

### 인간과 구조물에 미치는 영향

산성비는 물론 사람에게도 영향을 줄 수 있다. 건조한 황산염과 질산염 입자들의 흡입으로 천식을 비롯한 호흡기질환의 발병률이 증가하고 있다. 석회암과 대리석으로 지어진 건축물들과 기념물들은 산성비에 노출될 때마다 계속해서 파손된다. 가옥들이나 자동차들도 비슷하게 손상을 입는다. 게다가 여러 발전소와 산업시설에서 배출되는 공해 물질들이 대기 속으로 들어가 산성을 더해주고 있다.

여러 발전소와 산업시설에서 배출되는 공해 물질들이 대기 속으로 들어가 산류를 더하고 있음

산의 침적으로 조각상이 부식됨

산의 침적으로 나무가 죽어가고 있음

산성침적으로 인해 호수의 생명체들이 사라지고 있음

**그림 2A** 산성비가 환경에 미치는 영향

## 본 장에 대한 리뷰

### 개념들의 연결

본 장의 주된 개념은 물 분자($H_2O$)의 구조와 특성이다. 물 분자는 수소와 산소원자로 구성되어 있다. 원자번호는 그 원자의 양성자 수를 의미하고, 질량수는 양성자와 중성자를 합한 숫자이다. 동일한 원소의 원자들은 일련의 동위원소로 존재한다. 동위원소란 원자번호는 같지만, 질량수가 서로 다른 원자들을 말한다. 다시 말해 동위원소란 양성자 수는 같지만 중성자 수가 달라서 질량수가 서로 다른 원자들이다. 수소원자의 외각(전자 궤도)에는 전자가 한 개 존재하지만 산소는 외각에 6개의 전자를 갖고 있다. 두 개의 수소들과 한 개의 산소가 반응하면 공유결합이 일어나 물 분자($H_2O$)가 형성된다. 물 분자의 산소는 각각의 수소와 전자쌍을 공유하는데 결과적으로 수소와 산소 모두 외각을 채워 안정화되는 효과를 얻게 된다.

산소는 수소보다 더 전기음성적이다. 때문에 물 분자의 산소는 약간의 음전하를 띠고, 수소는 약간의 양전하를 지니게 된다. 그리고 이로 인해서 물 분자의 공유결합은 극성 결합이다. 물 분자들 간에는 수소결합이 형성된다. 물은 극성 분자이므로 다른 극성 물질을 용해시킬 수 있다. 수소결합으로 인해 물의 다양한 특성들이 나타나는데, 응집력, 온도 보존성, 동결 시 부피의 팽창 등이 그것들이다.

물은 생물체에 적합한 중성 pH를 나타낸다. 물에 산을 첨가하면 pH가 낮아진다. 반대로 염기를 물에 첨가하면 pH는 증가한다. 완충제를 물에 첨가하면 pH의 변화가 최소화될 수 있다. 물은 구조상 탄소원자가 없기 때문에 무기물로 간주된다. 제3장에서 배우겠지만 유기물질은 반드시 탄소가 구조에 포함되어 있다. 유기물 중에서도 다음의 몇 가지 중요 분자들, 즉 탄수화물, 지방, 단백질, 그리고 핵산은 생물체와 생명현상에 특별한 의미를 가지고 있다.

### 분석과 평가

1. 메탄($CH_4$)의 구조를 물의 구조와 비교하여 분석하라. 메탄의 분자식을 설명하라.
2. 물의 화학적 구조는 '생명현상에 있어 중요한 특성들을 잘 설명해준다'는 서술을 이론으로 뒷받침하라.

## 요약

### 세포의 원자들

**2.1 생명의 기초는 총 6종류의 원자들로 이루어진다**

- 공간은 **물질**들로 꽉 차 있다. 그 물질들은 경우에 따라 고체, 액체 또는 가스 상태로 존재한다. 모든 물질은 '**원소**'로 구성되는데, 원소란 화학적 방법으로는 더 이상 쪼갤 수 없는 물질 단위이다. '**원자**'는 원소를 이루는 최소 단위를 말한다. 각 타입의 원자는 '**원자기호**'를 갖고 있다. 6개의 주요 원자들 – 탄소, 수소, 질소, 산소, 인, 황 – 을 소위 CHNOPS라고 부른다. 이들은 모든 생물체에서 중요한 역할을 한다.
- 원자들은 더 작은 입자들로 구성되어 있다. 이들은 **양성자**(양성전하)와 **중성자**(비전하), 그리고 **전자**(음성전하)들이다. 전자들은 핵을 중심으로 돌고 있는 **전자 궤도**에 위치해 있다.
- **원자번호**는 한 원자의 핵 속에 있는 양성자 수이다. **질량수**는 양성자와 중성자 수를 합한 것이다.
- **동위원소**들은 양성자의 수가 같지만 중성자 수가 달라 결과적으로 질량수가 서로 다른 것들이다. **원자질량**이란 그 원소에서 발견되는 동위원소들의 평균 질량을 말하는 것이다.

### 원자가 모여 분자를 형성한다

**2.2 원자들이 서로 반응하여 결합하면 새로운 전자 궤도가 형성된다**

- 8전자 규칙(**옥테트 규칙**)에 의하면 원자들은 최외각에 8개의 전자를 가지려는 성질이 있다(수소의 경우는 2개). 8개의 전자가 채워졌을 때 가장 안정된 구조이기 때문이다. 원자 외각의 전자 개수를 **원자가 전자각(valence shell)**이라고 부르는데, 이에 따라 원자의 반응성이 결정된다.

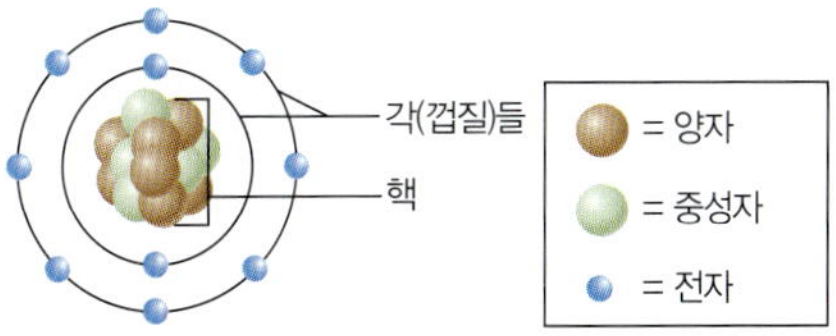

- 두 개 이상의 원자들이 일정한 비율로 결합할 때 **'화합물'**이 생긴다. **'분자'**는 그 화합물의 특성을 지니고 있는 최소 단위이다.

**2.3 이온결합과 공유결합은 흔하게 발견되는 결합들이다**

- **이온결합**은 음이온과 양이온 간의 인력(끄는 힘)에 의해 만들어진다. **'공유결합'**은 각 원자가 최외각에 8개의 전자들(또는 수소의 경우에는 2개)을 채우기 위해 전자를 공유할 때 만들어진다.

**2.4 공유결합은 극성 또는 비극성이다**

- **'비극성 공유결합'**은 원자들이 메탄 분자에서와 같이 동일하게 전자들을 공유할 때 일어난다. 공유결합에서 전자들을 끄는 원자의 능력을 **'전기음성도'**라고 한다. **극성 공유결합**은 원자간 전자들을 공유하는 정도가 달라 전자쌍이 한쪽으로 치우칠 경우 만들어진다. 공유가 불평등하면 극성 분자(예로서 물)가 될 수 있다.
- 수소결합은 극성 분자들 간에 일어난다. **'수소결합'**은 약간 양성인 수소원자와 다른 분자의 약간 음성인 원자 사이의 약한 인력으로 인해 만들어진다. 때로는 이러한 결합이 동일 분자 내에서 일어날 수도 있다. 수소결합은 개별적으로는 약해서 쉽게 깨어지지만, 많이 모여 집합을 이루면 상대적으로 강하게 된다.

## 물의 특성

**2.5 물 분자들은 서로 응집하면서 다른 물질에 점착(부착)할 수 있다**

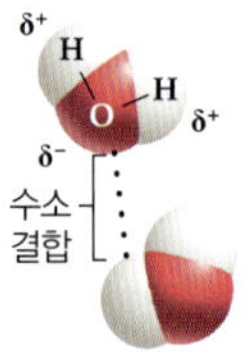


- 수소결합으로 인해 물 분자들은 서로 **응집**하고 다른 극성 물질들에 **점착**(유착, 부착)한다. 이들 두 가지 특성은 생물체들에 있어 운반 수단이 된다(예: 나무의 수액 운반과 인간의 혈액).

**2.6 동결, 액상의 물은 생물체의 정상적 온도 유지를 도와준다**

- 결빙수는 부피가 팽창되어 수면 위로 떠다닌다. 그 이유는 얼음의 수소결합이 더 단단하기 때문이다. 그 결과 얼음은 수면 아래 생물체들을 결빙으로부터 보호할 수 있다. 물은 비열이 높기 때문에 결빙된 수면 아래의 물 온도를 비교적 온난하게 유지한다.
- 수소결합으로 인해 물은 높은 비열과 기화점을 가지게 된다. 물의 온도는 서서히 상승하고 서서히 내려간다. 이로써 생물체들은 온도의 급작스러운 변화로부터 보호된다. 물의 높은 기화열(high heat evaporation)은 생물체의 체온이 과열되는 것을 극복할 수 있도록 해준다.

**2.7 물은 다른 극성 물질들을 용해시킨다**

- **'용액'**은 **'용매'**(보통은 물이 용매로 작용함)와 **'용질'**(용해된 물질)로 구성된다. 물의 극성 때문에 용매에서 화학 반응들이 용이하게 일어난다. **'친수성'** 분자들(이온화된 물질, 또는 소금과 같은 극성분자)은 물 속에서 용해된다. **'소수성'** 분자들(비이온화되거나 휘발유와 같은 비극성 분자들)은 물 속에서 용해되지 않는다.

## 산, 염기 및 pH

**2.8 산과 염기는 세포와 생물체에게 영향을 미친다**

- 물이 이온화되면, 같은 수의 **'수소이온($H^+$)'**과 **'수산화이온($OH^-$)'**을 방출한다. **'산'**은 수소이온($H^+$)을 물에 방출시킨다. **'염기'**는 물에 수산화이온($OH^-$)을 방출한다.

**2.9 pH 측정기로 산도와 염기도를 측정한다**

- 순수한 물은 pH가 7로서 중성이다. 산성 용액은 pH가 7 미만이다. 즉 [$H^+$]의 농도가 [$OH^-$]의 농도보다 높다. 염기성 용액은 pH가 7 이상이다. 즉 [$OH^-$]의 농도가 [$H^+$]의 농도보다 높다. 대부분의 생물체들은 생존 가능한 pH 범위가 좁다(예: 혈액의 pH는 약 7.35~7.45임).

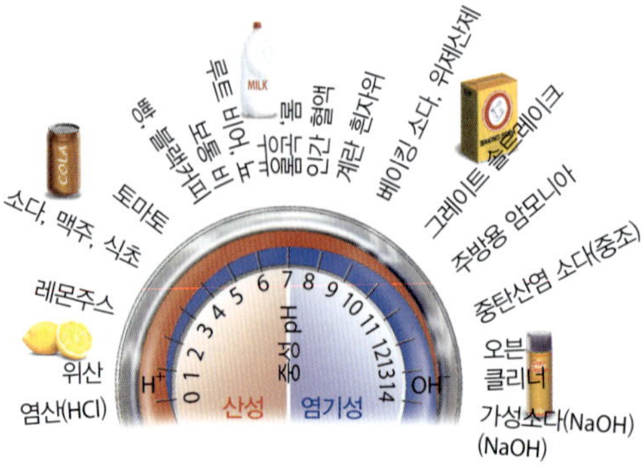

- **완충액**은 화학물질이거나 화학물질들의 결합체로서 pH 변화에 저항성을 보이며, pH를 정상적 제한치 내에 있도록 만들어준다.

## 자기 테스트

### 세포의 원자들

1. CHNOPS란
   a. 무생물이나 생물들에서 발견되는 원자들
   b. 생물체들에게서만 발견되는 유일한 원자들
   c. 생명에 기본적인 원자들
   d. 암석에서만 발견되는 원자들
   e. b와 c가 모두 맞다.
2. 다음 중 어느 것이 원자의 성분인가?
   a. 양자  b. 렉틴  c. 중성자  d. 전자
3. 원자번호는 무엇인가?
   a. 핵 속의 중성자 수  b. 원자 내의 양자들 수
   c. 원자의 질량수  d. 원자가 중성전하일 때 전자 개수
   e. b와 d가 모두 맞다.
4. 아원자 입자들 중 원자 무게에 영향을 주지 않는 것은 무엇인가?
   a. 전자 궤도의 양성자들  b. 핵 속의 전자들
   c. 핵 속의 중성자들  d. 여러 에너지 수준의 전자들
5. 동일한 원소의 동위원소들은 중성자 수만 서로 다르다.
   a. 옳다.  b. 그르다.
6. 주기율표의 기능과 역할이 아닌 것을 고르라.
   a. 여러 가지 원소들의 정보 제공
   b. 양성자 수와 원자가전자 수의 표시
   c. 원소가 이온들이나 공유결합들을 표시
   d. 현대화학에서 유용한 역할
7. **개념적 사고** 원소의 주기율표라는 타이틀은 왜 적절한지 설명하라.

### 원자가 모여 분자를 형성한다

8. '외부 전자각이 8개의 전자를 함유하고 있을 때 가장 안정하다'라는 규칙은
   a. 안정 규칙  b. 원자의 규칙
   c. 옥테트규칙  d. 각 규칙
9. 질소가 그 외각을 채우려면 얼마나 많은 전자들이 필요한가?
   a. 0개  b. 한 개  c. 두 개  d. 세 개
10. 암모니아의 분자식이 왜 $NH_4$가 아니라 $NH_3$인지 설명하라.
11 한 원자가 전자들을 얻는다는 것은, 그것이
   a. 음성으로 하전된 이온을 형성한다는 것이다.
   b. 양성으로 하전된 이온을 형성한다는 것이다.
   c. 공유결합들을 형성한다는 것이다.
   d. 원자질량을 갖게 된다는 것이다.

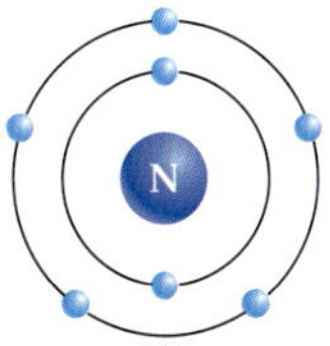


질소

$^{14}_{7}N$

12. 칼슘처럼 한 원자가 외각에 두 개의 전자들을 갖게 된다면, 그 원자는 거의 확실하게
   a. 완성된 외각을 갖게 된다.
   b. 이 두 전자들을 잃고 음성으로 하전된 이온이 된다.

c. 이들 두 개의 전자들을 잃고 양성으로 하전된 이온이 된다.

d. 수소결합의 방법으로 탄소와 결합한다.

e. 에너지 필요성을 충족하고자 다른 칼슘원자와 결합한다.

13. ____ 결합들로 서로 붙어있는 분자들은 생물체 내에 존재하는 물 때문에 해리되기 쉽다.

a. 공유　　b. 이온　　c. 수소　　d. 질소

14. 원자들 간 전자들의 공유로 어떤 유형의 결합이 되겠는가?

a. 공유　　b. 이온　　c. 수소　　d. 중성

15. $CH_4$ 분자에서

a. 모든 원자들은 외각에 8개의 전자들을 가짐

b. 모든 원자들은 전자들을 공유함

c. 탄소는 더 많은 수소원자들을 받을 수가 있을 것임

d. 모두가 다 맞음

16. 보기 중에서 어느 것이 전자들을 항상 불평등하게 나누어 갖고 있는가?

a. 이중공유결합　　b. 삼중공유결합

c. 수소결합　　d. 극성공유결합

e. 이온결합과 공유결합

17. 수소결합의 예는

a. 탄소원자와 수소원자 간의 결합

b. 두 탄소원자 간의 결합

c. 나트륨과 염소 간의 결합

d. 두 물 분자 간의 결합

18. **개념적 사고** 외각에 두 개의 전자를 가진 원자가 다른 원자와 반응할 때 왜 이온이 되는지를 설명하라.

## 물의 특성

19. 물은 자유로이 흐르나 각 분자들이 분리되지 않는 이유는 물의 _____ 때문이다.

a. 응집성　　b. 친수성　　c. 소수성　　d. 점착성(유착성)

20. 물은 큰 온도 변화없이 대량의 열을 흡수할 수 있다. 그러므로 그것은

a. 높은 표면장력을 가짐　　b. 비열이 높음

c. 수소이온들을 10배 가짐　　d. 수산화이온들을 10배 가짐

21. 보기 중 수소결합에 의해 나타나는 물의 특성이 아닌 것은?

a. 물은 세포의 내부와 외부 온도를 안정시킴

b. 물 분자들은 응집성임

c. 물은 여러 분자들의 용매임

d. 얼음은 액상의 물 위를 부유함

e. b와 c가 맞음

문제 22는 아래 그래프를 참고하라.

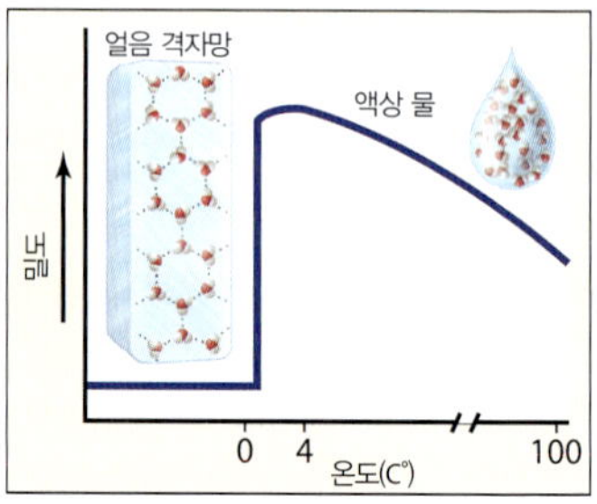


22. 이 그림이 설명하는 것은

a. 얼음의 밀도가 물보다 작음

b. 얼음의 밀도가 물보다 큼

c. 왜 얼음은 물 위에 뜨는가

d. 왜 물 분자들이 다른 물 분자들과 수소결합을 형성하는가

e. a와 c가 맞다.

f. 이들 모두가 맞다.

23. **개념적 사고** 여러분은 동물의 혈액이 어떤 면에서 거의 물과 같을 것으로 기대하는가

### 산, 염기 및 pH

24. 산은
    a. 용액 내에 수소이온들을 방출(발산)한다.
    b. 용액의 pH를 7이상으로 상승시킨다.
    c. 나트륨이온을 취하여 중성이 된다.
    d. 물 분자들의 수를 증가시킨다.
    e. a와 b가 맞다.
25. 한 용액이 pH 5에서 pH 8로 되었을 때 생긴 변화들을 가장 잘 설명한 것은?
    a. 용액이 산성에서 염기성으로 되었으므로 수소이온농도는 감소한다.
    b. 용액이 염기성에서 산성으로 되었으므로 수소이온농도가 증가한다.
    c. 용액이 염기성에서 산성으로 되었으므로 수소이온농도는 감소한다.
26. 물이 해리되면 그것이 방출하는 것은
    a. 동일한 양의 $H^+$와 $OH^-$
    b. $OH^-$보다 $H^+$가 더 많음
    c. $H^+$보다 $OH^-$가 더 많음
    d. 오직 $H^+$
28. 한 화학물질이 주위 용액으로부터 H+를 받았다면, 그 화학물질은
    a. 염기
    b. 산
    c. 완충액
    d. 아무 것도 맞지 않다.
    e. a와 c가 맞다.
29. **개념적 사고** 혈액 속의 중탄산 이온 같은 화학적 완충제를 호흡과정, 그리고 신장이 체내에서 pH를 조절하는 것과 관련지어서 비교 설명하라.

## 참여하기

1. 자연현상에 대한 설명이다. 그림 2.7에 근거하여 바다는 왜 얼지 않는지 설명하라.
2. Melvin Calvin은 방사성 탄소(추적자로서)를 이용하여 광합성과정에서 형성되는 일련의 분자들을 발견하였다. 왜 탄소는 화학적으로, 심지어는 방사성동위원소일지라도 늘 화학적 성질이 동일한지를 설명하라.

## 미디어 연구 도구

mhhe.com/ maderconcepts3

상호작용 학습도구들, 연습문제들 등을 이용하여 여러분의 학습을 강화하라. 또한 ConnetPlus를 통해 이용가능한 학습자료들에 대해서도 여러분의 선생님에게 문의하라. ConnetPlus에는 개인별 맞춤형 학습 프로그램인 LearnSmart와 영상매체가 풍부한 eBook이 포함되어 있다.

# 제 3 장

# 세포의 유기 분자들

## 본 장의 개요



## 본 장을 시작하기 전에

잠깐 돌아보기
생물학적 구성의 초기 단계들(그림 1.3A)
원자는 생명의 기본이다(2.1절)
공유결합 형성 방법(2.3절)
수소결합의 의미(2.4절)



## 식물과 동물은 같으면서도 다르다

식물이 동물과 몇 가지 면에서 유사하다는 점은 확실하다. 그들의 기본은 모두 세포에서 출발했으며, 물은 식물이나 동물 모두에서 도관의 형태인 수송관을 따라 흐른다. 물 없이는 이들 모두 살 수가 없다. 둘 다 성장하고, 번식하고, 적응하면서, 생명의 동일한 특성들을 보여준다.

'같으나 다른' 것은 세포의 분자들에 관하여 본 장에서 다루는 공통적 주제가 될 것이다. 예를 들어 식물과 동물의 유전 물질은 공통적으로 핵산인 DNA이다. 그러나 식물과 동물의 세부적인 특성들, 심지어는 유전자의 기능이 모든 생물체에서 동일하다 할지라도 여전히 동물과 식물은 자신만의 특수한 유전자 발현 패턴을 갖고 있게 마련이다.

동물은 여러 종류의 비타민을 식물에게서 얻는다. 그리고 그 비타민들을 자신의 대사작용을 위해 사용할 때 식물이 하는 대사와 동일한 화학적 방식을 사용한다. 그러므로 필요한 비타민을 식

물류에서 얻을 수 있는 한, 동물들의 비타민 제조 능력 부재가 결코 불리한 것만은 아니다. 이처럼 동물은 다른 방법을 이용하여 얻을 수 있는 분자를 만들려고 자기 에너지를 낭비하지 않는다. 오히려 그 에너지를 아껴서 성장과 방어와 생식작용에 더 많이 사용하는 것이 효율적이라 하겠다.

이 장에서는 생물체 특유의 독특함을 부여하는 분자들의 유형을 숙고하면서 기초화학을 살펴볼 것이다. 어떤 생물체든지 세포의 구조와 기능은 분자 차원에서 시작되기 때문이다.

## 유기화학에 대한 기본원리

우리는 먼저 다양한 유기분자들이 공통으로 갖고 있는 탄소에 대해 화학 기전을 공부할 것이다. 세포가 만들어내는 유기분자들을 다른 말로 생체분자라고도 부른다. 생체분자에는 작용기들이 붙어 있어서 기능적 다양성을 제공하며, 그 분자가 세포 내에서 특수한 역할을 수행하도록 해준다. 큰 생체분자들은 모듈성(조립적)인데, 그들의 최종적인 크기는 이런 작용기가 얼마나 많이 붙여 있느냐에 달려 있다.

### 3.1 탄소화학은 다양한 분자 합성을 가능하게 해준다

#### 학습 성과들

본 절을 공부하고 나면 다음에 대한 이해와 능력이 향상될 것이다.

1. 탄소화학이 유기분자들을 얼마나 다양하게 만드는지에 대해 설명하기
2. 4가지 생체분자들을 목록으로 정리하기
3. 작용기들이 생체분자 활성에 어떻게 영향을 주는지 메커니즘에 대해 이해하기

탄소에 대해서만 집중적으로 다루는 **'유기화학'**이라는 분과가 따로 있을 정도로 탄소는 이 세상의 모든 구조물, 그리고 생명현상에 대단히 중요하다. 탄소의 어떤 특성이 유기분자들을 다른 분자들과 화학적으로 같으면서도 다르게 하는 것일까? 탄소원자는 대단히 작고 전자를 6개 가지고 있다. 2개는 첫 외각에, 그리고 다른 4개는 그 다음 번 전자 궤도에 위치해 있다. 따라서 4개의 전자들을 얻어 외각을 완전하게 하려면 탄소는 거의 항상 전자들을 생물체의 또 다른 기본 원소들인 CHNOPS와 공유해야만 한다.

게 껍질은 키틴을 포함하고 있다.
식물세포벽은 셀룰로스를 포함하고 있다. 세균의 세포벽은 펩티도글리칸을 포함하고 있다.

**그림 3.1A** 이 생명체들에는 화학적 구조가 조금씩 다른 당이 들어있다.

탄소는 그 외각을 채우기 위해 4개의 전자가 필요하다. 다른 말로 표현하면 최대 4개까지 다른 원소들과 공유할 수 있다는 말이고, 이것이 곧 탄소의 다양성을 부여하는 원동력이다. 그리고 유기분자들의 모양과 기능에 있어 중요한 점은, 탄소가 전자들을 또 다른 탄소와 공유할 수 있다는 사실에 있다. C—C 결합은 대단히 안정되며, 몇 개의 탄소가 이어지느냐에 따라 아주 긴 탄화수소 체인을 만들어낼 수 있다.

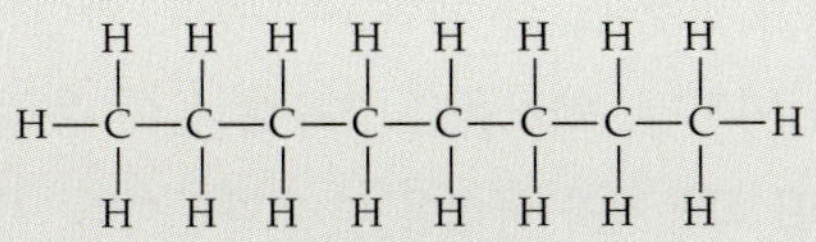

옥탄, 휘발유의 한 분자

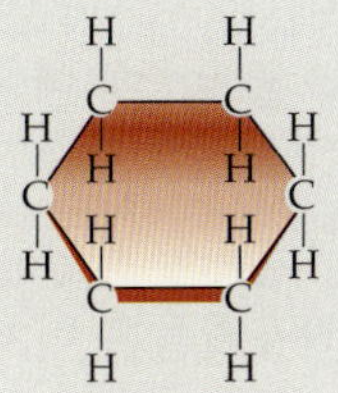

사이클로헥산

기다란 탄화수소 체인은 어느 탄소원자에서라도 가지를 치는 것이 가능하다. 탄화수소는 일단 물에 들어가면 고리(환형)화합물을 형성하려는 경향이 있다. 대표적인 예가 사이클로핵산이다. 사이클로핵산은 산업적으로 용매와 나일론 제조에 쓰인다.

탄소는 다른 원자들과 이중결합을 형성할 수 있다. 이중결합은 부착된 원자들의 운동을 제한시키고 그런 방식으로 분자의 입체적 모양을 만들게 된다. 탄소는 또한 아세틸렌, H—C≡C—H에서와 같이 삼중결합도 형성할 수 있다.

**생체분자들** 어떠한 생물체에서든지 4종류의 공통된 생체분자가 있다. 즉 **탄수화물**, **지방**, **단백질**, 그리고 **핵산**이다. 그러나 실제로 세포에서 발견되는 생체분자들은 그 모습이 대단히 다양하다. 앞에서 기술한 탄소의 다양한 분지력과 결합력 때문이다. 세균에는 평균 5,000개의 유기 분자들이 들어있으며, 동물세포에는 대략 그 두 배가 들어 있다. 이 같은 각양각색의 생체분자들은 생명체의 다양성을 가능하게 해준다. 예를 들면, 그림 3.1A의 생물체들은 모두 탄수화물을 구조적 분자로 사용하지만 이들의 화학적 구성이 조금씩 다르다. 즉 선인장은 세포벽을 강화시키기 위해 셀룰로스를 사용하지만, 세균은 동일한 목적을 위해 펩티도글리칸을 사용한다. 그리고 게는 키틴을 포함하고 있어 자기의 껍질을 강하게 만들 수 있다.

탄소는 모든 생체분자들에 필수 성분이다. 요리사가 첫 접시에 상추를 담는 것처럼 유기 분자들의 구조는 탄소로부터 시작한다. 요리사는 그 다음에 다른 구성 성분들, 가령 오이라든지 무들을 추가해서 여러 다른 타입의 샐러드를 만들어낸다. 이처럼 서로 다른 원자들이 탄소에 추가되면 다양한 생체분자들이 생기게 된다.

**작용기그룹** 생체분자들의 탄소사슬을 뼈대, 또는 기본구조라고 부른다. 이 용어는 매우 적절하다고 볼 수 있다. 왜냐하면 뼈대가 우리 몸의 형체를 만드는 기본이 되듯이, 생체분자들에서도 탄소 뼈대가 형태의 기본이기 때문이다. 그리고 생체분자의 반응성은 부착된 작용기 그룹에 따라 대부분 결정된다. 작용기는 탄소 사슬에서 뼈대 부분과 달리 기질과 반응할 수 있는 유일한 구조이다. 그림 3.1B에서 보여주듯이 작용기는 '*R*'로 표기한다. 오직 작용기만이 반응에 포함되므로 분자들의 나머지(rest)라는 뜻에서 따온 약어이다.

주목할 것은 특별한 이름과 구조를 지닌 작용기들이 특정 타입의 화합물들 속에서 발견된다는 것이다. 이를 테면, 하나의 —OH(히드록실기)를 탄소 뼈대에 첨가하면 그 분자는 알코올이 된다. 만약 —OH가 2개의 탄소골격으로 된 탄화수소인 에탄 속의 수소들 중 한 개를 대체하면 그것은 사람이 마실 수 있는 알코올, 즉 에탄올이 된다. 에탄은 다른 탄화수소들 같이 '**소수성**'(물에 용해될 수 없음)이지만, 에탄올은 '**친수성**'(물에 용해될 수 있음)으로 변한 것이다. 왜냐하면, 첨가된 —OH 작용기가 극성을 띠기 때문이다. 세포 내에는 물이 70~90%이므로 물의 상호작용과 용해 능력이 있어서 세포 내의 유기분자들 기능에 심대한 영향을 준다. 카복실(산)기(—COOH)가 붙은 생체분자들도 극성이 있으며, 이것이 이온화되면 수소이온을 방출하면서 용액은 더욱 산성이 된다.

$$—COOH \rightarrow —COO^- + H^+$$

작용기들은 이처럼 세포 내 생체분자의 활성을 결정한다. 여러분은 지방이 형성될 때 알코올기가 카복실기와 반응하는 것, 그리고 카복실기가 단백질이 형성되는 동안 아미노기와 반응하는 것을 다양한 화학반응에서 보게 될 것이다. 그림 3.1C에서 남성 성호르몬인 테스토스테론과 여성 성호르몬인 에스트로겐이 뼈대는 같지만, 부착되어 있는 작용기 그룹들에 의해서만 서로 다르다는 것을 주목할 필요가 있다. 이처럼 작은 차이에도 불구하고 이들 작용기는 한 개인의 성을 결정할 정도로 엄청난 결과를 불러일으킨다.

**이성질체** 이성질체들은 동일한 분자식을 갖고 있지만 원자들의 배열만이 다를 뿐이다. 즉 본질에 있어 이성질체들은 서로 같지만, 분자의 구성 양식에서 변화가 있다. 이성질체들은 유기분자에서 탄소 사슬의 변형이 어떻게 일어나는지를 말해주는 또 다른 예이다.

다음 두 개의 분자들은 서로 간 이성질체들이다. 그들은 동일한 분자식을 갖고 있지만 작용기가 서로 다르다. 그러므로 이성질체들은 화학반응에서 서로 다른 반응 양상을 나타낸다. 식물의 세포벽은 셀룰로스를 포함하고 있다.

| 작용기들 | | |
|---|---|---|
| **그룹** | **구조** | **화합물** |
| 히드록실 | R—OH | 알코올; 당들과 약간의 아미노산에 존재 |
| 카보닐 | R—C(=O)—H | 알데히드; 당에 존재 |
| | R—C(=O)—R | 케톤; 당에 존재 |
| 카복실 | R—C(=O)—OH | 카복실산; 지방산와 아미노산에 존재 |
| 아미노 | R—N(—H)—H | 아민; 아미노산에 존재 |
| 설프히드릴 | R—SH | 티올; 근접하여 아미노산이 있을 때 결합을 형성 |
| 인 | R—P(=O)(—OH)—OH | 유기인산; 뉴클레오티드와 인지질 속에 존재 |

**그림 3.1B** 생체분자들의 작용기들

**그림 3.1C** 남성호르몬과 여성호르몬의 작용기 비교

| 글리세르 알데하이드 | 디하이드록시아세톤 |
|---|---|
| 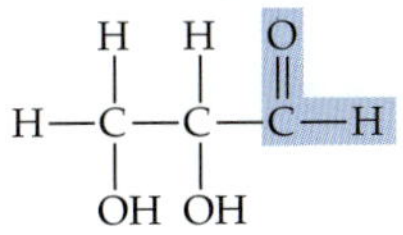 | 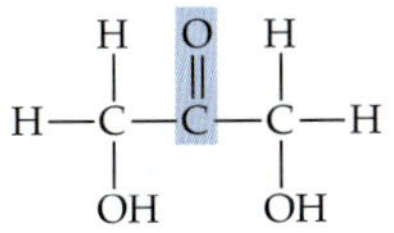 |

▶ **3.1 진도 체크**

1. 탄소원자로 인해 다양한 형태의 분자들이 만들어지는 기작을 말하라.
2. 본 장에서 논의한 4종류의 공통된 생체분자들 리스트를 만들어라.
3. 테스토스테론과 에스트로겐처럼 작용기가 생체분자의 기능에 극적인 효과를 미치는 또 다른 경우를 생각해보라.

## 3.2 분자의 단위체들은 서로 연결되어서 다양한 거대생체분자들을 구성할 수 있다

### 학습 성과들

본 절을 공부하고 나면 다음에 대한 이해와 능력이 향상될 것이다.

1. 생체분자들의 결합과 분리를 가능하게 하는 반응들에 대해 설명하기
2. 탄수화물, 지방 및 단백질을 소화시킬 때 방출되는 단위체들의 명칭을 이해하기

생체분자들은 대부분 **고분자**(중합체) 형태를 취하고 있다. 그 이유는 많은 서브유닛(소단위), 이른바 **단위체(monomer)**라고 하는 동일 타입의 서브유닛이 길게 연결되어 만들어지기 때문이다. 대부분의 단백질은 수백 개 이상의 아미노산이 연결된 것이고, 핵산은 수천 개의 뉴클레오티드가 이어진 것이다. 그러면 중합체(폴리머)는 어떻게 해서 그토록 커질 수 있는 것일까? 중합체를 구성할 때 세포는 일종의 모듈 방식을 이용한다. 기차가 화물칸 차량을 하나하나씩 연결하여 붙여 나가듯, 중합체도 소단위들이 서로 결합하면서 길어지는 것이다.

그림 3.2A*a*에서 중합체가 어떻게 합성(구성)되는지 주목하자. 세포는 생체분자들을 합성하기 위해 소단위들을 연결시키면서 **탈수반응**을 한다. 이 반응에서 —OH(히드록실기)와 H(수소원자)로 이루어진 물 분자의 당이 제거되고, 두 소단위 간에 새로운 결합이 생성된다.

이와 대조적으로 그림 3.2A*b*에는 한 생체분자의 분해가 어떻게 일어나는지 설명되어 있다. 생체분자가 분해되기 위해 우리들의 소화관 세포 내에서는 전혀 다른 형태의 반응이

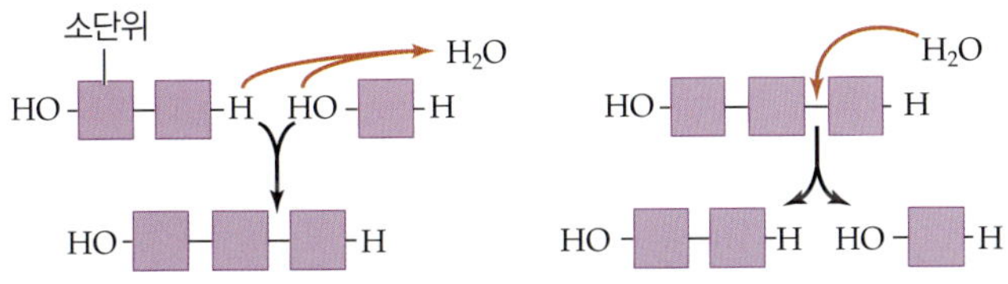


a. 탈수작용 b. 가수분해작용

**그림 3.2A** 중합체의 합성과 분해. a. 세포 내에서 소단위들이 탈수작용($H_2O$의 제거)에 의해 결합하면서 새로운 합성이 일어난다. b. 가수분해반응($H_2O$의 첨가)에 의해 소단위들이 분리되면서 고분자의 분해가 일어난다.

**그림 3.2B** 모든 음식에는 탄수화물, 지질, 단백질, 핵산 등이 들어있는데 이들의 소단위들은 생명체를 구성하는 재료, 혹은 세포의 에너지원으로 사용된다.

진행된다. 이것이 가수분해이다. **가수분해 반응**이 일어나는 동안 물의 —OH기가 한 소단위에 부착되며, —$H^+$는 다른 소단위에 부착된다(*Hydro*는 '물'을 뜻하고, *lysis*는 '부서져 떨어져 나간다'는 뜻). 다른 말로 하면 물이 더해져서 결합체가 붙잡고 있는 소단위들을 끊어내는 것이다. 소화를 비롯해 생체 내 많은 반응이 탈수반응과 가수분해반응이므로 여러분이 친숙해져야 할 용어들이다.

이러한 반응들이 세포 내에서 일어나려면 효소가 반드시 필요하다. **효소**란 생체내 화학반응을 촉진시키는 물질이다. 반응에 참여하더라도 효소 자체에는 아무런 구조적 변화가 일어나지 않는다. 또한 중합체를 합성하려면 종종 에너지가 필요하다. 때문에 소단위간 결합이 일어나기 전에 에너지가 투자되어야 하며, 투자된 에너지는 결합에너지로서 저장된다. 반면에 중합체를 가수분해하면 에너지가 결합으로부터 빠져나와 발산된다.

생체분자의 파괴와 합성은 생명현상에서 언제나 일어나고 있는 반응이다. 음식물은 대부분 앞에서 언급한 생체 고분자들로 되어 있다. 즉 탄수화물, 지질, 그리고 단백질 등이 그것들이다(그림 3.2B). 심지어는 심야에 배달된 피자, 인스턴트 햄버거, 또는 오후 간식류 등에도 이들 생체 고분자들이 많이 함유되어 있다. 여러분이 음식을 먹으면 이들 분자들은 소화관 내에서 일단 소단위로 부서진다(표 3.2). 예를 들면 빵을 소화시킬 때 단당류(포도당 등)가 나오고, 육류를 소화시킬 때 아미노산들이 분해되어 나온다. 여러분의 신체는 이런 소단위체들을 재활용하여 자신의 세포들을 위한 새로운 탄수화물과 단백질로 재구성해낸다.

**표 3.2 생체분자들**

| 부류 | 예 | 소단위들 |
|---|---|---|
| 탄수화물* | 다당류 | 단당류 |
| 지질 | 중성지방 | 글리세롤과 지방산 |
| 단백질* | 폴리펩티드* | 아미노산 |
| 핵산* | DNA, RNA | 뉴클레오티드 |

**▶ 3.2 진도 체크**

1. 가수분해작용의 결과와 탈수합성작용의 결과를 비교 설명하라.
2. 빵(탄수화물), 육류(단백질), 버터(기름)를 소화시킬 때 발생되는 소단위들이 무엇인지 밝혀라.

# 탄수화물

탄수화물은 대부분 탄소, 수소, 산소의 비율이 1:2:1이다. 표준식($CH_2O$)에는 구성 원자들이 표기되어 있는데, 이를 보면 탄수화물이 탄소의 수화물(water)임을 알 수 있다. 어떤 탄수화물은 신속하게 에너지원으로 사용되며, 다른 것들은 생물체의 구조적 성분으로 활용된다.

## 3.3 단순 탄수화물은 신속한 에너지의 공급원이다

### 학습 성과들

본 절을 공부하고 나면 다음에 대한 이해와 능력이 향상될 것이다.

1. 단당류와 이당류를 구별하기

단순 탄수화물은 감미성 당류이다. 단당류는 오직 한 개의 당 분자로 되어 있다. **단당류**의 탄소 뼈대는 3개 내지 7개의 탄소로 되어 있다. 또한 다수의 히드록실기가 붙어 있어서 극성을 띠고, 이로 인해 물속에 용해되어 녹을 수 있다. '**포도당**'(글루코스)은 6개의 탄소로 된 단당류이고 분자식이 $C_6H_{12}O_6$이다. 그림 3.3A는 포도당의 구조를 표현하는 여러 가지 방법들을 보여주고 있다. 탄소의 원자 기호를 일일이 적게 되면 분자식이 복잡해지므로 보통은 생략하거나 단순히 육각형 고리 모양으로 표시한다. 아마 그림만 보면 여러분은 포도당 분자가 전체적으로 편평(평면)하다고 생각할지 모른다. 그러나 실제로는 탄소 고리에 원자들이 많이 붙어 있고, 또 이들은 그림에 보이는 것과 같이 고리 위, 또는 밑에 위치해 입체성을 더해준다.

포도당과 과당, 그리고 갈락토오스는 서로 이성질체 관계이다. 이들의 분자식이 모두 $C_6H_{12}O_6$이기 때문에 단순히 화학식만으로는 포도당을 구별하기 어려울 수도 있다. 포도당은 모든 생물들에게 중요한 세포 내 연료이다. 포도당은 동물의 혈액을 타고 운반되며, 체내 거의 모든 세포에서 분해되고 에너지를 방출할 수 있다. 특별히 간은 포도당뿐 아니라 이성질체들까지도 취하여 대사작용을 할 수 있다.

이 때문에 영양학자들은 음식에 감미를 높이려고 고농도의 과당이 포함된 옥수수 시럽을 다량 사용하는 것이 간 손상을 초래하지 않는지, 그리고 그 결과 건강 유지를 위한 비용 부담

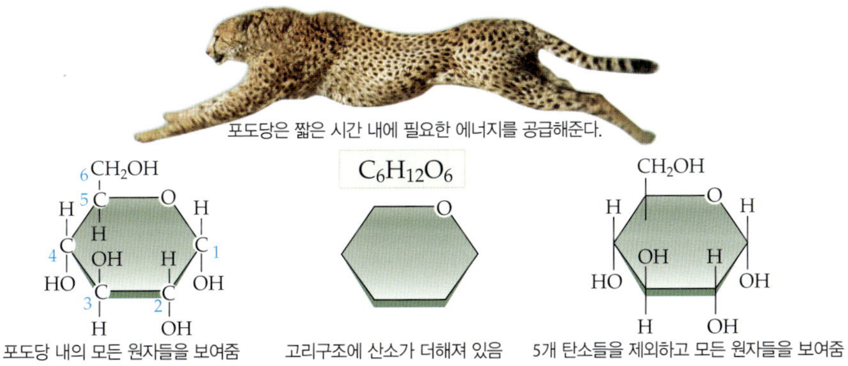


그림 3.3A 치타와 생물체들의 신속한 에너지원인 포도당을 표시하는 3가지 방식

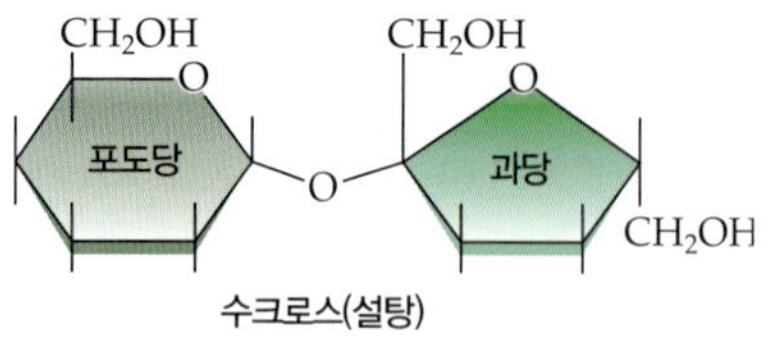


을 높이지는 않는지 여부를 연구하고 있기도 하다.

**'리보스'**와 **'디옥시리보스'**들은 5개의 탄소를 가진 단당류이다. 이 물질들은 각각 핵산인 RNA와 DNA에 존재하기 때문에 특별한 의미가 있다. 이에 대해서는 본 장 후반에서 다시 논의할 것이다.

**이당류** 역시 단순한 당이지만 탈수작용을 거치면서 연결된 두 개의 단당류로 되어 있다. 그림 3.3B는 두 포도당 분자가 함께 결합하여 이당류인 맥아당(맥주 발효에 사용하는 성분)이 생겨나는 과정을 보여주고 있다. 가수분해 소화액이 이 결합을 끊으면 다시 두 개의 포도당 분자들이 생겨난다. 설탕은 식물이 체내 운반하는 당이기 때문에 각별히 관심이 가는 또 다른 이당류이다. 식물은 광합성 세포로부터 광합성을 하지 않는 기타 부위로 설탕을 운반해준다. 설탕의 화학적 명칭은 수크로스(sucrose)이고, 역시 식품을 달게 하기 위하여 사용된다. 우리는 설탕을 사탕수수나 설탕무 같은 식물류로부터 획득한다. 락토오스(lactose)라 불리는 젖당은 포도당이 갈락토오스와 결합한 것이다. 젖당은 우유의 중요한 탄수화물 성분이기 때문에 유당이라고도 부른다. 유당불내증인 사람들은 이 이당류를 분해할 수 없음으로 우유나 유제품을 섭취하면 소화시킬 수 없다.

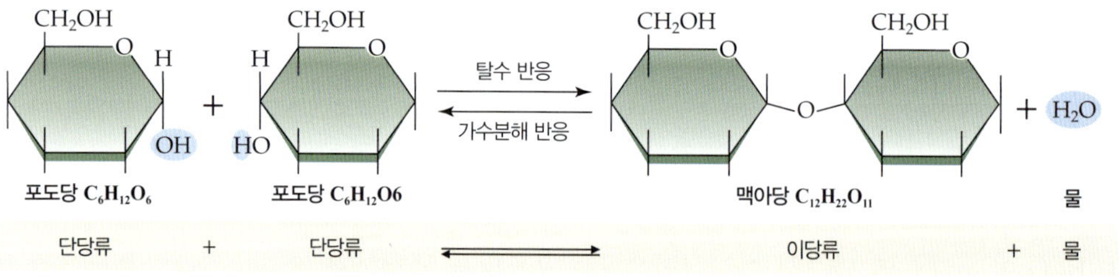


**그림 3.3B** 이당류인 맥아당의 형성과 분해

▶ **3.3 진도 체크**

1. 식물과 동물의 생리학에서 포도당(글루코스)과 수크로스(설탕)의 구조 및 중요성을 대조하라.

## 3.4 복합탄수화물은 에너지를 저장하고 구조를 지지해준다

### 학습 성과들

본 절을 공부하고 나면 다음에 대한 이해와 능력이 향상될 것이다.

1. 생물체를 구성하는 복합탄수화물들의 구조와 역할 비교하기

**'복합탄수화물'**은 단당류가 모인 중합체이다. 그래서 그들은 **다당류**이다. 동물의 **글리코겐**과 식물의 **전분** 같은 다당류가 대표적인데, 이들은 에너지 저장 분자로서 기능을 한다. 다당류는 물에 용해되지 않고 단당류보다 크기 때문에 에너지원으로서 사용되기보다는, 장시간에 걸친 저장 분자로 작용한다. 복합탄수화물은 그 크기가 커서 세포의 경계가 되는 원형질막

을 통과할 수 없다.

그림 3.4*a*는 매우 많은 가지가 달린 글리코겐의 구조를 보여준다. 다당류의 탄소사슬은 수시로 깨어지기도 하고 또 새로 형성되기도 한다. 우리들 인체와 여타 척추동물들의 몸에서는 간세포에 글리코겐이 저장된다. 글리코겐은 우리 몸이 필요로 할 때까지 과립형태로 글리코겐을 저장한다. 간세포들이 포도당을 저장하고 방출하는 것은 호르몬의 조절로 이루어진다. 우리가 음식을 섭취하면 췌장으로부터 인슐린 호르몬이 나와 포도당을 글리코겐 형태로 저장하도록 촉진시킨다.

식물류는 포도당을 전분 형태로 저장한다. 전분은 가지가 있는 것과 없는 것 두 가지로 존재한다. 가지형 전분은 그림 3.4*b*에 나와 있다. 가지형과 비가지형의 전분들은 식물에서 포도당 저장고 역할을 한다. 감자는 전분 과립을 에너지가 필요한 봄까지 세포 내에 저장한다. 그리고 봄이 되면 이렇게 저장된 전분을 가수분해하여 비축된 에너지를 이용할 수 있다. 동물이 식물로부터 전분을 섭취하면 소화효소가 분해하여 포도당을 방출하도록 한다. 이렇게 방출된 포도당은 세포 구조를 만드는 재료, 또는 에너지원으로 사용될 수 있다.

식물의 **섬유소**, 동물과 곰팡이의 **키틴**, 세균의 **펩디도글리칸** 같은 다당류들은 구조다당류들이다(그림 3.1A 참조). 섬유소는 단순한 포도당으로 구성되어 있지만, 키틴은 포도당에 특정한 아미노산이 붙어 있는 구조이다. 펩티도글리칸의 구조는 더욱 복잡한데, 이는 소단위간 펩티드사슬을 포함하고 있기 때문이다.

섬유소는 가장 흔하게 발견되는 탄수화물이다. 실제로 지구상에서 가장 많은 양을 차지하는

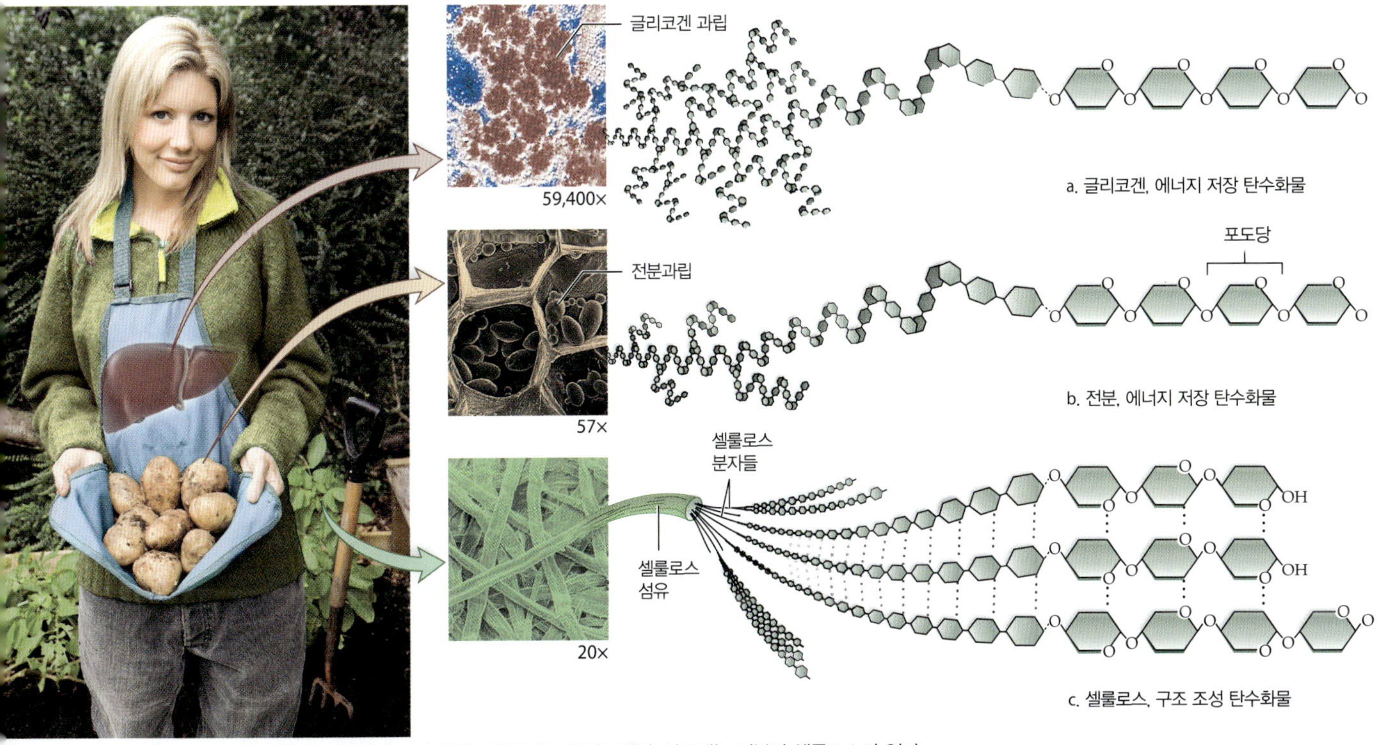


**그림 3.4** 식물과 동물에서 발견되는 다당류들. 동물에는 글리코겐이, 식물에는 전분과 셀룰로스가 있다.

유기분자이다(그림 3.4*c*). 식물들은 매년 1,000억 톤 이상의 섬유소를 만들어낸다. 나무와 목화를 비교해 보자. 나무는 섬유소로 지탱되어 튼튼하기 때문에 건설용 목재로 이용되며, 목화면은 섬유소가 적어 부드럽기에 옷감 생산에 이용된다.

섬유소의 포도당들은 그림 3.4*c*와 같은 구조를 지니고 있다. 대부분의 동물들은 이 구조를 소화시키는 데 필요한 효소를 가지고 있지 않다. 대신에 섬유소는 식이용으로 이용되어 배설 작용을 돕는 역할을 한다. 미생물들은 섬유소를 소화시킬 수 있다. 섬유소의 포도당 결합을 분해할 수 있기 때문이다. 흰개미장속의 원생생물들도 섬유소를 소화할 수 있다. 소, 그리고 여타 반추동물의 경우는 되새김질을 하기 전에 특수한 위주머니 내에 있는 세균을 이용해 섬유소를 먼저 분해시킨다.

▶ **3.4 진도 체크**

1. 식물과 동물에서 발견되는 복합탄수화물의 구조 및 기능을 비교하라. 이들 다당류 간의 공통점과 차이점은 무엇인가?

## 지질

대부분의 지질은 극성이 없기 때문에 물에 용해되지 않는다. 지방과 기름은 장기적인 에너지 저장 분자로 기능하는 지질들이다. 인지질은 모양이 중성지방과 비슷하지만, 물에서 용해되도록 하는 극성기가 붙어 있다. 인지질은 세포질을 주변 환경에서 분리시키는 세포막의 주요 성분이다. 스테로이드는 지방과는 또 다른 구조의 지질 형태이다.

### 3.5 지방과 기름은 에너지 저장성이 큰 분자들이다

#### 학습 성과들

본 절을 공부하고 나면 다음에 대한 이해와 능력이 향상될 것이다.

1. 지방의 구성, 포화 및 불포화지방산의 차이 구분하기

**지방**과 **기름**은 두 종류의 소단위 구조가 그 안에 들어 있다. 이들은 글리세롤과 지방산이다. **글리세롤**에는 3개의 —OH기가 포함되어 있다. **지방산**은 끝에 —COOH(산)기가 붙어 있는 긴 탄화수소의 사슬이다. 지방과 기름은 글리세롤 한 분자와 지방산 3분자가 결합해서 만들어진다. 이때 지방산의 카복실기와 글리세롤의 —OH 그룹들이 서로 결합한다(그림 3.5). 이처럼 글리세롤에 3개의 지방산이 붙기 때문에 지방과 기름은 종종 '**트리글리세라이드**'라고도 불린다. 일단 트리글리세라이드가 형성되면 글리세롤과 지방산의 극성그룹이 더 이상 밖으로 노출되지 않으므로 트리글리세라이드는 물에 용해되지 않는다. 대신 다수의 C—H 결합으로 인해 지방과 기름은 글리코겐이나 전분보다 더 풍부한 화학적 에너지원이 될 수 있다.

지방산은 지방과 기름의 구성 성분이다. 세포 내에 존재하는 지방산들은 대부분 1몰당 16~18개의 탄소원자들을 함유하고 있다. 물론 더 작은 것들이 발견될 때도 있다. 지방산

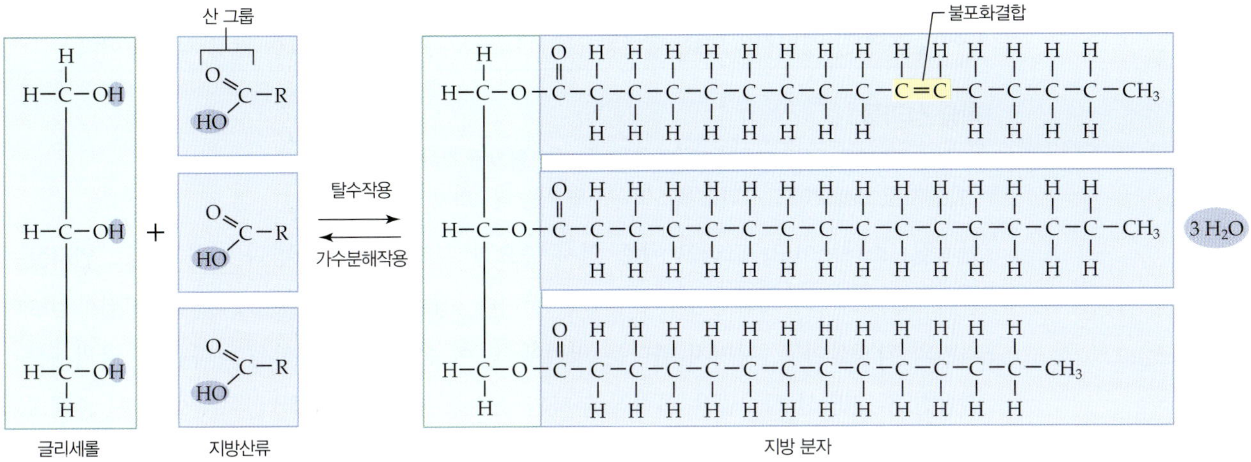


**그림 3.5** 지방의 형성과 분해. 각 지방산마다 R이라 표시된 부분은 기다란 탄화수소를 나타낸다.

은 대체로 포화지방산 또는 불포화 지방산으로 나뉜다. '**포화지방산**'은 탄소원자들 간에 이중결합이 없다. 즉 탄소 사슬의 모든 팔이 수소원자와 결합해 포화되어 있다는 뜻이다. '**불포화지방산**'은 탄소원자 간 이중 또는 삼중결합을 하기 때문에 결합한 수소의 수가 탄소원자 당 두 개 미만인 경우(그림 3.5의 노란색 강조 부분)를 말한다.

이중결합은 지방산의 모양에서 굽은 부분을 만들어낸다. 이들 굽은 부분 때문에 기름은 상온에서 다소 액체 유동성을 나타낸다. 반면에 버터와 같은 포화지방산들은 굽은 부분이 없어 상온에서 단단한 고체 형태를 띠게 된다. 그래서 버터는 상당히 굳은 편이다. **트랜스지방**은 포화도를 더욱 높이기 위해 지방산을 첨가한 것으로 이로 인해 구조가 더욱 단단하다. 기름에 수소를 첨가(수소화)하면 이중결합을 포화시킬 수도 있다. 그러나 부분적으로 수소화를 진행하면 모든 이중결합이 포화되지 않기 때문에 수소원자들의 재배열이 일어나고, 전체적으로 새로운 이중결합들이 구성되게 된다(트랜스는 라틴어로 '가로지름'의 뜻임).

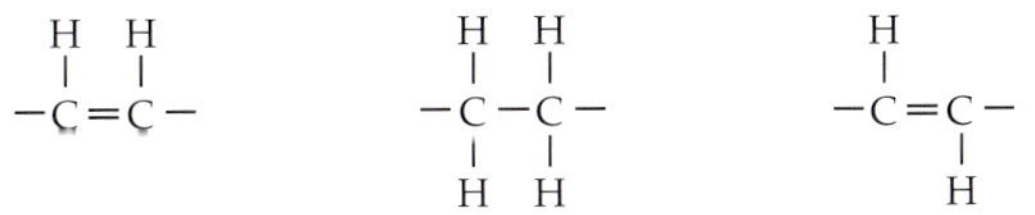


트랜스지방은 가공 식품류에서 자주 보인다. 특별히 마가린, 구운 음식들, 튀긴 음식들에 많다. 포화지방산과 트랜스지방산은 혈관 내에 플라그라고 하는 비정상적 지질 물질을 형성시켜 고혈압을 유발한다. 불포화지방, 한 개의 이중결합을 가진 단불포화지방 또는 다불포화지방(다수의 이중결합)은 비정상적인 플라그 형성을 방지해준다.

**▶ 3.5 진도 체크**

1. 불포화지방산과 포화지방산을 구조 및 건강 면에서 대비하여 설명하라.

## 3.6 지질은 에너지원으로, 호르몬으로, 그리고 구조적으로 다양한 보호 기능을 한다

### 학습 성과들

본 절을 공부하고 나면 다음에 대한 이해와 능력이 향상될 것이다.

1. 인지질, 스테로이드, 그리고 왁스의 구조와 기능 비교하기

인지질, 스테로이드, 그리고 왁스 역시 중요한 지질들이다. 지방과 마찬가지로 **'인지질'**은 글리세롤 1분자와 지방산 3개가 결합된 것이다. 정확하게는 이들 3개 중 두 개만이 엄밀한 의미의 지방산이고, 나머지 하나는 머리에 '인'이 붙어 있어 극성을 나타낸다. 글리세롤에 결합한 후 지방산 사슬들은 인지질 분자의 소수성 꼬리를 형성한다. 주변에 물이 존재하면 인지질의 친수성 머리 부분은 자연히 물을 향해 바깥쪽으로, 그리고 소수성 꼬리 부분은 물을 피해 안쪽으로 향하게 된다. 이런 성질은 자연스럽게 인지질의 이중층이 형성되게 만든다. 이것이 바로 세포막(원형질막)이 인지질의 이중막으로 되어 있는 이유이다. 이에 대해서는 제5장에서 더 상세히 논의할 것이다.

**'스테로이드류'**는 지방과 완전히 다른 구조를 가진 지질이다. 스테로이드 분자는 네 개의 융합된 탄소고리 뼈대를 가지고 있다. 이 뼈대를 콜레스테롤이라고 부른다. 콜레스테롤은 동물의 세포막에 이리저리 박혀서 구조를 안정화시켜주는 스테로이드의 기본 구조이다. 또

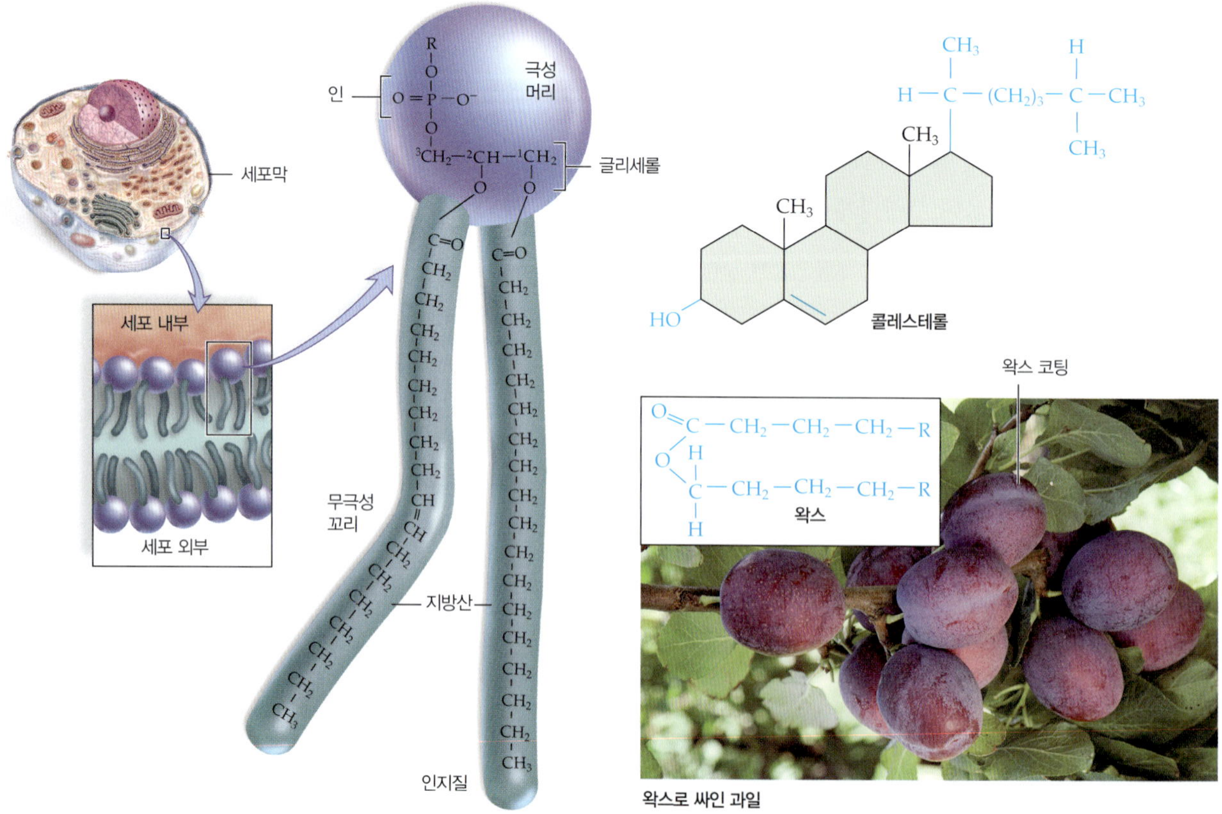


**그림 3.6** 인지질, 콜레스테롤(스테로이드), 왁스의 구조. 왁스 분자에서 R(나머지 분자들에서의 '나머지'라는 단어; rest의 첫 글자)은 긴 탄화수소 사슬을 뜻한다.

한 콜레스테롤은 성호르몬인 테스토스테론과 에스트로겐(그림 3.1C) 같은 다른 몇몇 스테로이드의 전구체이기도 하다. 스테로이드의 여러 기능들 중에서도 테스토스테론은 일반적으로 남성의 근육 발달에 관여한다. 이 때문에 운동선수들이 동화 스테로이드(anabolic steroid)-테스토스테론 혹은 테스토스테론과 유사한 스테로이드-로 그들의 운동 능력을 제고시키려다가 문제가 되곤 한다. 스테로이드류 사용은 현재 거의 모든 체육 기구들이 금지하고 있다. 동화 스테로이드의 남용은 신장과 심혈관계를 포함하여 심각한 건강 문제를 일으킬 수 있기 때문이다. 게다가 성적인 특징들을 변화시킬 수도 있다. 부작용이 나타나면 여성들에게 남성적 특징이 나타날 수 있으며, 남성들도 여성화될 수 있다.

포화지방과 같이 콜레스테롤 또한 심혈관 벽을 따라 플라그 형성에 관여한다. 플라그는 혈행을 방해할 수 있으며 심장마비나 뇌졸중을 일으킬 수 있다.

**왁스**는 기다란 지방산 사슬이 알코올 사슬과 결합한 구조이다. 왁스는 상온에서 고체 상태이다. 소수성이기 때문에 방수기능이 있으며 잘 분해되지 않는다. 식물에서는 왁스가 다른 생체분자들과 함께 보호 피막을 형성하여 노출된 부분의 수분 손실을 지연시켜준다. 동물에서는 왁스가 피부와 털 유지에 관여한다. 사람의 경우 외이의 달팽이관에 있는 샘에서 왁스가 생산되어 귀지를 만들기도 한다. 왁스는 유기화합물로서 곤충류를 퇴치시키며, 어떤 경우에는 곤충들을 죽이기도 한다. 또한 왁스가 먼지와 오물찌꺼기들을 잡아 모아서 고막에까지 도달하지 못하게 막아주기도 한다.

꿀벌들은 복부 밑에 있는 샘에서 밀랍이라는 이름의 왁스를 생산한다. 꿀벌은 이 밀랍을 사용하여 육각형 형태의 집을 짓고 이곳에 꿀을 저장한다. 꿀은 당류인 과당, 포도당을 포함하고 있다.

**3.6 진도 체크**

1. 콜레스테롤의 구조를 인지질 및 왁스와 비교하고, 각각의 기능을 설명하라.

## 단백질

단백질은 아미노산의 중합체이다. 아미노산들은 공통된 구조를 갖고 있지만, 중앙 탄소에 부착된 곁사슬에 의해 서로 구별된다. 어떤 아미노산이 어떤 순서로 연결되는가에 따라 단백질의 입체적 구조가 결정지어진다. 그리고 단백질의 입체적 형태는 세포 내에서 그 단백질이 수행하는 기능을 결정짓는다. 단백질의 기능은 매우 다양하다. 그럼에도 불구하고 기능별로 나누어 범주화할 필요가 있다.

## 생물학은 우리 삶에 어떻게 영향을 주는가?

비만은 몸에 지방이 과도하게 축적된 상태이다. 미국내 성인 중 30% 이상, 그리고 아동 및 청소년의 16% 이상이 고통받고 있는 심각한 의학적 상황이다. 비만은 한 개인의 체질량지수(BMI), 즉 신장대비 체중으로 판정을 하는데 이에 대해서는 그림 3A에 설명되어 있다.

### 비만 관련 장애들

비만은 두 가지 심각한 질환과 관계가 있다. 즉 제2형 당뇨병과 심혈관질환이다. 참고로 제1형 당뇨병이 있는 사람은 췌장에서 인슐린을 생산하지 못한다. 인슐린은 간세포들이 포도당을 흡수하도록 촉진해주는 호르몬이다. 제2형 당뇨병은 췌장이 인슐린을 생산하지만, 세포가 그 호르몬에 반응하지 않는 경우이다. 두 경우 모두 혈액에 순환하는 포도당 수치가 올라가며, 어느 한도 이상 과량일 경우 잉여 포도당을 소변으로 배출하게 된다. 따라서 소변을 분석하면 당뇨병 여부를 감지할 수 있다. 그러면 제2형 당뇨병일 경우 어떤 식사 패턴이 도움이 될까? 사탕과 아이스크림 같은 스낵에 들어있는 당(단당류와 이당류를 포함하여)은 섭취하자마자 곧 혈액 속으로 유입이 된다. 흰 빵이나 감자류 속의 전분 역시 소화과정을 거쳐 포도당으로 분해된 다음 혈액으로 유입된다. 이렇게 해서 혈액 내 포도당 수치가 급격히 올라가면 췌장은 다량의 인슐린을 생산하여 혈당 수준을 조절하려고 한다. 그러나 지속적인 식사로 인해 인슐린 분비량이 만성적으로 높으면 인슐린 저항성이 발생하면서 제2형 당뇨병이 되는 것이다. 제2형 당뇨병 환자에서는 지방산의 수치도 덩달아 높다.

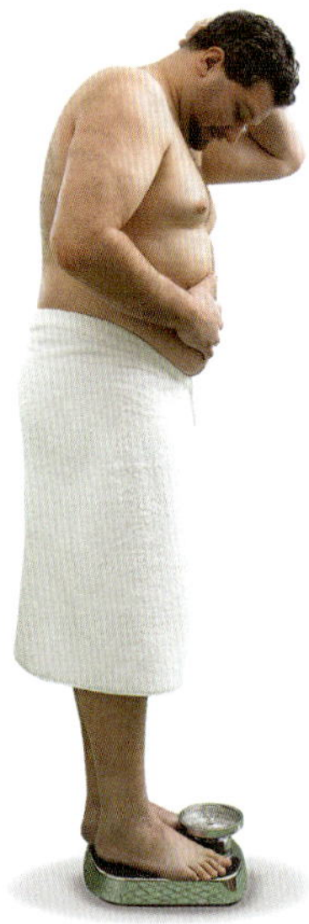

$$\text{BMI} = \frac{\text{체중(kg)}}{\text{신장}^2\text{(cm)}}$$

또는

$$\frac{\text{체중(파운드)} \times 703.1}{\text{신장}^2\text{(인치)}}$$

| | | |
|---|---|---|
| 건강 BMI | = | 18.5 ~ 24.9 |
| 과체중 BMI | = | 25.0 ~ 29.9 |
| 비만 BMI | = | 30.0 ~ 39.9 |
| 병적 비만 | = | 40.0 또는 그 이상 |

**그림 3A** 이 공식들을 사용하여 여러분의 체질량지수를 계산할 수 있다. 만약 비만이라면 식사와 운동으로 BMI를 감소시켜야 한다.

플라그가 동맥을 막음으로써 생기는 심혈관성 질환은 비만성 사람들에게서 볼 수 있는 또 다른 질병이다. 플라그에는 포화지방과 콜레스테롤이 포함되어 있다. 콜레스테롤은 혈액을 타고 운반되는데 2가지 형태의 지방단백질, 즉 저밀도지방단백질(LDL)과 고밀도지방단백질(HDL)에 의해 운반된다. LDL은 혈액을 타고 콜레스테롤을 간에서 조직세포로 운반하는 것이기에 '나쁜 것'으로 여겨지지만, HDL은 콜레스테롤을 간으로 운반하여 답즙으로 전환시키기 때문에 '좋은 것'으로 여겨진다. 식사할 때에 콜레스테롤(치즈, 계란 노른자, 새우, 바닷가재 등에 존재)을 일부 제한하면 건강에 도움이 될 수 있다. 낙농 식품류, 코코넛 기름 등에는 포화지방산이 풍부한데 이런 것들은 LDL 수치를 높여준다. 이에 더하여 부분적인 수소 첨가유(예: 식물성 유지, 마가린)로 가공했거나 튀긴 식품류는 트랜스지방원으로 플라그 형성의 원인이 된다.

### 적당한 식사

과체중이나 비만인 사람은 먼저 칼로리 섭취를 줄이고 운동을 통해 칼로리 소모량을 늘리도록 해야 한다. 이런 방법을 통해서 신체는 에너지용으로 저장된 지방을 대사시키고 체중을 줄일 수 있게 된다. 단기간에 쉽사리 체중을 줄일 수 있는 해결책은 없다. 최근에 유행하는 다이어트는 잘못하면 영양학적으로 균형이 안 맞고 장기간 실천하기도 어렵다. 체중감량과 유지는 영구적인 생활 습관 변화, 즉 육체적 활동 수준은 증가시키고 섭취량은 감소시키는 것이다. 일단 체중량을 조절할 수 있게 되면 식사량도 적당하게 조절하여 그 체중을 계속 유지하는 것이 중요하다. 복합탄수화물, 가령 정미하지 않은(거친) 빵류와 시리얼(곡류)류가 사탕과 아이스크림 같은 단순 탄수화물(단당류)보다 당연히 더 좋다. 왜냐하면 복합탄수화물은 혈액 내 인슐린 수치의 급작스러운 상승을 야기시키지 않으며 또한 식이섬유와 비타민류 및 미네랄류를 포함하고 있기 때문이다. 올리브와 캐놀라기름, 건과류와 어류(예: 청어, 정어리, 참치, 연어) 등에는 다가불포화지방산류와 특별히 심혈관질환 위험을 감소시킬 수 있는 단불포화지방산이 포함되어 있다.

## 3.7 단백질은 가장 다양한 생체분자이다

### 학습 성과들

본 절을 공부하고 나면 다음에 대한 이해와 능력이 향상될 것이다.

1. 단백질의 여러 기능들을 리스트로 작성하고 그 다양성을 설명하기
2. 아미노산의 구조를 설명하기
3. 펩티드 구조내에서 펩티드결합을 찾아보고 극성에 대해 설명하기

**단백질**은 아미노산의 중합체이다. 단백질은 세포 기능에 있어 가장 중요한 분자이다. 세포의 건조 중량 중 50% 정도가 단백질에 해당한다. 현재 알려지기는 100,000개 이상의 단백질이 세포 내에 있다고 보고되어 있다. 여기서는 단백질이 동물세포에서 수행하는 다양한 기능 중 일부를 제시하도록 한다.

**지주(구조재)** 일부 단백질은 구성 물질을 만드는 구조재로서 작용한다. 예를 들면 거미줄의 비단실 단백질이 여기 해당한다. 또 케라틴은 머리카락(그림 3.7A*a*)과 손톱을 만들고, 콜라겐은 피부, 인대, 힘줄의 지지성분이다.

**물질대사** 일부 단백질은 효소로 작용한다. 반응물질들을 입체적으로 한 곳에 모으고, 서로 연결 지어서 세포 내 화학반응을 촉진시킨다. 효소는 특정 반응에 특이적으로 작용하며, 체온에서 최적 반응성을 나타낸다.

**물질수송** 통로단백질 및 운반단백질은 물질들을 세포막으로 들어가게 하기도 하고 나오게 하기도 한다. 어떤 단백질들은 세포가 필요로 하는 분자들을 혈액을 통해 이동시킨다. 예를 들면 '**헤모글로빈**'은 산소를 수송하는 복합단백질이다(그림 3.7A*b*).

**방어** 항체라 불리는 단백질은 세포의 정상적인 기능을 파괴하고 항상성을 교란시키는 외부 항원으로부터 세포를 지켜낸다. 이러한 방어기능을 통해 세포 내 환경을 일정하게 유지시킨다.

**조절** 호르몬은 조절 단백질이다. 호르몬은 물질대사에 영향을 주며, 세포 간 메신저 역할을 한다. 예를 들면 인슐린 호르몬과 성장 호르몬이 있다. 인슐린은 혈액과 세포 내의 포도당 함량을 조절하고, 성장 호르몬은 개인의 신장을 결정해준다.

**운동** 수축성 단백질인 액틴과 미오신은 세포의 각 부분들을 움직이게 하며, 이완과 수축을 하게 한다. 근육 수축은 동물이 여러 장소들로 이동하는 데 필수적이다(그림 3.7A*c*).

a. 모발

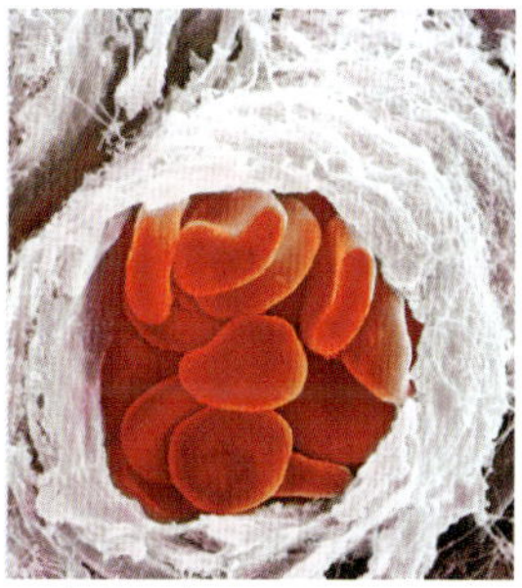

b. 헤모글로빈

c. 근육

**그림 3.7A** 사람에서 발견되는 단백질들은 다양한 기능을 가지고 있다. 모발, 헤모글로빈, 근육 등은 모두 단백질이다.

단백질은 생물체에서 구조 및 기능상 매우 중요한 물질이다. 세포와 조직에서 새로운 단백질이 합성되는데 어떤 단백질을 만들어내는지, 또는 어떤 단백질을 함유하고 있는지에 따라 그 세포나 조직의 특징이 결정된다. 예를 들면, 근육세포들은 수축과 이완을 위하여 많은 양의 액틴과 미오신을 함유하고 있다. 붉은 세포들은 산소의 수송을 위해 헤모글로빈으로 채워져 있다. 그리고 조직들을 견고하게 뒷받침하는 인대와 힘줄은 콜라겐으로 만들어진 거친 섬유들로 구성되어 있다.

**아미노산류** 단백질의 소단위는 아미노산이다. 아미노산은 독특한 뼈대를 갖고 있는데 중앙의 탄소원자는 수소원자 1개, 작용기 2개, 그리고 하나의 곁사슬, 즉 *R*기와 결합되어 있다. 아미노산이라는 명칭은 두 개의 작용기 중 하나가 $—NH_2$(아미노 그룹)이기 때문에 붙여진 것이다. 또 다른 작용기는 —COOH(카복실 그룹)인데, 이는 산성 작용기이다. *R*기로 인해 아미노산들은 서로 다른 특징을 나타낼 수 있다.

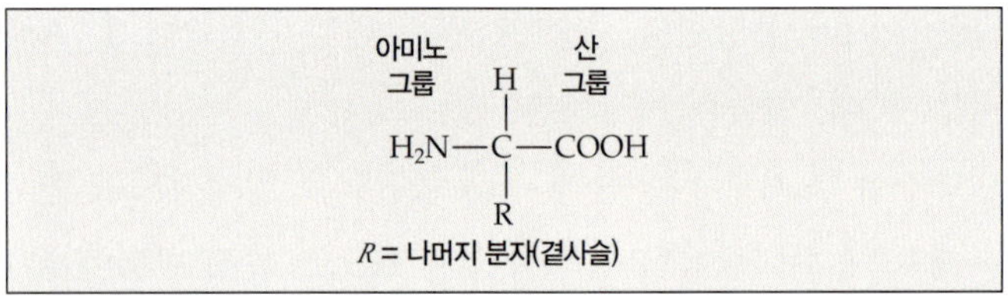


아미노산들은 특정한 *R*기에 따라 상호 차이를 나타낸다. 이 *R*기들은 그림 3.7B에 측면사슬로 표시되어 있다. *R*기는 복잡성으로 보면 단일 수소원자로부터 복잡한 고리 화합물에 이르기까지 그 범위가 상당히 크다. 일부 *R*기는 극성을 띠기도 하지만 모두가 그런 것은 아니다. 또한 시스테인 아미노산의 *R*기에는 황화물인 —SH가 붙어 있다. 즉 시스테인 두 개가 서로 근접하면 반응하여 이황화물 결합, —S—S—을 형성할 수 있다. 세포에서 발

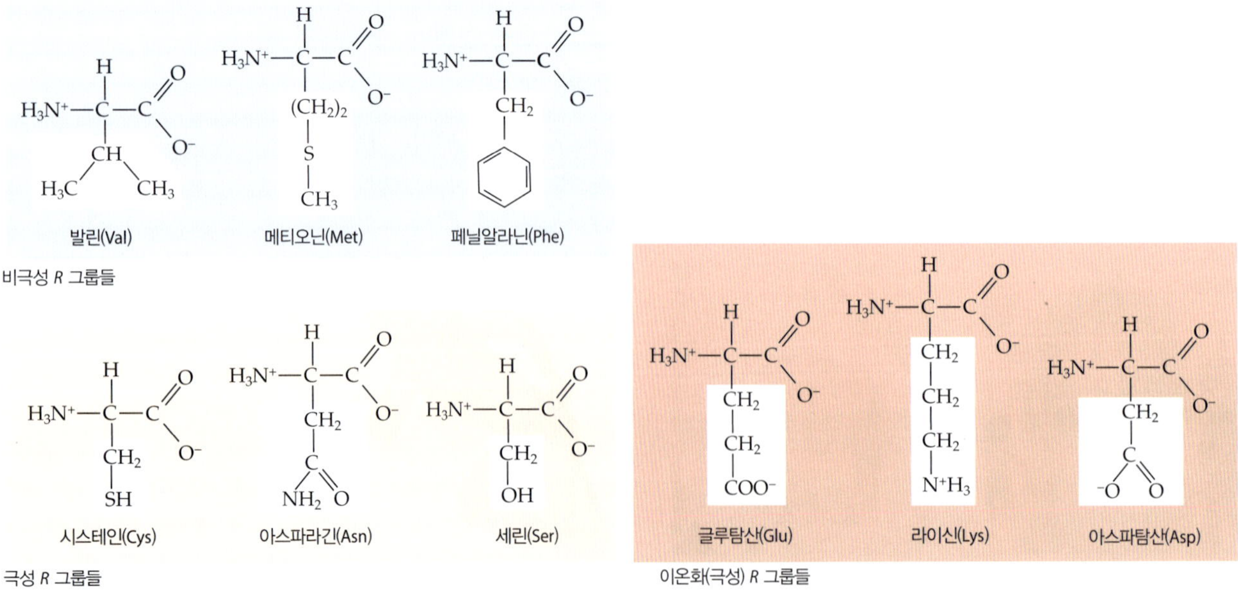


**그림 3.7B** 대표적인 아미노산들

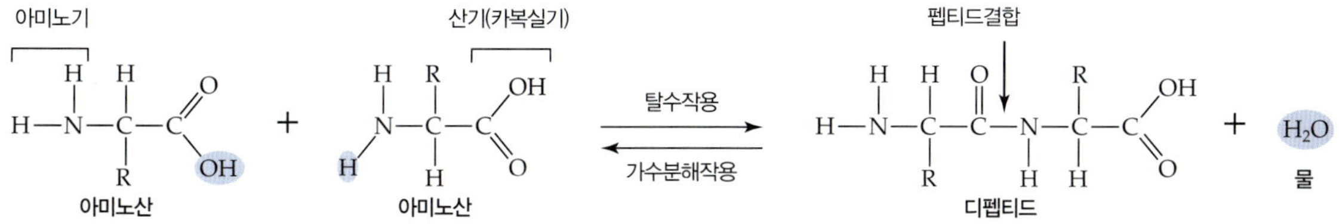


**그림 3.7C** 펩티드결합의 형성과 분해

견되는 아미노산들의 종류는 그림 3.7B에 나열되어 있다.

**펩티드** 단백질은 단위체인 **아미노산**이 모여 구성된 거대 생체 분자이다. 2개의 아미노산이 결합하는 방식은 그림 3.7C에 잘 나타나 있다. 이것은 탈수반응으로서, 한 아미노산의 아미노기와 다른 아미노산의 카복실기 사이에 일어나는 반응이다. 2개 이상의 아미노산이 결합할 때 **펩티드**라고 부른다. 폴리펩티드는 펩티드결합에 의해 다수의 아미노산이 이어진 사슬이다. 만약 **폴리펩티드** 사슬이 어느 기준 이상으로 길고, 상당히 많은 아미노산으로 구성되면 비로소 단백질이라 부른다. 1953년에 Frederick Sanger가 폴리펩티드의 아미노산 서열을 읽는 방법을 개발하였고, 우리는 이미 수천 개가 넘는 폴리펩티드들의 아미노산 서열을 밝혀내었다. 그리고 각각의 폴리펩티드마다 고유한 아미노산 서열을 가지고 있다는 사슬도 잘 알고 있다.

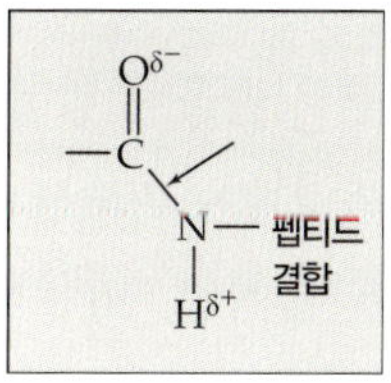


이렇게 2개의 아미노산 사이에 형성되는 공유결합을 **펩티드결합**이라고 부른다. 펩티드결합내의 원자들은(산소가 질소보다 전자친화력이 크기 때문에) 전자를 다소 균등하지 않게 공유하고 있다. 따라서 질소에 붙은 수소는 약간의 양전하($\delta^+$)를 띠는 반면, 산소는 약간의 음전하($\delta^-$)를 띤다. 펩티드결합이 극성을 보이기 때문에 동일한, 또는 다른 폴리펩티드의 아미노산들 간에 —CO와 —NH 사이에서 수소결합이 가능하다.

▶ **3.7 진도 체크**

1. 생명체 내에서 단백질의 주요 기능에 대해 설명하라.
2. 아미노산들이 동일하면서도 서로 다른 이유를 설명하라.
3. 단백질에서 수소결합이 발생할 수 있는 이유를 밝혀라..

## 3.8 단백질은 기능을 위해 특정한 형태를 필요로 한다

### 학습 성과들

본 절을 공부하고 나면 다음에 대한 이해와 능력이 향상될 것이다.

1. 단백질 구조의 4개 단계를 순서대로 설명하기

단백질의 형태는 그 기능과 밀접한 관계가 있다. 예를 들면 콜라겐은 극도로 칭칭 감긴 나선형이어서 뼈와 힘줄, 인대에 강한 힘을 제공해주고, 또 피부를 포함한 각 신체 각 조직들을 지지해준다. 헤모글로빈은 구형을 하고 있어 혈관 내부에서 걸림이 없이 부드럽게 이동할 수 있다. 그러나 극한 온도나 pH에서는 단백질이 변성될 수 있는데 – 변성이란 형태가 변형되어 기능이 사라지는 현상 – 그렇게 되면 고유의 생물학적 기능을 더 이상 수행할 수 없다. 예를 들어 달걀을 요리하면 달걀 내 단백질인 알부민이 백색 응고물로 변해 버린다. 위산은 호르몬, 효소, 육류의 근육 단백질 등 우리가 섭취한 대부분의 단백질을 변성시킨다. 변성이 일어나면 단백질의 형태가 단계별로 차례로 풀어지면서 소화효소에 의한 가수분해가 더 쉽게 일어날 수 있다.

목재로 만든 알코올(메탄올)과 마시는 알코올(에탄올)을 포함한 알코올류, 납(Pb), 수은(Hg), 그리고 은(Ag)같은 중금속들 또한 단백질을 변성시킨다. 70% 알코올 용액은 살균제로 쓰이는데, 이것은 세균들의 단백질을 분해시키기 때문이다. 질산은($AgNO_3$) 역시 작용이 유사해서 신생아의 눈을 정규적으로 소독할 때 사용한다.

단백질의 최종적인 입체 모양은 아미노산들의 배열 순서에 달려 있다. 이에 대해서는 곧 다시 논의할 것이다.

**단백질 구성의 단계들** 단백질의 구조는 최소한 1, 2, 3차의 3개 단계에 걸쳐 결정된다. 때로는 4차 단계를 추가로 거치기도 한다(그림 3.8). 첫 번째 단계는 *1차 구조*라고 하는데, 펩티드결합을 통해 아미노산들이 직선형으로 배열된 사슬 모양이다. 펩티드결합이란 한 아미노산의 —CO와 다른 아미노산의 —NH 사이에 형성되는 결합이다. 이렇게 만들어진 기다란 사슬을 폴리펩티드라고 부르며 마치 구슬 목걸이와 비슷한 모양이다. 폴리펩티드마다 특정한 아미노산 배열 순서를 갖고 있다. 알파벳 26자로 수많은 단어들을 형성해낼 수 있는 것처럼, 20가지의 아미노산들이 어떻게 조합되는지에 따라 여러 가지 다른 단백질 순서가 만들어지는 것이다. 본 장(81 페이지)의 다음 부분에서는 DNA의 유전암호에 따라 단백질의 아미노산 배열 순서가 특이하게 결정된다는 것을 공부할 것이다.

폴리펩티드의 *2차 구조*는 공간 내에서 어떤 구조를 취하는지에 따라 달라진다. 하나의 아미노산의 곁사슬 *R*기와 주변의 다른 아미노산의 *R*기 사이에 생기는 수소결합으로 인해 폴리펩티드가 공간 내에서 접히는 것이다. 2차 구조로 인해 두 가지 형태가 만들어질 수 있다. 알파 나선이라고(α) 불리는 오른쪽 감김 나선형과, β 병풍형(pleated sheet)이라고 불리는 폴리펩티드 사슬의 접힘 구조이다.

한 단계 더 나아가 섬유상 단백질을 비롯한 대부분의 단백질들에서는 *3차 구조*가 발견된다. 예를 들어 근육의 미오신 분자들은 전체적으로 막대형이지만 머리 모양만은 구형이다. 또한 많은 단백질 효소들의 구조는 여러 번 굽어 있고, 또 여러 방향으로 가지를 치고 있다. 소수성 부분은 단백질 구조의 내부를 향해 위치하고, 친수성 부분은 그 바깥 외부에 자리한다. 이런 형태로 인해 기질과 결합하는 반응기의 모습이 결정된다. 3차 구조가 완성되면 비로서 단백질이라고 부르게 된다. 단백질의 3차 형태는 *R*기들 사이에 일어나는 여러 가지 타입의 결합, 즉 이황화결합, 공유결합, 이온결합, 수소결합 등 다양한 결합에 의해 유지된다.

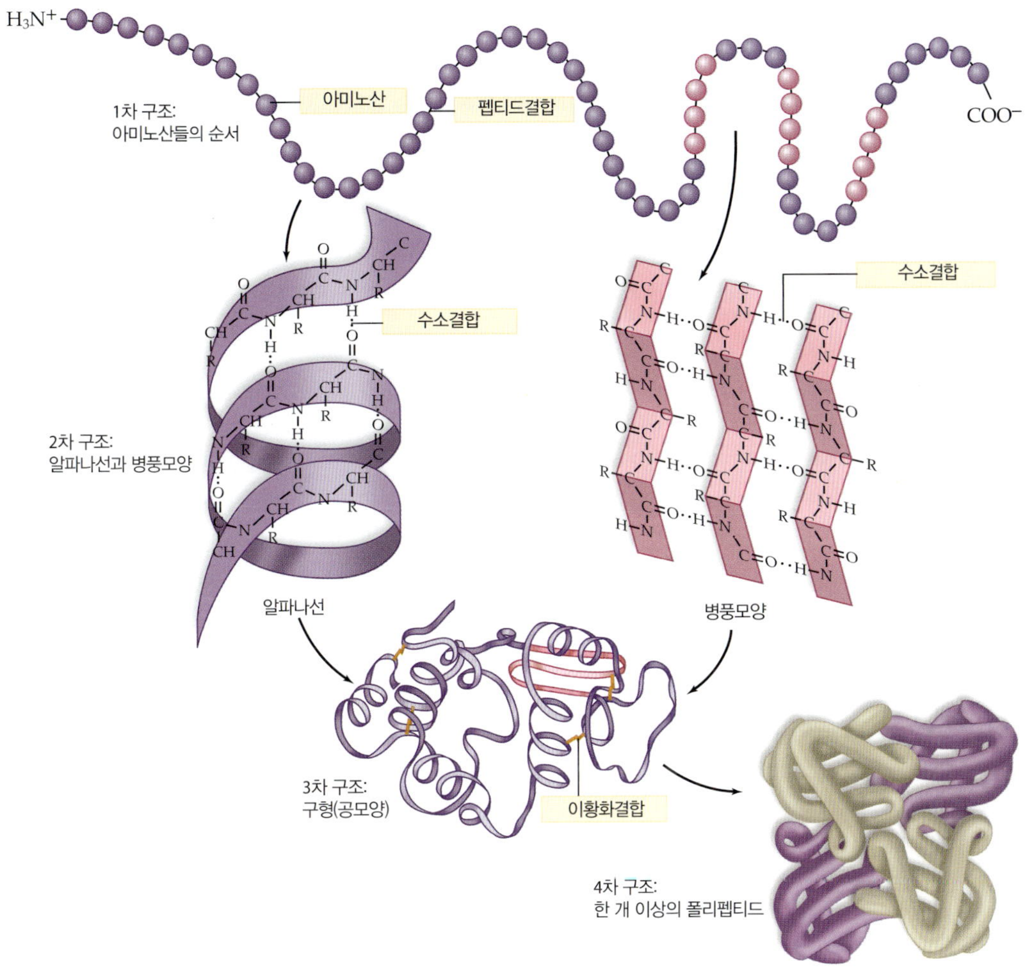


**그림 3.8** 단백질 구성의 단계들

어떤 단백질은 한 개의 폴리펩티드로 되어있는 반면, 두 개 이상의 폴리펩티드가 결합해 만들어진 단백질도 있다. 이럴 때는 각각의 폴리펩티드마다 본연의 1차, 2차, 3차 구조들을 갖는다. 대부분의 단백질은 3차 구조로 충분히 기능을 발휘하지만, 어떤 것은 4차 구조가 되어야 비로소 기능을 발휘한다. *4차 구조*란 3차 구조의 단백질들이 여러 개 모여 만들어진 복합 단백질이다. 대표적인 예가 헤모글로빈이다. 헤모글로빈은 산소 운반이라는 특정한 목적을 위해 4개의 글로빈 단백질이 모여 복합체를 이룬 것이다. 생체 내 많은 단백질 효소들 또한 4차 구조를 갖는다.

**▶ 3.8 진도 체크**

1. 식물세포에서는 섬유형 단백질보다 구형 단백질이 더 많이 발견되리라 기대되는 이유를 설명하라.

## 생명은 어떻게 변화하는가?

분자유전학은 1959년, Watson과 Crick이 DNA 이중나선구조를 발견한 이래 생물학에서 가장 중요한 분야로 성장해왔다. 생물학자들은 그동안 여러 다른 생물체들의 유전자 염기서열을 하나씩 밝혀내왔다. 이런 유전 정보를 비교하는 것은 생물체들이 어떻게 서로 연관되며, 생명의 역사를 어떻게 해석해야 하는지를 규명하는 데에 중요한 단서를 제공해준다. 진화의 연구를 위해서도 분자유전학의 응용은 매우 중요하다. 예를 들면, 그림 1.8A에 묘사된 생명의 나무는 DNA와 RNA의 염기서열이 나타내는 차이에 근거를 두고 있다. 생물 분류에서 진화의 단계별 명칭이 분자유전학적 연구를 통해 계속 변화되어오고 있다는 것은 더이상 놀랄 일이 아니다.

궁극적으로 분자 진화론자들은 유전자 돌연변이를 환경에 의해 선택된 특별한 진화적 이점과 결부지으려고 노력한다.

### 세균에 대한 실험실 연구들

첫 번째 단계로서, 생물학자들은 세균을 대상으로 연구를 진행하고 싶어 한다. 세균은 구조가 단순하여 비교적 실험실에서 다루기 쉽기 때문이다. 세균에서 발생하는 돌연변이에 대해 연구를 진행하면 그보다 진화된 세포에서의 동일한 현상을 해석하는 데 도움이 된다. 돌연변이가 없이는 생물체들의 각종 변화가 불가능하기 때문에 돌연변이는 '진화의 원재료'라고 여겨져 왔다. 미시간 주립대학교의 Richard Lenski가 수행한 연구에서도 실험재료는 세균이었다. 이처럼 세균은 몇 시간 내에 수만 배 이상으로 번식이 가능하며, 빈번히 돌연변이가 일어나기 때문에 연구 대상으로 자주 이용되고 있다. 1988년도에 유전적으로 동일한 *E. coli* 박테리아를 12개 플라스크에 나누어 담고, 배양 환경을 일정하게 유지하는 실험이 진행되었다. 여기에 새로운 박테리아는 전혀 첨가하지 않았다. 이 실험은 45,000세대가 지날 때까지 계속 수행되었다. 그리고 주기적으로 박테리아 샘플 중 일부를 플라스크에서 꺼내 한천 배양접시(Petri dish)에 옮겨 배양하면서(그림 3B에 쌓아올린 배양접시의 거대한 탑을 보라) 어떤 유전적 돌연변이가 자연 상태에서 일어났는지를 조사하였다. 지금까지 탐지된 최대의 변화는 약 31,500세대가 지난 후 발생한 시트로산염(구연산염)을 소화시키는 능력이다. 원래 대장균은 이런 소화 능력이 없는데 이에 대하여 일부 샘플에서 양성 결과가 나온 것이다. 이 시트로산염-식이자는 신종으로 확인되었는데 아마도 선택적 이익(selective advantage) 현상 때문에 발생되었을 것으로 믿어진다. 일단 돌연변이가 한 마리에서 일어난 다음 안정적으로 그 수가 계속 증가되었을 것이다. 그림 3B는 시트로산염의 식이 능력을 연구하기 위해 박테리아 검사에 참여한 학생의 사진이다.

### 야생에서의 연구

미시간 주립대학의 Douglas W. Schemski와 워싱턴 대학의 H.D. Bradshow, Jr은 이에 대해 또 다른 접근 방법을 시도하였다. 이들은 야생에서 분자진화 실험을 하기로 결정하였고, 실험 재료로 물꽈리아재비(monkey flower) 2종을 사용하였다. 분홍색 꽃을 피우는 종은 호박벌(땅벌)로 수분시켰고, 빨간색 종은 벌새로 수분시켰다. 그리고 *YUP*라고 부르는 유전자의 차이가 색상 차이를 불러온다고 가정하였다. 여기서 두 실험군의 차이는 '누가 수분을 시키느냐'이다. 즉 결과에서 차이가 나타난다면 수분자(가루를 옮겨준 동물)의 차이가 직접적인 원인이라는 것이다. 조사한 결과 벌들은 분홍색을 더 선호하고, 벌새는 붉은 색을 선호하였다. 또한 연구자들은 어떤 식물 배아들에게 '분홍색' *YUP* 유전자들을 '붉은색' *YUP*로 바꾸어주는 변화를 주었다. 이 변경시킨 배아들이 야생에서 자라 꽃을 피웠을 때, 유전자의 대체는 수분자(pollinator)들이 찾는 양상에 극적인 영향을 미쳤다. 식물들은 붉은 꽃 대신 오렌지 색을 띠었으며, 이로 인해 호박벌(땅벌)의 방문 수가 놀랍도록 증가한 것이다. 이 실험은 진화가 어떻게 특별한 유전자와 연관될 수 있는지에 대하여 깊은 통찰을 가능하게 해준다. 분홍색 꽃들이 이전의 붉은 꽃에서 왔고, 그래서 연구자들이 생산한 '새로이 진화된' 꽃들은 '격세유전'에 해당한다는 가설이 제기된 것이다.

분홍색 물꽈리아재비

붉은색 물꽈리아재비

**그림 3B** 뒤에 쌓인 배양접시에 박테리아를 접종하는 실험을 마친 후 생각에 잠긴 학생의 모습

이처럼 과학자들은 특이한 DNA의 돌연변이를 특별한 환경 적응적 변화와 연결시키는 길을 찾고 있다. 앞으로도 분자진화에 대한 연구가 계속 확대되면 가까운 시일 내에 생명의 진화 과정을 좀 더 잘 이해할 수 있게 되리라 기대하고 있다. 분자유전학의 발전과 함께 놀라운 결과가 도래하기를 기대해도 좋은 것이다.

## 핵산

DNA는 지구상의 모든 생물들이 공통으로 보유하고 있는 유전물질이다. 지구상의 생명체는 지극히 다양한데, DNA가 그 신비함을 만들어내는 근본 물질이다. 어떻게 이런 다양성을 나타낼 수 있는지는 DNA와 RNA, 그리고 단백질의 구조를 들여다보고, 또 유전정보의 발현을 이해함으로써 설명이 가능하다. DNA의 정보를 통해 세포는 효소를 만들어 물질대사를 할 수 있고, 그 결과 생체에너지인 ATP를 만들어낸다. 또 이 에너지를 통해 새로운 단백질이 만들어질 수 있다. 이 단백질들이 어떻게 조합되는지에 따라 사람들의 모습과 체질이 동일하거나 혹은 달라질 수 있다. ATP는 뉴클레오티드이면서 DNA와 RNA를 구성하는 소단위이기도 하다.

### 3.9 DNA에는 암호화된 정보가 들어 있다

**학습 성과들**

본 절을 공부하고 나면 다음에 대한 이해와 능력이 향상될 것이다.

1. DNA와 RNA의 구조 및 기능 비교하기
2. 생명의 진화와 역사에 있어서 돌연변이의 역할에 대해 이해하기

제1장에서 우리는 유전자가 **DNA(deoxyribonucleic acid)**로 구성된 유전현상의 단위이며 유전자는 단백질을 암호화하여 세포 및 생물체들의 구조와 기능을 조절한다는 것을 배웠다. 그러나 DNA 구조에 대한 이해만으로는 어떻게 이런 현상이 가능한지 이해하기 어렵고, 기능에 대한 추가적 언급이 필요하다(그림 3.9A). 마치 동영상 만화처럼 사람이 평면적 그림을 그려놓으면 이를 컴퓨터 프로그램이 조합하여 스크린 상에서 움직이게 만들어내는 것처럼, DNA는 핵 속에서 유전정보를 담고 있기만 하면서도 유전자발현을 통해 세포의 생명 활동을 역동적으로 지시하는 것이다.

사람과 토끼의 DNA는 근본적으로 볼 때 동일한 화학물질이다. 그러나 DNA 안에 들어있는 4종류의 뉴클레오티드 순서가 서로 다르고, 그 결과 종의 차이가 나타나는 것이다.

**뉴클레오티드**는 3종류의 분자단위가 조합된 복합체이다. 즉 인(인산), 펜토오스(5-탄소)당분, 그리고 질소염기들이다. 질소염기라 불리는 이유는 구조 안에 질소가 여럿 들어있기 때문이다. DNA와 RNA는 핵 속에 존재하는 산성 물질이라는 뜻에서 **'핵산'**이라 불린다. 이들 핵산은 뉴클레오티드들의 중합체이다.

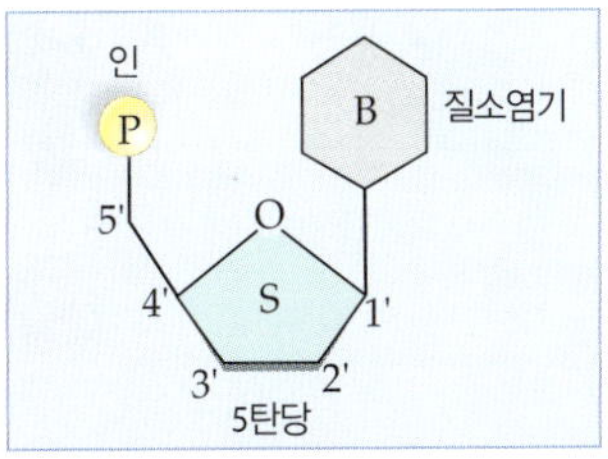


뉴클레오티드

DNA와 그 조력자 역할을 하는 **RNA(ribonucleic acid)**는 모두 핵산이다. 초기 연구자들이 이들을 핵산이라고 부른 이유는 세포 핵 속에서 처음으로 탐지되었기 때문이다.

**DNA의 구조** DNA의 단위체인 뉴클레오티드는 5탄당 디옥시리보스를 함유하고 있다. 그 이름만 보아도 DNA의 기본 구조가 디옥시리보핵산(deoxyribonucleic acid)임을 쉽게 알 수 있다. DNA는 그림 3.9A에서 보여주듯이 이중나선 사슬이며, 사다리모양에 비교할 수 있다. 즉 당과 인 분자들이 사다리의 옆 뼈대를 이루고 있고, 수소결합을 이루는 염기쌍들이 사다리의 가로대를 형성하고 있다. 수소결합들은 보통 점선으로 표시된다. 염기들의 배열 순서는 무작위적이다. 염기쌍을 이루기 위해 티민(T)은 항상 아데닌(A)과 짝을 이루고, 구아닌(G)은 항상 시토신(C)과 짝을 이룬다. 그래서 이들을 **'상보적 염기'**라고 부른다. 모든 생물체들은 염기쌍의 특별한 배열 순서를 갖고 있는데 생물학자들은 그동안 게놈프로젝트를 통해 동물뿐 아니라 식물과 미생물을 포함한 여러 종에서 그 배열 순서들을 밝혀내었다. 이전에는 수동으로 하던 분석 실험이 지금은 장비가 개발되어 자동으로 신속하게 밝혀낼 수 있다. DNA 분자는 긴 실과 같아서 수천 내지 수백 만 개의 염기들로 구성되어 있는데, 개개의 **'유전자'**는 이들 염기순서의 일부분에 해당한다. 앞에서 밝혔듯이 그동안 우리는 인간을 포함하여 많은 생물체들의 유전자 염기서열 전체(**'게놈'**이라고 부름)를 밝혀내기 위해 노력하였고, 지금은 다양한 종의 DNA 염기서열을 완전히 밝혀 놓은 상태이다.

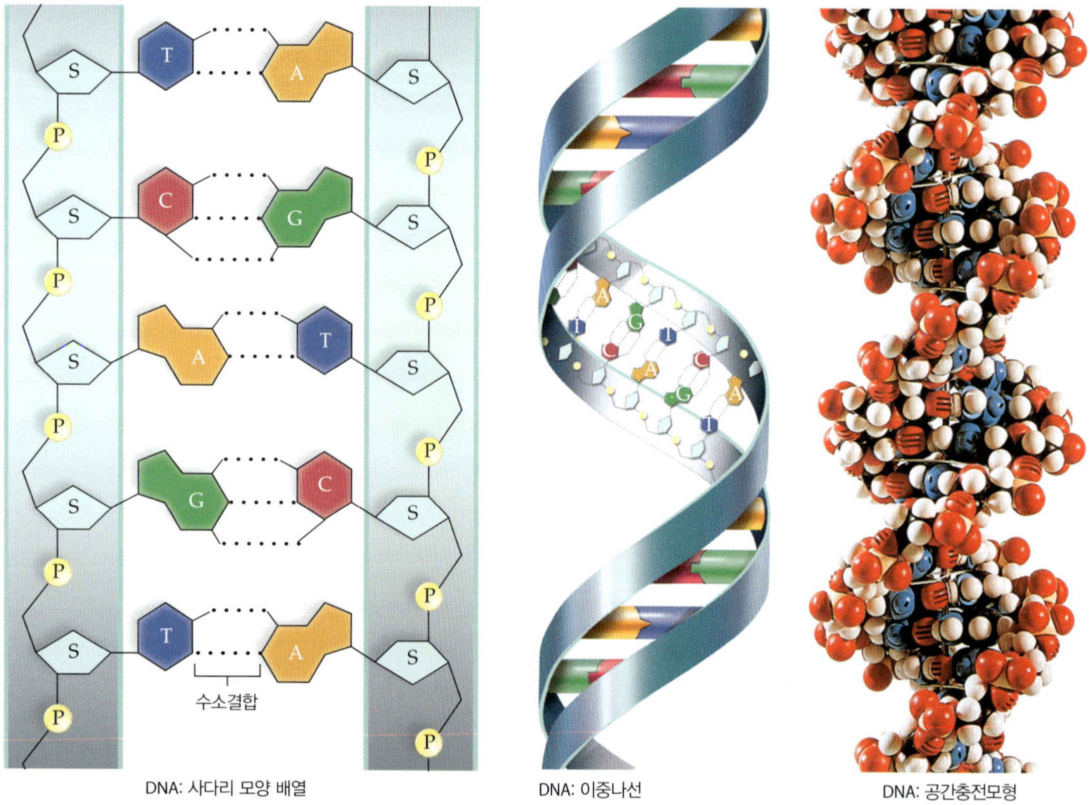


**그림 3.9A** 세 가지 단계의 복잡성을 보여주는 DNA 구조

우리는 제10장에서 염기가 쌍을 이룬다는 사실이, DNA가 복제되고 또 전체 게놈이 복사되어 다음 세대로 넘어가는 데에 절대적으로 필요하다는 것을 배울 것이다. DNA뿐 아니라 RNA가 새로 합성되는 것을 이해하는 것도 필수적이다.

**유전 정보의 흐름(이동)** 그림 3.9B는 기다란 단일사슬 분자인 RNA에 뉴클레오티드가 어떻게 정렬되는지를 보여주고 있다. RNA의 주 골격(뼈대)은 당과 인으로 구성되어 있고, 염기들은 주 골격의 측면에 위치하고 있다. 5탄당 분자는 리보스인데, 이로 인해 리보핵산(ribonucleic acid)이라는 이름이 붙여졌다. 이 RNA에 있는 염기들은 구아닌(G), 아데닌(A), 시토신(C), 그리고 우라실(U)이다. DNA의 티민(T)은 RNA의 우라실(U)을 대체한 것이다(표 3.9).

RNA가 합성될 때 RNA의 뉴클레오티드들은 DNA의 염기들과 상보적으로 쌍을 이룬다. RNA의 우라실 염기는 DNA의 아데닌과 쌍을 이룬다. 몇 가지 종류의 RNA가 세포에서 발견되는데 특히 **mRNA**가 주목을 받는 이유는 단백질 암호에 대한 DNA의 복사본이기 때문이다. 핵에서 합성된 mRNA는 세포질로 나와 단백질이 만들어지는 세포소기관, 즉 리보솜으로 옮겨간다. mRNA의 염기 순서는 DNA의 유전정보를 그대로 복사한 것이기에 단백질의 아미노산 순서를 결정한다. 그러므로 유전정보는 DNA에서 mRNA를 거쳐 단백질로 흘러간다.

DNA → mRNA → 단백질

컴퓨터 프로그램의 결과를 확인하기 위해서 모니터가 필요한 것처럼, 유전정보가 제대로 발현되었는지 여부는 최종적으로 만들어진 단백질을 보고 확인할 수 있다.

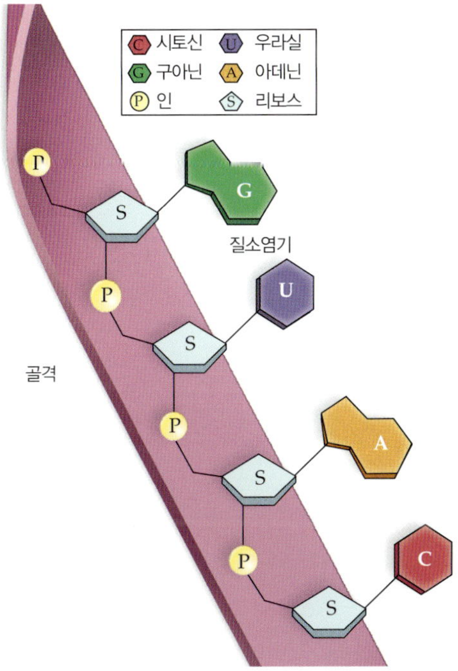


**그림 3.9B** RNA 구조

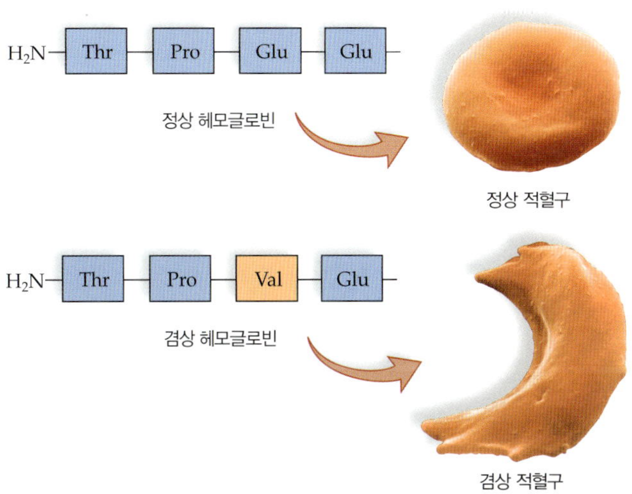


**그림 3.9C** 겸상적혈구병은 아미노산의 순서 변화 때문이다.

| 표 3.9 | DNA와 RNA의 구조 비교 | |
|---|---|---|
| | DNA | RNA |
| 당 | 디옥시리보스 | 리보스 |
| 염기 | 아데닌, 구아닌, 티민, 시토신 | 아데닌, 구아닌, 우라실, 시토신 |
| 가닥(사슬) | 염기쌍을 가진 단일가닥(외가닥) | 이중가닥 |
| 나사 | 있음 | 없음 |

**유전적 돌연변이** 우리는 '**유전자 돌연변이**'가 한 유전자 내에서 일어난 염기순서의 변화라는 것과, 그로 인해 단백질의 아미노산이 변형될 수 있다는 것을 잘 알고 있다. 많은 사람들이 돌연변이가 없으면 진화가 불가능했다고 생각을 한다. 유전자의 변화는 생물체가 주변 환경 변화에 적응하면서 생기는 돌연변이를 뜻하는 것이다. 변화에 적응한 개체들은 생존에 필요한 자원을 그만큼 더 획득할 수 있음으로 적응하지 못한 개체들보다 더 쉽고 빠르게 번식할 수 있었다.

유전적 장애인 겸상적혈구병은 보통은 개체에 유해한 돌연변이가 거꾸로 환경 변화에 더 좋은 적응력을 부여하는 경우이다. 정상적인 적혈구는 원래 동그란 도넛 형태이지만 겸상적혈구 환자의 적혈구는 낫 모양으로 구부러져 있다. 그 이유는 헤모글로빈의 글루탐산(Glu) 자리가 발린(Val)으로 바뀌어 있기 때문이다(그림 3.9C). 겸상적혈구 환자는 이 돌연변이로 인해 적혈구 세포의 모양도 구부러지고, 유연성을 잃어 딱딱해지면서 쉽게 깨어져 버리게 된다. 결국 이런 비정상적 적혈구들이 혈관으로 들어가면 그들은 혈액의 흐름을 막고 통증을 유발하며, 기관 손상과 빈혈(적혈구 수의 저하)을 초래할 수 있다.

사람의 염색체는 상동염색체로 되어 있다. 즉 동일한 염색체가 2개씩 쌍을 이루고 있어서 그 안에 들어있는 유전자도 2개씩 있다는 뜻이다. 만약 이중 하나가 고장난다면 적혈구의 절반은 정상이고, 절반만 낫 모양으로 변형될 것이다. 이런 현상은 모기가 많은 동남아 지역에서 자주 발생한다. 낫 모양 적혈구가 빈혈을 일으키는 것은 분명히 안 좋은 현상이지만, 이런 적혈구에는 말라리아가 감염되지 않기 때문에 모기가 많은 동남아 지역에서 오히려 생존에 유리한 것이다. 결국 한쪽 염색체에 돌연변이를 지닌 개체는 말라리아에 감염되는 두 개 모두가 정상인 개체보다 생존에 훨씬 유리하다. 말라리아가 자주 발생하는 아프리카 지역에서 유래된 흑인들에게서 겸상적혈구 유전자가 더 흔하게 발견되는 것도 바로 이런 이유 때문이다.

**▶ 3.9 진도 체크**

1. DNA 염기서열인 GATCCA에 대한 상보적 염기순서를 말하라.
2. 표 3.9를 이용하여 DNA와 RNA간의 구조적 차이를 알아보라.
3. DNA의 돌연변이가 왜 mRNA 분자까지 변형시키는지를 설명하라.

## 3.10 ATP는 세포의 에너지 운반체이다

### 학습 성과들

본 절을 공부하고 나면 다음에 대한 이해와 능력이 향상될 것이다.

1. ATP의 구조가 에너지 운반체로서 어떻게 적합한지를 설명하기

**ATP(adenosine triphosphate)**는 세포가 사용하는 즉석 에너지원이기 때문에 대단히 중요한 뉴클레오티드이다. ATP 분자는 아데닌 염기와 리보스 당이 결합한 뉴클레오시드에 인이 3개 붙은 형태이다(그림 3.10). 뉴클레오시드의 이름은 **아데노신**이다. ATP 끝에 붙은 인(적색)은 구조가 불안정하고 쉽게 끊어지기 때문에 높은 에너지를 방출할 수 있다.

이처럼 세포 내에서는 맨 끝의 인이 가수분해되어 떨어져 나오면서 **아데노신2인산(ADP)**을 형성하며, 결합에 들어있던 에너지가 방출되어 나온다. 방출된 에너지는 DNA 합성이나 물질대사 같은 다양한 세포 내 생리현상에 이용될 수 있다. 근육세포에서는 에너지를 근수축에 사용하고, 신경세포는 신경 흥분 전달에 사용한다. 마치 물건을 살 때나 요금을 지불할 때 돈을 내듯이, 세포가 무슨 일을 할 때 사용하는 에너지 화폐가 ATP라고 생각하면 이해하기 쉽다. ATP는 일을 하기 위해 사용되는 에너지 분자이기 때문에 탄수화물이나 지방처럼 에너지 저장 기능은 하지 않는다. 그래서 ATP를 즉각적인 생체에너지라고 부르는 것이다. 우리는 제6장에서 ATP에 관해 좀 더 논의하도록 할 것이다.

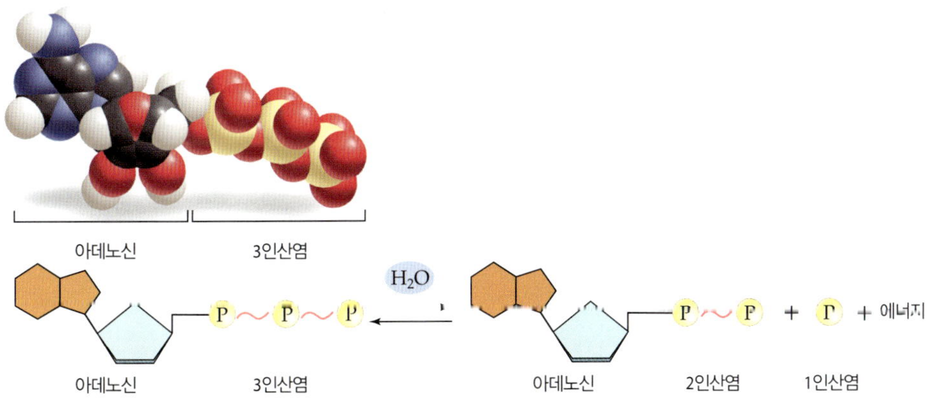


**그림 3.10** ATP(adenosine triphosphate)가 가수분해되면 에너지가 방출된다.

### ▶ 3.10 진도 체크

1. 포도당이 분해되면서 ATP가 생성되는 원리를 이해하고, 간에서 저장되는 글리코겐과 생체에너지 ATP의 기능적 차이를 말하라.

## 본 장에 대한 리뷰

### 개념들의 연결

생체 고분자들–탄수화물, 지방, 단백질, 핵산–은 기본적으로 모든 세포와 생물체들 내에 존재하지만, 생물체에 따라 그 형태가 조금씩 다를 수 있다. 예를 들면, 동물들은 포도당을 글리코겐 형태로 저장하고, 식물들은 전분의 형태로 저장한다. 식물은 불포화지방산을 그들 씨앗에 저장하지만, 동물은 포화지방산을 그들 몸속에 저장한다. 유전 물질인 DNA는 뉴클레오티드 염기 순서를 갖고 있는데 이것들은 종들 간에, 심지어는 같은 종끼리도 서로 다르다. 염기 순서는 암호화되어 있고, 이 정보는 각 생물체가 어떤 종류의 단백질을 합성 · 보유할 것인가를 결정한다. 모든 세포들과 생물체들은 그들 특유의 단백질들을 가지며, 기능에 있어서 종간의 차이를 나타낸다. 단백질의 주요 기능 중 하나가 효소 작용이라는 것을 생각하면 단백질의 차이가 물질대사를 통해 종간 차이를 야기한다는 것을 어렵지 않게 이해할 수 있다.

DNA에 들어 있는 염기 순서는 단백질의 아미노산 순서를 결정짓는다. 그러나 DNA가 단백질 합성과정에 직접 참여하지는 않는다. 대신 mRNA가 DNA로부터 암호화된 정보를 복사해 받아 단백질 합성에 참여한다. 결과적으로 각 단백질은 DNA의 유전정보에 따라 그 자신의 아미노산 순서를 갖게 되는 것이다. 단백질은 앞에서 기술한 바와 같이 1, 2, 3, 4차 단계를 거치면서 입체적 형태를 띠게 되고 고유의 특별한 기능을 수행하게 된다. DNA에 돌연변이가 발생하면 염기들의 순서가 변하고, 그로 인해 단백질 형태도 변화한다. 이것이 진화를 일으키는 유전적 다양성의 근원이다.

### 분석과 평가

1. 본 장에서 공부한 생체고분자들을 다음의 범주에 따라서 나누어라. 그런 다음 각각에 대해 여러분의 합리적 추론을 제시하라. (a) 에너지 저장과 사용, (b) 유전적 저장, (c) 세포의 활동
2. 현재 인간은 약 25,000여 개의 유전자를 가지고 있는 것으로 추산된다. 그렇다면 이로부터 만들어지는 단백질의 수도 최소한 25,000개가 넘을 것으로 볼 수 있다. 실제 세포 내 단백질 수는 이보다 훨씬 많아 약 100,000개라는 보고가 있다. 어떻게 하나의 화학 분자, 즉 DNA가 그 다양한 단백질 정보를 암호화할 수 있는지 설명하라. 단백질 차원에 대해서만 고려한다면 세포 유형들이 생화학적으로 어떻게 다를 것으로 기대하는가?

## 요약

### 유기화학에 대한 기본원리

**3.1 탄소화학은 다양한 분자 합성을 가능하게 해준다**

- 탄소는 그 외각을 완성시키기 위해 4개의 전자가 더 있어야 한다. 즉 탄소는 최대 4개의 다른 원자들과 전자를 공유할 수 있다. 탄소–탄소 결합은 대단히 안정되며, 탄소 사슬들은 매우 길게 형성될 수 있다. 유기분자들(탄소와 수소를 가진)은 생물체의 중요 성분이며, 그래서 '**생체고분자**'라고 불린다.
- **작용기**는 언제나 동일한 방식으로 반응하는 분자 구조의 특정 부분이다. 작용기들은 **소수성** 또는 **친수성**으로 작용함으로써 생체고분자에 극성을 부여할 수 있다. **이성질체**들은 분자식이 동일하지만 내부 원자(또는 작용기들)의 배열이 서로 다르다.

**3.2 분자의 단위체들은 서로 연결되어서 다양한 거대생체분자들을 구성할 수 있다**

- **탈수반응**에 의해 단위체라고 불리는 **소단위**들이 결합함으로써 **중합체**가 형성된다. 반대로 **가수분해작용**은 그들을 분해시킨다. 세포 내 주요 생체고분자들은 탄수화물, 지질, 단백질, 핵산 등이다. 탄수화물의 소단위들은 단당류이다. 지질의 소단위들은 글리세롤과 지방산이다. 단백질의 소단위들은 아미노산이다. 그리고 핵산의 소단위들은 뉴클레오티드이다.

### 탄수화물

**3.3 단순 탄수화물은 신속한 에너지의 공급원이다**

- 단당류(당 분자 한 개로 구성된 것)는 단순당이라고도 한다. **포도당**은 단당류이며 빠른 에너

지원이다. '**리보스**'와 '**디옥시리보스**'는 RNA와 DNA에 들어있는 5-탄당이다. **이당류**는 두 개의 단당류가 탈수작용을 거치면서 결합되어 형성된다. 예를 들어 설탕은 이당류이다.

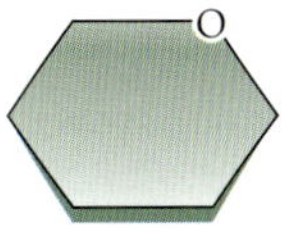


글루코즈

**3.4 복합탄수화물은 에너지를 저장하고 구조를 지지해준다**

- 대표적인 **다당류**(에너지를 위한 당 분자로 분해될 수 있는 단당류의 중합체)는 **글리코겐**(동물들에서의 포도당 저장 형태)과 **전분**(식물류에서의 포도당 저장 형태)이다. 다당류는 구조 지지물로도 사용되는데 **셀룰로스**(식물), **키틴**(동물들과 균류), **펩티도글리칸**(세균) 등이 여기에 해당된다.

## 지질

**3.5 지방과 기름은 에너지 저장성이 큰 분자들이다**

- **지방**과 **기름**은 **트리글리세라이드**의 서로 다른 형태이다. 이들은 각각 **글리세롤** 한 분자에 3개의 **지방산**이 결합된 것이다. **포화지방산**(이중결합 없음)이 결합되면 동물들에서 주로 보는 고형지방이 되고, **불포화지방산**(이중결합 있음)이 결합되면 식물과 생선 기름에서 주로 보는 액상 기름이 된다. **트랜스지방**은 수소결합지방산을 함유하는 가공식품류에서 발견되는데 건강에 유해하다.

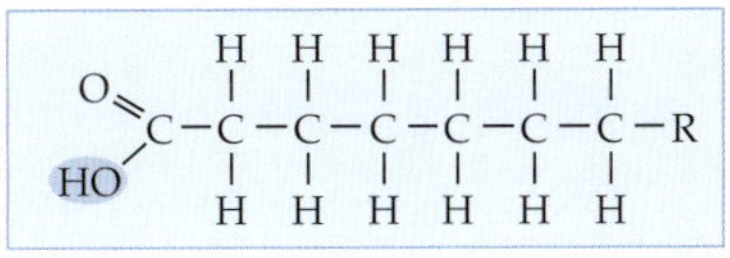


지방산

**3.6 지질은 에너지원으로, 호르몬으로, 그리고 구조적으로 다양한 보호 기능을 한다**

- **인지질**은 세포막의 중요성분인데, 글리세롤에 두 개의 지방산, 그리고 인이 포함된 극성기가 결합한 것이다. **스테로이드**는 동물의 세포막을 구성(콜레스테롤)하고, 호르몬(테스토스테론과 에스트로겐)으로도 작용한다. 콜레스테롤은 4개의 융합 고리로 구성되어 있다. **왁스**는 식물의 수분 손실을 방지해주며, 동물에서는 피부 보호와 털 유지 관리를 돕는다. 왁스는 알코올 사슬을 포함하는 긴 지방산이다.

## 단백질

**3.7 단백질은 가장 다양한 생체분자이다**

- 구조지지(구조 단백질)
  물질대사(화학작용 촉진)
  물질수송(**헤모글로빈**의 산소 수송)
  방어(항체와 항원)
  조절(호르몬)
  운동(근육 수축)
- **아미노산**의 구조는 아미노기($-NH_2$), 카복실기($-COOH$), *R*기 등이 중앙 탄소에 부착한 형태이다. 아미노산은 각각의 *R*기에 따라 서로 구별된다.
- **펩티드**결합은 두 개 또는 그 이상의 아미노산들이 함께 결합하여 형성된다. **폴리펩티드**는 두 아미노산 간의 공유결합인 **펩티드결합**을 통해 길게 연결된 사슬을 말한다.

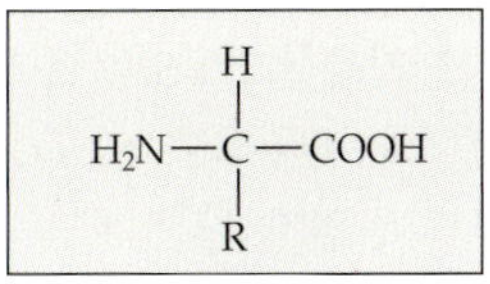


아미노산

**3.8 단백질은 기능을 위해 특정한 형태를 필요로 한다**

- 1차 구조는 아미노산이 단백질 내에서 연결된 선형 순서이다. 2차 구조는 폴리펩티드가 접히는 특정방식이며, 알파나선 혹은 병풍모양으로 나타난다. 3차 구조는 단백질이 나타내는 최종적인 3차원 형태이다. 한 개 이상의 폴리펩티드로 구성된 단백질은 4차 구조를 형성한다.

## 핵산

**3.9 DNA에는 암호화된 정보가 들어 있다**

- **유전자**란 단백질에 대한 암호를 가진 DNA 부분이다. 게놈은 어떤 생물체의 유전자 전체를 통합 지칭하는 용어이다. **핵산**은 **DNA(deoxyribonucleic acid)**와 **RNA(ribonucleic acid)** 뉴클레오티드

가 모여 이룬 중합체들이다. **뉴클레오티드**는 인, 5탄당, 질소염기로 구성된다. DNA 의 뉴클레오티드는 티민(T), 아데닌(A), 구아닌(G), 시토신(C) 염기로 되어 있다. DNA 형태는 이중나선 구조이다. 염기쌍을 이룰 때 A와 T, G와 C가 반드시 서로 쌍을 이룬다. 이러한 관계를 **상보적 결합**이라고 부른다.

- RNA와 DNA는 아래와 같이 비교될 수 있다.

| | DNA | RNA |
|---|---|---|
| 당 | 디옥시리보스 | 리보스 |
| 염기 | 아데닌, 구아닌, 티민, 시토신 | 아데닌, 구아닌, 우라실, 시토신 |
| 가닥(사슬) | 염기쌍을 가진 단일가닥(외가닥) | 이중가닥 |
| 나사 | 있음 | 없음 |

- RNA의 당은 리보스이다. 염기는 약어로 U, A, G, C의 4종류이다. RNA는 단일가닥이기에 DNA와 달리 나선형이 아니다. **mRNA**는 DNA의 유전 정보를 복사해내고(U는 A와 쌍이 된다), 이에 따라 단백질의 아미노산 순서가 결정된다.
- **돌연변이**는 DNA의 염기 순서가 바뀌는 것이다. 이에 따라 차례로 단백질의 구조가 변화된다. 돌연변이는 진화과정에서 생명의 다양성을 설명할 수 있는 요소이다.

### 3.10 ATP는 세포의 에너지 운반체이다

- **ATP(adenosine triphosphate)**는 아데닌과 리보스가 결합된 뉴클레오시드(**아데노신**), 그리고 3개의 인산(triphosphate)으로 구성된다. 맨 끝의 인이 가수분해되면서 **아데노신 2인산염(ADP)**이 만들어지는데 이때 결합에너지가 방출된다. ATP의 분해로 생긴 에너지는 생체 내 다른 분자들을 합성하거나 근수축, 신경전도 등에 사용된다.

## 자기 테스트

### 유기화학에 대한 기본원리

1. 다음의 어떤 것이 유기분자인가?
   a. CO　　b. $H_2O$　　c. $C_6H_{12}O_6$
   d. $O_2$　　e. 이들 모두가 맞다.
2. 이들 중 탄소의 특징이 아닌 것은?
   a. 4개의 공유결합들을 형성　　b. 다른 탄소원자들과 결합
   c. 때로는 이온임　　d. 긴 사슬들을 이룰 수 있음
   e. 때로는 다른 원자와 전자쌍을 공유함
3. 카복실기가 있는 유기분자들은
   a. 비극성　　b. 산성
   c. 염기성　　d. 이들 중에서 한 개 이상이 맞음
4. 소단위들은 히드록실기와 수소원자가 ______, ______ 작용을 할 때 함께 부착하여 중합체를 생성한다.
   a. 첨가되어, 탈수　　b. 제거되어, 탈수　　c. 첨가되어, 가수분해
5. 개념적 사고　원소주기율표에서 실리콘의 위치를 확인하라. 실리콘은 어떻게 생겼으며, 카본과 어떻게 다른가? 실리콘은 탄소와 달리 왜 동일분자 내 변화가 일어나지 않는가를 설명하라.

문제 6–9, 키(열쇠)에 있는 생체고분자들과 각각의 소단위를 서로 연관지어라.

키(열쇠):

a. 탄수화물　　b. 지질　　c. 단백질　　d. 핵산

6. 글리세롤
7. 글리코겐
8. 뉴클레오티드
9. 아미노산

### 탄수화물

10. 다음 중 이당류는 어느 것인가?
    a. 포도당  b. 과당  c. 과당  d. 말토오스(맥아당)
11. 이들 중 인간에서 셀룰로스 소화가 불가능하게 하는 것은 어느 것인가?
    a. 포도당 소단위의 중합체
    b. 섬유성 단백질
    c. 포도당 분자들 간의 연결
    d. 아미노산 분자들 간의 펩티드 연결
    e. 카복실기들의 이온화
12. 식물류는 포도당을 무엇으로 저장하는가?
    a. 맥아당  b. 글리코겐  c. 전분  d. 모두 틀림
13. 개념적 사고 그림 3.4를 검토한 후, 전분보다 셀룰로스가 식물세포벽의 구조 성분으로 더 적합한 이유를 말하라.

### 지질

14. 트리글리세라이드가 함유하는 것은
    a. 글리세롤과 3개 지방산들
    b. 글리세롤과 3개 당류
    c. 단백질과 3개 지방산들
    d. 단백질과 3개 당들
15. 지방산은 다음 중 어떤 상태에서 불포화성인가?
    a. 수소를 함유할 때
    b. 탄소–탄소 이중결합일 때
    c. 카복실기(산성)가 있을 때
    d. 글리코겐에 결합할 때
    e. 뉴클레오티드에 결합할 때
16. 포화지방산과 불포화지방산은 어떻게 다른가?
    a. 이중결합이 다수 존재할 때
    b. 실온에서 액화되는 정도
    c. 여러 개의 수소원자들이 존재할 때
    d. 모두가 맞다.
17. __________은 __________의 전구체들이다.
    a. 에스트로겐, 콜레스테롤
    b. 콜레스테롤, 포도당
    c. 테스토스테론, 콜레스테롤
    d. 콜레스테롤, 테스토스테론과 에스트로겐
18. 지질이 아닌 것은?
    a. 스테로이드  b. 지방  c. 다당류
    d. 왁스  e. 인지질
19. 개념적 사고 인지질이 이중막 형성에 가담하는 이유를 설명하라.

### 단백질

20. 거의 모든 __________은 __________이다.
    a. 단백질들, 효소들  b. 당들, 단당류  c. 효소들, 단백질들
21. 한 개의 아미노산과 다른 것과의 차이는 다음에서 발견된다.
    a. 아미노기  b. 카복실기  c. *R* 그룹
    d. 펩티드결합  e. 탄소원자들

22. 인접한 아미노산 두 개가 합치면 무엇이라고 부르는가?
 a. 펩티드결합 b. 탈수작용
 c. 공유결합 d. 모두 맞다.
24. 2개 또는 그 이상의 폴리펩티드를 함유하는 단백질의 3차원 구조는?
 a. 1차 구조 b. 2차 구조
 c. 3차 구조 d. 모두 틀리다.
25. 개념적 사고 단백질(그들의 DNA가 아닌)이 종들을 서로 다르게 만든다는 언급이 적절한 이유는 무엇인가?

### 핵산

26. 뉴클레오티드들은
 a. 당, 질소염기, 그리고 인산기로 구성된다.
 b. 지방질 단위체와 다당류라고 한다.
 c. 염기들 간의 공유결합에 의해서 결합된다.
 d. DNA와 RNA 속에 존재한다.
 e. a와 d가 맞다.
27. 다음 중 어떤 것이 DNA 뉴클레오티드가 아닌, RNA 뉴클레오티드와 관계있는가?
 a. 리보스당을 함유
 b. 질소염기를 함유
 c. 인산분자를 함유
 d. 축합 반응에 의해서 다른 뉴클레오티드에 결합하게 됨
28. ATP는
 a. 아미노산이다.
 b. 나선형 구조를 가졌다.
 c. ADP와 인산염으로 분해될 수 있는 고에너지 분자이다.
 d. 물질대사를 위하여 효소를 공급한다.
29. 개념적 사고 오래전부터 화학자들은 단일사슬 핵산과 단백질간의 평행적 조성을 알게 되었다. 여기서 '평행적 조성'이란 무엇을 의미하는 것인가?

## 참여하기

1. 온대성 식물은 씨에 불포화 기름이 들어있어 포화 기름이 들어있는 열대성 식물보다 영하 온도에서 더 잘 보존된다는 것이 가설이다. (a) 여러분은 그 가설을 어떻게 시험할 것인가? (b) 여러분의 가설을 뒷받침하려면 어떤 조건을 포함시켜야 할까?
2. 화학 분석 결과 비정상적인 형태의 효소에는 극성 아미노산이 들어있는 반면 정상적인 형태는 비극성 아미노산이 들어있음이 밝혀졌다. 비정상적 효소와 관련하여 여러분이 테스트하고자 하는 가설을 만들어보라.

## 미디어 연구 도구

mhhe.com/ maderconcepts3

상호작용 학습도구들, 연습문제들 등을 이용하여 여러분의 학습을 강화하라. 또한 ConnetPlus를 통해 이용가능한 학습자료들에 대해서도 여러분의 선생님에게 문의하라. ConnetPlus에는 개인별 맞춤형 학습 프로그램인 LearnSmart와 영상매체가 풍부한 eBook이 포함되어 있다.

# 제 4 장

# 세포의 구조와 기능

### 본 장의 개요



### 생명을 응시하며



### 적용 사례들

**생명은 어떻게 변화하는가?**



### 본 장을 시작하기 전에

잠깐 돌아보기

에너원으로서 포도당과 ATP의 역할(3.3절과 3.10절)
인지질들이 막을 형성한다(3.6절)
세포 내 단백질 대사 기능(3.7절)
세포 내 DNA와 RNA의 기능(3.9절)

## 세포: 그들은 무엇인가?

여러분에게 배정된 과제는 세포를 정의하는 것이다. 어렵게 생각하지 말고 차분한 마음으로 슬라이드를 하나씩 들여다보라. 그런데 17세기에 Robert Hooke가 '세포'를 처음 발견했을 때에도 마음이 이렇게 차분했을까? 현미경을 통해 과연 그는 무엇을 보았을까? 실제로 Hooke 역시 오늘의 여러분처럼 광학현미경을 사용하고 있었다. 그는 콜크 조각을 관찰했고 자기가 보았던 것을 이렇게 그렸다.

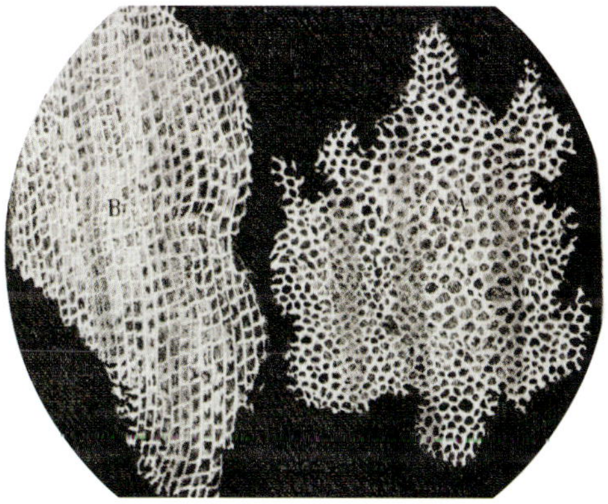

Hooke는 대체적인 윤곽 정도만을 제외하고는 거의 아무것도 보지 못했는데, 이것이 곧 우리가 현재 말하는 식물의 세포벽이다. 여러분은 92 페이지에 소개되는 양파뿌리에서도 세포들 사이의 경계면들을 관찰할 수 있다. 이들 세포 모양을 아래의 신경 세포와 비교해보면 세포 자체가 하나의 단위일 수 있으며, 이들이 모여 큰 개체를 이

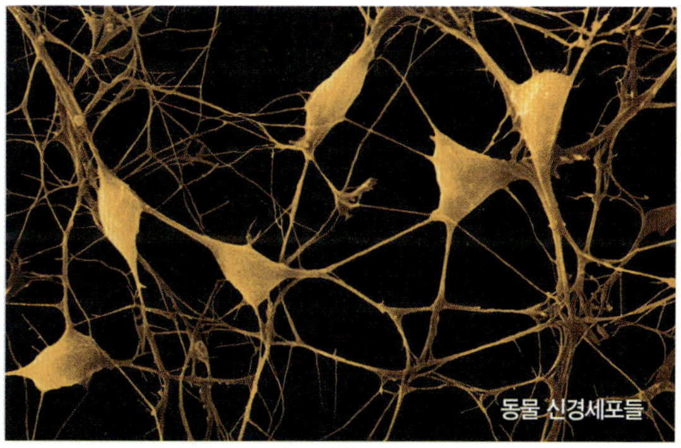

동물 신경세포들

룬다는 결론을 내릴 수 있을 것이다.

여러분이 세포에 대하여 일단 그런 정의를 내렸다면, 이 페이지들 상의 모든 현미경사진들과 같이, 주어진 모든 슬라이드들 속에 세포가 존재한다고 결론 내릴 수 있을 것이다. 그러나 단순한 관찰만 가지고는 모든 생물체가 세포로 이루어져 있다는 가설은 분명히 큰 비약일 수밖에 없다. 실제로 Hooke가 세포라는 용어를 사용한 후 거의 200년이 지날 때까지 이런 가설은 아예 제시되지도 못했다. 과학은 천천히 아주 조금씩 발전하며 세포설같이 새로운 학설은 일정 기간 동안 결함이 전혀 발견되지 않아야 비로소 인정받기 때문이다. Matthias Schleiden은 식물조직 세포를 관찰했고, Theodor Schwann은 동물조직 세포들을 관찰하였다. 그리고 그들은 각각 1830년대에 식물과 동물이 세포로 구성되어 있다고 결론을 내렸다. 이렇게 오랜 시간 끝에 비로소 세포설이 입증된 것이다.

본 장은 세포설에 대한 설명으로 시작할 것이다. 세포설은 전자현미경이 발견되기도 전에, 그리고 현재 세포 연구에 사용되는 생화학적 기법들이 발전되기도 전에 이미 만들어졌다. 그런 후에 기술들이 진보되면서 세포의 구조가 생명 유지에 필요한 기능을 어떻게 수행하는지 하나씩 밝혀진 것이다. 기초적인 생명 활동은 모든 세포들에게 공통적이지만, 몇 가지 특수화된 세포들은 특이한 기능을 수행하기도 한다. 이에 대해서는 나중에 다시 언급할 것이다.

Onion root cells

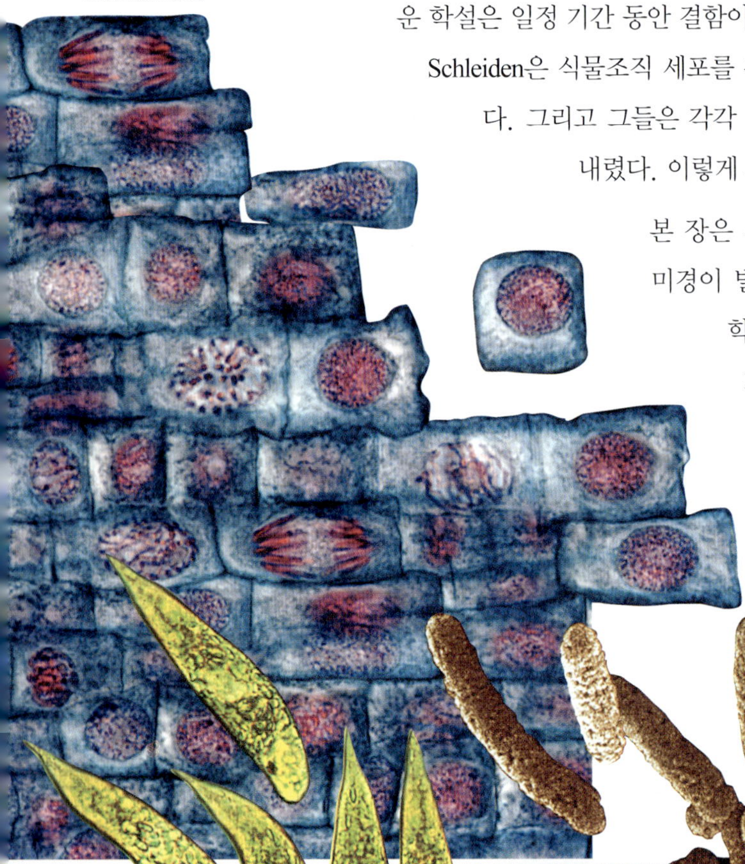

막대모양 박테리아

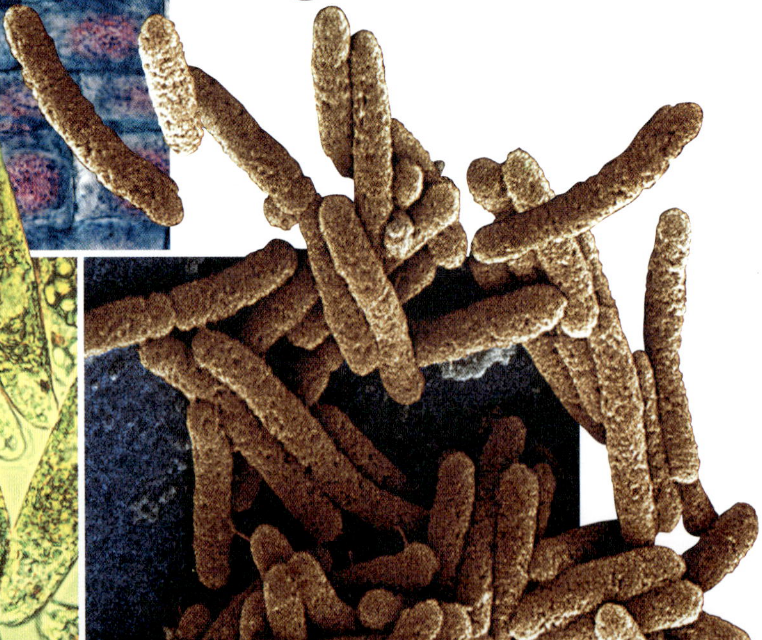

유글레나, 원핵생물

# 세포 단계의 생체구성

모든 생물체의 기본 단위는 세포다. 개미의 세포든지 고래의 세포든지 모든 세포는 마이크로미터(㎛) 수준일 정도로 대단히 작다. 이렇게 작은 세포가 모여 만드는 생물들의 크기가 서로 다른 이유는 표면적대 체적비 관계성으로 설명할 수 있다. 두 종류의 세포 유형–원핵세포와 진핵세포 – 이 있다. 이들은 구조가 서로 다르지만 원형질막에 싸인 세포질과 DNA가 있다는 점에서 유사하다.

## 4.1 모든 생물체는 세포로 구성되어 있다

### 학습 성과들

본 절을 공부하고 나면 다음에 대한 이해와 능력이 향상될 것이다.

1. 세포설에 대한 3개 기본 원리를 설명하기
2. 세포는 어째서 그렇게 작은지에 대한 평가하기

'**세포설**'은 다음과 같이 설명된다:

1. **세포는 생명의 기본 단위이다** 이 뜻은 세포보다 더 작은 것은 아무것도 살아 있지 않다는 것이다. 단세포 생물은 제1장에서 논한 특징들을 보여준다. 세포보다 더 작은 단위는 생식할 수 없고, 자극들에 반응하지 않고, 항상성을 유지할 수 없으며, 성장과 발생이 불가능하다. 또 환경으로부터 물질을 취하거나 이용할 수도 없고 환경에 적응할 수도 없다. 결론적으로 생명은 세포에서 비롯된다. 이러한 논리에 기초하여 우리는 두 가지 또 다른 추론을 만들어 낼 수 있다.
2. **생물체는 세포들로 구성되어 있다** 단세포 생물이 하나의 세포라는 것이 명백하다면, 더 복잡한 생물들은 무엇이라고 불러야 하는가? 라일락과 토끼는 다세포 생물들이다. 그림 4.1A에서 보다시피 라일락 잎은 세포들로 구성되어 있고, 그림 4.1B는 토끼의 장내피가 세포들로 구성되어 있음을 보여주고 있다. 이들의 조직 중에서 세포로 되어 있지 않은 것이 혹시라도 있을까? 어쩌면 뼈는 세포로 되어 있지 않다고 말하고 싶을지도 모른다. 그러나 만약 뼈조직을 현미경으로 검사하면 뼈 역시 세포들로 구성되어 있음을 금방 알 수 있다. 각 세포마다 기능이 다르듯 형태 또한 명확하게 구별된다. 뼈세포는 신경세포와 상당히 다르며, 라일락 잎의 세포들과도 매우 다르다. 물론 세포들은 구조와 기능에서 이처럼 전문화되어 있지만 그래도 어떤 부분들은 공통적이다. 본 장에서는 이들 공통적 구성부분들을 우선 논의하기로 한다.
3. **새로운 세포는 미리 존재하고 있던 세포들에서 유래된다** 생명이 더러운 쓰레기로부터 자연발생적으로 생겼다고 믿었던 초기 과학자들에게는 이런 주장이 이해될 수 없었을 것이다. 그러나 우리는 이제 먼저 존재하고 있던 라일락 나무나 어미 토끼 없이는 새로운 라일락과 토끼들을 얻을 수 없다는 사실을 잘 알고 있다. 라일락과 토끼, 또 사람은 생식작용을 통해 정자와 난자를 만들고, 접합자를 형성하고, 이것이 새로운 다세포

**그림 4.1A** 라일락 잎, 아래는 확대 사진

**그림 4.1B** 토끼, 아래는 장 내피 현미경사진

생물의 첫 번째 세포가 되는 것이다.

**세포 크기** 세포들은 대체적으로 매우 작다. 개구리 알은 직경이 약 1밀리미터(mm)로써, 사람 눈으로 볼 수 있을 정도로 크지만 대부분의 세포들은 1mm보다 훨씬 작다. 어떤 것은 1마이크로미터(㎛)−1밀리미터의 일천분의 1 − 정도로 작은데 세포소기관들은 그보다도 작아서 나노미터(nm)라는 단위를 사용해야 측정할 수 있다. 그림 4.1C는 광학현미경과 전자현미경의 가시범위를 미터 체계 단위로 설명하고 있다.

세포는 왜 그렇게도 작은 것일까? 이 문제에 대답하기 위하여, 세포가 영양 물질을 충분하게 흡수하고 또 그만큼의 노폐물을 내보내려면 충분한 세포 표면적을 필요로 한다는 것을 생각할 필요가 있다. 이처럼 세포들은 체적에 대비해 표면적을 가능한 넓히고자 하는 경향이 있다. 또한 풍선을 생각해보자. 풍선 내의 공기는 체적이고 풍선의 표피는 표면적이다. 큰 풍선은 작은 풍선 보다 부피가 더 크지만, 체적 대비 표면적이라는 관점에서 보면 작은 풍선이 오히려 더 효율적일 수 있다. 부피와 표면적의 상관관계를 어떻게 나타낼 수 있을까? 그림 4.1D가 또 다른 예를 보여주고 있다. 크기가 다른 정육면체의 체적 당 표면적을 계산하는 방법이다. 큰 정육면체를 작은 정육면체로 자르면 작은 것들의 체적 당 표면적은 전체적으로 상당히 커지게 된다. 즉 큰 정육면체는 작은 것들로 구성된 정육면체보다 체적 당 표면적이 오히려 제한적이다.

더 나아가 흡수작용을 위해 분화된 세포들은 체적에 대비해서 표면적을 대폭 증가시키도록 구조가 되어 있다. 소화흡수 기관인 장의 내벽을 따라 위치한 세포들은 표면적을 증가시키기 위해 미세융모라고 하는 특수한 주름을 지니고 있다. 신경 세포들과 일부 식물세포

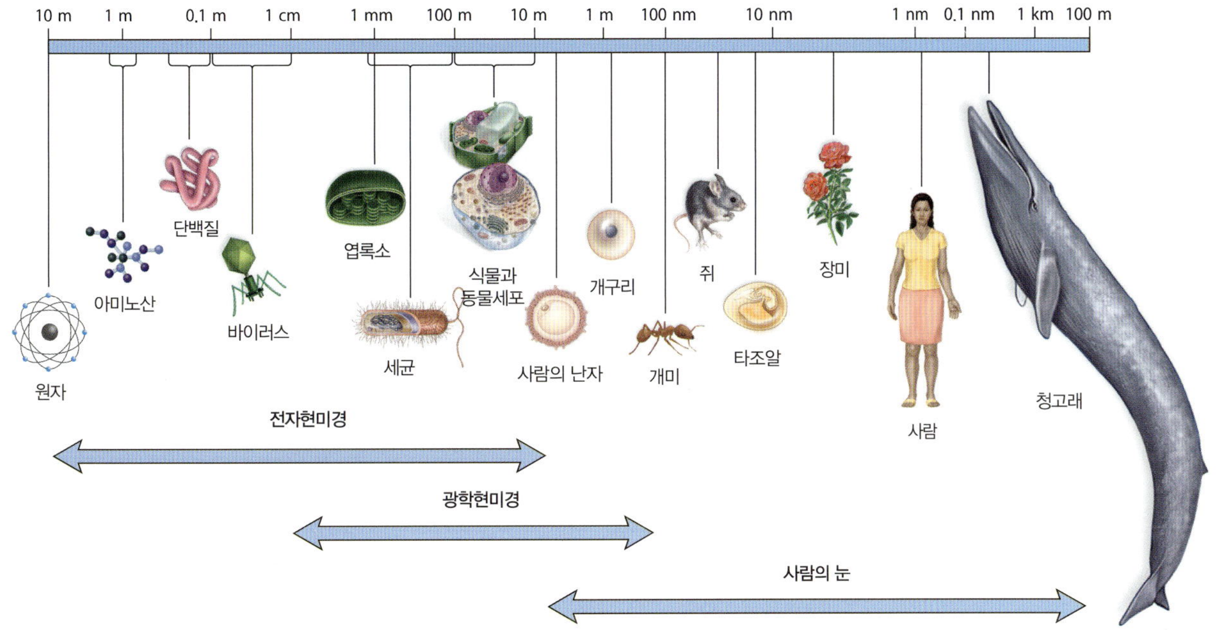


**그림 4.1C** 생물체들과 그 구성물들은 크기에 따라서 전자현미경, 광학현미경, 또는 육안으로 관찰 가능하다. 단위는 미터법에 준한다. nm = 나노미터; μm = 마이크로미터; mm = 밀리미터, cm = 센티미터; m = 미터; km = 킬로미터

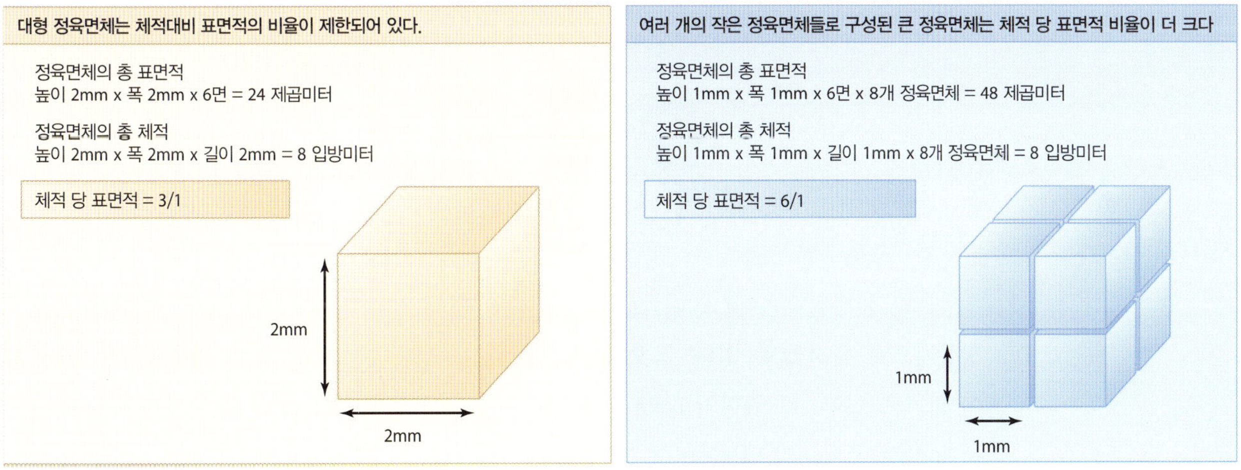


**그림 4.1D** 표면적과 체적의 상관 관계

들은 길고 가늘며 이것이 세포질에 대한 원형질막의 비율을 증가시킨다. 신경 세포의 구조는 91 페이지에 나와 있다.

### ▶ 4.1 진도 체크

1. 세포설을 인체에 적용해보라.
2. 체적대비 높은 표면적 비율을 세포들의 효율성과 관련지어 말해보라.

## 4.2 원핵세포들이 먼저 진화하였다

### 학습 성과들

본 절을 공부하고 나면 다음에 대한 이해와 능력이 향상될 것이다.

1. 원핵생물을 2개 영역으로 분류하기
2. 세균의 각 구성 성분에 대한 기능 설명하기

세포에는 두 가지 유형이 있다. **'원핵세포'**(*pro*–전, *karyon*–핵)는 막으로 둘러싸인 핵이 없는 세포이다. 다른 유형의 세포는 핵이 있기 때문에 진핵세포(*eu*–진짜, *karyo*–핵)라고 불린다. 원핵세포들은 진핵세포보다 크기가 작다(그림 4.2A). 원핵세포들은 세상 어디에나 존재하는데 공기 중, 물 속, 토양, 심지어는 생물체들의 피부나 내장에도 존재한다.

20 페이지에서 논한 바대로, 원핵세포들은 다시 두 그룹으로 나뉜다. 크게는 DNA를 포함하여 생화학적 증거들에 근거한 것이다. 이들 두 그룹은 생화학적으로 다르므로 **'세균 영역'**과 **'고세균 영역'**으로 분리해왔다.

그림 4.2B에는 세균류의 일반적인 구조가 그려져 있다. 진핵세포와 마찬가지로 세균류는 **'원형질막'**에 둘러싸인 **'세포질'**이라 부르는 반유동체 물질로 가득 차 있다. 이 원형질막은 단백질이 군데군데 박혀있는 인지질의 2중막(그림 3.6 참조)이다.

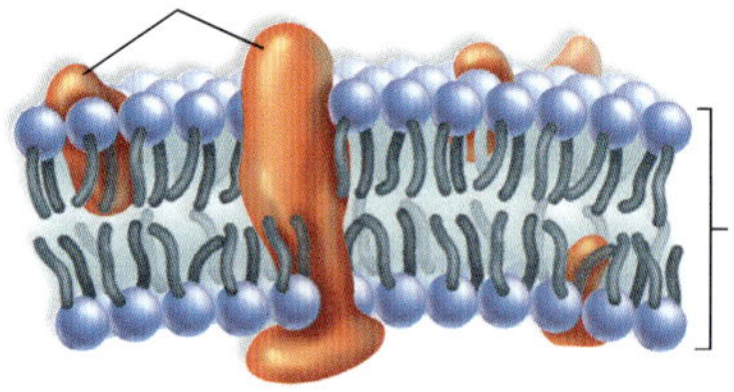


세균의 원형질막은 세포 내외로의 물질 출입을 조절한다. 그 결과 세포질은 내부환경을 정상적으로 유지할 수 있다. 세포질에는 단백질을 생산하는 수천 개의 **'리보솜'(ribosome)**들이 위치해 있다. 긴 원형의 DNA는 **'핵양체'(nucleoid)**로 알려진 세포질 부위에 부착되어 있는데 이것이 세균의 **염색체**이다. 세균이 둘로 갈라질 때 각각의 신생 세포는 복제된 염색체를 하나씩 나누어 갖는다. 남조세균(cyanobacteria)류는 식물과 같은 방식으로 광합성을 할 수 있는데 막 내부에 빛을 흡수하는 엽록소를 갖고 있기 때문이다.

원형질막에 더하여 세균류는 **'세포벽'**을 추가로 가지고 있다. 세포벽은 세포 형태를 유지하게 해준다. '세포막'은 차례로 **'협막'(capsule)**으로 둘러싸인다. 여러 개의 짧고 움푹한 막대 같은 **섬모(pili**, 털)들이 세포벽에 돌출해 있다. 섬모를 이용해서 세균은 고형 물질들에 부착될 수 있다. 이빨 표면에 달라붙어 서식하면서 점액을 생산하여 치아를 부식시키거나, 호수 바닥의 바위들 또는 선박 표면에 달라붙는 것도 섬모 덕분이다. 운동성 세균들은 가늘고 긴 편모(단수형은 flagellum)를 가지고 있는데, 이것이 프로펠러처럼 회전하여 세균을 움직이게 한다.

세균은 결핵, 천식, 파상풍, 인후염, 임질처럼 심각한 질환들을 야기할 수도 있다. 세균들은 환경 보존에 있어 중요한데 생물 사체들을 분해시켜서 생태계의 화학물질 순환에 기여하

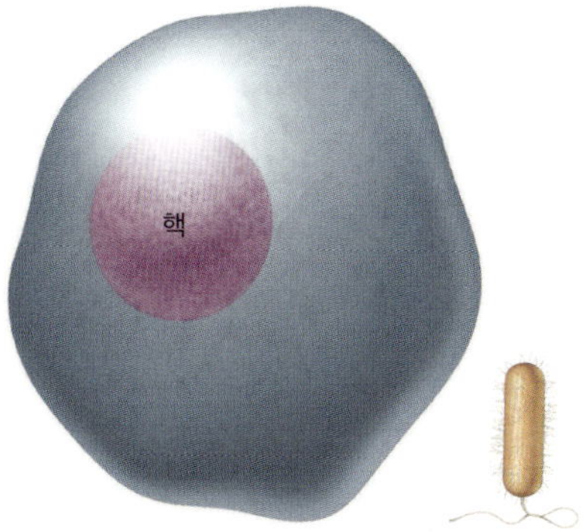


**그림 4.2A** 그림에서 비교된 것처럼 진핵세포는 원핵세포보다 월등히 크다.

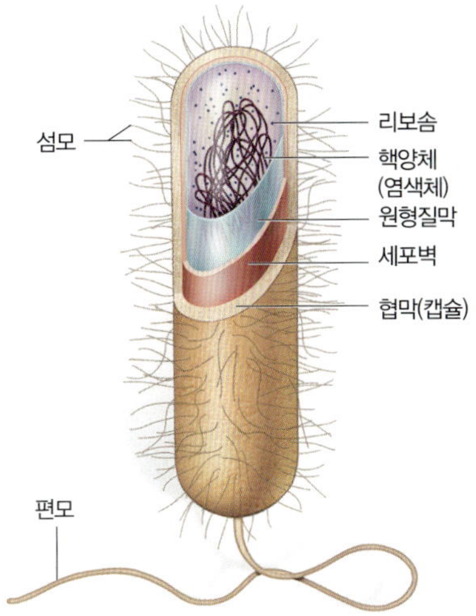


**그림 4.2B** 세균과 같은 원핵세포는 구조적으로 단순하지만 물질대사는 복잡하다.

기 때문이다. 또한 분자 합성능력이 대단히 커서 화학물질로부터 식품류나 의약품류에 이르는 모든 종류의 생산품 제조에 이용된다.

▶ **4.2 진도 체크**

1. 원핵생물의 두 영역(domain)을 설명하라.
2. 그림 4.2B에 각각 표시된 구조들의 기능을 알아보라.

## 4.3 진핵세포들은 전문화된 세포소기관들을 갖고 있다: 개관

### 학습 성과들

본 절을 공부하고 나면 다음에 대한 이해와 능력이 향상될 것이다.

1. 세포소기관들을 갖고 있는 진핵세포들의 유리한 점에 대해 이해하기
2. 동물세포 및 식물세포, 그리고 특별한 세포소기관들과 연관짓기

**진핵세포**(*eu*–진실의, *karyon*–핵)는 막으로 둘러싸인 **핵**을 갖고 있다. 그 속에는 DNA가 들어 있다. 그림 1.8D에 묘사되어 있듯이 원생생물(protist), 균류, 식물, 동물의 세포가 진핵세포이며, 이들은 **진핵생물** 영역(domain)에 속한다. 분류상 생명의 3번째 영역이다.

진핵세포는 원핵세포보다 월등히 커서 원핵세포(그림 4.1D 참조)와 비교할 때 체적 당 표면적이 작다. 이것은 생명현상에서 불리한 점인데, 대신에 세포 내부가 여러 소기관들로 구획지어져 있다. 집에도 각 방이 따로 있듯이, 진핵세포의 구획들은 특수 기능들을 위해 전문화되어 있다. 부엌에는 조리도구들, 전기제품들, 음식준비와 차림용 식탁 등이 있는 반면, 침실은 취침이나 의류보관용 가구들과 개인 소지품들이 비치되어 있다. 비슷하게 세포는 '**세포소기관**'들이 있어 이것들이 분화되고 특수 기능을 위해 전문화되어 있다. 세포소기관들은 세포질 내에 위치해 있다. 원핵세포에서처럼 원형질막은 단백질이 박혀있는 인지질의 2중막이다. 그림 4.3A의 확대된 원을 보면 막구조가 잘 표시되어 있다.

**표 4.3** 동물과 식물세포의 차이점들

| 구조 | 동물세포 | 식물세포 |
| --- | --- | --- |
| 세포벽 | 없음 | 있음 |
| 엽록체 | 없음 | 있음 |
| 리소좀 | 있음 | 드물게 나타남 |
| 중심립 | 있음 | 없음 |
| 액포 | 없음 | 있음 |
| 형태 | 원형 | 직사각형 |

진핵세포들은 막 구조가 풍부하다. 대부분의 세포소기관들이 막으로 둘러싸여 있다. 원래 세포소기관이라는 용어는 '막으로 된 구조들'이라는 뜻과 일맥상통한다. 정의에 의하면 리보솜이라고 부르는 작은 입자들 또한 세포소기관이다. 처음에는 동 · 식물의 세포에 있는 모든 구조들과 기능들 및 명칭들을 배우는 것이 어려워 보일 수 있다. 도움이 되는 한 방법은 그 구조들의 이미지를 마음속에 그려 간직하는 것이다. 그림 4.3A와 4.3B에서 먼저 그 구조를 살펴보고 명칭과 기능을 반복해 학습하는 것이다. 생물학에서는 '구조는 기능에 적합하도록 되어 있다'라는 말이 잘 알려져 있다. 왜 그럴까? 진화 과정에서 적절한 기능을 지닌 세포소기관들을 소유한 생물체들은 아마도 더 잘 생존하였을 것이고, 점차 모든 생물체들이 적절한 세포소기관을 갖게 되었을 것이기 때문이다.

이 장에서 우리는 식물과 동물, 양쪽 세포들에게 공통적인 구조와 기능 부분에 집중하고자 한다. 동물과 식물은 공통적으로 DNA와 리보솜을 가지고 있으며, 세포 기질화와 기능에 대한 기본적인 소기관들도 유사하다. 물론 몇 가지 차이점이 있기는 한데 이에 대해서는 표 4.3에 요약하였다. 식물의 세포벽은 제5장에서 다루는데, 이 5장은 세포 표면의 구조와 기능에 관계된 것이다. 그 밖의 구조들(원형질막, 핵, 중심체, 소포체, 리보솜, 골지체, 퍼옥시좀, 세포골격)은 동 · 식물 양쪽 세포들 내에 다 존재한다.

우리 몸에 있는 세포들은 보통 그림 4.3A에 기술된 구조들을 하고 있다. 특수한 기능을 필요로 하는 세포는 여기에 추가적인 구조들과 변형체들을 갖고 있다. 마찬가지로 정원에 있는 식물들도 그림 4.3B에서 보는 구조의 세포들을 갖고 있다. 다만 그들 역시 그들에게 필요한 또 다른 방식으로 전문화된 세포들을 갖고 있다. 다세포 생물체들의 전문화된 세포들은 형태와 능력에서 다양성을 제공한다.

우리는 세포 구조들과 그 기능들을 공부하면서, 세포는 크기가 작아도 우리가 제1장에서 공부했던 생명의 특징들을 다 보여주고 있다는 것을 항상 마음속에 새겨두어야 한다. 본 장은 어떻게 그들이 생명의 특징을 보여줄 수 있는지를 설명해 줄 것이다.

**▶ 4.3 진도 체크**

1. 부피가 큰 진핵세포가 세포소기관을 가짐으로써 얻는 이익을 설명하라.
2. 식물세포에만 엽록체가 있는 반면, 식물과 동물세포 모두 미토콘드리아를 가지고 있는 이유는 무엇인가?

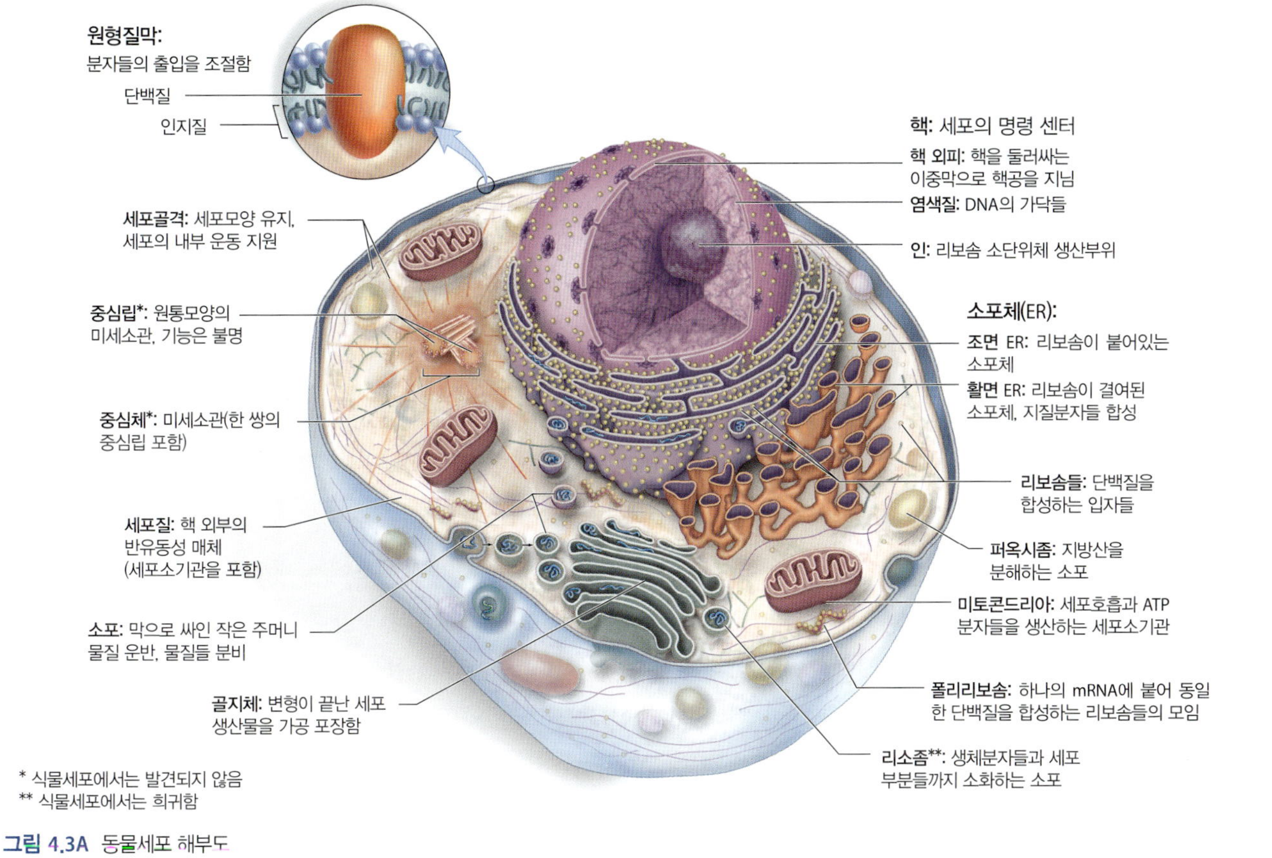


그림 4.3A 동물세포 해부도

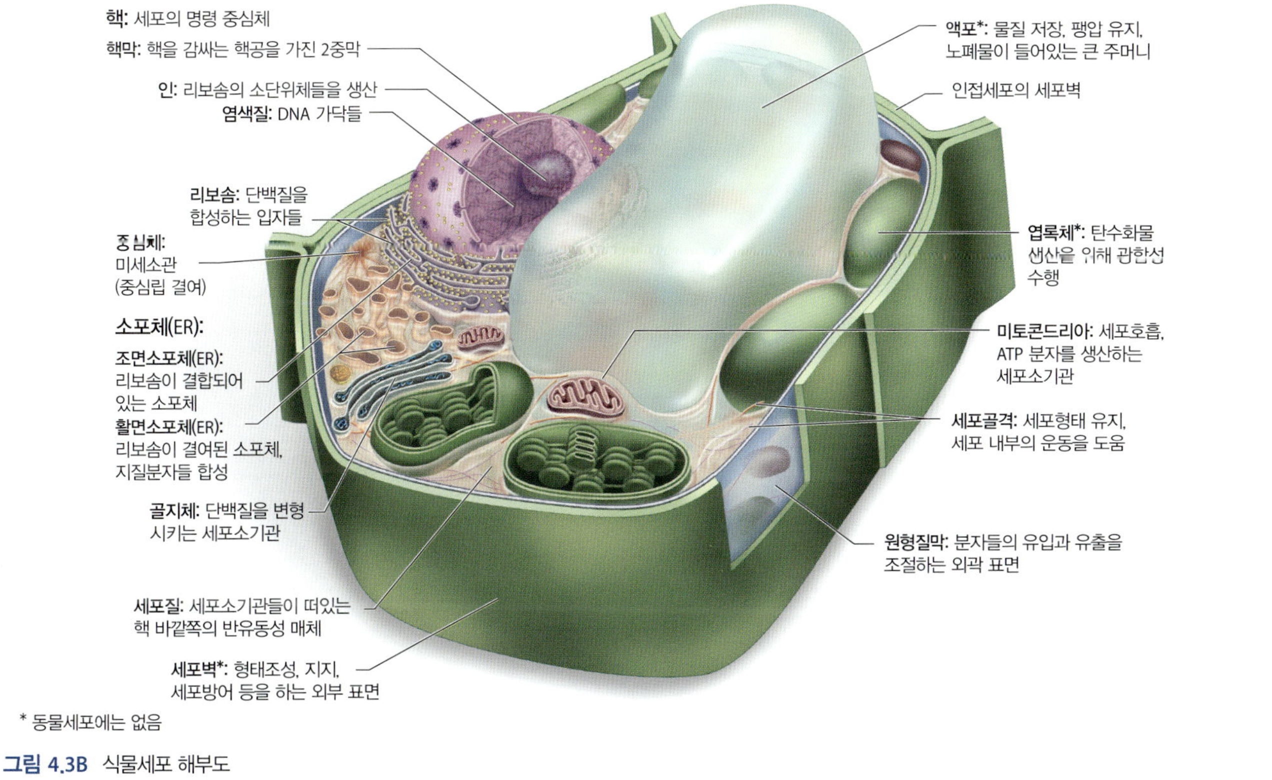


그림 4.3B 식물세포 해부도

# 핵과 세포내막계

본 장에서는 진핵세포의 세포소기관들을 논의할 것이다–즉 핵, 리보솜, 소포체 및 골지체들을 다루게 된다. 이들 소기관에서 세포 내 단백질 및 세포 밖으로 분비되는 단백질들이 만들어진다.

## 4.4 핵은 조절센터이다

### 학습 성과들

본 절을 공부하고 나면 다음에 대한 이해와 능력이 향상될 것이다.

1. 핵 속에 있는 각 구성 성분의 기능 설명하기
2. 핵이 리보솜의 기능을 어떻게 제어하는지에 대해 설명하기

핵은 진핵세포에서 가장 두드러진 구조이다(그림 4.4A). 보통은 형태가 둥글고 세포 중앙부에 위치해 있다. 핵에는 유전물질인 DNA가 들어 있어 세포에서 세포로, 이번 세대에서 다음 세대로 계속 전해진다. DNA는 세포가 어떤 단백질을 합성할 것인지를 지시하고, 이렇게 만들어진 단백질이 세포의 구조와 기능들을 결정하므로 결국 핵은 한 세포의 명령 중추이다.

진핵세포의 DNA는 세포분열 시 히스톤이라 불리는 단백질과 붙어서 염색체를 이룬다. 세포분열이 진행되면서 **염색체**들은 실모양의 '**염색질**'로 길게 풀어지는데 실은 섬세한 가닥으로 된 그물 모습이다. 염색질에서 진하게 나타나는 부위를 '**핵소체**'라 부른다.

핵은 '**핵막**'이라고 하는 이중막에 의해서 세포질과 분리되어 있다. 그렇지만 핵공을 통해

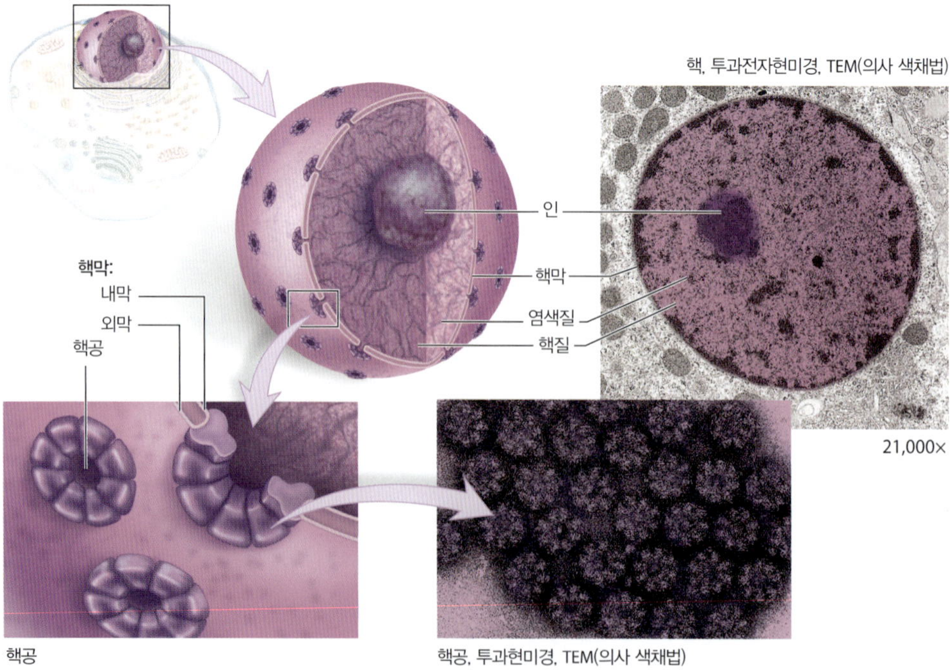


그림 4.3A 핵은 세포의 조절센터이다. 핵막에 핵공이 있어 세포질과 물질교환이 일어난다.

세포질과 물질교류를 할 수 있다. **핵공**을 통해 세포질에서 핵 속으로 단백질들이 통과해 들어갈 수도 있다. 전자현미경사진을 보면 핵막은 그 자체로도 존재하지만, 세포 내 다른 막 구조(소포체 등)들과 이어져 **'세포 내 막 시스템'**을 이루기도 한다.

핵막이나 소포체의 한 부분이 떨어져 나온 것을 '소낭'이라 부르는데 소낭은 합성된 단백질을 둘러싸 세포 내 여러 부위로 이동시켜준다.

**리보솜** 리보솜은 단백질들을 합성하는 세포소기관이다. 리보솜은 목수가 어떤 작업을 할 때 필요로 하는 작업대같은 역할을 한다. 즉 리보솜은 세포 내 단백질 생산 작업을 위한 작업대로 활용된다.

리보솜의 크기는 나노미터 단위이다. 이 말은 크기가 아주 작다는 뜻이다. 진핵세포의 리보솜들은 원핵세포의 것보다 조금 더 크다. 리보솜은 크고 작은 두 개의 소단위(subunit)로 구성되어 있다.

진핵세포의 리보솜들은 세포질 내 단독으로 떠다니거나 또는 폴리리보솜이라고 하는 형태로 주로 존재한다. 폴리리보솜은 mRNA에 여러 리보솜들이 동시에 부착되어 있는 모습이다. 또 다른 리보솜들은 소낭(작은 주머니)과 **소포체(ER)**에 부착되어 있다(그림 4.4B, *좌측*).

핵은 DNA가 단백질의 아미노산 배열 순서를 암호화하기 때문에 세포의 조절센터라고 불린다. 세포가 단백질을 합성할 때는 핵 속에서 mRNA가 DNA의 유전정보를 복사해 핵공을 빠져나와 세포질에 있는 리보솜에 전달한다. 리보솜은 mRNA에 달라 붙고 복사되어 나온 유전임호에 맞추이 정확히게 아미노산을 순서대로 연결지어 나간다(267 페이지 참조). 이는 마치 의상 제작자가 패턴에 맞추어 옷감을 이어맞추는 것과 같다. 이처럼 리보솜

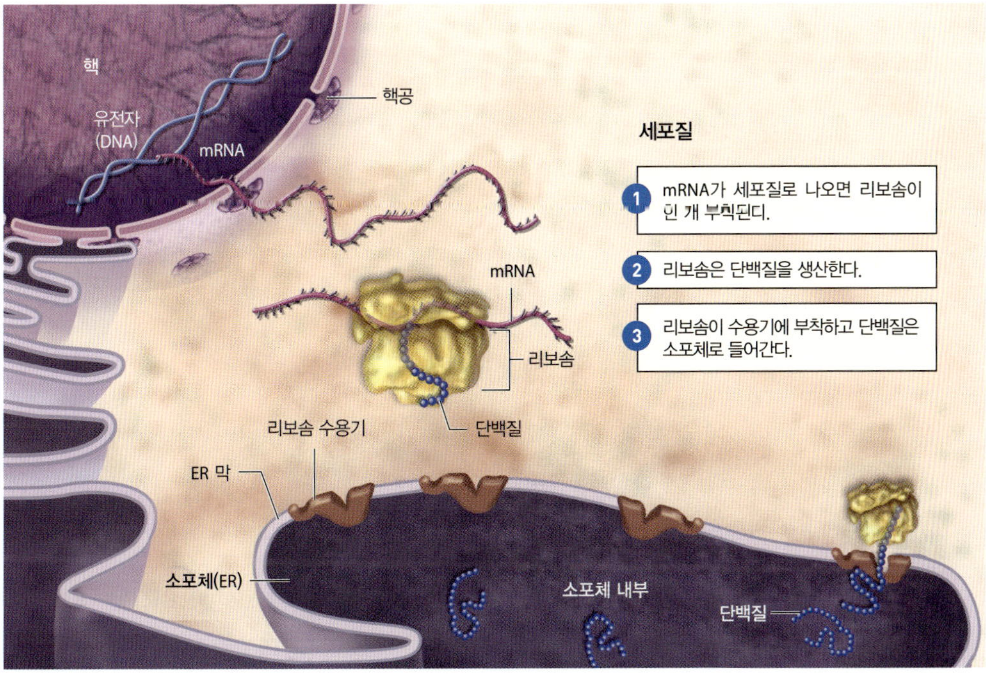


**그림 4.4B** mRNA는 핵 내 DNA의 유전암호를 복사해내고, 세포질로 이동하여 리보솜과 결합한다. 리보솜에서는 단백질 합성이 일어난다. 리보솜이 소포체에 부착하면 조면소포체(rough ER)가 된다.

은 세포가 필요로 하는 특별한 단백질을 생산하기 위해 mRNA의 암호화 정보를 사용하는 것이다. 리보솜에서 만들어진 단백질들은 소포체 안으로 들어가고, 여기서 소포체의 일부가 떨어져 나와 만들어지는 소낭에 둘러싸여 필요한 곳으로 이동된다.

**소포체에 부착한 리보솜** 정리하면, 소포체에 부착된 리보솜에 의해 생산된 단백질은 합성되면서 자연스럽게 소포체 속으로 들어가고, 소낭으로 유입된다. 그림 4.4B 우측에 설명된 것처럼, ❶ mRNA가 핵을 떠나 세포질로 들어가고, ❷ 리보솜에 부착한 다음, ❸ 그 리보솜은 소포체(ER)에 부착된다. 여기서 새로 만들어진 단백질은 소포체(ER) 내부로 들어간다. 그리고 대부분의 단백질은 소포체 내에서 입체적으로 접혀 기능적 형태가 완성된다. 단백질의 구조가 1, 2, 3, 4차 수준까지 4단계의 걸쳐 완성된다는 것을 그림 3.8에서 상기해보라. 어떤 단백질은 소낭을 타고 골지체로 가서야 비로소 기능적 형태가 완성될 수 있다.

▶ **4.4 진도 체크**

1. mRNA가 어떻게 핵막을 뚫고 세포질로 나올 수 있는가?
2. 핵, 리보솜, 소포체 사이에 상호 연관된 작용을 설명하라.

## 4.5 소포체(ER)에서는 단백질과 지질이 합성되고, 골지체로 수송된다

### 학습 성과들

본 절을 공부하고 나면 다음에 대한 이해와 능력이 향상될 것이다.

1. ER과 골지체가 합성된 단백질 분자의 최종 구조를 완성하기 위해 상호 협력하는 과정을 설명하기
2. 리소좀의 세포 내 기능을 설명하기

소포체라는 용어는 언뜻 어려워 보이지만 어원을 보면 아주 단순하다. *Endoplasmic*은 '세포질 내'라는 뜻이고 *reticulum*은 '망(network)'이라는 뜻이다. 마치 도시의 거리들이 가로세로로 이어지면서 구역별로 이름이 다른 것처럼, 세포질에는 소포체막이 사방으로 흩어져 있다. 이렇게 막 구조로 이루어진 소포체는 동물세포 내 존재하는 막 구조의 반 이상을 차지한다. 세포질 안에서 소포체들은 이리 저리 꼬이기도 하고 겹치기도 하면서 들어차 있다. 소포체 내부는 텅 빈 공간처럼 되어 있다(그림 4.4B). 그림 4.4B와 4.5A를 비교할 때 그림 4.4B는 소포체의 작은 단면을 보여주고 있다.

소포체에는 리보솜이 빽빽하게 부착되어 있기 때문에 소포체는 단백질이 만들어지고 분비되는 주요 장소이다. 예를 들어 췌장 세포에서는 단백질인 인슐린이 만들어지고, 3차원적 구조가 완성된 다음 혈액으로 분비되어 인체를 순환하게 된다. 단백질 합성 외에, 소포체(ER)에서는 여러 종류의 지질류도 생산된다.

**소포체의 유형** 소포체는 조면소포체와 활면소포체로 나뉜다. '**조면소포체(RER)**'는 리보솜이 붙어 있어 현미경 상에서 거칠게 보이기 때문에 붙여진 이름이다. 리보솜들은 소포체막 표면에 세포질을 향해 부착되어 있다. 그림 4.4B는 리보솜에서 만들어진 단백질이 어떻게 소포체

안으로 들어가는지를 보여준다. 일단 내부로 들어가면, 단백질은 접힘 과정을 거쳐 기능적 형태를 완성하게 된다.

**활면소포체(SER).** 이것은 조면소포체와 연결되어 있다. 활면소포체에는 리보솜이 붙어 있지 않다. 그러므로 전자현미경 상에서 모양이 매끈하며 단백질 생산에도 참여하지 않는다. 활면소포체는 주로 분비선 세포(gland cell)에서 풍부하게 발견된다. 여기에서 여러 유형의 지질을 합성한다. 예를 들면 스테로이드 호르몬을 합성하는 세포들에 활면소포체가 많다. 간에서는 콜레스테롤을 신체 여러 부위로 이동시키기 위해 필요한 결합지질단백질(lipoprotein)을 생산한다. 간혹 많은 양의 알콜을 분해하거나 정기적으로 신경안정제를 복용할 때 간세포의 활면소포체 양이 증가하는데, 활면소포체가 독성 분자들을 해독하는 기능도 가지고 있기 때문이다.

조면소포체와 활면소포체는 함께 작용하여 인지질의 이중막 구조를 만들어낸다. 형성된 이중막에는 종종 막단백질과 탄수화물 사슬이 붙고, 이로써 여러 가지 막 기능을 부여해준다(5.1A 참조). 세포 밖으로 분비될 예정인 단백질들은 분비되기 전에 소포체에 잠시 머무르지만, 막의 구성 성분이 될 단백질들은 합성과 동시에 이동되어 막 속에 파묻힌다. 소포체의 끝부분이 잘려 나오면 골지체와 연락할 수송용 소낭이 만들어진다. 이 **'수송용 소낭들'**은 소포체에서 합성된 단백질과 지질을 붙잡아서 골지체로 운반해준다. 골지체에서는 이들의 구조를 최종적으로 완성시킨 다음 이들을 필요로 하는 세포 내 장소로 다시 보내거나 또는 세포 밖으로 분비시킨다(그림 4.5B 참조).

**골지체** **'골지체'**는 1898년도에 그 존재를 발견한 Camillo Golgi의 이름을 따서 명명되었다. 때로는 간단히 '골지'라고도 부른다. 골지체는 전형적으로 3개 내지 20개의 납작한 작은 주머니가 겹쳐서 쌓인 모양을 하고 있다. 언뜻 보면 팬케이크가 여러 개 겹쳐 있는 것 같기도 하다(그림 4.5B). 골지체의 한 면은 소포체를 향해 있고, 또 다른 면은 원형질막을 향해 있

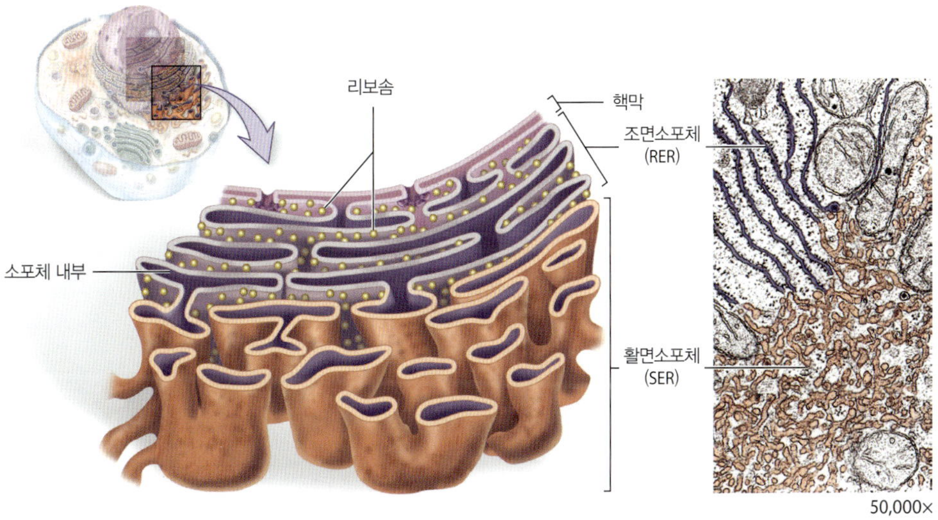


**그림 4.5A** 조면소포체(rough ER)와 활면소포체(smooth ER)는 기능이 서로 상이하다. 조면소포체는 단백질을, 활면소포체는 지질을 만들어낸다.

다. 그리고 소낭들이 골지체 주변에서 자주 관찰된다.

골지는 소포체로부터 단백질과 지질을 받아들여 가공, 포장한 다음 그것들을 세포 내의 최종 목적지로 보내준다. 어떤 단백질은 골지에서 변형된 다음 세포 밖으로 분비된다. 조면소포체에서 이동해온 소낭에는 합성된 단백질이 가득 채워져 있다. 마찬가지로 활면소포체에서도 소낭(vesicle)들이 지질을 담고 골지로 이동한다. 골지에서 일어나는 주요 변형은 단백질에 탄수화물 사슬을 부착시키고, 이 사슬을 입체적으로 변형시켜 단백질 기능을 완성시키는 것이다. 골지에는 이런 변형을 위한 효소들이 많이 들어 있다. 때로는 변형된 탄수화물 사슬들이 안테나처럼 신호를 주고받으면서 그 단백질이 세포 내 어디로 가야 할지 최종 위치를 결정해 주기도 한다.

골지는 최종 도착지로 운반될 소낭(vesicle) 내의 단백질들과 지질들을 분류하고 포장한다. 분비를 위한 소낭들은 원형질막으로 이동하고, 거기서 내용물을 바깥으로 풀어주라는 신호가 올 때까지 기다린다. 그리고 분비 소낭의 막은 그 내용물들이 '**분비**'되고 나면 다시 원형질막과 합쳐져 재활용된다. 소화관으로 분비되어 음식물을 가수분해시키는 소화효소들은 분비 단백질의 좋은 예이다.

'**리소좀**'은 골지체가 생산하는 또 다른 종류의 소낭이다. 리소좀들은 내부 pH가 매우 낮으며

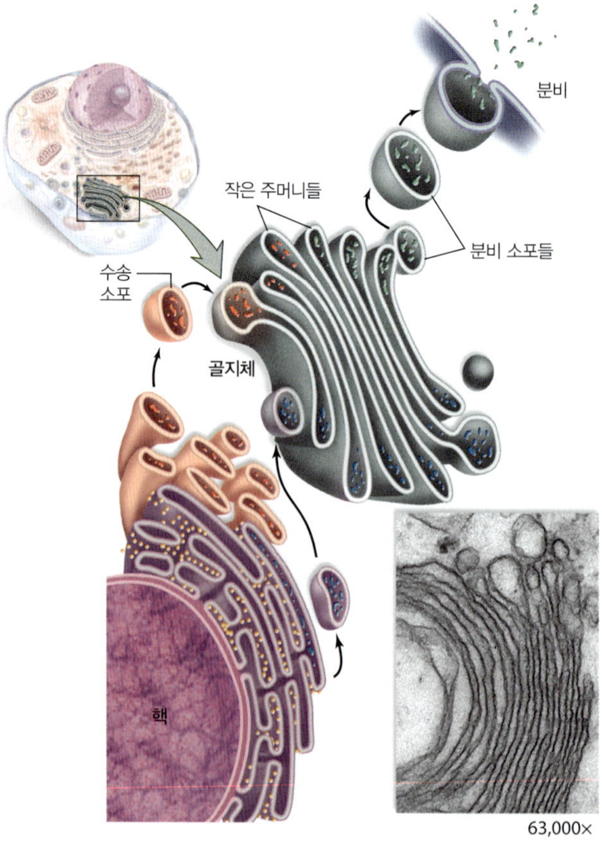


**그림 4.5B** 골지체가 조면소포체와 활면소포체에서 이동해온 소낭들로부터 구조를 변형시키기 위한 분자들을 받아들이고 있다. 골지체는 이들 분자들을 가공, 완성한 후에 세포 내외로 보내기 위해 재포장한다.

강력한 가수분해 소화효소들을 함유하고 있다. 리소좀들은 중요한 '세포 내 소화기능'을 가지고 있다. 예를 들어 미토콘드리아 같은 세포소기관들이 기능이 쇠약해지거나 세포 내에 분해해서 없애야 할 물질이 생기면 리소좀이 달라붙어 이들을 자가 소화시켜 버린다(그림 4.5C).

때로 세포 외 분자들이 접근하면 원형질막이 이를 둘러싸서 소낭을 형성하고 세포 내부로 빨아들이듯이 유입시킬 수 있다. 이를 '세포내이입' 현상이라고 한다. 리소좀이 그런 소낭과 합쳐지면 그 내용물들이 리소좀의 효소로 인해서 소화되어 재활용된다. 백혈구에서 이런 현상이 종종 발견되는데 세균들을 둘러싸 탐식한 후 소낭 속에 가두면 리소좀이 이들 소낭과 융합하여 세균들을 소화시켜 버리는 것이다.

한 개의 세포에서 보통 몇 십 개의 리소좀이 발견된다. 리소좀이 있는 이유는 세포의 항상성 유지 때문이라고 생각된다. 여러 상이한 유형의 리소좀축적병(용해소체축적병)들이 보고되어 있다. 이들 질환에서는 외부 물질이 리소좀 내로 유입되어도 그것을 분해할 효소가 없거나 아예 대응 반응을 나타내지 못한다. Tay-Sachs병이 이들 중 한 예이다. 신생아가 건강해 보여도 점차 무반응 상태가 되며, 청각장애가 일어나고, 사망 수개월 전에 시력을 상실한다. 이 환자의 뇌세포에서는 리소좀이 소화시킬 수 없는 지질들이 발견된다.

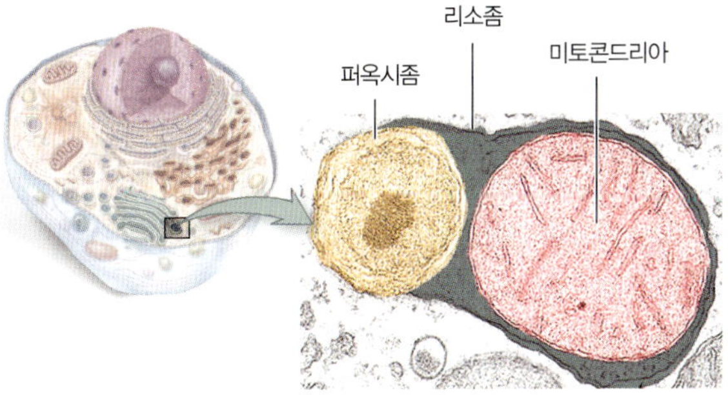


**그림 4.5C** 리소좀들은 소낭들과 융합하여 그 내용물을 소화시킨다. 리소좀은 여기서 보여주듯이 노쇠한 세포소기관들을 자가 분해해준다.

**▶ 4.5 진도 체크**

1. 세포에서 한 단백질이 생산되고 분비되는 경로를 알아보라.
2. 리소좀과 분비 소낭의 역할을 대비하면서 골지체가 두 가지 유형의 소포들을 생산할 수 있는 방법을 설명하라.

## 4.6 내막계의 세포소기관들은 공동으로 작용한다

### 학습 성과들

본 절을 공부하고 나면 다음에 대한 이해와 능력이 향상될 것이다.

1. 내막계에 속하는 세포소기관들의 구조와 기능에 대해 설명하기

**'내막계'**는 핵막을 포함하여 소포체(endoplasmic reticulum, ER), 골지체, 리소좀들과 수송소낭을 포함한다.

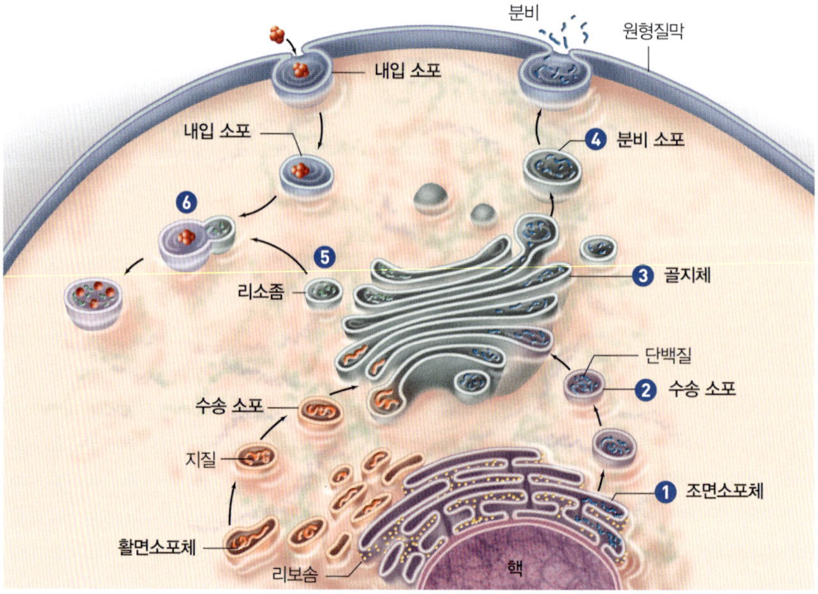


**그림 4.6** 내막계의 세포소기관들

그림 4.6은 내막계 구성 요소들이 어떻게 공동으로 작용하는지를 보여주고 있다. ❶ 분비 경로에서 조면소포체가 생산한 단백질은 운반되어 ❷ 수송소낭을 타고 ❸ 골지체로 가는데, 이 골지체는 단백질들을 분류하고 포장하여 필요로 하는 곳으로 수송한다.

❹ 분비 소낭들은 단백질들을 원형질막으로 보내고, 여기서 소낭이 막과 융합되면 내용물인 단백질들이 세포 밖으로 분비된다. 예를 들면 침샘이 타액을 생산하거나 췌장이 소화효소를 생산할 때 도관으로 분비가 일어나는 현상이 이것들이다. 마찬가지로 지질들도 활면소포체(SER)로부터 골지체로 이동된 뒤 결국에는 분비된다.

❺ 동물세포에서 리소좀의 경로는 다음과 같다. 리소좀은 골지체에서 만들어지고, ❻ 원형질막으로부터 온 소낭들과 융합해 그 안에 들어 있는 물질 및 잔해물들을 소화시킨다. 백혈구가 병원체들(예: 독성 바이러스들과 세균들)을 에워싸 리소좀 내에서 분해해 버린다는 사실은 이미 잘 알려져 있다.

▶ **4.6 진도 체크**

1. 내막계에서 어떤 세포소기관들이 생체분자를 변경, 또는 분해시키는지 알아보라.

## 액포와 소포들

세포에는 여러 종류의 막 주머니들(sacs)이 들어 있다. 이들은 전자현미경사진으로는 동일해 보이지만 기능이 서로 다르다. 앞서 논한 바대로 리소좀은 고분자들뿐 아니라 심지어 세포의 부분마저 소화시키는 강력한 가수분해 효소들을 함유하고 있다. 퍼옥시좀들은 더 특화되어 있고, 지질을 분해하여 미토콘드리아의 작용을 도와준다. 원생생물(protist)들과 식물들에서 발견되는 액포는 이들에게서만 독특한 것이며 여타 진핵생물들에게서는 발견되지 않는다.

## 4.7 액포는 식물세포들에 공통적으로 존재하는 세포소기관이다

### 학습 성과들

본 절을 공부하고 나면 다음에 대한 이해와 능력이 향상될 것이다.

1. 원생생물의 액포와 식물의 액포를 기능 면에서 대비하기

'**액포**'들은 소낭처럼 막으로 둘러싸인 주머니이지만 소낭보다 크기가 크다. 일부 원생생물의 액포들은 매우 특수화되어 있는데, 과잉의 수분을 제거하거나 영양물질을 소화해주는 기능을 하기도 한다. 액포의 주된 기능은 물질 저장이다. 동물세포에서는 액포가 잘 발견되지 않지만 간혹 지방 세포에서 크기가 세포 전체의 약 2/3를 차지하는, 지질로 가득 찬 큰 액포가 발견되기도 한다.

식물의 액포들은 물뿐만 아니라 당류, 염분, 그리고 수용성 색소들과 독성 분자들까지도 함유하고 있다. 이런 색소들은 꽃의 색깔 및 잎의 적, 청, 자색 무늬를 만들어 낸다. 독성 물질들은 지상 식물을 곤충들로부터 보호해준다.

전형적으로 식물세포들은 세포 체적의 약 90%까지 달하는 큰 '**중앙 액포**'를 갖고 있다. 중앙 액포는 세포를 지지하는 수액인 수성 액체로 채워진다(그림 4.7). 세포막에 대한 세포 내용물의 압력인 '**팽압**'은 중앙 액포를 통해 유지된다. 식물세포는 액포를 키움으로써 전체 크기가 신속하게 증가한다. 식물세포가 성장하려면 액포가 먼저 커지고 나서 더 많은 세포질이 만들어져야 한다.

중앙 액포에는 영양물질들과 노폐물들이 동시에 저장된다. 대사 폐기물들은 액포막을 가로질러 중앙 액포로 들어가 영구적으로 저장된다. 세포소기관들이 노쇠해지고 기능이 없어지면 이들은 액포와 융합되고, 여기에서 소화 효소들이 그들을 분해한다. 이런 기능을 동물세포들에서는 리소좀이 수행한다.

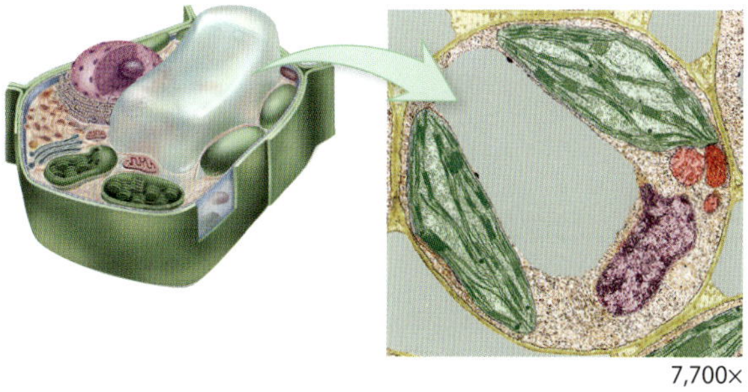


**그림 4.7** 식물세포의 액포가 세포를 지지하고 대부분의 면적을 채워준다.

**4.7 진도 체크**

1. 식물의 중앙 액포가 어째서 단순한 물주머니 이상으로 중요한지를 설명하라.

## 4.8 퍼옥시좀들은 많은 다른 기능들을 갖고 있다

### 학습 성과들

본 절을 공부하고 나면 다음에 대한 이해와 능력이 향상될 것이다.

1. 퍼옥시좀의 일반적 기능 설명하기

**'퍼옥시좀'**은 리소좀처럼 효소들을 함유하는 막으로 둘러싸인 소포이다. 효소들이 퍼옥시좀에 모여 농축되면 단백질 결정이 만들어지는데, 이것이 퍼옥시좀의 대표적인 특징이다(그림 4.8). 퍼옥시좀은 ER에서 유래되며 세포질에서 효소들을 끌어 들인다. 이 효소들 일부는 필요한 물질들을 합성하고, 그 중 몇몇은 독성 물질들을 분해한다. 모든 퍼옥시좀은 과산화수소를 만드는 효소들을 함유하고 있다.

$$RH_2 + O \longrightarrow R + H_2O_2$$

과산화수소는 독성분자인데, 카탈라아제라는 또 다른 퍼옥시좀 효소에 의해서 물과 산소로 분해된다. 과산화수소를 상처에 바르면 카탈라아제가 작용하여 기포가 발생한다.

퍼옥시좀들은 여러 기능을 갖고 있지만, 지질을 합성하고 분해하는 세포들에서 더 많이 발견된다. 간에서는 일부 퍼옥시좀들이 콜레스테롤로부터 담즙염을 생산하고, 또 다른 퍼옥시좀들은 지방류들을 분해한다. 1992년도에 개봉된 영화 '로렌조 오일'(*Rorenzo's Oil*)에서는 퍼옥시좀이 결핍된 한 소년을 소개하고 있다. 이 소년에게는 특정한 효소를 끌어 와야 하는 막 단백질, 또는 긴 사슬의 지방산을 세포질로부터 가져와야 하는 퍼옥시좀들이 결여되어 있었다. 결과적으로 긴 사슬의 지방산들이 그의 뇌에 축적되었고 신경학적 손상을 입어 고통을 받은 것이다. 이 유전적 질환의 이름은 부신백질이영양증(adrenoleukodystrophy)이다.

식물세포 역시 퍼옥시좀을 갖고 있다. 발아 중인 씨에서 퍼옥시좀은 지방산을 산화시켜 성장에 필요한 당분으로 전환시킨다. 잎에서는 광합성에 관여하기도 한다.

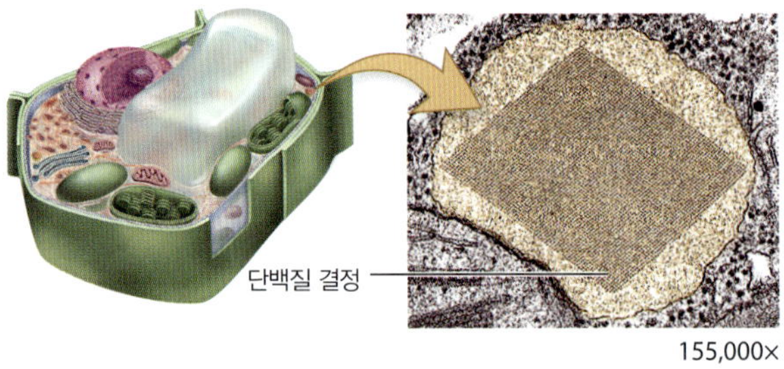


**그림 4.8** 퍼옥시좀들은 매우 많은 효소들을 함유하고 있어서 종종 단백질 결정체를 형성한다.

**▶ 4.8 진도 체크**

1. 퍼옥시좀과 리소좀을 구별할 수 있는 가장 중요한 점은 무엇인가?

## 엽록체와 미토콘드리아

엽록체는 태양 에너지를 탄수화물이라는 화학에너지로 바꾸어준다. 이렇게 만들어진 탄수화물은 식물들 자신뿐 아니라 지구상의 모든 생물체들을 위한 유기식품으로 제공된다. 미토콘드리아는 탄수화물의 에너지를 ATP 분자로 바꾸어준다. ATP 분자들은 대사 작용과 반응을 위한 에너지원으로 사용된다.

### 4.9 모든 생물체들은 세포들로 구성되어 있다

#### 학습 성과들

본 절을 공부하고 나면 다음에 대한 이해와 능력이 향상될 것이다.

1. 엽록체와 미토콘드리아의 구조와 기능 대비하기

제1장에서 배운 것처럼 모든 생명체들은 생존을 위해 환경으로부터 에너지와 영양물질을 획득해야만 한다. 그러나 식물류는 태양 에너지를 이용한 **'광합성'**이라는 과정을 통해서 물과 이산화탄소로 부터 에너지가 풍부한 탄수화물을 만들어 낼 수 있다. 탄수화물은 식물류를 위한 유기 식품이다. 그래서 식물류는 자기들 스스로 식품을 만든다고 말한다. 광합성은 이산화타소를 취하고 산소를 방출한다.

식물류는 그들의 세포 내에 **'엽록체'**라고 하는 세포소기관들을 함유하고 있기 때문에 광합성을 할 수 있다. 각각의 식물세포에는 100여 개의 엽록체들이 들어 있으며, 1제곱미터 크기의 잎은 엽록체를 약 500,000개까지 함유할 수 있다(그림 4.9). 푸른 색소의 엽록소는 다른 색소들도 마찬가지지만 엽록체들이 태양 에너지를 흡수하도록 해준다. 엽록체 내에는 엽록소가 틸라코이드라고 하는 편평한 주머니 막 내에 위치한다.

엽록체들은 사람을 포함한 생물권에 대단히 중요한 의미가 있는데, 모든 생명체들을 위한 식량의 궁극적인 조달원이기 때문이다. 우리가 먹는 식량도 결국 식물류로부터 직접 오든지, 아니면 식물류를 먹은 동물류를 섭취함으로써 얻어지는 것이다. 생물권을 위한 또 다른 식량공급원은 남소세균(cyanobacteria)이나 조류(algae)가 만든 탄수화물이다. 이들도 역시 색소들을 사용하여 태양 에너지를 흡수하고, 식물류와 동일한 방법으로 광합성을 한다.

그러면 햇빛이 빛날 때 엽록체가 탄수화물들을 생산한다는 것을 어떻게 알 수 있을까? 한 가지 방법은 해가 없을 때 식물세포들 내에 축적된 전분 입자들을 찾아보는 것이다. 어두운 곳에 식물을 놓아두면 전분 입자들이 모두 사라진다. 그리고 햇빛을 받으면 전분 입자가 다시 나타난다.

엽록체와는 다르게 미토콘드리아는 식물세포뿐 아니라 동물세포에서도 쉽게 발견된다(그림 4.9). **미토콘드리아**는 탄수화물의 에너지를 ATP 분자 에너지로 변형시키는 과정인 **'세포호흡'**을 수행하기 때문에 생명유지에 필수적이다. 세포호흡이라고 부르는 이유는 미토콘드리아가 산소를 취하고 이산화탄소를 내보내기 때문이다.

세포호흡과 광합성은 서로 반대되는 작용들이다:

탄수화물 + 산소 ⇄ 이산화탄소 + 물 + 에너지

이 수식을 왼쪽에서 오른쪽으로 읽고 에너지를 ATP로 바꾸면 세포호흡이 된다. 반대로 오른쪽에서 왼쪽으로 읽고, 에너지를 태양 에너지로 바꾸면 광합성의 수식이 된다.

세포들은 포도당이 아닌 ATP를 직접적인 물질대사의 에너지원으로 사용한다. 포도당을 사용하지 않는 이유는 에너지 효율이 낮고 낭비가 많기 때문이다. 이는 5센트짜리 물건을 살 때 수표가 아니라 잔돈을 사용하는 것과 마찬가지 이유이다. 같은 방식으로, 한 생물체는 탄수화물을 ATP 분자들로 먼저 전환시켜서 세포 내 물질대사반응들, 가령 아미노산들을 연결해 단백질을 합성하는 일들에 사용하는 것이다. 미토콘드리아는 에너지를 집약적으로 사용하는 세포에 풍부하다. 예를 들면 ATP는 근육 수축과 신경전달을 위한 에너지를 공급하기에 이들 세포에 미토콘드리아가 많다. 미토콘드리아는 엽록체만큼 복잡하지는 않지만, 그 내부의 막이 크리스타(능선)를 만들면서 접혔다 펴졌다를 반복한다. ATP는 미토콘드리아를 나와 즉시 에너지원으로 사용되는 세포질로 들어간다.

과학자들은 엽록체와 미토콘드리아가 한때 자유롭게 사는 원핵생물이었다는 사실에 흥미를 갖고 그 증거를 찾으려 계속 노력중이다. 예를 들면 그들은 핵양체 부위에 자신들의 DNA를 따로 갖고 있으며, 그들 자신의 단백질 중 일부를 만들기도 한다. 이 주제에 대한 좀 더 깊은 토의를 위해서는 '진핵세포는 어떻게 진화하였는가'를 읽어보자.

▶ **4.9 진도 체크**

1. 태양에너지가 ATP 분자로 변환되는 것을 어떻게 추적할 수 있는지 설명하라.

**그림 4.9** 광합성 반응은 푸른 잎에 있는 식물세포에서 일어난다. 여기에 엽록체가 있고, 틸라코이드 막 내에 푸른 색소의 엽록소가 들어있기 때문이다. 미토콘드리아는 동, 식물세포들의 크리스타(능선)라고 하는 막의 함입부에서 ATP를 생산하는 세포호흡을 한다.

## 생명은 어떻게 변화하는가?

생명의 역사는 화석에 기록되어 있다. 여기에는 자주 암석에 매립된 과거의 생명이 남아 있다. 화석 기록은 원핵생물 세포가 3.5 BYA(billion–10억, BYA; billion years ago)에도 존재했었음을 말해주고 있다. 진핵세포는 단계별로 진화되었다(그림 4A). 핵막과 인은 약 20억 년 전에 원형질막에 쌓여 발생했을 것이지만, 미토콘드리아와 엽록체 같은 세포소기관은 어떻게 된 것일까? 이들 세포소기관들은 한때 진핵세포의 먹이나 기생충이었던 원핵생물로서 독립적 생활을 살았을 것이라는 가설이 있고, 많은 증거들이 쌓이면서 이를 뒷받침하고 있다. 그들의 외부 이중막은 진핵세포가 그들을 둘러싸 세포 내로 이입했다는–즉 외곽의 막은 숙주의 원형질막에서 유래한 것이며, 내부 막은 그들 자신의 외곽 표면이었다는 것을 말해주고 있다. 분명한 것은 그들이 세포 내 공생체–숙주 세포 내에 사는 생물체들–이며, 그 숙주에게는 필수 불가결한 존재라는 점이다 .

미토콘드리아와 엽록체들은 그들 자신의 DNA–원핵생물의 것처럼 원 모양의–를 갖고 있고, 또 그들은 세균처럼 단백질 합성도 할 수 있다. 게다가 그들 역시 세균처럼 둘로 분리되면서 생식을 하며, 그들의 생식은 숙주 세포 생식과는 독립적으로 일어난다.

모든 세포가 미토콘드리아를 가지고 있기 때문에 아마도 대기 중에 산소가 처음 만들어지면서 호기성 세균이 진핵세포로 먼저 공생해 들어갔을 것으로 추정된다. 그런 다음 독립세균이었던 남조세균이 차례로 이입되어 식물세포의 광합성이 가능해졌을 것이다. 산소를 생산하고 ATP 분자들을 생산했던 숙주 세포 내 공생체들은 이처럼 진화적으로 확실한 장점을 가졌을 것이다. 스스로 자신의 음식을 만들 수 있다면 더 이상 다른 곳에서 식량을 찾으려고 헤맬 이유가 없다. 이처럼 숙주 세포들과 공생체들 간의 관계성이 결과적으로 상호 간 매우 유익하기 때문에 이들은 같은 공간에서 공생하고 있는 것이다.

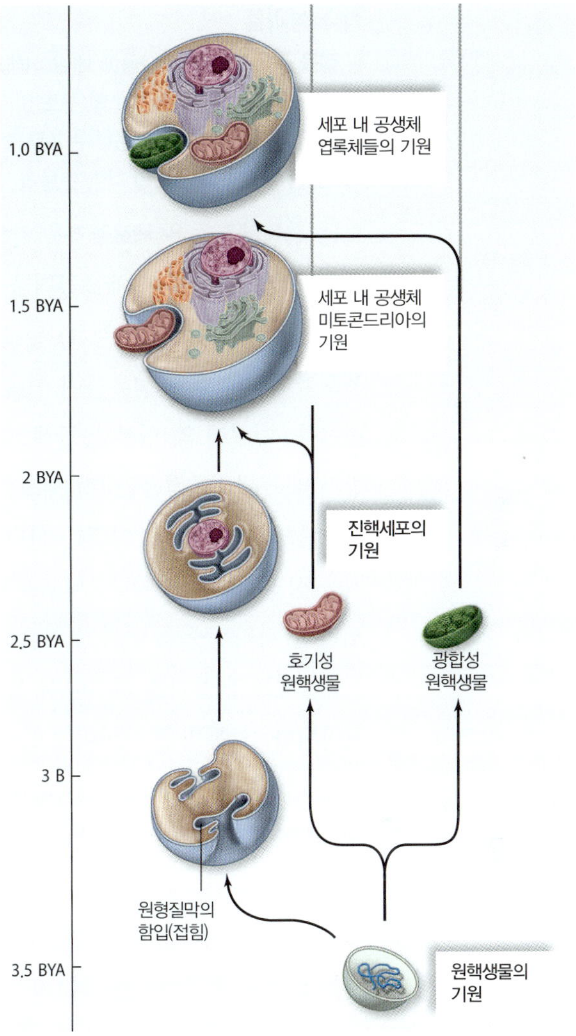


**그림 4A** 진핵세포는 유핵세포가 공생체로 발전한 원핵생물을 둘러싸면서 완성되었다.

## 세포골격과 세포운동

뼈와 근육은 동물의 구조 유지와 운동을 가능하게 해준다. 마찬가지로 세포골격의 섬유들은 세포 형태를 유지해주며, 세포와 세포소기관들이 운동할 수 있도록 도와준다. 섬모와 편모 역시 운동을 유발시키는 세포기관들이다. 이들에 대해서도 본 장에서 포함시켜 설명할 것이다.

## 4.10 세포골격은 세포 형태를 유지시키며 운동을 돕는다

### 학습 성과들

본 절을 공부하고 나면 다음에 대한 이해와 능력이 향상될 것이다.

1. 세포골격 섬유들과, 편모의 구조 및 기능을 비교하기
2. 중심립과 편모와의 가능한 관계를 설명하기
3. 운동 분자들이 세포의 각 부분들과, 섬모 및 편모의 운동을 어떻게 가능하게 하는지에 대해 이해하기

모든 진핵세포들은 **세포골격**을 갖고 있다. 이는 세포질 내에 있는 단백질 섬유망이다. 비록 식물들이나 동물들이 세포골격을 갖고 있다 해도 우리의 논의할 것은 주로 동물세포에 관계된 것이다. 세포골격은 (1) 동물세포를 지탱해 주고, 그 형태를 만들어준다. 주목할 것은 세포골격의 단백질 섬유들이 신속하게 만들어졌다가 또 신속하게 분해되어 버릴 수 있다는 것이다. 이로써 왜 일부 동물세포의 형태가 순간순간 변할 수 있는지를 설명할 수 있다. 마찬가지로 세포골격들은 (2) 세포소기관들을 한 곳에 고정시켜 주지만, 세포질 내에서 이동도 가능하게 해준다. 이것은 하나의 소낭이 골지체에서 원형질막까지 어떻게 움직여 가는지를 설명해주는 것이다. 세포골격이 지탱과 운동의 이중 기능을 가졌기 때문에 한 동물세포의 '골격과 근육들'이라고 기술하는 것이 적절하다 하겠다.

동물세포의 골격을 가까이서 들여다보면 그림 4.10A에서 보듯이 3가지 유형의 섬유들이 관찰된다. 보통의 광학현미경으로는 이 섬유들을 볼 수 없기 때문에 과학자들은 이들 섬유에 각각 부착하는 형광 항체를 만들고, 이를 이용해 염색한 다음 형광현미경으로 관찰한다. 물론 사진촬영도 가능하다. 액틴 필라멘트와 튜불린 미세관에는 운동 분자들이 결합할 수 있는 위치가 따로 있다. 이 **운동 분자**들은 단백질들로서 ATP를 분해할 수 있으며, 여기에서 나오는 에너지를 한 결합 장소에서 다음 장소로 운동해 가기 위해 그 형태를 변화시키는 데에 사용한다. 잘 알려진 운동 분자들의 이름은 키네신, 디네인, 그리고 미오신들이

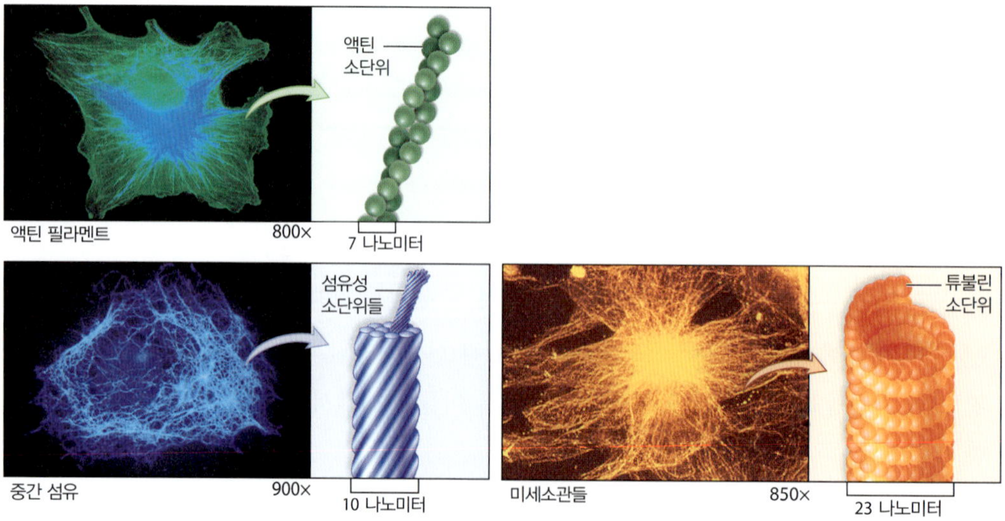


**그림 4.10A** 세포골격에는 위와 같이 3종류의 섬유가 있어 세포를 유지해준다.

다. 운동 분자들이 세포골격을 따라 움직일 때(운동할 때) 그들은 자기에게 지워진 짐(리소좀, 염색체, 소포 등)을 함께 끌고 이동한다.

**액틴 필라멘트**들은 두 개의 꼬인 액틴 사슬인 섬유성 단백질을 함유하고 있다. 액틴 필라멘트 묶음들은 원형질막과 장 내의 미세섬모(짧은 돌기들)를 받쳐준다. 기본적으로 액틴 필라멘트들을 운동과 결부시킬 수 있다. 예를 들면 액틴은 근육 세포들이 수축할 때 미오신과 상호작용을 한다. 마치 줄다리기를 할 때처럼, 미오신 머리가 부착했다가 떨어졌다가 하면서 액틴 필라멘트를 반대방향으로 잡아끌어 수축시킨다.

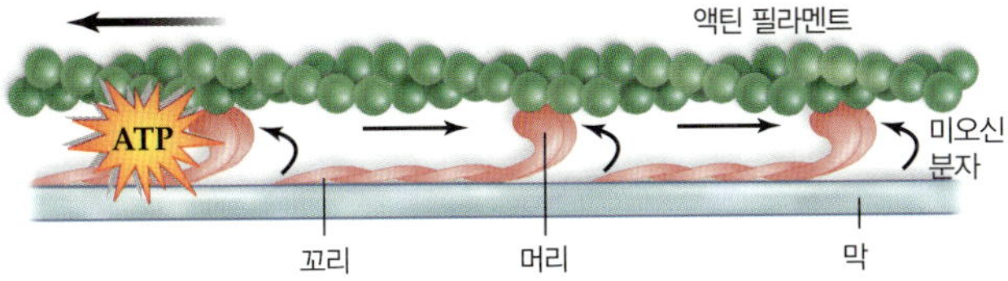


미오신과 함께 공동작업으로 액틴 필라멘트들은 세포분열 시 두 개의 세포가 분리되도록 마치 밧줄을 잡아끌 듯 양쪽으로 당겨준다. 백혈구가 아메바 운동 비슷한 방식으로 이동하는 것과 세포가 바이러스나 세균 같은 유병성 물질들을 에워싸버리는 것도 이들의 공동 작업 결과이다.

**중간 섬유**들은 그 직경이 액틴 필라멘트와 미세관의 중간 정도이다. 비록 특이한 단백질 구성은 세포 유형에 따라서 조금씩 다르지만, 중간 섬유들은 항상 동아줄 같은 구조여서 기계적 강성을 띤다. 일부 중간 섬유들은 핵막을 지지해준다. 반면 다른 것들은 원형질막을 지지해준다. 또 세포와 세포간 연결부위 형성에 참여한다. 케라틴으로 만들어진 중간 섬유들은 피부 세포들을 강화시킨다.

**미세소관**들은 튜불린이라는 단백질이 13개 줄로 조립된 원통형 구조이다. 조립은 **중심체**(그림 4.3A 참조) 내에 있는 미세소관 조직 센터(MTOC)의 통제하에 있다. 미세소관들은 중심체에서 유래되어 세포 모양을 유지시키며, 세포소기관들이 움직이는 선로로서 작용한다(그림 4.10B). 세포가 분리되기 전에 미세소관들은 해체되며, 방추사라고 하는 구조로 재조립된다. 이를 통해 염색체들은 질서정연하게 나열된다.

**섬모들과 편모들** 섬모들과 편모들은 세포에서 밖으로 채찍처럼 돌출된 구조물이다. **'섬모'**는 배의 노처럼 뻣뻣하게 움직이고, **'편모'**는 약, 강약 방식으로 뱀이 움직이듯 운동한다. 섬모류는 길이가 짧고(2~10 나노미터), 편모류는 훨씬 더 길다(보통 200 나노미터 이하).

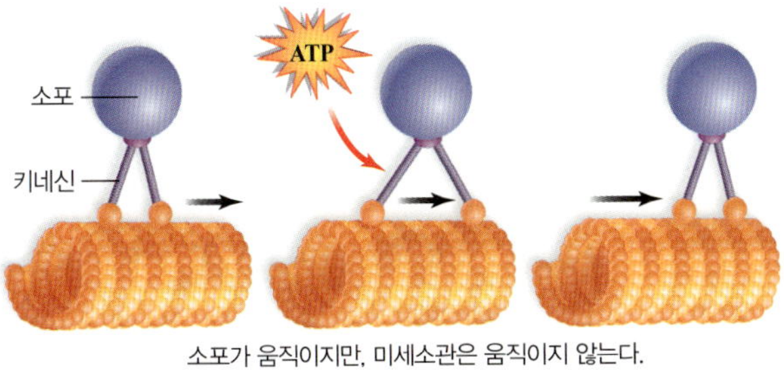


**그림 4.10B** 운동 분자인 키네신이 미세소관 선로를 따라 소포를 이동시킨다.

단세포성 원생생물은 섬모와 편모로 움직인다. 사람의 호흡기 내부에도 섬모가 있다. 여기의 섬모세포들은 점액에 있는 쓰레기들을 청소해서 인후를 보호하며, 이로써 폐를 청결하게 해준다. 마찬가지로 섬모에 의해 난자가 난관에서 자궁 쪽으로 움직여 갈 수 있고, 정자는 편모가 있어 난자 쪽으로 이동해 서로 만나 수정할 수 있다(그림 4.10C, 우측).

섬모와 편모는 원형질막으로 둘러싸인 미세소관과 동일한 구조를 갖고 있다(그림 4.10C, 우측). 디네인(dynein)의 측면 팔은 ATP로부터 에너지를 받아, 섬모와 편모의 미세소관이 상호작용하고 구부러지며, 이동하는 것을 가능하게 해준다.

섬모와 편모의 중요성은 어떤 유전질환의 경우에서 찾아볼 수 있다. 이 질환을 앓는 환자들의 원인은 섬모와 편모의 미세소관이 제대로 형성되지 않는 것이다. 이들은 중증의 호흡기 감염과 재발로 고통을 겪는데, 섬모세포들이 그 호흡기 통로를 따라 폐 청소를 할 수 없기 때문이다. 그들은 또한 난자를 움직이게 하는 섬모 운동의 결여나 정자에 의한 편모 움직임의 결여로 불임에 이르게 된다.

**중심립** 중심체 내에 위치해 있는 **중심립**들은 미세소관으로 구성된 짧은 아령 모양의 세포 소기관들이다. 중심립들은 바닥에 **기저체**를 만들고, 그 곳에 섬모와 편모의 미세소관들을 만들어간다(그림 4.10C, 좌우단). 또한 중심립들은 이미 앞에서 언급한 바와 같이, 방추사를 조직하게 도우며, 이것은 세포분열에서 매우 중요하다. 그러나 식물세포들에는 중심체에 중심립이 없고 대신에 세포분열 중 방추사가 형성된다.

▶ **4.10 진도 체크**

1. 세포골격의 두 가지 기능을 예를 들어 설명하라.
2. 액틴 필라멘트들과 미세소관들의 구조 및 기능을 비교하라.
3. 운동 분자들이 어떻게 세포 각 부분과 편모가 움직이도록 하는지 기작을 설명하라.

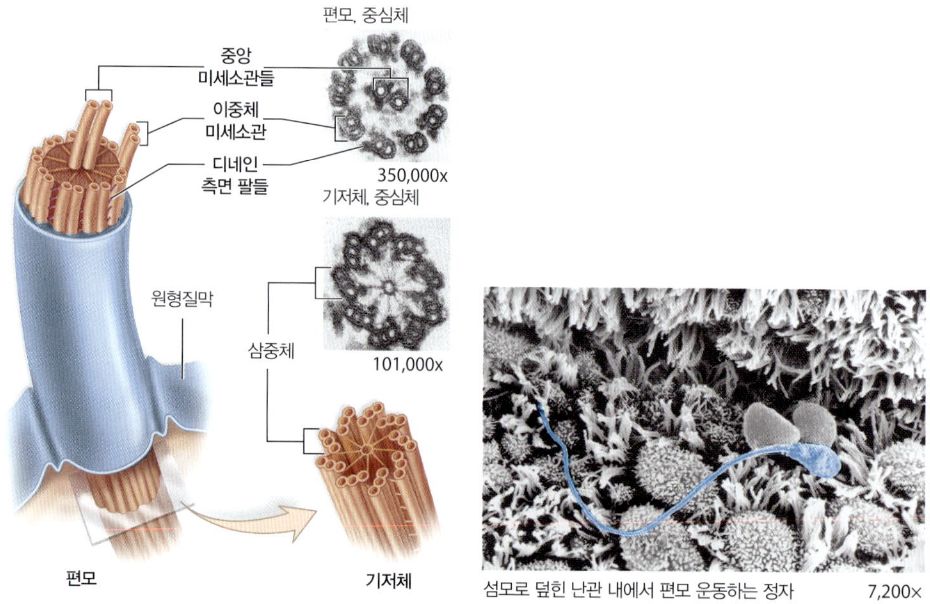


**그림 4.10C** 운동 분자인 디네인과 미세소관의 조합으로 기저체에서 뻗어나온 섬모와 편모가 운동하는 모습

## 진핵세포 복습

**표 4.11 동물과 식물세포의 차이점들**

| 세포 구조 | | 설명 | 기능 |
|---|---|---|---|
| 핵 | 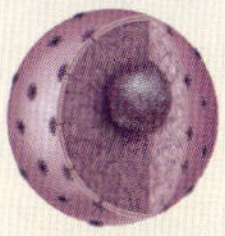 | 구멍들이 있는 핵막으로 싸임; DNA가 있는 인, 염을 포함 | 유전정보가 들어있기 때문에 세포를 제어; 인은 리보솜 소단위들을 생산 |
| 리보솜 |  | RNA와 단백질로 구성된 두 개의 소단위를 가진 작은 입자 | mRNA 염기서열이 전해주는 정보에 따라 단백질 생산 |
| 소포체(ER) | 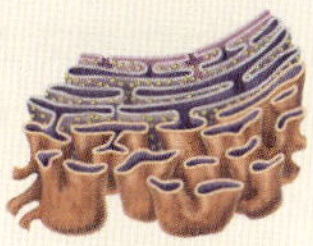 | 막 망의 소관들과 편평한 주머니들<br>조면소포체: 리보솜이 박혀 있음<br>활면소포체: 리보솜이 없음 | <br>단백질 생산; 수송 소포들 형성<br>지질 생산; 수송 소포들 형성 |
| 골지체 |  | 몇 개의 편평한 소낭 묶음 | 단백질, 지질을 가공, 포장<br>분비 소포와 리소좀 형성 |
| 소포 |  | 세포생산물들을 담은 작은 막 주머니 | 생체분자들을 격리, 수송 |
| 공포 | 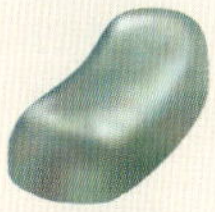 | 작은 것에서부터 큰 것의 막주머니–식물세포들은 가수 분해성 소화효소들을 함유 | 다양한 생체분자들과 폐기물을 저장; 식물세포들은 팽압을 만듦 |
| 리소좀 |  | 골지체가 소포 생산; 가수분해성 소화효소들을 생산 | 노폐물, 큰 생체분자들, 심지어는 세포소기관들까지 분해 |
| 퍼옥시좀 |  | 다양한 기능들을 위한 효소가 있는 소포 | 지방산과 과산화수소 같은 독성 물질들을 분해 |
| 엽록체 |  | 이중막으로 싸임; 내부는 막이있고 엽록소를 가진 틸라코이드들을 함유 | 태양에너지 흡수; 광합성 수행 탄수화물 생산 |
| 미토콘드리아 |  | 이중막으로 싸여 있음; 내부막은 주름 혹은 빗살 모양의 크리스타가 있음 | 탄수화물 분해로 ATP 생산하는 세포호흡을 행함 |
| 원형질막 | 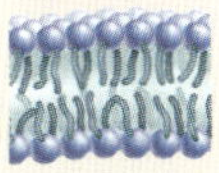 | 단백질 내자의 인지질 이중층 | 세포 안팎으로 분자들의 통과를 조절함 |
| 세포벽 |  | 식물세포들에서는 셀룰로스로된 외곽 | 식물세포들의 형태를 유지시키고 세포를 보호하고 지탱하게 함 |
| 세포골격 | 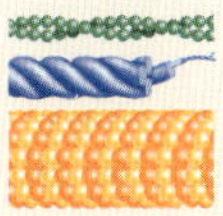 | 액틴, 중간섬유들, 미세소관들의 그물망 | 세포 형태 유지; 세포 내에서 세포 소기관들의 수송을 도움 |
| 편모(와 섬모) | 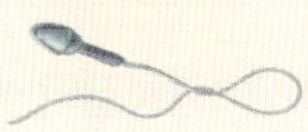 | 미세소관으로 된 세포돌기 | 세포 이동; 섬모는 그 표면을 따라 물질들을 이동 |

## 본 장에 대한 리뷰

### 개념들의 연결

세포 구조에 대한 우리 지식은 세포의 현미경사진들을 연구하면서 부분적으로 모아져 온 것이다. 세포학자들(세포들을 연구하는 생물학자) 덕분에 우리는 이제 4.3절에서 동물과 식물에 대하여 묘사한 것처럼 세포의 일반적 모양을 도식으로 볼 수 있게 되었다. 전체적으로 보아 원핵세포들은 단순하여 세포소기관들을 몇 개 가지고 있는 정도이다. 본 장을 통해 여러분들은 각 기관들의 구조와 기능을 알게 되었을 것이다. 기억해야 할 개념은 '구조는 기능에 적합하다'라는 것이다. 예를 들면, 리보솜의 소단위가 핵에서부터 세포질로 옮겨가야 하기 때문에 핵막이 핵공을 갖는 것은 대단히 합리적이다. 구조와 기능 간의 관계성을 파악하면 세포에 대한 이해와 기억이 더욱 쉬워질 것이다.

또한 세포소기관들이 공동으로 작용한다는 것을 인식하는 것도 도움이 될 것이다. 세포의 각 부분들이 단백질 생산에 관여하고 있음을 설명하고 싶다면, 먼저 핵에 대한 설명으로 시작해야 할 것이다. 왜냐하면 핵 속의 염색체가 DNA를 갖고 있으면서 이것이 특별한 단백질의 아미노산 순서를 지정하기 때문이다. 거기로부터, 조면소포체(RER)에 있는 리보솜들이 소포를 골지체로 운반하고, 결국 최종 목적지로 운반하게 된다. 이런 과정을 유추해보면 세포소기관들의 구조와 기능을 기억하는 데 도움이 될 수 있다. 내막계는 우체국과 비교할 수 있다. 단백질(편지)은 조면소포체(지방우체국)에 쌓여 있다가 여기서 골지체(지역분류센터)로 보내면 바로 여기서 그들이 가야 할 최종 도착지로 보내지는 것이다.

표 4.11은 공부하는 방법들을 말해주고 있다. 즉 세포소기관들을 묶어서 공부해야 하고, 리소좀들과 퍼옥시좀들은 소화기능을 가진 소포들로서 이해해야 됨을 이야기하고 있다. 리소좀들은 여러 가지 생체분자들을 소화시키는 반면, 퍼옥시좀은 지질들을 분해한다. 진핵세포의 기원은 원핵세포들과 진핵세포들의 구조에 대한 지식들을 연계시키고 있는데 그 이유는 세포 내 공생설이 미토콘드리아와 엽록체가 한때 독립생활을 하는 원핵생물이었음을 말하고 있기 때문이다.

제5장에서 우리는 계속해서 모든 세포들에게 보편적인 기능들을 다룰 것이다. 이를테면 모든 세포들은 원형질막을 건너 물질 교환을 해야 하는데 여기에는 효소가 개입해야 하고, 또 에너지를 방출하거나 필요로 하는 과정들이 공통적으로 포함된다.

### 분석과 평가

1. 원핵세포의 구조를 이용하여 세포 공생설을 뒷받침해보라.
2. 소포체의 구조가 그 기능에 어떻게 적합한지를 설명하라.
3. 미세소관들은 세포골격의 한 부분이며 섬모와 편모에서도 발견된다. 세포골격의 어떤 기능이 미세소관들과 연관되는가?

## 요약

### 세포 단계의 생체구성

**4.1 모든 생물체는 세포로 구성되어 있다**

- '**세포설**'은 다음과 같이 명시하고 있다. 세포는 생명의 기본 단위이다. 모든 생물체들은 세포로 만들어져 있다. 새로운 세포는 오로지 기존의 세포들로부터 만들어진다.
- 대부분의 세포들은 대단히 작다(마이크로미터로 측정됨). 크기가 작으면 오히려 '**체적 대비 표면적 비율**'이 커서, 주변 환경과의 물질교환에 더 유리하다.

**4.2 원핵세포들이 먼저 진화하였다**

- '**원핵세포들**'은 '**고세균 영역**'과 '**세균 영역**'의 두 가지로 분류된다. 그들은 구조가 상대적으로 단순하고, 진핵세포들 보다 훨씬 작다. 게다가 막으로 둘러싼 핵이 없다. 단일 염색체가 '**핵양체**'라는 부위에 부착되어 있다.
- 다른 세포들처럼, 원핵세포들도 **세포질**(반유동성 내부)을 둘러싼 '**원형질막**'이 있다. 원핵생물의 세포질에는 많은 '**리보솜**'과 단백질 생산 입자들이 들어있다. 이에 더하여 원핵세포들은 '**세포벽**'과 '**협막**'(캡슐)을 통해 보호된다. '**섬모**'(털)는 세균을 고체성 물체에 부착하게 해준다.

**4.3 진핵세포들은 전문화된 세포소기관들을 갖고 있다: 개관**

- '**진핵생물영역**'에 속하는 **진핵세포**들은 막으로 싸인 '**핵**'과 '**세포소기관**'들을 갖고 있다. 그 구조들은 특화되어 있어 특별한 기능을 수행한다(그림 4.3A 및 4.3B 참조). 진핵세포는 구조상 원핵세포보다 클 수밖에 없다.

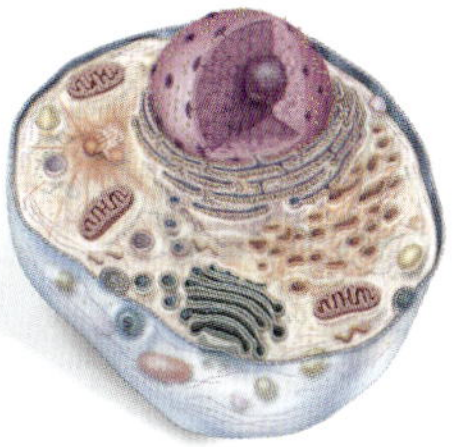

## 핵과 세포내막계

### 4.4 핵은 조절센터이다

- 핵은 DNA로 구성된 유전자를 갖고 있으며, 이는 **염색질**에 들어 있다. 핵분열이 일어날 때 염색질은 점차 '**염색체**'로 더욱 조직화된다. '인'에서는 리보솜의 소단위가 만들어진다. 핵은 이중막인 '**핵막**'으로 둘러싸여 있는데 여기에는 **핵공**이 있어 핵과 세포질 간에 소통을 매개해준다.
- 핵막은 내막계의 한 부분이다. 내막계는 직접 연결되거나 소포를 통한 수송으로 서로 연결되면서 소통하는 막 구조로 되어 있다.
- mRNA는 유전암호의 RNA 복사로서, 핵 밖으로 나와 단백질을 생산하는 리보솜에 부착된다. 그 리보솜이 '소포체(ER)'에 부착하면 단백질은 **소포체(ER)**로 들어가고, 보통은 거기에서 최종 형태를 갖추게 된다.

### 4.5 소포체(ER)에서는 단백질과 지질이 합성되고, 골지체로 수송된다

- 핵막의 외부는 소포체와 직접 연결된다. 소포체는 편평한 소낭들이 합하여 하나가 된 시스템이다. '**조면소포체(RER)**'에는 리보솜이 부착되어 있다. 그래서 조면소포체에서는 단백질이 만들어진다. '**활면소포체(SER)**'에서는 지질을 생산한다.
- 소포체에서 떨어져 나온 '**수송 소포**'는 단백질과 지질을 **골지체**로 운반한다. 골지체는 단백질을 변형, 포장하고 지질을 배포하는 편평한 소낭들의 묶음이다. 분비 경로에 있어서, 수송소포들은 골지체를 떠나 원형질막으로 이동하여 세포 밖 **분비**가 일어난다.

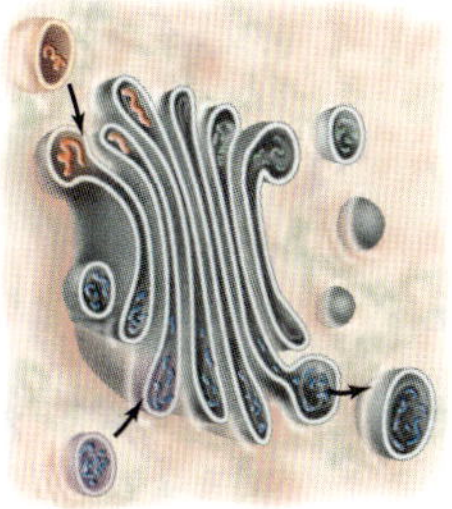

- 골지체는 또한 '**리소좀**'이라 불리는 소포들을 생산한다. 리소좀에서는 생체 분자들과 세포 부분들을 자가 소화한다. 리소좀 소포들은 가수분해 소화효소들을 함유하고 있기 때문이다. 리소좀은 소포와 융합하여 그 안에 들어 있는 노화된 생체분자들이나 원형질막을 통해 세포로 유입되는 외부 입자들을 소화시킨다.

### 4.6 내막계의 세포소기관들은 공동으로 작용한다

- 핵막, 소포체, 골지체, 리소좀들, 그리고 수송 소포들이 '**내막계**'를 이루고 있다. 핵과 세포소기관들은 공동 작용으로 단백질들과 지질들을 생산한다. 만들어진 산물들은 세포 내에서 사용되거나 또는 생물체들의 특수 목적을 위해 세포 밖으로 분비된다. 예를 들면 원형질막 내에서 발견되는 단백질들과 지질들을 생산하거나 세포를 떠나는 조절단백질을 생산한다는 것이다.

## 액포와 소포들

### 4.7 액포는 식물세포들에 공통적으로 존재하는 세포소기관이다

- **액포**들 역시 소포처럼 막 주머니인데 크기가 크며 물질 저장이 주된 기능이다. 식물세포들은 **중앙 액포**를 갖고 있는데, 여기에 물 같은 수액을 저장하며 **팽압**을 유지한다.

### 4.8 퍼옥시좀들은 많은 다른 기능들을 갖고 있다

- **퍼옥시좀**에는 효소가 많이 함유되어 있다. 이들이 농축되면 단백질 결정이 생긴다. 리소좀들과는 달리 퍼옥시좀들은 소포체(ER)에서 만들어지며 세포질로부터 효소들을 흡수한다. 그들 또한 어떤 물질들을 만들어내기도 하고, 과산화수소와 같은 독성물질을 분해한다.

## 엽록체와 미토콘드리아

### 4.9 모든 생물체들은 세포들로 구성되어 있다

- **엽록체**들은 틸라코이드라고 하는 구조를 가지고 있다. 틸라코이드는 엽록체의 내부 막구조이다.

여기서 엽록소가 태양에너지를 흡수하여 **'광합성'**으로 탄수화물을 생산한다.

- **'미토콘드리아'**는 크리스타라고 부르는 선반 모양의 막 구조를 갖고 있다. 여기에서 **'세포호흡'**으로 탄수화물 에너지를 ATP 분자 에너지로 변환시킨다.

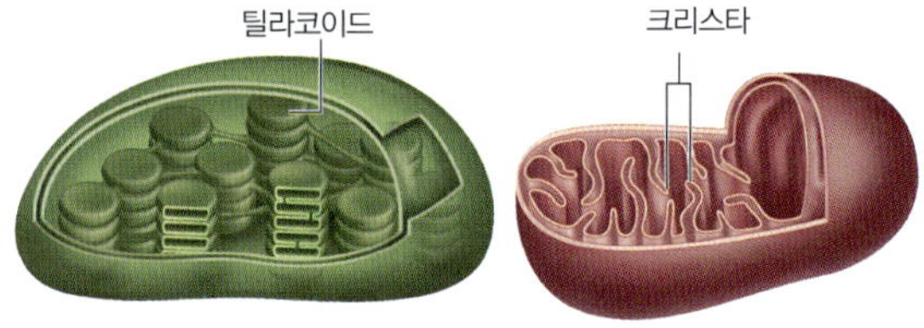


### 세포골격과 세포운동

**4.10 세포골격은 세포 형태를 유지시키며 운동을 돕는다**

- 세포골격은 세포질 내에 있는 단백질 섬유망이다. **'액틴 필라멘트'**는 망들의 묶음(다발)들로 조직된다. **중간 섬유**들은 폴리펩티드의 동아줄 조직같이 구성되어 있다. **미세소관**들은 구형 단백질인 튜뷸린으로 만들어져 있다. 디네인같은 **운동 분자**들은 미세소관들을 따라 소포를 이동시켜준다. 그들은 마치 세포소기관의 운동을 위한 육상 트랙처럼 작용한다. 미세소관 조직센터(MTOC)는 미세소관 조합을 조절하며 **중심립** 내에 들어 있다.
- **섬모**(짧은)와 **편모**(긴)들은 세포들로부터 나온 채찍 같은 돌기들이다. 이들이 세포에게 운동성을 주어 움직이게 한다. 섬모와 편모는 **'기저체'**로부터 뻗어나와 만들어진다.

### 진핵세포 복습

- (표 4.11 참조)

## 자기 테스트

### 세포 단계의 생체구성

1. 세포설에 따르면,
   a. 세포들은 세포소기관들을 형성시키고 분자들은 조직화된 방식으로 그룹을 이룬다.
   b. 한 생물체의 정상적 기능은 각 개별 세포에 달려 있다.
   c. 세포란 생명의 기본 단위이다.
   d. 오직 진핵세포 생물체들만이 세포들로 이루어져 있다.
2. 광학현미경을 사용하여 세포를 조사하면 보통 어떤 것을 볼 수 있는가?
   a. 오직 핵　　b. 핵과 인
   c. 핵, 인, 염색사　　d. 이 모든 것, 그리고 이중나선 DNA
3. 세포의 크기가 작은 것과 관계있는 것은
   a. 생식능력
   b. 원핵생물의 특징과 진핵생물의 특징
   c. 물질교환을 위한 충분한 표면적
   d. 다양한 융통성
   e. 모두 맞다.
4. 다음의 어느 구조가 동, 식물세포들 모두에서 발견되는가?
   a. 중심립　　b. 엽록체　　c. 세포벽
   d. 미토콘드리아　　e. 모두 다 양쪽 세포에서 발견된다.
5. 진핵세포들은 체적 대비 표면적 비율을 무엇으로 보상하는가?
   a. 주변 환경으로부터 물질들을 더 효율적으로 취한다.
   b. 물질대사율을 낮추어준다.
   c. 여러 기능들을 세포소기관들에 구분지어 놓는다.
   d. 각 세포의 활동량을 감소시킨다.

6. 세포벽과 세균의 협막(capsule)은

a. 원형질막 안쪽에 위치해 있다.

b. 원형질막이 결핍된 것을 보상해준다.

c. 세포질에 쉽게 접근하게 한다.

d. 필리(pili)라고 부르는 돌기가 여기에 붙어 있다.

e. b와 c 모두 맞다.

### 핵과 세포내막계

7. 인이 합성하는 것은 무엇인가?

a. 미토콘드리아 b. 리보솜 소단위들 c. 운반 RNA d. DNA

8. 단백질을 변형시켜 세포 내 최종 도착지로 보내는 세포소기관은

a. 리보솜 b. 액포 c. 골지체 d. 리소좀

9. 단백질 생산과 분비에 포함되지 않는 것은 어느 것인가?

a. 활면소포체 b. 핵 c. 원형질막 d. 모두 맞다.

10. **개념적 사고** 세포들은 서로 간 연락 관계(소통 문제)가 가장 중요하다. 핵은 세포질과 어떻게 연락하며, 조면소포체(RER)는 골지체와 어떻게 소통하는 것일까?

11. __________ 은 골지체에 의해서 생산되며 __________을 함유하고 있다.

a. 리소좀들, DNA b. 미토콘드리아, DNA c. 리소좀들, 효소들 d. 핵, DNA

12. 소포들이 소포체(ER)로 부터 나와서 향하는 곳은

a. 조면소포체 b. 리소좀 c. 골지체로 d. 식물세포의 액포

e. 그들 크기와 맞는 위치

13. 내막계 내의 세포소기관과 기능이 잘못 연결된 것은?

a. 핵 – 단백질의 아미노산들 배열순서에 관한 유전정보를 함유함

b. 수송 소포–핵이 소포체와 연락하는 방법

c. 골지체 – 단백질의 변형과 포장에 관여

d. 리소좀 – 생체분자들과 세포 부분을 소화

e. 모두 맞음

14. **개념적 사고** 개념이란 과학적 방법으로 시험된 포괄적인 아이디어를 의미한다. 내막계에 관한 개념은 무슨 데이터에 근거하는가?

### 액포와 소포들

15. 식물세포들의 중앙 액포들이 포함할 수 있는 것은

a. 꽃의 색소들 b. 초식성 동물들에 대항하여 식물을 보호하는 독성 물질들

c. 당류 d. 모두 맞다.

16. 퍼옥시좀

a. 리소좀들과 동일하다. b. 골지체에 의해서 만들어진다.

c. 나이 들면서 축적된다. d. 지질대사에 관여하는 효소들이 들어 있다.

### 엽록체와 미토콘드리아

17. 미토콘드리아는

a. 세포호흡에 참여한다.

b. ATP를 분해하여 세포들이 사용할 에너지를 방출한다.

c. 틸라코이드 막 다발이 들어있다.

d. 동물세포에는 존재하지만 식물세포에는 없다.

e. 모두 맞다.

18. 광합성작용의 생산품들은
   a. 포도당과 산소　　b. 산소와 물　　c. 이산화탄소와 물　　d. 포도당과 물
19. 엽록체는 아니고, 미토콘드리아만 세포의 발전소라고 불리는 이유는?
   a. 미토콘드리아는 포도당을 형성하나 엽록체는 분해하기 때문이다.
   b. 엽록체와 달리 미토콘드리아는 자신만의 유전물질을 갖고 있다.
   c. 엽록체가 아니고 미토콘드리아가 태양 에너지를 잡을 수 있다.
   d. 엽록체가 아니라 미토콘드리아가 직접 세포에게 ATP를 공급한다.
   e. a와 b 모두 맞다.
20. **개념적 사고**　엽록체와 미토콘드리아는 여러분의 생존에 대단히 중요하다. 그 이유는 무엇인가?

### 세포골격과 세포운동

21. 세포 내 운동이나 다른 세포 내용물들의 이동에 관여하는 것은?
   a. 액틴 필라멘트들　　b. 미세소관들　　c. 기저체들　　d. 모두 맞다.
22. 다음 설명 중 옳지 않은 것은?
   a. 액틴 필라멘트는 근육 세포에서만 발견된다.
   b. 미세소관들은 소포체에서 뻗어져 나온다.
   c. 중간 섬유에는 이따금 케라틴이 포함된다.
   d. 세포소기관들을 움직이는 운동 분자들은 미세소관을 선로처럼 사용한다.

### 진핵세포 복습

문제 24–28까지를 키(열쇠)에 있는 세포소기관들의 기능과 각각 연결시켜라.

키(열쇠):
   a. 소포체와 골지체　　b. 퍼옥시좀들과 리소좀들
   c. 엽록체와 미토콘드리아　　d. 중심체와 미세소관들　　e. 핵과 리보솜들

24. 탄수화물 대사는 ATP를 형성시킴
25. 물질들을 분해하는 효소들을 함유함
26. 단백질 형성과 분비
27. DNA가 지시하는 대로 단백질을 생산
28. 세포와 각 부분들의 이동

## 참여하기

1. 우라실 염기를 표지하여 추적이 가능한 생체 고분자들을 말해보라. 이런 분자들은 세포내 어느 곳에서 주로 발견될까?
2. 미토콘드리아에서 우라실을 추적하기 어려운 이유는 무엇일까? 핵막과 미토콘드리아의 이중막은 어떤 차이가 있을까?

## 미디어 연구 도구

mhhe.com/ maderconcepts3

상호작용 학습도구들, 연습문제들 등을 이용하여 여러분의 학습을 강화하라. 또한 ConnetPlus를 통해 이용가능한 학습자료들에 대해서도 여러분의 선생님에게 문의하라. ConnetPlus에는 개인별 맞춤형 학습 프로그램인 LearnSmart와 영상매체가 풍부한 eBook이 포함되어 있다.

# 제 5 장
# 세포의 역동적 활동들

## 본 장의 개요



## 본 장을 시작하기 전에

잠깐 돌아보기
생물체와 생태계에서 에너지는 어떻게 기능하는가(1.3절과 1.6절)
인지질은 막을 어떻게 형성하는가(3.6절)
원형질막의 기본 구조(4.3절)

## 생명은 조직화된다

치타가 먹이를 포획한다.

지구에 비치는 태양에너지의 1% 미만이 광합성 식물들과 조류, 그리고 세균들에 의해 저장된다. 비록 적은 양처럼 보이지만 이만큼만으로도 전 세계 생물들이 필요로 하는 에너지를 공급하기에 충분하다. 사람도 결국 광합성에 의존할 수밖에 없는데 그 이유는 식물을 음식으로 직접 섭취하거나 또는 식물을 먹고 살아가는 동물을 우리가 먹기 때문이다. 음식으로 섭취한 고분자들의 일부는 신체 여러 조직을 형성하기 위한 구조적 재료로 사용되며, 나머지 일부는 에너지원으로 사용된다. 에너지는 결국 열로 전환되어 체온을 유지하는 데 이용되거나 주변 환경 속으로 확산되어 날아가 버린다.

소들이 초원에서 풀을 뜯는다.

치타가 초원에 사는 임팔라를 잡아먹고 있다.

다음 그림들은 에너지의 흐름을 보여주는 예시이다. 태양에너지는 식물인 옥수수에게, 그리고 옥수수는 사료를 먹는 소들에게, 소는 잡식성인 인간에게로 순서적으로 흘러들어간다. 그러면 왜 매일 음식을 지속적으로 먹어야 할까? 허기가 지면 왜 위에서 음식을 섭취하라고 신호를 보낼까? 그 이유는 '섭취한 에너지가 소멸되어 버리기 때문'이다. 심지어 우리가 인지하지 못하고 있을 때에도 우리의 삶은 태양으로부터 끊임없이 전해져오는 에너지에 전적으로 의존하고 있다. 그리고 이 에너지는 계속 소멸되어 날아가 버리고 만다. 근육이 수축되면 체열이 발생하여 우리 몸을 따뜻하게 해주지만, 이때 생기는 열은 화학반응인 광합성에는 이용될 수 없다. 단순한 열은 확산되어 사라지려는 경향이 있기 때문이다. 그러나 태양에너지는 식물이 광합성을 할 수 있도록 엽록소에 집중되어 모이기 때문에 화학반응을 통해 유기물로 변환됨으로써 생물들에게 생명을 부여해 줄 수 있는 것이다.

이 서론에서는 에너지가 생물학적 세계를 통하여 흐르지만 왜 축적될 수는 없는지를 설명해주고 있다. 에너지는 물질대사의 중요한 부분이기 때문에 화학반응을 촉진시키는 효소와 단백질 또한 중요하다. 효소가 없으면 치타나 여러분은 몸을 유지하고 근육 수축과 같은 활동을 수행하기 위한 생체분자들을 사용할 수 없을 것이다. 효소는 막 구조와 함께 작용함으로 막은 본 장의 첫 번째 주제이다.

뜨거운 가스가 태양 표면을 둘러싸고 있다.

옥수수(식물)가 자신에게 필요한 식량을 만들어낸다.

사람은 식물류나 동물류를 식량으로 섭취한다.

## 원형질막의 구조와 기능

이 절에서는 원형질막의 구조와 막에 들어 있는 여러 단백질들의 기능을 공부할 것이다. 원형질막은 단순한 세포 경계가 아니다. 원형질막은 막 내부에 존재하는 여러 단백질에 의해 화학작용을 일으키면서 다양한 기능을 발휘한다.

### 5.1 원형질막은 단백질이 포함되어 있는 인지질의 이중층이다

#### 학습 성과들

본 절을 공부하고 나면 다음에 대한 이해와 능력이 향상될 것이다.

1. 유동모자이크모델(fluid mosaic model)을 사용하여 원형질막의 구조 설명하기
2. 원형질막에 있는 6가지 유형의 단백질들을 구분하기

원형질막은 세포의 안과 밖을 나누는 경계이다. 원형질막의 온전한 기능은 세포 생명에 필수적이다. 원형질막은 세포의 경계를 나타낼 뿐만 아니라 분자들이 세포의 안과 밖으로 출입하고 통과하는 것을 조절하며, 한 세포가 이웃한 세포들과 소통할 수 있도록 해준다.

세균이나 진핵생물들 모두 원형질막은 **'인지질의 이중막'**으로 되어 있다. 인지질의 머리 부분은 극성이며 친수성이고, 꼬리 부분은 비극성이며 소수성이다. 인지질의 극성 머리 부분은 친수성이므로 수분이 있는 세포 외부, 그리고 내부를 향해서 배열되어 있다. 비극성의 꼬리부분은 안쪽을 향해 서로 마주 보고 있는데 그럼으로써 수분을 피해 나란히 배열될 수 있다.

막에는 내장단백질(embedded protein)과 표면단백질(peripheral protein)의 두 종류가 위치해 있다. 내장단백질은 막 속에 박혀 있는 것들이고, 표면단백질은 막의 안쪽과 바깥의 표면으로 돌출한 것들이다. 내장단백질의 구조는 2개 부위로 나뉘는데, 막 속에 묻힌 소수성 부위와 막 표면으로 뻗어나온 친수성 부위이다. 이런 부위들이 있기에 내장형 단백질은 그

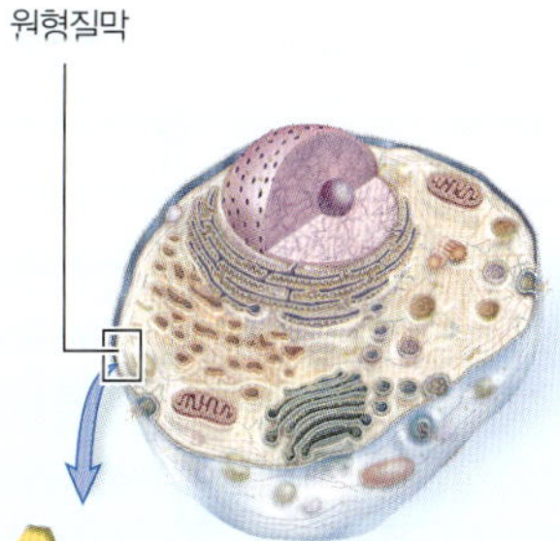


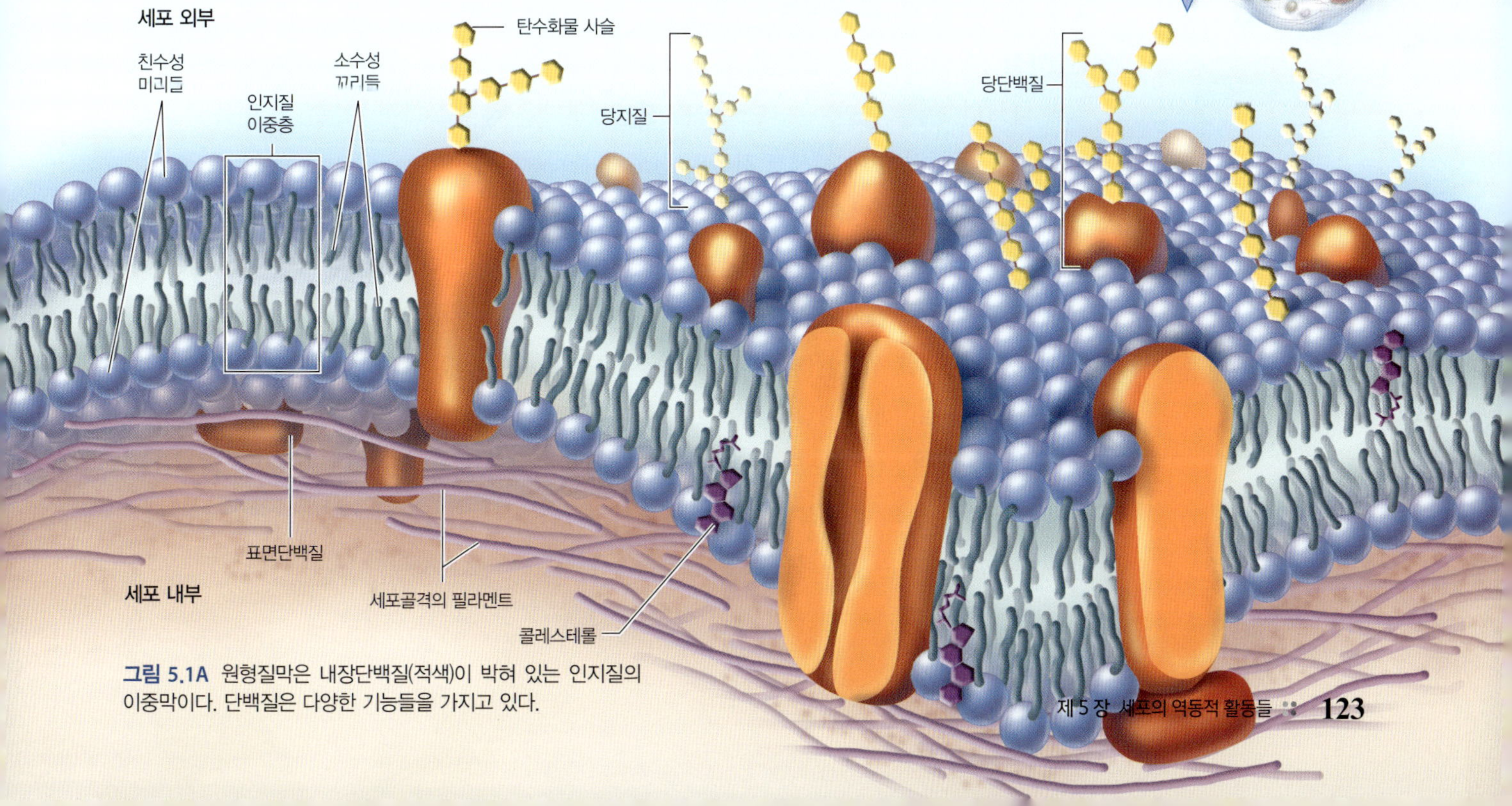


**그림 5.1A** 원형질막은 내장단백질(적색)이 박혀 있는 인지질의 이중막이다. 단백질은 다양한 기능들을 가지고 있다.

자리에서 뒤집히지 않으면서도 측면을 따라 조금씩 움직일 수 있다.

**유동모자이크모델(fluid mosaic model)**에 따르면 내장단백질 분자들은 인지질의 이중막 구조상에 일정한 패턴(모자이크)을 형성한다(그림 5.1A). 이 패턴은 특정한 세포, 특정한 막에 따라 서로 다르며, 동일한 막의 패턴이라도 시간에 따라 변화한다. '**콜레스테롤**'은 동물 세포막에 존재하는 스테로이드이다. 콜레스테롤은 주변에 있는 긴 지방산 사슬과 상호작용하며 그런 방식으로 막의 유동성과 투과성(삼투성)을 감소시킨다. 다른 스테로이드류는 식물의 원형질막에서만 이런 기능들을 수행한다.

인지질과 단백질에는 탄수화물(당) 사슬들이 부착되어 있다. 이런 사슬이 붙어 있는 분자들을 각각 '**당지질**'과 '**당단백질**'이라고 부른다. 탄수화물 사슬들은 주로 세포 외부로 향해 있으면서 일종의 안테나 역할을 한다. 때문에 막의 안쪽과 바깥쪽의 형태가 균일하거나 동일하지는 않다.

다시 한 번 설명하자면 동물세포의 탄수화물 사슬은 5.4절에서 보여주고 있듯이 세포외기질(ECM) 쪽으로 돌출해 있다. 세포외기질이란 세포를 보호하며 여러 가지 다양한 기능들을 나타내는 물질이다. 세포 간 접촉, 신호전달 분자를 받아들이는 안테나 역할 등이 세포외기질이 하는 일이다.

**단백질** 세포들의 원형질막, 그리고 여러 세포소기관들의 막에는 각각 특정한 단백질 그룹들이 위치해 있다. 그림 5.1B에 묘사된 6개의 내장단백질들이 한 예이다. 이들은 세포 안과 밖으로 작은 분자들이 통과하는 것을 돕거나, 세포가 이웃 환경 및 주변 세포와 소통하도록 해준다.

**통로단백질(chanell protein)** 통로단백질은 평소에 닫혀 있던 구조가 필요할 때 열려 통로를 제공함으로써 분자들을 막의 반대편으로 이동시켜준다. 수소이온을 미토콘드리아 내막을 통해 이동시키는 과정이 좋은 예이다. 수소이온의 이동 없이는 전자전달계를 통한 ATP 생산이 일어나지 못한다.

**운반단백질** 운반단백질은 물질과 직접 결합하여 막 건너로 이동시킨다는 점에서 통로단백질과 다르다. 예를 들면, 운반단백질은 신경세포막을 경계로 하여 나트륨과 인을 수송해준다. 운반단백질 없이는 신경 자극의 전도가 불가능하다.

**세포인식 단백질** 세포인식 단백질의 기본구조는 당단백질이다. 외부에서 유입되는 항원, 즉 외부세포들의 표면에는 이런 당단백질들이 많이 붙어 있다. 우리 몸의 면역체계는 바로 이 당단백질을 인식하여 방어 작용을 강화하는 것이다. 이 인식작용이 없으면 방어를 할 수 없어 유해한 생물체(병원체)들이 체내로 자유로이 침입하고 말 것이다.

**수용체 단백질** 수용체 단백질에는 특이한 분자와 결합하는 부위가 따로 있다. 이렇게 특이 분자와 결합하면 단백질 구조가 변형되고, 그에 따라 다양한 세포 내 반응이 야기된다. 신체 여러 기관들의 총체적 조화는 수용체와 신호전달분자 사이의 결합에 의해 이루어진다. 예를 들면, 간은 인슐린을 통한 신호를 받아 포도당을 저장한다.

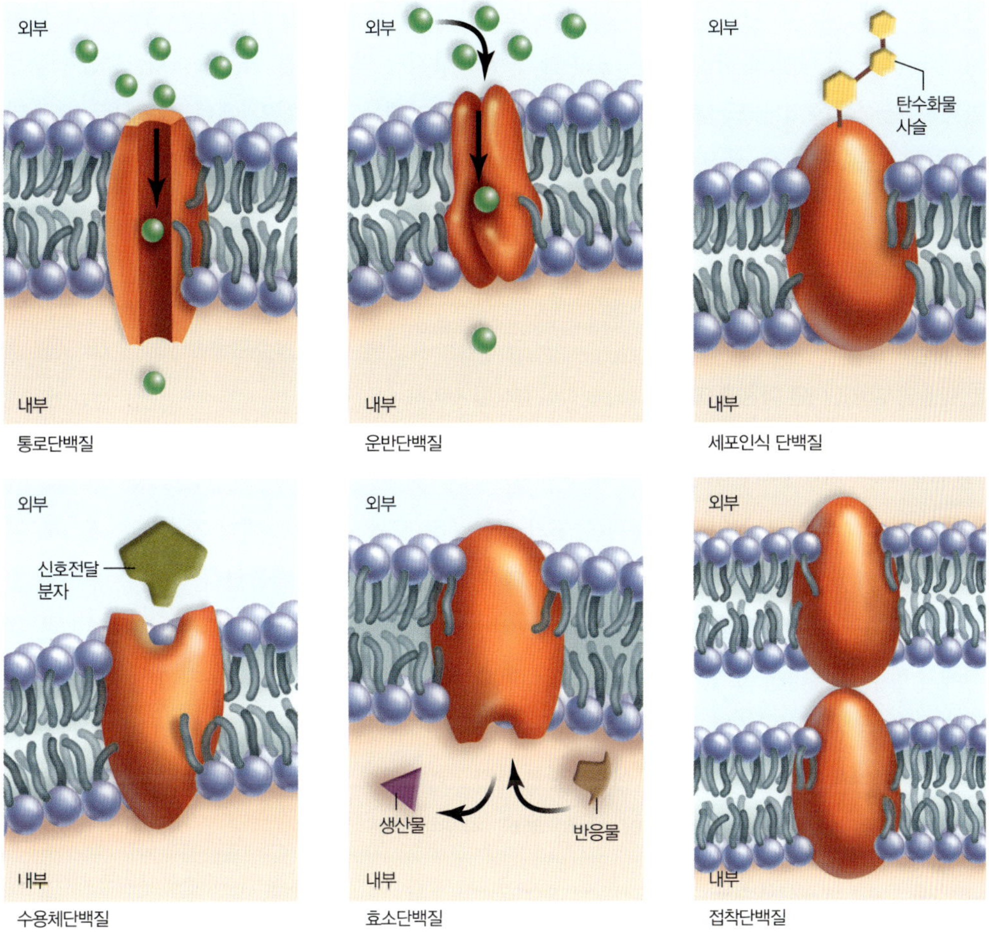


**그림 5.1B** 막 내의 단백질들(적색)은 다양한 기능을 갖고 있다.

**효소단백질** 원형질막의 단백질 중 일부는 물질대사 반응을 직접 수행하는 효소단백질이다. 이런 효소들은 다양한 세포들 막에 부착되어 있다. 효소 없이는 세포 생명유지와 기능에 필요한 물질대사가 결코 일어날 수 없을 것이다.

**접착단백질** 5.4절에서 상세하게 논하겠지만, 접착단백질은 다세포생물에서 세포들이 서로 떨어지지 않도록 부착시켜주는 역할을 한다. 접착 방식에는 여러 유형들이 있으며, 접착을 통해 세포간 연락 또한 가능하다.

▶ **5.1 진도 체크**

1. 원형질막의 구조가 모자이크라고 불리는 이유는 무엇인가?
2. 원형질막에 위치하지만, 특별한 수송 기능이 없는 4가지 유형의 단백질들을 설명하라.

## 세포 내부와 외부로의 분자들의 통과

원형질막은 **선택적 투과성**이 있는데, 이것은 특정 물질들만 막 이쪽에서 저쪽으로 자유로이 확산할 수 있고, 다른 물질들은 그렇지 않다는 것을 의미한다. 자유로운 확산이 어려운 후자들을 위해서는 별도의 운반체나 에너지가 있어야 한다(표 5.2). 확산은 물질을 낮은 농도의 방향으로 움직이게 하고, 간혹 운반체가 필요하지만 에너지는 불필요하다. 능동수송은 반대로 물질들을 고농도 방향으로 움직이게 하며, 이때는 운반체와 에너지가 모두 요구된다. 세포 내로 물질을 섭취(bulk transport)할 때에는 농도기울기가 영향을 주지 않는다.

## 5.2 막 통과 확산에는 에너지가 요구되지 않는다

### 학습 성과들

본 절을 공부하고 나면 다음에 대한 이해와 능력이 향상될 것이다.

1. 단순확산과 촉진확산을 비교 대조하여 설명하기
2. 동물세포와 식물세포에 대한 삼투 효과를 비교하기

**확산**은 경계를 중심으로 양쪽의 분자 농도가 균등해질 때까지 고농도에서 저농도로 계속해 일어난다. 다시 말해, 기울기가 없어질 때까지 그 '**농도기울기**'를 따라 이동한다. 확산은 분자의 종류를 가리지 않고 언제 어디서나 관찰될 수 있는 일반적인 물리 현상이다. 예를 들면, 방 한 구석에서 향수를 뿌리면 그 냄새는 확산에 의해 방 전체 구석구석까지 퍼져 나간다.

확산은 분자들이 단순 이동을 하며, 에너지가 필요치 않기 때문에 수동적인 운반이다. 확산 중에 경계막이 있더라도 물질이 막을 통과할 수만 있다면 가로질러서 확산이 일어날 수 있다. 그림 5.2A에서 보는 것처럼 막 한 쪽에 적색염료를 첨가하면 염료 입자들이 막을 통과해 움직인다. 처음에는 양쪽 방향으로 모두 움직이지만, 전체적인 이동은 막의 반대 쪽(긴 화살표)을 향하게 된다. 결국 평형 상태가 되면 전체적인 이동이 멈추고, 염료는 더 이상 보이지 않게 된다.

세포에서는 지극히 적은 양의 분자들만 원형질막의 소수성 부분을 통해 단순 확산을 할 수 있다. 지질에 녹는 알콜 분자들은 막을 건너 확산할 수 있으며, 산소($O_2$)와 이산화탄소($CO_2$)도 마찬가지로 확산이 가능하다. 확산으로 인해 $O_2$가 폐의 공기주머니에서 나와 혈액으로 들어갈 수 있다. 이때 $CO_2$는 정반대 방향으로 움직인다. 에너지는 불필요한데 가스 종류는 단순히 농도기울기만 따라 확산되기 때문이다.

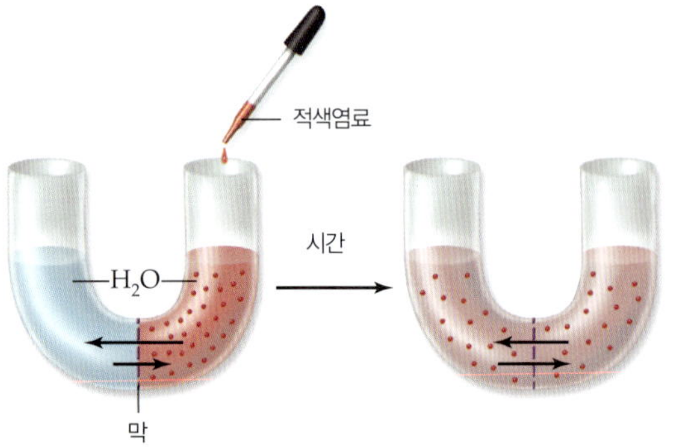


**그림 5.2A** 일부 분자들은 단순 확산에 의해 막 건너편 쪽으로 움직일 수 있다.

**촉진확산** 어떤 분자들(물, 포도당, 아미노산류)과 이온들($Na^+$, $Cl^-$, $Ca^{2+}$)은 그 크기나 극성으로 볼 때 예상되는 것보다 훨씬 빠른 비율로 원형질막을 건너간다. 이러한 **'촉진확산'**(촉진 운반이라고도 함)은 운반체를 필요로 하지만 분자나 이온들이 농도 구배를 따라서 움직이기 때문에 별도의 에너지는 필요없다. 여기서 운반체는 보통 담체단백질 또는 통로단백질인데 각각 자신만의 특수 물질만 통과시키기 때문에 선택적 투과라는 특이성을 갖는다.

운반단백질은 통로단백질보다 느리게 작용하는데, 그 이유는 분자와 결합한 다음에 반대편으로 이동시켜야 하기 때문이다(그림 5.2B). 운반단백질은 고도로 특이적이며, 포도당을 운반하는 단백질이 그 좋은 예이다. 운반단백질의 도움으로 포도당은 동일한 극성이나 크기의 다른 분자들보다 수백 배나 빨리 막을 통과할 수 있다. 운반단백질은 일단 막을 먼저 분자를 이동시킨 후 다시 자유가 되어 새로운 분자를 이동시킬 준비를 한다.

통로단백질이 열리면 물과 이온들이 들어갈 수 있다(그림 5.1B 참조). 통로단백질들은 외부나 내부의 신호에 의해서 열리게 된다. 130 페이지의 '원형질막 단백질들의 제조'에서 다시 논의될 것이지만, 낭포성 섬유증은 $Cl^-$ 통로를 열수 없기 때문에 발생하는 질환이다. 통로단백질은 물질을 이동시키기 때문에 담체단백질보다 빠르게 작동한다. 초당 수천만 개의 물분자들이 단일 통로단백질을 통해 지나가는데, 그 특이성 때문에 **'아쿠아포린'**이라고 이름지어졌다.

**삼투** 농도차로 인해 원형질막 건너로 물이 확산되는 것을 **'삼투'**라고 한다. 삼투가 일어나면 용질은 원형질막을 건널 수 없는 반면, 물(용매)은 자유롭게 막을 통과할 수 있다. 어떤 길로 물이 움직이느냐는 것은 막 양쪽의 용질 대 물(용매)의 농도에 달려 있다. 실험실에서는 일반적으로 세포들을 **등장액**(*iso*, 동일하다는 뜻)에 담아 보관한다. 등장액 속에서는 용질과 물의 농도가 막 양쪽 면에서 동일하기 때문에 세포가 물을 얻지도 잃지도 않는다(그림 5.2C). 의료용 조건에서는 0.9% 염화나트륨(NaCl) 용액이 혈액세포들과 등장 상태인 것으로 알려져 있다. 그래서 정맥주사의 용액은 보통 이 농도이다.

세포들이 **'저장액'**(*hypo*, 보다 적은)에 있으면 세포 내 용액이 증가된다. 세포 외부의 용질 농도가 내부보다 낮으므로, 물은 세포 안쪽으로 이동한다. 동물세포들이 저장액에 담겨져 있으면 팽창되고 때로는 파괴되는 이유이다. '*lysis*'라는 용어는 파괴된 세포라는 의미다. 용혈은 적혈구(*hemo*, 혈액)가 파괴(터짐)된 상태를 말한다. 담수에 서식하는 생물체들은 그들의 내부 환경이 물 과잉 상태가 되지 않도록 주의해야 한다. 많은 원생동물들, 예를 들어 짚신벌레는 세포 내 수축포를 가지고 있어서 체내 수분이 과잉 상태가 되지 않도록 조절한다. 담수

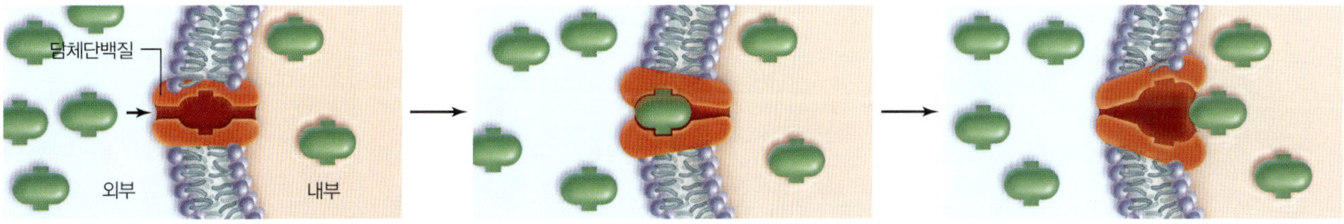


**그림 5.2B** 촉진확산이 일어날 때 담체단백질은 용질과 결합해서 막을 통과하도록 도와준다.

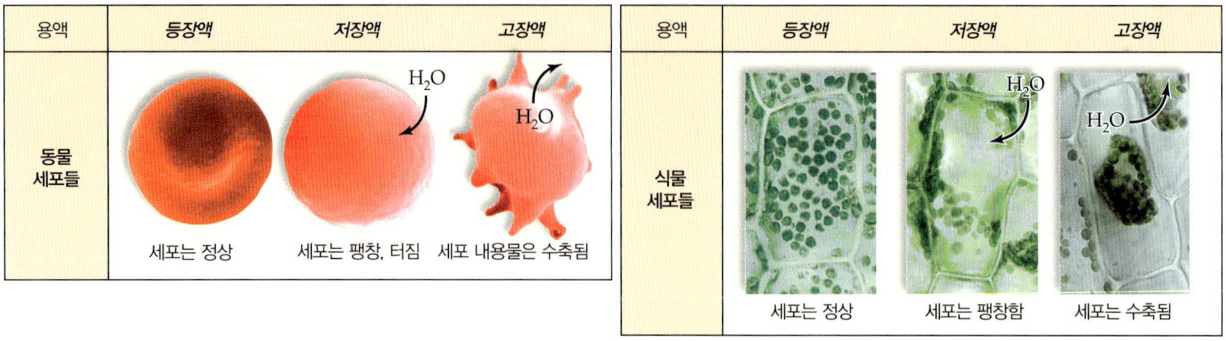


**그림 5.2C** 세포들은 등장액 내에 있을 때 정상적인 상태이다. 세포들이 저장액 속에 있을 때는 세포 내 수분이 증가하지만, 고장액 속에 있을 때는 외부 환경으로 수분이 빠져나간다.

어들은 희석된 소변을 끊임없이 체외로 분비하고 아가미로 염분을 섭취하는데, 이로써 체액이 조직세포에 비해 지나치게 저장성이 되지 않도록 조절해준다.

식물세포를 저장액에 넣으면, 중앙에 위치한 액포에 더 많은 수분이 모이게 되며, 원형질막이 바깥 세포벽 쪽으로 밀려나 팽압이 증가하고 세포 부피가 전체적으로 팽창된다. 식물세포는 세포벽이 있기 때문에 터지거나 파괴되지는 않는다. **팽압**은 식물이 곧게 서 있기 위해서 극히 중요하다. 만약 식물에 물을 주지 않으면 팽압이 감소하여 시들어 버린다.

세포를 **'고장액'**(*hyper*, 더 많은)에 넣으면 수분을 잃게 된다. 이때는 세포 바깥의 용질 농도가 세포 내부보다 더 높다. 반면 수분 농도는 세포 내부보다 낮다. 동물세포를 고장액에 넣으면 쭈글쭈글해지고 만다. 해양 어류들은 염분을 아가미로 배출시켜서 조직세포들의 환경이 지나친 고장액이 되지 않도록 조절한다. 고장액의 성질은 우리 생활에서 잘 이용될 수 있다. 육류를 가끔 염분에 절여 보존하는데 이때 세균이 사멸되는 이유는 염분 때문이 아니라 육류 내 수분 결여 때문이다.

식물세포를 고장액에 집어넣으면, 원형질막이 세포벽으로부터 떨어져 나간다. 이것은 원형질분리(*plasmolysis*)의 한 예인데 삼투로 인하여 세포질이 수축되는 것이다.

### ▶ 5.2 진도 체크

1. 촉진확산이 에너지를 필요로 하지 않는 이유를 설명하라.
2. 적혈구가 저장액이나 고장액에서 파괴되는 이유를 설명하라.

**표 5.2 분자들이 세포 내외로 출입하는 통로**

| | 이름 | 동물세포 | 식물세포 | 예시들 |
|---|---|---|---|---|
| **에너지 불필요** | 확산 | 저농도로 향함 | 운반체 불필요, 에너지 불필요 | 지질 가용성 분자와 가스들 |
| | 촉진확산 | 저농도로 향함 | 운반체, 에너지 불필요 | 일부 당류들, 아미노산류 |
| **에너지 필요** | 능동수송 | 고농도로 향함 | 운반체, 에너지 | 당류, 아미노산류, 이온들 |
| | 세포내섭취 | | 소포 형성 | 폴리펩티드, 다당류 및 입자들 |

## 5.3 능동수송과 대량수송에는 에너지 투입이 필요하다

### 학습 성과들

본 절을 공부하고 나면 다음에 대한 이해와 능력이 향상될 것이다.

1. 능동수송과 세포내섭취(세포내이입)를 비교 대조하기

**능동수송**이 일어나면 분자들이나 이온들이 원형질막을 통해 이동하는데, 이때 한쪽 방향으로만 이동하여 고농도로 축적된다. 예를 들면 포도당은 음식물로 섭취되어 소화관으로 가고, 그곳의 막 세포들에 의해 최종 흡수가 된다. 이때의 방법은 촉진확산과 능동수송의 공동 작용이다. 촉진확산은 농도기울기가 적절할 때만 일어나지만, 그렇지 않더라도 능동수송이 있기 때문에 소화관 내의 포도당이 남김없이 흡수되어 사용될 수 있다.

음식으로 섭취된 요오드는 대부분 호르몬 생산을 위해 갑상선 세포 내에 축적된다. 신장에서는 나트륨이 미세소관에 위치한 세포들에 의해서 소변으로부터 거의 완전하게 걸러질 수 있다. 이처럼 농도기울기에 거슬러서 일어나는 분자 이동에는 담체단백질과 ATP가 모두 필요하다(그림 5.3A). 능동수송에 참여하는 세포들, 예를 들어 신장 세포들은 ATP를 만들어 내기 위해 원형질막 가까이에 대량의 미토콘드리아를 갖고 있다.

능동수송에 가담하는 단백질을 펌프(*pump*)라고도 한다. '**나트륨-칼륨 펌프**'는 신경기능에 절대적으로 중요한데, ATP를 가수분해할 때 생성되는 에너지에 의해 그 형태가 바뀌게 된다. 즉, 구조상 통로가 생기면서 나트륨이온들과 칼륨 이온들이 신경세포막을 경계로 서로 반대방향으로 움직이게 한다.

**대량수송**은 외부의 액체나 입자들을 포낭으로 둘러싸서 세포 내로 섭취할 때 일어나는데, **엔도사이토시스(endocytosis)**(그림 5.3B), 또는 **세포내섭취**(세포내이입, 세포내유입)라고 한다.

폴리펩티드, 다당류들, 입자들은 일반적으로 세포막 단백질로만 운반하기에는 분자량이 너무 크다. 때문에 엔도사이토시스를 통해 세포로 들여오거나 반대로 내보낼 수도 있다. 때로는 세포 내로 섭취한 입자들이 아주 큰 경우가 있는데-심지어는 다른 세포를 섭취-이럴 때는 따로 '**탐식**'이라는 용어를 사용한다. 탐식작용은 단세포 생물체, 이를테면 아메바에 있어서는 흔한 일이며, 사람 세포에서도 가끔 나타난다. 즉, 어떤 백혈구는 아메바처럼 운동하면서 조직내 폐기물이나 노쇠해진 적혈구 및 세균들을 탐식할 수 있다. 세포내이입으로 만들어진 포낭이 세포 내에서 리소좀과 융합하면 가수분해 소화가 일어난다(그림 4.5 참조).

**음세포작용**은 액체나 작은 입자들을 섭취할 때 소포(작은 포낭)를 형성하면서 일어난다.

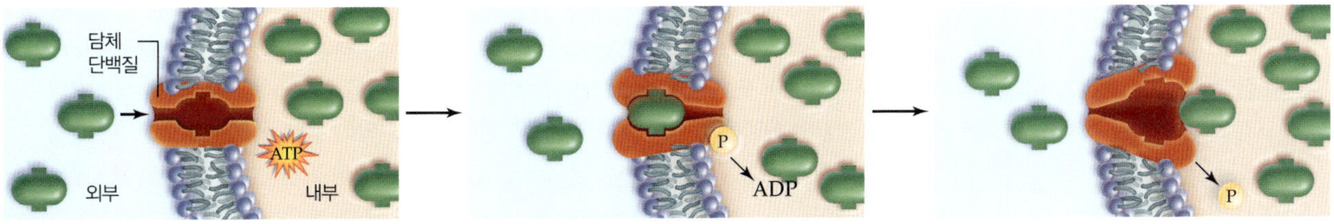


**그림 5.3A** 능동수송에서는 담체단백질이 용질이 고농도를 향해 거슬러가도록 도와준다. 이때 에너지가 요구된다.

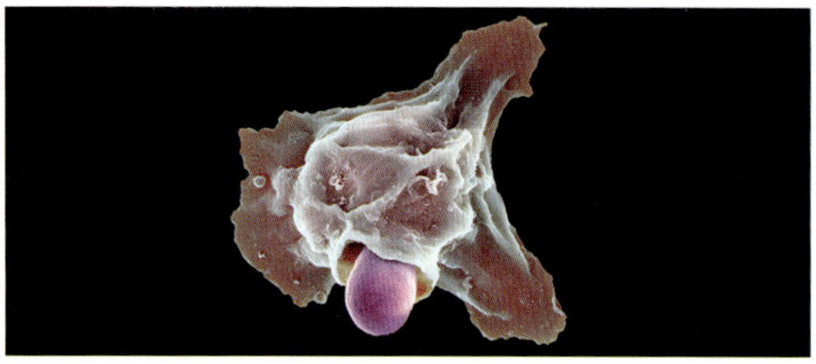

a.

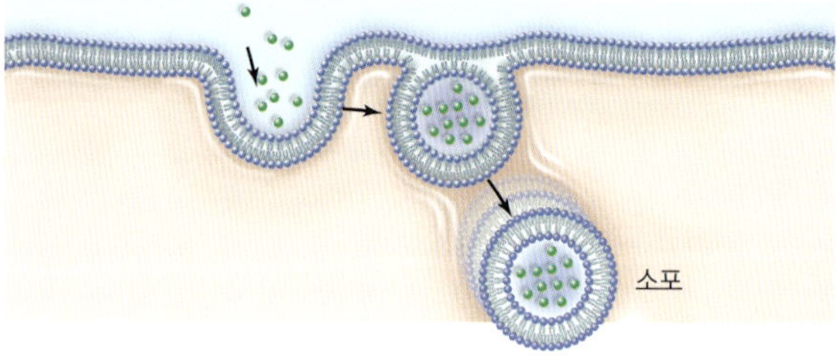



b.

**그림 5.3B** 대량수송은 세포내유입을 통해 일어난다. a. 백혈구가 진균세포를 에워싸서 집어삼키는 모습. b. 세포내섭취를 위해 소포가 형성되는 과정

## 생물학은 우리 삶에 어떻게 영향을 주는가?

아파서 의사에게 갔다고 가정해보라. 의사로부터 질병의 원인이 원형질막 때문이라고 설명듣는다면 쉽게 이해가 될까? 이형당뇨병이 바로 이런 경우이다.

### 이형당뇨병(Type 2 diabetes)

전형적인 이형당뇨병 환자는 상황에 따라 조금, 혹은 극도로 과체중일 수 있다. 대표적인 증상은 심한 공복감과 갈증, 피로감, 시각이 흐려지고 일단 상처가 나면 잘 아물지 않는 것들이다. 보통 소변검사에서 당분이 발견되면 의사가 당뇨병이라고 진단하지만, 소변검사 외에 혈액검사에서 인슐린이 검출되는 것도 진단의 기준이 된다. 당을 섭취하면 위장 근처에 위치한 췌장에서는 인슐린 호르몬을 혈류 내로 방출하여 포도당이 간세포로 모이게 하고, 세포막에 있는 수용체 단백질과 결합시킨다. 형성된 인슐린–수용체 단백질 결합체는 세포에 신호를 보내어 포도당을 세포 내부로 이동시키는 운반단백질(종종 수송체라고 부름)을 원형질막으로 보내게한다. 이형당뇨병의 경우는 인슐린이 수용체 단백질들과 결합을 하지만 포도당 이동을 위해 원형질막으로 보낼 운반단백질이 충분하지 않다. 그 결과 혈액 내에 흡수되지 않은 과량의 포도당이 남게 되며 이것이 소변 속으로 흘러 들어가게 된다.

환자들은 매일 운동을 하고 건강식 다이어트를 함으로써 이형당뇨병을 방지하거나 최소한 어느 정도의 조절이 가능할 수 있다.

### 낭포성 섬유증(CF)

전형적인 낭포성 섬유증 환자들은 주로 어린아이들이다. 종종 나이가 세 살 미만이며 반복적으로 폐 질환을 앓거나 성장 역시 느린 편이다. 낭포성 섬유증 여부는 환자의 땀에 포함된 염분(NaCl) 양을 측정하여 결정한다. 왜냐하면, 이 질환을 가진 어린이는 정상 아동보다 더 많은 양의 염분을 함유하고 있기 때문이다. 염소이온들($Cl^-$)은 보통 원형질막의 단백질 통로를 쉽게 지나갈 수 있다. 그러나 그 통로가 적절히 조절되지 않으면 두터운 점막이 폐와 췌장에 생기게 되고(그림 5.Aa). 점액이 폐를 막아 호흡을 방해해버린다. 그 결과 점막은 세균을 잘 자라게 하는 온상이 되고 만다. 결과적으로 폐의 감염성 질환을 일으키며, 결국 폐 손상을 일으켜 조기 사망을 초래한다. 또한 끈끈하고 진한 소화액이 췌장으로부터 소장에 이르는 관을 막아 음식을 소화하는 데 필요한 효소들을 저해할 수 있다. 이 역시 소화불량 질환과 저성장을 일으킨다. 낭포성 섬유증 환자들의 생명 연장을 위해 다각적 차원에서 치료 방법이 계속 연구되고 있다(그림 5.Ab).

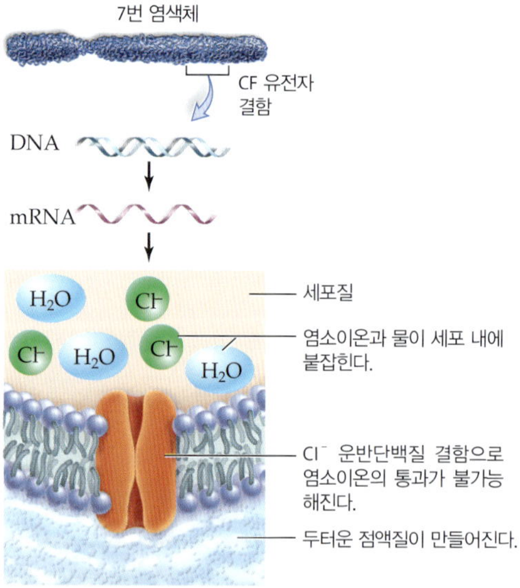



a. 낭포성 섬유증의 원인

b. 충격요법으로 치료 중인 어린이

**그림 5A** 낭포성 섬유증의 원인은 CF 유전자의 결함으로 인해 $Cl^-$ 채널단백질이 결핍된 것이다. b. 허파 내 축적된 점액을 풀어내기 위해 충격 조끼를 종종 처방한다.

이렇게 작은 물질을 삼키는 음세포작용을 하는 세포들 중에는 백혈구, 신장 미세소관의 막 세포들, 소장 내벽 세포들, 그리고 식물 뿌리세포들이 있다.

**'수용체-매개 세포내유입(receptor-mediated endocytosis)'**은 원형질막에 위치한 수용체를 통해 외부 물질을 유입하는 방식이다. 수용체-매개 세포내유입은 수용체에 붙을 수 있는 물질만 이동시키기 때문에 선택적이다. 때문에 음세포작용(세포흡수작용)보다 효율 면에서도 월등하다. 모체의 태반에서 물질들이 모체 혈액으로부터 태아 혈액으로 들어갈 때도 이런 작용이 일어난다.

세포내유입과는 반대로 효소들과 호르몬들은 세포외배출(exocytosis)에 의해서 운반된다. 이런 물질들을 합성하고 분비하는 세포에서는 원형질막 주변에 소포가 많이 발견된다. 소포들은 분비 신호가 오면 원형질막에 융합되어 그 내용물들을 방출하는데 이 과정을 조절분비라 한다.

▶ **5.3 진도 체크**

1. 능동수송을 한 사람씩 통과하는 전철역의 개찰구와 비교해보라.
2. 그림 5.3B의 화살표 방향을 다시 돌려서 세포외배출을 설명하라.

## 원형질막과 세포의 물질교환

동, 식물세포들은 각종 분비물질을 만들어 원형질막을 통해 외부로 배출한다. 식물세포들은 바깥쪽에 단단한 세포벽이 있어 자신의 형태를 유지할 수 있다. 세포들 사이에는 원형질연락사라고 하는 통로들이 있어 주변 세포들과 상호 간 소통을 할 수 있다. 어떤 동물세포들은 연접(junction)을 통해 서로 소통하며, 다른 세포들도 복잡한 세포외기질을 갖고 있어 세포를 지탱하고 소통할 수 있다.

### 5.4 세포외 물질은 세포들을 서로 연결시키고 소통할 수 있게 해준다

#### 학습 성과들

본 절을 공부하고 나면 다음에 대한 이해와 능력이 향상될 것이다.

1. 식물세포의 세포벽과 동물세포의 세포외기질(ECM)을 서로 비교하기
2. 동물세포에서 발견되는 세 가지 연접 유형들을 나열하고 설명하기

**식물세포** 모든 식물세포에는 일차 세포막이 있다. 세포막 안에는 셀룰로오즈 미세섬유들이 글리칸과 펙틴 같은 비셀룰로스 탄수화물에 의해 서로 붙어 있다. 중앙에 있는 막은 세포 간의 충전물질인데 수분 흡인 물질인 펙틴으로 되어 있다.

살아있는 식물세포들은 **'원형질연락사'**(단수는 plasmodesma)로 연결되어 있다. 이들은 그 숫자가 많으며, 세포벽을 가로질러 통과하는데, 막으로 덮여 있는(membrane-lined) 좁은 통로들이다(그림 5.4A). 이 통로를 통해 인근 세포들 간에 직접적인 물질교환을 하며, 궁극

적으로는 식물 전체의 모든 세포들 간에 물질교환이 일어난다.

**동물세포** 동물 조직들은 상호 세포들 간에 연접으로 연결되어 있어 전체적으로 조화있는 행동이 가능하다(그림 5.4B). 심장, 위, 방광처럼 필요할 때 확장되어야 하는 조직들은 '**부착연접**'에 의해서 함께 연결된다. 이 연접에서는 세포질 내의 미세섬유들이 세포골격을 이루는 또다른 중간 미세섬유와 함께 뭉쳐져 있다.

또 다른 조직의 세포들은 '**밀착연접**'에 의해서 더욱 가깝게 연결된다. 이 연접은 원형질막 단백질들이 서로 부착되어서 지퍼처럼 단단하게 된 구조다. 밀착연접은 장 내 세포들에서 많이 발견된다. 밀착연접 덕분에 소화액이 장에서 잘못 누출되어 복강으로 들어가는 일이 없으며, 신장에서는 오줌이 신장 세관 내에 머물 수 있다.

'**간극연접**'은 두 개의 원형질막 통로들이 서로 연결될 때 형성된다. 이 통로는 6개의 원형질막 단백질들로 구성된다. 간극연접은 세포들이 외부 압력에 견디도록 견고함을 주기도 하지만, 그보다는 소형 분자들과 이온들이 세포들 간에 교류되는 것을 용이하게 만들어준다. 심근과 평활근에서는 전체 세포들이 조화된 방식으로 수축되어야 하는데, 간극연접에 의해 이온이 균일하게 퍼져 흐르면서 이러한 운동이 가능해진다.

**세포외기질** 세포 사이에 연접이 존재하지 않는 부위의 동물세포들은 단백질이 풍부한 **세포외기질(ECM)**로 서로 결합된다. 세포외기질의 성질은 연골처럼 신축성이 많을 수도 있고, 뼈처럼 견고할 수도 있어 매우 다양하다. 콜라겐과 엘라스틴 섬유들은 ECM(그림 5.4C) 중에서도 가장 잘 알려진 두 가지 종류이다. 콜라겐은 기질에 힘을 부여해주고, 엘라스틴은 탄력성을 제공한다.

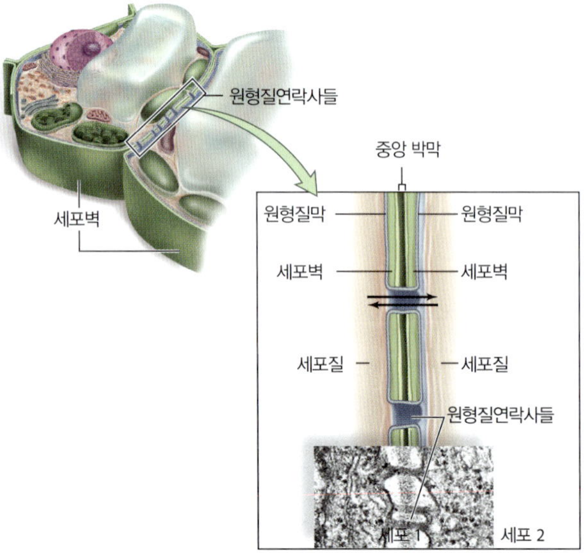

그림 5.4A 식물세포들은 원형질연락사에 의해 서로 연결된다.

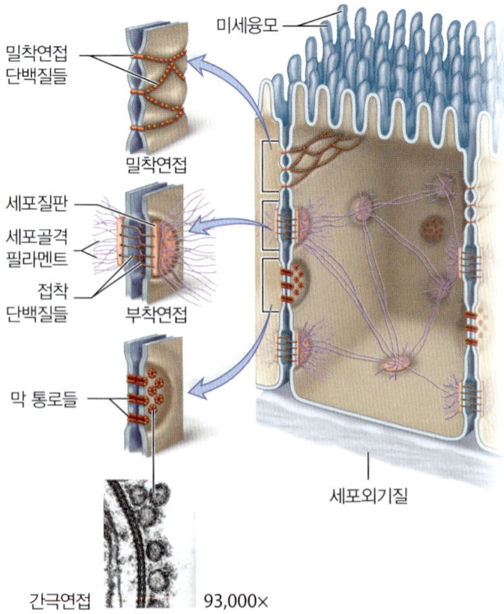

그림 5.4B 어떤 조직에서는 동물세포들이 세 가지 유형의 연접들로 연결된다. 미세융모들은 세포에서 뻗어나온 일종의 돌기인데 물질 흡수를 위한 표면적을 증가시킨다.

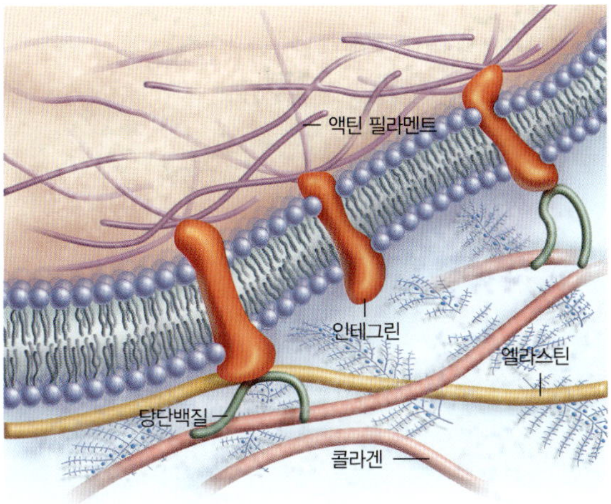


**그림 5.4C** 동물세포의 세포외기질(ECM)

당단백질들(짧은 당이 붙어있는 단백질)의 혼합물이 또한 기질 내에 들어 있다. 인테그린이라고 하는 원형질막 당단백질이 있는데, 이 단백질은 막에 붙어있으면서 동시에 세포골격의 액틴 필라멘트들에 또 부착되어 있다. 이러한 연결로 인해 성장과 발생 과정에서 세포의 이동 형식에 영향을 줄 수 있으며, 다양한 방식으로 세포가 자기 자리를 찾아가는 데에 도움을 준다.

▶ **5.4 진도 체크**

1. 식물세포의 원형질연락사와 동물세포의 간극연접이 공통으로 갖고 있는 특징들은 무엇인가?
2. 식물세포벽에서 발견되는 생체분자들을 동물세포의 ECM에서 발견되는 것들과 대조하라.

## 생명은 어떻게 변화하는가?

원형질막은 일찍이 생명이 지구상에 나타나던 초기에 발생하였음이 틀림없다. 왜냐하면 원핵세포나 진핵세포 모두 동일한 타입의 원형질막을 갖고 있기 때문이다. 원형질막은 세포의 바깥 환경으로부터 내용물들을 지키기 위한 장벽 역할을 한다. 그러면서도 영양소나 노폐물 같은 분자들이 필요할 때는 쉽게 통과하여 출입할 수 있어야 한다. 아마도 자연 도태 과정을 통해 비록 세포의 종류는 다를지라도 오늘날 발견되는 막 구조를 공통적으로 최종 선택하였다고 본다.

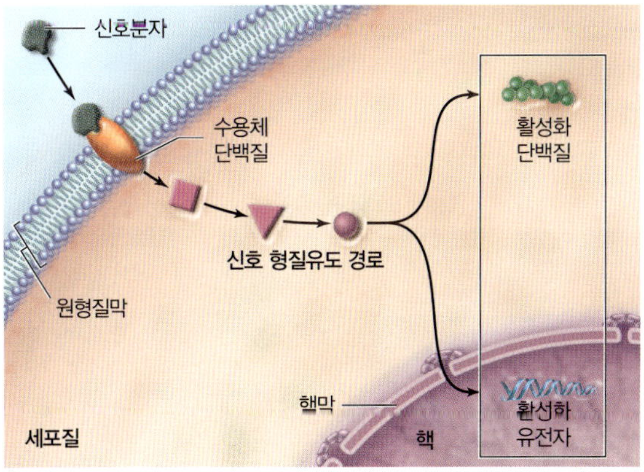


**그림 5B** 원형질막이 세포신호를 받게 되면 유전자와 단백질을 활성화하기 위한 신호전달경로가 시작된다.

원형질막의 인지질 성분은, 3.6절에서 논의한 바대로, 자연스럽게 세포 경계를 형성한다. 또한 원형질막에 위치한 단백질들은 효소로 작용하여 세포의 물질대사를 가능하게 만들어준다(5.1절 참조). 단백질의 구조와 기능은 궁극적으로 유전자들에 의해 조절된다. 이것은 곧 생명의 역사가 진행하는 동안 원형질막 구조와 기능에 있어서 많은 변이들이 그동안 있어 왔다는 것을 의미한다. 그리고 지금 이 순간에도 자연선택에 의해 원형질막의 추가적 기능들이 계속 형성되고 있다는 것을 시사해준다.

다세포 생물체들(곰팡이, 식물, 동물)의 진화는 세포들을 서로 연결해주고, 신호를 서로 주고받도록 도와주는 물질이 있었기에 가능하였을 것이다. 이 신호물질 역시 진화의 초기 단계에서는 여러 가지로 변화를 거듭했을 것으로 추정된다. 과학자들은 원핵생물에서 발견되는 신호전달 기전이 진핵세포들에 그대로 물려졌을 것이라는 가설을 세운 적이 있다. 다세포 생물들은 신호기전을 그들의 세포들이 전체 생물체의 유익을 위해 기능하도록 사용한다. 일반적으로 세포 신호는 신호 분자가 목표 세포의 수용체와 결합하면서 시작된다. 그러면 수용체 단백질이 세포내 신호 전달 경로를 통해 일련의 반응을 유발시키는 것이다(그림 5B). 이렇게 유발된 신호전달경로의 최종산물은 세포의 물질대사에 직접 영향을 미친다. 특별히 세포분열의 조절, 암의 발생, 호르몬의 기능들에 관해서 공부할 때 우리는 세포 신호를 다시 학습하게 될 것이다.

## 생물체와 세포의 에너지 전환

세포들은 쉽게 에너지를 한 형태에서 다른 형태로 전환시킨다. 그리고 새로운 에너지의 지속적 공급이 언제나 요구된다. 이를 설명하기 위해 두 가지 에너지 법칙들이 사용될 것이다. 세포가 사용하는 주요 에너지는 ATP이다. ATP는 '생체에너지' 또는 '에너지 현금'이라고도 하는데 세포들이 어떤 일을 수행할 때 ATP를 사용하기 때문이다.

### 5.5 에너지는 세포 내 여러 현상을 가능하게 해준다

#### 학습 성과들

본 절을 공부하고 나면 다음에 대한 이해와 능력이 향상될 것이다.

1. 잠재에너지와 운동에너지 간의 차이를 설명하기
2. 두 가지 에너지 법칙들을 설명하고 생물체에 적용하기

생물체는 고도의 규칙성을 지니고 있으며 이 규칙성을 유지하기 위해 에너지가 필요하다. 생물체들은 에너지를 획득하고, 저장하고, 방출하며, 한 가지 형태의 에너지를 다른 형태의 에너지로 계속 전환시켜 사용함으로써 생명 현상을 유지한다. 생물체에게 주어진 에너지는 보이지않는 선물과도 같다고 하겠다. 과학적으로 정의하자면 **'에너지'**란 일을 할 수 있는 능력, 즉 생명현상을 일으키는 능력이다.

에너지에는 5가지의 특이한 형태가 있다. 방사선에너지, 화학에너지, 기계에너지, 전기에너지, 그리고 핵에너지이다. 우리는 특별히 방사선에너지, 화학에너지, 기계에너지에 관심을 기울일 것이다. 방사선에너지는 태양에너지의 한 형태로 식물들에 전달되어 자신과 지구 생물권의 양식을 위해 사용되는 에너지이다. 화학에너지는 유기분자들 속에 존재하며 식품을 통해 섭취된다. 때문에 식품은 화학에너지의 원료이다. 기계에너지는 운동과 연관된 에너지이다. 다이버가 몸을 움직이는 가시적인 움직임뿐만 아니라 원자, 이온, 또는 분자들의 운동이 모두 여기에 속한다. 에너지의 또 다른 형태는 '열'이다. **열**은 에너지이기는 하지만 쉽게 분산되어 버리기 때문에 저품질의 에너지이다. 일반적으로 열을 이용해 몸을 따뜻하게 할 수 있지만, 반대로 제2장에서 살펴보았듯이 열이 지나칠 때 땀을 증발시켜 체온을 낮추어주기도 한다.

우리가 언급한 모든 에너지 유형들은 잠재에너지이거나 운동에너지이다. **'잠재에너지'**는 저장에너지이며 **'운동에너지'**는 활동에너지이다. 잠재에너지는 계속적으로 운동에너지나 기타 형태로 변환된다.

그림 5.5A의 예를 살펴보자. 다이버가 점심으로 먹은 음식 내에 있는 화학에너지는 잠재에너지 형태로 함유되어 있다. 에너지는 분자 및 원자의 결합 형태로 들어있다. 다이버가 사다리를 타고 다이빙대로 오를 때는 음식의 잠재에너지가 운동에너지로 전환되어 쓰이게 된다. 일단, 다이버가 다이빙대 위에 도달하면 운동에너지는 다시 잠재에너지인 높은 고도의 위치에너지로 전환된다. 선수가 다이빙을 하면 이 위치에너지는 운동에너지로 다시 전

환된다. 다이버는 새로운 화학에너지의 공급 없이는 이렇게 되풀이되는 운동 주기를 오래 동안 계속할 수 없다. 이처럼 화학에너지는 생물체가 존재하고 일을 하는 데에 필요한 잠재에너지를 공급한다.

잠재에너지와 운동에너지는 모두 생물체들에게 중요한데, 위에서 보았듯이 세포들이 계속 에너지를 만들어 저장하고 또 필요할 때 방출하기 때문이다. 예를 들면 간세포들은 평상시 에너지를 포도당(글리코겐) 형태로 저장하지만, 운동시에는 ATP 분자들을 만들기 위해 그 글리코겐을 다시 분해한다.

에너지의 단위와 측정 방법을 아는 것이 중요하다. **1칼로리**란 물 1g의 온도를 1℃ 올리는 데 필요로 하는 열량이다. 이것은 그다지 많은 에너지가 아니다. 음식에 들어 있는 칼로리 값은 영양목록이나 규정식단 표에 '**킬로칼로리**'(1,000 칼로리)로 표시한다. 본 교재에서는 대문자로 'C'라 표시하면 1,000 칼로리를 의미하는 것으로 약속한다.

**에너지 법칙** 열역학의 법칙이라고 부르는 두 개의 법칙이 있다. 이들은 에너지 보존과 사용에 있어 매우 중요한 의미를 갖는다. 이 법칙들은 여러 형태의 에너지들 상호 관계에 대한 것으로서 무생명체들이나 생명체들 모두 이 법칙을 피해갈 수 없다.

> 열역학 제일 법칙(에너지 보존의 법칙)은 에너지는 만들어지거나 파괴되지 않지만, 한 형태에서 다른 형태로 바뀔 수는 있다는 것이다.

그림 5.5B는 이 법칙이 생물체에게 어떻게 적용되는지를 보여준다. 잔디는 태양에너지를 화학에너지로 전환할 수 있으며, 말이나 사람 같은 동물들은 화학에너지를 운동에너지로 전환

**그림 5.5A** 음식에는 잠재에너지가 저장되어 있다. 영양가 있는 점심식사는 이 다이버가 다이빙 대 위로 올라가는 데에 사용할 화학에너지를 공급하였다. 올라가는 발걸음은 운동에너지 또는 활동에너지이다. 다이빙대에서 이 다이버는 위치에너지를 소유하고 있는데, 이는 잠재에너지의 한 형태이다. 잠재에너지는 그녀가 일단 뛰어내리면 운동에너지로 전환된다.

시킬 수 있다. 주목해야 할 것은 에너지의 형태가 전환될 때 일부 에너지는 열로서 잃어버린다는 것이다. 여기서 '잃어버린다'라는 말은 더 이상 일하기 위하여 사용될 수 없다는 것이다.

> 열역학 제2법칙은, 유용한 에너지의 손실 없이는 에너지가 한 형태에서 다른 형태로 변화될 수 없다는 것이다.

그림 5.5B를 좀 더 자세히 들여다보자. 잔디가 광합성을 할 때 태양에너지를 이용하여 이산화탄소와 물로부터 탄수화물을 형성한다. 탄수화물은 에너지가 풍성한 분자들인 반면, 이산화탄소와 물은 에너지가 거의 없는 분자들이다. 이처럼 포획한 태양에너지 전부가 탄수화물이 되는 것은 아니다. 일부는 열로 방출되어 사라진다:

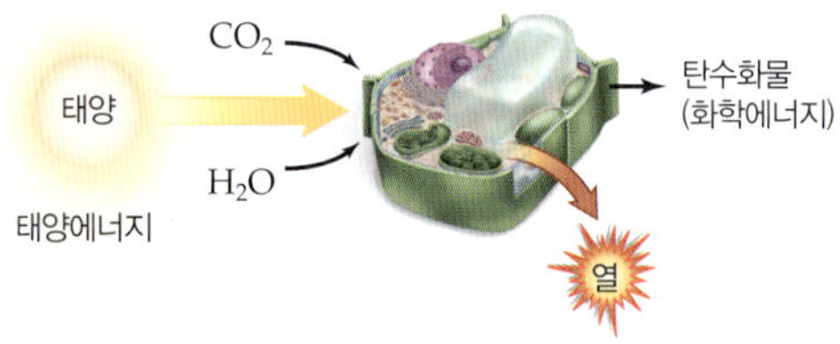


식물세포들은 이 과정에서 에너지를 만들지도 파괴하지도 않는다. 에너지원은 태양이다. 그리고 일에 사용할 수 없는 열조차 여전히 에너지의 한 형태이다. 말이 탄수화물에서 추출한 에너지를 사용해 근육을 움직이는 것처럼, 에너지의 형태가 바뀌는 과정에서 어떤 에너지도 파괴되지 않는다. 다만 일부는 열로 바뀌고 이 열은 환경 속으로 날아가 버린다.

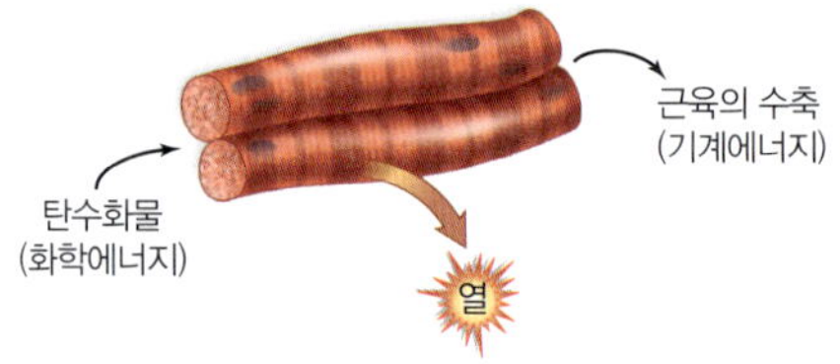

**그림 5.5B** 잔디는 태양에너지를 유기화합물의 화학에너지로 전환시킨다. 말은 이 화학에너지를 운동이라는 기계에너지로 전환한다. 결과적으로 식물이 흡수한 모든 태양에너지는 열로서 사라진다(사진의 말들은 아이슬란드 토종 말들이다).

에너지 전환이 계속되면 될수록 결국 포획된 태양에너지는 모두 환경 속으로 날아가는 열로 변환된다. 그러므로 우리는 에너지가 생물체들을 통하여 흐르는 것이며, 순환되지는 않는다고 말하는 것이다. 따라서 모든 생물들은 지속적인 태양에너지 공급에 전적으로 의존하고 있는데, 광합성을 하는 생물들이 태양에너지를 이용해 유기분자들을 합성하기 때문이다.

열역학 제2법칙은 에너지 변환이 일어날 때 '무질서'가 증가한다고 가르치고 있다. **'엔트로피'**라는 말은 자주 이같은 무질서를 설명하는 말로 사용된다. 에너지 전환이 일어날 때 전환된 에너지의 효율이 항상 100%가 되지 않기 때문에 엔트로피(무질서)가 증가한다. 예를 들면 자동차의 휘발유 엔진은 20~30%의 효율 사이에서 화학에너지를 기계에너지로 전환시킨다. 그 밖의 대부분 에너지는 열로서 잃어버리는(사라지는) 것이다. 세포들은 약 40%의 효율을 낼 수 있다. 역시 나머지 에너지는 열로서 주변 환경으로 사라진다.

▶ **5.5 진도 체크**

1. 생물체에게 잠재에너지와 운동에너지 모두가 어떻게 중요한지 설명하라.
2. 두 가지의 에너지 법칙을 달리고 있는 말에 적용해 보라.

## 5.6 세포 작용에 필요한 에너지는 ATP가 공급한다

### 학습 성과들

본 절을 공부하고 나면 다음에 대한 이해와 능력이 향상될 것이다.

1. ATP의 구조가 세포 대사활동에 어떻게 적합한지를 설명하기
2. ATP 분해가 어떻게 자유에너지의 증가를 가져오는지에 대해 설명하기

부엌에 있는 많은 기구들, 예를 들어 식기세척기, 전열기, 냉장고 등은 모두 전기에너지로 작동된다. 세포들은 앞에서 언급한 것처럼 ATP를 에너지로 사용하여 힘을 얻는다. **ATP**는 종종 세포의 현금 에너지라고 불린다. 여러분이 모든 제품들을 구매할 때 현금을 사용하듯이, 세포는 ATP를 사용하여 생명활동을 수행한다. 생체 고분자들의 합성, 원형질막을 경계로 한 물질의 이동, 세포소기관의 이동과 심모 운동 등이 모두 ATP를 요구하는 생명현상이다.

ATP는 DNA와 RNA의 구성 단위체인 뉴클레오티드이다. 아데노신 3인산이라는 이름에서 보듯이 ATP는 리보스당과 질소염기인 아데닌, 그리고 3개의 인으로 되어 있다(그림 5.6A). 이들 인들은 모두 (−) 전하를 띠고 있어서 서로 서로 밀어내고 있다. 이런 반발력을 제어하기 위해 에너지가 필요하며, 인들로 인해 AIP 분자는 구조가 불안정하다.

ATP는 쉽게 마지막 인산기를 잃어버리는데 그 이유는 분해 산물인 ADP(아데노신 이인산)와 보통 ⓟ로 표시되는 분리된 인산기가 더 안정하기 때문이다. 이 반응식은 다음과 같이 표시한다. ATP → ADP + ⓟ. ADP 역시 인산기를 하나 더 잃어버릴 수 있어 AMP(아데노신 일인산)가 만들어지기도 한다.

계속적인 분해와 ATP의 재생을 ATP 주기라고 한다(그림 5.6A). ATP는 만들어지자마자 에너지를 필요로 하는 생체 활동에 사용된다. ATP는 ADP + ⓟ로부터 재형성된다. 각

ATP 분자는 매일 약 10,000회의 합성과 분해 과정을 겪는다. 우리 신체는 하루 약 40kg 정도의 ATP를 사용하는데, 어느 한 순간에 보유하고 있는 양은 그 시점의 대사 작용에 꼭 적합한 양이다.

한편 ATP가 불안정하다는 것은 에너지 수여자로서의 효과적인 특징이라 할 수 있다. 이것이 ATP가 에너지 저장 분자로 사용되는 원인이기도 하다. 탄수화물과 지방은 다수의 H—C 결합을 지니고 있기에 안정하며 에너지 저장 분자로서 적합하다. 그들 속에 저장된 에너지는 세포호흡을 통해 ATP 생산에 사용되며, 이 과정은 대부분 미토콘드리아 내에서 이루어진다. 세포호흡의 첫 번째 단계는 포도당 분해과정으로 저장에너지를 내어 놓는 과정이므로 **'자유에너지 감소반응'**이라고도 부른다. 다른 말로 하자면, 저장에너지가 세포호흡을 통해 '방출되어' ATP 생산에 사용된다. 그러나 포도당의 에너지 중 약 40%만이 ATP의 잠재에너지로 전환되고, 나머지는 열로서 사라진다. ATP의 생산은 다음과 같은 이유로 가치가 있다.

1. ATP는 에너지를 반드시 필요로 하는 여러 가지 세포 반응들에 사용되기가 알맞다. 그러한 반응들을 **'자유에너지 증가반응'**이라고 부른다. 달리 말하면 에너지는 이들 반응이 일어나도록 하기 위해서 '유입되어야' 하는 것이다.
2. ATP가 ADP+ⓟ로 될 때, 방출되는 에너지의 양은 생물학적 목적에 필요한 양보다 다소 많지만 아주 낭비스러울 정도는 아니다. 5.7절에서는 어떻게 ATP 분해가 일어나고, 이 에너지가 세포 활동에 이용되는지 설명할 것이다.

그림 5.6B는 '자유에너지 감소반응(exergonic reactions)'을 어떻게 '자유에너지 증가반응(endergonic reactions)'으로 전환할 수 있으며, 그에 따라 에너지는 특별한 목적을 위해 어

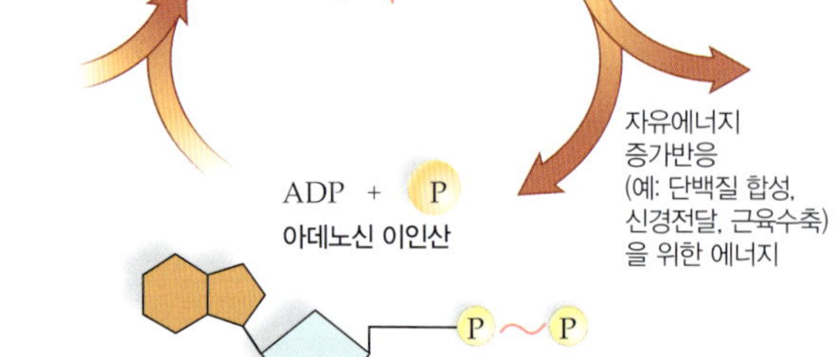


**그림 5.6A** ATP 주기. ATP는 미토콘드리아 내에서 생산되며, 세포 내의 에너지-요구반응들을 위해 사용된다. 그럼으로 ATP는 자유에너지 감소반응들(미토콘드리아 내)과 세포 내 여러 부분의 자유에너지 증가반응들 사이에 에너지를 옮겨준다. 인산기가 가수분해로 떨어져 나가면서, ATP는 물질대사 반응들을 위한 적절한 양의 에너지를 방출한다.

**그림 5.6B** 빌딩 건축 중인 이 사람은 일을 하면서 에너지를 내보내고(exergonic) 있다. 이 일은 에너지-증가 작업이다(endergonic). '자유에너지 감소반응'과 '자유에너지 증가반응'은 이처럼 일을 할 때 늘 함께 나타난다.

떻게 포획될 수 있는가를 설명하고 있다. 한 빌딩이나 한 생물체 같은 구조를 만드는 데는 에너지가 반드시 포획되어야 한다.

ATP를 가수분해하여 방출된 에너지는 에너지가 필요한 반응으로 어떻게 이동될 수 있으며, 또 어떻게 반응이 일어나는 것일까? 다르게 말하면 ATP는 어떻게 화학에너지로서 작용하는가? 여기에 대한 해답은 ATP 분해가 에너지 요구반응과 연결되어 있다는 것이다. **'연결반응들'**은 동일 장소에서, 동일 시간에 일어나 '에너지–감소반응(exergonic)'이 '에너지–증가반응(endergonic)'으로 이어지는 반응들이다. 보통 에너지 방출반응은 ATP의 가수분해이다. ATP에서 떨어져나오는 인산기의 양은 에너지–증가반응에서 소비된 양보다 더 많다. 때문에 엔트로피(무질서 상태)는 증가하며, 두 개의 반응들이 연결되어 진행되는 것이다. 이것이 연결반응을 설명하는 가장 간단한 방법이다:

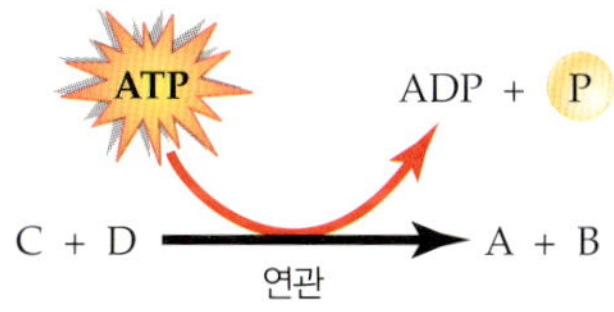


그러면 연결 반응이 일어나면 생물학적 목표가 어떻게 달성되는가? 세포는 ATP 가수분해가 에너지–증가반응과 연결되는 두 가지 방식을 취하고 있다. ATP가 반응물의 에너지 증가에 사용되거나 반응물의 형태 변화에 사용되는 것이다. 두 방법 모두에서 인산기는 반응물로 이동된다.

예를 들면, 요오드가 갑상선 세포에 모일 때 ATP는 가수분해 되며, 마지막 인산기가 떨어져 나가는 대신에 효소가 단백질에 부착된다. 이렇게 되면 단백질의 형태가 변화하고, 이 형태 변화는 요오드가 더 많이 세포 내로 움직이도록 해준다. 이와 대조가 되는 예는 폴리펩티드가 리보솜에서 합성될 때이다. 효소는 차례로 ATP의 인산기를 각 아미노산으로 이동시키며, 이 이동은 아미노산이 다른 아미노산과 결합하게 하는 에너지를 공급한다.

그림 5.6C는 ATP의 가수분해가 근육수축에 필요한 에너지를 어떻게 제공하는지를 보여주고 있다. 근육이 수축할 때는 굵은 필라멘트들이 세포 중앙으로 액틴 필라멘트들을 끌어온다. 그러면 그 결과로 근육이 짧아진다. ❶ 필라멘트 끝에 있는 미오신은 ATP(초록 삼각형)와 결합하고 휴지기 형태를 갖는다. ❷ ATP가 ADP(두 개의 삼각형) + ⓟ로 분해되면서 미오신 머리가 액틴에 부착한다. ❸ 미오신 머리로부터 ADP + ⓟ가 방출되면 형태가 변화되면서 액틴 필라멘트를 끌어당긴다. 한 번 주기가 완성되면 다시 새로운 주기가 ❶에서 시작된다. 미오신의 머리는 ATP와 결합하고 다시 한 번 휴식 형태를 취한다. 이 주기 도중에 화학에너지가 기계에너지로 전환되며 엔트로피는 증가된다.

연결반응을 거치면서 ATP는 생명유지에 필수적인 생체반응들을 수행하게 된다. 생체분자들은 세포와 조직의 형성을 위해 사용되고 체계적으로 구성된다. 세포와 생물체의 내부 구성 역시 잘 유지되어야 한다; 세포소기관들과 생물체의 움직임은 생명이 유지되는 한 지속되어야 한다.

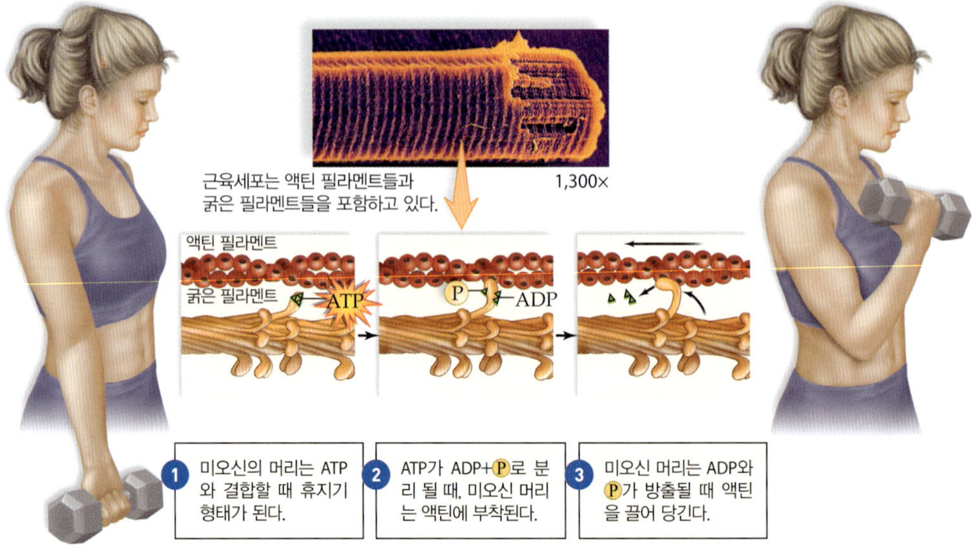


**그림 5.6C** 근육의 수축은 ATP가 분해될 때 이와 연결되어 일어난다. 그림에는 미오신 분자 한 개의 반응을 보여주고 있지만, 실제로는 많은 미오신 분자들이 함께 작용하는 것이다.

지금까지 우리는 세포 내에서 에너지가 어떻게 변환되는지 공부하였다. 다음 절에서는 일반적인 물질대사에 관해 공부할 것이다.

**▶ 5.6 진도 체크**

1. 왜 ATP가 세포들의 에너지 현금이라고 하는지 설명하라.
2. 그림 5.3A와 5.6을 사용하여, ATP의 가수분해가 어떻게 에너지-요구반응들과 연결될 수 있는지 설명하라.

# 효소 기능과 물질대사

세포의 물질 대사는 효소에 의해 지배된다. 만약 효소가 없다면 반응이 거의 일어나지 않기 때문이다. 효소는 반응물들을 한자리에 모아서 쉽게 반응하도록 하는 방식으로 활성 에너지를 낮추어준다. 그러므로 물질대사에 대한 연구는 효소들에 관한 연구와 함께, 효소 활성이 반응 조건들과 억제제들에 의해 어떻게 조절되는가에 대한 연구이다.

## 5.7 효소는 반응 속도를 높여준다

### 학습 성과들

본 절을 공부하고 나면 다음에 대한 이해와 능력이 향상될 것이다.

1. 효소들이 화학반응을 어떻게 촉진하는가를 설명하기
2. 효소의 촉진 능력과 그 생성물의 양에 영향을 주는 조건들을 열거하기

저녁식사로 섭취한 음식들은 소화기관으로 들어가 효소와 만나야 영양을 지닌 생체 고분자들로 분해될 수 있다. **효소**는 화학적으로 볼 때 대부분 단백질이다. 자신은 반응에 영향을

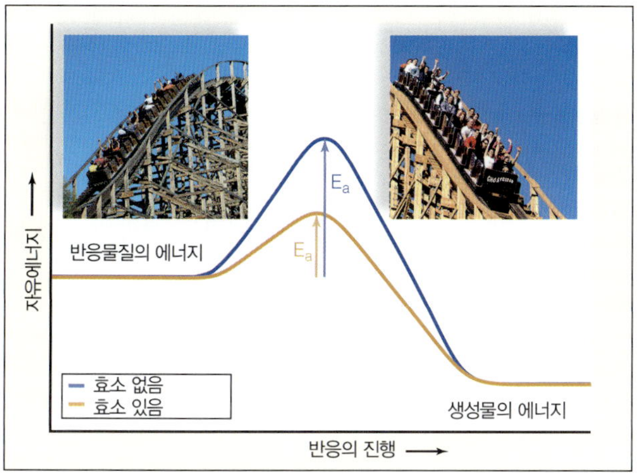


**그림 5.7A** 활성화 에너지(Ea)(롤러코스터가 올라갈 때)는 반응이 일어나게 한다(롤러코스터가 내려갈 때).

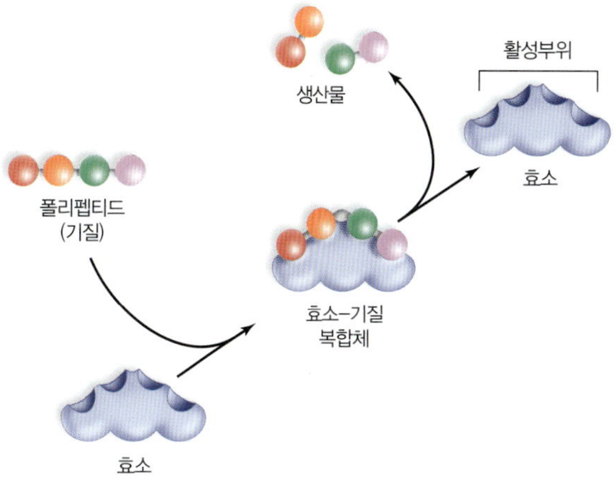


**그림 5.7B** 효소는 자기가 관여하는 반응에 의해서 구조가 변하지 않는다.

받지 않고, 화학작용을 촉진시키는 유기촉매로 볼 수 있다. 앞서 설명한 소화관의 경우처럼 세포에는 많은 유형의 효소들이 존재한다. 효소 반응은 어디에서나 일어날 수 있는데, 효소의 기본 작용 방식은 반응 속도를 높여주는 것이다.

**활성화 에너지** 그림 5.7A의 그림을 롤러코스터라고 상상해보라. 우선은 차(반응물질들)를 경사의 정상부까지 힘들여 밀어 올려야 한다. 그러나 일단 정상에 도달하면 그다음에는 힘들이지 않고도 차가 저절로 낙하할 것이다. 효소 반응도 마찬가지이다. 실험실에서는 열에너지를 사용한다. 열을 증가하면 분자들 간의 충돌 가능성이 증가하고, 이로써 반응을 발생시킬 수 있다. 효소의 역할은 이렇게 필요한 초기에너지, 즉 **활성화 에너지($E_a$)**를 낮추어 주는 것이다.

효소는 우리 체온 조건에서 반응물들을 효과적으로 모아준다. 그럼으로써 활성화 에너지를 낮추어준다. 각 효소들은 특정한 반응물에 대해 특이성이 있다. 그렇기 때문에 세포 내에는 여러 상이한 효소들이 존재할 필요가 있는 것이다. 한 효소반응 내의 반응물질을 효소의 **기질**이라고 부른다. 어떤 기질이 특별한 효소에 특이성을 보이는 까닭은 그 효소와 결합하여 효소-기질 복합체를 형성하기 때문이다. 효소에는 **활성부위**라 부르는 부위가 있고, 이 활성부위가 기질들과 결합하여 효소-기질 복합체를 형성한다. 그림 5.7B의 효소는 폴리펩티드를 소화하여 디펩티드 생산물을 만드는데 전체 반응을 다음과 같이 기호화할 수 있다:

| E | + | S | ⟶ | ES | + | E | + | P |
|---|---|---|---|---|---|---|---|---|
| 효소 | | 기질 | | 효소-기질 복합체 | | 효소 | | 생산물 |

한때, 생물학자들은 효소와 기질이 열쇠와 자물쇠처럼 서로 꼭 들어맞는 구조로 되어 있다고 생각했다. 그러나 그건 아니고 반응이 일어날 때 활성부위의 형태가 약간 변하면서 기질과 결합하는 것임을 알게 되었다. 이것을 **'유도적합모델'**이라고 부른다. 효소의 최적 활성을 위해 약간의 변형이 일어났기 때문이다. 이렇듯 활성부위의 형태 변화는 반응을 더욱 용이하게 촉진해준다. 일단 반응이 완료되고, 생산물이 만들어지면 활성부위는 원래 모

습으로 돌아가서 또 다른 기질과 결합할 준비를 한다. 세포에는 소량의 효소만이 필요한데 그 이유는 효소들이 계속적으로 반복 사용되기 때문이다.

일부 효소들은 단순히 그들의 기질(들)과 결합하는 것 이상의 기능을 수행한다. 예를 들면 트립신은 펩티드 결합을 분해함으로써 단백질을 소화시킨다. 트립신의 활성부위는 3개의 아미노산들과 *R* 그룹을 포함하고 있는데, 이 *R* 그룹이 실제로는 펩티드 결합의 구성물들과 상호작용을 한다. 즉, 결합을 깨고 가수분해를 위한 물분자를 전달해 준다.

**효소의 작용 속도에 영향을 주는 인자들** 반응속도는 단위 시간에 생산되는 생산물의 양이다. 일반적으로 효소 작용이 빠르기도 하지만, 어떤 경우에는 그 반응 속도를 천만 배 이상 증가시킬 수도 있다. 최고의 반응률을 달성하려면 무엇보다도 기질의 양이 충분해서 효소분자들의 활성부위를 반응시간 내내 채워줄 수 있어야 한다. 기질 양을 늘리고, 충분한 온도를 맞춰주고, 적정 pH와 도움인자들이 갖추어지면 효소의 반응률은 당연히 증가한다.

1. ***기질 농도*** 분자들은 반응을 하려면 공간적으로 함께 붙어 있어야 한다. 일반적으로 효소 활성은 기질 농도의 증가에 따라 같이 증가하는데 그 이유는 기질분자들과 효소가 마주칠 기회가 더 많아지기 때문이다. 더 많은 기질분자들이 활성부위를 채울수록 단위 시간당 생성물은 더 많아진다. 그러나 효소의 활성부위가 계속 기질로 채워져 있다면, 활성률이 더 이상 증가할 수 없다. 이미 최고율에 도달해 버렸기 때문이다.

   기질 양이 효소 반응률을 증가시키거나 제한할 수 있는 것과 같이, 활성효소의 양도 효소 반응률을 증가시키거나 제한할 수 있다.

2. **온도** 일반적으로 온도가 상승함에 따라 효소 활성도 증가한다(그림 5.7C). 이것은 온도가 따뜻할수록 효소와 기질들 간에 더 효과적인 접촉이 일어나기 때문이다.

   동물들의 체온은 동물들의 정상적 활성에 영향을 주는 것으로 여겨진다. 파충류는 낮은 체온 때문에 물질대사 반응이 느린 편인데 이것이 오늘날 왜 포유류가 지구상에 더 많이 존재하는지를 설명해주는 이유이다(그림 5.7D). 일반적으로 동물들의 체온이 따뜻하면(그림 5.7E) 외부 온도가 낮음에도 불구하고 효소들이 빠른 속도로 작용할 수 있다.

   그러나 실험실에서 온도가 일정 수준 이상 상승할 경우 효소 활성이 오히려 급속하게 저하된다. 이는 효소의 **변성** 때문이다. 효소의 입체적 형태가 변하고, 그 효소는 더 이상 그 기질과 효율적으로 결합할 수 없게 된다. 그럼에도 불구하고 일부 원핵생물들은 고온에서도 그들의 효소들

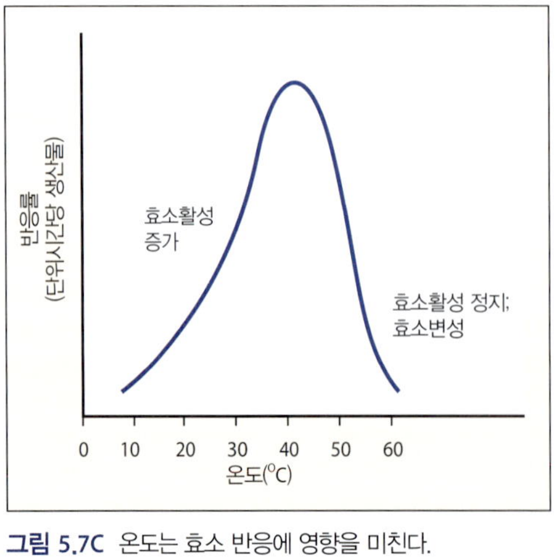

**그림 5.7C** 온도는 효소 반응에 영향을 미친다.

그림 5.7D 만일 체온이 파충류들처럼 낮다면 반응률이 느릴 것이다.

그림 5.7E 포유류처럼 체온이 따뜻하면 반응률은 증가한다.

이 변성되지 않기 때문에 온천이나 화산지대에서도 살 수 있다.

3. ***pH*** 각 효소들은 반응률이 최고인 적정 pH를 갖고 있다. 이 pH 값들에서는 효소가 정상적인 구조를 하고 있다. 한 효소의 입체 구조는 수소결합, *R*기들 사이의 상호작용에 달려 있다. pH의 변화는 이 R기의 이온화에 변화를 가져와 적정 상호작용을 깨뜨릴 수 있다. pH의 극한 조건하에서는 결과적으로 변성이 일어난다. 효소의 형태 변화가 발생하기 때문에 그 기질들과 효율적으로 결합하기 어렵다.
4. ***보조인자*** 많은 효소들은 활성을 위해 무기 이온이나 비단백질성 유기분자를 필요로 한다. 이들 필요 이온들과 분자들을 **'보조인자'**라고 부른다, 무기이온은 구리, 아연, 또는 철분 등과 같은 금속들이다. 비난백질성 유기분자들은 **'조효소'**라고 부른다. 이 보조인자들은 효소를 도우면서 때로는 반응에 필요한 원자들을 제공하거나 받아들이는 역할도 한다.

   **비타민**은 비교적 작은 유기 분자인데 이들은 적은 양으로도 충분하다. 사람이나 동물들은 대부분 음식을 통해 섭취하며, 조효소 합성에 매우 중요하다. 비타민이 조효소 분자의 구조를 구성하는 일부분으로 작용하기 때문이다. 만약 비타민이 부족하면 효소활성이 감소하며, 그 결과 비타민 결핍장애를 일으킨다. 예를 들면 니아신 결핍은 펠라그라라고 하는 피부병을 일으키고, 리보플라빈 결핍은 입에 균열을 일으킨다.

**효소반응 저해** 그림 5.7F는 효소반응이 세포 내에서 무계획적으로 일어나지 않는다는 것을 보여 준다. 효소반응은 보통 ❶ 일련의 연관된 반응들인 **대사과정** 중 일부이다. 효소반응 저해는 한 분자(억제제)가 효소에 결합하고, 활성을 감소시킴으로써 발생한다. 그림에서 보는 바와 같이 종종 물질대사 경로의 최종 생산물이 저해제로 작용할 수 있다. 이것은 더 이상 필요치 않을 때 그 생산물이 생산되지 않는다는 것을 의미한다.

❷ 그림 5.7F는 또한 **'비경쟁억제'**를 설명하고 있다. 억제제(F 최종산물)는 효소 $E_1$의 활성부위 말고 다른 위치에 결합한다. 억제제가 결합되어 있는 부위를 알로스테릭(allosteric) 부위라 하는데, 이렇게 되면 효소 $E_1$은 그 기질인 A와 결합할 수 없게 되어 결과적으로 효소 활성이 억제된다.

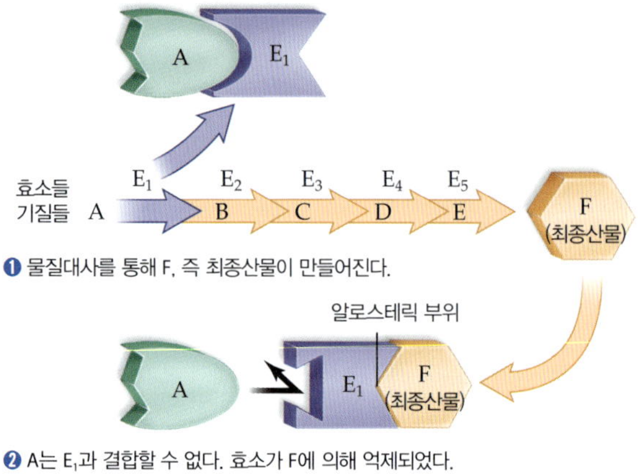


**그림 5.7F** 대사경로와 비경쟁적 억제

비경쟁억제와 대조적으로 '**경쟁억제**'는 한 억제제와 기질이 효소의 결합부위를 놓고 경쟁할 때 발생한다. 억제제가 아니라 기질이 결합부위에 있을 때만 생산물이 형성된다. 이런 식으로 생산물 양이 조절된다.

정상적으로 효소 억제는 가역적이며, 억제로 인하여 효소가 손상되지는 않는다. 효소 억제가 가역적이지 않다면 억제제는 영구적으로 활성을 저해하거나 효소를 파괴해버리고 말 것이다. 여러 종류의 대사 독성물들이 알려져 있는데 이들은 주로 비가역적 효소 억제제이다.

**▶ 5.7 진도 체크**

1. 효소의 활성부위와 그 기능에 대한 의미를 알아보라.
2. 효소의 기능이 최고가 되는 조건을 미리 아는 것이 어째서 도움이 되는지 설명하라.
3. 효소 억제에 대한 이익과 불이익을 평가하라.

## 생물학은 우리 삶에 어떻게 영향을 주는가?

시안 가스는 과거 죄인을 처형할 때 사용된 바 있다. 그러면 그것은 어떻게 작용하는가? 시안화물(청산가리)은 ATP 생산에 필요한 미토콘드리아의 효소와 결합하여 이를 억제하기 때문에 그 결과가 치명적이다. MPTP(1-메틸-4-페닐-1, 2, 3, 6-테트라하이드로피리딘; 파킨슨병 유발약제)는 또 다른 효소 억제제로서 미토콘드리아의 ATP 생산을 정지시킨다. MPTP의 독성은 1980년대 초에 발견되었는데, 정맥주사로 마약을 사용하던 사람들이 캘리포니아에서 갑자기 파킨슨병 증세를 나타낸 것이다. 대표적인 증상은 통제 불능한 떨림(본태성 떨림인 수전증 포함)과 근육의 경직이었다. 조사 결과 마약 사용자들 전부가 MPTP로 오염된 합성 형태의 헤로인을 주입한 것으로 드러났다.

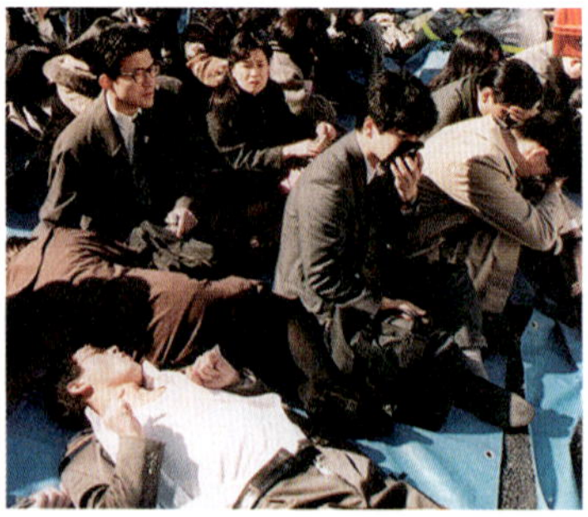

**그림 5C** 1995년 일본 지하철에 호흡을 할 수 없게 하는 신경가스 사린을 테러집단들이 살포했을 때의 여파.

화학물질 사린은 신경이 근육에 와 닿아 자극하는 장소인 신경-근육 연접에서 효소 반응을 억제한다. 효소가 억제되면 근육수축 신호가 끊기지 않고 지속되어 근육이 이완되지 못하고, 결국 마비되어 버린다. 사린에 의해 호흡에 필요한 근육이 마비되면 결과는 당연히 치명적이다. 1995년도에 일본에서 테러리스트들이 지하철에 사린가스를 살포한 적이 있었다. 당시 많은 사람들이 증세들을 나타냈고, 그 중 17명이 사망하였다(그림 5C).

## 본 장에 대한 리뷰

### 개념들의 연결

원형질막은 세포의 문지기라고 부르는데 참으로 적절한 이름이다. 그 이유는 수 없이 많은 단백질들이 여기에 위치해 있어 특정 물질만을 출입시키기 때문이다. 당뇨병, 낭포성 섬유증, 고콜레스테롤 증상 등이 있는 사람들에서는 원형질막 내의 어떤 단백질이 기능 부전되었는지를 파악하는 것이 그 병을 치료하기 위한 첫 번째 단계이다.

다세포 생물체들은 세포들을 상호 연결시키고 서로 소통하게 하는 기전들이 필요하다. 세포들을 지탱하고 세포 간의 소통 기능을 하는 물질을 분비하는 것도 원형질막이다. 모든 세포들은 동일한 당단백질들과 당지질들을 함유하고 있다.

세포는 효소반응들을 수행하므로 대단히 역동적이다. 세포 내 반응들은 대부분 에너지를 필요로 한다. 에너지는 일을 하는 능력이다. 변화를 일으키고 또 여러 현상들이 일어날 수 있게 하는데 그것이 식물의 잎이건 또는 달리는 동물이건, 사람이건 모두 마찬가지이다. 원형질막을 가로지르는 물질의 교환은 효소가 있어 지속될 수 있다. 효소가 존재하지 않으면 세포 내에서 거의 아무 반응도 일어날 수 없다. 효소들은 기질들을 한데 모으며, 활성화 에너지를 낮추는 방식으로 작용을 한다. 대부분의 효소들은 단백질이기 때문에 환경 조건들, 즉 pH, 온도, 그리고 주변에 존재하는 억제제들에 아주 민감하다. 한 세포에서 비경쟁억제는 효소 활성을 조절해준다.

ATP는 생명의 보편적 에너지이다. 즉, 세포의 '현금'인데 에너지-소요(증가) 반응을 진행하게 만든다. 세포 내에서 탄수화물의 분해가 일어나면 저장되었던 에너지가 방출되면서 그 에너지를 이용해 ATP 분자가 형성된다. 물질대사가 일어나려면 ATP의 화학에너지가 필수적이다. ATP 에너지는 분자 합성, 근육 수축 등 생물의 구조와 기능에 다양하게 이용된다.

제6장에서 우리는 탄수화물이 어떻게 미토콘드리아에서 분해되어 ATP로 변환되는가를 논하게 될 것이다. 엽록체와 미토콘드리아는 세포소기관들로서 에너지가 태양으로부터 생물 집단으로 흐르는 통로이다.

### 분석과 평가

1. 효소 구조는 활성화 장벽들을 어떻게 낮추어주는가?
2. 폴리펩티드의 합성은 에너지 증가반응이다. 이 반응을 위해 어떤 환경 조건들이 맞아 떨어져야 하는가?
3. 원형질막에 위치한 어떤 단백질들이 세포와 세포 사이의 인식과 연락(소통)에 필요한가?

## 요약

### 원형질막의 구조와 기능

**5.1 원형질막은 단백질이 포함되어 있는 인지질의 이중층이다**

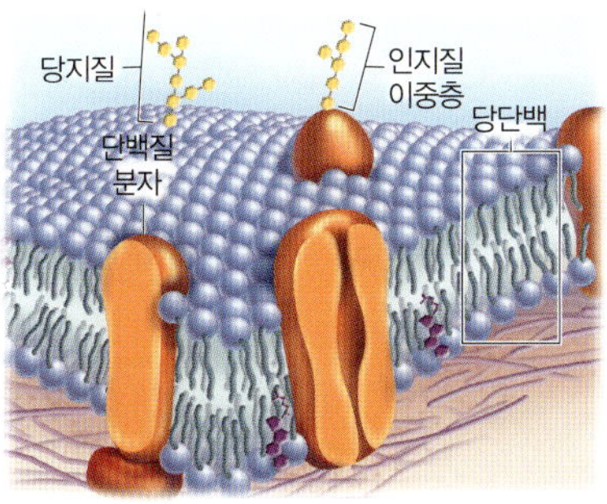


- 원형질막뿐 아니라 모든 세포막들은 **인지질의 이중막**이다. 원형질막을 말할 때 '**유동모자이크모델**'이라고 하는데, 이것은 단백질들이 액상 인지질 이중층에서 모자이크 문양을 형성하기 때문이다. **콜레스테롤**은 스테로이드로서 동물세포의 원형질막에 박혀 구조적 안정성을 부여한다. 탄수화물 사슬에 부착되어 있는 인지질과 단백질을 '**당지질**'과 '**당단백질**'이라고 각각 부른다.
- 원형질막의 단백질들은 무수한 기능을 가지고 있다. 통로단백질들은 분자들을 통행하게 하고, 운반단백질은 막을 통한 분자들의 운반을 돕는다. 세포인식 단백질들은 신체가 그 자신의 세포들을 인식하도록 돕는 당단백질들이다. 수용체단백질들은 특이 신호분자들과 결합한다. 효소단백질들은 물질대사 반응 수행을 돕는다. 연접단백질들은 세포 간 연락(소통)을 돕는다.

### 세포 내부와 외부로의 분자들의 통과

**5.2 막 통과 확산에는 에너지가 요구되지 않는다**

- 원형질막은 '**선별적 투과성**'을 나타낸다. 원형질막을 자유롭게 통과하는 분자들은 거의 없다. '**확**

**산**'을 통하여 액체 내 분자들은 '**농도기울기**'를 따라 양쪽이 균등하게 될 때까지 이동한다. '**촉진확산**'에서는 운반체라 불리는 통로단백질이 있어 수동적으로 용질의 통행을 도와준다. **아쿠아포린** 같은 통로단백질은 개방된 도관 형태의 통로이다. 담체단백질(운반단백질)들은 물질과 결합해야 하기 때문에 반응속도가 빠르지는 않다.

- '**삼투**'는 물이 반투막을 넘어 확산하는 현상이다(예; 원형질막). 등장액에 있는 세포들은 물을 잃지도 얻지도 않는다. 그러나 **저장액**은 물을 얻는다. 반대로 **고장액**은 물을 잃는다. 저장액에서 물을 얻게 되어 세포가 증대된 것을 '**팽압**' 현상이라고 부른다. 고장액 내에 있음으로 물을 잃고 세포가 쭈그러들어 작아진 것을 '**원형질분리**'라고 한다.

### 5.3 능동수송과 대량수송에는 에너지 투입이 필요하다

- **능동수송** 중에는, 물질이 농도기울기에 반하여서 움직인다. 이때에 여러 단백질 운반체들이 참여하는데 이들을 펌프라고도 부른다(예; **나트륨-칼륨 펌프**).
- 대량수송은 소낭을 형성하는 방식이다. '**세포내섭취**' 과정 중 소낭은 물질을 세포 내로 운반한다. '**탐식작용**'은 아메바성 세포들이 찌꺼기나 박테리아를 삼켰을 때 일어난다. '**음세포작용**'은 소낭이 액체나 작은 입자들 주위에서 형성될 때 발생한다. '**수용체-매개 세포내섭취**'는 선택적이며 음세포작용 보다 더 효율적이다. '**세포외배출**'에서는, 소낭들이 여러가지 물질(예; 소화효소들, 호르몬)을 세포 밖으로 운반해 나간다.

## 원형질막과 세포의 물질교환

### 5.4 세포외 물질은 세포들을 서로 연결시키고 소통할 수 있게 해준다

- 식물세포들은 세포벽을 갖고 있다. 식물세포들은 **원형질연락사**에 의해서 연결된다. 동물세포들은 '**부착연접**'(세포들이 필라멘트로 결합된다)과 같은 연접들로 연결된다; '**밀착연접들**'(지퍼와 같은 기능); '**간극연접들**'(통로들이 존재한다). 동물세포들은 **세포외기질(ECM)**을 갖고 있는데 이것은 세포 내로 신호를 전달하는 역할을 한다.

## 생물체와 세포의 에너지 전환

### 5.5 에너지는 세포 내 여러 현상을 가능하게 해준다

- **에너지**는 일을 하는 능력이다. 다섯 가지 에너지의 형태들이 있는데, 방사선, 화학, 기계, 전기, 핵에너지 등이다. '**열**'은 이용성이 제한적인 운동으로부터 유래하며, 물질을 따뜻하게 하는데 사용될 수 있다. '**잠재에너지**'는 저장에너지인 반면, **운동에너지**는 활동에너지이다.
- **칼로리**는 에너지를 측정하는 데 사용된다. 칼로리란 물 1g의 온도를 1℃ 올리는 데에 드는 열량이다. 음식의 칼로리 값은 **킬로칼로리(kilocalories)**로 측정한다.
- 에너지와 그것을 사용하는 데에는 두 가지 법칙이 적용된다. (1) 열역학 제1법칙: 에너지는 만들어지지도 파괴되지도 않지만 한 형태에서 다른 형태로 전환될 수 있다. (2) 열역학 제2법칙: 에너지는 유용 에너지의 손실 없이 한 형태에서 다른 형태로 전환할 수 없다. 에너지가 전환될 때 일부는 항상 열로서 사라지며 **엔트로피**가 증가한다.

### 5.6 세포 작용에 필요한 에너지는 ATP가 공급한다

- **ATP**가 분해되어 ADP + Ⓟ가 되면서 결합에 들어 있던 에너지가 방출되어 나온다. ATP가 계속적으로 가수분해되고, 또 ATP가 재생되는 것을 ATP 주기라고 한다. '**에너지 감소반응**'은 에너지가 방출되는 반응이다. '**에너지 증가반응**'은 에너지의 투자를 필요로 한다.
- ATP의 분해는 에너지를 요구하는 반응들과 연결되어 일어난다. '**연결반응**'이란 ATP 분해(에너지 감소반응)가 에너지 증가반응으로 연결되는 것이다. ATP는 저장되지 않는다. 대신에 세포호흡을 통하여 필요한 만큼 계속 제조된다. 형성되자마자 ATP는 세포 내에서 에너지 증가반응을 추진하기 위하여 사용된다.

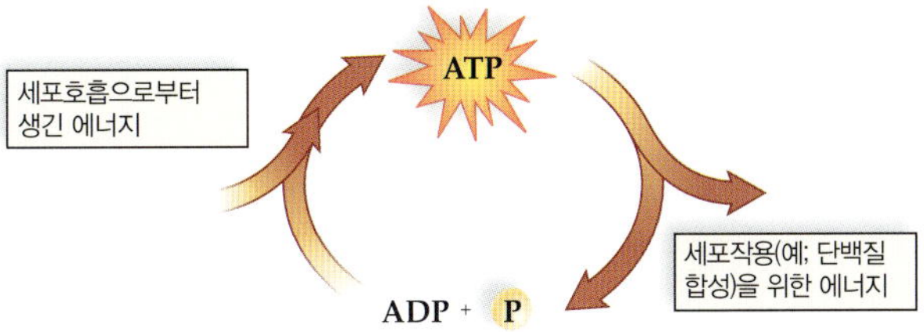


## 효소 기능과 물질대사

### 5.7 효소는 반응 속도를 높여준다

- **'효소'**는 자기는 영향 받지 않으면서 화학반응의 속도를 높여주는 단백질 분자들이다. 효소는 반응물질들을 모아주는 방식으로 **활성화 에너지**를 낮추어준다.
- 효소반응은 특이하다. 효소반응에서 반응하는 물질들을 **'기질'**이라고 부른다. **'활성부위'**는 효소의 한 부분인데 기질과 결합하여 효소–기질 복합체를 형성하는 부위이다. **'유도적합모형'**에 따르면 활성부위의 형태는 **기질**을 받아들이면서 입체적 구조가 변화된다.
- 효소 속도는 그 주변의 조건들에 의해 영향 받는다. 효소 활성은 모든 활성부위가 기질에 의해 점유될 때까지 기질농도와 함께 비례하여 증가한다. 온도가 오르면 효소 활성은 너무 높지 않은 적정선까지 비례하여 증가한다. 온도가 너무 높으면 효소는 **'변성'**되고, 활성 수준도 감소해버린다. 각 효소는 적정 pH가 필요하며, 또한 **'도움인자들'**과 **'조효소'**들이 적정반응을 위해 필요하다. **비타민**들은 조효소 합성을 위해 이용된다.
- 효소들은 비경쟁적으로, 그리고 경쟁적으로 억제될 수 있다. 하나의 **물질대사 경로**에서 여러 효소들이 순차적으로 작용하는데, 그중 하나라도 억제되면 전체 경로가 멈추고 만다. 한 물질이 효소와 결합하여 활성을 감소시킬 경우 효소억제가 발생한다. **'비경쟁적 억제'**에서 억제제는 종종 그 물질대사 경로의 최종산물이다. 이럴 때 억제제는 효소의 알로스테릭 부위에 결합한다. **'경쟁적 억제'**에서는 억제제와 기질이 효소의 활성부위를 놓고 서로 경쟁한다.

## 자기 테스트

### 원형질막의 구조와 기능

1. 유동모자이크모델에서, 막의 어떤 구성 성분이 유동성을 나타내는가?
   a. 당단백질　　b. 오직 콜레스테롤만
   c. 지질 이중층만이　　d. 이들 모두가 유동성이다.
   e. b와 c가 맞다.
2. 콜레스테롤은 ________의________세포들에서 발견된다.
   a. 세포질, 식물　　b. 원형질막, 동물
   c. 원형질막, 식물　　d. 모두 맞지 않다.
3. 원형질막 단백질에 대해 연결이 옳지 않은 것은?
   a. 효소 단백질– 반응을 촉진시킨다.
   b. 수용체 단백질–외부 침입물을 인식한다.
   c. 운반 단백질(담체 단백질)–한 물질을 막 건너로 운반한다.
   d. 통로단백질–한 물질을 막 건너로 운반한다.
   e. 모두 다 맞다.

### 세포 내부와 외부로의 분자들의 통과

4. 능동수송 내에 포함된 세포들은 많은 수의 ________을 그들 원형질막 가까이에 갖고 있다.
   a. 액포들　　b. 미토콘드리아
   c. 액틴 필라멘트　　d. 리소좀

5. 피복소공(벽공)과 관계있는 것은?
   a. 단순확산 b. 삼투 c. 수용체-매개 세포 내 흡수 d. 음세포작용
6. 탐식작용이 발생하는 세포는?
   a. 아메바들 b. 백혈구들
   c. 적혈구 세포들 d. a와 b가 모두 맞다.
7. 세포가 저장액에 있을 때
   a. 용질이 세포에서 빠져나가 막의 양쪽 농도를 동등하게 한다.
   b. 용질의 농도가 낮은 부위로 물이 세포를 빠져나간다.
   c. 고농도의 용질 영역으로 세포의 물이 빠져나간다.
   d. 용질은 나가고 물은 세포 내로 들어온다.
   e. c와 d가 모두 맞다.
8. **개념적 사고** 인체의 혈액은 항상 용질 농도가 조직액보다 높다. 왜 이것이 혈액의 운반 기능에 중요한가?

문제 9-12, 각 문제의 내용에 맞는 항목들을 '키(열쇠)'에서 고르라. 각 문제 당 두 개 이상의 해답이 있을 수도 있다.

키(열쇠):
   a. 단순확산 b. 촉진 확산 c. 삼투 d. 능동수송

9. 분자들의 운동, 고농도에서 저농도로
10. 막이 요구된다.
11. 에너지 투입이 요구된다.
12. 운반체가 요구된다.

## 원형질막과 세포의 물질교환

13. 어떤 유형의 연접이 인접 세포들을 함께 밀착 결합시켜서 체액이 그들 사이를 통과할 수 없게 하는가?
   a. 부착 b. 간극 c. 원형질연락사 d. 밀착
14. 세포들 간의 연락(소통)은 종종 ____을 요구한다.
   a. 세포 신호 b. 신호전달경로
   c. 오직 효소들과 에너지 d. 통로단백질들에 의한 분자들의 통행 e. c만 빼고 다 맞다.

## 생물체와 세포의 에너지 전환

15. 다이빙대 위에 선 다이버는 ______ 에너지를 가진다. 다이빙을 할 때 다이버는 ______ 에너지를 나타낸다.
   a. 잠재, 잠재 b. 운동, 운동 c. 잠재, 운동 d. 운동, 잠재
16. 에너지의 _______은 열역학 법칙을 깨트리는 것이다.
   a. 창조 b. 전환
   c. a와 b가 다 맞다. d. a와 b가 모두 틀리다.
17. 에너지 전환의 결과로서
   a. 엔트로피가 증가한다. b. 엔트로피가 감소한다.
   c. 열에너지를 얻는다. d. 열의 형태로 에너지를 잃어버린다.
18. ATP가 분해되면 무슨 반응이 발생하는가?
   a. 가수분해 d. a와 c가 모두 맞다.
   b. 에너지 증가 c. 에너지 감소 e. 모두 맞다.
19. 두 가지 반응이 동시에 일어난다면
   a. ATP가 자유에너지 증가반응을 가능하게 한다.
   b. 에너지가 만들어져 전환이 일어나게 된다.

c. 잠재에너지가 점차 기계에너지로 바뀐다.
d. 에너지 사용에 대한 에너지 법칙을 반하는 것이다.
e. a와 b가 모두 맞다.

20. **개념적 사고** 여러분이 예를 들어 글리코겐 같은 식료품을 대량 구입하는 것은 어떨까? 그리고 금방 요리한 음식물의 ATP는 어떤 상태일까?

### 효소 기능과 물질대사

21. 효소 작용의 모델을 현대적 용어로 무엇이라 부르는가?
   a. 유도적 적합모델 b. 활성화 모델 c. 자물쇠-열쇠 모형 d. 활성 기질 모델

22. 한 효소의 활성부위는
   a. 다른 효소들과 동일하다.
   b. 기질이 결합할 수 있는 효소의 한 부분이다.
   c. 여러 번 계속 사용될 수 있다.
   d. pH나 온도 같은 환경 요인들에 의해서 영향을 받을 수 있다.
   e. b와 c가 모두 맞다.

23. 비타민은 어떤 물질의 구성요소인가?
   a. 보조반응물질 b. 보조설탕 c. 조효소 d. 이들 모두 틀리다.

24. 온도
   a. 끓는 온도는 효소를 변성시키므로 보통 효소를 억제시킨다.
   b. 효소반응 속도에 영향을 끼친다.
   c. 알로스테릭 부위에 결합하는 에너지 형태이다.
   d. 모두 맞다.

## 참여하기

1. 제1, 제2 열역학 법칙을 사용하여 왜 생태계는 태양에너지를 지속적으로 필요로 하는지 설명하라.
2. 효소 기능을 설명하기 위한 실험을 설계하라는 요청을 받았다. 환경을 포함하여 무슨 요소들을 고려해야 하는가?

## 미디어 연구 도구

mhhe.com/ maderconcepts3

상호작용 학습도구들, 연습문제들 등을 이용하여 여러분의 학습을 강화하라. 또한 ConnectPlus를 통해 이용가능한 학습자료들에 대해서도 여러분의 선생님에게 문의하라. ConnetPlus에는 개인별 맞춤형 학습 프로그램인 LearnSmart와 영상매체가 풍부한 eBook이 포함되어 있다.

# 제 6 장

# 세포호흡의 경로

## 본 장의 개요



## 본 장을 시작하기 전에

잠깐 돌아보기
탄수화물의 화학적 구조(3.3절과 3.4절)
미토콘드리아의 구조(4.9절)
ATP 회로(5.6절)

## ATP의 보편적 특성

ATP(adenosine triphosphate)는 분자화석으로 불릴 정도로 존재가 오래되었으며, 보편적인 특성을 나타낸다. ATP는 지구상 생명이 시작되었던 35억 년 전부터 존재하였다. 아마도 다른 뉴클레오티드들처럼 지구 대기 속에서 형성되어 빗물과 함께 바닷 속으로 들어와 진화하는 세포하고 결합하였을 것이다. 현재 지구상에 존재하는 세포들은 태초의 조상세포로부터 서로 다르게 발달한 것이기 때문에 ATP는 모든 세포들이 공통으로 사용하는 에너지로서의 보편성을 지니게 되었다. 세포는 에너지가 필요할 경우 ATP를 분해하여 사용한다.

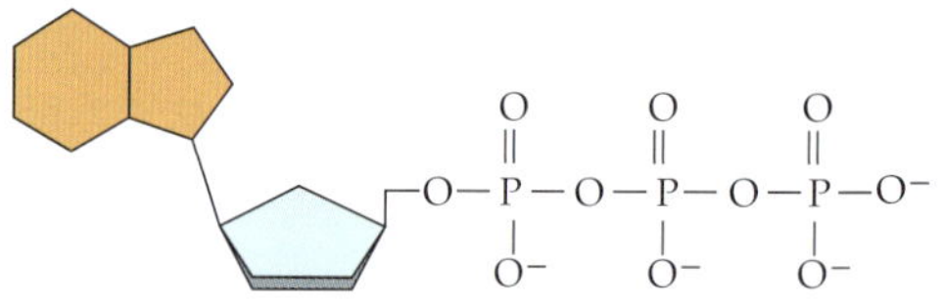


ATP(아데노신 트리포스페이트)

ATP의 비밀은 무엇일까? 어째서 ATP의 구조는 세포들의 에너지 현금으로 알맞을까? ATP는 3개의 인산기를 갖는 뉴클레오티드이며, 바로 여기에 에너지 공급 능력의 비밀이 있다. 인산기는 각각 음전하를 갖고 있기 때문에 서로 반발한다. ATP가 ADP로 분해되면 이러한 반발이 감소하며 결합에너지가 방출된다. 세포들이 삼인산 뉴클레오티드

에메랄드나무 보아뱀, *Corallus caninus*

로부터 얻은 에너지는 여러 가지 생체 운동을 위해 사용된다. 만약 에너지가 생명현상을 위해 사용되지 않으면 에너지는 그냥 열로 소실되어 날아가고, 생명체는 더 이상 존재할 수 없다.

ATP가 최초의 세포들 속으로 결합되어 들어가고, 깨어지면서 에너지를 방출하는 장면을 상상해보자. 그 다음에 과연 무슨 일이 벌어질까? ATP가 ADP + Ⓟ로 분해되어 사용되고 나면 그것은 다시 ATP로 재순환되어야 한다. 재순환이 일어나지 않을 경우 세포는 죽고 만다. 미토콘드리아가 이에 대한 대답이다. 미토콘드리아는 세포의 발전소라고 불리는데, 미토콘드리아 없이는 진핵생물 세포의 ATP 재건 능력이 제한되기 때문이다. 미토콘드리아는 ATP를 생산하기 위해 포도당, 지방산, 심지어는 단백질까지 다양한 에너지원을 사용한다.

ATP는 독특한 화학에너지 저장소이다. 그 어떤 다른 분자도 유사한 방식으로 화학에너지를 저장할 수 없다. 아미노산은 단백질을 만드는 데 활용되고, 뉴클레오티드들은 DNA와 RNA 제조에 사용되듯이 각각 다른 기능이 있지만, ATP는 모든 세포에서 동일한 구조와 동일한 기능을 위해 사용된다. ATP는 모든 형태의 생명체가 삶을 이어가기 위해 요구하는 에너지를 공급해준다. 스키를 타든, 에어로빅 강습에 나가든, 산보를 하든, ATP는 근육을 수축하고 움직이는 데 필요한 에너지를 제공해준다. 심지어 ATP는 신경 전도에도 필요하며, 단백질을 합성하거나 기타 에너지가 필요한 세포의 어떠한 반응에도 관여한다. ATP 분자들은 세포가 유기화합물에 저장된 에너지를 추출해내는 세포호흡을 통해 만들어진다. 본 장의 주제는 바로 세포호흡이다.

문어, *Octopus vulgaris*

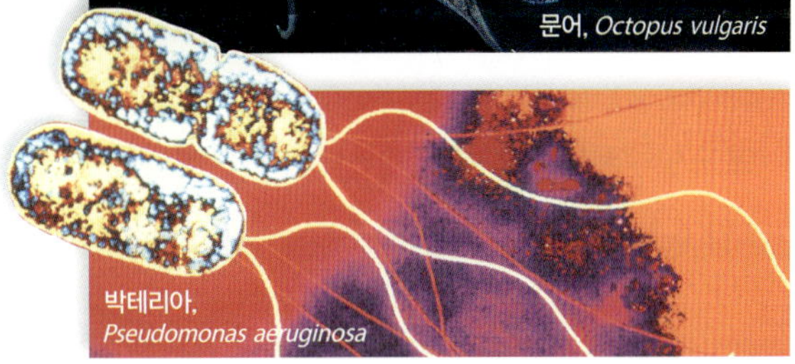
박테리아, *Pseudomonas aeruginosa*

흔히 보는 굵은 삼나무, Taxodium distichum

## 세포호흡 개관

세포에서 일어나는 호흡, 즉, 세포호흡은 산소를 마시고 이산화탄소($CO_2$)를 배출하는 체호흡과 유사하기 때문에 매우 적절한 명칭이라 하겠다. 세포호흡 과정에서 포도당이 분해될 때 ATP가 생산된다. 이 과정은 우리 몸을 이루는 모든 세포에서 일어나고 있다.

### 6.1 세포호흡은 $O_2$가 요구되는 산화환원 반응이다

#### 학습 성과들

본 절을 공부하고 나면 다음에 대한 이해와 능력이 향상될 것이다.

1. 포도당의 분해를 산화환원 방정식으로 인식하고 설명하기
2. 세포호흡 과정에서 $NAD^+$와 FAD의 기능을 비교 설명하기
3. 세포호흡의 4개 단계를 설명하고, 각 단계별 세포 내 위치를 지정하기

광합성은 산화환원 반응이며 세포호흡이기도 하다. 생명체에서 산화는 수소 원자들($e^-$ + $H^+$)을 제거하는 것이고, 환원은 수소원자들을 더하는 것이다. 세포호흡이 일어날 때도 포도당으로부터 수소원자들이 제거되며, 그 결과로 이산화탄소($CO_2$)가 만들어진다. 다른 한편으로, 산소는 수소원자들을 받아들여 물로 전환된다.

$$\underset{\text{포도당}}{C_6H_{12}O_6} + 6\,O_2 \longrightarrow 6\,CO_2 + 6\,H_2O + \text{에너지}$$

(산화: $C_6H_{12}O_6$ → $6\,CO_2$; 환원: $6\,O_2$ → $6\,H_2O$)

포도당 분자들이 $CO_2$로 산화되면 에너지가 발생하는데, 이것은 ATP 생산에 사용된다(그림 6.1A).

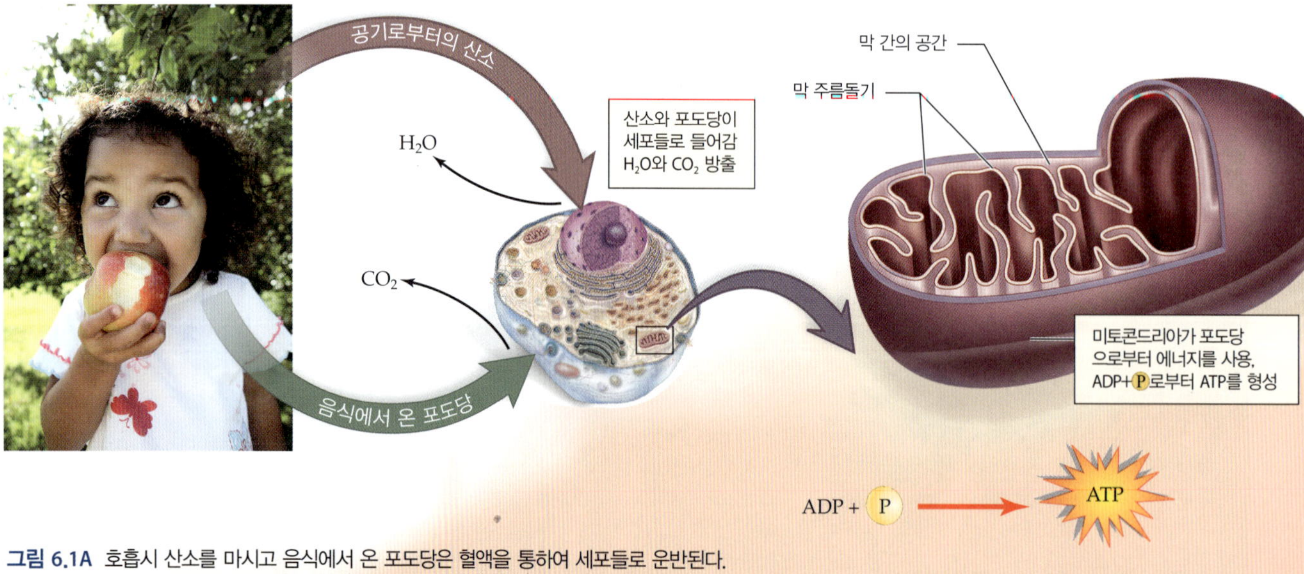


**그림 6.1A** 호흡시 산소를 마시고 음식에서 온 포도당은 혈액을 통하여 세포들로 운반된다. 미토콘드리아에서는 포도당 산물들이 $CO_2$와 물로 분해된다. $CO_2$는 밖으로 내보내진다.

**NAD⁺와 FAD** 조효소인 **NAD⁺**(니코틴아미드 아데닌 디뉴클레오티드)와 **FAD**(플라빈 아데닌 디뉴클레오티드)는 포도당 분해산물들의 산화에 관여하는 효소들을 돕는다. $NAD^+$는 2개의 전자들($2\ e^-$)과 1개의 수소이온($H^+$)을 받아들여 NADH로 된다:

$$NAD^+ + 2\ e^- + H^+ \leftrightarrow NADH$$

FAD는 2개의 수소원자를 받아서($2\ e^- + 2\ H^+$) $FADH_2$가 된다.

$$FAD + 2\ e^- + 2\ H^+ \leftrightarrow FADH_2$$

NADH와 $FADH_2$가 받아들인 전자들은 고에너지의 전자들이어서 미토콘드리아 내에 위치한 **'전자전달계(ETC)'**로 운반된다(그림 6.1B). 전자들이 ETC를 이동하면서 그들의 에너지는 포획되어 ATP가 생산된다. 산소는 ETC 반응의 끝에서 전자수용체로 작용하여 신속하게 $H^+$을 붙잡아 물로 전환된다. $NAD^+$와 FAD는 두개의 지정된 장소를 오고가는 셔틀버스에 비유된다. 왜냐하면 $NAD^+$와 FAD가 그들의 '승객들'을 ETC에서 하차시키고 더 많은 전자들을 또 실어나르려고 원위치로 돌아가기 때문이다.

포도당으로부터 전자들을 점진적으로 추출해내려면 여러 단계의 반응들이 필요하다. 포도당을 한 번에 태우지 않고, 이렇게 단계적으로 산화시키는 것이 세포에게는 어떤 유익이 될까? 만약 여러분의 자동차 엔진이 휘발유 연료를 한 번에 태운다면 큰 폭발과 함께 엄청난 열이 그대로 날아가 버려 차는 움직이지 못할 것이다. 그 대신에 엔진이 조금씩 휘발유를 태워가며 에너지를 조금씩 사용한다면 여러분의 차는 그 연료로 수십 킬로미터를 갈 수 있을 것이다. 같은 방식으로 세포가 단계를 밟아 포도당을 산화시키면 포도당 한 분자로부터 다수의 ATP 분자가 생산될 수 있다.

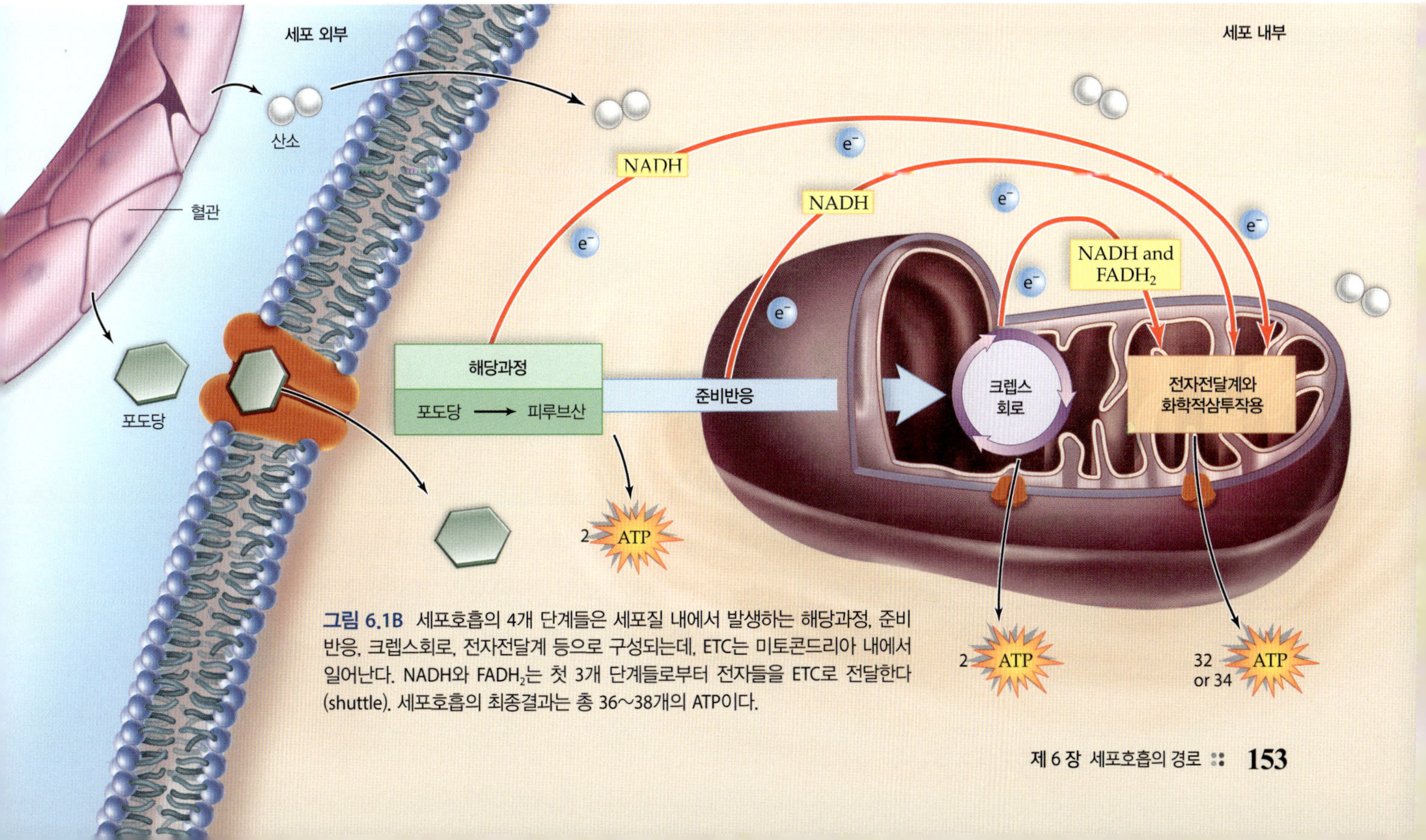


**그림 6.1B** 세포호흡의 4개 단계들은 세포질 내에서 발생하는 해당과정, 준비반응, 크렙스회로, 전자전달계 등으로 구성되는데, ETC는 미토콘드리아 내에서 일어난다. NADH와 $FADH_2$는 첫 3개 단계들로부터 전자들을 ETC로 전달한다(shuttle). 세포호흡의 최종결과는 총 36~38개의 ATP이다.

**세포호흡의 단계** 그림 6.1B는 4개의 세포호흡 단계들이 연속적으로 일어나는 것을 보여준다. 첫 번째 단계는 해당과정인데 세포질 내에서 발생하며 산소가 필요치 않다. 그래서 해당과정은 '**혐기성**' 과정이라고 부른다. 세포호흡의 다른 단계들은 미토콘드리아 내부에서 발생하는데 이때는 산소가 결정적인 역할을 한다. 이렇게 산소가 요구되는 단계들을 '**호기성**' 과정이라고 한다.

해당과정과 2개의 또 다른 단계들로부터 포도당이 분해되면서 이산화탄소와 물이 생산된다. NADH와 $FADH_2$를 생산하는 것 외에도 이 두 개의 단계들을 거치면서 그림 6.1 하부에 나타나는 것처럼 ATP들이 만들어진다. 이들이 세포호흡의 4개 단계들이다.

- 해당과정은 포도당을 피루브산 2분자로 분해시킨다. 해당과정에서는 NADH가 생산되며, 2분자의 ATP도 생산한다.
- 미토콘드리아의 기질 내에서 일어나는 예비 반응은 피루브산염을 분해시켜 $CO_2$를 방출하고 NADH를 형성한다.
- 크렙스회로(때로는 시트로산 회로라고도 불린다) 역시 미토콘드리아 기질 내에서 일어난다. 반응기질들의 산화가 더 일어나면 $CO_2$가 더 방출되고, NADH와 $FADH_2$가 발생한다. 크렙스회로를 통해 전자전달계 밖에서도 포도당 1분자당 2개의 ATP를 생산할 수 있다.
- 세포호흡(전자전달계와 화학적삼투작용)의 4번째 단계에서는 분해된 포도당 분자에서 ATP의 대부분이 만들어진다. ETC로 유입된 전자들이 이동하면서 $H^+$ 농도기울기를 만드는 데 필요한 에너지가 방출된다. $H^+$이 ATP 생성 효소복합체를 통해 그 농도기울기를 따라 이동될 때에 ATP가 생산된다. 생산된 ATP 수는 조직에 따라 다르나, 포도당 분자당 32~34개의 많은 ATP 생산이 가능하다(그림 6.1B).

우리는 아직 세포호흡 과정에서 산소의 역할과 물의 생성을 언급하지 않았다. 그림 6.1B에서 보면, 산소는 ETC로부터 유입된 전자들의 최종 수용체이기 때문에 전자의 확산은 ETC의 끝에서 멈춘다. 전자들을 받아들인 산소는 $H_2$와 결합하여 물이 된다. 유리된 산소는 세포들 내에 오래 머물 수 없다(만약 오래 머물 경우 DNA도 산소와 결합하게 되어 깨어질 수 있기 때문이다). 그 대신 즉시 물로 전환한다.

▶ **6.1 진도 체크**

1. 포도당의 산화 과정에서 $NAD^+$와 FAD의 역할에 대하여 설명하라.
2. 포도당 분해의 4개 단계 중 어느 2개 단계가 이산화탄소를 방출하는지 알아보라.

## 미토콘드리아 외부: 해당과정

해당과정(glycolysis)은 물질대사 경로의 좋은 예이다. 해당과정의 반응들은 상호 연관되어서 최종산물을 생산하게 된다. 물질대사 경로의 각 반응은 적절한 효소를 필요로 하며, 이 효소들은 그 기질과 결합함으로써 반응 속도를 향상시킨다.

## 6.2 해당과정: 포도당 분해가 시작된다

### 학습 성과들

본 절을 공부하고 나면 다음에 대한 이해와 능력이 향상될 것이다.

1. 해당과정의 입력과 출력 사항을 나열하기
2. 기질 수준의 ATP 합성을 설명하기
3. 에너지 투자 단계와 에너지 수확 단계를 구별하기

**'해당과정'**은, 미토콘드리아가 아닌 세포질에서 일어나는데, 포도당 한 분자를 피루브산 2분자로 분해하는 과정이다(그림 6.2A). 해당과정은 대부분의 생물체에서 발견되기 때문에 크렙스회로나 전자전달계보다 먼저 진화되었을 것으로 여겨진다. 이것이 왜 해당과정이 세포질에서 일어나며 산소를 필요로 하지 않는가에 대한 이유이다. 초기 지구의 대기에는 산소가 없었기 때문이다.

해당과정은 일련의 긴 반응들이며(그림 6.2A), 각 단계마다 적절한 효소가 존재한다. 해당과정은 편의상 에너지 투입(투자) 단계와 에너지 수확 단계로 나눌 수 있다. 에너지 투입 단계에서 ATP는 해당작용을 시동 걸기 위해 사용된다. 투자된 ATP 덕분에 해당작용이 진행될 수 있다.

**에너지 투자단계** ❶ 해당과정이 시작될 때 2 ATP가 6-탄소분자인 포도당의 활성화에 사용되며 ❷ 포도당은 G3P라고 알려진 2개의 $C_3$ 분자들로 쪼개진다. 각 G3P는 인산기를 갖고 있다. 이 시점에서부터 각각의 $C_3$ 분자는 이후 동일한 일련의 반응을 거치게 된다.

**에너지 수확단계** G3P의 산화반응이 수소원자($e^- + H^+$)가 추출되면서 일어난다. ❸ 고에너지 전자들은 $NAD^+$와 결합하여 NADH가 된다. 각 NADH 분자는 2개의 '고에너지 전자들'을 ETC로 운반한다. 이후 형성된 $NAD^+$는 마치 셔틀버스가 승객들을 내려주고 원래의 정거장으로 되돌아가는 것처럼 더 많은 전자들을 다시 운반하려고 해당과정으로 되돌아간다.

❹ 뒤이어 무기 인산염의 추가로 2개의 고에너지 인산기가 만들어져 나온다. ❺ 각 인산기는 **'기질 수준 ATP 합성'**이라고 불리는 과정에 의해서 ATP 합성에 사용된다. 이 과정 중에 효소가 있어 고에너지 인산염을 ADP에 결합시켜 ATP가 생산되게 된다(그림 6.2B). 이것은 상호연결된 반응쌍의 좋은 예이다. 왜냐하면 에너지 방출반응과 동시에 에너지를 요구하는 반응이 일어나기 때문이다. ❻ 물의 제거에 의해 산화가 다시 발생한다. ❼ 기질 수준 ATP 합성이 다시 일어나고, ❽ 피루브산염 2분자가 생성된다.

**해당과정의 에너지 생성** 해당과정 초반에 2 ATP가 투자되지만, 결국 2 ATP가 다시 단계적으로 만들어진다. ❺ 그리고 그다음 단계에서 2 ATP가 더 만들어졌다. ❼ 그러므로 해당과정 전체로 볼 때 2 ATP의 순이익이 생긴다. ❽ 또한 2 NADH가 발생되었다. 이들 NADH가 고에너지 전자들을 ETC로 보내면 더 많은 ATP가 해당과정의 결과로 생산된다.

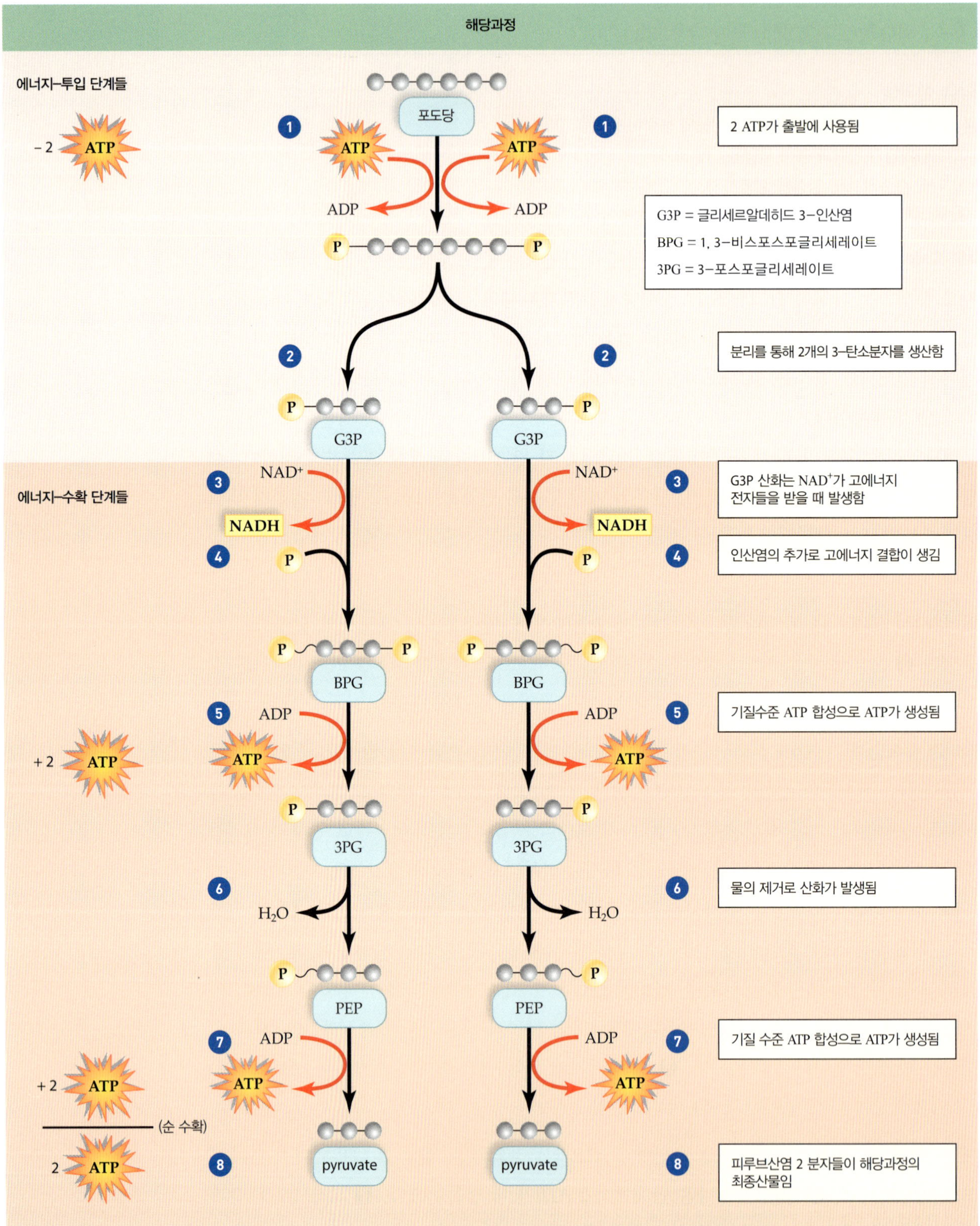


**그림 6.2A** 해당과정. 각 회색 볼은 한 개의 탄소 원자를 표시한다. 그러므로 포도당인 $C_6$ 분자는 6개의 회색 볼을 갖고 있다.

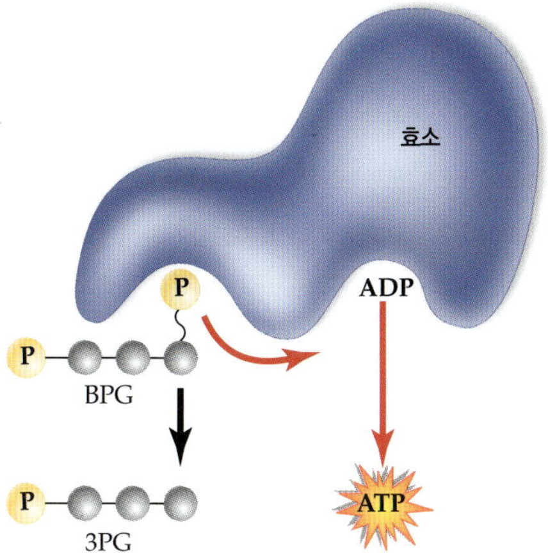


그림 6.2B 기질수준 ATP 합성이 일어나는 중에, 고에너지 인산염이 ATP로 전달된다.

**해당과정에서의 투입과 산출** 해당과정에 있어서 투입과 산출을 종합하여 계산하면 다음과 같다:

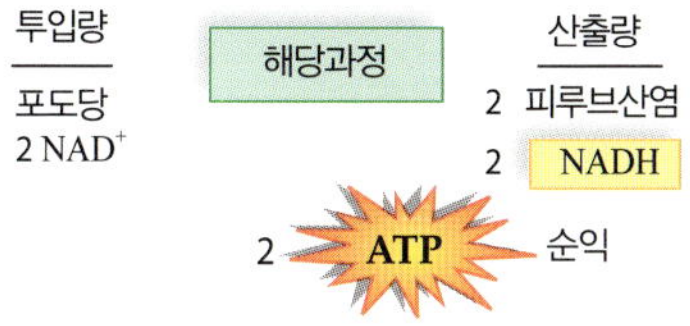


우리는 이제까지 포도당 1분자당 생성되는 36개 또는 38개의 ATP 중 겨우 2개를 설명하였다. 만약 산소가 있으면, 피루브산염은 미토콘드리아로 들어가 예비반응과 크렙스회로 과정을 통해 $CO_2$로 산화된다. 피르브산염이 미토콘드리아로 유입되어야 포도당 분해 결과로 36 - 38ATP가 생산될 수 있다.

**6.2 진도 체크**

1. 일반적 조건에서 해당과정이 어떻게 해서 2개의 NADH와 2개의 ATP 순익을 내었는가를 설명하라.
2. 기질이 ADP와 반응하고 ATP를 형성하기 위하여 가져야만 하는 결합 타입을 정의하라.

## 미토콘드리아 내부

준비반응과 크렙스회로를 거치면서 해당과정은 미토콘드리아 내부에서 완료된다. NADH와 $FADH_2$는 전자들을 전자전달계(ETC)로 이동시키고, 이것은 $H^+$을 내부 막 공간으로 이동시킨다. $H^+$는 ATP 생성효소복합체를 통하여 농도기울기를 따라 이동하여 ATP가 생산된다.

## 6.3 준비반응은 크렙스회로 전에 일어난다

### 학습 성과들

본 절을 공부하고 나면 다음에 대한 이해와 능력이 향상될 것이다.

1. 미토콘드리아 내에서 일어나는 세포호흡의 잔여 단계들의 위치를 말 할 수 있음
2. 준비반응의 최종 산물을 알아보고 어느 것이 크렙스회로 내로 들어가는지를 알 수 있음

미토콘드리아는 진핵세포에서 발견되는 세포소기관이다. 미토콘드리아는 식물, 동물, 균류, 그리고 거의 모든 원핵생물에 들어 있다. 세포의 효과적인 기능을 위해 대량의 ATP가 요구되는 조직일수록 미토콘드리아가 더욱 풍부하게 들어 있다. 근육세포 내에는 수축을 유발하는 미오신 필라멘트 가까이에 위치하며, 신장의 세관 세포에서는 원형질막 건너로 분자들이 능동수송되는 데 필요한 에너지를 공급한다(그림 6.3, *하부 좌측*).

미토콘드리아가 없었다면 복잡한 다세포생물이 진화될 수 없었었을 것이다. 포도당 한 분자를 통해서 생산되는 36~38개의 ATP 중 세포질 내에서 생성되는 2개의 ATP를 제외한 나머지가 미토콘드리아에서 만들어진다.

준비(prep)반응, 크렙스회로, 전자전달계(ETC), 그리고 화학적삼투작용은 미토콘드리아의 특정 위치에서 발생하는데 이를 위해 미토콘드리아는 고도로 막구조화되어 있다(그림 6.3, *우측*). 미토콘드리아 역시 이중막으로 되어 있고, 외막과 내막 사이에 **막간 공간**이 존재한다. **크리스타**(막주름돌기)들은 기질 내로 돌출해 있는 내부 막의 **주름**들인데, 가장 깊은 주름의 내부는 겔과 유사한 액체로 채워져 있다. 준비반응과 크렙스회로를 촉진하는 효소들은 기질 내에 위치해 있으며, 전자전달계는 막주름돌기(크리스타) 내에 고도로 조직화되어 내장되어 있다.

**준비(prep)반응** '**준비(prep)반응**'은 크렙스회로가 시작되기 바로 전에 일어나기 때문에 붙여진

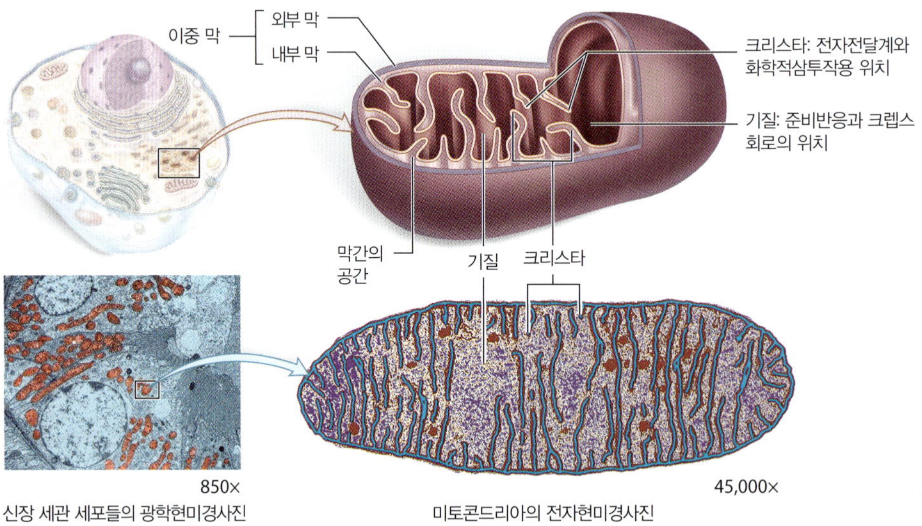


**그림 6.3** 좌: 미토콘드리아는 그림 설명대로 진핵세포 내에(위), 그리고 신장의 세관 세포들(아래)에 존재한다. 우: 미토콘드리아의 내부 구조는 원활한 기능을 위해 대단히 중요하다. 그 기질 내의 반응들은 고에너지 전자들을 크리스타를 따라 위치한 전자전달계에게 공급한다. 이런 방법으로 ATP가 생산된다.

이름이다. 이 반응에서는 3-탄소($C_6$) 피루브산 염이 2-탄소($C_2$) 아세틸기로 변환되고, $CO_2$가 방출된다.

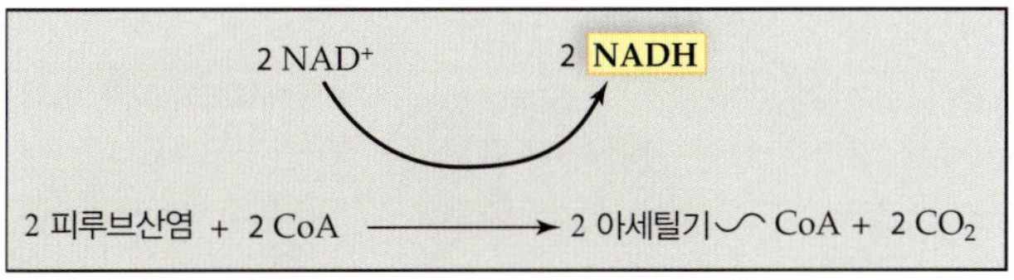


이것은 고에너지 전자들이 피루브산염으로부터 제거되어 NADH와 결합되는 산화반응이다. 이 전자들이 포도당으로부터 왔기 때문에 에너지가 포도당에서 NADH로 전달되었음을 알 수 있다. 산화가 일어날 때, 아세틸기는 조효소로 알려진 CoA 분자들과 결합한다. 해당과정에서 두 개의 피루브산염이 생겼기 때문에, 준비반응은 포도당 분자당 두 번 발생한다.

각각의 CoA는 아세틸기를 크렙스회로로 운반한다(그림 6.4 참조). 2개의 NADH들은 고에너지 전자들을 ETC로 운반한다. $CO_2$는 세포로부터 확산되어 나와 혈액으로 들어가는데, 혈액은 $CO_2$를 폐로 운반하여 호흡 시에 밖으로 내보내진다.

포도당 1분자당 $CO_2$ 6분자를 생산하기 위해, 그리고 NADH와 $FADH_2$를 최대로 만들어 내기 위해 크렙스회로를 반드시 거쳐야 한다.

▶ **6.3 진도 체크**

1. 반응물질들과 아세틸기들 속에 있는 많은 수의 탄소들을 먼저 언급하고, 어떻게 2개의 $CO_2$ 분자들이 준비반응의 생성물인지 설명하라.

## 6.4 크렙스회로는 NADH를 생성시킨다

### 학습 성과들

본 절을 공부하고 나면 다음에 대한 이해와 능력이 향상될 것이다.

1. 크렙스회로의 결과물을 정리하고 설명하기

**'크렙스회로'**는 그것을 발견한 사람의 이름을 따라 지어진 것이다. 미토콘드리아의 기질 내에 위치한 물질대사 경로이다. 이 회로는 시작점, 즉, 시트르산염(시트릭산)으로 되돌아가는 일련의 회로 반응들로 구성되어 있다. 시작점이 시트르산염이기 때문에 이름을 시트르산회로라고 부르기도 한다.

**회로의 단계들** ❶ 크렙스회로의 출발점에서 효소가 CoA로부터 아세틸기($C_2$)의 제거를 촉진시킨다. ❷ 이 아세틸기는 4-탄소($C_4$) 분자와 결합하고, 6-탄소($C_6$) 시트르산염 분자를 형성한다. ❸, ❹ 시트로산염이 형성된 다음 산화반응이 두 번 일어난다; 두 번 모두 NADH를 형성하고 $CO_2$가 방출된다. ❺ 회로가 진행되는 중에 ADP + Ⓟ로부터 ATP 분자를 형성하기 위한 충분한 에너지가 남아 있다. 이것은 반응을 추진하는 에너지가 기질의 분해로부터 오기 때문에 기질수준 ATP 합성인 것이다. ❻ 추가적인 산화반응에 의해 $FADH_2$와 NADH를 생산한다. ❼

크렙스회로는 이제 그 출발점으로 돌아와 또다시 아세틸기를 받아들일 준비를 갖춘다.

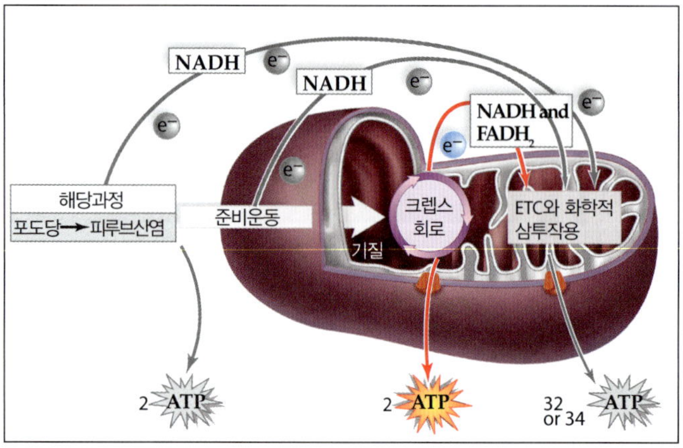


포도당 분자 하나당 2개의 피르브산염이 생기므로, 크렙스회로 역시 포도당 분자당 두 번씩 진행된다. 그 처음과 마지막은 아래와 같다:

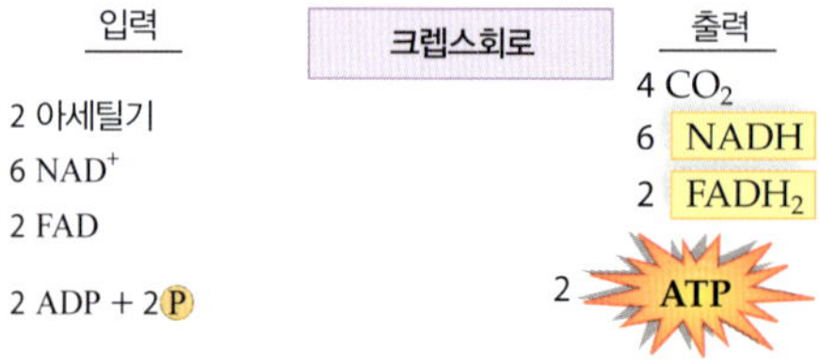


원래 포도당 분자에 포함되어 있던 6개의 탄소들은 최종적으로 6개의 $CO_2$로 변환된다. 예비 반응에서 $CO_2$ 2분자를 생산하며, 크렙스회로에서 4개의 $CO_2$ 분자를 생산해낸다. 이 $CO_2$ 분자들은 호흡을 통해 체외로 배출된다. 다른 말로 하면 우리가 내쉬는 $CO_2$는 세포의 미토콘드리아로부터 유래한 것이다.

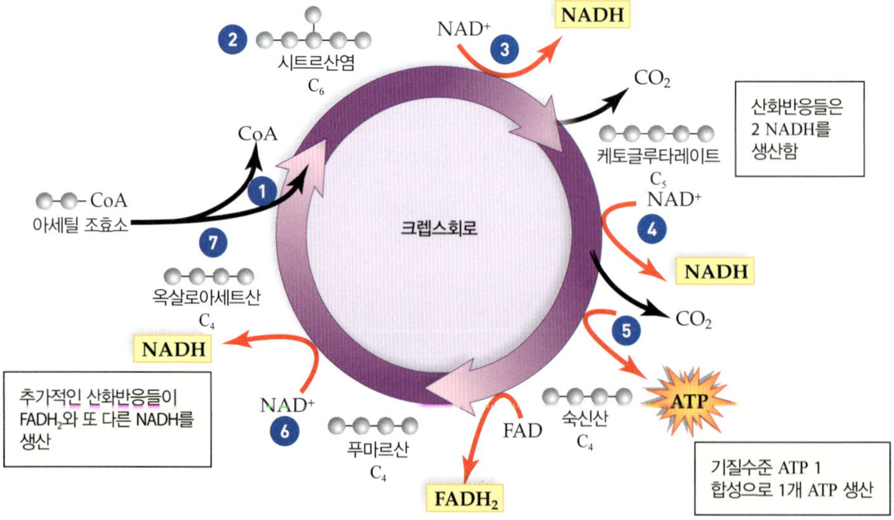


**그림 6.4** 포도당생성물의 산화반응이 에너지를 방출하면서 ATP, NADH, $FADH_2$가 만들어진다. 이 회로는 포도당 1분자당 2회 돌아간다.

**크렙스회로의 에너지 수익** 포도당 한 분자당 크렙스회로에서 2개의 ATP, 6개의 NADH, 그리고 2개의 $FADH_2$가 만들어진다. NADH와 $FADH_2$는 고에너지 전자들을 ETC로 운반하고, ETC에서 포도당 1분자당 22 ATP가 생산된다.

▶ **6.4 진도 체크**

1. 크렙스회로와 해당과정, 준비운동의 결과를 비교하여, 크렙스회로가 세포호흡의 중심역할을 하는 이유를 설명하라.

## 6.5 전자전달계에서 에너지가 만들어지고, ATP 생성효소에 의해 ATP를 생산한다

### 학습 성과들

본 절을 공부하고 나면 다음에 대한 이해와 능력이 향상될 것이다.

1. 미토콘드리아의 막주름돌기(크리스타)가 어떻게 구성되어 있는지 기술하고, 미토콘드리아가 어떻게 ATP와 부산물인 물을 생산하는지 이해하기

**전자전달계(ETC)**는 미토콘드리아의 크리스타 내에 위치한 일련의 전자 운반효소들이다(그림 6.5A). ❶ⓐ NADH가 전자들을 ETC에 전달해주고 $NAD^+$로 산화된다; ❶ⓑ $FADH_2$는 전자들을 ETC에 전달해주고 FAD로 산화된다. 전자전달계의 첫 번째 효소가 전자를 받아들여 환원되며, 이렇게 환원된 효소는 전자를 다음 효소로 전하자마자 다시 산화된다. 전자전달계는 마치 어린아이들이 뜨거운 감자를 서로 던지고 받는 놀이와 같다. 감자(전자)를 손에 들고 있을 때는 환원된 것이고, 이를 다음 아이에게 던져주고 나면 산화되어 버린다. 이러한 산화–환원 과정은 전자전달계를 거치는 동안 계속해서 반복된다. ETC로 들어가는 전자들은 NADH와 $FADH_2$에 의해서 운반되는 고에너지 전자들이며, ETC를 떠나는 순간 가지고 있던 에너지를 모두 잃어버린다.

❷ ETC 내에 위치한 운반 효소들은 시토크롬 분자들이다. **시토크롬**은 마치 헤모글로빈이 그러하듯이, 중앙부에 철 원자를 가진 헴기(heme group)와 강하게 결합된 단백질이다. 철이 전자를 받아들일 때 환원되며, 잃어버릴 때 산화된다. 몇몇 독성물질들, 가령 시안산은 시토크롬과 결합하여 그 기능을 차단하여 사망에 이르게 한다. ❸ 전자쌍이 한 효소에서 다른 효소로 전달되며, 이 과정 중 에너지는 포획되고 결국에는 ATP 분자들을 형성한다.

세포호흡에서 산소의 역할은 무엇이며 우리가 숨 쉴 때 산소를 마시는 이유는 무엇인가? 산소는 ETC로부터 전자들을 받아들이는 최종 수용체이다. 산소는 ETC의 마지막 시토크롬 효소로부터 에너지가 완전히 소모된 전자들을 받아들인다. ❹ 전자들을 받아들인 후 산소는 수소이온들과 결합하여 물이 된다.

$$\frac{1}{2}\,O_2 + 2\,e^- + 2\,H^+ \longrightarrow H_2O$$

세포호흡에서 마지막 전자 수용체로서의 산소의 중요한 역할은 산소가 부재될 경우 전자전달계가 작동하지 않으며, 미토콘드리아도 ATP를 생산하지 못한다는 사실에서 확인할 수 있다.

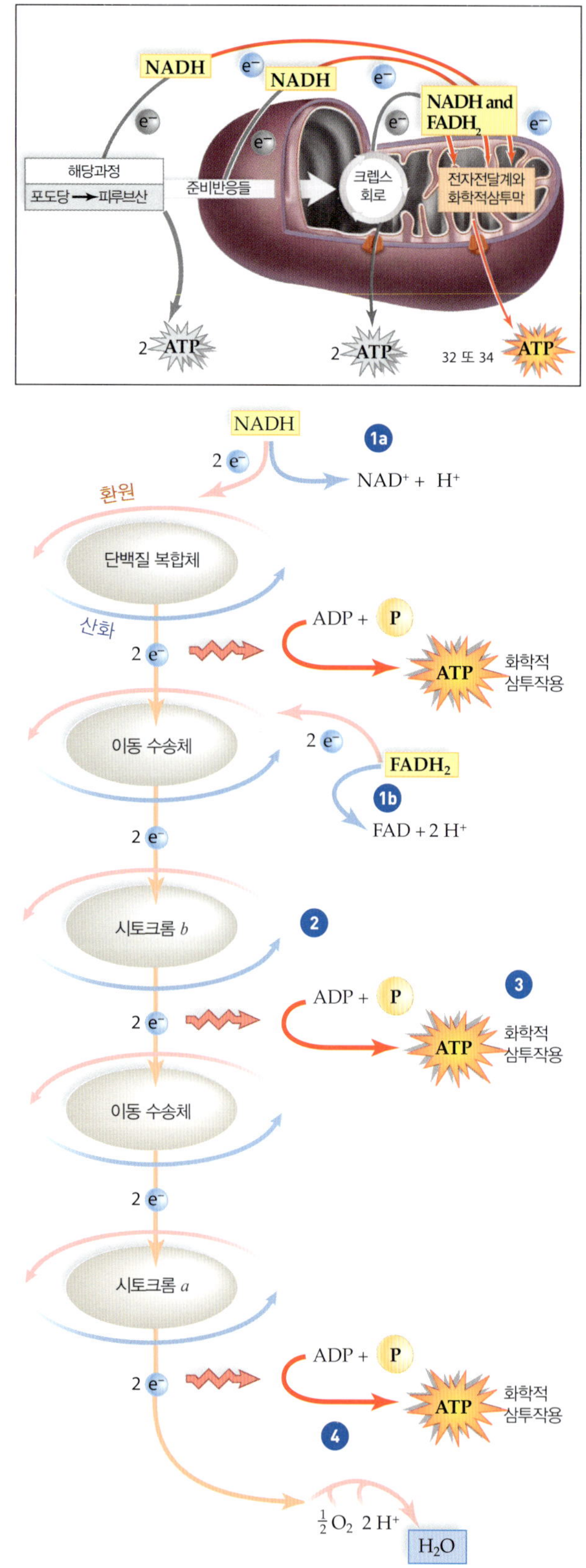


**그림 6.5A** 전자전달계(ETC)는 미토콘드리아의 크리스타에 위치한 전자수송체들의 집합이다.

전자전달계 없이는 제한된 수의 ATP 밖에 만들 수 없기 때문에 산소가 없으면 개체가 궁극적으로 사망할 수밖에 없다.

NADH에 의해서 ETC로 옮겨진 전자들은 3개의 ATP를 생산한다. 반면에 $FADH_2$에 의해 전달된 전자들은 2개의 ATP만을 생산한다. 전자들을 ETC로 전달한 후 $NAD^+$와 FAD에 무슨 일이 일어날까? 그들은 또 다른 수소원자들을 받아들일 수 있는 자유로운 상태가 되는데, 이것은 마치 셔틀버스가 더 많은 승객을 태우려고 원점으로 되돌아가는 것과 같다.

**크리스타의 구성** 미토콘드리아의 구조를 되돌아보는 것이 중요하다. 6.3절에 기술된 바와 같이 미토콘드리아의 크리스타는 기질을 막간 공간과 분리하고 있다.

미토콘드리아의 크리스타에는 ETC와 ATP 생성 효소복합체들이 위치해 있다. ETC의 효소들은 대부분 3개의 고정된 단백질 복합체이지만, 2개는 전자들을 복합체 사이로 전달해주는 이동 수송체들이다(그림 6.5B). 이를 '준비' 단계와 '완료' 단계로 나누어 생각해 보자.

**준비** NADH와 $FADH_2$가 전자들을 ETC로 운반하면, ETC의 효소들은 이 전자들을 한 효소에서 다른 효소로 연속하여 전달한다. NADH와 $FADH_2$에 의해서 운반된 수소이온들($H^+$)에게 도대체 무슨 일이 일어나는 것일까? ETC의 일부 복합체들은 방출된 에너지를 이용하여 기질들로부터 미토콘드리아의 막간 공간으로 수소이온들을 강제 이동시킨다. 그림 6.5B(*제일 위*)에 있는 청색 화살표는 ETC의 단백질 복합체가 $H^+$ 이온을 막간 공간으로 이동시킴을 나타내고 있다. 이러한 이동으로 인해 $H^+$의 가파른 농도기울기가 형성되어 기질보다 약 10배나 더 많은 수소이온이 막간 공간에 존재하게 된다.

**완료** 수소이온은 농도기울기를 따라 막간 공간에서 기질로 이동해 들어간다. 수소이온들이 높은 데서 낮은 데로 ATP 생성효소 복합체를 통하여 흘러 내려가고(그림 6.5B, *아래*), **ATP 생성효소**가 ADP + Ⓟ로부터 ATP를 합성한다. 이 과정은 ATP 생산이 $H^+$기울기 형성과 긴밀히 연관되어 있기 때문에 **화학적삼투작용**이라고 부른다. 어떤 독소의 작용을 보면 화학적삼투 모델을 이해할 수 있다. 예를 들어 ATP 합성을 억제하는 독소는 수소이온의 농도기울기를 정상적인 상태보다 훨씬 가파르게 만들어준다.

ATP의 생산은 수력발전소에 비유할 수 있다. 물이 댐 위에 모아져 있다가 하류로 방류되면 그 운동에너지가 전력생산에 사용될 수 있다. 비슷하게 수소이온들이 막간 공간에 모아져 있다가 그들이 ATP 생성 효소복합체를 통과할 때에 모아진 에너지가 ATP 생산에 사용된다.

일단 만들어지면 ATP는 미토콘드리아에서 나가 세포질로 모이고, ADP + Ⓟ로 분해되어 세포작용을 수행하는 에너지원으로 사용된다. 그 후 ADP 분자들은 미토콘드리아로 되돌아가 재활용된다. 이러한 과정을 반복함으로써 ATP 생성효소는 지속적으로 ATP를 생산해낼 수 있다(그림 6.5C). 계산에 의하면 미토콘드리아가 매일 생산하는 ATP의 양은 거의 체중과 맞먹을 정도이다.

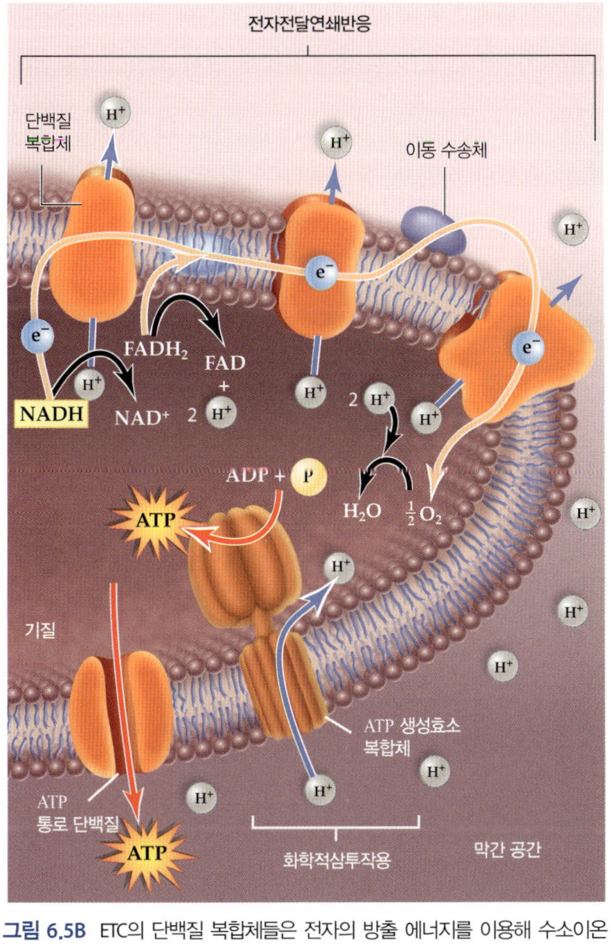


**그림 6.5B** ETC의 단백질 복합체들은 전자의 방출 에너지를 이용해 수소이온들을 막간 공간(맨 위) 내로 펌프질한다. 수소이온들이 농도기울기를 따라 ATP 생성 효소복합체를 통하여 흘러갈 때 ATP가 생산된다(아래).

**그림 6.5C** 어린이들이 뛰며 놀 때는 지속적인 ATP 생산이 요구된다. 근육에는 보통 약 15초 동안 술래잡기를 할 때 필요한 ATP가 들어 있다.

화학적삼투작용을 통해 포도당 한 분자당 얼마나 많은 ATP가 생산될 수 있을까? 6.6절을 보면 각 세포호흡 단계에서 생산되는 ATP의 수와 포도당 한 분자당 총 ATP 수를 계산할 수 있다.

**▶ 6.5 진도 체크**

1. 그림 6.5C에서 어린이들이 뛰며 술래잡기를 할 때에 세포호흡이 어디에서, 어떻게 일어나는지 요약 설명하라.

## 6.6 ATP 지출량은 계산할 수 있다

### 학습 성과들

본 절을 공부하고 나면 다음에 대한 이해와 능력이 향상될 것이다.

1. 포도당 한 분자를 분해할 때 나오는 총 에너지(ATP) 수율을 계산하기

그림 6.6은 포도당 한 분자가 세포호흡을 하는 동안 완전 분해되어 $CO_2$와 $H_2O$가 될 때의 ATP 수율을 계산한 것이다.

**세포질 내** ❶ 포도당 한 분자당 해당과정을 통해 2개 ATP의 순익이 생기는데, 이 반응들은 세포질 내에서 일어난다. 이들 2개의 ATP는 기질수준 ATP 합성에 의해서 생산된다(그림 6.2B).

**미토콘드리아** ❷ 준비 반응에서는 직접 ATP 분자가 발생하지는 않는다. ❸ 미토콘드리아의 기질 내에서 발생하는 크렙스회로는 포도당 한 분자당 2 ATP를 직접 생산한다. 이들 2 ATP는 기질수준 ATP 합성에 의해서 형성된다. ❹ 여기까지 기질수준 ATP 합성에 의해서 생산된 ATP는 모두 4개이다.

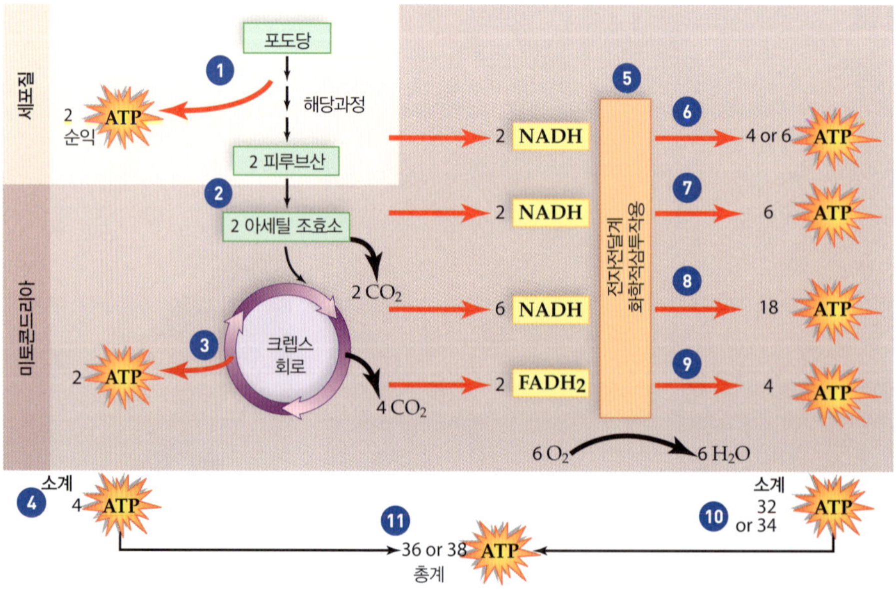


**그림 6.6** 포도당 분자당 에너지 수율

❺ 대부분의 ATP는 전자전달계(ETC)와 화학적삼투작용으로 생산된다. 포도당 1분자당 10개의 NADH와 2개의 $FADH_2$가 전자들을 전자전달계로 운반해준다.

❻ 대부분의 동물세포에서는 해당과정을 통해 미토콘드리아 외부에서 형성된 NADH가 미토콘드리아 내막으로 건너갈 수 없다. 그러나 대신 '셔틀버스' 기전이 있어 미토콘드리아 내부의 ETC로 전자들을 보낼 수 있도록 해준다. 비용은 셔틀로 ETC에 간 각 NADH마다 1ATP이다. 이때문에 일부 동물세포들에서 해당과정 결과로 생성된 총 ATP 숫자가 6개 대신 4개로 감소된다.

미토콘드리아 내부에서 ❼ 세포호흡과 ❽ 크렙스회로를 통해 형성된 각 NADH는 3개의 ATP를 생산해낸다. ❾ 그러나 크렙스회로를 통해 형성된 $FADH_2$의 경우 2개의 ATP만 생산한다. 그림 6.5A에서 보면, $FADH_2$는 NADH 다음으로 전자를 ETC로 전달하고, 이들이 전달하는 두 개의 전자에서는 2 ATP만 생산된다.

❿ 전자들이 ETC를 거쳐간 결과로서 32 또는 34개의 ATP가 만들어진다. ⓫ 그러므로 포도당 분자가 완전히 분해된 결과로서 생산된 총 ATP 수는 36 또는 38개이다.

**세포호흡의 효율** 포도당 한 분자에서 결과적으로 얼마나 많은 에너지가 세포에 의해 사용될 수 있는지를 계산하는 것은 흥미 있는 일이다. 반응물질들(포도당과 $O_2$)과 생산물($CO_2$와 $H_2O$) 간의 에너지 함량 차이는 686kcal이다. 한 개의 ATP 인산염 결합은 에너지 함량이 7.3kcal이며, 만약 포도당 분해로 36 ATP가 생산된다면 수율은 263kcal이다. 그러므로, 263/686 또는 이용 가능한 에너지의 39%가 포도당에서 ATP로 전환되는 것이다. 나머지 에너지는 열의 형태로 소실된다.

세포들이 어째서 포도당 내의 에너지를 ATP 에너지로 힘들여 전환시키는 것일까? 답은 여기에 있다. 여러분이 원하는 무엇인가를 구입할 경우 잔돈을 받을 수가 없다면, 단위가 큰 지폐(포도당)보다는 잔돈(ATP)을 사용하는 것이 더욱 효율적이다. 그러므로 세포 역시 에너지를 필요로 하는 기능을 수행하고자 할 때 큰 단위 지폐(포도당)보다는 소액권(ATP)을 사용하여 에너지를 투입하는 것이다.

▶ **6.6 진도 체크**

1. 포도당 한 분자당 외부에서 생성된 ATP 수와 미토콘드리아 내부에서 생산된 ATP 수를 비교하라.
2. 그림 6.6 중 진핵세포의 일부로 진화한 부분이 어떤 부분인지 밝히고, 간단히 그에 대해 설명하라.

## 발효

포도당의 완전분해를 위해서는 전자전달계(ETC)로부터 전자를 전달받는 산소가 필요하다. 산소의 부재 시, ETC는 작용을 멈추고, 세포들은 혐기과정의 발효를 시작한다. 발효는 포도당 한 분자당 36 또는 38개 대신에 2 ATP만을 생산하지만, 그나마도 산소를 얻지 못할 때에 세포에게는 유용하다.

## 6.7 산소 공급이 부족하면 세포는 발효를 시작한다

### 학습 성과들

본 절을 공부하고 나면 다음에 대한 이해와 능력이 향상될 것이다.

1. 발효가 몸에 이로운 이유를 설명하기
2. 발효와 해당과정을 비교하기

**발효** 산소가 없을 경우에는 포도당 한 분자당 2 ATP만 생산된다. 발효가 일어날 때는 피루브산(해당과정으로부터 나온)이 산소를 대신해서 전자들을 최종적으로 수용한다(그림 6.7). 사람과 동물들은 피루브산을 젖산으로 환원시킨다. 그러나 다른 타입의 생명체들은 대신에 $CO_2$를 방출하면서 알코올을 생산한다. 세균들은 젖산과 같은 유기산을 만들 수도 있고, 알코올과 $CO_2$를 생산해 낼 수도 있다. 효모는 발효를 통해 에틸 알코올과 $CO_2$를 생산하는 좋은 예이다.

그림 6.7을 보면, 해당과정에서 형성된 NADH는 2개의 전자들을 피루브산에게 준 후 다시 $NAD^+$가 된다. $NAD^+$가 보충되기 때문에 해당과정은 진행될 수 있고, 기질수준 ATP 합성은 산소가 없는 가운데 지속된다.

**발효의 유익과 문제점** 오직 2 ATP만 생산되는 데도 불구하고 발효는 혐기적으로 일어나기 때문에 생명체들에게 필수적이다. 발효는 우리 근육이 단시간에 격렬하게 작동할 때, 그리고 뛰어갈 때 일시적으로 산소 공급이 제한되더라도 ATP를 생산할 수 있는 하나의 방법이다.

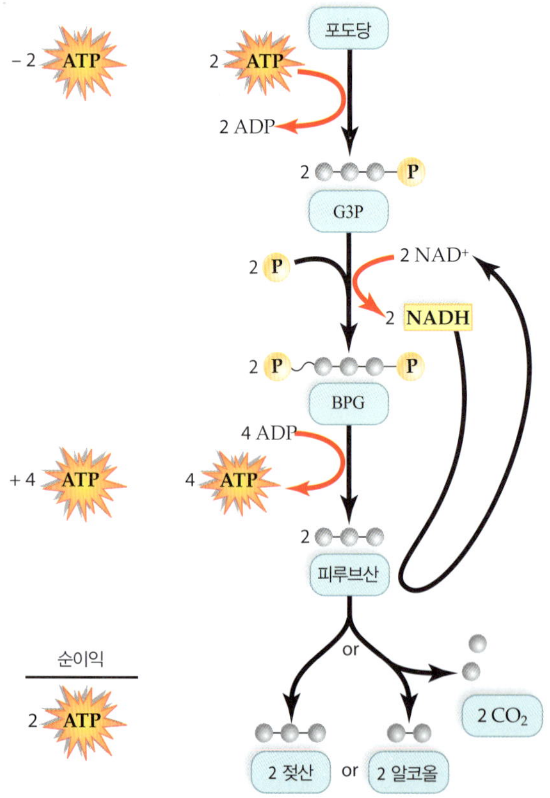


**그림 6.7** 발효는 해당과정과 NADH에 의한 피루브산 환원으로 이루어진다. 자유로워진 NAD+는 더 많은 전자를 운반하기 위해 반응의 전 단계로 돌아간다.

발효 생산물은 때로 세포들에게 독성을 나타낸다. 효모는 포도의 설탕을 산소 없이 발효시키지만 알코올이 생성되면서 자기 자신은 죽고 만다. 인체에서 혈액은 근육 내에 형성된 젖산을 다른 곳으로 운반해준다. 그러나 결국 젖산이 축적되면서 pH가 변화하고, 소위 근육들을 '태워' 서, 결국에는 피로 누적으로 더 이상 신축작용을 못하게 된다. 그래서 우리는 달리기를 한 직후 일시적인 **산소 부족** 상태가 되고, 호흡이 빨라지면서 급하게 숨을 쉬게 되는 것이다.

효모로 덮인 포도

**수율 비교** 포도당 한 분자당 발효는 겨우 2 ATP만 생산하지만, 세포호흡은 36 또는 38 ATP 생산이 가능하다. 그러므로 발효 후에도 대부분의 포도당은 잠재 에너지를 지니고 있

## 생물학은 우리 삶에 어떻게 영향을 주는가?

우리가 평소에 먹는 많은 식품들, 예를 들어 빵, 요구르트, 간장, 절임식품류, 심지어는 포도주까지도 미생물에 의한 발효(무산소 상태에서의 당분해)를 통해 만들어진 것들이다. 발효를 거친 식품들은 발효미생물이 다른 생물체가 요구하는 영양분들을 미리 제거한 것이기 때문에 오래 보관할 수 있다는 것이 장점이다. 언급한 대로 발효제품들은 때로 그 식품을 발효시킨 미생물에게까지 위험할 수 있는데, 효소가 스스로 생산한 알코올에 의해서 죽는 것이 대표적인 예이다.

### 발효 효모가 빵을 부풀리며 알코올을 생산한다.

빵 효모, *Saccharomyces cerevisiae*는 빵을 부풀릴 때 첨가된다. 밀가루 반죽은 효모가 배출시키는 $CO_2$로 인해 부풀어 오른다. 효모에 의해 생성되는 에틸 알코올은 가열해주면 증발해 날아간다. 효모를 사용해 다양한 종류의 맛을 내는 빵을 만드는데, 이때 필요한 효모는 여러 균이 혼합된 종균의 형태로 얻어진다. 어떤 균이 사용되느냐에 따라 빵의 향은 신맛에서부터 톡 쏘는 맛까지 범위가 넓다.

효모가 만드는 에틸 알코올은 포도주와 맥주를 만들 때 필요하다. 효모를 이용하여 과일류를 발효시키면 최종 산물은 과일주가 된다. 만약 곡물류를 발효시키면 맥주가 된다. 특별하게 만든 변형 맥주가 있는데, 가령 전통적 밀 맥주 같은 것은 젖산을 생산하는 *Lactobacillus* 젖산균을 섞어 발효하였기 때문에 확실하게 신맛을 낸다. 강한 알코올 주류(즉, 위스키, 보드카)는 증류를 통해 알코올 함량을 농축한 것이다.

*Acetobacter aceti*를 포함한 초산균은 포도주를 변질시켜 마실 수 없게 만든다. 이 박테리아는 알코올을 초산(식초)으로 변환시키는 세균이다. 19세기 과학자 루이 파스퇴르가 저온살균법을 발명하기 이전에는 초산균 때문에 기껏 발효시킨 포도주가 종종 그냥 버려진 경우가 많았다. 오늘날에는 우리가 우유를 안전하게 마시기 위해 저온살균 공정을 사용하지만 이는 원래 포도주의 초산균 오염을 감소시키려고 개발된 살균법이었다.

### 산을 생산하는 발효 박테리아

요구르트, 신크림(사우어크림), 그리고 치즈는 여러 종류의 유산균 작용으로 생산되는 것이다. 이 균들은 우유를 발효시켜 신맛이 나게 한다. 우유는 젖당을 함유하고 있는데, 이 균들에 의한 발효 기질로서 사용된다. 예를 들면 요구르트를 만들 때에 *Streptococcus thermophilus* 또는 *Lactobacillus bulgaricus* 같은 유산균들을 우유에 첨가하고 젖당을 분해하도록 배양한다. 치즈 생산과정에서는 응유효소라고 하는 효소를 우유에 꼭 첨가해줘야 응고가 된다.

발효는 본 페이지에서 소개된 산물들을 만드는 데 도움을 준다.

다. 즉, 알코올이나 젖산 역시 에너지원으로 사용될 수 있다는 말이다. 간에서 젖산은 다시 피루브산으로 전환되며, 세포호흡을 통해서 ATP 생산에 이용된다.

▶ **6.7 진도 체크**

1. 해당과정에서의 $NAD^+$의 역할과 발효에서의 $NAD^+$ 역할을 비교하라.

## 물질대사 경로의 교차점들

탄수화물, 단백질, 지방 등이 다양한 분해과정(이화작용)을 거칠 때 물질대사가 일어날 수 있다. 이화작용 경로 역시 여러 물질의 합성(동화작용)에 필요한 대사산물들을 제공해 주기도 한다. 그러므로 이화작용과 동화작용은 모두 동일 대사산물을 사용한다고 할 수 있다.

### 6.8 유기분자들은 분해될 수도 있고 필요에 따라 합성되기도 한다

#### 학습 성과들

본 절을 공부하고 나면 다음에 대한 이해와 능력이 향상될 것이다.

1. 단백질, 탄수화물, 그리고 지방 대사 사이의 관계성 알아보기

어떤 기질들은 다양한 중요 물질대사를 반복하며, **대사 복합집단**을 형성한다. 이 대사 복합집단에서는 기질들이 큰 분자들을 분해하거나 합성하는 시발자로서의 역할을 한다(그림 6.8). 분해반응들은 분자를 저분자로 분해하며 집합적(총괄적으로)으로 **이화작용**에 참여한다. 합성반응은 분자들을 합성하여 **동화작용**에 참여한다.

**이화작용** 우리가 이미 알고 있듯이 포도당은 세포호흡 중에 분해된다. 지방을 에너지원으로 사용할 때 지방은 글리세롤과 3개의 지방산으로 가수분해된다. 그리고는 그림 6.8에서 보여주듯이 글리세롤은 해당과정으로 유입될 수 있다. 지방산은 아세틸 조효소로 변환되어 크렙스회로로 들어갈 수 있다. 하나의 18 - 탄소 지방산은 9개의 아세틸 조효소 분자들이 된다. 계산을 해보면 이들의 호흡으로 총 108개의 ATP 분자들이 생산될 수 있다. 이 때문에 지방류는 효율적인 에너지 저장형태이다 - 지방 분자 1개당 3개의 긴 지방산 사슬이 있기 때문이다.

아미노산들의 탄소골격은 해당과정으로 들어갈 수 있으며, 아세틸 조효소로 변환되거나 크렙스회로로 직접 들어가기도 한다. 탄소골격은 아미노산이 **탈아미노화**, 즉, 아미노기가 제거될 때 간에서 생성된다. 아미노기가 암모니아($NH_3$)로 되고 이것은 요산 회로로 들어가

소변으로 배출된다. 탄산골격이 어느 부분부터 깨지기 시작할지는 아미노산의 곁사슬(*R*기)에 달려 있다. *R*기가 탈아미노 반응 뒤에 남는 탄소 수를 결정하기 때문이다.

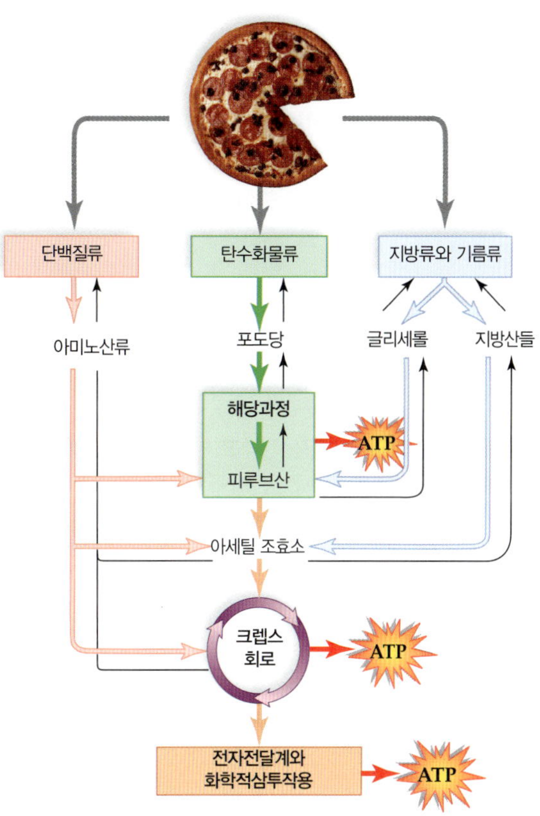


**그림 6.8** 대사 복합집단 개념도

**동화작용** 이화작용의 분해반응은 동화작용을 일으키는 데 요구되는 에너지를 방출하기 때문에 동화작용의 합성반응들을 진행시킬 수 있다. 예를 들어 우리는 이미 ATP를 분해하는 반응이 다른 합성반응들과 연결되어 있음을 언급한 바 있다. 그러나 이화작용은 또 다른 방식으로 동화작용과 관계가 있다. 그림 6.8에 나온 경로들을 구성하는 기질들은 합성반응을 위한 출발 물질로 사용될 수 있다. 다르게 표현하자면, 중합체들은 또 다른 생체분자들을 합성하는 데 쓰이기 위해 개개의 단위체로 산화될 수 있다. 이런 방식을 통해 탄수화물 섭취로 지방이 형성될 수 있다. 해당과정으로부터의 G3P는 글리세롤로 변환될 수 있으며, 예비반응의 아세틸기들은 지방산을 형성하는 데에 참여할 수 있다. 결국 지방 합성이 뒤따른다. 이것은 왜 여러분이 과자류와 아이스크림, 또는 케이크를 너무 많이 먹으면 체중이 늘어나는지를 설명해준다.

크렙스회로의 일부 기질들은 아미노기전이반응을 통하여 아미노산들로 변환될 수 있다. 아미노기전이반응 과정에서 아미노산은 그 아미노기를 유기산에게 전달해준다. 아미노기전이반응과 무관하게 식물류는 필요한 모든 아미노산을 합성할 수 있다. 그러나 동물들은 20여 개 아미노산들을 합성하는 데 필요한 효소 중 일부를 갖고 있지 않다. 사람은 일반 아미노산 11개를 합성할 수 있으나, 다른 8개는 합성할 수 없다. 이들을 필수아미노산이라고 하는데 음식을 통하여 이 아미노산들을 충분이 섭취하지 못할 경우 단백질 결핍으로 고통을 겪게 되기 때문이다.

▶ **6.8 진도 체크**

1. 그림 6.8을 살펴보고 물질대사에 있어서 아세틸 조효소의 중요한 위치에 대해 설명하라.

## 생물학은 우리 삶에 어떻게 영향을 주는가?

체중관리를 위한 최선의 장기적 전략은 운동과 신체 요구에 적합한 식이조절을 병행하는 것이다. 어떠한 활동이든 에너지 사용을 증가시키기 때문에 활동을 하지 않는 것보다 더 좋다고 할 수 있다. 다시 말해 모든 활동은 휴식을 취하는 것보다 더 높은 비율로 '칼로리를 연소'시킨다는 의미이다. 그러나 운동 중에는 체중감량에 보다 더 효과적인 운동이 있다.

### 운동은 지방 연소의 기회를 준다

지방 분자가 3개의 지방산들을 함유하고 있기 때문에 트리글리세리드라고 부르는 것을 기억해보라. 그림 6B의 그래프는 근육세포들이 ❶ 지방과 ❹ 글리코겐 모두를 저장하고 있으며, 운동을 오래하면 이 저장물들이 더 많이 고갈됨을 알려주고 있다. 이제 근육세포들은 ❷ 혈중의 지방산이나 또는 ❸ 포도당을 연소하기 시작한다. 지방산들은 지방조직에 의해서 혈액 내에 축적되는데 신체 지방에 실제로 저장되기 때문에 비대해 보이는 것이다. 그림 6B는 약 70%의 힘을 내어 오래 운동하면 포도당 대신 지방산을 더 연소시키는 것 또한 말해주고 있다.

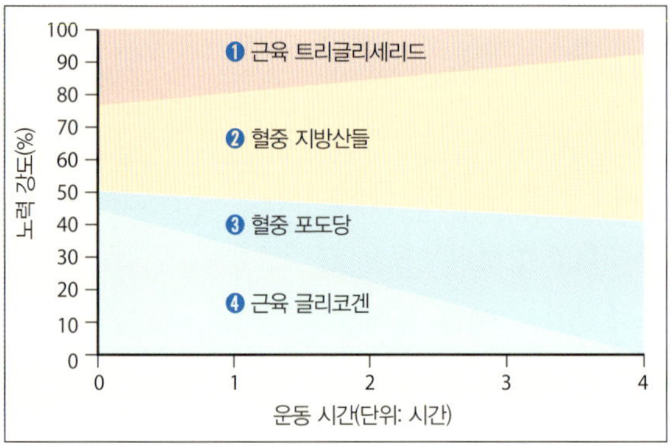


**그림 6B** 운동을 오래 할수록 지방산을 더 많이 연소할 수 있다.

6.8절에서 언급했듯이 지방은 에너지가 풍부한 분자이다. 실제로 지방 분해에 의해서 방출되는 에너지의 양은 탄수화물이나 단백질의 분해로부터 추출되는 양의 두 배가 넘는다. 단순히 최소한 매일 30분 정도를 빠르게 걷는 것만으로도 지방 연소에 도움이 될 수 있다. 그러나 지방산들은 에너지가 많이 저장되어 있어서 이 저장되어 있는 에너지 일부만이라도 소진시켜 버리려면 운동시간을 연장하는 것이 최선이다.

### 장시간의 유산소운동은 지방을 연소시킨다

지방을 연소시키는 것에는 산소가 요구된다. 무산소 상태로는 이루어질 수 없다. 지방이 효소 촉매 반응으로 분해될 때 글리세롤은 해당과정에서 사용될 수 있다. 반면에 지방산들은 분해되어 아세틸 조효소를 형성하는데 이것은 크렙스회로로 들어간다. 크렙스회로는 전자전달계로부터 전자들을 받기 위하여 산소가 존재하는 동안에 계속 진행된다. 만약 산소가 소진되면 운동이 극도로 활발할 때처럼 세포들은 발효 상태로 바뀌는데 이것은 혐기성이며 지방 연소는 감소한다.

이러한 이유로 체중을 감량시키려는 사람들은 일반적으로 유산소운동을 통해서 가장 좋은 효과를 얻는다. 이런 운동에는 적당한 노력이 필요한데, 빠른 걷기, 자전거타기, 수영, 그리고 조깅 등이다.

## 본 장에 대한 리뷰

### 개념들의 연결

엽록체와 미토콘드리아 덕분에 태양으로부터 온 에너지가 모든 생명체에 전달되어 사용된다. 광합성 과정을 통하여 식물류와 조류에 있는 엽록체들은 태양 에너지를 모아 탄수화물 생산에 사용한다. 그리고 탄수화물은 거의 모든 생명체의 미토콘드리아 내에서 이산화탄소와 물로 분해된다. 탄수화물(그리고 다른 유기분자들)이 산화될 때 방출된 에너지는 ATP 분자 생산에 사용된다. 세포가 ATP를 사용하여 세포작용을 할 때 획득한 모든 에너지는 열로 소멸된다.

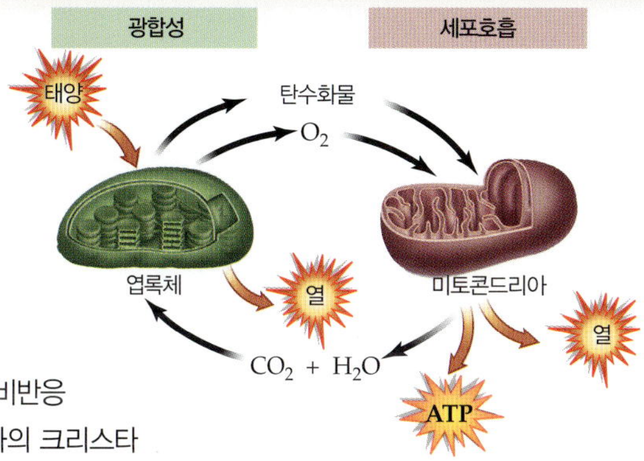


세포호흡 과정 중에 포도당이나 포도당 생성물들로부터 수소 원자들($e^-$ + $H^+$)을 제거함에 따라 해당과정, 준비반응, 크렙스회로 과정 중에서 산화가 발생한다. 준비반응과 크렙스회로는 $CO_2$를 방출한다. 전자들은 NADH와 $FADH_2$에 의해 미토콘드리아의 크리스타(막주름돌기)에 있는 전자전달계(ETC)로 운반된다. 산소는 전자들의 최종 수용체로서 작용하며, $H_2O$가 생산된다. ETC에 의해서 수소이온들은 막간 공간으로 능동수송되고, ATP 생산으로 이어지게 된다.

### 분석과 평가

1. 어떻게 진핵세포의 전구체들이 ATP를 생산했었을 것인가를 말하라. 생명의 기원에서 무슨 사건이 있었기에 세포호흡이 진화되게 하였을까? 왜 그렇게 생각하는지 설명하라.
2. 만약에 엽록체와 미토콘드리아가 독립생활을 하는 동일 조상으로부터 유래했다면 그들의 구조적 유사성이 설명될 수 있을 것이다. 어떤 유사성들이 있는지 말하라.

## 요약

### 세포호흡 개관

**6.1 세포호흡은 $O_2$가 요구되는 산화환원 반응이다**

- **세포호흡**을 하는 중에 포도당은 $CO_2$로 산화되는데 이것을 우리는 호흡 시 배출한다. 우리가 들이마시는 산소는 $H_2O$로 환원된다.

산화

$$C_6H_{12}O_6 + 6O_2 \longrightarrow 6CO_2 + 6H_2O + \text{에너지}$$

포도당

산화

- 산화가 일어나면서, 조효소 **$NAD^+$**와 **FAD**가 수소 원자들($e^-$ + $H^+$)들을 포도당으로부터 추출해낸다. $NAD^+$는 NADH가 되고, FAD는 $FADH_2$가 되는데, 이 분자들은 각각 2개 전자들을 취하여 전자전달계(ETC)에 넘겨준다. 포도당 분해산물들의 산화를 통하여 점점 에너지가 방출되고 ATP 분자들의 생산을 위하여 더 많은 에너지가 포획되도록 한다.

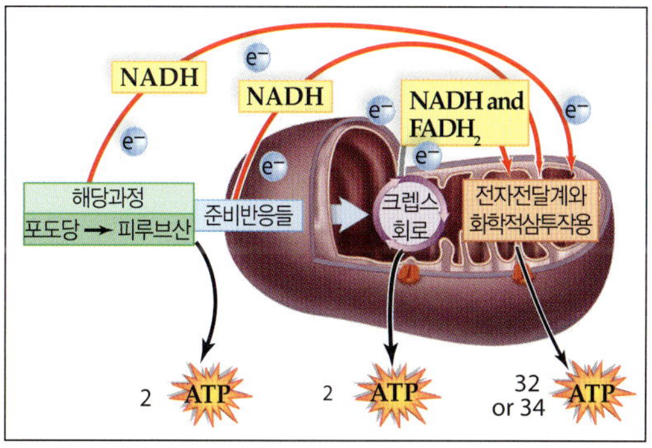


- 세포호흡에는 4개의 단계가 있다. (1) **해당과정**이 세포질에서 **혐기적(무산소상태)**으로 발생한다. NADH를 ETC로 보내면 순 ATP 2개를 생산한다. 최종 산물은 2개 피루브산 분자들이다. (2) **준비(prep) 반응**들과 다른 3개 반응들은 미토콘드

리아에서 일어나고 **호기성**이다. 준비 반응은 피루브산을 아세틸기로 분해하고, $CO_2$를 생산하며, NADH를 ETC로 보낸다. (3) **크렙스회로**는 포도당 분해 산물들의 산화를 끝내고 $CO_2$를 생산한다. NADH와 $FADH_2$를 ETC로 보내어 2회를 돈 후 2 ATP를 생산한다. (4) **전자전달계(ETC)**가 NADH와 $FADH_2$로부터 전자들을 받아서 $H^+$의 농도기울기를 만든다. $H^+$가 ATP 생성효소복합체를 통해 이동하면서 ATP가 형성된다.

## 미토콘드리아 외부: 해당과정

### 6.2 해당과정: 포도당 분해가 시작된다

- 에너지 투자(입): 해당과정 시작 시에 2 ATP가 포도당 활성화에 사용되며, 포도당은 두 $C_3$ 분자들로 분리된다. 에너지 수확: 수소 원자들을 빼냄으로써 2 NADH와 4 고에너지 인산염 결합이 생긴다. **기질수준 ATP 합성**으로부터 4 ATP가 생긴다. 그러므로 포도당 한 분자당 순이익은 2 ATP인데 이중 2개는 사용되고 4개는 생성된 것이다. 해당과정은 $C_6$ 포도당으로 시작하여 2개의 $C_3$ 피루브산 분자들로 끝난다.

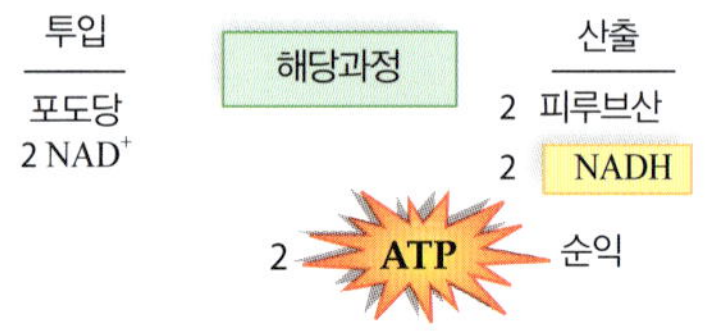


## 미토콘드리아 내부

### 6.3 준비반응은 크렙스회로 전에 일어난다

- 세포호흡의 다른 단계들은 미토콘드리아 내에서 이루어진다. 미토콘드리아의 막은 **막간 공간**으로 나뉘어 있다. 내부 막은 주름이 잡혀 **크리스타(막주름돌기)**가 된다. 겔과 유사한 내부를 **기질**이라고 한다.
- 준비반응이 일어나는 동안 피루브산은 아세틸기로 변환되어 NADH가 만들어지고 $CO_2$가 나온다. 준비반응은 포도당 한 분자당 2회 일어난다. 조효소는 아세틸기를 크렙스회로로 운반한다.

### 6.4 크렙스회로는 NADH를 생성시킨다

- 시트르산염이 회로를 시작하고 끝내기 때문에 크렙스회로는 시트르산 회로라고도 부른다. 포도당 한 분자당 6개 NADH와 2개 $FADH_2$가 만들어지고 $CO_2$가 방출된다. 포도당 한 분자당 2 ATP가 기질수준 ATP 합성으로부터 만들어진다.

### 6.5 전자전달계에서 에너지가 만들어지고, ATP 생성효소에 의해 ATP를 생산한다

- NADH와 $FADH_2$는 전자들을 여러 개의 **시토크롬** 분자들이 위치한 전자전달계로 운반한다. NADH 하나당 3 ATP가 만들어지고, $FADH_2$ 하나당 2 ATP를 만들게 된다. 전자들이 한 복합체에서 다른 복합체로 움직일 때 $H^+$들이 막간 공간으로 능동수송되어 $H^+$ 농도기울기를 만들어준다. 산소(우리가 마시는)는 전자전달계로부터 온 전자들의 최종 수용체이다.
- '**화학적삼투작용**': $H^+$이 막간 공간으로부터 ATP 생성효소복합체를 통해 $H^+$ 농도기울기를 따라 기질로 흘러 내려갈 때 **ATP 생성효소**는 ADP + Ⓟ로부터 ATP를 합성한다.

### 6.6 ATP 지출량은 계산할 수 있다

- 전체적으로 해당과정으로부터 세포질 내에서는 순이익이 2 ATP이며, 크렙스회로에 의해서 직접 2 ATP가 만들어지고, 전자전달계와 화학적삼투작용에 의해서 32~34개의 ATP가 만들어진다. 그러므로 포도당의 완전 분해로 인해 생산되는 총 ATP는 36 또는 38개이다.

## 발효

### 6.7 산소 공급이 부족하면 세포는 발효를 시작한다

- **발효**는 생명체들에 따라서 NADH에 의해 피루브산이 환원되어 젖산 또는 알코올과 $CO_2$가 되는 해당과정의 연속이다. 발효에서는 오로지 2개의 ATP 분자들만 생성된다. 발효는 산소가 없을 때 ATP를 생산하는 과정이다.

- 알코올이나 젖산의 형성은 때로 세포들에게 독성을 나타낸다. 젖산을 완전하게 대사시키려면 또다시 산소가 필요하다.

### 물질대사 경로의 교차점들

**6.8 유기분자들은 분해될 수도 있고 필요에 따라 합성되기도 한다**

- **대사 복합집단** 개념은 물질대사가 상호 교차하는 효소경로들로 구성되어 있다는 것이다. 즉 분해반응은 이화작용의 한 부분이며, 합성반응은 '**동화작용**'의 한 부분이다. 탄수화물, 지방, 단백질 등은 모두 '**이화작용**'으로 ATP 분자들을 생산한다. 단백질의 아미노산들은 제일 먼저 '**탈아미노화** 반응'을 하게 되는데 이것은 아미노기를 제거하는 반응이다. 동화작용에서는 분해 경로들로부터 유입된 분자들을 이용해 새로운 분자들을 만들어낸다(예: 탄수화물 분해로 생긴 아세틸기는 지방을 구성하는 데 사용될 수 있다).

## 자기 테스트

### 세포호흡 개관

1. 세포호흡이 일어나는 동안, ________이 산화되며 ________이 환원된다.
   a. 포도당, 산소　b. 포도당, 물　c. 산소, 물
   d. 물, 산소　e. 산소, 이산화탄소
2. 세포호흡의 생산물은 에너지와
   a. 물　b. 산소　c. 물과 이산화탄소
   d. 산소와 이산화탄소　e. 산소와 물
3. 세포호흡 단계들의 올바른 순서는
   a. 크렙스회로, 해당과정, 준비반응, ETC.
   b. 해당과정, 준비반응, 크렙스회로, ETC.
   c. 준비반응, 크렙스회로, 해당과정, ETC.
   d. 모두 틀리다.
4. 세포호흡의 생산물과 반응물질을 세포호흡의 각 단계들과 연관지어라(6.1절).

### 미토콘드리아 외부: 해당과정

5. 해당과정의 에너지-수확 단계들을 통하여 다음 중 어느 화학물질이 생산되는가?
   a. ATP와 NADH　b. ADP와 NADH　c. ATP와 NAD　d. ADP와 NAD
6. 다음 중 어느 것이 해당과정에 필요한가?
   a. 피루빈산　b. 포도당　c. $NAD^+$　d. ATP
   e. a만 제외하고 모두가 필요하다.
7. 이들 중 어느 것이 고에너지 전자들을 운반하는가?
   a. $NAD^+$와 NADH　b. FAD와 $FADH_2$　c. 물과 이산화탄소　d. NADH와 $FADH_2$

### 미토콘드리아 내부

8. 아세틸 조효소는 다음 중 어느 것의 최종 산물인가?
   a. 해당과정　b. 준비반응　c. 크렙스회로　d. 전자전달계
9. 다음 중 어느 것이 준비반응에 대해 틀린 설명인가?
   a. 피루빈산으로 시작하고 아세틸 조효소로 끝난다.
   b. 크렙스회로 보다 더 많은 NADH를 생산한다.
   c. 미토콘드리아 내에서 발생한다.
   d. 해당과정 후와 크렙스회로 전에 일어난다.

10. 전자전달계에서 최종 전자 수용체는

a. NADH　　b. $FADH_2$　　c. 산소　　d. 물

11. $H^+$는 NADH와 $FADH_2$에 의해서 방출된다.

a. 전자들과 함께 ETC로 전해 내려간다.　　b. 발효

c. 환원　　d. b와 c가 모두 맞다.

12. 수소이온의 흐름을 이용하여 ATP를 생산하는 과정의 이름은 무엇인가?

a. 기질수준 ATP 합성　　b. 발효　　c. 환원　　d. 화학적삼투작용

13. 한 개의 NADH가 전자들을 ETC에게 줄 때 몇 개의 ATP 분자들이 생산될까?

a. 1　　b. 3　　c. 36　　d. 10

14. 미토콘드리아의 그림에 이름을 붙이고 지적된 각 부위의 기능을 설명하라.

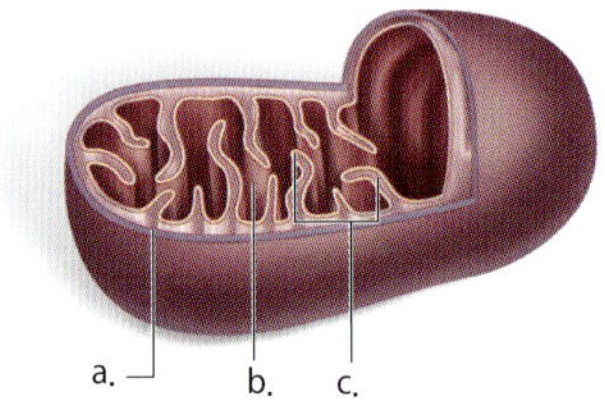


15. **개념적 사고**　만일에 탄수화물 분해가 ATP 구성을 위한 에너지를 공급한다면, 제 2 열역학 법칙에서 요구하는 바에 따라 왜 엔트로피는 증가할까?(5.5절)

## 발효

16. 발효는 ______이 없을 때 일어난다.

a. $CO_2$　　b. $H_2O$　　c. 산소　　d. 나트륨

17. 어느 것이 발효로 얻을 수 있는 생산물인가?

a. 젖산　　b. 알코올　　c. $CO_2$　　d. 모두 맞다.

18. 다음 중 어느 것이 발효에 관해 틀린 설명인가?

a. 순익이 오직 2 ATP이다.

b. 세포질에서 일어난다.

c. 전자들을 전자전달계에 준다.

d. 포도당으로 시작한다.

e. 효모에 의해서 진행된다.

19. 발효는 세포호흡만큼 수율이 좋지 않은데, 그 이유는 발효가

a. 대부분 열을 생산한다.

b. 포도당 내의 잠재 에너지의 소량만을 사용한다.

c. 분해하기 위해 대량의 ATP가 요구되는 부산물을 만들어낸다.

d. 세포질로 새어 들어가 분해되는 ATP 분자들을 만들어낸다.

## 물질대사 경로의 교차점들

20. 지방산들은 분해되어

a. 피루브산 분자들로 되는데, 이것들은 전자들을 전자전달계로 보낸다.

b. 아세틸기가 되는데, 이것들은 크렙스회로로 들어간다.

c. 글리세롤이 되는데, 이것들은 지방들 내에서 발견된다.

d. 아미노산들은 암모니아를 배출한다.

e. 모두 맞다.

21. 아미노산의 탈아미노 반응으로 생기는 것은

a. $CO_2$　　b. $H_2O$　　c. $NH_2$　　d. $O_2$

22. **개념적 사고** 광합성과 세포호흡 모두 전자전달계를 사용하여 ATP를 생산할 것으로 기대하는 이유는?(4.9절 참조)

## 참여하기

1. 미토콘드리아가 그 외막들 없이 어떤 용액에 들어 있을 때 그래도 ATP를 생산하는 것을 발견한다. 그 용액의 pH는 산성 또는 알칼리성인가? 그 이유는 무엇인가?
2. 여러분은 탄소 방사성동위원소만을 함유한 아세틸 조효소를 가지고 일하고 있다. 이 용액들은 1회 순환용으로 충분한 크렙스회로의 구성분으로 배양된다. 그림 6.4를 검토하고 어째서 발산된 $CO_2$가 방사성인지를 설명하라.

## 미디어 연구 도구

mhhe.com/ maderconcepts3

상호작용 학습도구들, 연습문제들 등을 이용하여 여러분의 학습을 강화하라. 또한 ConnetPlus를 통해 이용가능한 학습자료들에 대해서도 여러분의 선생님에게 문의하라. ConnetPlus에는 개인별 맞춤형 학습 프로그램인 LearnSmart와 영상매체가 풍부한 eBook이 포함되어 있다.

Mc Graw Hill Education connect plus+ BIOLOGY

# 제 7 장

# 세포 증식

## 본 장의 개요



**생명을 응시하며**



**적용 사례들**



**본 장을 시작하기 전에**

잠깐 돌아보기
DNA의 구조와 핵(3.9절과 4.4절)
세포들의 미세소관의 역할(4.10절)
식물세포들의 외부 세포막(5.4절)

## 암은 유전적 장애이다

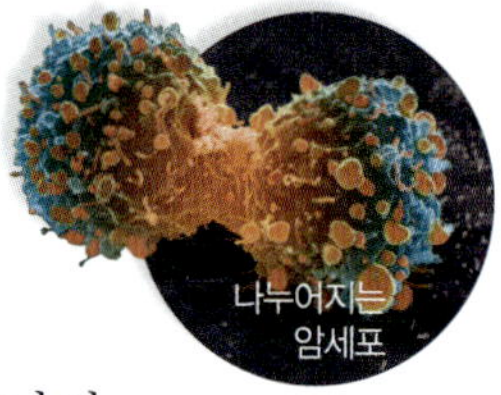


세포증식이 조절되지 않으면 종양이 발생한다. 이는 오직 다세포 생명체들에서 발견되는 특성으로, 단세포 생물체에서는 나타나지 않는다. 우리 신체가 성장하고 조직들을 새롭게 고쳐나가는 바로 그 메커니즘이 암을 시작하게 만드는 것이다. 암은 한마디로 조절되지 않는 세포분열이다.

보통 세포분열은 신체의 특정 세포에 국한되어 있는데 이를 성체 줄기세포라고 부른다. 예컨대 피부는 표피 아래에 분열능력이 있는 줄기세포들이 있기 때문에 벗겨져 나가도 스스로 보충해갈 수 있다. 배아 시기에는 모든 세포들이 분열 능력을 가지고 있다. 이로 인해 단일 수정란으로부터 다세포 생명체가 발생하는 것이다. 발생이 진행되면서 세포들은 특수화되고 특별한 기관의 일부가 된다. 성숙한 다세포 생명체는 상이한 기관 별로 많은 특화된 세포들을 포함하고 있다. 정상적이라면 이 세포들은 이웃한 세포와 대화를 나누면서 서로 귀를 기울이며 기관 활동에 참여한다. 그러나 그중 한 세포가 암의 성질을 띠게 되면 자기의 특수화된 전문성이 사라져 갑자기 젊음을 되찾아 세포 분열을 다시 시작하고, 결국 종양이

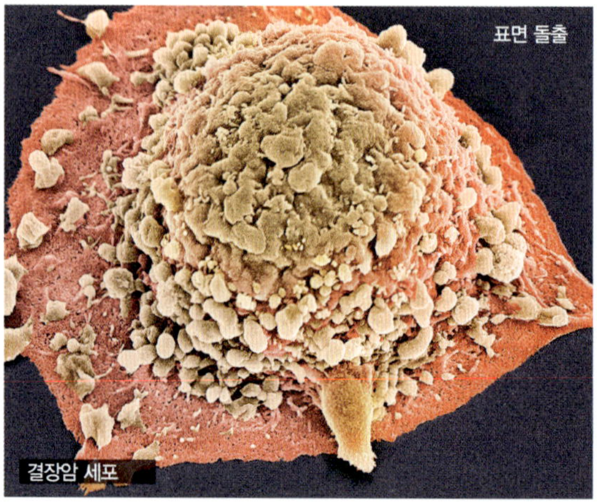

될 때까지 분열하는 것이다. 결과적으로 종양은 그 기관의 고유활동을 방해한다.

다세포성 생명체를 이루는 각각의 세포들은 그들 부모들로부터 받은 유전명령들의 복사본을 갖고 있다. 세포분열을 통하여 그 유전명령들은 신체를 구성하는 수 조개의 세포들에게 계속 전달된다. 세포들이 성숙해지고 전문화가 완성되면 유전자는 세포가 그만 분열할 것을 명령한다. 만약 세포분열의 조절이 없다면 다세포생명체는 그저 배아 세포 덩어리에 불과할 것이다. 이렇게 세포분열과 연관된 유전자가 돌연변이를 일으키면 암세포의 특성인 조절불능의 분열이 일어날 가능성이 있다.

본 장에서 우리가 배우는 것은 세포가 분열할 준비가 되어 있고, 여러 번 반복적으로 분열이 일어나기 때문에 세포주기라고 부르는 일련의 단계들을 밟아 분열한다는 것이다. 세포질 증식은 보통 엄격하게 조절되고 있기 때문에 세포분할은 질서 있게 일어난다. 만약 조절 기전이 실패하면 암으로 발전된다. 어떻게 하면 암 발생으로부터 자신을 지킬 수 있을까 공부하기 위해서는 본 장의 내용이 필수적이다.

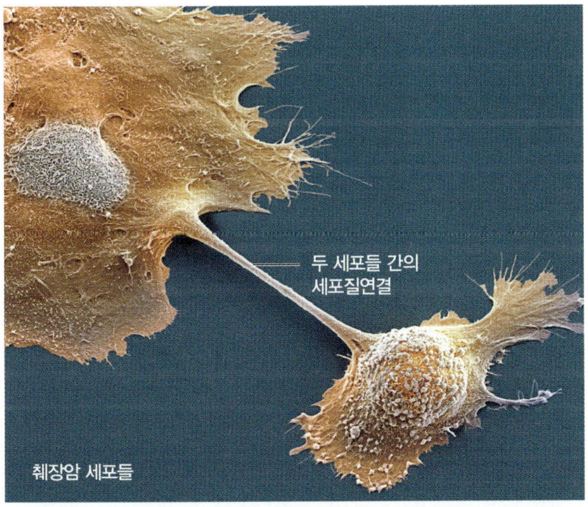

췌장암 세포들

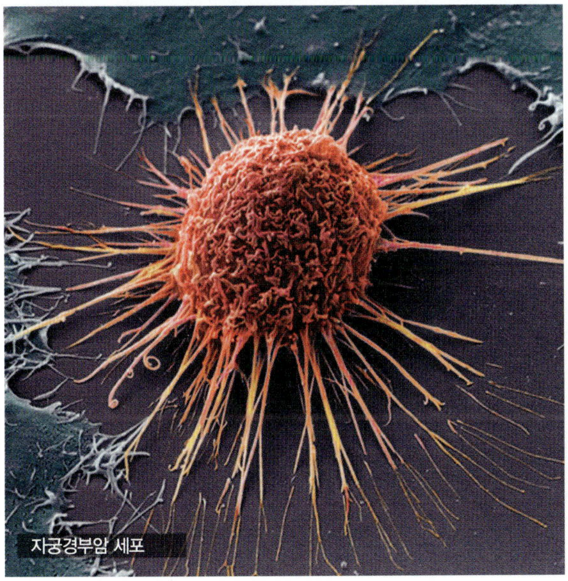
자궁경부암 세포

폐암

# 세포주기

세포주기는 복잡한 생명체가 자라고 조직들을 재생하는 중에 일어난다. 그 과정은 여러 가지 단계들을 거치는데, 먼저 세포들이 DNA와 세포소기관들을 두 배로 늘려 분열 준비를 하면서 시작된다.

## 7.1 세포증식은 세포주기에 의존한다

### 학습 성과들

본 절을 공부하고 나면 다음에 대한 이해와 능력이 향상될 것이다.

1. 세포증식과 세포주기의 중요성 인식하기
2. 세포주기의 단계들을 나열하고 기술하기

사람도 다른 다세포 생명체들과 같이 '접합자(수정란)'라고 부르는 단일세포로부터 생명이 시작된다. 이 수정란은 9개월이라는 짧은 임신기간 중 수 조개의 세포로 분열되고, 특수화되는데 그만큼 세포재생산이 거듭해서 일어나기 때문이다(그림 7.1A*a*). 심지어 출생 후 어른이 되어도 세포증식은 멈추지 않는다(그림 7.1A*b*). 낡아버린 세포들을 재생하고, 상처 입은 조직들을 대체하기 위하여 증식은 계속된다(그림 7.1Ac). 또한 매일같이 수천 개의 혈구세포들, 피부 세포, 호흡기관이나 소화기관 내피막 세포들을 재생산해야 하고, 만약 칼에 베어서 상처가 생기면 세포증식으로 그 상처를 치료하게 된다.

세포재생산의 중요성을 강조하는 한 방법은 '모든 세포들은 기존의 세포들로부터 유래한다'라고 말하는 것이다. 기존의 세포 없이는 새로운 세포를 만들어낼 수 없으며, 기존 세포 없이는 새로운 생명체가 탄생할 수 없다.

세포재생산에는 세포주기가 반드시 포함한다(그림 7.1B). 세포분열은 **'세포주기'**의 작은 부분에 불과하다. 세포주기는 질서가 잘 잡혀 있는 여러 단계로 구성되는데, 진핵세포가 한 번 분열하고, 그 결과로 만들어진 딸세포들이 다시 분열하는 사이의 과정이다. 세포가 주기를 한 번 끝내는 데에 걸리는 전체 시간은 매우 다양하지만 포유동물의 성체 세포주기

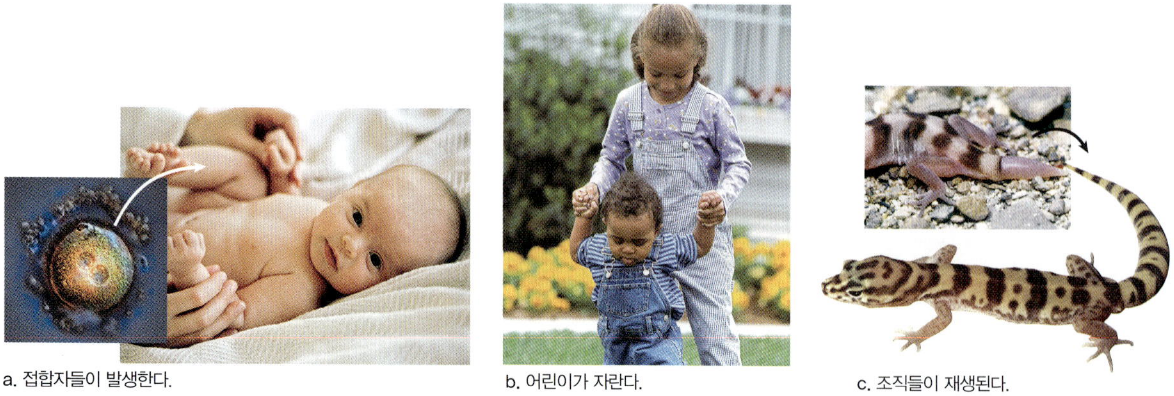

a. 접합자들이 발생한다. b. 어린이가 자란다. c. 조직들이 재생된다.

**그림 7.1A** 세포증식은 (a) 배아가 증식할 때, (b) 생명체들이 커질 때, 그리고 (c) 상처가 아물 때 일어난다.

는 보통 24시간 전후이다.

**휴지기** 우리 몸을 구성하는 대부분의 세포는 세포주기 중 **휴지기**에 머물러 있다. 휴지기는 세포분열과 세포분열 사이의 기간이라고 정의할 수 있다. 휴지기 동안에 세포는 정상적인 기능들, 즉, 다른 세포들과의 신호전달, 물질 분비, 세포호흡 수행 등을 진행한다. 이렇게 활동하는 중에도 세포들은 새로운 세포분열을 준비하고 있다. 휴지기는 3단계로 구성되는데, 각각 $G_1$, S, 그리고 $G_2$들이다. 애초에 세포학자들이 $G_1$, S 및 $G_2$라는 용어를 선택했을 때는 G가 일을 하지 않는 의미로 'gap(간격)'을 의미했지만, 그 후 G(phases) 시기에도 세포는 분주히 일하고 있음이 알려지면서 부적절한 표현으로 여겨지게 되었다. 그래서 오늘날에는 G를 'growth; 성장'의 약자로 여기는 것이 오히려 더 적합하다는 생각들이다. 세포는 세포주기의 여러 단계에서 쉬지 않고 단백질을 합성해낸다.

**$G_1$ 단계**는 세포가 막 끝낸 세포분열로부터 스스로 쉬면서 회복을 시도하는 단계이다. 그러고는 분열로 인한 여러 가지 피로를 떨어버리는 시기이다. $G_1$이 없으면 세포는 곧바로 $G_0$ 단계로 넘어가고 만다. $G_0$는 $G_1$의 바로 다음 단계(substage)이다. **$G_0$ 단계**는 세포가 정상적이고도 일상적인 기능들을 수행하는 시기이다. 이때에는 새로운 세포분열을 하기 위한 준비는 없다. 그러나 $G_0$의 세포들은 주변의 다른 세포들 또는 몸의 다른 부분들에서 어떤 신호를 받으면 즉시 $G_0$를 끝내고 세포분열 모드로 전환할 수 있다. 어떤 종류의 세포들, 가령 신경이나 근육세포들은 다른 타입의 세포들보다 더 오래, 그리고 거의 영구적으로 $G_0$ 단계에 머무를 수 있다. 반면에 배아 세포들과 성체 줄기세포는 $G_0$로 들어가지 않는다. **'성체 줄기세포'**들은 생리적 기능이 아직 정해지지 않고, 전문화되지 않은 세포들이다. 때문에 이들의 임무는 단순히 분열하고 성숙하게 될 세포들을 생산하는 일이다. 골수에 있는 줄기세포는 분열하여 신체가 필요로 하는 모든 종류의 혈구 세포들을 만들어낸다.

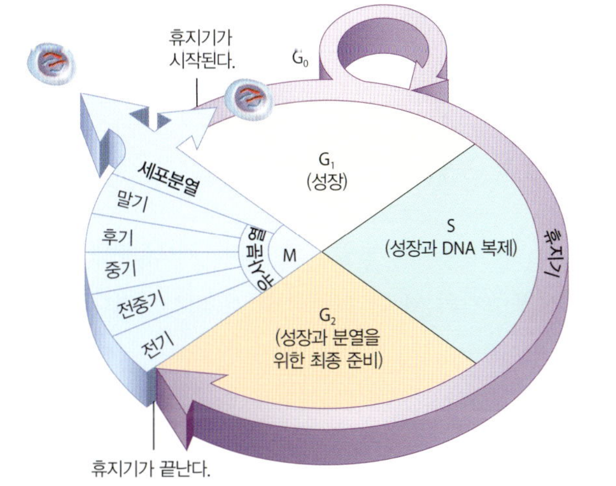


**그림 7.1B** 세포주기를 통하여 세포는 분열 준비를 하고(휴지기), 분열한다(유사분열과 세포분열). 세포는 세포주기 동안에 전문화(특수화)되거나 혹은 G0로 알려진 휴식단계로 들어갈 수 있다.

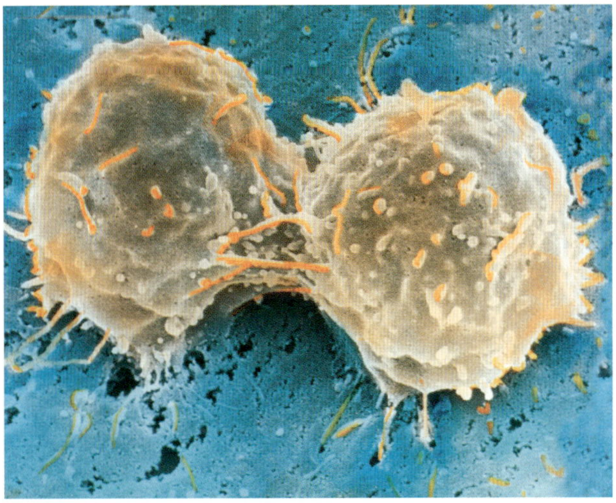

**그림 7.1C** 세포질분열이 발생하기 때문에 세포분열은 세포주기의 주목할 부분이다. 이것들은 동물 세포들인데 깊은 주름형성이라고 하는 과정에 의해서 나누어진다.

세포분열이 일단 시작되면 $G_1$ 기간 동안에 세포 크기가 증가된다. 또한 세포소기관(미토콘드리아와 리보솜들과 같은)의 양이 두 배로 늘어나고, DNA 합성에 사용될 분자들이 축적된다.

$G_1$ 단계 이후에는 **S기**가 진행된다. 'S'는 합성을 의미하며, 이때는 DNA가 복제되는 기간이다. 즉, 유전자가 자기 스스로를 복사하는 단계이다. DNA는 분열하지 않을 때에는 크로마틴(염색질)이라고 불리는 길고 가는 실과 같은 형태로 엉켜져 있다. 인체 세포 하나에 들어 있는 DNA 양은 놀랍게도 2m나 된다. 때문에 세포분열 중 이 큰 규모의 DNA가 복제되고 움직인다는 것은 그리 쉬운 일이 아니다. 세포분열이 일어나기 전에 DNA 복제와 관련된 효소 단백질들은 함께 묶여져 하나의 덩어리처럼 움직인다. 일단 염색체가 세포분열 중기에 이르면 응축되어 굵어지기에 사진 촬영이 가능하다. 각 생물 종마다 염색체 수는 서로 다르다. 예를 들어 옥수수는 20개, 금붕어는 94개의 염색체를 갖는다.

'**$G_2$ 단계**'는 S 단계 이후에 발생한다. 이때는 DNA 복제가 완료되고 다음 세포분열이 시작될 때까지이다. 세포소기관의 복제가 이 단계에서 계속 일어나고, 세포는 세포분열을 도울 단백질들을 합성한다. 예를 들면 세포 미세소관을 형성하는 단백질들을 만드는 일이다. 미세소관들은 유사분열 단계에서 핵의 분열이 일어나도록 돕는 방추사 형성에 사용된다.

**M 단계** **유사분열**이라고도 불리는 핵분열은 **M 단계**에서 일어난다. 유사분열 때 염색체 수는 그대로 유지된다. 때문에 각 딸세포의 핵은 모세포가 가진 것과 동일한 수의 염색체 수를 갖고 있다. 염색체가 복제된 상태에서는 두 개의 **자매 염색분체**라고 부르는 복사본이 **동원체**라고 불리는 잘록한 허리 부분에 같이 붙어 있게 된다. 다시 말해서 이런 모양을 하면 그것은 복제 염색체인 셈이다. 각 염색분체에는 원래의 염색체와 동일한 DNA가 들어 있다. 유사분열 시 동원체는 분리되고 딸세포의 핵은 모세포가 가졌던 각 염색체의 복사본을 이어 받는다.

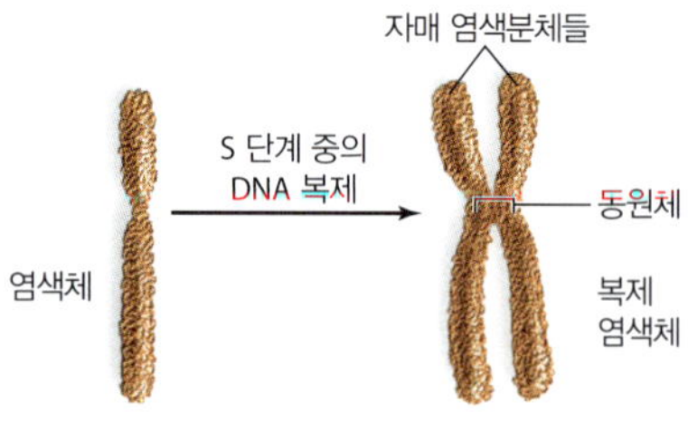


유사분열이 완성되면 모세포와 딸세포들은 유전적으로 동일하게 된다. **세포질분열**은 유사분열이 종료되기 전에 이미 시작되지만 세포주기의 M 단계에 묻혀 겉으로 드러나지는 않는다(그림 7.1C).

▶ **7.1 진도 체크**

1. 세포증식과 세포주기가 사람을 포함한 생명체들에게 왜 필수적인가를 설명하라.
2. 세포가 분열 준비를 할 때 일어나는 세포주기의 3단계를 알아보라.

## 유사분열: 핵 분열

우리 몸에 있는 모든 세포에는 동일한 수와 동일한 종류의 염색체들이 들어 있다. 세포주기 동안 염색체가 두 배로 복제되면, 유사분열을 거쳐 분리된 뒤 각각 딸세포의 핵으로 전해진다.

### 7.2 유사분열 후 딸세포들은 부모와 동일한 수의 염색체를 갖는다

#### 학습 성과들

본 절을 공부하고 나면 다음에 대한 이해와 능력이 향상될 것이다.

1. 유사분열은 어떻게 모세포와 유전적으로 동일한 딸세포를 갖게 하는지에 대해 이해하기
2. 세포분열에 있어서 방추사의 역할에 대해 이해하기

유사분열은 체세포분열이라고도 한다. 방추사가 만들어진다는 뜻으로 유사분열이라 했지만, 요즈음은 체세포분열이라는 용어를 더욱 선호한다. **딸세포**라 불리는 2개의 새로운 세포핵에는 **모세포**와 동일한 수와 동일한 종류의 염색체들이 들어 있다. 도대체 어떤 방법으로 이런 일이 가능한 것일까? 대답은 놀랍게도 아주 단순하다.

유사분열이 시작될 때 각 염색체는 일단 복제되어 두 개의 동일한 부분으로 만들어진다. 이것을 자매 염색분체라고 한다. 그림에서 복제된 염색체에 2개의 동일한 염색분체 다발들이 붙어 있는 모습을 볼 수 있다.

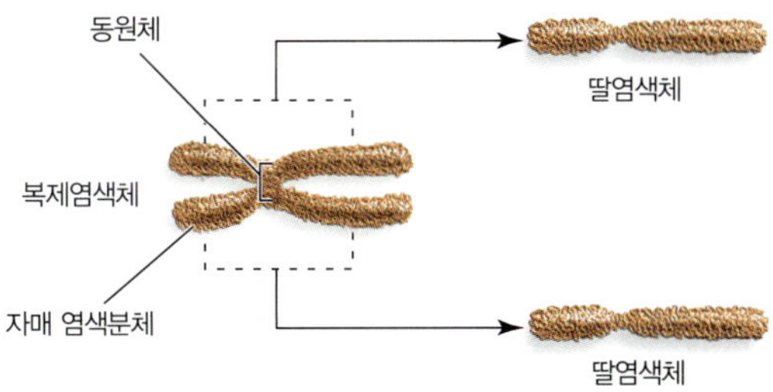


세포분열을 연구할 때는 한 세포 안에 들어 있는 염색체의 수를 결정하는 것이 매우 중요하다. 그러기 위해서는 독립된 동원체들의 수를 세어 염색체 수를 결정한다. 예를 들어 그림 7.2에 있는 모든 세포들은 동일한 수의 동원체를 가졌기 때문에 동일한 수의 염색체를 갖고 있다고 말할 수 있다. 염색체들은 보통 상동염색체의 쌍으로 되어 있기 때문에 그 세포들을 '**이배체**'라 부르고 **2n**으로 표시한다. 이배체의 짝꿍들은 모양과 크기로 결정한다. 그림 7.2에 있는 세포들은 두 쌍의 염색체를 갖고 있다–하나는 길고 다른 하나는 짧다. 색깔에서 차이가 나는 것은 각 쌍의 하나(예 청색)가 부계이고 다른 하나(예: 적색)는 모계로부터 유전된 것임을 의미한다. 만약 염색체가 쌍을 이루지 않았다면 그 세포는 '**반수체**'이고 기호는 **n**으로 한다. 동물세포들은 이배체이다. 그러나 많은 원생생물들과 균류들의 세포는 유사분열 전, 후에 반수체이다.

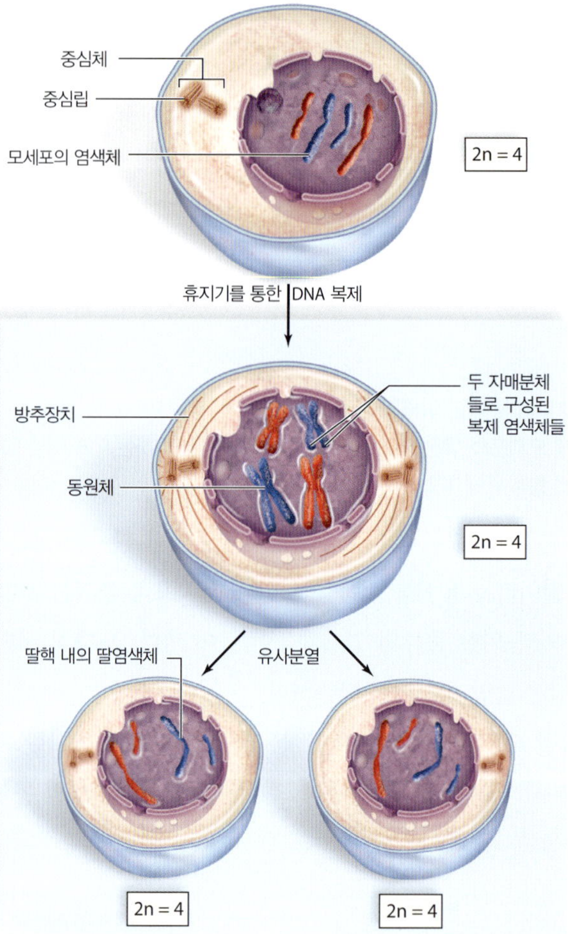


**그림 7.2** DNA 복제가 유사분열보다 앞서 일어나기 때문에 염색체는 복제된다. 이로써 각 딸핵은 부모로부터 각 염색체의 복사본을 받게 된다. 그러므로 모세포와 딸세포들은 유전적으로 동일하다.

**방추장치** '**중심소체**'는 세포 중앙 부위에 위치한 미세소관 다발이다. 중심소체는 세포분열이 시작될 때 나누어지면서 방추사를 만들어준다. 방추사는 염색체의 동원체에 달라붙어서 염색분체들이 세포의 반대편 극으로 따로 움직여 분리되는 것을 도와준다. 염색분체는 분리되자마자 딸세포의 염색체로 작용한다.

동물세포에서 중심립은 중심소체에 위치하고 있는 미세소관의 짧은 실린더들을 말한다. 중심립으로부터 방추사가 만들어진다는 학설이 정확한지는 다소 의심스럽다. 왜냐하면 식물세포에서는 중심립이 없음에도 불구하고 방추사가 만들어지기 때문이다. '방추장치의 진화'에 관해서는 다음 페이지에서 토의할 것인데, 방추사가 어떻게 기능을 하며 어떻게 진화되었는지에 관한 것이다.

**7.2 진도 체크**

1. DNA의 복제는 왜 유사분열 이전에 일어나야 하는가?
2. 모세포의 염색체가 하나는 길고 적색이며, 다른 하나는 길고 청색이라면, 유사분열 후 두 딸핵 내의 염색체는 어떤 구성일지 대조하라.

## 생명은 어떻게 변화하는가?

동물과 식물, 그리고 대부분의 균류들은 유사분열을 하기 위해 방추장치를 가지고 있다. 이 방추장치는 미세소관들로 구성되며, 미세소관들은 두 가지 타입, 즉 방추사부착점 섬유와 극사로 조직된다. 그림에서 보다시피 핵막은 조각난 상태이며 방추장치가 세포 전체를 차지하고 있다(그림 7A.1, *중앙*).

유사분열을 할 때 각 염색체의 동원체 주위에는 방추사부착점이라 불리는 특별한 단백질이 있다. 이 방추사부착점을 트랙 위를 달리는 자동차라고 생각해보자. 여기서 트랙은 방추사부착점에 붙은 방추사들이다. 방추사부착점이 섬유사를 따라 올라가면 섬유사는 해체된다. 이런 식으로 딸염색체는 외견상 따로따로 끌려가는 것처럼 보인다(그림 7A.1, *좌측*). 방추장치 역시 방추의 적도에 겹쳐있는 극사들을 포함하고 있다. 극사 방추사들이 길어질 때 양극들은 서로 밀면서 멀어지게 된다(그림 7A.1, *우측*). 즉, 딸염색체들이 서로 밀고 당기는 방법(push-pull sytem)으로 떨어져 나간다.

방추장치의 기원은 아직도 진화상으로 수수께끼이다. 그만큼 생물학자들이 오랫동안에 걸쳐 연구해 오고 있다. 핵이 없는 세균들에서는 딸염색체가 핵막이 아닌 원형질막 부위에 부착되어 있고, 세포가 좌, 우로 분열하며 길어질 때 염색체도 따라서 분리된다. 이때에는 특별한 미세소관이 관찰되지 않는데 이런 분리 방법을 이분법이라고 한다(그림 7A.2, *좌측*). 세포의 진화 차원에서 보면 유사분열은 이분법에서 진화되었을 것이 분명하지만, 직접적인 연관성은 아직 발견되지 않았다. 그 대신 방추장치의 진화는 무수한 죽음과 변이를 거쳐서 동물류, 식물류, 그리고 균류에 의해 방추사라는 특수 구조를 만들어냈다. 화석학적 기록으로는 이런 진화의 경로가 잘 발견되지 않는다. 아마도 대부분의 세균이 작고 부드러워서 화석으로 남아있지 않기 때문일 것이다. 생물학자들은 방추장치의 기원을 연구하기 위해 살아 있는 단세포 기생충들을 대상으로 방추장치의 진화를 연구하고 있다. 현재 알려진 연구 대상 중 두 개의 의미 있는 단세포 생명체는 다음과 같다.

1. 와편모충류들(그림 7A.2, *중앙*), 핵막은 분절되지 않고, 미세소관들이 유사분열 때 핵막을 안정시킨다. 딸세포의 염색체들은 핵막에 부착되어 있다가 핵이 길어지면서 나누어진다.
2. 규조류와 효모세포들(그림 7A.2, *우측*), 핵막은 분절되지 않고, 방추는 핵의 내부에 만들어진다. 기능은 식물이나 동물 세포에서와 같다.

이러한 연구들은 진핵세포가 진화되면서 방추사들이 점차 염색체 분리 과정에 포함되었다는 가설을 가능하게 해준다. 진화가 계속되면서 핵막이 분절되고, 방추장치는 유사분열 시 세포를 가득 채우는 메커니즘이 발달했다는 것이다(그림 7A.1, *중앙*).

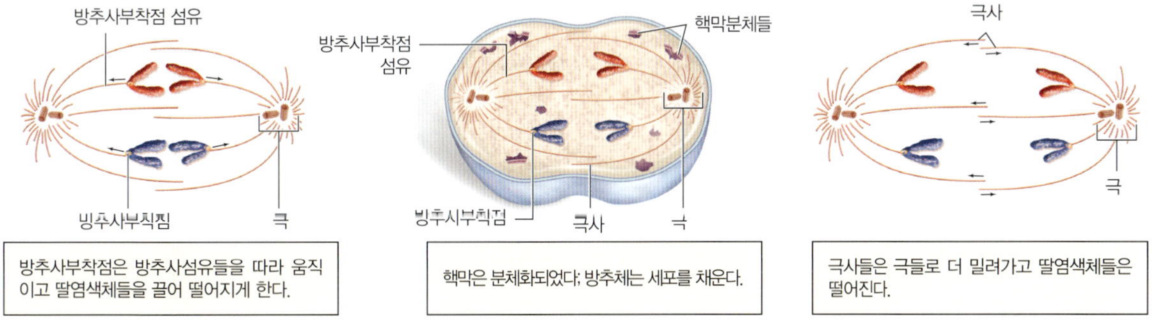


**그림 7A.1** 동물 세포들의 방추체 구조와 기능

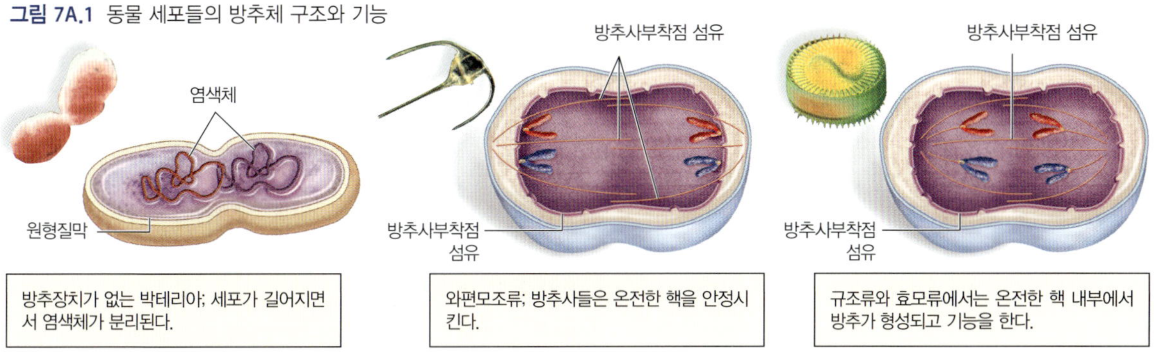


**그림 7A.2** 방추와 관련한 다른 세포들의 조사

## 7.3 유사분열에는 여러 개의 단계들이 있다

### 학습 성과들

본 절을 공부하고 나면 다음에 대한 이해와 능력이 향상될 것이다.

1. 유사분열의 각 단계에서 일어나는 현상들을 기술하고 대조하기

그림 7.3A는 동물세포(*위*)와 식물세포(*아래*)에서 일어나는 유사분열들을 나타내고 있다. 동물세포의 양극은 아주 특별한데 **성상체**라고 하는 짧은 방추사들이 각 중심체 내에 있는 중심립 쌍들로부터 방출된다. 식물세포들은 표 7.3에 나타낸 바와 같이 중심립이나 성상체가 없다.

유사분열은 세포주기 중 하나의 단계이다. 그러나 또다시 여러 작은 단계들로 나뉘는데, 이들은 곧 **전기**, **중기**, **후기**, **말기**들이다. 각각은 다시 '초기'와 '후기'로 세분화할 수 있다.

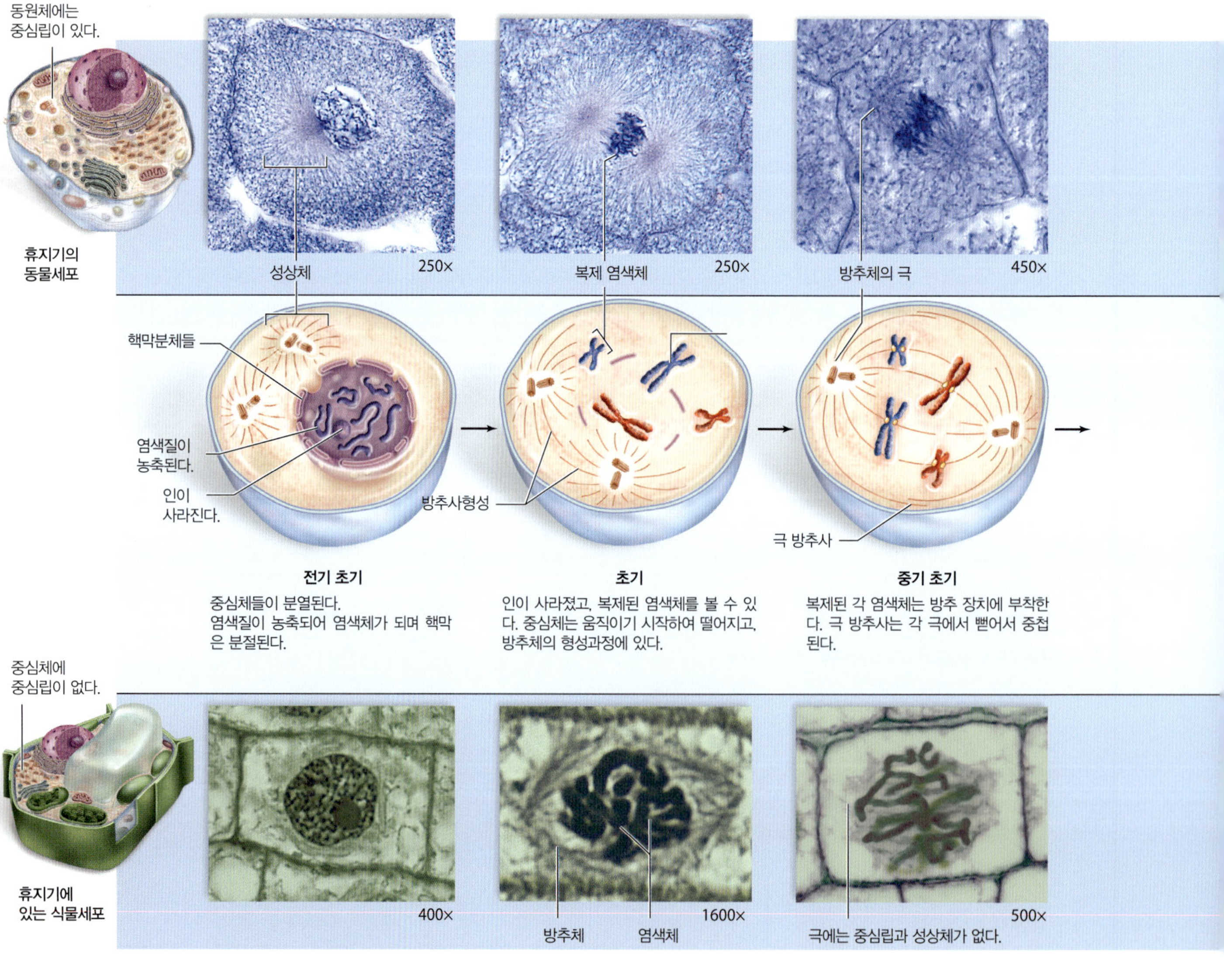


**그림 7.3A** 식물세포들과 동물세포들의 유사분열 단계들

| 표 7.3 | 동물세포들과 식물세포들의 유사분열 비교 | |
|---|---|---|
| **구조/기능** | **동물세포들** | **식물세포들** |
| 핵 분열 | 있음 | 있음 |
| 중심체 내의 중심립 | 있음 | 없음 |
| 방추체 극에 성상체가 있다. | 있음 | 없음 |
| 방추장치가 자매 염색질을 분리한다. | 있음 | 있음 |
| 유사분열 단계들 도중에 중요한 사건이 일어난다. | 동일 | 동일 |
| 염색체 수를 유지한다. | 그렇다 | 그렇다 |
| 발생사항 | 배아와 성체 줄기세포들 | 뿌리끝, 줄기끝 세포들 |

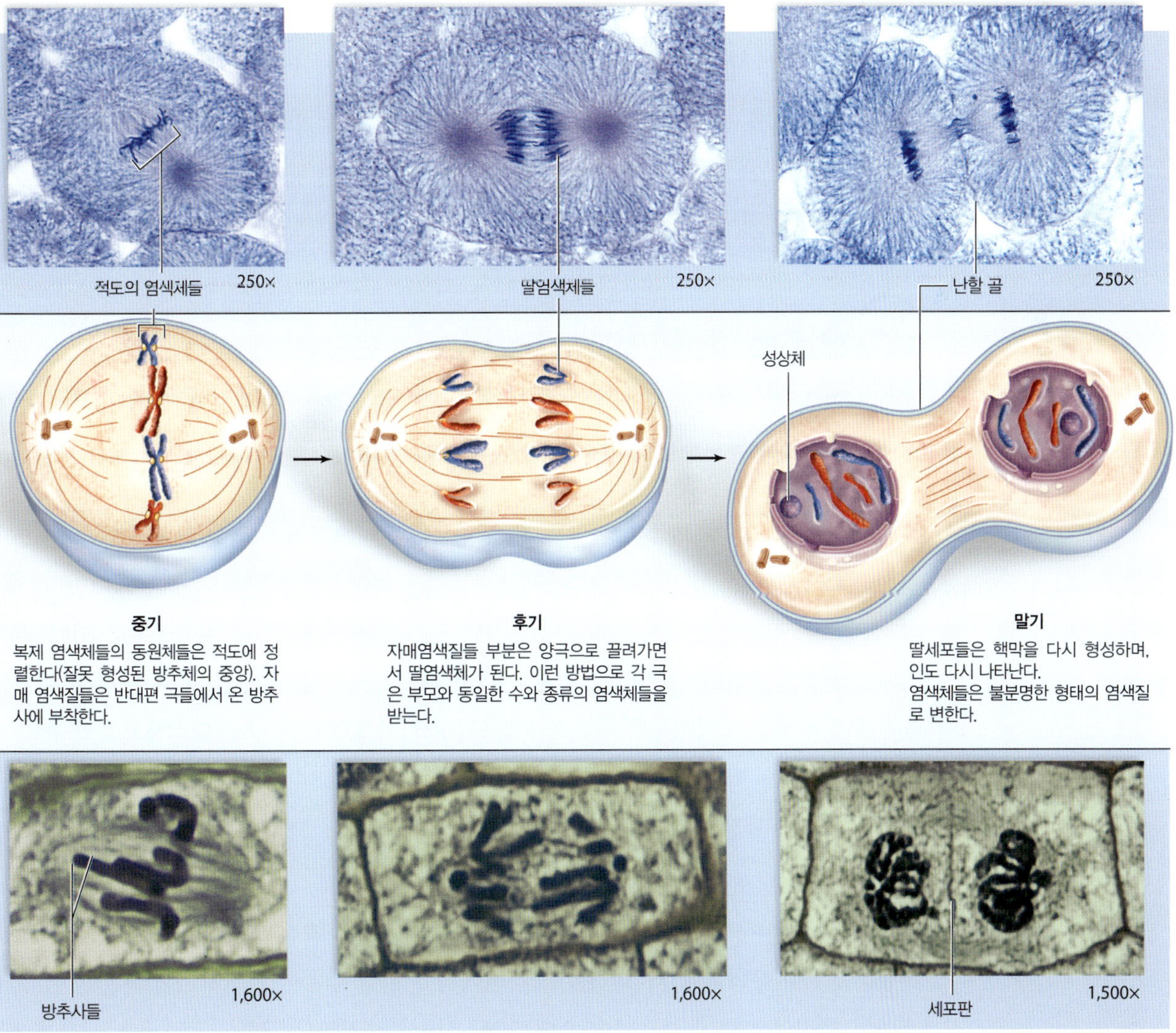


**중기**
복제 염색체들의 동원체들은 적도에 정렬한다(잘못 형성된 방추체의 중앙). 자매 염색질들은 반대편 극들에서 온 방추사에 부착한다.

**후기**
자매염색질들 부분은 양극으로 끌려가면서 딸염색체가 된다. 이런 방법으로 각 극은 부모와 동일한 수와 종류의 염색체들을 받는다.

**말기**
딸세포들은 핵막을 다시 형성하며, 인도 다시 나타난다.
염색체들은 불분명한 형태의 염색질로 변한다.

세포의 염색체 수는 동원체의 수로 결정되며, 그림 7.3A의 모든 세포들은 4개의 염색체를 갖고 있다. 유사분열 과정에서 방추사부착점은 동원체 부근에서 나타나며 염색체가 방추장치에 부착하는 것을 용이하게 해준다. 염두에 둘 것은 비록 유사분열을 여러 작은 단계들로 나누어 설명할지라도 실제 세포에서는 계속적인 과정으로 이어져 일어나는 현상이라는 점이다.

유사분열의 전체 과정을 살펴봄으로써 우리는 각각의 세포들이 동일한 염색체와 유전자들을 갖고 있다는 것을 재확인할 수 있다. 모든 살아 있는 세포들의 정상적인 기능, 즉, 단백질 합성, 세포호흡, 그리고 세포분열 등이 동일하게 수행되려면 동일한 유전자의 복제가 요구되는 것이다.

▶ **7.3 진도 체크**

1. 중기에 대해 기술하고 이 단계의 염색체 위치가 갖는 장점을 말하라.
2. 체세포들이 동일한 수의 염색체를 갖는 것이 어떻게 가능한가를 설명하라.

## 세포질분열: 세포질의 분열

유사분열은 핵에서 일어나는 분열을 의미한다. 반면 세포질분열은 핵분열이 끝난 다음 시작되는 세포질 그 자체의 분열이다. 세포질분열이 없다면 딸세포는 세포분열 때마다 계속 커지기만 해서 결국 걷잡을 수 없게 될 것이다.

### 7.4 유사분열 후에 세포질분열이 발생한다

#### 학습 성과들

본 절을 공부하고 나면 다음에 대한 이해와 능력이 향상될 것이다.

1. 동물세포와 식물세포의 세포질분열 대조하기

우리는 유사분열이 핵의 분열이라는 것과 세포분열은 핵분열 이외에 세포질분열까지도 포함한다는 것을 항상 명심해야 한다. 세포질분열은 세포질이 분열하는 것을 의미하며, 대부분의 세포에서 유사분열 바로 다음에 일어난다. 하지만 예외적으로 유사분열은 일어나지만 세포질분열이 일어나지 않아 그 결과로 다핵세포가 되는 경우도 있다. 예를 들어 이 책의 뒷부분에서 보듯이 척추동물의 골격근세포와 개화식물의 배아 낭은 다핵세포들이다.

세포질분열은 핵분열의 말기(telophase) 중 시작한다. 그리고 인이 형성된 다음 두 개의 딸세포들이 될 때까지 계속된다.

**동물세포의 세포질분열** 동물세포에 있어서는 **난할 골**, 즉, 두 딸세포의 인 사이에 생긴 막의 흔적으로서, 말기가 시작될 때 생기기 시작한다. 난할의 골은 액틴 필라멘트의 띠, 즉, 수축환이라고도 불리는데, 두 딸세포들 사이에서 원형질 수축이 서서히 형성되는 것이다. 수축환의 움직임은 마치 풍선의 가운데를 꽉 조여매는 것과 유사하다. 두 세포들 간에 좁은 다리가 말기 중에 보이며, 수축환은 두 개의 독립적인 딸세포가 생길 때까지 세포질을 분

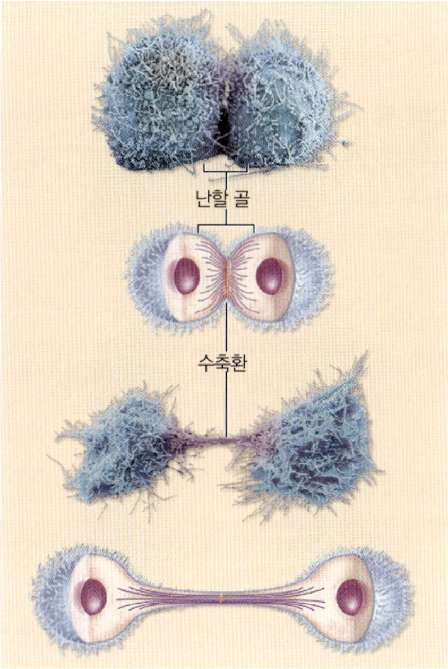


**그림 7.4** 동물세포의 세포질분열은 난할 골과 세포들을 갈라내는 수축환을 포함한다.

리해준다. 먼저, 난할 골이 나타난 다음 수축환이 조여서 협착시켜 준다(그림 7.4).

**▶ 7.4 진도 체크**

1. 어째서 세포질분열 시에 식물세포들은 세포판이 있고 동물세포들은 없는지 설명하라.

## 세포주기 조절계와 암

세포주기 조절계는 세포주기가 질서 있게 일어나도록 한다. 암은 세포주기 조절계가 제대로 기능하지 않을 때 발생한다. 세포주기에 이상이 생기면 암세포의 비정상적 특징이 나타난다.

### 7.5 세포주기 조절계는 점검 포인트에 달려 있다

#### 학습 성과들

본 절을 공부하고 나면 다음에 대한 이해와 능력이 향상될 것이다.

1. 얼마나 다양한 점검 포인트들이 세포주기를 조절하는지에 대해 이해하기
2. 세포에서 세포자살의 역할을 기술하기

우리 몸이 건강하게 유지되려면 세포주기가 정확하게 조절되어야 한다. 세포주기 조절계는 $G_1$, S, $G_2$, 그리고 M 단계가 질서 있게 일어나고, 오직 전 단계가 성공적으로 종결되었을 때에만 다음 단계를 진행되도록 한다. 세포주기에는 단계마다 점검 포인트가 있어 적절한 시기까지 각 주기를 지연시킬 수 있다. 우리는 3곳, $G_1$, $G_2$, 그리고 M(유사분열)의 점검 포인트만 고려해 볼 것이다(그림 7.5).

## 생물학은 우리 삶에 어떻게 영향을 주는가?

대부분의 사람들은 이제 줄기세포가 세포주기를 수행하며, 당뇨, 암, 뇌성장애, 심장질환처럼 치명적인 질병을 치료하기 위한 조직도 만들어줄 수 있다는 것을 알고 있다(그림 7B). 최근 여러 해 동안 과학자들은 두 종류의 줄기세포들에 관해서 연구해왔다. 즉 배아줄기세포(ES)와 성체줄기세포에 관한 것이다.

배아줄기세포는 단순히 초기 배아기의 세포이다. 이 세포들을 잘 이용하면 그 치료 효과가 훨씬 크고 정확할 수 있다. 배아줄기세포는 여러 조직들을 성체줄기세포보다 더 잘 생산할 수 있기 때문이다. 하지만 이들을 얻으려면 살아 있는 인간 배아를 희생시켜야 한다. 대부분의 사람들이 ES 세포의 사용을 거부하는 이유가 바로 이것이다. 곧 잠재적인 인간 생명의 파괴를 의미하는 것이기 때문이다. 대신에 성체줄기세포는 인체에서 분리해 얻기 어렵고, 실험실에서 대량 증식하기가 어렵다는 단점이 있다. 여러 상이한 조직들에서 얻어진 성체줄기세포가 치료효과에서 ES 세포들보다 크다고 볼 수는 없다. 성체줄기세포는 치료받는 사람(수혜자)으로부터 면역학적으로 거부당할 위험이 있기 때문이다. 원형질막에 내재된 여러 가지 유형의 단백질들을 기억하는가? 막단백질 중 일부는 세포가 자기 신체에 속하는지 여부를 판단하는 표식 기능을 하는데, 만약 이식해준 조직이나 기관의 세포가 다른 표식을 지니고 있다면 우리 몸은 이식된 조직을 거부하는 방식으로 대처하게 된다. 이것을 이식거부반응이라고 부른다.

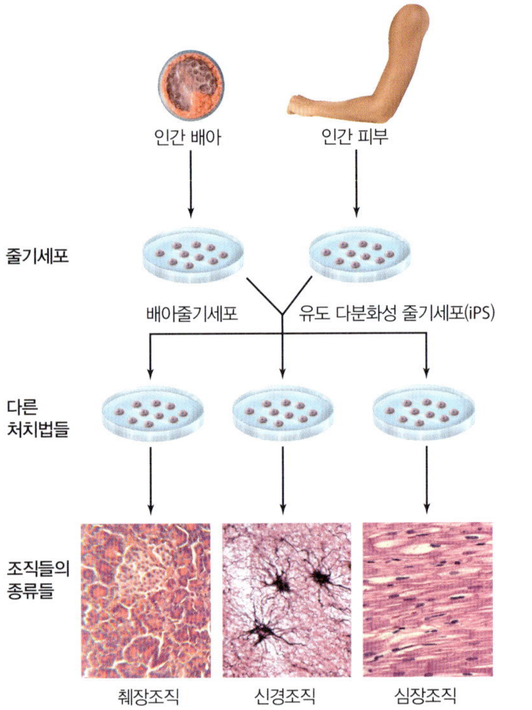


**그림 7B** ES(배아줄기) 세포들과 iPS(유도다능줄기) 세포들은 모두 실험실에서 많은 상이한 유형의 특이 세포들과 조직들을 만들어낸다. 물론 안전문제가 해결되어야 하지만 과학자들은 언젠가 iPS 조직들이 사람의 질환 치료에 이용될 수 있을 것으로 믿고 있다.

**돌파구**

과학자들은 그동안 줄기세포가 분화되어 특수한 세포로 발생된다고 설명해 왔다. 그리고 병든 조직을 대체시키려는 목표 달성을 위해 줄기세포를 무제한으로 얻으려는 노력을 끊임없이 기울이고 있다. 이제 어느 정도 그 희망이 이루어진 것처럼 보인다. 미국의 과학자들은 사람의 세포를 유도하여 활성화된 4개 유전자를 가진 다분화능 줄기세포를 만들어 세상에 발표하였다. 이 피부 세포들은 iPS(induced pluripotent stem) 세포라고 불리는 것들이다. 과학자들이 iPS 세포를 만들려고 수백만 개의 피부세포들을 실험하였기에 효율성은 그다지 뛰어나지 않았지만 점차 필요한 기법들이 더 나아지고 있으며, 또 새로운 기술들이 접목되고 있기에 희망적이라 할 수 있다. 앞으로 조직 안전성 문제들을 해결하면 어떤 인간의 조직이라도 이식이 가능할 것으로 생명과학자들은 확신하고 있다. 만약 대체된 조직이 환자 자신의 피부 세포로 생산된 것이라면 거부반응은 더 이상 문제가 되지 않을 것이다. 한 걸음 더 나아가 생명과학자들은 다양한 타입의 조직들, 각 사람에게 가장 잘 어울리는 장기 재료들을 실험실 내에 비축할 수 있을 것이라고 희망하고 있다.

❶ $G_1$ 점검 포인트는 특별히 중요하다. 만일 세포주기가 이 점검을 통과하면 세포는 일단 분열을 시작한다. 만일 이 점검 포인트를 통과하지 못하면 그 세포는 $G_0$로 들어간다. $G_0$ 동안에는 생명현상을 수행하지만 세포분열은 일어나지 않는다. 만일 DNA에 수리가 어려운 손상이 발생한다면 내부적 신호 단백질인 **p53**이 점검 포인트에서 세포주기를 정지시킬 수 있다. p53이 DNA 수리를 시작하려 하는데 그것이 불가능하다면, 그 세포는 '**세포자살**'에 의해서 죽음이 일어나게 된다. 이 세포자살을 '세포예정사'라고 정의한다.

❷ $G_2$ 점검 포인트에서는 세포주기가 망설이는 것 같은 양상을 보인다. DNA가 제대로 복제되었는지를 확인하기 때문이다. 이 점검은 염색체들이 복제되지 않는 한 M 단계로의 진입을 방지하는 것이다. 또한, 태양광선 노출이나 X선 노출로 DNA가 손상을 입으면 이 점검 포인트에서 세포주기를 묶어 놓고 시간을 주어 손상을 수리할 수 있도록 한다. 이렇게 함으로써 손상된 DNA가 딸세포로 유전되지 않게 하는 것이다.

❸ M 점검 포인트는 유사분열 단계에서 발생한다. 이 시점에서 세포는 염색체들이 딸세포들에 정확하게 배분되고 있는지를 점검한다. 세포주기는 모든 복제 염색체들이 염색질로 분리될 준비가 완료될 때까지 멈추어 있다.

**세포자살** 세포는 파괴를 야기하는 전형적인 일련의 사건들을 통하여 세포자살을 진행시킨다. 자살하기로 예정된 세포는 한곳에 모이게 되고 이웃 세포들과의 접촉도 상실한다. 핵분절과 원형질막에는 일종의 물집이 생긴다. 결국에 세포는 조각들로 깨어지고, 그 작은 조각들은 백혈구나 이웃 세포들에 의해서 탐식된다. 세포들은 카스파제(*caspase*)라고 불리는 효소를 지니고 있으며 이 효소들은 세포자살을 야기시킨다. 이 효소들은 보통 때 억제유전자에 의해서 억제되고 있지만, 내부 또는 외부에서 신호를 받으면 활성을 얻게 된다.

세포분열과 세포자살은 체내의 세포들 수를 적절한 수준에서 유지하도록 하는 2개의 상반된 작용이다. 그들은 성장과 발생을 위한 정상적 기능들이다. 다세포생명체가 되기 위해서 단일세포가 세포분열을 반복하여 많은 세포를 생산하도록 하기도 하지만, 일부 세포들은 생명체가 형태를 갖추기 위하여 죽기도 한다. 이를 테면 올챙이는 개구리가 될 때 꼬리부분이 세포자살 발생을 통해 사라진다. 사람도 마찬가지로 배아의 손가락과 발가락들이 처음에는 물갈퀴처럼 붙어 있지만, 발생하면서 점차 서로 떨어져 자유롭게 된다. 세포자살은 암이 발병하기 전에 세포들을 파괴시킬 때는 도움이 된다. 그렇지 않으면 종양으로 발

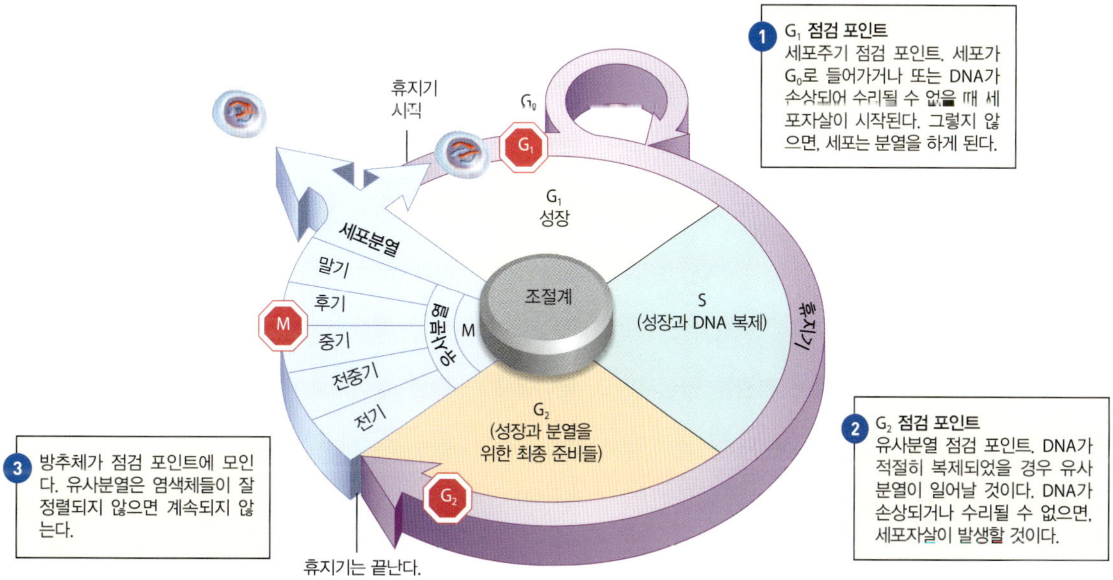


**그림 7.5** 점검 포인트들이 있어, 세포주기가 정상적으로 일어나도록 조절해준다.

생할 수도 있을 것이다. 다시 말해 세포자살이 제때 일어나지 못하면 암의 원인이 되기도 한다는 것이다.

> ▶ **7.5 진도 체크**
> 1. $G_1$ $G_2$과 점검 포인트 간의 차이를 설명하라.
> 2. 세포들에 있어서 세포자살 기능들을 알아보라.

## 7.6 암세포들은 명백하게 비정상적인 모습이다

### 학습 성과들

본 절을 공부하고 나면 다음에 대한 이해와 능력이 향상될 것이다.

1. 암세포들의 특징을 기술하기
2. 암세포들의 특징과 조절이 안 되는 세포주기를 결부시키기

**암의 발생** 본 장의 서론부에서 설명한 대로 **'돌연변이'**(영구적 DNA 변화)는 환경상의 위험 인자들로 인하여 세포들을 비정상적으로 성장하게 만들고, 결국 암세포가 되게 한다. 세포분열이 이미 많이 진전된 조직이라면 **발암작용**에 더욱 민감한데, 세포분열로 인해 유전적 돌연변이가 일어날 기회가 많고, 각 세포들이 다음 세대로 이어지면서 더 많은 비정상적 세포가 발생하기 때문이다. 일단 세포주기가 조절 불가능한 상태로 되면 점검 포인트들이 작용하지 못하며 세포자살도 일어나지 않는다. 그러나 돌연변이 세포들은 비정상적일 망정 분열은 계속한다.

암은 그 기원 조직에 따라 분류된다. 상피성암종들은 기관들의 내피 조직 유형의 암이다. 육종은 근육이나 뼈, 연골 등에서 생겨난다. 백혈병은 혈액의 암이다. 일반적으로 암세포는 다음과 같은 특징들이 있다.

**암세포들은 종양을 형성한다** 정상세포들은 기질에 단단히 고정되어 있거나 이웃 세포들에 부착되어 있다. 그리고 접촉 제한을 통해 분열을 멈춘다. 그러나 암이 발생할 경우 세포들은 모든 조절을 상실한다. 암세포는 서로 쌓이게 되며, 여러 층으로 자라 **'종양'**을 형성하게 된다. 정상세포들은 자기 인근 세포들로부터 언제 자랄 것이며, 언제 성장을 멈출 것인지에 대한 신호가 올 때 이에 반응한다. 그러나 암세포들은 자극 신호를 필요로 하지 않으며, 억제 신호들에 대해서도 반응하지 않는다. 암이 발생할 때 가장 공격적인 세포는 그 종양의 우성세포 타입이 된다.

**암세포들은 혈관을 형성시키고, 전이를 통해 다른 조직으로 이동한다** 종양은 잘 발달된 모세혈관 조직을 통해 영양물질들과 산소를 공급받는다. 새롭게 **혈관을 형성**하는 것이다. 종양의 크기는 종종 완두콩 크기 이상으로 자라게 된다. 종양의 중앙 부위는 혈관이 닿지 않아 산소 함량이 낮은데 이러면 암세포는 유전자를 작동하여 새로운 혈관을 형성하도록 유도한다. 돌연변이들로 인하여 암세포들은 운동성을 갖기 쉬운데, 세포 내부의 골격이

무질서하며 온전한 액틴 필라멘트 다발이 없기 때문이다. 전이를 위해서 암세포들은 세포외 기질을 건너가야 하며, 동시에 혈관이나 림프관에 침투한다. 침습성 암세포들은 그 모양이 기형적이며(그림 7.6), 정상세포와 차이가 난다. 암세포들에는 단백질 분해효소가 있어 막을 분해하여 조직으로 침투할 수 있다. 이 세포들이 첫 번 종양으로부터 멀리 떨어져 새 종양들을 만들기 시작할 때 **'전이'**가 발생하는 것이다. 많은 암세포들이 모두 이 같은 전이를 나타내는 것(아마도 1/10,000)은 아니지만, 일단 전이가 성공적으로 이루어지면 암은 몸 전체로 퍼져 나간다.

**암세포들의 핵은 비정상적 모습을 하고 있다** 암세포들의 핵은 커져 있고 염색체 수 또한 비정상적이다. 예를 들면 자궁경부암 세포들의 핵은 그림 7.6에 나와 있는 것처럼 세포 전체를 차지할 정도로 비대해져 있다. 염색체 역시 비정상적이다. 일부 부분은 복제되어 있지만, 다른 부분은 결실되어 있다. 추가적으로 어떤 유전자들의 숫자가 불필요하게 증폭(특이 유전자의 불필요한 복제들)되어 있기도 하다.

**암세포들은 분화하지 않는다** 암세포들은 비특이적이며, 신체의 생리적 기능에도 기여하지 않는다. 암세포들은 피부, 근육, 신경, 또는 간세포 같은 정상세포와 차이가 많다. 보통 정상세포들은 세포주기를 약 70여 번 반복한 다음 죽는 데 비해 암세포들은 세포주기를 무수히 반복할 수 있고 영구적이다.

**7.6 진도 체크**

1. 세포주기가 조절 불가능한 것으로 나타난 암세포들의 특징들을 알아보라.

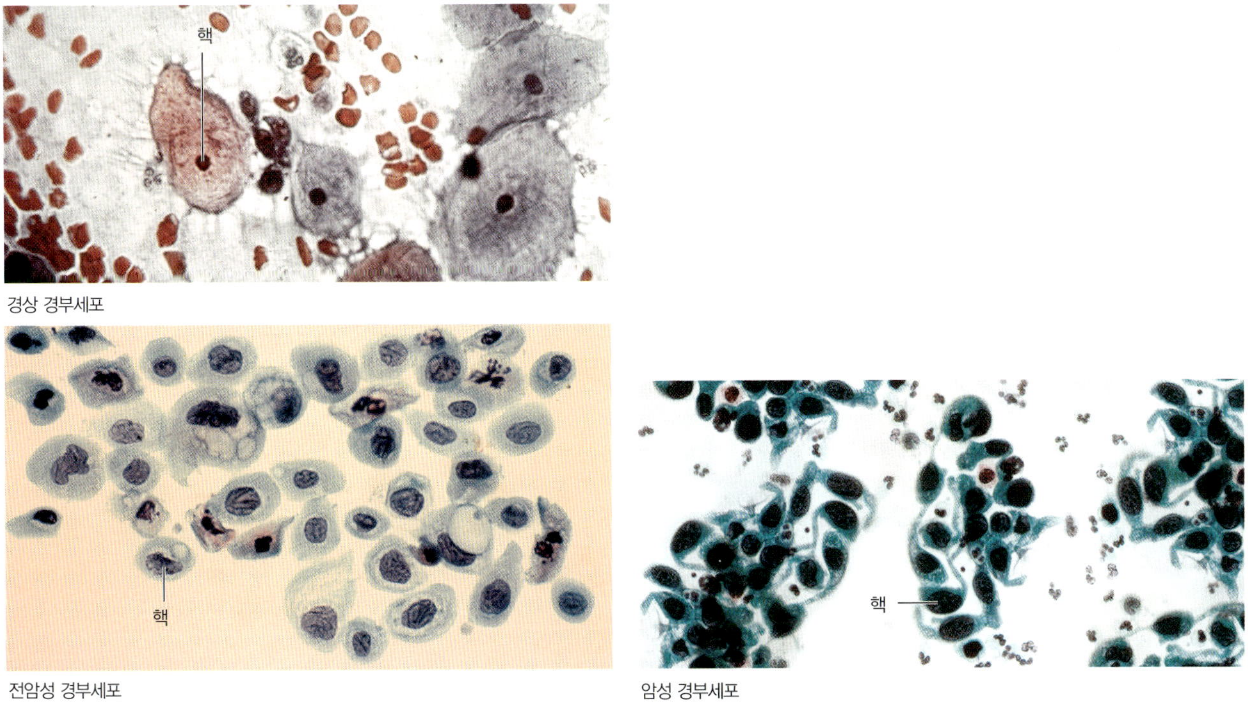


**그림 7.6** 이 미세사진들은 자궁경부암으로의 진행과정을 보여준다. 자궁경부암은 성 접촉에 의해 전파되는 인간 파필로마바이러스(human papillomavirus, HPV)에 의해 발생된다. 그러므로 모든 젊은 여성들은 새로운 HPV로부터 그들 자신을 지키기 위해 예방 접종을 받아야 한다.

## 생물학은 우리 삶에 어떻게 영향을 주는가?

그동안의 여러 증거들을 살펴보면, 암의 위험을 피하거나 감소시키기 위한 몇 가지 보호적 행동들과 올바른 식사법이 있다.

### 보호적 행동들

다음과 같은 행동들은 암 예방에 도움이 된다.

**담배를 끊어라** 하루에 두 갑 또는 그 이상의 담배를 피우는 사람들은 폐암 사망률이 비흡연자에 비하여 15~25배 더 높다. 연기 없는 담배(씹는 담배, 마시는 담배)는 구강암, 후두암, 목부암 식도암 등의 위험을 증가시킨다.

**자외선 차단제 사용** 피부암의 거의 대부분은 햇빛과 관계있다. 자외선차단지수가 최소한 15인 차단제를 쓰고, 하루 중 햇빛이 가장 강할 때 외출하려면 보호의복을 입어야 한다. 바닷가에서나 썬탠장에서 일광욕을 하지 말아야 한다.

자외선 차단지수 15의 썬크림은 피부암을 최소화 할 수 있다.

**방사선을 피하라** 대부분의 의료기관이나 치과에서 사용하는 방사선 의료기구는 가능한 가장 낮은 선량으로 조정되어 있다. 이처럼 불필요한 X-선은 피해야 한다. 지각 표면에 있는 우라늄의 방사성 부식토로부터 나오는 라돈 가스는 집 안에도 축적될 수 있으며 폐암의 위험을 증가시킨다. 특히 흡연자가 있는 집은 유의해야 할 것이다. 가장 좋은 것은 여러분의 집을 테스트하여 조치를 취하는 것이다.

**암 검사를 받으라** 유방암이나 고환암 검사를 위해서는 정기적인 검진이 필요하다. 의사로부터 다른 검사들도 정기적으로 받는 것이 권장된다.

**직업상의 재해들에 대해서도 알아둬라** 여러 가지 산업용 물질들(니켈, 크롬산, 석면, 염화비닐 등)과 방사선이 다양한 암의 위험을 증가시킨다. 석면의 위험은 담배 연기와 결합될 때 크게 증가한다.

**호르몬 요법에 대해서는 심사숙고하라** 연구에 의하면 폐경증후군을 완화시키는 에스트로겐-황체호르몬 혼합요법이 유방암 발생을 증가시키는 것을 알게 되었다. 또한 호르몬요법으로 직장암 환자의 수가 감소하기보다 오히려 위험성을 높인다는 것도 확인되었다.

### 올바른 식사

통계에 따르면, 아래의 식이요법 가이드라인을 따르는 사람들은 암의 발병빈도가 낮은 편이다.

**비타민 A와 C가 풍부한 음식 소모량의 증가** 카로틴은 비타민 A의 전구체인데 당근, 과일들, 녹색잎 채소들에서 발견된다. 비타민 C는 감귤류에 들어 있다. 이들은 비타민 C 질산염과 아질산염이 소화관 내에서 발암성 니트로아민으로 변화되는 것을 막아준다.

**염장류, 훈제, 니트라이트-경화식품 등의 소비를 제한하라** 염장류, 피클류 등은 위장과 식도암 위험을 높인다. 햄이나 소시지, 훈제식품류 등은 담배와 유사한 화학적 발암 물질을 함유하고 있다. 종종 가공육류(예; 핫도그, 편육류)에 함유된 아질산염과 기타 방부제 함유 식품들은 암 발생과 연관이 있다.

**식사에 양배추 등 식물들을 포함시켜라** 여기에서 말하는 양배추에는 브로콜리, 새싹류, 꽃양배추, 콜라비 등이 모두 포함된다. 이런 식물류는 위와 창자, 호흡계의 암 위험을 감소시킨다.

**알코올 소비를 적당량으로 조절하라**암 발생 위험은 알코올 섭취량 증가와 더불어 증가한다. 가장 강하게 영향을 받는 부분은 인두, 식도, 후두 등이다. 그러나 유방암과 간암도 연관된다. 음주와 흡연을 모두 다 하는 사람은 발암 위험이 매우 증가한다.

**건강 체중을 유지하라** 암 위험성(특히 대장, 유방, 자궁 암들)은 정상체중 여성보다 비대한 여성이 55% 더 높으며, 대장암 발병률은 건강한 체중의 사람에 비해 비대한 남성이 33% 더 높다.

# 본 장에 대한 리뷰

## 개념들의 연결

진핵생물들은 각 생물종마다 핵 내에 특징적인 염색체 수를 갖고 있다. 사람은 46개 염색체들을 갖고 있다. 세포증식 중에 새로 만들어지는 딸세포는 각 염색체에 대한 복제본을 나누어 가지는데 세포주기가 이런 현상을 가능하게 해준다. 휴지기(핵 분열 간의 시간) 중에 DNA 복제가 일어나며 점차 염색질이 단단하게 되면서 염색분체가 만들어진다. 복제된 염색체는 유사분열 중에 분리되어 딸세포로 나뉘어 들어간다. 딸세포가 모세포와 똑같은 수의 염색체 및 유전자들을 가질 수 있는 것은 유사분열을 통해 염색분체들–각각은 이중나선 DNA임–이 나누어지기 때문이다. 방추장치처럼 유사분열에 의존하는 질서정연한 현상들이 없다면 진핵생물은 존재할 수 없다. 다시 말해 세포골격은 세포와 생물체에게 매우 중요한 것임을 인식해야 한다.

세포주기에는 여러 번의 휴식기들이 있다. 이들은 DNA 복제가 정상적이고, 또 적절하게 유전자가 기능할 수 있는지를 결정하는 점검 포인트들이다. 만약에 DNA가 손상을 입은 것으로 나타나면 수리가 진행된다. 만약 수리마저 불가능하다면 세포는 자살과정을 통해 죽고 만다. 세포자살이 없으면 암이 발생할 수도 있다. 비정상적인 세포들은 계속적으로 분열을 거듭하여 종양으로 발전하게 된다.

세포에는 두 가지 유형의 핵분열이 있다. 유사분열과 감수분열이다. 유사분열은 본 장의 주제이고 성장과 손상된 조직 재생에 필수적이다. 반면 다음 장에서 논의될 감수분열은 생식에 필수적이다.

### 분석과 평가

1. 모든 새로운 세포들에게 유전물질을 온전한 복제본으로 전하기 위해서 DNA는 어떻게 '포장'되는가?
2. 방추장치는 어떻게 해서 딸세포로 하여금 각 염색체의 복사본을 받도록 조절하는가?

## 요약

### 세포주기

**7.1 세포증식은 세포주기에 의존한다**

- 세포재생(그리고 세포주기)은 복잡한 생물체들이 발생하고 성장하고 자기의 조직들을 수리하는 중에 반복하여 일어난다. 세포설에 의하면 새로운 세포는 오직 기존 세포들로부터만 유래된다.
- **세포주기**에서 **휴지기**($G_1$, S, $G_2$, 단계들)는 **M 단계**로 진행하는데, 여기에는 **유사분열**과 **세포질분열**이 모두 포함된다. **$G_1$ 단계**에서는 세포들이 성장하고 분열할 수 있다. **S 단계**에서는 DNA 복제가 염색체 복제로 나타난다. **$G_2$ 단계**에서는 세포가 성장하게 되고 단백질들이 만들어져 미세소관들을 형성하게 된다.

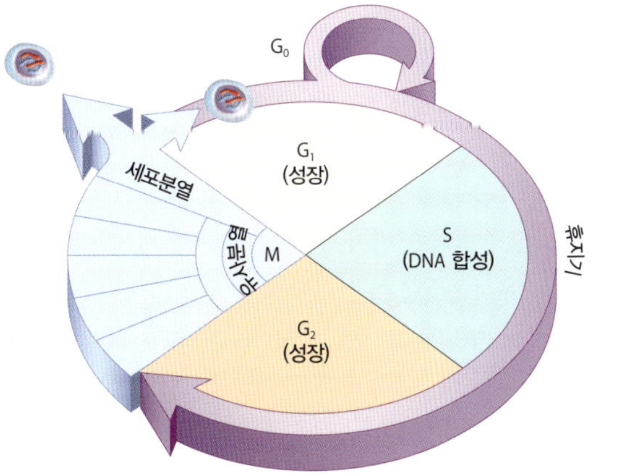


- 배아세포와 **성체줄기세포**는 항상 분열한다. **$G_0$ 단계** 세포들은 세포주기에서 탈퇴하고 분열하라는 자극을 받을 때까지는 분열하지 않는다.

### 유사분열: 핵 분열

**7.2 유사분열 후 딸세포들은 부모와 동일한 수의 염색체를 갖는다**

- 유사분열은 복제 분열이다. **모세포**와 **딸세포**들은 복제된 염색체의 동일 염색질을 분리해서 나누어 가졌기 때문에 각각 동일한 수와 동일한 종류의 염색체를 갖는다.
- 모세포는 종에 따라 **이배체(2n)** 또는 **반수체(n)**일 수 있다. 동원체의 수는 염색체 수와 같다.

- 중심소체에서는 **방추장치**가 형성되어 염색질의 질서 있는 분리를 돕는다.

**7.3 유사분열에는 여러 개의 단계들이 있다**

- 유사분열 중 동물세포의 방추극에는 중심립과 **성상체**가 위치한다. 식물세포들은 극은 있지만 중심립 또는 성상체가 없다. 동물세포와 식물세포들 간의 비교는 표 7.3을 참조하라.
- 유사분열의 각 단계들은 다음과 같다. **전기**–핵막의 분절들과 염색체들의 모양이 보이며, 방추장치가 나타난다; **중기**–염색체들이 방추사에 부착하며 적도판에 배열한다; **후기**–염색질이 분리되고 딸염색체가 방추의 극들로 움직여 간다; **말기**–딸핵이 형성되고 세포질분열이 시작된다.

### 세포질분열: 세포질의 분열

**7.4 유사분열 후에 세포질분열이 발생한다**

- 동물세포의 세포질분열시 **난할 골**이 형성된다. 식물세포에서는 세포질분열 시 새로운 원형질막이 형성되고 **세포판**에 세포벽이 생긴다.

### 세포주기 조절계와 암

**7.5 세포주기 조절계는 점검 포인트에 달려 있다**

- 점검 포인트 $\mathbf{G_1}$에서는 세포주기를 계속하기 전에 세포가 정상인지를 확인한다; 점검 포인트 $G_2$에서는 DNA가 적절하게 복제된 것인지를 확인한다; 점검 포인트 M은 염색체가 딸세포에 정확하게 배분되었는지를 확인하는 시점이다; 일반적으로 세포주기가 지속될 수 없을 때는 세포자살이 발생한다. '**세포자살**'은 **p53**에 의해서 시작되는데 이것을 세포예정사라고 한다. 이는 효소에 의해서 촉발되는 세심하게 조직화된 현상이다.

**7.6 암세포들은 명백하게 비정상적인 모습이다**

- **돌연변이**들 때문에 **발암작용**이 발생하며, 세포들이 조절할 수 없이 분열하여 **종양**으로 발생하면 암이 생기는 것이다. 암세포에서는 세포주기의 조절과 세포자살이 일어나지 않는다.
- 암세포들은 비정상적 특징들을 갖고 있다. 암세포들은 분화가 없으며, 비정상적 핵을 갖고 있고, 종양을 형성하며, '**혈관형성**'(새로운 혈관들의 형성)을 촉진하고, '**전이**'(초기 종양 부위에서 멀리 떨어진 곳에 종양을 형성)를 일으킨다.

## 자기 테스트

### 세포주기

1. 다음 설명 중 틀린 것은? 진핵세포에 있어서 유사분열 바로 전에
   a. 상동염색체의 쌍을 볼 수 있다.
   b. 각 염색체는 두 개의 딸염색질을 갖는다.
   c. 하나는 부계에서, 하나는 모계에서 왔다.
   d. 각각의 딸염색질은 동일한 유전자를 운반한다.
2. 세포주기에 있어서
   a. 유사분열은 휴지기 없이는 일어날 수 없다.
   b. 휴지기에 일어나는 사건은 염색체 복제이다.
   c. 휴지기에는 세포들이 물질대사적으로 불활성이다.
   d. DNA 이중나선이 둘로 분열한다.

문제 3–6에 대하여, 열쇠 내의 용어와 맞는 설명을 연결하라.

키(열쇠):

a. $G_1$ 단계 b. S 단계 c. $G_2$ 단계 d. M(유사분열) 단계

3. 이 단계의 끝에서, 각 염색체는 두 개의 부착된 염색질로 구성된다.
4. 이 단계에서 딸염색체들은 두 개의 딸핵에 분배된다.

5. 세포내 소기관들을 두 배로 만들고, DNA 합성에 필요한 물질들을 축적한다.
6. 세포분열에 필요한 단백질들을 합성한다.
7. 휴지기는?
   a. 전기 중기, 후기, 그리고 말기
   b. $G_1$, S, $G_2$로 구성되어 있다.
   c. 극방추사와 동원체 방추사들의 사용이 필요하다.
   d. 세포주기의 대부분을 차지한다.
   e. b와 d가 모두 맞다.

문제 8-10에 대해서, 열쇠 내의 용어와 맞는 설명을 연결하라.

키(열쇠):

a. 중심체　　b. 염색체　　c. 동원체　　d. 사이클린

8. 자매 염색질을 위한 부착점
9. 성상체 중앙 내의 방추극에서 발견된다.
10. 꼬이고 농축된 염색질

## 유사분열: 핵 분열

11. 복제된 염색체의 동일한 두 개의 절반들은
    a. 항상 함께 붙어 있다.　b. 크기가 다르다.
    c. 딸염색체들이 된다.　d. 상동이라고 부른다.

문제 12-17은 유사분열 각 단계에 대한 설명이다. 각 문제의 용어와 맞는 설명을 '키(열쇠)'에서 고르라.

키(열쇠):

a. 초기　　b. 중기　　c. 후기　　d. 말기

12. 핵은 사라지고, 핵막은 쪼개진다.
13. 빙추사는 사라지고, 핵막이 형성된나.
14. 자매 염색질은 분리된다.
15. 염색체들은 방추 적도위에 배열한다.
16. 동물세포의 유사분열에는 있으나 식물세포들에는 없는 것?
    a. 염색체 수를 유지한다.　b. 방추장치를 사용한다.
    c. 양극에 중심립들이 있다.　d. 두 개의 동일하지 않은 딸세포들을 생산한다.
17. 초기 유사분열의 세포이다. 그림의 명칭을 붙여라.

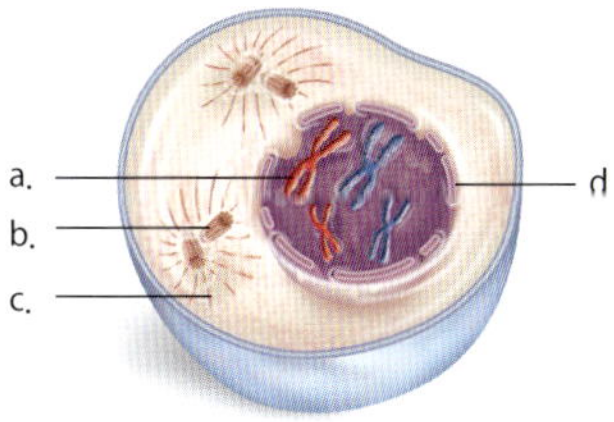


## 세포질분열: 세포질의 분열

18. 염색체들의 이배체 숫자는
    a. 2n이다.
    b. 부모 세포에 있으며, 유사분열이 끝나면 두 딸세포들에도 있다.
    c. 특별한 생명체들에 따라 다르다.
    d. 모든 체세포마다 들어 있다.
    e. 모두 맞다.
19. 유사분열의 어떤 단계에서 염색체 복제가 일어나는가?
    a. 말기를 제외한 모든 단계　b. 전기와 후기
    c. 후기와 말기 외 모두　d. 오직 중기의 중기판에만　e. a와 b가 모두 맞다.

20. 유사분열의 중기에서 중기판에는
   a. 단일 염색체들이 있다. b. 복제된 염색체들이 있다.
   c. $G_1$ 단계의 염색체들이 있다. d. 항상 23개의 염색체들이 있다.
21. 모세포가 유사분열 이전에 14개 염색체들을 가졌다면, 각각의 딸세포들은 몇 개의 염색체들을 가질 것인가?
   a. 각 염색질이 하나의 염색체이기 때문에 28개
   b. 염색질이 분리되므로 14개
   c. 유사분열이 끝난 뒤이므로 오직 7개
   d. 핵 내에 7개, 세포질 내에 7개이므로 총 14개

### 세포주기 조절계와 암

22. 다음 중 어느 것이 틀린 설명인가?
   a. 점검 포인트들은 모두 정상이면 세포가 계속 진행하도록 해준다.
   b. 어떤 DNA가 비정상적이면 세포자살을 발생시킨다.
   c. 세포주기 단계들에서 이상이 생기더라도 특별한 문제가 일어나지 않는다.
   d. 돌연변이들은 세포주기를 계속해서 되풀이시킨다.
23. 다음 중 어느 것이 전형적인 정상세포들이며, 어느 것이 비정상적 암세포들인가?
   a. 세포주기의 조절이 항상 존재한다.
   b. 세포들은 확대된 핵을 갖고 있다.
   c. 세포들은 새로운 혈관세포들의 형성을 촉진한다
   d. 세포들은 혈액과 림프액을 따라 돌아다닌다.
24. 다음 중 어느 것이 암세포들의 특징이 아닌가?
   a. 암세포들은 자주 혈관 형성을 한다.
   b. 암세포들은 비특이성(비전문화성)이 되려고 한다.
   c. 암세포들은 세포자살을 결행한다.
   d. 암세포들은 전이를 할 수 있다.
25. 암이 발생하면?
   a. $G_1$ 점검 포인트를 통과하지 못한다. b. 세포주기 조절이 고장난다.
   c. 세포자살이 발생한다. d. 세포들은 더 이상 세포주기로 들어갈 수 없다. e. 모두 맞다.

## 참여하기

1. 현미경으로 식물세포들의 뿌리 말단세포에서 유사분열을 관찰하라. 100개 정도의 세포를 관찰한 뒤 각 단계별로 소요되는 상대적 시간을 결정하라. 그 결과들에 대하여 가설을 세우고 여러분이 세운 가설의 이유를 제시하라.

## 미디어 연구 도구

mhhe.com/ maderconcepts3

상호작용 학습도구들, 연습문제들 등을 이용하여 여러분의 학습을 강화하라. 또한 ConnetPlus를 통해 이용가능한 학습자료들에 대해서도 여러분의 선생님에게 문의하라. ConnetPlus에는 개인별 맞춤형 학습 프로그램인 LearnSmart와 영상매체가 풍부한 eBook이 포함되어 있다.

# 제 8 장

# 유성 생식

**본 장의 개요**



**본 장을 시작하기 전**

잠깐 돌아보기
DNA 염기 배열은 다를 수 있다(3.9절)
DNA 복제는 세포주기당 한 번씩 한다(7.1절)
방추장치는 염색체와 어떻게 상호작용 하는가(7.3절)

## 성-그것은 무엇인가?

만일 우리가 동물계를 넘어서까지 살펴본다면 정자와 난자를 만들지 않는 원생동물들에게도 성이 존재한다는 것을 알게 될 것이다. 예로서 *Chlamydomonas*라는 담수 연못에 사는 단세포 녹색 원생생물의 생명주기를 생각해보자. 날씨가 좋으면 이 원생동물은 무성생식을 통해 분열한다. 그러나 일기가 나빠지면 즉, 겨울이 오거나 또는 연못이 건조해 지면 *Chlamydomonas*는 서로에게 배우자 세포들이 되고, 두 개가 동시에 융합하여 이배체 접합자를 형성한다. 형성된 접합자는 두꺼운 벽을 가지고 있어 좋지 않은 환경에서도 생존할 수 있다. 봄이 오면 접합자는 유전적 구성이 서로 다른 세포들을 배출해낸다.

무성생식은 모세포와 동일한 유전적 구성을 갖는 개체들을 계속 만들어낸다. 무성생식은 현재 그 환경에 이미 적응된 자손들이 번성할 수 있는

인간의 성적 행동은 복잡하다.

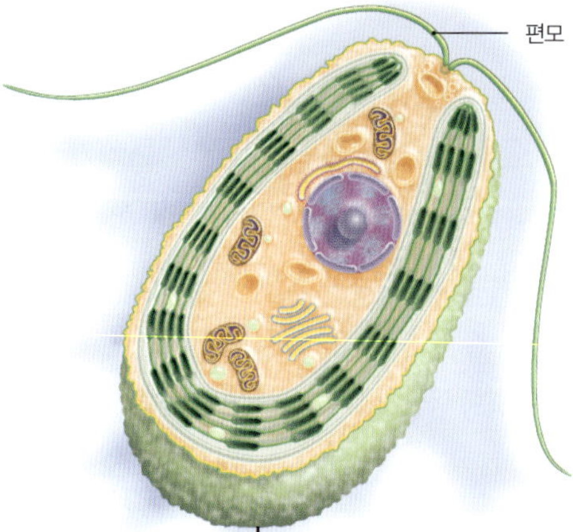


*Chlamydomonas*

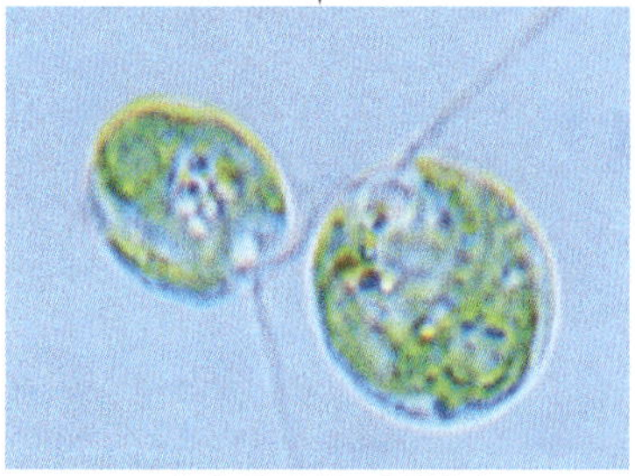

성세포들이 서로 융합하여 접합자를 형성한다. 1,000×

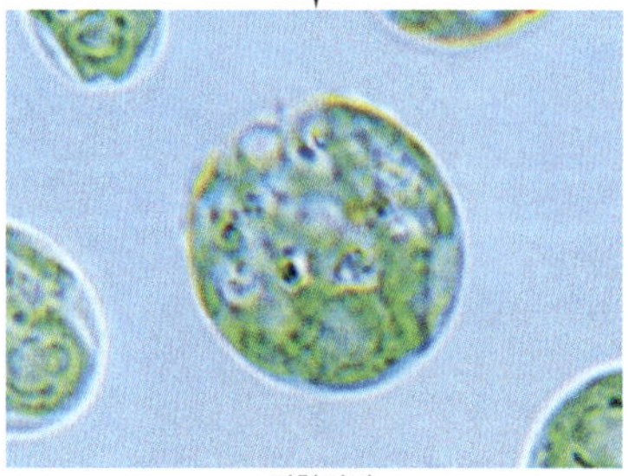

접합자가 감수분열을 한다. 1,000×

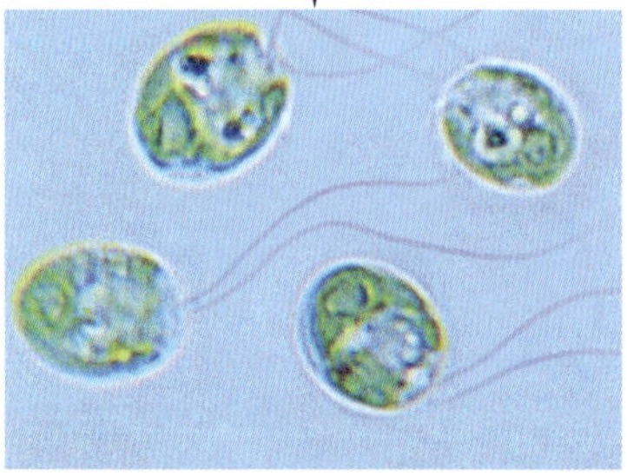

1,000×

*Chlamydomonas* 세포들은 다양한 유전적 구성을 갖고 있다.

쉽고 빠른 방법이다. 그러나 부모와 유전적 구성이 다른, 더 우수한 조합의 유전자를 가진 자손들이 나온다면 그들은 새롭게 변화되고 있는 환경에 대한 적응력이 더 강할 수 있을 것이다. 유성생식은 이렇게 유전적 다양성을 증가시킬 수 있다. 다양한 유전자 조합을 지닌 두 배우자가 후손에게 염색체를 물려주기 때문이다. 유전자들의 새로운 조합은 현재 살고 있는 환경뿐 아니라 새로운 환경에도 더욱 강한 후손을 탄생시킬 수 있다. 우리는 진화에 대해 논의하기 전에 본 장의 주제인 감수분열, 즉, 동물 세포들의 생식세포 생성이라는 또 다른 세포분열 방법을 공부하도록 한다. 동시에 우리는 감수분열에서 어떻게 염색체 수를 감소시키는지, 그리고 유전적 변화를 가져오도록 하는지에 대하여 정확하게 탐구하고자 한다. 배우자들의 생식세포들은 수정이라는 과정을 통해 서로 융합한다. 따라서 감수분열을 통해 생식세포의 염색체가 절반이 되어야 그 종의 고유한 염색체 수를 대를 이어 동일하게 유지할 수 있다. 또한 감수분열이 배우자 세포의 유전적 다양성을 부여하기 때문에 종들은 새로운 환경에 더욱 잘 적응하게 된다.

개구리들이 교배하면, 배출된 성세포들을 관찰할 수 있다.

## 감수분열의 기초사항들

감수분열은 배우자의 성세포들, 즉, 정자와 난자를 생산하는 세포분열의 한 유형이다. 성세포들은 반수체의 염색체들을 가지고 있다. 우리말로는 동일하게 쓰이지만 영문으로는 두 가지로 표현할 수 있다. 즉, 감소분열(reduction division)과 감수분열(meiosis)이다. 감수분열은 종종 제1분열이라고도 한다. 본 절에서는 어떻게 염색체 수가 이배체에서 반수체로 감소하는가에 대하여 집중적으로 알아본다.

### 8.1 염색체들은 쌍으로 되어 있다

#### 학습 성과들

본 절을 공부하고 나면 다음에 대한 이해와 능력이 향상될 것이다.

1. 형태와 대립유전자라는 측면에서 상동성을 설명하기
2. 상염색체와 성염색체를 구별하여 설명하기

제7장에서 설명한 것처럼 세포가 분열할 때에는 염색질이 많이 꼬이면서 염색체로 응축된다. 그 순간 특수 항생제를 처리하면 세포분열을 정지시킬 수 있고 염색체를 정확히 관찰할 수 있다. 염색을 하면 염색체에는 진한 부분과 엷은 부분의 가로 무늬가 생기게 되는데, 크기와 모양, 그리고 이 무늬를 기준하여 염색체들을 서로 구별할 수 있다. 이렇게 염색체들의 외형을 구별하는 것을 **'핵형'** 분석이라고 한다. 그림 8.1은 사람, 남성의 핵형이다. 이 핵형은 사람의 세포가 23쌍의 염색체들을 갖고 있다는 사실과 함께, 염색체를 모두 합하면 46개임을 보여주고 있다. 이것이 사람의 이배체(2n) 염색체 수이다. 이의 절반은 반수체(n) 염색체 수이다.

그러면 염색체들은 왜 쌍으로 되어있는가? 이유는 간단하다. 각 염색체 쌍 중 한 쪽은 모계에서 온 것이고, 다른 한 쪽은 부계에서 온 것이기 때문이다. 또한 22쌍은 **상염색체**라고 하는데

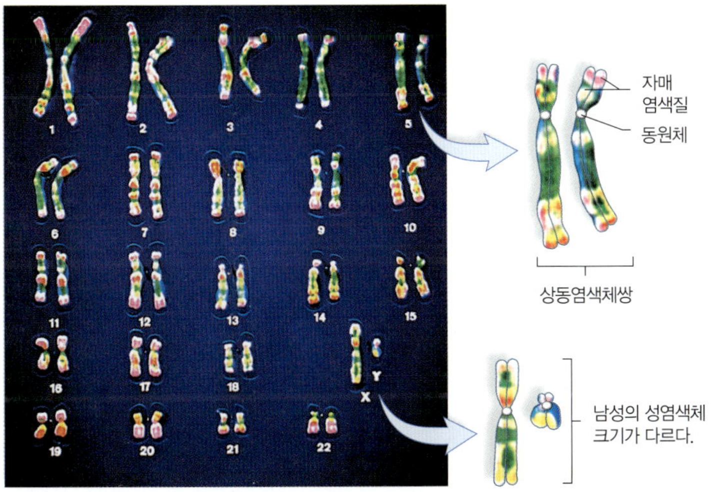


그림 8.1 이 그림은 정상적인 남성의 핵형을 보여주고 있다. 모두 23개의 상동염색체로 되어 있다(22쌍의 상염색체와 2개의 성염색체). 복제된 염색체들은 각각 두개의 자매염색질들로 구성된다.

이들은 각 개인의 성별과 무관하다. 다만 **성염색체**라고 불리는 한 쌍의 염색체가 있어 이들이 그 개체의 성을 결정한다. 남성은 두개의 성염색체들이 서로 다르다. 큰 것은 **X 염색체**이고, 작은 것은 **Y 염색체**이다. 반면 여성은 X 염색체를 2개 가지고 있다. 성염색체에 대해서는 나중에 좀 더 세부적으로 논의할 것이기에 지금은 상염색체에 대한 설명만을 계속하기로 한다.

상염색체들은 서로 비슷한 것끼리 쌍을 이루고 있다. 이런 경우에 이들은 **상동염색체**라고 한다. 상동염색체들은 같은 특징에 대한 유전자들을 보유하고 있다. 가령, 모발 타입이나 손가락의 길이, 귓불의 모양처럼 겉으로 나타나는 형질을 결정하는 유전자들이 이들이다. 어머니의 손가락들은 길지만 아버지의 것들은 짧을 수가 있는데, 그렇다면 이들에 대한 유전자가 서로 다른 것이다. 즉 어머니의 긴 손가락에 대한 대립인자는 한 상동염색체 위에 있고, 아버지의 짧은 손가락 대립인자는 다른 상동염색체의 같은 위치에 있는 것이다. 때로 이들은 우성과 열성의 관계를 나타내기도 한다. 이렇게 특정한 형질(즉, 손가락 길이)이라는 점에서는 같지만, 그 결과를 서로 다르게 만드는(길고 짧음) 유전자들을 '**대립인자**'라고 한다. 대립인자들은 이처럼 각 상동 염색체의 동일 위치에 위치하고 있다.

세포주기에서 DNA 복제가 일어난 다음, 염색체가 두 부분으로 나눠는데 이들을 **자매염색질들**이라 한다. 각 자매염색질들은 긴 이중나선 DNA가 실처럼 풀린 구조이다. 세포분열 시 자매염색질들이 복제되기 때문에 그 자매염색질상의 대립인자들도 정확하게 복제된다.

▶ **8.1 진도 체크**

1. 자매염색질들로 구성된 상동염색체들을 비교, 대조하라.

## 8.2 감수분열 중에 상동염색체는 서로 분리된다

### 학습 성과들

본 절을 공부하고 나면 다음에 대한 이해와 능력이 향상될 것이다.

1. 제1감수분열 시 염색체 수가 감소될 때 접합의 역할을 이해하기

**감수분열**은 염색체의 수가 줄어드는 분열이다. 왜냐하면, 감수분열은 두 번의 세포분열이 일어나 4개의 딸세포가 생성되기 때문이다. 각 딸세포들은 염색체를 종류별로 하나씩만 가지므로 최종 결과는 모세포 염색체 수의 절반이 된다. 이렇게 형성된 딸세포들은 수정을 통해 배우자의 세포들(**성세포들**, 즉, 정자와 난자)과 결합한 뒤 성체로 발생되어 간다. **수정**이 되면 접합자의 염색체 수가 이배체로 다시 회복되기 때문에 이 접합자가 곧 그 개체의 첫 번째 세포인 것이다. 만일 성세포들이 반수체 염색체 대신에 이배체를 지니고 있다면, 수정을 통해 개체의 염색체 수는 두 배로 증가하고 말 것이다. 즉, 몇 세대가 지나면 접합자 세포 안에는 염색체들만 꽉 차게 될 것이다. 예를 들면 46개 염색체의 이배체인 사람의 경우, 5세대가 지나면 염색체 수가 1,472개($46 \times 2^5$)로 증가할 것이고, 10세대 후에는 무려 47,104개($46 \times 2^{10}$)로 접합자가 폭발하고 말 것이다.

그림 8.2는 2쌍의 염색체가 존재하는, 즉, 2배수가 4인 경우를 보여준 것이다. 보다시피 짧은 염색체가 한 쌍, 그리고 긴 염색체가 또 한 쌍이다. 이 세포의 반 수 염색체(n)는 2이다. 반수체 세포는 각 염색체를 종류별로 오직 하나씩만 가지고 있고, 쌍을 이루는 염색체는 없다.

감수분열을 두 단계로 나누어진다. 먼저 **제1감수분열**이라고 부르는 과정을 거치는데 이때 DNA 복제가 일어나고, 염색체들이 복제된다. 제1감수분열 과정 중 상동염색체끼리 나란히 나열되고, 유전자의 일부를 교환하는데 이러한 현상을 **접합**이라 부른다. 접합이 일어나면서 4개의 염색질이 서로 근접하여 위치하고, 또한 접합으로 인하여 제1감수분열 중 적도 위치에 상동염색체가 쌍으로 자리잡게 된다(잊지 말아야 할 것은 오직 제1감수분열에서만 상동염색체의 쌍을 관찰할 수 있다는 것이다). 접합이 일어난 후 상동염색체들이 다시 분리되기 때문에 결과적으로 염색체의 수는 감소하게 된다. 각각의 딸세포들은 염색체 쌍으로 부터 염색체를 하나만 받아들기에 반수체가 되는 것이다. 각 딸세포의 반수체(n) 상태는 동원체의 수를 세어 봄으로써 확인될 수 있다. 제1감수분열과 제2감수분열 사이에는 더 이상의 DNA 복제가 일어나지 않는다. 제1감수분열I과 제2감수분열 사이의 기간을 **분열간기(interkinesis**;

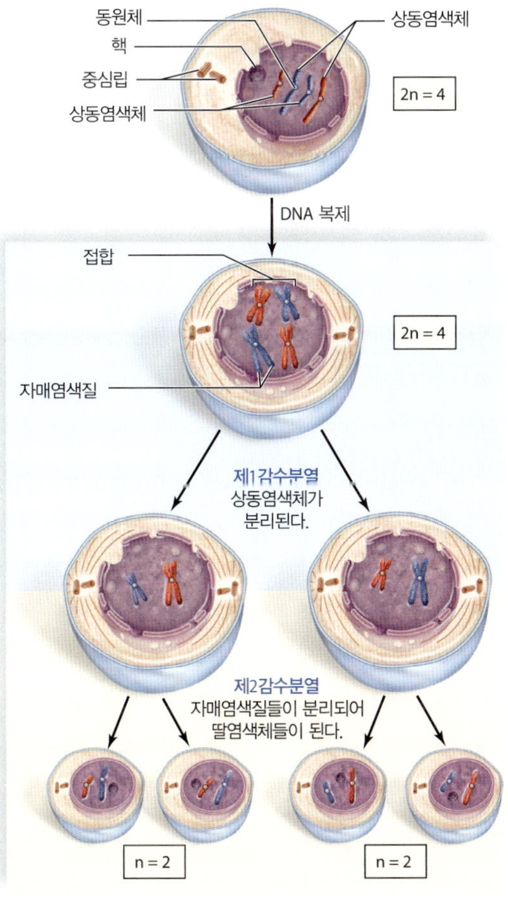


**그림 8.2** 감수분열의 결과 모세포와 유전적으로 다른 딸세포들이 만들어진다. 감수분열은 두 번의 분열을 거쳐서 완성되므로 결과적으로 4개의 딸세포들이 만들어진다. 제1감수분열 중에는 상동염색체가 서로 분리되고, 제2감수분열 중에는 염색질들이 분리되어 딸염색체들이 형성된다.

interphase)라고 부른다.

**제2감수분열** 중에는 각 염색체의 자매염색질이 분리되고, 이들이 딸세포 핵에 분포된 딸염색체들이 된다. 결국 4개의 딸세포들이 만들어지는데, 각 딸세포들은 염색체 수가 n으로 반수체가 된다. 그리고 각 염색체들은 한 개의 염색질로 구성된다. 205 페이지의 "생명주기는 다양하다"에서 동물의 반수체 딸세포들이 성세포가 된다는 것을 공부하였다. 식물세포의 배우자 세포는 포자들이다. 포자는 반수체 생물체로 발생해 갈 수 있는 반수체 세포이다. 식물들은 이배체 세대와 반수체 세대 사이를 교체(세대교번)하는 생명주기를 갖고 있다. *Chlamydomonas*와 같은 원생동물류의 경우는 접합자가 생명주기 동안 이배체로 살아가다가, 반수체 세포를 생산하기 위해서 감수분열을 진행하고, 이들 각 반수체 세포들은 성체로서 생명체가 된다.

▶ **8.2 진도 체크**

1. DNA의 복제가 어떻게 염색체 복제를 이끌어내는지 토론하고, '복제'라는 용어를 설명하라.
2. 제1감수분열이 일어난 이후의 세포를 반수체라고 부르는 이유를 설명하라.
3. 감수분열이 끝난 딸세포 내에서 긴 붉은색 염색체와 긴 푸른색 염색체 두 개를 동시에 관찰할 수 없는 이유를 설명하라.

## 감수분열의 단계

제1감수분열과 제2감수분열 모두에서 유사분열을 통해 보았던 것과 동일한 단계들이 진행된다. 염색체 수가 감소되는 것 외에도 제1감수분열에서는 생식세포의 유전적 변화가 일어난다. 그리고 이 변화는 다음 세대에 유전적 다양성을 증가시킨다.

### 8.3 제1감수분열을 통해 생식세포들의 유전적 다양성이 증가한다

#### 학습 성과들

본 절을 공부하고 나면 다음에 대한 이해와 능력이 향상될 것이다.

1. 접합 과정과 교차를 기술하고, 교차가 대립인자의 재조합을 어떻게 이루는가를 설명하기
2. 독립의 법칙상 배우자 형성과정에서 염색체들과 대립인자들이 어떻게 섞이는가(shuffle)를 설명하기

**접합과 교차** **접합**을 하는 중에 상동염색체들이 나란하게 배열된다. 상동염색체들은 단백질 격자망에 의해서 고정되어있다. 각 상동염색체는 두 개의 자매 염색질을 가졌기 때문에 총 4개의 염색질이 서로 가까운 위치에 존재하게 된다. 이들 4개 염색질의 각 세트를 **4분자(tetrad)**라고 부른다.

접합 과정 중에 상동염색체는 종종 유전물질을 교환하는데 이 현상을 '**교차**'라고 부른다. 특이하게도 그림 8.3A에서 보는 것처럼 비자매염색질 간에도 교차 현상이 발생한다. 상동염색체들은 동일한 형질, 가령 손가락 길이, 모발의 모양, 그리고 또 다른 형태적 특징들에 대한 대립인자들을 각각 가지고 있지만 이들 대립인자들이 동일하지는 않다. 이것은 비자

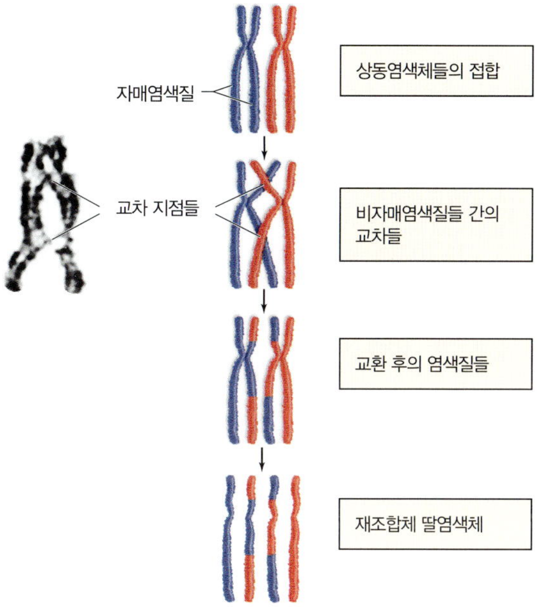


**그림 8.3A** 제1감수분열을 통해 4분자의 비자매 염색질들 사이에 교차가 일어난다. 동일하게 보이는 딸세포들이지만 유전적으로는 더 이상 동일하지 않다.

매 염색질들(nonsister chromatids)이 다른 유전 정보를 운반할 수 있음을 의미한다.

교차가 일어나는 중에 비자매 염색질이 유전물질들을 교환한 후, 자매염색질들은 그림 8.3A에서 색깔로 표시한 것처럼 재조합된 유전정보를 운반한다. 파란색 자매염색질들 중 하나는 이제 빨간색 끝(종단부) 부분을, 빨간색 자매염색질들의 하나는 파란색 끝부분을 가지게 된다. 그러나 교차가 일어나는 위치는 무작위적이다. 교차는 염색체당 한 번에서 세 번 정도로 일어나는데 만일 교차가 없다면 유전적 재조합은 일어나지 않는다.

**독립의 법칙(독립분리의 법칙)** 제1감수분열에서는 교차가 일어나는 동안에 대립인자를 교차(shuffle)시킬 뿐만 아니라 염색체들도 서로 혼합시킨다. 모계와 부계 염색체들이 감수분열 중에 함께 머물러 있어야 할 필요는 없다. 상동염색체가 적도상에 무작위적으로 줄을 서 있기 때문이다. 그림 8.3B에서, ❶ 부모세포는 상동염색체 2쌍을 갖고 있으며, 이들은 제1감수분열이 시작되면 교차를 진행한다. ❷ 상동염색체는 서로 마주보거나 아니면 세포극을 향하고 있을 수 있기 때문에 적도상의 상동염색체는 두 가지 지향의 가능성이 있다. 간단하게 말하면, 그림 8.3B의 빨간 염색체들은 좌측에 있을 필요가 없고, 파란 염색체들은 우측에만 있을 필요가 없는 것이다. 이들 염색체들은 적도상에 무작위적으로 나열된다.

❸ 상동염색체와 대립인자들은 분리가 되고, 그럼으로써 각 쌍의 염색체들은 각각 다른 딸핵으로 이동하여 딸세포들이 반수체가 되는 것이다. ❹ 염색체들과 대립인자들의 가능한 모든 조합이 배우자 세포 내에서 일어날 수 있다. 그러므로 상동염색체들의 **'독립의 법칙'**이 감수분열에서 일어난다. 간단히 말해, 어떤 짧은 염색체(파랑 또는 빨강)라도 어떤 긴 염색체(파랑 또는 빨강)와 나란히 배열될 수 있다. 염색체들의 '독립의 법칙'에 의해서 일어난 유전적 변이는 교차에 의해서 증가된다.

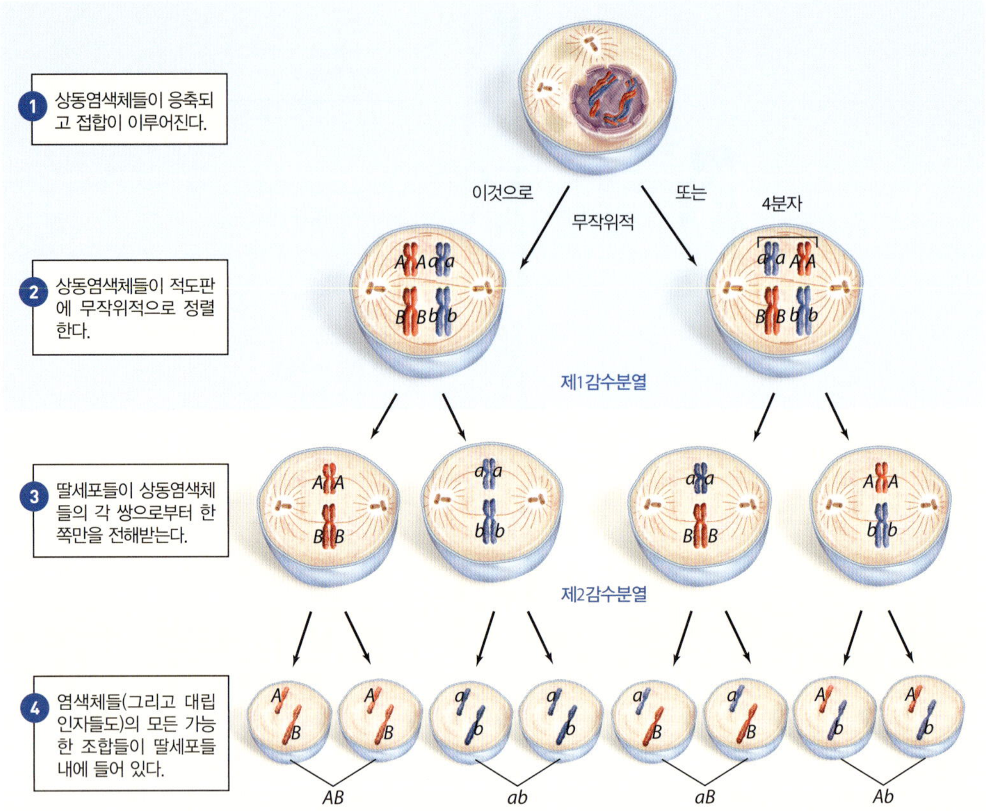


**그림 8.3B** 염색체들과 대립인자들의 독립적인 분리로 인해 유전적 변이가 증가한다. 각 염색체들은 다수의 대립인자들을 담아서 운반하지만, 여기서는 단순화시키고자 상동염색체들에게 한 개의 대립인자만을 보여주고 있다. 파란색 배경 = 2n; 황갈색 = n.

**수정** 암컷과 수컷 배우자의 성세포들이 수정되면 **'접합자'**를 생산하는데, 이것이 새로운 개체의 첫 번째 세포이다. 우리가 앞에서 본 것처럼 개체들이 만든 생식세포들은 동일한 염색체들을 가지고 있지만 독립의 법칙과 교차로 인해서 각각 상이한 유전정보를 담고 있다. 사람의 생식세포들은 23개의 염색체들을 갖고 있다. 독립의 법칙 결과 염색체 교차가 없더라도 나타날 수 있는 다양한 성세포의 조합은 $(2^{23})^2$, 또는 70,368,744,000,000이다. 만약 교차가 일어난다면 $(4^{23})^2$, 또는 4,951,760,200,000,000,000,000,000,000이 된다. 이처럼 유전적으로, 매우 다양한 접합자들이 모든 암 · 수 한 쌍마다 가능하다. 더욱이 교차 역시 상동염색체 쌍마다 한 번이 아닌 여러 번 일어날 수도 있음을 상기하라.

**유전변이** 유성생실의 결과 한 집단의 구성원 속에서 유전적 다양성이 나타난다. 이러한 다양성을 만약 생존 환경이 변한다면 장점으로 작용한다(그림 8.3C). 즉, 어떤 자손은 집단 내 다른 개체보다 생존확률이 높고, 번식이 유리하

**그림 8.3C** 감수분열 중에 독립의 법칙에 따라 교차가 일어났고, 수정으로 인해 암, 수 배우자 세포들이 합쳐졌기 때문에 한 배에서 나온 애완견 강아지들의 모양이 다르게 생겼다.

기 때문이다. 예를 들어 지구온난화로 인한 기온 상승을 생각할 때 털이 짧은 유전자를 가진 개가 다른 개들보다 유리할 것이다.

변화하는 환경 속에서 감수분열과 수정을 통해 일어나는 유성생식은 자손들 중에서 최소한 몇 개체는 살아남을 확률을 높여줄 수 있다.

**▶ 8.3 진도 체크**

1. 왜 비자매 염색질들 간에만 교차가 일어나는지 설명하라.
2. 모친(빨간색)과 부친(파란색) 염색체가 제1감수분열 과정에서 무작위적으로 분리되지 않았을 경우 딸세포의 염색체들이 어떻게 되는지 설명하라.

## 8.4 제1감수분열과 제2감수분열은 모두 네 가지 단계로 진행된다

### 학습 성과들

본 절을 공부하고 나면 다음에 대한 이해와 능력이 향상될 것이다.

1. 감수분열의 단계들을 리스트로 만들고 각 단계마다 무슨 현상들이 일어나는지를 간단하게 설명하기

유사분열과 동일한 네 가지 단계–전기, 중기, 후기, 말기 – 는 제1감수분열(그림 8.4A)과 제2감수분열(그림 8.4B) 모두에서 관찰된다. 제1감수분열의 **전기**에서는 방추사가 나타나

### 생명은 어떻게 변화하는가?

**생명주기**란 한 세대에서 다음 세대로 가는 생식 현상을 지칭하는 용어이다. 원핵생물과 몇몇 원생동물들은 이분법으로 무성생식을 한다. 무성생식 과정에는 오직 한 어버이만 존재하며, 자손들은 유전적으로 그 어버이와 동일하다. 무성생식은 생명체가 이미 그 환경에 적응되어 있음으로 환경적 변화가 없는 한 유리한 생식방법이다. 그 환경에 적응할 수 있는 군집체가 빠르게 형성될 수 있기 때문이다.

진핵생물의 생명주기에는 일반적으로 유성생식인 감수분열이 포함되어 있다. 생명주기에는 세 가지 유형이 있는데 이들은 감수분열 여부에 따라 달라지는 것으로 알려져 있다. **반수체 생명주기**에서는 성체가 반수체이다. 이는 환경이 안정적인 한 감수분열이 일어나지 않는 무성생식이다. 조류(algae)인 *Chlamydomonas*(198페이지 참조)는 유사분열에 의한 무성생식으로 증식하는 반수체의 원생생물이다. 유성생식은 성장조건들이 불리할 경우에 접합자를 생산한다. 접합자가 자라나 반수체 개체를 생산할 때 감수분열이 발생한다. 곰팡이류(fungi)는 포자낭이 포자를 생산하는 반수체 생명주기를 살아간다. 포자는 반수체 개체를 발생케 하는 세포이다. 그러므로 빵에서 성장하는 검은 곰팡이류와 연못 위에 덮인 초록색 담수조류는 항상 반수체이다. 진화는 종종 '새로운 것의 추가'를 뜻한다. 반수체 생물들의 생명주기는 오늘날의 유성생식이 원래 무성생식으로 번식하던 원생생물로부터 진화되었음을 시사해준다.

무성생식은 동물계(animal kingdom)에서도 일어나지만, 사람처럼 복잡하고 고등한 동물들은 항상 유성생식을 한다. **'이배체 생명주기'**에서 성체는 항상 이배체이지만 배우자들(알이나 정자)은 반수체이다. 수컷(남성)에 있어서는 감수분열이 정자형성과정의 일부인데, 이것은 고환에서 발생되며 정자를 생산한다. 암컷(여성)에 있어서는 감수분열이 난자형성과정의 일부인데, 이 과정은 난소에서 발생하며 난자들을 생산한다. 수정 과정에서 정자와 난자가 만나면 접합자는 이배체 염색체를 갖는다. 유사분열은 접합자로서 신생아가 되기 위해 발생을 진행할 때 일어난다. 출생 후에는 개체 성장과 손상된 조직의 재생을 위해 역시 유사분열이 일어난다. 생명주기의 모든 단계가 건조한 상태로부터 보호될 수만 있다면, 이배체 생명주기가 육상환경에 특별히 적합하다.

면서 핵막 분절들과 인이 사라진다. 동시에 상동염색체의 농축이 접합 중에 발생한다. 4분자들의 형성은 상동염색체들이 분리를 준비하고, 비자매 염색질들 간에 교차가 일어나도록 한다. **중기**에는 4분자들이 존재하며 상동염색체는 적도판에 무작위적으로 정렬된다. 상동염색체가 분리되고 나면 **후기**에 핵막이 재형성되고 **말기**에는 딸핵이 반수체가 된다. 각각의 딸세포는 상동염색체 쌍으로부터 오직 하나의 염색체만 부여받는다. 염색체들은 복제되고 각각은 여전히 두 자매 염색질들을 갖고 있다.

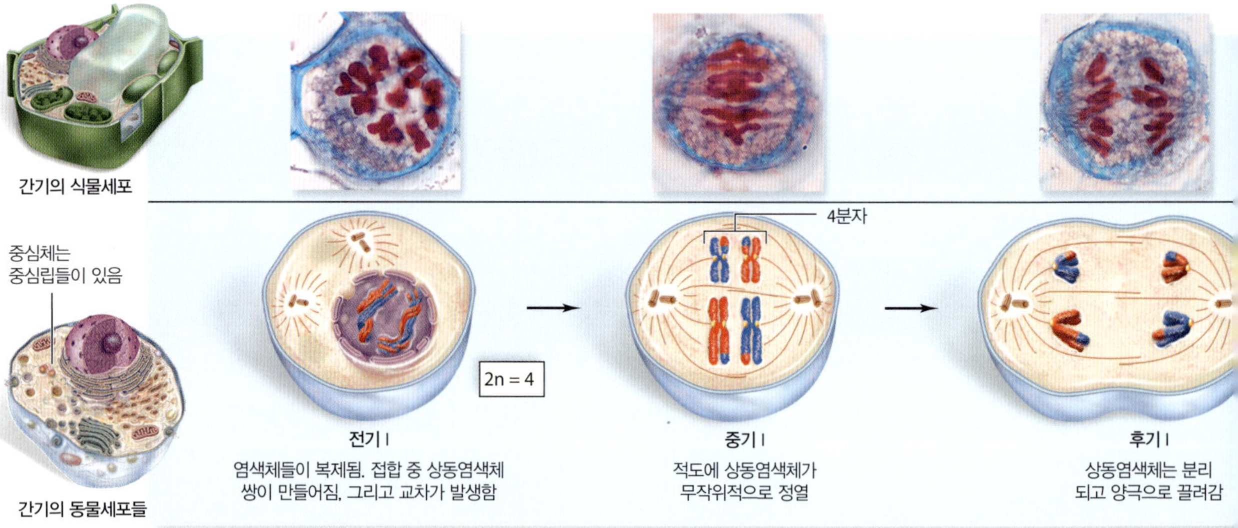


그림 8.4A 제1감수분열. 파란색 배경 = 2n ; 황갈색 배경= n. (62면에 계속됨)

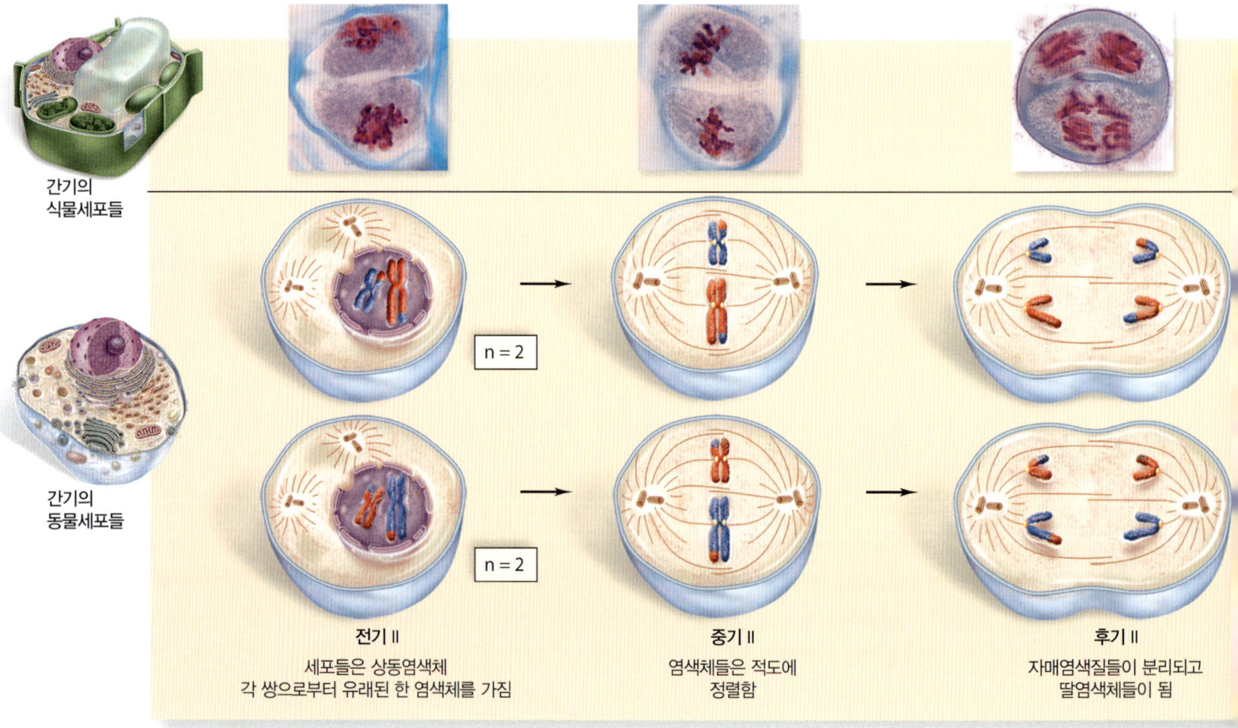


그림 8.4B 제2감수분열. 황갈색 배경 = n. (62면에 계속됨)

분열간기(interkinesis) 중에는 DNA 복제가 일어나지 않는다. 이 기간은 제1감수분열과 제2감수분열 사이의 기간이다. 제2감수분열의 전기I가 시작될 때 방추사가 나타나고 한편으로는 핵막 분절들과 인이 사라진다. 복제된 염색체들(각 상동염색체에서 유래된 하나)이 존재하며, 각각은 방추사에 부착된다. 중기 동안에는 복제된 염색체들이 적도판에 나란히 배열된다. 후기에는 자매 염색질들이 분리되고 양극을 향해 움직인다. 각각의 세포극은 동일한 수와 동일한 종류의 염색체들을 받아들인다. 말기에는 방추사가 사라지고 핵막이 새로 생긴다.

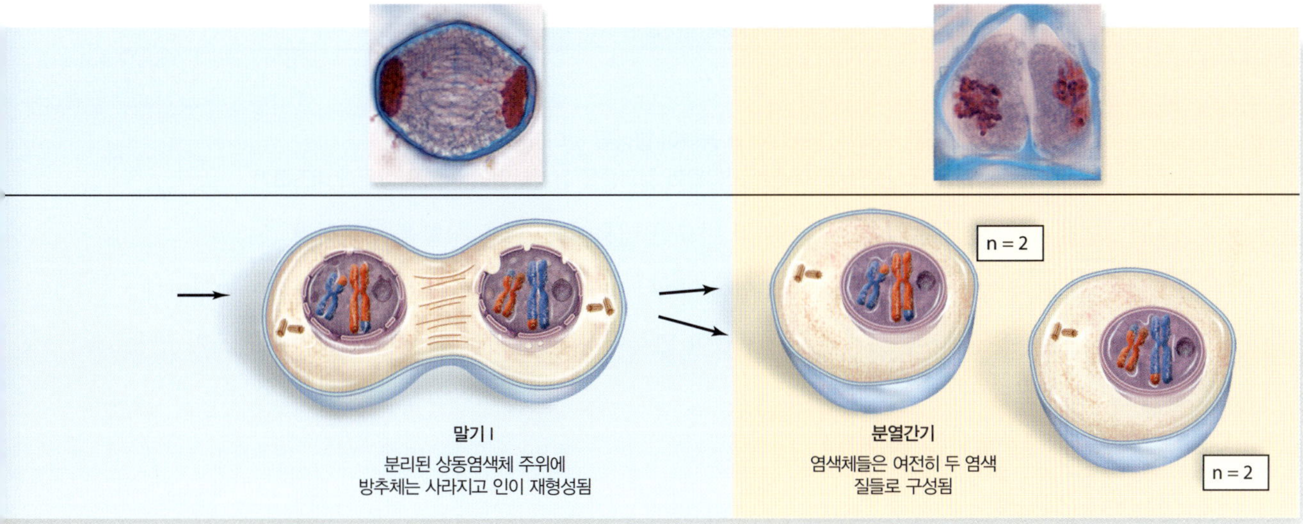


**말기 I**
분리된 상동염색체 주위에 방추체는 사라지고 인이 재형성됨

**분열간기**
염색체들은 여전히 두 염색 질들로 구성됨

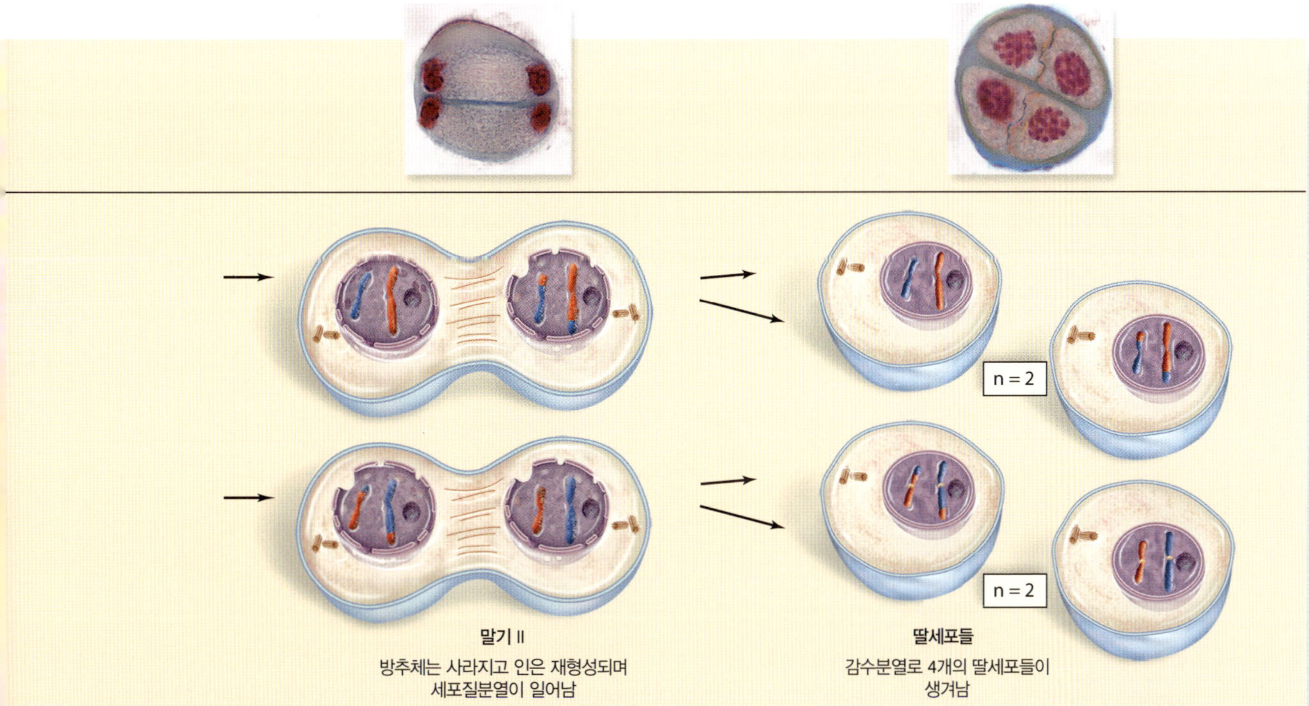


**말기 II**
방추체는 사라지고 인은 재형성되며 세포질분열이 일어남

**딸세포들**
감수분열로 4개의 딸세포들이 생겨남

205 페이지의 "생명주기는 다양하다"에서는 진핵생물의 생명주기에서 감수분열이 언제 일어나는지를 논의할 것이다.

**▶ 8.4 진도 체크**

1. 전기 I의 과정 중에서 4분자 형성이 어째서 중요한가를 알아보라.
2. 후기 I이나 또는 II에서 복제된 염색체들이 세포극에 존재하는지 설명하라.

## 8.5 감수분열은 유사분열과 비교될 수 있다

### 학습 성과들

본 절을 공부하고 나면 다음에 대한 이해와 능력이 향상될 것이다.

1. 제1감수분열과 제2감수분열의 주요 사항들과 결과들을 유사분열의 주요 사항들과 대조하기

그림 8.5는 감수분열을 유사분열과 비교한 내용이다. 다음 사항을 주목하라.

- 감수분열은 두 번에 걸쳐 핵분열이 일어나지만, 유사분열은 단 한 번의 핵분열만 요구한다.
- 감수분열에서는 4개의 딸세포들이 만들어진다. 유사분열에서는 2개의 딸세포가 만들어진다.

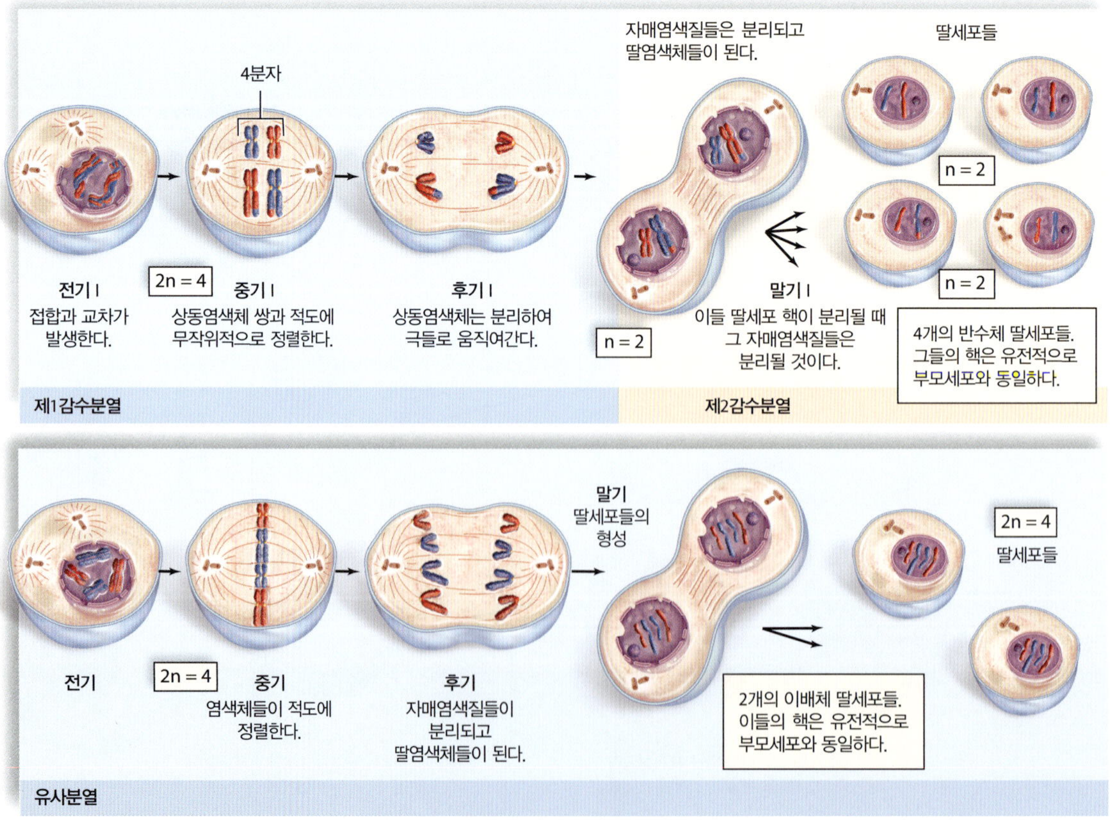


**그림 8.5** 감수분열(맨 위)과유사분열(맨 아래)의 비교. 파란색배경 = 2n; 갈색배경 = n.

- 감수분열의 결과로 생성된 4개의 딸세포들은 반수체이다. 이것은 그들이 모세포 염색체 수의 절반을 가지고 있다는 뜻이다. 유사분열의 딸세포들은 이배체로서 모세포와 동수의 염색체를 갖는다.
- 감수분열 후 딸세포들은 유전적으로 상호 간, 혹은 모세포와 상이하다. 유사분열의 딸세포들은 유전적으로 상호간이나 부모세포와 모두 동일하다.

이처럼 감수분열과 유사분열 간 차이가 나는 이유는 다음의 특정한 사건들이 일어나기 때문이다.

- 제1감수분열에서는 염색체 4개가 복제되고, 전기에서 이들 사이에 교차가 일어난다. 이런 유전자 교차는 유사분열에서는 일어나지 않는다.
- 감수분열의 중기에서는 적도판에 4개 분자들이 정렬될 때 상동염색체들이 쌍을 이루어 배열된다. 유사분열에서는 염색체들이 적도판에 각각 독립적으로 나열된다.
- 감수분열의 후기에는 상동염색체들이 분리되고, 복제된 염색체들(온전한 동원체를 가진)은 서로 반대쪽 극으로 움직인다. 유사분열의 후기에는 염색질들이 분리되어 딸염색체가 되며, 각각 반대쪽 극을 향해 움직인다.

제2감수분열에서는 딸세포들이 반수의 염색체를 갖는다는 점을 제외하고는 유사분열과 동일하다. 그렇다면 비정상적인 감수분열로 인해 염색체 기형의 유전이 야기될 수 있는가? 8.6절은 이것이 어떻게 일어나는지를 보여주고 있다.

> **▶ 8.5 진도 체크**
> 1. 유사분열에서 염색체 수가 유지되는 이유와, 감수분열에서 염색체 수가 감소하는 이유를 설명하라.

## 염색체 수 기형들

감수분열이 정상적으로 발생하지 않을 때 염색체 수 기형이 발생할 수 있다. 이 기형은 거의 대부분 비분리현상 때문인데, 제1감수분열이나 제2감수분열 중에 발생할 수 있다.

### 8.6 비분리현상은 염색체 수 기형을 초래한다

#### 학습 성과들

본 절을 공부하고 나면 다음에 대한 이해와 능력이 향상될 것이다.

1. 배수체와 이수체를 구별하기
2. 비분리현상이 어떻게 해서 생식세포의 비정상적인 염색체 수를 야기하는지 설명하기

염색체 수에는 배수체와 이수체가 있다. 진핵생물이 3개 또는 그 이상의 온전한 염색체 세트를 갖고 있다면 그것을 '**배수체**'라고 한다. 좀 더 전문적인 표현을 빌리자면 삼배체들(3n)은 염색체를 각 종류별로 3개 갖고 있고, 4배체들(4n)은 4세트, 5배체들은(5n) 5세트와 같

은 방식이다. 비록 배수체성이 동물에게서는 자주 보이지 않지만 식물류, 그 중에서도 특히 중요한 작물들인-밀, 옥수수, 목화, 사탕수수, 수박, 딸기, 바나나, 그리고 사과들을 포함한 식물에 있어서는 아주 중요한 진화 기전이다. 왼쪽에 있는 딸기는 8배체인데 오른쪽의 이배체 딸기보다 훨씬 크다. 또한 여러 아름다운 꽃들, 가령 국화나 원추리들은 배수체들이다.

동물에서 염색체 수가 기형적으로 달라지는 이유는 보통 비분리현상에 있다. **'비분리현상'**은 제1감수분열에서 상동염색체들이 분리되지 못하고 두 개의 상동염색체가 모두 동일한 배우자 성세포로 들어가게 될 때(그림 8.6A), 또는 제2감수분열 과정에서 자매염색질이 분리되지 못하고 두 딸염색체가 동일한 배우자세포로 들어갈 때 발생한다(그림 8.6B). 만약에 이들 배우자들이 우연하게도 정상인 배우자 세포와 결합되어 발생을 계속하면 **'이수체'** 라고 하는 염색체 기형의 개체가 만들어진다. 염색체가 과잉되면 **3염색체성**으로 알려진 상태가 된다. **1염색체성**은 염색체 하나가 없을 경우이다. 상염색체가 하나라도 없으면 사람의 배아는 치사하고 만다. 한 개 체세포만 있는 3염색체성(3염색체 수 21개, 다운 증후군이라고 함)은 어느 기간 동안은 생존할 수 있다. 성염색체가 이수체인 경우는 적어도 X 염색체 한 개를 가지고 있는 한 생존은 하지만 특징적 기형을 갖고 있을 확률이 제법 있다. 이에 대하여는 8.7절에서 논할 것이다.

**▶ 8.6 진도 체크**

1. 비분리현상이 비정상적으로 많은 염색체를 갖는 난자를 형성할 수 있는 두 가지 방법을 설명하라.

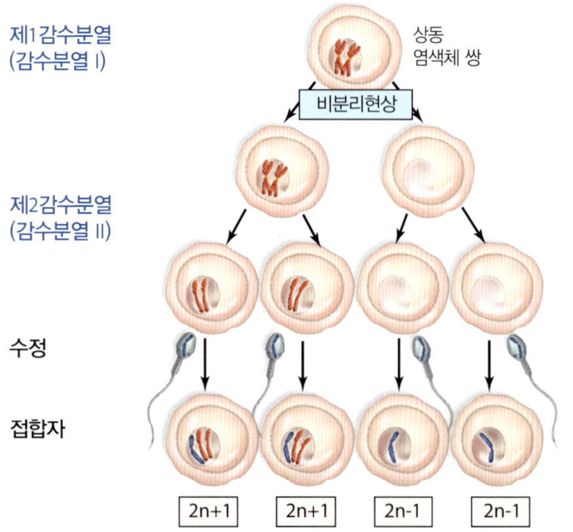



**그림 8.6A** 난자형성의 제1감수분열 과정 중에 염색체의 비분리현상이 일어난 후 정상 정자와 수정됨

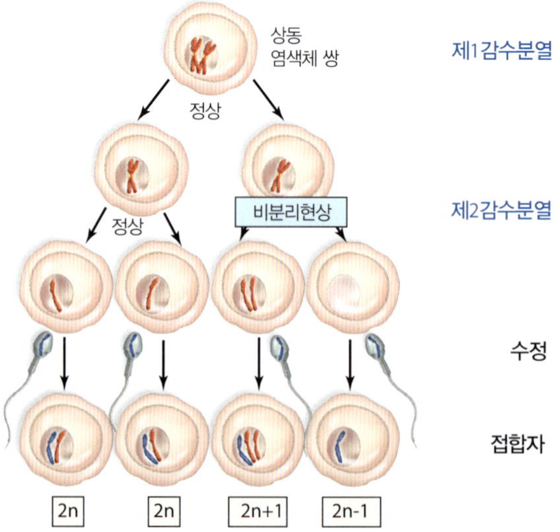



**그림 8.6B** 난자형성의 제2감수분열이 일어나는 동안 염색체들의 비분리현상이 생기고, 정상 정자와 수정됨

## 8.7 염색체 수의 기형으로 인해 다양한 증후군들이 초래한다

### 학습 성과들

본 절을 공부하고 나면 다음에 대한 이해와 능력이 향상될 것이다.

1. 다운 증후군, 터너 증후군, 클라인펠터 증후군을 설명하기

한 개체가 이수체를 유전할 때는 공통적으로 어떤 특징들이 나타나는데, 이를 통틀어 '**증후군**'이라고 한다.

**3염색체성 21(다운 증후군)** 인간에게 가장 보편적인 상염색체 3염색체성은 3염색체성 21인데 보통 '**다운 증후군**'이라고 한다. 이 증후군은 다음과 같은 특징들로 인해서 쉽게 인식된

### 생물학은 우리 삶에 어떻게 영향을 주는가?

Chris Burke(그림 8Ba)는 다운 증후군을 가지고 태어났다. 그의 양친은 주변으로부터 그를 전문 시설에 넣으라는 권유를 받았지만 부모들은 그렇게 하지 않았다. 부모의 사랑과 보살핌, 그리고 관심 아래 크리스는 자라서 성공하게 되었다. 크리스는 엄청난 재능을 갖고 있었다. 그는 극작가요, 연기자이며, 음악가였다. *Life Goes On*(삶은 계속된다)에서 크게 주목 받는 연기자가 되었으며, 그만을 위한 TV 연속극이 만들어졌으며, 때때로 스타로서 다른 TV 쇼에도 출연하여 줄 것을 요청받았다. 그는 음악에 대한 열정이 깊었고, 다른 뮤지션들과의 공동 작업으로 많은 앨범을 낼 수 있었다. 물론 지금까지 비슷한 경우와 스타들이 있었지만 그는 아주 *특별한 영웅*이 되었다.

다운 증후군을 유발하는 유전인자들은 21번 염색체 아래 부분 3번째 구간에 위치하고 있다(그림 8B). 이 증후군의 특징들과 깊은 관계가 있는 특이 유전자를 발견하기 위해 대규모 연구가 시행되어 오고 있다. 지금까지 연구자들은 이 구간에서 다운 증후군의 사람들에게서 보이는 다양한 증상들을 설명할 수 있는 몇 개 유전자들을 발견하였다. 예를 들면 그 증상들이 백혈병, 백내장, 조로화, 그리고 지적 장애를 증가시키는 데 가장 관련성이 많은 유전자들이다. 지적 장애 유전자는 가트 유전자(GART gene)라고도 하는데 혈액 내에 퓨린 농도를 증가시키고, 그 결과 뇌에 축적시킴으로써 정신지체를 초래한다고 보고된 바 있다. GART 유전자의 발현을 출산 전에 조절할 수만 있다면 다운 증후군의 증상을 최소화할 수 있을 것으로 기대된다.

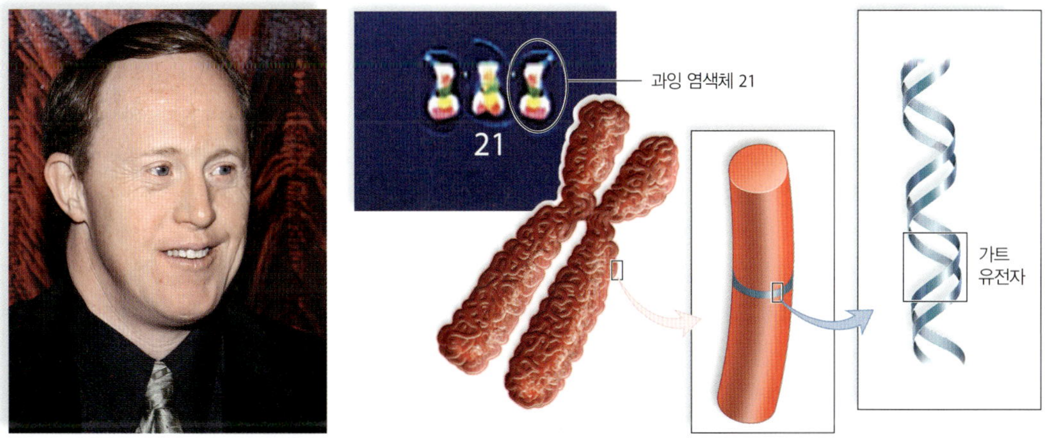


a. b.

**그림 8B** 다운 증후군. a. Chris Burke는 다운 증후군을 갖고 태어났다. b. 다운 증후군 핵형은 과잉 염색체 21을 보여준다. GART 유전자의 과잉 복사체는 혈중 퓨린 수치를 상승시키기 때문에 3염색체성으로 인한 지적 장애를 설명할 수 있을 것으로 보인다.

다; 즉 키가 작고, 눈에 쌍꺼풀이 지고, 얼굴이 납작하며, 손가락이 짧고 굵으며, 첫째 발가락과 둘째 발가락 사이가 넓고, 크게 고랑이 파인 혀, 동그란 머리, 두드러진 손금, 심장 이상, 지적 장애 등 다양한 증상을 보인다. 특히 지적 장애 상태는 심할 수 있다. 게다가 다운 증후군 환자들은 언젠가 알츠하이머 질환으로 고통받을 가능성이 높다.

약 90% 이상의 다운 증후군 환자들은 3개의 염색체 21을 갖고 있다. 보통 두 개는 난자로부터 유래한 것인데, 간혹 정자로부터 여분의 염색체를 받을 경우도 있다. 하지만 정자

### 생물학은 우리 삶에 어떻게 영향을 주는가?

나는 1996년, 나이 25세에 클라인펠터 증후군 진단을 받았다. 아이러니컬하게도 그 후의 나의 삶은 오히려 더 좋게 바뀌었다.

나는 행복한 어린아이였지만 부모님은 언젠가부터 무엇인가 잘못되어 가고 있다는 것을 알아차렸다. 나 또한 나 자신이 친구들과 비교할 때 무언가 다르다는 것을 알았는데 그때 나이는 겨우 다섯 살이었다. 나는 부끄러움을 많이 탔고 친구들과 곧잘 다투곤 하였다. 잠시 동안은 조신하게 행동을 하였지만, 조금만 지나면 다시 싸움을 걸고 분노가 폭발하곤 하였다. 결국 심리학자들, 치료사들, 그리고 의사들이 나에 대해서 검사를 실시하였는데, 나의 학교생활과 사회적 문제들로 인해서 주변 분위기가 너무 심각하게 변하였기 때문이었다. 전문가들의 진단 결과는 내가 독해력, 핵심파악능력, 어휘선택 능력, 청각처리 등에 대해 '학습 장애'가 있다는 정도였다. 아무도 나의 본질적 문제가 무엇이었는지를 파악하지 못하였으므로, 나는 가정교사와의 개인 학습 시간마저 싫어하게 되었다. 중학생이 되었을 때, 어떤 심리학자는 내가 바보이고 심지어 게으르기까지 하다고 하였다. 만약 그의 말에 따랐다면 아마도 나는 평생토록 집에만 갇혀 살았을 것이고, 아무것도 성취하지 못했을 것이다. 다행히 그때 또 다른 전문가를 만났는데 그는 5년 동안 나를 주시하였고, 바른 방향으로 잘못을 교정해주었다. 덕분에 나는 가까스로 고등학교를 졸업하게 되었다.

나는 종종 낙제할 것이라는 소리를 듣곤 하였지만 꾸준히 스스로의 성공을 믿고 있었다. 나는 지방 대학에 등록했기 때문에 개인교습 받는 것을 그만 두었다. 대신에 스스로의 힘으로 공부하면서 사물들을 이해하리라고 결심하였다. 나는 그 학교에서 전문학사학위를 받았고 다시 작은 인문과학대학교로 자리를 옮겼다. 나는 결코 아무에게도 나의 학습장애성에 대해서 말하지 않았고 또 특별한 도움을 구하지도 않았다. 그러나 나의 학점은 항상 3.0 이상이었고 결국 졸업할 때 2개 분야에서 복수 학사학위를 받을 수 있었다. 나는 석사과정에도 등록 허가를 받았지만 대신에 소프트웨어 분야의 직업을 갖기로 결심하였다. 솔직히 말해 그 분야를 공부한 적은 없었다. 나중에 안 사실이지만 온라인 게임전문가들은 대부분 컴퓨터 기술이 탁월하였다. 그때부터 나는 수 년 동안 컴퓨터에 매달렸고, 내가 꼭 알아야 할 사항들은 시행착오를 통해서 전부 터득하였다.

내가 컴퓨터 직업을 시작할 즈음 의사한테 가서 신체검사를 받았다. 그는 나에게 혈액검사를 받도록 하였는데 이유는 나의 고환이 정상 크기에 비해 작은 것을 의사가 주목했기 때문이다. 검사 결과는 성염색체가 하나 많은 XXY 클라인펠터 증후군이었다. 처음에는 이 사실을 부인하고 싶었고, 우울했으며, 분노감도 들었다. 물론 검사 결과는 지금까지 살아오면서 겪었던 많은 문제들에 대해 '왜 그랬는지'를 설명해주는 것이었다. 나는 좌절하지 않았고, 내가 할 수 있는 한 질환상태와 처치들에 관해서 직접 공부해보기로 마음먹었다. 나는 테스토스테론 주사를 2주마다 1회씩 맞고 있으며 그것으로 인해서 조금씩 다른 사람들과 비슷해지기 시작하였다. 학습능력이 개선되었고 좀 더 외향적 성품의 사람으로 변해갔다.

나는 내가 할 수 있는 최고의 길은 나 같은 질환으로 살아가는 타인들을 도와주는 것임을 알게 되었다. 내가 확진 받은 4개월 후 나는 지원자 그룹 회의에 처음으로 참석하였다. 1997년 봄, 나는 재미있는 게임 프로그램을 개발하였다. 여전히 나는 이 질환을 가진 채로도 일할 수 있고 사람들을 지속적으로 도울 수 있기를 원했다. 나는 게임을 위한 회의에 열심히 참여하였고, 미국에서, 스페인에서, 그리고 호주에서도 지원자 그룹이 시작될 수 있도록 조력하여 왔다.

내가 진단받은 이래로, 나의 꿈은 아들과 함께 KS(게임)를 할 수 있었으면 하는 것이다. 그러나 내가 생물학적 아이를 직접 가지는 것은 바람직하지 않다는 것을 깨닫게 되었다. KS 일을 함께 하면서 나는 지금의 반려자 Chris를 사귀게 되었다. 그녀에게는 두 아이가 있다. 딸과 아들인데 모두 나와 동일한 질환을 갖고 있지만 사랑스런 아이들이다. 나와 의붓아들 간에는 놀랍도록 많은 유사점들이 있는데, 무엇보다도 지금 나는 행복하며, 이 아이가 전에 없던 새로운 KS 게임을 만들어내는 것을 도와줄 것이다. 그리고 남은 생애를 통해 클라인펠터 증후군 환자들의 삶이 복되도록 도울 수 있기를 희망한다.

가 원인일 경우는 확률적으로 8% 미만이다. 다운 증후군 아기를 임신할 확률은 가임 여성의 연령이 증가함에 따라 비례적으로 급속히 증가한다. 보통 20~30세 여성들이 1,400명 출산할 때 1명 정도가 다운 증후군인 반면, 30~35세의 여성에서는 약 750명 출산 중 1명이 통계상 다운 증후군에 걸린다. 원인은 난모세포의 노화이며, 난모세포가 늦게 배란될수록 비분리현상의 기회가 더 많아지는 것으로 생각된다.

비록 나이가 더 많은 여성이 다운 증후군 아이를 임신할 가능성이 높지만, 대부분의 다운 증후군 유아들은 40세 미만의 여성들에게서 태어난다. 오히려 40세가 넘으면 확률이 줄어든다는 것이다. 그것은 40세 이전의 연령대가 대부분의 아기를 갖는 그룹이기 때문이다. 개인별 핵형분석을 통해 다운 증후군 어린이를 검색할 수 있다. 그러나 젊은 여성의 경우는 태아세포를 채취할 때 생기는 부작용이 다운 증후군 태아를 임신할 가능성보다 크기 때문에 검사받기를 추천하지 않는다. 다행히도 모체혈액에서 관련 물질을 검색하여 태아가 핵형분석을 꼭 받아야 하는지 여부를 미리 가릴 수 있어서 도움을 주고 있다.

**성염색체 수 기형들** 두 성염색체 수의 기형은 특별히 관심을 끈다. **'터너 증후군'** 여성들은 X 염색체를 하나만 가지고 있다. 이들은 겉으로 보기에 키가 작은 경향이 있고, 어깨는 넓으며, 젖꼭지 유륜의 바탕이 넓다. 또한 뒷부분의 모발선이 낮으며 짧은 목을 지녔다. 난소, 난관, 그리고 자궁은 매우 작고 미발육된 상태이다. 터너 증후군 여성들은 사춘기나 월경이 없으며 젖가슴이 거의 발달하지 않는다. 그러나 일부의 경우 기증받은 난자로 시험관 수정 후 출산을 한 보고가 있다.

**클라인펠터 증후군**을 가진 남성은 두 개 이상의 X 염색체를 가지고 있다. 이렇게 과잉된 X 염색체들은 불활성화 상태이다. 클라인펠터 남성들은 고환과 전립선이 미발달 상태이며, 얼굴에 수염이 없다. 어떤 경우에는 가슴이 발달할 수도 있다. 이런 남성들은 손과 발이 크고 팔과 다리가 긴 경향이 있다. 그들은 보통 학습 진도가 늦지만 2개보다 많은 X 염색체를 가지지만 않는다면 지적 장애가 그리 심각한 정도는 아니다. 아무리 많은 X 염색체들을 갖고 있다고 해도 Y 염색체를 갖고만 있다면 생물학적으로 남성이다.

▶ **8.7 진도 체크**

1. 터너 증후군과 클라인펠터 증후군이 성적으로 기형인 특징들을 보이는 반면 다운 증후군은 그렇지 않은 이유를 설명하라.

# 본 장에 대한 리뷰

## 개념들의 연결

감수분열은 동물이나 식물에서 염색체 수를 감소시키는 핵분열의 일종이다. 대부분의 진핵생물에서 감수분열은 생명주기의 한 부분으로 진행된다. 동물에서는 수정에 참여하는 배우자(난자 혹은 정자)를 만들어내는 과정이다. 식물이나 동물 모두 수정을 통해 염색체 수, 즉 이배체 염색체 수를 회복한다. 염색체 수를 감소시키는 동안, 감수분열에서는 교차와 독립의 법칙이라는 두 가지 방법으로 유전자 변화가 일어난다. 그 결과 동물에서는 자손에 대한 유전적 구성이 양친의 유전적 구성과 다르게 된다. 염색체 수를 감소시키는 감수분열이 일어나지 않을 경우, 이어지는 세대의 염색체 수는 지속적으로 두 배씩 증가할 것이다. 그리고 감수분열을 통한 유전자의 다양성이 도입되지 않는다면 현재나 미래 환경에 대한 적응은 쉽지 않을 것이다. 자연도태가 작용하기 위해서는 다양성이 반드시 존재해야 한다. 진화과정과 동반되는 생명의 다양성은 감수분열 없이는 일어날 수 없다. 새로운 각 세대들에게 감수분열이 유전적 다양성을 전하는 데에 기여한다는 것은 다음 장에서 멘델 유전학을 공부할 때에 또다시 명백해질 것이다.

### 분석과 평가

1. 감수분열 중에 일어나는 접합은 염색체의 교차와 독립의 법칙에 필요하다. 이를 설명하라.
2. 감수분열과는 별개로 자손들 중에 변이를 증가시키는 또 다른 과정은 무엇인가?
3. 감수분열이 유사분열 이행에 익숙한 세포들로부터 진화되었을 수도 있다는 시나리오를 만들어 보라.

## 요약

### 감수분열의 기초사항들

**8.1 염색체들은 쌍으로 되어 있다**

- **핵형**분석은 진핵생물이 '**상동염색체**'라는 염색체쌍을 갖고 있는 것을 보여준다. 사람은 22쌍의 '**상염색체들**'과 한 쌍의 '**성염색체**'를 가지고 있다. '**Y 염색체**'는 '**X 염색체**'보다 짧다. 남성의 성염색체는 XY, 여성은 XX이다.
- DNA 복제 후 각 염색체는 두 '**자매염색질**'을 갖게 되며 '**동원체**'에 함께 붙어 있다. 상동염색체들은 동일한 특징(예; 모발 타입)에 대한 '**대립인자들**'을 갖고 있다. 자매염색질들은 정확한 대립인자들을 갖고 있다–예; 이마의 V자형 머리선.

**8.2 감수분열 중에 상동염색체는 서로 분리된다**

- '**감수분열**'은 환원(감수) 분열이다. 4개의 딸세포 각각은 염색체를 종류별로 하나씩만 갖는다. 감수분열을 위해 한 번의 DNA 복제와 두 번의 세포분열이 필요한데, 각각 '**제1감수분열**(감수분열 I)'과 '**제2감수분열**(감수분열 II)'이라고 한다. 제1감수분열과 제2감수분열 사이의 기간을 '**분열간기**'라고 부른다.
- 상동염색체는 '**접합**'하는 동안 함께 모이고, 제1감수분열에서 분리된다. 자매염색질은 제1감수분열에서 분리된다. 딸세포들은 반수체이다. 동물에서는 딸세포들이 염색체 수가 반수체인 '**배우자들**'(난자와 정자)이 된다. 이배체수(2n)는 **수정**을 통해 다시 회복된다.

### 감수분열의 단계

**8.3 제1감수분열을 통해 생식세포들의 유전적 다양성이 증가한다**

- 제1감수분열 중, 접합(상동염색체들이 쌍을 이루어 '**4분자**'를 형성함)과 '**교차**'(유전물질의 교환)가 비자매 염색질들 간에 발생한다. 교차는 유전정보를 재조합하며, 염색체들상의 유전적 상속 변이를 증가시킨다. 딸세포들은 '**독립의 법칙**' 때문에 온갖 염색체 조합을 모두 다 포함하고 있다. 독립의 법칙은 제1감수분열 중에서 상동염색체들이 서로 마주보기도 하고 양극으로 향하기도 하기 때문에 발생하는 것이다. 수정을 통해 유전적으로 서로 다른 배우자가 합쳐

져 융합하고 접합자를 형성한다.

**8.4 제1감수분열과 제2감수분열은 모두 네 가지 단계로 진행된다**

- 제1감수분열: '**전기**'–상동염색체가 쌍을 이루어 배열하고, 유전자 교차가 일어난다. '**중기**'–상동염색체가 쌍을 이루어 적도판에 정렬한다. '**후기**'–상동염색체들이 양극으로 분리되어 이동한다. '**말기**'–형성된 딸세포들은 반수체이다.
- 분열간기는 제1감수분열과 제2감수분열 사이의 기간이다. 이때는 DNA 복제가 일어나지 않는다. 제2감수분열: 제1감수분열에서 복제된 염색체의 염색질들이 따로 분리되며, 감수분열의 최종 결과 총 4개의 딸세포들이 생성된다.

**8.5 감수분열은 유사분열과 비교될 수 있다**

- 그림 8.5를 참조하고 상동염색체들은 오직 감수분열의 중기 I 과정에서 쌍을 이루며 4개의 반수체 딸세포들이 유사분열이 아닌 감수분열에서 생겨남을 주목하라.

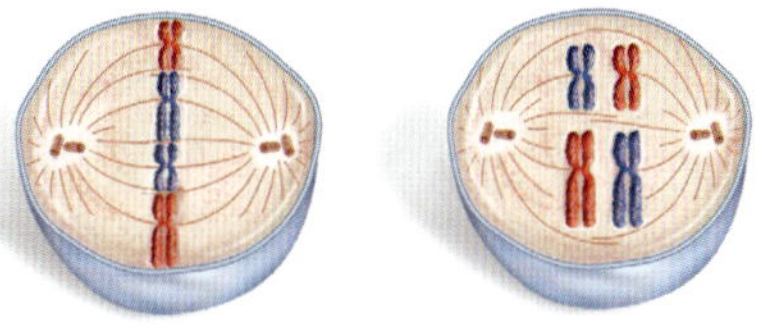

유사분열 중의 중기　　감수분열 중의 중기 I

## 염색체 수 기형들

**8.6 비분리현상은 염색체 수 기형을 초래한다**

- **배수체**는 복수의 염색체 반수를 갖는 경우이다; 이수체는 **1염색체성**(2n−1)이거나 **3염색체성**(2n+1)이다.
- **이수체**는 제1감수분열 과정에서 상동염색체들이 분리되지 않거나 또는 제2감수분열 과정에서 염색질이 분리되지 않음으로 인한 비분리현상 때문에 생겨난다.

**8.7 염색체 수의 기형으로 인해 다양한 증후군들이 초래한다**

- '증후군'은 신체적 특징의 유전에 기인하며, 적절한 의학적 처치를 통해 극복 가능하다. '**다운 증후군**'은 상염색체의 3염색체성이다. '**터너 증후군**'과 '**클라인펠터 증후군**'은 성염색체 기형으로부터 나온 것이다.

# 자기 테스트

## 감수분열의 기초사항들

1. 이들 설명 중 어느 것이 틀린 것인가? 진핵세포에서 DNA 복제 다음에
   a. 상동염색체들을 볼 수 있다.
   b. 각 염색체는 두 개의 자매염색질을 갖는다.
   c. 한 염색질은 아버지로부터, 다른 하나는 어머니로부터 왔다.
   d. 각 자매염색질은 동일한 유전자를 운반한다.
2. 사람에서 상염색체들과 성염색체들 간에 어느 것이 옳은 대조인가?
   a. 22 쌍 – 1 쌍　　b. 성 조절 – 효소 조절
   c. 항상 중복된다 – 항상 한 개다.　　d. 항상 보인다 – 결코 안 보인다.
3. 감수분열 후 4개의 딸세포들 내에 있는 염색체에 대하여 가장 잘 설명한 것은 어느 것인가? 각 딸세포는
   a. 이배체이며 유전적으로 원래의 어머니 세포와 동일하다.
   b. 이배체이지만 각 염색체는 중복되어 있다.
   c. 이배체이나 각 염색체는 한 개의 염색질을 갖는다.
   d. 반수체이며 각 염색체는 한 개의 염색질로 구성되어 있다.
4. **개념적 사고** 모세포를 염두에 두면서, 왜 각 딸세포는 어느 색의 긴 염색체거나 어느 색의 짧은 염색체이거나 간에 하나만을 가질 수 있는지를 설명하라.

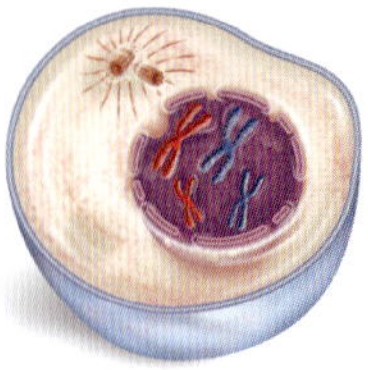

5. 유전적 변이를 증가시키기 위하여 상동염색체들의 비자매염색질과 자매염색질 사이에 교차가 일어날 것으로 기대하는 이유는 무엇인가?
   a. 자매염색질과 비자매염색질은 모두 동일 대립인자들을 운반한다.
   b. 오직 자매염색질들만 대체 대립인자들을 운반할 것이다.
   c. 오직 비자매염색질들만 대체 대립인자들을 운반할 것이다.
   d. 상동염색체들은 동일 대립인자들을 운반한다.
6. **개념적 사고** 만약 사촌들 간에 생식이 이루어진다면, 감수분열은 다음 세대의 유전적 변이성을 증가시킬 수 없을 것이다. 왜 그런가?

## 감수분열의 단계

7. 감수분열의 중기 I 과정 중에 적도판에 있는 것은
   a. 단일 염색체들　　b. 쌍이 없는 중복된 염색체들
   c. 상동염색체들　　d. 항상 23개 염색체
8. 감수분열의 중기 II 중에 적도판에 있는 것은
   a. 단일 염색체들　　b. 쌍이 없는 중복된 염색체들
   c. 상동염색체 쌍들　　d. 항상 23개 염색체들
9. 감수분열의 어느 단계에서 상동염색체들이 분리되는가?
   a. 전기 II　　b. 말기 I
   c. 중기 I　　d. 후기 I　　e. 후기 II
10. 다음 중에서 어느 것이 확실하게 유전적 다양성 유지를 도울 것인가?
   a. 중기 I 중에 독립적으로 정렬　　b. 전기 I 중에 교차
   c. 수정을 하는 중에 정자와 난핵의 결합　　d. 모두 맞다.

문제 11-15에서는, 열쇠(키) 속의 항목과 설명들을 연결하라. 보기의 답들은 중복 사용이 가능하다.

키(열쇠):
   a. 감수분열의 전기 I　　b. 감수분열의 중기 I
   c. 감수분열의 중기 II　　d. 유사분열의 전기　　e. 유사분열의 중기

11. 4분자는 접합이 발생할 때 형성된다.
12. 염색체들의 이배체 수가 적도판에 정렬한다.
13. 염색체들의 반수체 수가 적도판에 모여 선다.
14. 교차가 발생한다.
15. 상동염색체 쌍들이 적도판에 있다.
16. 감수분열과 유사분열에서 부정확한 비교는 어느 것인가?
   a. 4개의 딸세포들 - 2딸세포들
   b. 교차 발생-교차는 발생하지 않음
   c. 상동염색체들은 분리한다. - 염색질은 분리한다.
   d. 딸세포는 이배체이다 - 딸세포들은 반수체이다.

문제 17-20에서는, 열쇠(키) 속의 항목에 대한 설명을 연결하라. 대답은 중복 사용이 가능하다. 또한 하나 이상의 대답도 가능하다.

키(열쇠):

a. 유사분열 b. 제1감수분열

c. 제2감수분열 d. 제1감수분열과 제2감수분열이 모두 옳다.

17. 10개의 중복염색체들을 가진 부모세포는 각각 5개의 중복염색체들을 갖는 딸세포들을 생산할 것이다.
18. 5개의 중복염색체들을 갖는 부모세포는 각각 한 개의 염색질로 구성된 5개의 염색체들을 생산할 것이다.
19. 10개의 중복염색체들을 갖는 부모세포는 각각 1개의 염색질로 된 10개 염색체들의 딸세포를 생산할 것이다.
20. 성장과 조직들의 수복에 포함된다.
21. 모든 유성생식 주기는 유사분열과 감수분열, 수정이 포함되는 것을 알고, 세로형 직사각형들의 속을 채워 넣으라. 정사각형에 가까운 사각형 속에는 n 또는 2n을 넣으라.

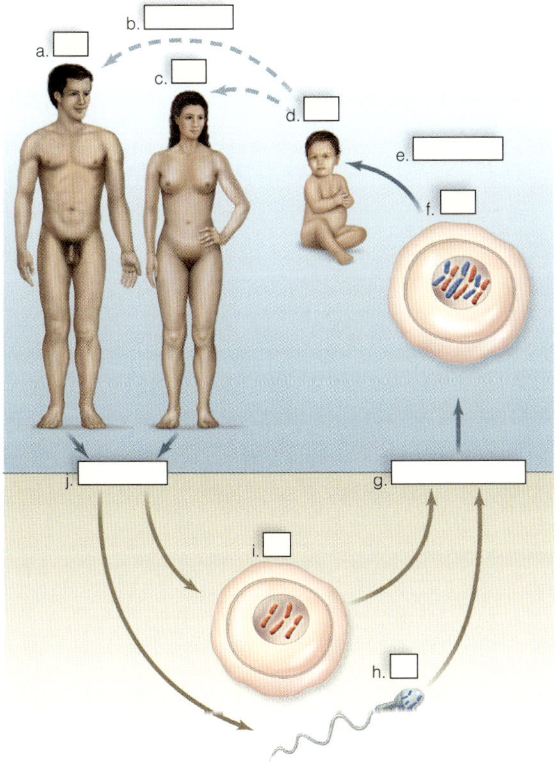


## 염색체 수 기형들

22. 고환이 미발육상태의 남성과 일부 젖가슴이 발달한 사람들은 거의 대부분

a. 다운 증후군 b. 야곱 증후군 c. 터너 증후군 d. 클라인펠터 증후군

23. 터너 증후군(X0)은 다음 과정들 중에 비분리현상이 일어날 때만 발생한다.

a. 유사분열 b. 제2감수분열 c. 제1감수분열 d. b와 c가 모두 맞다.

24. 감수분열 중에 난자는 어떤 방식으로 동일한 두 염색체들을 받아들이는가?

a. 두 상동염색체들은 감수분열 후 동일한 2개 딸세포 속으로 들어간다.

b. 제2감수분열 다음에 두 염색질들이 동일한 딸세포 속으로 들어간다.

c. 제1감수분열 후에 두 염색질들이 동일한 딸세포 속으로 들어간다.

d. a 와 b가 모두 맞다.

## 참여하기

1. 유전 검사 결과 Mary는 46개 염색체들을 가졌으나, 한 상동염색체의 구성체들이 모두 부친에게서 왔다. 이 가운데서 어느 부모(들)가 비분리를 일으켰는지를 설명하라.
2. 어떤 개체를 만들어낸 것과 유전적 구성이 정확하게 같은 난자와 정자를 사용해서 한 개체를 복제할 수 있을 것이라는 가설에 대해 비평해 보라.

## 미디어 연구 도구

mhhe.com/ maderconcepts3

상호작용 학습도구들, 연습문제들 등을 이용하여 여러분의 학습을 강화하라. 또한 ConnetPlus를 통해 이용가능한 학습자료들에 대해서도 여러분의 선생님에게 문의하라. ConnetPlus에는 개인별 맞춤형 학습 프로그램인 LearnSmart와 영상매체가 풍부한 eBook이 포함되어 있다.

# 제 9 장

# 유전 양식

## 본 장의 개요



**생명을 응시하며**



**적용 사례들**

**생명은 어떻게 변화하는가?**



**생물학은 우리 삶에 어떻게 영향을 주는가?**



## 본 장을 시작하기 전

잠깐 돌아보기
세포들에 있어서의 DNA의 역할과 단백질들(3.9절)
상동염색체들은 어떻게 다른 대립인자들을 운반하는가(8.1절)
감수분열 도중에서의 상동염색체들의 독립적 분리(8.3절)

## 애완견 번식의 문제점들

애완견들은 – 또는 사람들은 – 번식할 때에 자신의 유전자를 다음 세대에 전달한다. 유전자는 자손의 모습을 결정짓는 유전적 단위이다. 애완견을 전문으로 교배시키는 사람들은 유사한 특징을 갖고 있는 종을 선택하기 위해 유전적 소인에 대한 정보를 이용하곤 한다. 애완견들은 원래 공통 조상견이 있었고, 이로부터 계속 갈라져서 현재는 150여 종의 상이한 품종이 있는 것으로 보고되어 있다.

콜리 견

오늘날 애완견 번식의 문제점을 개선하려는 노력이 매우 다양해졌다. 19세기 이후, 종 개량자들이 애견종의 번식을 조직화, 체계화하였는데 그로 인해 근친교배가 성행하면서 일부 우수 종견의 혈통이 끊길 뻔하기도 하였다. 근친교배를 통해 유전적 다양성이 상실되었는데 원인은 소위 '종견(super-sires)'을 사용하였기 때문이다. 애완견 선발대회에서 최우수견으로 선발된 우수 종견의 정액을 인공수정 받아 새끼를 낳으면서 허약한 한

영국 불도그 견

배의 강아지들을 양산시켰던 것이다. 이 문제를 깨달은 영국의 애견가 클럽은 도그 쇼에서 우수견 선발 표준서를 만들었고, 12개 품종의 '요주의 리스트'를 작성하였다. 그들은 이제 동종 교배가 유전자 풀(pool)을 제한하여 번식을 거듭할수록 다양성을 잃으면서 종래에는 그들의 유지 자체가 불가능하다는 것을 잘 인식하고 있다. 그래서 때로는 유전적으로 관계가 먼 다른 애완견들과 교배시킴으로써 건강한 번식을 유지하도록 하는 방식을 채택하고 있다.

본 장은 소위 '유전학의 아버지'라고 부르는 Gregor Mendel의 연구업적을 돌아보면서 시작할 것이다. 완두콩에서 유전자들이 어떻게 기능하는지를 먼저 논한 뒤, 관찰된 유전법칙을 개나 사람 같은 동물에게 적용할 것이다. 유전법칙은 식물뿐 아니라 개, 사람, 그리고 다른 모든 생명체에게까지 동일하게 적용된다. 이들 법칙들을 이해함으로써 위에 언급한 유전적 장애들을 장차 치료하고 예방할 수 있을 것이다.

애견대회는 교배에 영향을 미친다.

독일 세파트가 고관절 치료를 받고 있다.

## 멘델의 법칙

멘델이 완두콩을 재료로 실시한 실험들은 그 시대 사람들이 믿고 있던 혼합모델을 반박한 것이었다. 멘델의 연구는 유전이 어떤 실체적 단위인 유전인자에 의하기 때문에 키가 크고 작은 것 같은 형질들은 대를 이어가며 다음 세대에도 반복된다는 것을 보여주었다.

### 9.1 멘델은 입자 유전모델을 개발하였다

#### 학습 성과들

본 절을 공부하고 나면 다음에 대한 이해와 능력이 향상될 것이다.

1. 혼합모델과 입자유전모델을 비교 대조하기
2. 실험대상으로 적절한 완두콩의 특징들을 알아보기

자손이 부모를 닮는 현상 – 얼룩말은 언제나 얼룩말을 낳는다. 얼룩말이 낙타를 낳는 일은 절대로 없다; 호박은 언제나 호박씨를 만들며, 호박에서 수박이 나오는 일도 없다. 이처럼 부모로부터 자손에게 유전 정보가 전해진다는 것은 명백한 사실이다. 그러나 간혹 자손이 양쪽 부모와 닮지 않을 수도 있다. 예를 들어 검은 쥐에서 흰쥐가 나오는 경우가 그것이다. 오스트리아의 신부였던 그레고 멘델(그림 9.1A)이 기초를 세운 유전학은 유전현상의 안정성뿐만 아니라 세대 간 발생하는 변이와 개체들 사이에서 발견되는 변이들에 대하여도 설명해주고 있다.

멘델의 실험이 시작되기 이전(1860년대)에도 이미 여러 모델들이 세시되어 왔다. 재미있는 것은 당시의 과학자들은 유전의 혼합 개념을 지지하였다는 것이다. 대부분의 식물학자 또는 동물학자들은 두 성이 동등하게 새로운 개체에 영향을 준다는 것과, 대조적인 외모를 가진 양친으로부터 중간 형태의 자손들이 나온다는 것을 인정하였다. 이 같은 혼합 개념에 따르면, 빨간색 꽃을 피우는 식물들과 흰색 꽃을 피우는 식물들의 교배 시에는 분홍색 꽃만 피우는 식물들이 계속 나와야 할 것이다. 때문에 만약 빨간색과 흰색 꽃이 자손 세대에 다시 나타난다면, 이는 유전물질의 불안정성을 스스로 인정하는 꼴이 되고 만다.

유전현상의 혼합모델은 진화의 아버지라 불리는 찰스 다윈에게 거의 도움이 되지 못하였다. 어떤 집단에 중간형질을 가진 개체만 존재한다면, 그리고 변이가 일어나지 않는다면, 어떻게 다양한 형태로의 진화가 가능할 것인가? 그러나 멘델의 유전모델은 한 집단을 구성하는 개체들 사이에서 나타나는 차이를 설명하고, 세대와 세대를 걸쳐 발생하는 변이의 존재를 설명해준다.

비록 다윈이 멘델과 같은 시대에 살았더라도 다윈은 멘델의 연구에 대해 들은 바가 없었다. 게다가 멘델의 실험 결과는 1900년까지도 일반에게 제대로 알려지지 않았다.

**그림 9.1A** 완두콩으로 실험을 진행한 Gregor Mendel.

그런 까닭에 다윈은 진화론을 뒷받침하기 위해서 멘델의 연구를 활용할 수가 없었으며, 자연선택에 관한 논문에도 유전학적 기반이 매우 결여되어 있다.

**멘델의 실험 디자인** 멘델은 유전에 대한 연구를 수행하기에 적합한 학문적 배경을 갖고 있었다. 비엔나 대학에서 과학과 수학을 공부했으며, 유전학 연구를 시작할 즈음에는 지방 고등학교의 자연과학 분야 대체 교사로 재직하고 있었다. 멘델은 이론과 함께 식물 경작에 대한 실무적 지식도 갖추고 있었다. 게다가 수학적 재능이 있었으므로 그는 식물 재배 실험에서 얻어진 결과들을 통계적으로 처리하기 원했을 것이다. 멘델은 실험 조건들을 조심스럽게 준비하였고, 여러 가지 동물과 식물로 예비 연구를 수행하였다. 그리고 마침내 완두콩, *Pisum sativum*으로 연구할 것을 선택하였다.

완두콩은 유전자 연구를 위해 매우 훌륭한 선택이었다. 우선 완두콩은 재배하기가 쉽고, 세대간격이 짧으며, 수확량이 많았다. 그리고 완두콩은 꽃 속의 생식기관들이 꽃잎으로 완전하게 덮여 있어서 자가수분을 하는 식물이다(그림 9.1B). ❶ 대부분의 화훼식물들이 그렇듯이 완두콩도 수술과 암술이 있다. 수술은 꽃밥에서 정자가 있는 꽃가루를 생산하고, 암술은 난관에서 난자가 있는 배주(gamete)를 생산한다. 자가수분을 원할 때는 꽃을 가방으로 씌워서 꽃가루만이 자기 암술에 확실히 닿을 수 있도록 하였다. 완두콩은 보통 자가수분을 하지만, 인위적으로 꽃가루를 한 꽃밥에서 다른 심피로 옮겨주면 교환수분(타가수분)이 될 수 있다. ❷ 멘델은 자가수분을 방지하고자 꽃밥들을 꽃가루가 생성되기 전에 잘라 주었다. ❸ 그리고 한 꽃의 심피에 다른 완두콩 나무의 꽃가루를 뿌려주었다. ❹ 후에 심피는 완두콩이 있는 꼬투리로 발생되었다. 멘델은 원래 노란색 콩을 생산하는 식물의 꽃가루를 초록색 콩을 생산하는 식물의 난자와 수정시켜 보았다. 그러면 이 식물들은 오로지 노란색 콩만 생산하였다. 다음 세대, 즉 $F_2$에서는 그 중 몇 개가 다시 초록색을 나타내었다.

다양한 종류의 완두콩 나무들이 있었지만, 멘델은 그 중에서 22 개만을 골라 실험에 사용하였다. 이들을 자가수분하면 순수육종(*true-breeding*)이기에 그 자손들은 부모와 같고, 또 자기들끼리도 서로 닮게 되었다. 그 이전 시대의 사람들과 달리 멘델은 그의 연구를 비교

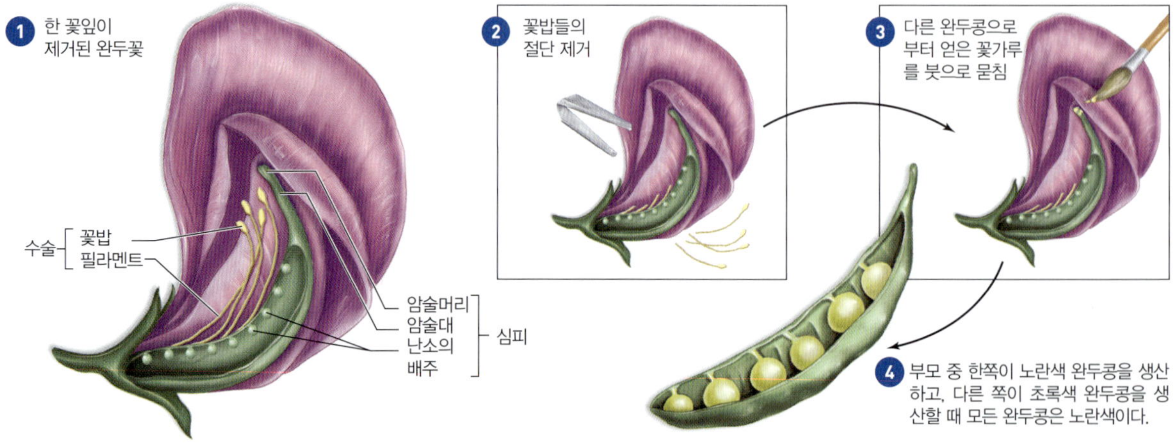


**그림 9.1B** 완두콩의 해부와 멘델이 사용했던 교차-수분 과정.

적 단순 명료하게, 그리고 쉬운 형질, 가령 씨의 모양, 색, 꽃의 색 등에 국한시켰다. 자손들 중에 간혹 나타나는 중간 형질들에 관해서는 관찰하지 않았다(그림 9.1C).

멘델은 개체의 형질들을 관찰하면서 매우 주의 깊게 기록을 남겼다. 그는 수학적 확률의 법칙들을 활용하여 실험 결과들을 해석하였고, 무수한 실험을 반복 수행하여 그 결과들을 통계 처리함으로써 충분히 납득할 만한 학설을 도출해내었다. 지금은 유전자라고 부르는 유전인자의 존재, 그리고 유전 단위들의 존재에 근거하여 설명하였기 때문에 당시에는 '미립자 유전모델(particulate model of inheritance)'이라 불리었다. 유전이란 유전자들이 세대에서 또 다른 세대로 전해지면서 서로 다시 섞이는 과정이 연속된 현상이다.

멘델은 자신의 연구 결과를 명료하게 정리하였는데, 9.2절과 9.3절에서 유전의 법칙이란 이름으로 설명되고 있다.

**▶ 9.1 진도 체크**

1. 혼합모델과 미립자 유전모델을 사용하여, 키 큰 완두콩 나무와 키 작은 완두콩 나무를 교배했을 때 기대되는 결과들을 비교해보라.

| 형질 | 형질들 | | | | F$_2$ 결과들 | | |
|---|---|---|---|---|---|---|---|
| | 우성 | | 열성 | | 우성 | 열성 | 비율 |
| 줄기길이 | 크다 |  | 짧다 |  | 787 | 277 | 2.84: 1 |
| 꼬투리 모양 | 부풀어짐 |  | 수축됨 | 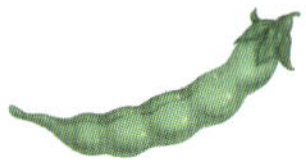 | 882 | 299 | 2.95: 1 |
| 씨의 모양 | 둥글다 |  | 주름지다 |  | 5,474 | 1,850 | 2.96: 1 |
| 씨의 색 | 노랑색 |  | 초록색 |  | 6,022 | 2,001 | 3.01: 1 |
| 꽃의 위치 | 축 |  | 끝 |  | 651 | 207 | 3.14: 1 |
| 꽃의 색 | 보라색 |  | 백색 |  | 705 | 224 | 3.15: 1 |
| 꼬투리 색 | 초록색 |  | 노랑색 |  | 428 | 152 | 2.82: 1 |
| | | | | 합계: | 14,949 | 5,010 | 2.98: 1 |

**그림 9.1C** 완두콩의 다양한 형질들과 멘델의 교배실험. 두 번의 교배 결과로 얻은 F$_2$ 자손들로부터 첫 번째 유전 법칙을 이끌어 내었다.

## 9.2 멘델의 분리의 법칙은 배우자들이 형질을 어떻게 전하는가를 설명한다

### 학습 성과들

본 절을 공부하고 나면 다음에 대한 이해와 능력이 향상될 것이다.

1. 멘델의 분리의 법칙과 감수분열과의 관계를 설명하기
2. 열성과 우성/동형접합성/이형접합성, 그리고 유전자형/표현형 등을 구별하기
3. 단일형질 유전에 대한 문제들을 해결하기

멘델이 재배한 완두콩 재료들은 순수한 육종이었다. 예를 들면, 키 큰 완두콩에서는 항상 키가 큰 자손들이 나오고, 키가 작은 식물들에서는 항상 키가 작은 자손들이 나온다는 것이다. 멘델은 이렇게 서로 다른 두개의 식물들 간에 교차-수분 실험을 실시하였다. 만약 혼합 유전모델이 맞다면 자손은 언제나 부모 양쪽의 중간 모습이 되어야 한다. 예를 들어 키 큰 식물과 키 작은 식물 간의 교배에서는 키가 중간인 자손들이 나왔어야 된다.

멘델은 원래의 양친들을 **P 세대**라고 이름 붙였고, 1세대 자손을 **$F_1$**(자식이라는 뜻으로) **세대**라고 명명하였다. 제 2세대는 자연스럽게 **$F_2$ 세대**라고 불렀다. 멘델은 상호 교차 교배를 시행하였다. 첫째, 키 큰 식물의 꽃가루를 키 작은 식물의 암술에 발라주었고, 키 작은 식물의 꽃가루를 키 큰 식물의 암술에 옮겨주었다. 결과는 두 경우 모두에서 $F_1$ 자손들이 키가 큰 양친을 닮은 것이었다.

이러한 결과들은 혼합 모델 유전에서 예측된 것과는 전혀 반대되는 현상이었다. $F_1$ 자손이 중간 키로 나오는 대신 오히려 키가 큰 한 쪽 양친만 닮은 것이다. 그렇다면 다른 쪽 특징(예: 키 작음)은 그대로 사라져버린 것일까? 재미있게도 그렇지는 않았다. 왜냐하면 멘델은 다시 $F_1$ 식물들을 자가수분하여 $F_2$를 얻었는데 그 중 3/4은 키가 컸지만, 1/4은 키가 작게 나온 것이다(그림 9.2A). $F_1$ 식물들이 키 작은 인자를 숨겨두었다가 다음 세대로 전해준 것이다.

멘델은 많은 완두콩 교배 실험을 수행하였고 결과를 세심하게 통계 처리하였다. 상기한 교배 실험도 총 1,064 그루의 자손들을 집계하여 얻어낸 결과였다. 그 중에서 787개는 키가 컸고, 277개는 작은 키였다. 이처럼 그가 시행한 모든 교배에 있어서 $F_2$ 세대는 대략 3:1의 비율을 보여주었다. $F_1$ 세대에서 잠시 사라졌던 특징들은 1/4의 $F_2$ 자손들에게서 다시 표현되어 나타났다(그림 9.1C 참조).

멘델은 그보다 앞섰단 사람들과 달리 유전적 결과들을 수학적인 접근으로 해석하려 하였다. 그는 $F_2$ 세대에서 얻은 이 결과는 몇 번 되풀이하여 반복 시행한 실험들에서도 항상 동일하다는 것을 알게 되었다. 멘델은 실험 결과를 다음과 같이 요약하였다. 만약 $F_2$ 세대에서 3:1의 분리비가 가능하다면, $F_1$은 특정한 대립형질에 대해 우성과 열성으로 조합된 유전자 세트를 가지고 있어야 한다. 생식세포를 형성될 때 우성과 열성이 각각 분리되어 별개의 생식세포에 전해지고, 그 결과 다양한 조합의 무작위적 결합(융합), 즉 수정이 일어나는 것이다. 이론상 오직 이 방식으로만 $F_2$ 세대에서 작은 키 자손들의 재발현이 가능하다.

**단성잡종교배**라고 부르는 $F_1$ 교배를 상기한 바처럼 수차례 진행한 후 멘델은 마침내 그의

첫 번째 유전법칙을 발견하게 되었다. 바로 분리의 법칙인데 이는 그의 유전인자 개념의 초석이 되었다.

---

**'분리의 법칙'**은 다음과 같이 설명된다.

- 각 개체는 형질마다 두개의 인자(요소)들이 있다 .
- 각 인자(요소)들은 생식세포를 형성하는 중에 서로 분리(개별화됨)된다.
- 각 배우자는 각 쌍의 인자들로부터 오직 한 인자만을 받아서 가지게 된다.
- 자손은 수정을 통해서 형질별로 두 개의 인자들을 복원하게 된다.

---

그림 9.2A를 살펴보면 생식세포(파란색)는 한 개의 문자로 표시되어 있다. 반면에 개체들(갈색과 초록 상자)은 두 개의 문자들로 표기되어 있다. 갈색상자들의 개체들은 모두 두 개의 소문자들 즉, *tt*로 표시되어 있다. 그림은 그 개체들의 외적인 모양을 보여주고 있다. 교배의 결과, 3:1 비율로 나타났는데 이는 개체들의 외양에 근거하여 결정한 수치이다. 이에 관해서는 다음 페이지에서 조금 더 자세하게 살펴볼 것이다.

**유전자형과 표현형** 멘델은 각 개체가 부모로부터 '인자'들을 전해 받는다고 하였다. 오늘날에는 '인자' 대신에 '유전자'라는 용어를 사용한다. 형질들은 **'대립인자'**에 의해서 조절되는데, 이는 어떤 유전자가 결정하는 형태와 성질을 의미한다. 대립인자들은 상동염색체의 특

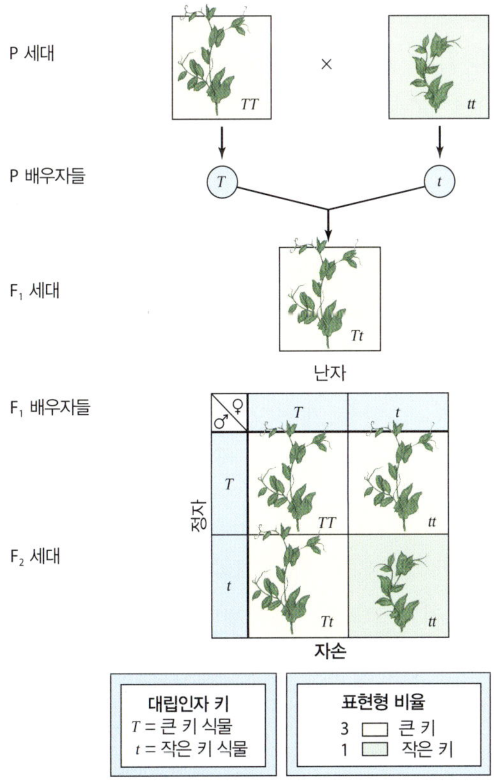


그림 9.2A 멘델이 수행한 단성잡종

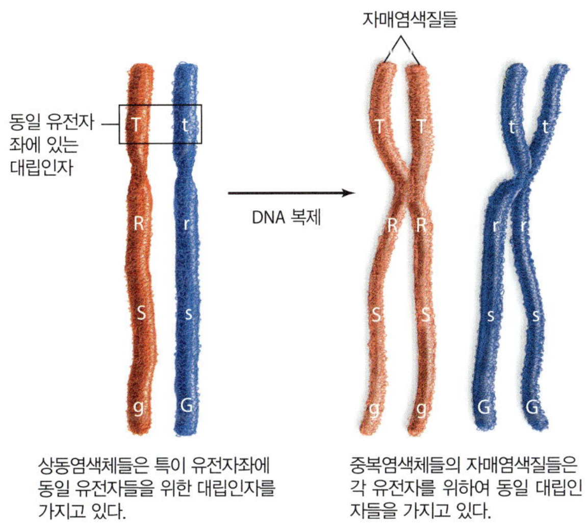


그림 9.2B 상동염색체에서 대립인자의 빈도

정 위치에 존재한다(그림 9.2B). **'우성 대립인자'**는 **'열성 대립인자'**의 표현을 가릴 수 있다(우성이라는 것이 정상이라든가 또는 가장 흔한 상태라는 뜻은 아니다). 우성 대립인자는 대문자로 구별하여 쓰는 반면, 열성 대립인자는 같은 알파벳이지만 소문자로 표기한다. 통상적으로, 어떤 알파벳을 선택할지는 자유이지만 대개 그 형질과 연관되는 것을 선택한다. 예를 들어 완두콩 줄기의 길이를 생각해볼 때, 큰 키의 대립인자는 *T*이며, 작은 키의 대립인자는 *t*이다.

그림 9.2에서 배웠듯이 감수분열은 염색체 수를 감소시키는 세포분열 유형이다. 제1감수분열이 일어날 때 자매염색질들을 갖고 있는 상동염색체들이 분리된다. 제2감수분열 중에는 염색질들이 분리된다. 따라서 감수분열은 멘델의 '분리의 법칙'과 배우자 세포 내에 각 형질을 위한 대립인자가 오직 하나만인 이유를 잘 설명해주고 있다.

멘델의 교배(그림 9.2A 참조)에 있어서 시작점이 되는 부모 세대(P 세대)는 순수한 육종이었다. 그러므로 키 큰 식물은 큰 키(*TT*)에 대한 동일 대립인자를 두 개 가졌으며, 키 작은 식물들은 작은 키(*tt*)를 위한 동일 대립인자 두 개를 가지고 있다. 이처럼 한 생명체가 두 개의 동일한 대립인자들을 가지고 있을 때 우리는 그것을 **'동형접합'**이라고 한다. 동형접합이었기 때문에 키 큰 식물의 생식세포는 큰 키(*T*)를 위한 대립인자를 가지게 되고, 작은 키 식물의 생식세포들은 작은 키(*t*)를 위한 대립인자를 갖게 된다.

교차 수분 후에 $F_1$ 개체들은 모두 큰 키에 대한 대립인자 1개와 작은 키에 대한 대립인자 1개를 갖게 되었다. 이렇게 한 생명체가 동일 형질에 대한 두 개의 서로 다른 대립인자들을 가졌을 때 우리는 그것을 **이형접합**이라고 한다. 비록 $F_1$ 세대의 식물들이 각 타입의 대립인자를 하나씩 갖고 있다 해도, 그들 모두 겉보기에는 키가 큰 식물이다. 여기서처럼 이형접합 개체에서 표현된 대립인자를 우성이라고 한다. 반면에 이형접합에서 미처 표현되지 않은 대립인자는 열성 대립인자이다.

방금 여러분은 키라는 형질에 대해 서로 다른 대립인자 조합을 가진 두 가지 개체를 관찰하였다. 예를 들면 *TT*와 *Tt*인 완두콩들이다. 이들은 외형상으로 같아서 둘 다 키가 크다. 이 때문에 우리는 때로 생물체의 유전자형과 겉으로 드러나 보이는 표현형(생물체의 외형)을 구별할 필요가 생긴다.

**'유전자형'**이라는 말은 부모의 생식세포가 수정할 때 받은 개체의 대립인자들을 말한다. 유전자형은 문자들이나 또는 짧은 단어로 표시할 수 있다. 유전자형 *TT*는 동형접합성 우성이고, 유전자형 *tt*는 동형접합성 열성이다. 반면에 유전자형 *Tt*는 이형접합성이다.

**'표현형'**이라는 말은 개체의 신체적 형태를 언급하는 것이다. 동형접합성 우성(*TT*)인 개체와 이형접합성(*Tt*) 개체는 둘 다 우성 표현형으로 키가 크지만, 동형접합성 열성(*tt*) 개체는 열성 표현형이며 키도 작다. 표 9.2에 유전자형과 표현형이 잘 비교되어 있다.

$F_1$ 식물들이 만드는 생식세포의 50%는 우성 대립인자 *T*를 가지게 되고, 나머지 50%는 열성 대립인자 *t*를 갖게 된다. 이들이 서로 수정한다면 두 가지 타입의 정자(*T* 또는 *t*)가 두 가지 타입의 난자(*T* 또는 *t*)와 무작위적으로 만나게 될 것이다. 즉, 확률상 동일한 비율로

| 표 9.2 | 유전자형과 표현형 |
|---|---|
| **유전자형** | **표현형** |
| *TT*, 동형접합성 우성 | 큰 키 식물 |
| *Tt*, 이형접합성 | 큰 키 식물 |
| *tt*, 동형접합성 열성 | 작은 키 식물 |

서로 만나 수정할 기회를 갖는다고 가정할 수 있다. 이 같은 일이 발생할 때 이형접합성 간의 교배에서는 항상 약 3:1(우성 : 열성)의 비율로 자손들이 나타날 것이다. 그림 9.1C는 이형접합성 간의 교배실험 결과들을 나타내고 있는데, 예상했던 바대로 표현형의 비율이 언제나 3:1에 근접한 것을 확인할 수 있다.

**연관** 어떤 염색체상의 대립인자들은 **연관군**을 형성하며, 그 안에서 별도의 교차가 일어나지 않는 한 언제나 함께 그룹을 지어 유전이 된다. 이런 현상을 연관이라고 한다. 하나 이상의 형질이 언제나 함께 전해질 때 우리는 연관되었다고 말할 수 있다.

▶ **9.2 진도 체크**

1. (a) 둥근 모양의 동형접합성 씨들로서, 우성 특징을 가지는 식물의 유전자형과, (b) 둥근 모양이지만 이형접합성 씨들인 식물의 유전자형(적당한 문자를 선정한 후)을 정의하라.
2. 다음 유전자형으로부터 나올 수 있는 모든 가능한 생식세포의 리스트를 만들고, 그 생식세포들의 비율을 적어보라: (a) *WW*, (b) *Rr*, (c) *Tt*, (d) *TT*.
3. 만약 B = 우성 검은 색 대립인자이고, b = 열성 흰색 대립인자라면, 유전자형들 (*Bb*, *BB*, *bb*) 중에 어느 것이 흰 토끼가 가질 수 있는 유전자형일까?
4. 만약 어떤 이형접합성 토끼가 같은 종류와 교배를 하면 그 자손들의 표현형 비율이 어떻게 나올지를 예측하라. 만약 120 마리의 자손이 생긴다면 그중 몇 마리가 흰 토끼일 것으로 기대하는가?

## 9.3 멘델의 독립의 법칙은 복수 형질의 유전을 설명한다

### 학습 성과들

본 절을 공부하고 나면 다음에 대한 이해와 능력이 향상될 것이다.

1. 멘델의 독립의 법칙과 감수분열과의 관련성에 대해 설명하기
2. 부모가 두 가지 형질에 대하여 동형접합성이거나 이형접합성일 때 이들 두 형질의 유전에 대한 결과 예측하기

멘델은 또한 두 개의 다른 대립형질을 지닌 순수육종 완두콩들로 교배실험을 다시 수행하였다. 예를 들면, 키가 크면서 꼬투리가 초록색인 완두콩과, 키가 작고 노란색 꼬투리를 가지는 완두콩들을 교배시킨 것이다(그림 9.3). 이들에서 나온 $F_1$ 식물들은 두 가지 형질 모두에서 우성의 특징들, 즉, 키가 크고 초록색을 나타내었다. 멘델은 $F_1$ 식물들을 이전처럼 자가수분 시켰는데 이때의 교배는 **'양성잡종 교배'**이다. 두 가지 형질을 동시에 시험하는 것이기 때문이다. 멘델은 $F_2$ 세대에서 아래와 같이 두 가지의 결과가 얻어질 것으로 예측하였다.

## 생명은 어떻게 변화하는가?

다윈은 당시 유전학 지식이 없었고 멘델의 완두콩 실험에 대해서도 알지 못했다. 비록 나라는 달랐다 해도—멘델은 오스트리아에서, 다윈은 영국 런던 외곽지에서 살았다—두 사람은 동시대에 살고 있었다. 멘델은 1862년에 연구 차 런던을 방문하였는데, 당시 그의 나이는 40세였고 다윈의 나이는 53세였다. 그러나 아쉽게도 그들은 서로 만나지 못했다. 다윈의 자연도태에 관한 학설은, 여러 가지 많은 다른 타입의 말, 그러니까 유전자형이 아닌 표현형들에 관한 관찰에 근거하고 있었다. 그럼에도 불구하고 다윈은 여러 형질들이 유전된다는 것에 대하여 인지는 하고 있었다. 심지어 **'인위적 도태'** 실험도 시도하였는데, 종을 교배시키는 사람이 인위적으로 원하는 특성들(그림 9A.1)을 선택해 교배시키는 것이다. 형질들은 양친들로부터 자손들에게로 전해지며 다음 세대는 전 세대보다 원하는 특성을 더 많은 비율로 갖기 때문이다. 인위적인 선택은 우리가 오늘날까지도 많은 작물들을 개량 생산해온 방식이다. 밀과 옥수수, 바나나, 그리고 토마토 같은 것들이 다 여기에 포함된다. 유전학에 대한 기본 지식이 있었음에도 불구하고 20세기 중반까지 생물학자들은 대립인자의 개념을 다윈의 자연도태설에 합쳐서 아래와 같은 방식으로 적용했다.

- 유전자들의 대립인자들은 개체의 형질을 결정짓는다.
- 완두콩 실험에서 배운 바와 같이 개체들은 그들의 대립인자들을 자손에게 전하며, 분리된 염색체상의 대립인자들은 감수분열 과정으로 인하여 각 세대에서 혼합되는 것이다(감수분열이 일어나는 중에, 교차의 결과로 대립인자들의 재조합이 발생하고, 상동염색체 쌍들이 적도판에 무작위적으로 배열하기 때문에 염색체들의 독립적 분리가 발생한다(그림 8.3B 참조).
- 새로운 형질들을 도입시켜 주기 때문에 돌연변이는 진화의 원동력이 된다. 유익한 돌연변이들은 마땅히 선택되어야 하기 때문에 그들의 효과는 중립적이거나 유해한 돌연변이들보다 훨씬 크다. 실제로 유익한 돌연변이들 없이는 새로운 종의 발생이 불가능했을 것이다.
- 대립인자들의 새로운 조합과 돌연변이들이 합해지면, 일부 개체들은 생존에 필요한 양식을 획득하기에 더 유리하게 될 것이며, 따라서 다른 집단의 개체들보다 더 잘 생존하고 번식할 수 있을 것이다(그림 9A.2). 이처럼 가뭄에 더 강한 식물은 건조한 환경에서 식물 집단의 다른 개체들 보다 생존에 유리할 것이다.
- 이와 같이 각 세대는 전 세대보다 환경에 더 잘 적응하게 된다. 환경에의 적응은 자연도태를 인위적 도태와 구별되게 하는데, 인위적 도태는 적응이라는 요소를 고려하지 않기 때문이다. 경주마들을 예로 들면 오직 속도 위주로만 번식시킬 뿐, 그 특성이 개체 생존에 유용한지의 여부는 고려하지 않는다.

본 장에서 기술된 멘델 유전학이나 현대 분자유전학의 발전 과정처럼 다윈의 자연도태설도 시간이 지나면서 더욱 많은 검증 과정을 거치고 있다(10장 참조).

**그림 9A.1** 인공적인 선택 육종으로 인해 드래프트 말은 무거운 짐을 쉽게 운반할 수 있을 정도로 몸집이 커졌고, 쿼터말은 기동 연습을 수행할 수 있을 만큼 민첩해졌으며, 서러브레드 말은 경주마로 뛸 수 있을 만큼 빠르게 되었다.

**그림 9A.2** 자연선택의 결과로 파랑 딱지새의 부리는 곤충을 잘 잡을 수 있으며, 검은머리 물떼새의 부리는 홍합조개를 비집어 열 수 있다. 물수리의 발톱은 물고기를 잡도록 적응되었다.

1. 만약 두 가지 형질의 우성 인자들(*TG*)이 항상 연관되어 $F_1$ 생식세포로 함께 들어가고, 열성 인자들(*tg*) 역시 항상 함께 움직인다면, $F_2$ 식물들에서는 두 가지 표현형, 즉, 초록색 꼬투리의 키가 큰 완두콩과 노란 꼬투리의 키 작은 완두콩들만 나올 것이다.
2. 만약 이들 4개 인자들이 각각 분리되어 $F_1$ 생식세포에 독립적으로 들어간다면, $F_2$ 식물들에서는 4가지 표현형, 즉, 초록색 꼬투리와 키 큰 식물들, 노란색 꼬투리와 키 큰 식물들, 초록색 꼬투리와 키 작은 식물들, 그리고 노란색 꼬투리와 키 작은 식물들이 모두 발생할 것이다.

그림 9.3은 멘델이 실험 결과 $F_2$ 식물들에서 4가지 표현형들을 모두 관찰하였고, 결국 두 번째 가설이 맞았다는 것을 뒷받침하고 있다. 즉, 두 가지 형질에 대한 유전인자들이 서로 연관되지 않고 독립적으로 움직인 것이다. 따라서 멘델은 양성잡종 교배에서의 생식세포들은 가능한 모든 조합, 즉, 두가지 우성형질들(가령 *TG*)과 두가지 열성형질들(가령 *Tg*), 그리고 우성과 열성을 각각 하나씩 갖는 것(가령 *Tg* 그리고 *tG*)으로 구성된다는 것을 알게 되었다. 유전적 문제들을 밝힘에 있어 잡종교배를 위한 배우자들을 설정하려면 그림 9.3B의 도표를 사용하는 것이 도움이 될 수 있을 것이다.

멘델은 그림 9.3A에서 보여준 양성잡종 교배의 특수 타입에 관하여 표현형이 항상 9:3:3:1인 것을 관찰하였기 때문에, 생식세포들이 인자들(멘델의 시대에는 대립인자라고 부름)의 가능한 모든 조합들을 포함하고 있는 것을 알게 되었다.

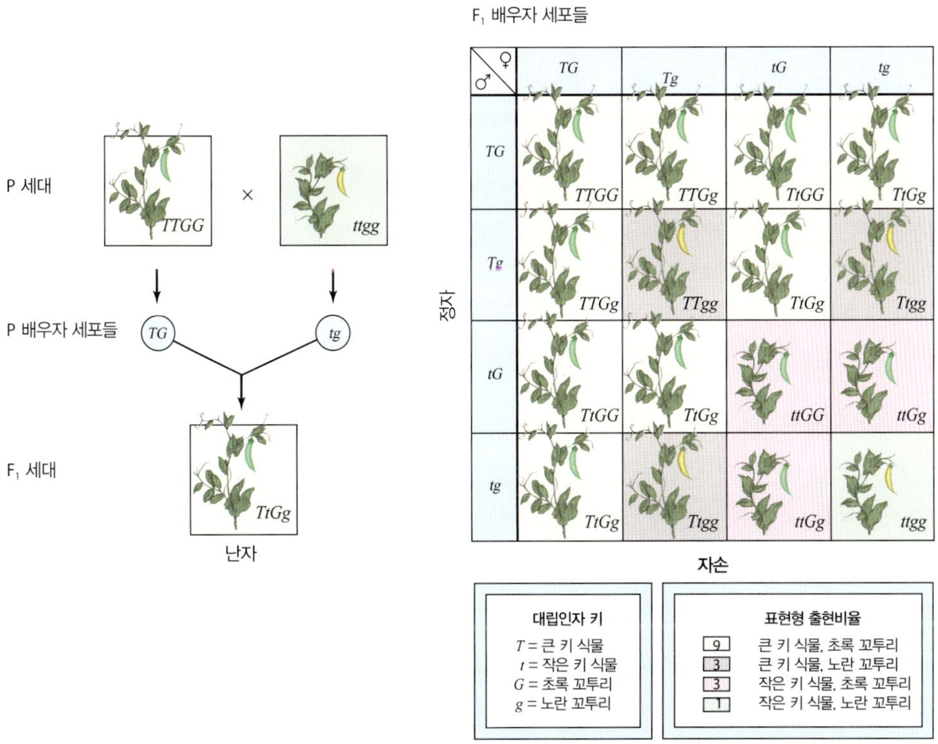


**그림 9.3A** 멘델이 한 양성잡종 교배

**독립의(유전) 법칙**은 다음과 같이 설명하고 있다

- 각 쌍의 인자들은(다른 것들의 분리방법과는 상관없이) 독립적으로 분리된다.
- 인자들의 가능한 모든 조합이 배우자 세포들에서 나타난다.

대립인자들이 연관되어 있지 않기 때문에 감수분열 과정에서 $F_1$ 식물들은 가능한 모든 조합의 생식세포들을 만들어낼 수 있다. 그리고 그럼으로써 $F_2$ 세대 식물들에서 왜 4종류의 표현형이 모두 나타나는지를 설명해 주고 있다. 그림 9.3B에서 설명된 대로 상동염색체들은 세포의 적도판에 무작위적으로 배열되는데, 이때는 상동염색체가 쌍을 이루어 배열하기 때문에 양극으로 끌려가면서 대립인자들이 분리되어 이동한다. 이런 이유로 제1감수분열을 통해(그리고 또한 제2감수분열에서도) 만들어진 딸세포들은 연관되지 않은 가능한 대립인자들의 모든 조합들을 갖는 것이다.

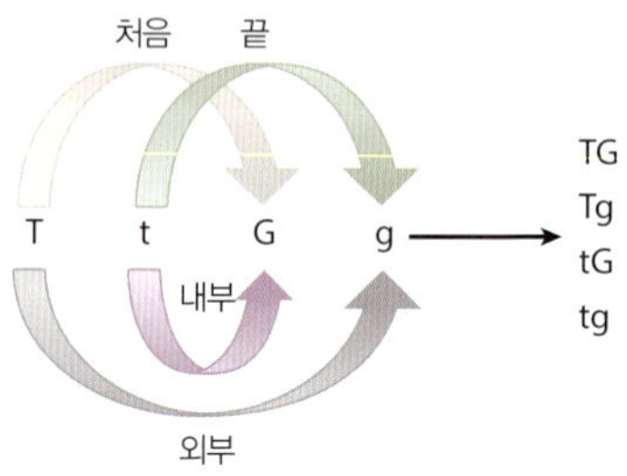

**그림 9.3B** 생식세포 형성을 위한 FOIL 방법

▶ **9.3 진도 체크**

1. 어떤 식물이 둥근 씨에 대하여 동형접합성이고, 보라색 꽃에 대하여는 동형접합성이다. 만약 그런 꽃이 교배되면 그 자손들은 무슨 표현형을 갖게 될지 설명하라.
2. 유전자형이 *WwSs*인 동물의 생식세포들을 정의하라.

## 9.4 멘델의 법칙에 대한 증거는 다양하다

### 학습 성과들

본 절을 공부하고 나면 다음에 대한 이해와 능력이 향상될 것이다.

1. 멘델이 검정교배를 수행한 이유와 이것이 오늘날에도 계속될 수 있는 이유를 설명하기
2. 양친의 유전자형을 추론하기 위하여 교배의 결과들을 이용하는 법에 대해 이해하기
3. 멘델의 법칙은 확률의 법칙에 부합되는 것을 이해하기
4. 부모로부터 유전자를 물려받을 때 두 가지 형질에 대한 유전적 문제점에 대해서 결과를 예측하기

**단일형질 검정교배** 한 가지 형질을 교배시킨 $F_1$ 세대가 이형접합성임을 확인하기 위해, 멘델은 $F_1$ 세대 식물들을 순수 육종, 즉, 작은 키 식물(동형접합성)과 교배시켰다. 멘델은 소위 '**검정교배**'를 시행한 것인데, 이 검정교배가 분리의 법칙 이론을 확인해 줄 수 있었다. 그림 9.4A에서 보여주는 교배에 대하여 그의 판단은 자손 절반이 키가 커야 하며, 절반은 작아야 하다는 것이었다. 즉 표현형이 1:1이어야 한다는 것이다. 그림 9.4A에서 동형접합성 열성 친계는 오직 한 종류의 생식세포(*t*)만을 생산할 수 있다. 푸네 상자(Punnett square)에는 하나의 칼럼만이 있다. 이형접합성 개체가 동형접합성 열성형질과 교배할 때 확률적 가능성은 표현형 비율이 항상 1:1이라는 것이다.

오늘날, 단일형질 검정교배는 우성 표현형의 개체가 동형접합성 우성($TT$)인지 또는 이형접합성(예 $Tt$) 우성인지를 밝히는 데에 사용된다. 이들 유전자형이 모두 우성 표현형을 나타내기 때문에, 겉으로 보이는 관찰만으로는 유전자형을 결정하기가 불가능하다. 그림 9.4B는 개체가 동형접합성 우성이라면, 자손 모두가 큰 키일 것임을 보여준다. 각 친계는 오직 한 종류의 생식세포만을 만들어낸다.

**이형질 검정교배** 이형형질 검정교배를 할 경우에는 두 특성이 모두 우성 표현형인 개체를 두 특성 중 하나가 열성 표현형인 개체와 교배시킨다. 실험대상으로 초파리를 사용한다고 가정하면 다음과 같다.

$L$ = 긴 날개들　　　　　$G$ = 회색 몸통

$l$ = 흔적(짧은) 날개들　　$g$ = 검정 몸통

왼쪽에 있는 초파리가 동형접합성인지, 또는 날개와 몸통이 이형접합성인지를 관찰만으로는 알 수 없다. 그러나 대립인자들을 조합시켜 보면 초파리는 다음과 같은 유전인자 조합들을 가질 수 있다.

$LLGG$　　　　　$LLGg$

$LlGG$　　　　　$LlGg$

이들 조합은 모두 긴 날개와 회색 빛의 몸통을 갖게 된다.

초파리의 정확한 유전자형을 찾아내기 위하여 오른쪽 초파리와 교배시키면 이제 관찰을 통해 짧은 날개, 검정 몸통 초파리가 이형형질 동형접합성 열성임을 알 수 있다. 즉, 이 초파리는 유전자형이 $llgg$이다.

만약 초파리가 유전자형이 $LLGG$인 동형접합성 우성이라면, 오직 한 가지 배우자, $LG$만을 형성할 것이다. 그러므로 시행된 교배에서 나온 자손은 배우자의 유전형에도 불구하고 긴 날개들과 회색 몸통을 가질 것이다.

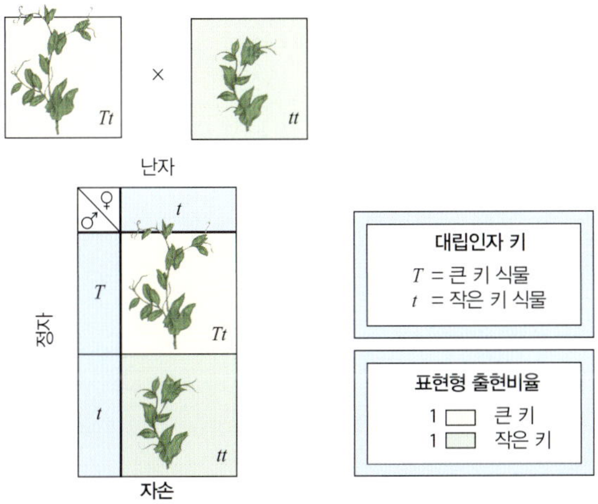


**그림 9.4A** 우성 표현형의 개체가 이형접합성인 때의 단일형질 검정교배

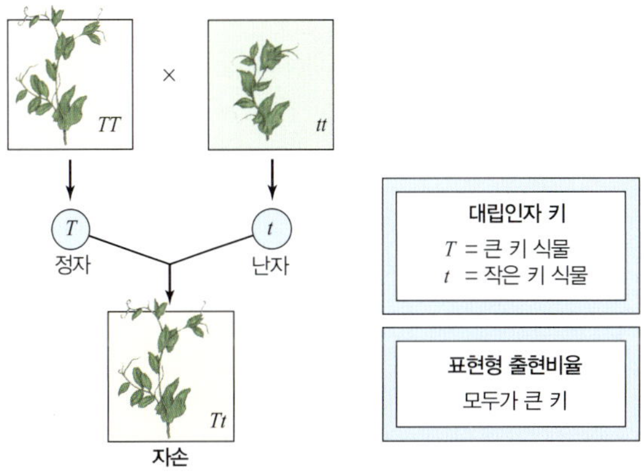


**그림 9.4B** 우성 표현형의 개체가 동형접합성인 때의 단일형질 검정교배

만약 검사한 초파리의 유전자형이 *LlGg*인 이형접합성인 경우, 생식세포들은 4가지 타입의 다른 조합으로 이루어질 것이다.

생식세포들: *LG* *Lg* *lG* *lg*

그리고 이로부터 4가지의 서로 다른 자손들이 나오게 된다:

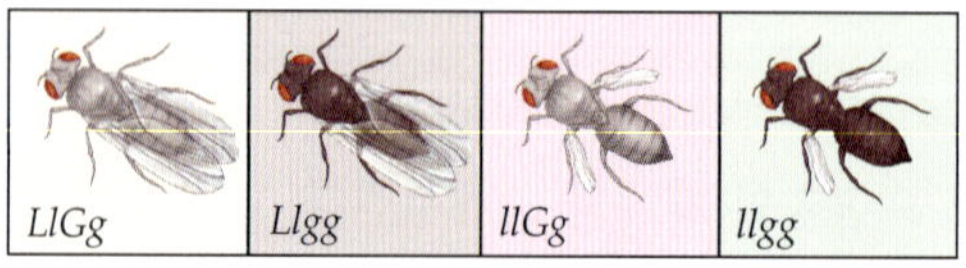


짧은 날개들과 검정 몸통의 자손들이 존재한다는 것은 검사한 초파리가 이형접합성이고 유전자형은 *LlGg*라는 의미이다. 그렇지 않다면, 이런 자손이 나올 수 없다. 일반적으로 한 개체가 이형질 이형접합성일 때, 열성인 특성들을 가진 것과 교배하면 표현형 출현비율이 1:1:1:1이 된다.

**확률의 법칙** **푸네 상자**는 교배 결과 계산에 이용된다. 푸네 상자를 통해 자손의 유전자형과 표현형이 나타날 기회나 확률을 쉽게 계산할 수 있다.

단일형질 교배를 생각해 보자. 그림 9.4C 내의 각 배우자(정자 또는 난자)는 *E*와 *e*를 가질 수 있다. 따라서 푸네 상자를 통해 살펴보면 자손이 그 친계로부터 갈라진 귓불 *E*를 가질 수 있거나 붙은 귓불 e를 받을 기회는 50%(또는 1/2)이다.

*E*의 기회 = ½

*e*의 기회 = ½

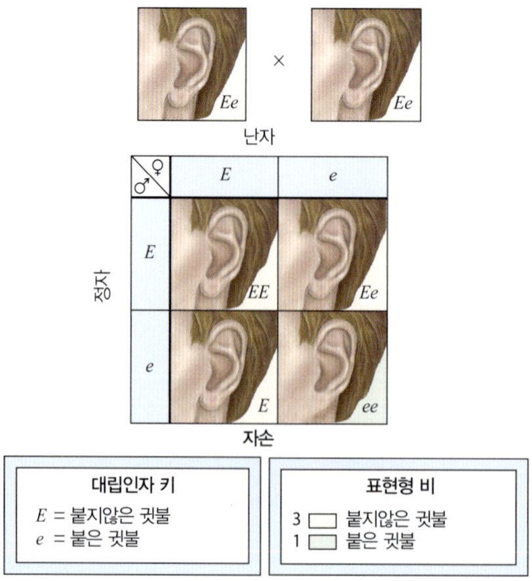


**그림 9.4C** 가능한 결과를 계산하기 위한 푸네 상자의 활용. 이 경우에는 표현형 비율이 3:1이다.

그러면 양친으로부터 유래된 각각의 대립인자 2개로 구성된 특정 세트를 자손이 물려받을 가능성은 어떻게 될까? 확률의 법칙에 따르면 독립적 사건들이 나타날 기회들을 곱해주어야 한다. 즉,

1. $EE$의 기회 = ½ × ½ = ¼
2. $Ee$의 기회 = ½ × ½ = ¼
3. $eE$의 기회 = ½ × ½ = ¼
4. $ee$의 기회 = ½ × ½ = ¼

푸네 상자를 이용하면 각 유전자형이 1/4의 확률로 발생함을 쉽게 알 수 있다. 그러면 표현형의 결과들은 어떻게 얻을까? 확률 법칙에 따라 동일한 사건이 한 가지 이상의 방식으로 발생할 수 있다면, 나타나는 결과들을 모두 더해 주어야 한다. 위의 경우 1, 2, 3식은 모두 귓불이 갈라진 표현형을 나타내기 때문에 이들을 더해야 하며, 결국 그 값은 3/4 또는 75%이다. 따라서 귓불이 붙을 확률은 1/4, 또는 25%이다. 어느 부부에게 아이가 4명 있다면 각각의 아이들은 귓불이 붙을 확률이 25%이다.

유전학 속담에 "확률은 기억해주지 않는다"라는 말이 있다. 어떤 부부에게 아이가 네 명 있고, 상기한 것처럼 귓불이 붙을 확률이 각각 25%라고 치자. 귓불이 붙는 문제는 사실 그다지 심각하지 않다. 하지만 심각한 호흡기질환인 낭포성 섬유증 같은 열성 유전병에 이 확률이 적용된다면 문제는 달라진다. 만약 부모가 모두 이형접합성이고, 4명의 아이가 있다면 아이마다 두 개의 열성대립인자를 가질 확률이 25%이지만, 이는 어디까지나 확률의 문제일 뿐 경우에 따라서는 4명 모두 낭포성 섬유증을 앓을 수도 있다는 말이다.

이형질 교배를 생각해보자. 우리는 그림 9.3에 나타난 바와 같은 양성잡종 교배 결과들을 예측하기 위하여 확률의 법칙을 이용한다. 푸네 상자는 유전형을 곱해주고, 우리는 그 결과를 더하여 표현형 비율이 9:3:3:1임을 알 수 있다. 이 결과는 단성잡종 교배와 양성잡종 교배에 모두 적용될 수 있다. 단성잡종이나 양성잡종 교배에서 푸네 상자를 계속 그려가며 계산할 필요는 없다. 그 대신 우리는 단순하게 확률적 결과인 3:1과 9:3:3:1을 기억하면 된다. 그러나 기억해야 할 점은 9는 대립인자 2개가 모두 우성인 경우이고, 3은 우성과 열성이 조합된 경우이나 표현형이 우성인 경우이며, 1은 열성 대립인자 2개로 된 열성 표현형 경우라는 것이다. 이것은 자손들 간에 어떤 표현형이 얼마의 비율로 나타날지 단순히 그 확률을 말해주는 것이다. 푸네상자에는 16개의 칸이 있다. 두 가지 형질의 우성이 함께 올 확률이 $^{9}/_{16}$, 열성과 우성이 같이 올 확률이 $^{3}/_{16}$, 두 가지 형질의 열성이 함께 올 확률이 $^{1}/_{16}$이다. 예를 들어 그림 9.3A에서 키가 크고 노란 꼬투리를 가진 식물이 나올 확률은 얼마인가? 이런 표현형이 나오려면 유전자형은 몇 가지가 가능한가? 표현형의 확률은 $^{3}/_{16}$이 맞다. 그러나 가능한 유전자형은 단지 2개이다. 어떤 형질에 대해 검정실험을 할 때, 시험 개체가 한 가지 형질에 대해 이형접합성이라면 검정교배 결과는 무엇인가? 그 개체가 만약 두 가지 형질에 대해 모두 이형접합성이라면 결과는 무엇인가?

▶ **9.4 진도 체크**

1. 이형접합성 초파리(*LlGg*)가 동형접합성 열성(*llgg*)과 교배했을 때, 그 결과를 예측하라. 긴 날개이면서 검정 체색의 자손이 나올 기회는 얼마나 되는가? 초파리에서 긴 날개(L)는 짧은 날개(l)에 대하여 우성이며, 회색 체색(*G*)은 검정 체색(*g*)에 대하여 우성이다.
2. 속보종 말과 측보종 말(옆으로 걷는)을 교배했을 때 그 자손은 측보종말이었다. 그 양친들과 자손들의 유전자형을 알아보라. 말들은 속보종 말(*T*)이 측보종 말(t)에 대하여 우성이다.
3. 주근깨가 있는 남자와 여자가 결혼하여 자녀를 가진다면, 아이들이 태어나고 자라나면서 주근깨를 가질 기회를 예측해보라. 사람에게서 주근깨는 우성이다.
4. 양성잡종 교배(*LlGg* × *LlGg*)의 자손 중 확률적인 표현형 비율을 푸네 상자를 사용하지 않고 알아보라. 짧은 날개들과 검정색 몸통의 자손들이 나올 기회는 어떠한가?

# 멘델 법칙의 인간들에 대한 적용

유전 양식을 발견하기 위하여, 그리고 유전형질의 패턴을 알아내기 위하여 우리는 종종 가계도를 작성한다. 가계도를 조사하면 우성 상염색체성 형질과 열성 상염색체성 형질을 따로 구별할 수 있다. 따라서 가계도를 만듦으로써 어떤 장애가 상염색체 우성 장애인지, 아니면 상염색체 열성 장애인지를 밝힐 수 있다.

## 9.5 가계도는 유전의 패턴을 나타낼 수 있다

### 학습 성과들

본 절을 공부하고 나면 다음에 대한 이해와 능력이 향상될 것이다.

1. 사람에서도 마찬가지이지만, 식물이나 동물처럼 교배하고 번식시키기로 선택한 것들에서 나타나는 상염색체 우성 및 상염색체 열성 장애들의 유전 양식들을 이해하기

어떤 유전적 장애들은 상염색체상의 열성 혹은 우성 대립인자들의 비정상적인 유전에 기인하는데, 상염색체는 개체들의 성과는 무관한 염색체를 의미한다(200 페이지 참조). 유전적 장애가 상염색체 열성이라면, 오로지 대립유전자 *aa*를 가진 개체만이 장애를 갖는다. 유전적 장애가 상염색체 우성이라면, 대립유전자 *AA*를 가진 개체나 또는 *Aa* 소지자도 장애가 발생한다. 유전학자들은 **가계도**를 작성하여 질환 상태가 열성인지 또는 우성인지를 밝히게 된다.

가계도를 그릴 때 남성은 사각형으로 표현하고 여성은 원으로 표현한다. 색을 채운 원이나 사각형은 유전적 영향을 받은 개체들이다. 사각형과 원 사이를 이어주는 선은 결혼을 뜻한다. 아래로 그려진 수직선은 부모와 자손 관계이다(만약 한 명 이상의 자손이 있다면 그들은 수평 가로선으로 표시한다). 가계도는 특수한 질환의 유전 양식을 보여준다. 다음과 같이 두 가지의 가능한 유전 양식을 생각해 보자.

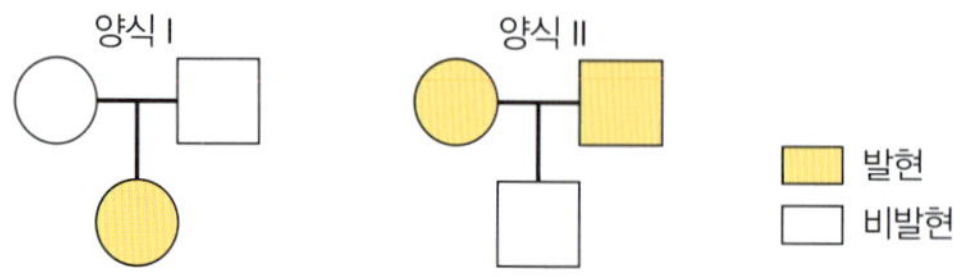

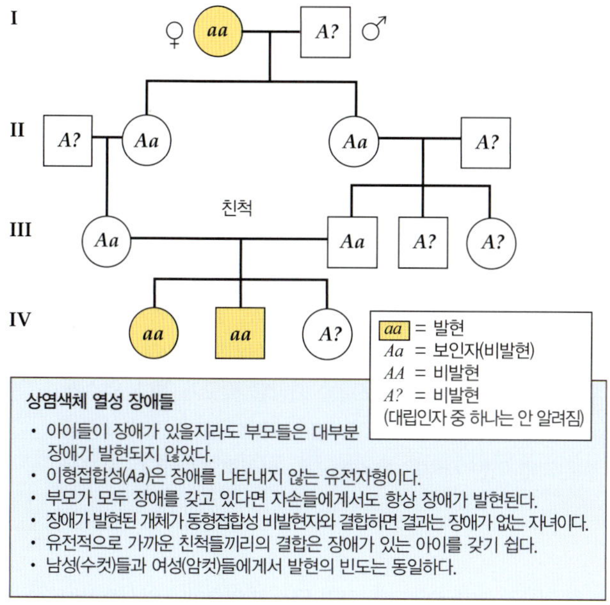


그림 9.5A 상염색체 열성 가계도

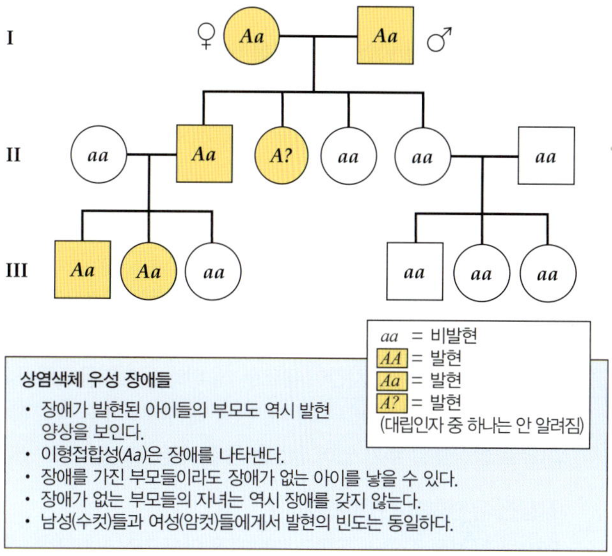


그림 9.5B 상염색체 우성 가계도

어떤 유전 양식(I 또는 II)이 상염색체 우성 특징과 관계가 있다고 생각하며, 상염색체 열성 특징은 어느 것에 연관이 된다고 생각하는가?

양식 I에서 보면 아이는 영향을 받았으나 부모는 건강하다. 이런 경우 질환은 열성이고 양친들이 *Aa*일 때 나타난다. 부모들은 정상으로 보이지만 아이가 유전적 장애를 가지므로 양친들이 '**보인자**'인 것을 주목하라. 양식 II에서는 아이는 영향을 받지 않았으나 부모들이 유전 장애를 가진 상태이다. 이런 경우는 질환이 우성이며 유전자형은 *Aa* 상태이다.

그림 9.5A에서는 상염색체 열성의 유전 양식을 인식하는 또 다른 방법을 보여주고 있다. 그리고 그림 9.5B에서는 상염색체 우성의 유전 양식을 인식하는 또 다른 방법을 보여주고 있다. 이들 가계도에서 각 세대는 왼쪽에 로마자 숫자로 표기되어 있다. 그림 9.5A의 3대째에서 두 명의 가까운 친척으로부터 3명의 자녀가 태어난 점을 주목하라. 자녀들 중 두 사람이 장애를 물려받았다. 이것은 근친간 결혼의 경우 잠재적으로 해로운 열성 대립인자 두 개가 전해질 확률이 높다는 것을 말해준다.

X 염색체상의 대립인자 유전 양식은 9.9절에서 논의하는 것처럼 상염식체의 양식과는 다른 방식에 따른다.

### ▶ 9.5 진도 체크

1. 애완견 번식가들이 가계도를 조심스럽게 유지해야 하는 이유가 무엇인지 그림 9.5A를 인용하여 설명하라.

## 생물학은 우리 삶에 어떻게 영향을 주는가?

여러 가지 현대적 방법과 기술들을 이용하여 유전적 장애들을 빠르게 검사할 수 있다. 이 중에는 임신이 이루어진 후에 검사하는 것도 포함되어 있고, 임신이 되기 전에 미리 하는 검사도 있다. 배아가 자궁 내에 착상되기 전까지는 임신이 아니라는 것을 인식하는 것이 중요하다.

### 착상 후 검사

**양수천자** 검사는 기다란 주사바늘을 복부와 자궁벽을 통해 삽입하고, 태아를 감싸고 있는 양수를 채취해 그 안에 들어있는 소량의 태아세포를 검사하는 방법이다. 대개는 태아세포들을 먼저 배양하여 숫자를 늘리고, 그 안에 들어있는 염색체에서 다양한 유전적 검사들이 시행될 수 있다. 융모막융모채취술(CVS)은 길고 가는 튜브를 질 내로 넣어 지궁에까지 삽입되게 한다. 그런 후에 태아세포들을 흡입으로 채집한다. 이때는 충분한 수의 세포가 채취되기 때문에 따로 세포들을 배양할 필요가 없다. 양수천자 후에는 세포 배양 시간이 필요한 데 비해 융모막융모채취술에서는 검사가 즉시 이루어질 수 있다. 이런 유전자 검사 과정에는 약간의 유산 위험이 뒤따른다. 만일 태아에게서 유전적 장애가 발견되면 어떤 사람은 윤리적으로, 심리적으로, 또는 종교적 이유로 받아들일 수가 없어 임신을 중절시키려고 할 수도 있다.

### 착상전 유전학적 진단(PGD)

PGD는 유전적 질환의 조절과 예방에 있어서 가장 의미 있는 역할을 할 것으로 기대된다. 왜냐하면 유산의 위험이나 임신중절의 위험이 없으며, 부모들로서는 아이가 유전적 장애아가 되는 것으로 인한 심리적 고통도 피할 수 있기 때문이다. 부모에게는 두 가지 선택이 있다: 배아 검사를 선택하거나, 난자 검사를 선택하는 것이다.

만약 배아검사를 하게 되면(그림 9B.1), 시험관 수정 과정을 통하여 실험실 배양접시에서 발생이 시작된다. 의사는 부모들로부터 난자와 정자를 얻어서 용기에 넣고 수정을 발생시킨다. 수정에 성공하면 접합자(수정란)는 분열을 시작한다. 수정란이 8 세포기에 다다르면 그중 할구 하나를 배아로부터 떼어내어 PGD 검사를 실시하는 것이다. 단일 세포 또는 단일 할구를 떼어내어도 발생 중인 배아에게는 영향을 미치지 않는다. 유전 장애 검사 결과 음성인 건강한 배아들만이 모친의 자궁 내로 넣어지는 것이다.

난자를 검사할 때는(그림 9B.2) 다음과 같은 사실을 알아둘 필요가 있다. 감수분열 결과 난자 하나와 최소한 두 개의 극체라 부르는 비기능성 세포들이 형성한다. 극체들은 후에 분해되어 버리지만 소량의 세포질뿐 아니라 반수체의 염색체도 가지고 있다. 한 여성이 열성 유전적 장애에 대하여 이형접합성이면 극체의 약 절반이 돌연변이 대립인자들을 받을 것이며, 난자는 정상 대립유전자를 받을 것이다. 오직 정상 난자들만 시험관 수정(IVF)에 사용된다. 정자들이 돌연변이를 운반한다 해도, 만들어지는 접합자는 (비록 최악의 경우일지라도) 이형접합성이고 표현형은 정상으로 나타날 것이다.

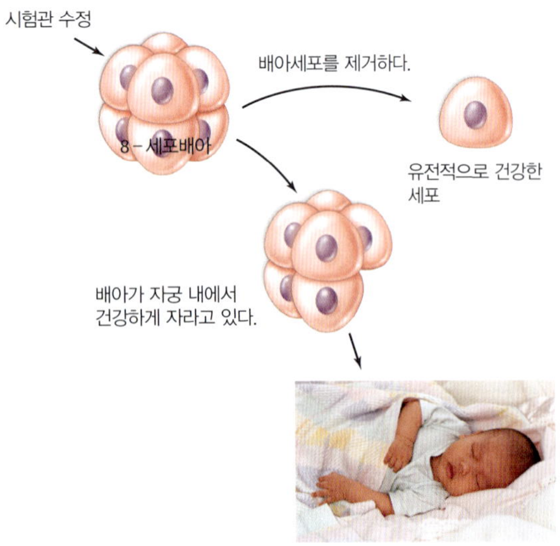


**그림 9B.1** 배아에 대한 착상전 검사

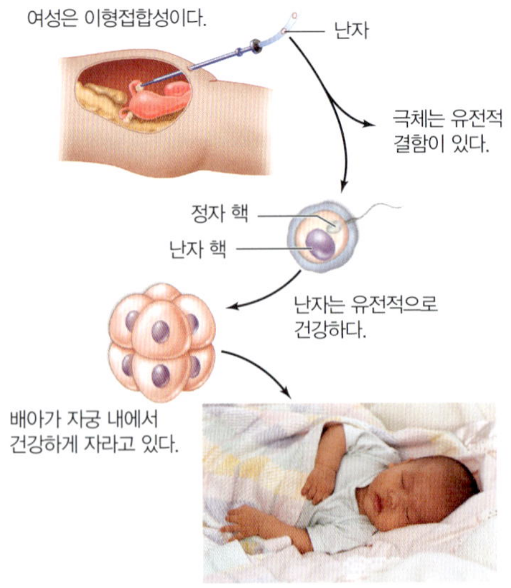


**그림 9B.2** 난자에 대한 착상전 검사

## 9.6 어떤 유전적 장애들은 상염색체 열성이고, 어떤 것은 상염색체 우성이다

### 학습 성과들

본 절을 공부하고 나면 다음에 대한 이해와 능력이 향상될 것이다.

1. 상염색체 유전 장애들을 표로 만들고, 증상들을 설명하며, 유전 양식을 기술하기

**상염색체 열성 장애** 상당수의 유전 장애는 한 쌍의 대립유전자로 인해 야기된다. 4가지의 잘 알려진 상염색체 열성 장애들이 있는데, 이들은 타이새크스(Tay-Sachs)병, 낭포성 섬유증, 페닐케톤뇨증, 그리고 낫형적혈구증 등이다.

**타이새크스 병** 타이새크스 병을 가진 아이는 4~8개월이 지나면 점차 발달이 늦어지며, 신경학적 장애와 정신운동장애가 명백해진다. 아이는 점점 시력을 잃으며, 조절이 안 되는 발작을 일으키고, 결과적으로 마비를 동반하여 사망에 이른다. 타이새크스 병은 리소좀의 효소 Hex A와 그 기질인 지질이 리소좀에 축적되어 야기된다. 이로 인해 리소좀의 기능이 손상되고 특히 뇌세포에서 이런 현상이 두드러진다.

타이새크스 병의 보인자들은 동형접합성 우성 개체들에서 발견되는 효소 Hex A 활성도가 반감되지만 외형상으로는 정상이다. 이 병에 대한 출산 전 진단은 양수천자법으로나 융모막융모채취법으로 모두 가능하다. 타이새크스 병 유전자는 상염색체 15번에 있다.

**낭포성 섬유증(CF)** 미국 백인들 중에 가장 흔한 치사성 유전병이다. 이 병은 염소이온 경로와 연관된 비정상 분비가 특징이다. 낭포성 섬유증의 가장 분명한 증상은 분비된 땀의 염도가 극단적으로 높다는 것이다. 아이가 이 병에 걸렸을 경우는 기관지와 췌장의 분비선들이 걸쭉하고 점성이 높아 폐와 췌장의 기능이 방해받는다. 편안한 호흡을 위해서 폐의 높은 점성을 정기적으로 낮추어 주어야 하며, 폐는 이물질로 감염된 상태이다. 지난 몇 년 동안 분무 형태의 항생제 투여와 진동 조끼(percussion vest) 사용으로 폐의 점성을 완화하는 등의 새로운 치료법들(그림 9.6A)이 발명되었다. 이로 인해 낭포성 섬유증(CF) 환자들의 기대 수명을 35세 정도로까지 끌어올렸지만 아직도 완전한 치료 효과를 기대하기 어렵다. 열성 대립인자에 대한 유전적 검사는 증상이 나타나지 않는 한 스스로 보인자(carrier)인지 여부를 알기 원할 때만 가능하다.

**페닐케톤뇨(PKU)** 페닐케톤뇨 질환은 신경계 발생에 영향을 미치는 가장 흔한 유전적 대사 장애이다. 발현 개체들은 아미노산인 페닐알라닌의 정상적 대사에 필요한 효소가 결핍되어 있다. 그리고 그 결과 비정상적 분해물(페닐케톤)이 소변에 축적된다. 신생아들은 병원에서 정기적으로 혈액 내의 고 아미노산 수준치 검사를 받는다. 수준치가 높게 감지되면 신생아는 특수 식이법을 처방받게 되는데, 뇌가 충분히 발달할 때(약 7세)까지 계속 시행해야 한다. 그렇지 않으면, 심각한 지적 발달 부진이 발생한다. 어떤 의사는 특수 식이치료를 일생 동안 할 것을 추천하기도 한다. 어떤 경우라도, 페닐케톤뇨증이 있는 임산부는 특수 식이요법을 실천하지 않으면 안 된다.

**낫형적혈구증** 낫형적혈구증은 아프리카계 사람들 중에서 주로 발생한다. 다른 인종 집단에서는 그리 흔하지 않은 편이다. 추정하기에는 12명의 아프리카계 미국인들 중 1명 꼴로 보인자들이다. 낫형적혈구 질환의 환자들은 적혈구 모양이 낫 같거나 반달 모양이다(그림 9.8B 참조). 비정상적인 헤모글로빈($Hb^s$)에 의해 질환이 야기되며, 정상 헤모글로빈($Hb^A$)과 비교할 때 아미노산 하나가 달라져 있다.

낫형적혈구증을 가진 환자의 유전자형은 $Hb^SHb^S$인데, 혈중 산소농도가 낮을 때 적혈구가 낫 모양으로 변형된다. 그 결과는 9.8절에서 논의한 것처럼 심각한 빈혈에서 심부전까지 다양하다. $Hb^AHb^S$인 사람들도 낫형적혈구 증상을 보이는데, 혈중 산소용적이 낮을 때 적혈구의 겸상적혈구화가 일어난다. 낫형적혈구증은 출산 전 진단이 가능하며 머지않은 장래에 이들 환자들에 대한 유전자 치료도 가능할 것으로 기대하고 있다.

낫형적혈구 형질을 가진 부모가 만나면 3가지 표현형의 자녀가 나올 수 있다. 정상유전자형($Hb^AHb^A$)을 가진 아이의 기회는 25%이다. 그리고 낫형 형질($Hb^AHb^S$)을 보일 가능성이 50%, 낫형적혈구증($Hb^SHb^S$)의 기회가 25%이다. 모두 3가지의 가능한 표현형이 나타날 수 있기 때문에 어떤 유전학자들은 낫형적혈구증이 9.7절에서 논의되는 불완전 우성의 유전 형태라고 말하기도 한다.

**상염색체 우성 장애들** 우성장애들 상당수의 상염색체 우성 장애들이 사람들에게서 확인되고 있다. 신경섬유종증, 헌팅턴증, 연골무형성증 등이 비교적 흔한 예이다.

**신경섬유종증** 신경섬유종증은 von Recklinghausen병이라고도 부르는데, 가장 일반적인 유전 장애들 중의 하나이며 어느 인종들이나 집단에도 동일하게 발생한다. 이 장애는 병력이 없는 가족들에게서도 많이 발생되며, 일단 한 가족에게 이 병이 나타나면 재발되는 특성이 있다.

출생 시, 또는 출생 후에 장애가 생긴 사람에게는 피부에 6개 이상의 크고 진한 갈색 점

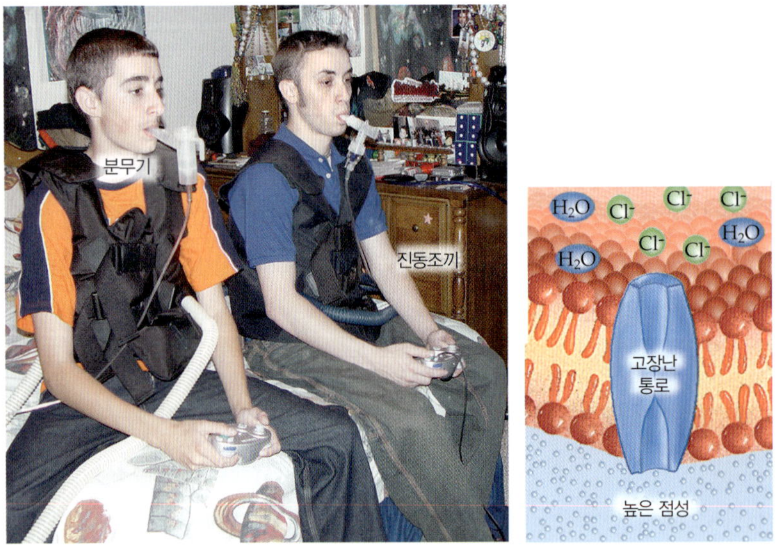


**그림 9.6A** 낭포성 섬유증. 염소이온을 기관지로 들어갈 수 없게 하는 고장난 통로 단백질; 물이 들어가면서 호흡기에 높은 점성이 발생한다. 치료법은 분무기와 진동조끼를 사용하여 점성을 낮추어주는 것이다.

들이 나타날 수 있다. 이 점들은 점차 커지고, 수가 증가할 수도 있으며 색이 점점 진해진다. 작은 양성 종양들(덩어리들)은 신경섬유종이라고 부르는데, 신경을 덮기 시작하면서 점차 발전할 수 있다. 대부분의 경우 증상이 가볍기 때문에 환자들은 비교적 정상적인 삶을 살 수 있다. 그러나 어떤 경우에는 그 증세가 중증이 되어 골격 이상, 머리가 커지는 증상을 보이며, 눈과 귀의 종양 발생으로 후에 실명이나 청각상실로 이어질 수 있다. 신경섬유종증의 어린이들 다수에게서 학습 장애 현상이 생기며 과잉활동성이 되기도 한다.

1990년에 과학자들은 신경섬유종증의 유전자를 분리해내었다, 그리고 이 유전자가 뉴로피브로민이라고 하는 단백질의 생산을 조절한다는 것을 알았다. 이 단백질은 세포분열을 일으키는 성장신호를 차단하는데 돌연변이가 일어나면 세포 성장 차단이 실패한다. 그리고 그 결과로 종양이 형성된다. 어떤 돌연변이들은 DNA 염기의 삽입으로 야기된다.

**헌팅턴병(무도병)** 헌팅턴병은 뇌세포를 점차 퇴보시키는 신경학적 장애이다. 그림 9.6B는 운동 조절 위축증에 관련된 뇌의 일부분을 보여준다. 일반 발병되면 중증의 근육 경련을 일으키는데, 점차 그 증세가 악화되어 간다(그림 9.6C). 이 병은 헌팅턴이라고 하는 단백질 생산 유전자의 단일 돌연변이 때문에 촉발된다. 대부분의 환자들은 중년이 될 때까지 정상이기 때문에 결혼하여 자녀도 있다. 문제는 이 자녀들도 언젠가는 헌팅턴 병에 걸릴 수 있다는 것이다. 때로는 병의 첫 신호가 10대나 또는 그보다 더 어릴 때에 나타난다. 효과적인 치료방법은 아직 없고, 대개 증상이 나타나기 시작한 후 10~15년이 지나면 사망한다.

최근에 헌팅턴 유전자가 4번 염색체에 위치하고 있는 것이 발견되었다. 헌팅턴 유전자 존재를 탐지하고자 하는 검사 또한 진전이 있지만 문제는 자기가 그 유전자를 물려 받았는지를 알려고 하는 사람이 별로 없다는 것이다. 그 이유는 치료법이 없기에 문제가 있음을 아는 것이 실질적으로 아무런 도움이 되지 않기 때문이다. 헌팅턴병은 글루타민 아미노산이 지나치게 많이 합성되어 야기되는 돌연변이로 인한 것이다. 정상적인 헌팅턴 단백질은

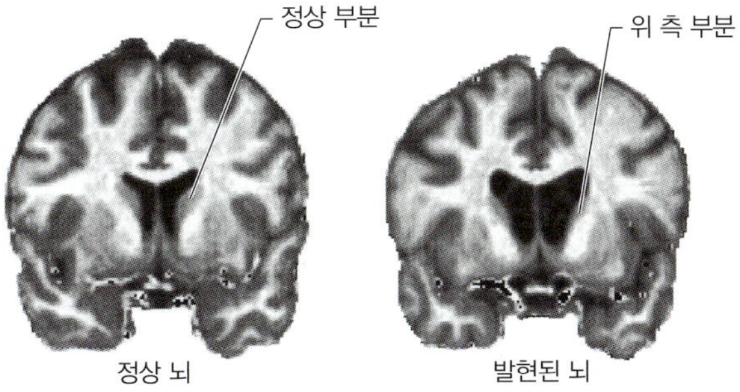


**그림 9.6B** 정상인의 뇌와 헌팅턴 환자의 뇌 비교

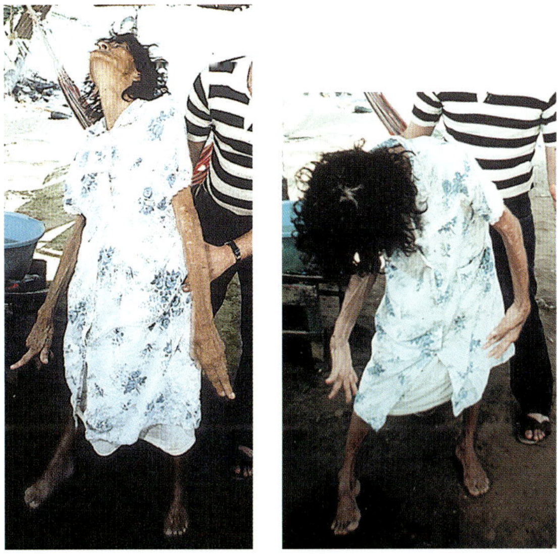

**그림 9.6C** 헌팅턴 환자들은 근신경 발작증을 갖고 있다.

10번과 25번 글루타민 사이에 가지가 있다. 헌팅턴 단백질이 36개 이상의 글루타민을 갖게 되면, 그 모양이 변하고 뉴렁 내부에 큰 덩어리를 형성한다. 더 심한 경우는 그것이 다른 단백질들까지 끌어들여 커다란 덩어리를 형성한다. CBP라고 부르는 단백질이 있다. 이 단백질은 신경세포들의 생존을 돕는 것이라서 과학자들은 이 CBP가 정상치 수준으로 증가되어 헌팅턴 병과 싸울 수 있기를 희망하고 있다.

또 하나 가능한 치료법은 줄기세포들을 뇌에 이식하는 것이다. 과학자들은 이 이식으로 손상된 뉴런 일부를 대체시킬 것이라는 가설을 세웠다.

**연골무형성증** 연골무형성증은 뼈의 성장 결함과 관계있는 난쟁이에게 흔한 질환이다. 연골무형성증을 갖고 있는 개체들은 팔과 다리가 짧고 척추만곡 측만증이 있으나 몸통부위와 머리는 정상이다. 발생 비율은 25,000명 중 1명꼴로 연골무형성증을 갖고 있다. 이 병은 4번 염색체에 위치한 유전자에 자연발생적 돌연변이가 일어날 때 발생한다. 연골무형성증의 개체들은 이형접합성(*Aa*)이다. 동형접합성의 열성 유전자형(*aa*)은 정상 길이의 팔다리를 갖는다. 동형접합성 우성 병증(*AA*)은 대개 출산 얼마 후 사망한다.

착상 전 유전적 진단(PGD)은, 236 페이지에서 논했지만, 새로 태어나는 다음 세대의 어린 아이들이 유전적 질환에서 해방되는 길을 제공하고 있다.

**▶ 9.6 진도 체크**

1. 자녀가 낭포성 섬유증이 있을 때 정상인 부모들의 유전자형은 무엇인지 확인하라.
2. 두 마리의 콜리 종이 있는데 이들 모두 시각 장애견이다. 시각장애 유전자가 우성이고, 양친들이 모두 이형접합성이라면, 이 콜리 종들이 장애 없는 자손을 가질 확률을 예측하라.

# 멘델의 법칙들을 넘어서

본 장의 이 부분은 멘델의 유전학이 보다 복잡한 유전양식, 불완전우성, 복합대립유전자, 다인자 유전, 다면발현 등에도 적용 가능하다는 것을 보여준다.

## 9.7 열성/우성 대립유전자 관계성에서 변이들이 발생한다

### 학습 성과들

본 절을 공부하고 나면 다음에 대한 이해와 능력이 향상될 것이다.

1. 불완전한 우성과 공동 우성인 조건에 대한 유전양식을 비교하기
2. ABO 혈액형에 대한 유전양식을 설명하기

이형접합체와 동형접합체의 표현형 간에 중간형이 나오면 **불완전 우성**이다. 빨간색 분꽃 순수육종과 백색 꽃 순수육종 간에 교배를 하면(그림 9.7) ❶ 자손들은 분홍 꽃들이다. 이것은 혼합 유전 모델이다. 분홍 꽃 식물들을 자가 수분하면 ❷ 자손들의 표현형 비율은 빨간 꽃 1: 분홍 꽃 2: 백색 꽃 1로 나타난다. 이 모든 3개의 표현형이 재발현된다는 사실은 꽃의 색이 단일 쌍의 대립유전자에 의해서 조절되고 있음을 보여준다.

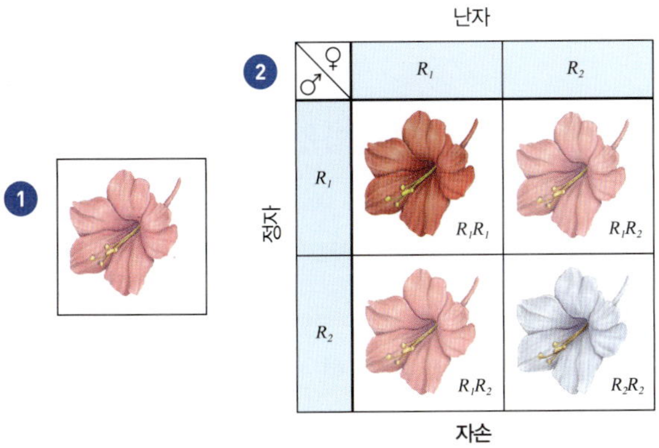


**그림 9.7** 불완전 우성

$R_1R_1$인 개체들은 색소의 양이 두 배이므로 빨간색 꽃을 피우고, $R_1R_2$인 개체들은 색소가 한 배 양이므로 분홍색, $R_2R_2$ 개체들은 색소가 만들어지지 않아 백색 꽃을 피운다.

사람의 경우, 가족성 고콜레스테롤혈증(FH)이 불완전 우성의 한 예이다. 이 장애의 두 대립유전자들을 가진 개체는 피부와 힘줄에 지방을 축적하게 되고 어린아이라도 심장마비가 올 수 있다. 정상 대립유전자 하나와 HF 대립유전자 하나를 갖고 있는 개체는 젊은이라도 심장마비를 일으킬 수 있고, 두개의 정상 대립유전자를 갖고 있는 사람은 이 장애를 갖지 않는다.

이 경우에 동형접합체와 이형접합체 간 유전자발현의 양적 차이가 표현형의 차이를 유발한다. 예를 들어 낭포성 섬유증이나 타이새크스 질환의 보인자 여부를 검색하려면 문제가 되는 유전자의 효소 발현 양을 검사하는 것이 최선이다. 효소 활성이 우성 동형접합성의 절반이라면 그 개체는 보인자이다. 다르게 표현하자면, 유전자 발현의 정도가 분꽃에서 보는 것처럼 동형접합자와 이형접합자가 서로 다르다.

**복합대립유전자** 하나의 형질이 복합대립인자에 의해서 조절되면, 유전자는 몇 개의 대립유전자 형태로 존재한다. 각 사람은 보통 가능한 대립유전자 2개만 보유한다. 예를 들면 어떤 사람의 ABO 혈액형은 복합대립유전자들에 의해서 결정된다. 아래의 대립유전자들은 적혈구 표면에 항원들이 존재하느냐 안 하느냐를 결정한다.

$I^A$ = 적혈구에 A 항원

$I^B$ = 적혈구에 B 항원

$i$ = 적혈구에 A도 B도 없다.

혈액형에 대한 가능한 표현형들과 유전자형들은 다음과 같다.

| 표현형 | 유전자형 |
|---|---|
| A | $I^AI^A$, $I^Ai$ |
| B | $I^BI^B$, $I^Bi$ |
| AB | $I^AI^B$ |
| O | $ii$ |

인간의 ABO 혈액형 유전은 **공동 우성**의 예인데, 이유는 $I^A$와 $I^B$가 모두 동시에 발현되기 때문이다.

이같은 유전 양식은 멘델의 발견과는 다른데 한 개 이상의 대립유전자가 동시에 발현되기 때문이다. $I^A$와 $I^B$ 둘 다 $i$에 대하여 우성이다. 혈액형 A에 대한 두 가지 가능한 유전자형이 있고, B형에 대하여 두 개의 가능한 유전자형이 있다. A혈액형의 이형접합체와 B형 이형접합체가 만나면 4가지 혈액형 중 어느 것이라도 나올 수 있다. 이것은 자손의 혈액형이 왜 양친과 다른지를 설명할 수 있는 근거이다. 이런 이유로 혈액형 대신에 DNA 지문법으로 친자 확인하는 기술이 개발되어 있다.

**▶ 9.7 진도 체크**

1. 두 개의 고콜레스테롤혈증(FH) 보인자를 가진 아이들의 잠재적 표현형을 설명하라.
2. 혈액형이 O형인 아이가 있는 A형 여성의 유전자형을 말하라. 아버지의 가능한 유전자형을 확인하라.

## 9.8 단일유전자 – 단일형질 관계성에서 변이들이 발생한다

### 학습 성과들

본 절을 공부하고 나면 다음에 대한 이해와 능력이 향상될 것이다.

1. 다면발현과 다원유전자가 주관하는 조건들에 대한 유전양식을 대조하기

**다면발현** 대립유전자 한 쌍이 하나 이상의 영향을 나타낼 때 **다면발현**이 나타난다. 예를 들면 마르판 증후군은 불균형적으로 긴 팔, 다리와 손, 그리고 발, 허약한 대동맥, 약한 시력, 기타 여러 가지 증상들을 나타낸다(그림 9.8A*a*). 이 증상들은 비정상적 연결조직의 생산에서 기인된다(그림 9.8A*b*). 마르판 증후군은 피브릴린이라는 단백질을 암호화하는 15번 염색체상의 유전자($FBN_1$)의 돌연변이로 인해 야기된다. 피브릴린은 연결조직의 탄성 섬유를 정상적으로 형성시키는 데 필수적이다(그림 9.8A*b*). 연결조직에 대한 구조적 지원이 없다면 대동맥이 파열될 수 있는데, 특별히 격렬한 운동, 가령 배구, 농구 등에 몰두할 때 위험하다. Flo Hyman은 미국 최고의 여자 배구선수였는데, 어느 날 갑자기 쓰러져 사망하고 말았다. 그때 그녀의 나이는 겨우 31세였고 사망 원인은 대동맥 파열이었다. 그 후로 감독들은 마르판 증후군에 대하여 잘 인지하게 되었다. 그리고 특별히 장신선수들의 경우 이 증후군에 대하여 각별한 주의를 기울이고 있다. Chris Weisheit는 농구 선수 생활을 일찍 마감했는데 마르판 증후군 진단을 받았기 때문이었다. 그가 한 말은 "나는 농구를 하다가 죽고 싶지는 않다"였다.

기타 많은 장애들, 즉, 포르피린증, 낫형적혈구증 등이 다면발현성의 특성을 갖고 있는 예이다. 포르피린증은 적혈구를 빨간색으로 보이게 하는 헤모글로빈이 화학적으로 충분하게 만들어지지않아 나타나는 질환이다. 포르피린증의 대표적 증상은 광민감도의 증가, 강렬한 복통, 적포도주색의 소변 등이며, 팔과 다리에 마비가 동반된다. 1700년도 후반에서

1800년대 초까지 영국 왕실 일가에서 이 질환이 만연했는데 간질 발작, 기이한 행동, 혼수 상태 등이 관찰되었다.

유전자형이 $Hb^SHb^S$인 낫형적혈구증으로 고통을 겪는 사람은 9.6절에서 설명한 대로 적혈구가 낫 모양이다(그림 9.8B). 비정상적으로 생긴 세포들은 혈류를 느리게 하고 작은 혈관들을 막히게 한다. 이에 더하여 낫형적혈구 세포들은 정상 세포들보다 수명이 짧다. 이 질환이 있는 사람들은 여러 가지 많은 증상을 보이는데, 중증 빈혈, 전신 쇠약, 원활하지 못한 혈액 순환, 정신기능 손상, 통증, 고열, 류마티즘, 마비, 비장 손상, 질병저항성저하, 신장과 심장부전 등이다.

낫형적혈구증의 이점도 있다. 이형접합성인 사람들은 말라리아와 같은 원생동물 기생충에 저항성이 있다. 이 기생충은 생명주기 중의 일부를 적혈구 내에서 헤모글로빈을 먹으며 보내지만 낫형적혈구 세포들은 수명이 짧기 때문에 그 생명주기를 완성할 수 없기 때문이다.

**다원유전** 몇몇 대립인자 쌍들이 다원유전자에 의해서 조절되는 형질을 보여준다. 각각의 우성 대립인자들은 표현형에 영향을 주며, 결과로 나타나는 최종 증상은 모든 영향들을 합친 결과이다. 종종 유전자의 변이가 지속적으로 나타나기 때문에 마치 종 모양의 변이 분포도를 보여준다. 유전자가 더욱 많이 포함될수록 표현형의 변이와 분포는 더욱 연속적으로 된다. 그림 9.8C에 보면 *AABBCC*와 *aabbcc* 유전자형 사이에 태어나는 $F_1$ 잡종은 *AaBbCc*이다. 이로부터 다양한 유전자형과 표현형들이 $F_2$ 세대에서 만들어진다. 그런 까닭에 결과는 종 모양의 곡선으로 나타난다. 다원유전성 특성의 알기 쉬운 예는, 아주 검은색 피부의 사람이 매우 밝은 피부의 사람과 결혼했을 때 아이는 중간의 갈색톤 피부가 되는 것이다. 만약 두 사람이 중간쯤 갈색톤 피부라면, 그 사이에서 태어난 아이의 피부색

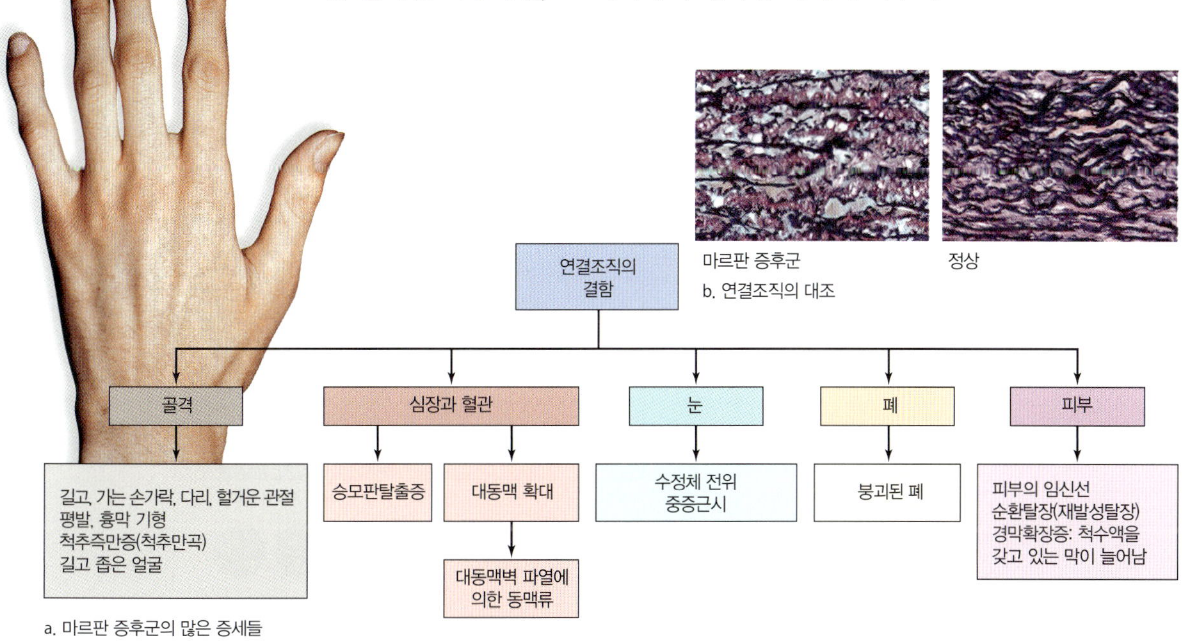


**그림 9.8A** a. 매우 긴 손가락과 발가락들이 마르판 증후군의 특징이다. b. 연결조직들의 결함으로 마르판 증후군의 여러 가지 특징들이 발생한다.

SEM, 7,000×

**그림 9.8B** 낫형적혈구증에 걸린 사람들은 적혈구들이 낫모양이다.

은 아주 검은색에서부터 매우 밝은 피부색까지 다양한 분포에 이를 수 있다.

**다인자 유전 형질**은 다원유전자(polygenes)들에 의해서 조절되지만 역시 환경적 지배를 받고 있다. 이번 장의 앞 부분에서 논의한 것처럼 개의 급격한 체중 획득은 엉덩이의 이상 형성을 초래한다. 사람에서도 다양한 피부색, 언청이, 만곡족(짧고 굽은 기형의 발), 선천성인 엉덩이의 틀어짐, 당뇨병, 정신분열증, 심지어는 알레르기와 암들도 여러 유전자들과 환경적 영향의 복합적인 요인으로 나타나는 결과이다. 그림 9.8C의 갈색 부분은 피부색이 태양에의 노출로 영향을 받은 것을 보여주려고 추가한 예이다.

최근에는 알콜 중독, 공포증, 심지어는 자살 행동까지도 특정한 유전자와 결부되어 있다는 보고가 있다. 행동 특성 같은 형이상학적 문제들도 유전자에 의해 조절된다는 사실에 의심의 여지가 거의 없지만, 아직은 그 정도가 어느 만큼인지 밝히기가 쉽지 않다. 아직은 매우 적은 수의 과학자만이 이러한 행동 특성들이 유전자에 의해 선천적으로 결정된다고 주장하고 있다.

유전적 요소와 환경적 요소 중 어느 것이 더 표현형에 영향을 미치는지는 의견이 분분하

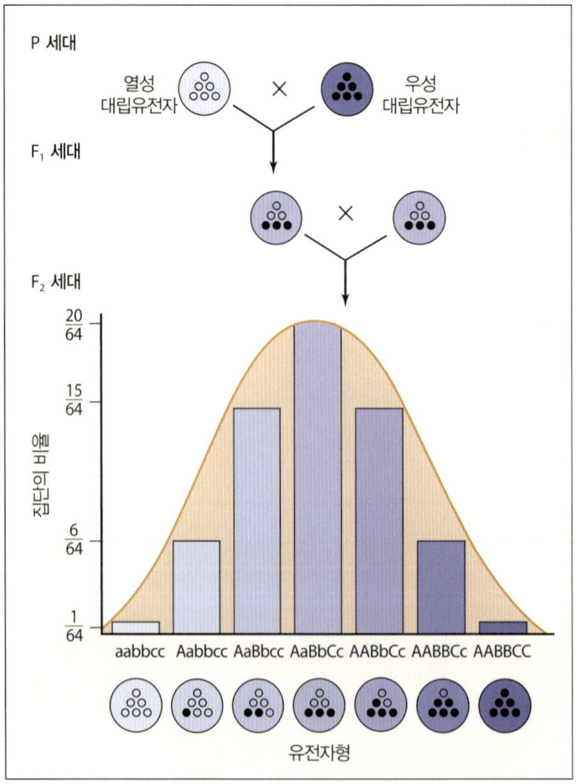


**그림 9.8C** 다원유전: 수 개의 우성 대립유전자들(검정 원)이 그 특성에 기여하기 때문에, 결과들은 한쪽에서 다른 쪽까지에 이르는 극단적인 표현형의 변이를 연속적으로 보여주게 된다.

며, 어떤 경우에는 환경적 요인이 좀 더 심각한 영향을 미치는 것으로 나타났다. 재미있는 연구 중 하나는 심혈관계 질환이 생물학적 부모나 양부모가 심혈관 질환이 있을 때 그 자손에도 많다는 것이다. 입양한 자녀에게 심혈관 질환을 초래하는 환경적 영향을 어떻게 미치는지, 그 근거를 앞서 3장에서 공부한 지방에 대한 지식을 토대로 하여 설명할 수 있을까?

상기한 예들은 사람의 형질이 복합적인 유전자들에 의해 조절되며, 동시에 환경적 영향에도 민감하다는 것을 말해준다. 그런 까닭에 연구자들은 과연 몇 %의 형질들이 선천적(유전)이며, 또 어느 정도가 양육(환경)에 의한 것인지를 알고 싶어 한다. 출생 직후에 헤어진 쌍생아를 대상으로 한 연구도 있는데, 만약 일란성 쌍생아가 다른 환경에서 자라나더라도 동일한 형질을 여전히 공유한다면 그 형질은 아마도 더욱 유전에 의한 것일 것이기 때문이다. 연구에 의하면 일란성쌍생아들이 (1) 지적인 능력과 (2) 개성이 비슷하며, (3) 출생 직후 헤어진 이란성 쌍생아들보다 행복지수가 높다고 알려져 있다. 그럼에도 불구하고 생물학자들은 행동과 관련된 형질들은 부분적으로만 유전되는 것일 뿐, 다양한 유전자들이 함께 어우러져 작용하며, 동시에 환경에 의한 영향도 받는 것으로 결론짓고 있다.

▶ **9.8 진도 체크**

1. 왜 낭포성 섬유증(CF) 역시 다면유전성 장애로 여겨야 하는지를 말하라.
2. *AaBbCc*와 *AaBbCc*를 교배시켰을 때 나오는 7개의 다른 표현형을 가진 자손들의 7개 유전자형을 알아보라.
3. 다음을 읽고 적절한 결론을 말해보라: 연구자들은 살충제 저항성의 초파리와 비저항성이 초파리를 교배시켰다. 살충제 저항성 양친으로부터 X 염색체와 제 2 및 3 염색체를 물려받은 초파리가 가장 강한 살충세 서항성을 갖는 것을 발견했다.
4. 다음 연구가 어째서 다인자 유전 특성의 적절한 연구 방법으로 인정받을 수 있는지 설명하라: 연구자들은 복제된 암탉들을 사료만 다르게 주면서 몇 개 그룹들로 나누었다. 그리고는 각 그룹이 낳는 계란의 크기를 측정하였다.

# 반성유전

*Drosophila*(초파리)의 백색 눈 형질은 X 염색체에서 발견되는 대립인자다. X 염색체와 연관된 대립유전자들은 특별한 유전양식을 나타내는데, Y 염색체에는 이에 상응하는 대립유전자가 없기 때문이다. 사람에서도 어떤 유전질환들은 X – 연관 유전양식을 나타낸다.

## 9.9 X 염색체를 통해 전달되는 형질들은 독특한 유전양식을 갖고 있다

### 학습 성과들

본 절을 공부하고 나면 다음에 대한 이해와 능력이 향상될 것이다.

1. X – 연관 열성유전을 이해하고, X – 연관 형질에 대한 수컷과 암컷들의 유전자형을 기술하기

1900년대 초에는 과학자들이 감수분열 중 염색체들과 유전자들이 어떻게 이동하는지 패턴에 주목하였다(그림 9.3B 참조). 그리고 유전자들이 염색체상에 위치한다는 결정적인 데이

터를 확보하려고 노력하였다. 그런 가운데 컬럼비아대학교의 Thomas Hunt Morgan 교수가 이끄는 연구팀이 유전자가 염색체와 결정적으로 연관되어 있다는 실험을 최초로 수행하였다. 이 연구팀의 실험 재료는 초파리(*Drosophila*)였다. 초파리들은 완두콩보다도 더 좋은 유전학 실험 대상들이었다. 초파리들은 실험실의 작은 유리관 속에서 쉽고도 값싸게 기를 수 있었다. 암컷은 교배 후 일생 동안 수 백 개의 알을 낳았다. 세대 기간은 조건만 좋으면 10일 정도에 불과했다.

*Drosophila*과에 속하는 파리들은 사람처럼 성염색체를 갖고 있어서, 모르간의 교배실험 결과를 이해하기가 용이했다. 모르간은 새로 발견한 백색 눈의 돌연변이종 수컷과 적색 눈의 암컷을 교배시켰다. 그 결과 자손들은 모두 적색 눈이었다; 그러므로 적색 눈은 우성이고, 백색 눈은 열성이다. 그는 $F_1$ 초파리들을 다시 교배시켰다. $F_2$ 세대는 기대한 대로 적색 눈이 3, 백색 눈이 1의 비율이었으나 모르간이 놀란 것은 백색 눈의 초파리가 모두 수컷이라는 점이다.

| | ♀ | | ♂ |
|---|---|---|---|
| $F_1$ × $F_1$ | 적색 눈 | × | 적색 눈 |
| $F_2$ | 모두 적색 눈 | | 1 적색 눈 : 1 백색 눈 |

분명히 수컷 초파리와 암컷 초파리 사이의 차이점은 그들의 성 염색체뿐이다. 모르간은 눈의 색에 대한 대립유전자는 Y 염색체에 없고, X 염색체상에 존재할 것으로 믿었다. 보통 암컷들은 적색 눈을 갖고 있고, 그들은 Y 염색체가 없기 때문에 이러한 언급이 적절한 것이었다. 그림 9.9는 눈의 색에 대한 대립유전자들이 X 염색체에 있고, Y 염색체에 없다는 것을 보여준다. 그런 까닭에 백색 눈의 대립인자는 X 염색체 위에 존재해야 한다. 과학자들은 하나의 염색체 위에 다수의 유전자들이 있음을 발견하였고, 교차 빈도를 조사하여 염색체상에 있는, 심지어는 사람의 염색체를 포함하여, 대립인자들의 순서를 결정하였다. 오

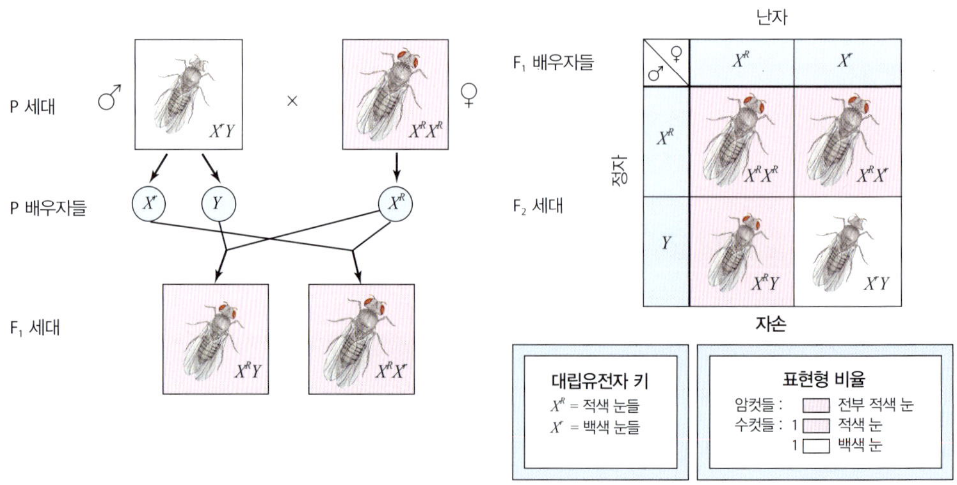


**그림 9.9** X-연관 열성 유전

늘날 "유전자 지도 작성"이라고 불리는 이 과정은 순전히 분자생물학적인 접근 방법이다(12장 참조).

**유전 양식** Y 염색체가 X-연관 열성 대립유전자의 유전을 상쇄할 수 없고, Y 염색체들에는 이들 대립유전자들이 없음으로, X-연관 대립유전자들은 상염색체의 대립유전자들과는 다른 유전양식을 갖는다는 것을 주목하라. 같은 이유로 해서, 영향을 받은 수컷은 암컷 부모로부터 항상 X-연관 열성돌연변이 대립유전자를 받게 된다. 그들은 Y 염색체를 수컷 부모로부터 받는다.

▶ **9.9 진도 체크**

1. 백색 눈의 수컷 유전자형을 알아보라. 백색 눈의 암컷 유전자형은?

## 9.10 인간들은 X-연관 열성장애들을 갖고 있다

### 학습 성과들

본 절을 공부하고 나면 다음에 대한 이해와 능력이 향상될 것이다.

1. 상염색체성 질환과 X염색체성 질환의 가계도를 구별하기
2. 일반적인 X-연관 장애들을 나열하고, 각각의 증상들을 설명하기

몇 가지 X-연관 열성 장애들이 사람에게서 발견되었다. 색맹, 근육퇴행위축, 그리고 혈우병이 그 예들이다.

**색맹** 각막의 색각 수용체들은 3가지 다른 종류의 원추(뿔)세포들이다. 오직 한 타입의 색소 단백질만이 각 원추세포 내에 존재한다. 세 원추세포에는 각각 청색 색소단백질, 적색 색소단백질, 녹색 색소단백질이 들어있다. 청색 색소단백질에 대한 대립유전자는 상염색체에 있지만, 적색 및 녹색 색소 단백질들은 X 염색체에 있다. 백인 남성의 약 8%가 적, 녹 색맹이다. 그들 대부분은 밝은 녹색을 진한 갈색으로, 올리브 그린을 갈색으로, 그리고 적색은 적갈색으로 인지한다. 어떤 사람은 적색과 녹색을 아예 구분하지 못한다. 그들은 오직 황색, 청색, 흑색, 백색, 그리고 회색만을 볼 수 있다.

그림 9.10에 있는 가계도는 색맹에 대한 유전양식을 보여주고 있는데, 색맹이란 정확히 표현하자면 X-연관 열성 장애이다. 여성보다는 남성에게 더 많이 나타나는데, 그 이유는 X 염색체상에 있는 열성 대립유전자들이 남성에게서 발현되기 때문이다. 이 장애는 조부에게서 손자에게 열성 인자 보유자인 딸을 통해서 전해지는 것이다.

섬유성 조직으로 인해 커진 종아리

**근육퇴행위축** 근육퇴행위축(근이영양증)은 이름 자체가 의미하는 것과 같이 근육들이 점차 퇴행되는 질환이다. 가장 흔한 형태는 뒤센느 근퇴행위측증(근이영양증)인데 X-연관성이

며, 남아 3,600명 출산당 1명꼴로 발생한다. 징후들은 오리걸음, 발가락보행, 자주 넘어짐, 일어나기가 어려움 등으로 보행 시작과 더불어 나타날 수 있다. 근육의 쇠약은 점점 심화되어 결국 휠체어에 의지하게 된다. 보통 20세에 사망한다. 그러므로 일단 질환이 시작된 남자는 좀처럼 아버지가 되기 어렵다. 집단 내에 남아 있는 열성 대립유전자들은 이를 보유한 모친으로부터 보인자인 딸에게로 전해진다.

뒤센느 근퇴행위측증(근이영양증)에 대한 대립유전자들이 분리되었는데, 디스트로핀이라는 단백질이다. 연구에 의하면 환자에는 이 단백질이 결핍된 상태이다. 디스트로핀은 근육섬유세포의 소포체로부터 칼슘이 방출되는 것을 도와준다. 디스트로핀이 부족하면 칼슘이 세포 속으로 들어가고 이것은 근섬유를 용해시키는 효소 활동을 촉진하게 된다.

뒤센느 근퇴행위축증의 보인자를 탐지할 수 있는 검사가 현재 시행되고 있다. 또한 여러 가지 처치 방법들도 개발되고 있다. 그중의 하나가 미성숙한 근육세포들을 근육 내로 직접 주입하는 것이다. 그 결과 놀랍게도 30~40%의 근육섬유들에서 디스트로핀 생산이 다시 사작되었다. 디스트로핀에 대한 대립유전자들을 근육세포 속으로 직접 삽입시켜 보았을 때에는 겨우 1%의 근육세포들만이 디스트로핀을 생산했을 뿐이었기 때문이다.

**혈우병** 남성 10,000명당 1인 정도가 혈우병 환자이다. 보통 두 가지 유형의 혈우병이 있는데, 혈우병 A는 VIII 응고 인자가 없거나 최소한으로만 존재하는 형태이며, 유형 B 혈우병(혹은 크리스마스 병)은 응고인자 IX가 존재하지 않기 때문에 생기는 혈우병이다. 혈우병은 감염자의 혈액이 응고하지 않거나 아주 완만하게 응고하기 때문에 출혈자 병(bleeder's

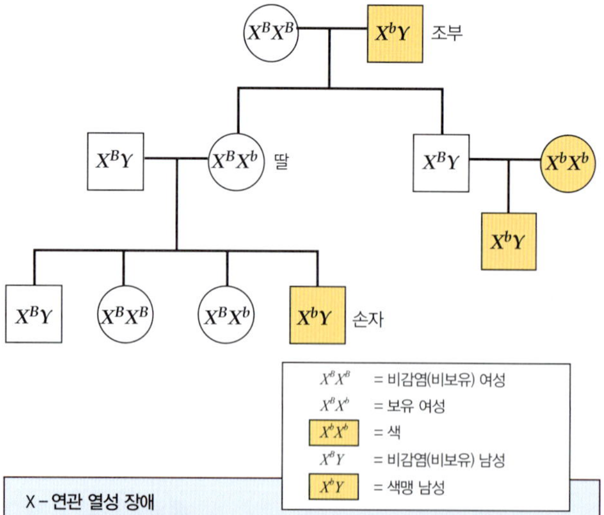


**X-연관 열성 장애**

- 여성들보다 남성들이 더 감염된다.
- 아들이 장애가 있을지라도 그 부모는 정상 표현형일 수 있다.
- 여성이 갖는 특징이라면 그녀의 부친 역시 가지고 있어야만 한다. 그녀의 모친은 색맹이거나 보인자이다.
- 조부로부터 손자 세대에 이르는 중 한 세대를 건너뛰는 것도 색맹 현상에 자주 있는 특징이다.
- 어떤 여성이 색맹이면 그 아들들은 전부 색맹이 된다.

**그림 9.10** X-연관 열성 가계도

disease)이라고도 불린다. 혈우병 환자는 체내에서 출혈이 있고, 특히 관절이나 근접부위에 출혈이 발생한다. 출혈은 수혈 또는 농축 응고 단백질의 수혈로 지혈될 수 있다. 현재는 응고인자들을 생물공학 제품들로서 구입이 가능하다.

**▶ 9.10 진도 체크**

1. 정상인 여성과 색맹 남성 사이에 색맹인 딸이 출생했다면 이들의 유전자형들을 추적해보라.
2. 동형접합성 붉은 눈 초파리 암컷이 백색 눈의 수컷과 교배를 하면 자손들의 가능한 유전자형들을 설명하라.
3. 백색 눈의 수컷들: (a) $X^RX^R$ × $X^rY$ 또는 (b) $X^RX^R$ × $X^RY$을 만드는 초파리의 가능한 교배를 생각해보라. 각각의 유전자형은 어떤 비율로 나타나는가?

## 본 장에 대한 리뷰

### 개념들의 연결

완두콩 연구와 확률의 법칙들을 사용하여 멘델은 사람을 포함한 모든 생물체에 적용되는 두 가지 유전 법칙들을 제시하였다. 첫째는, 체세포가 두 개의 대립유전자들을 갖고 있지만, 생식세포들은 각 형질에 대하여 오직 한 개의 대립인자만을 갖는다는 것이다. 두 번째, 생식세포에는 가능한 모든 조합의 대립인자들이 들어 있다는 것이다. 이것이 자손들의 변이성을 증가시키는 요인이다. 오늘날 우리는, 염색체들에 멘델이 이야기한 대립인자들이 들어 있다는 사실을 잘 알고 있다. 그리고 감수분열 중에 염색체들이 어떻게 움직이는지 이해하고 있기 때문에 멘델의 법칙이 일관성이 있음을 잘 알고 있다(그림 8.3B 참조). 때로 다유전자성 유전, X-연관성 유전 등과 같은 유전 양식들에서는 멘델의 법칙이 적용되지 않는 것처럼 보이지만, 염색체의 구조를 이해하면 할수록 법칙의 적용 범위가 더 넓다는 것을 알 수 있다.

X-연관 장애는 남성(수컷)에서 여성(암컷)보다 더 많이 나타나는데, 그 이유는 남성이 모친으로부터 오직 하나의 X-연관 대립유전자를 받기 때문이다. 그들의 부친은 그들에게 이들 대립유전자가 없는 Y 염색체만 물려준다.

멘델 방식의 유전학이 제시하는 것처럼 염색체상에도 자리가 있다. 제10장에서는 각 유전자 내의 DNA 염기 배열 순서를 배울 것이며, 단백질 내의 아미노산 배열 순서도 이와 연결되어 있음을 배우게 될 것이다. 우리들의 현재 모습을 만드는 것은 바로 단백질이다.

### 분석과 평가

1. 멘델이 확률의 법칙을 그의 교배실험결과분석에 적용한 것을 생각하면서, 그가 왜 그렇게 많은 $F_2$ 결과들을 계산했을까를 설명하라.
2. 현대 유전학 역시 멘델의 연구 결과들을 이해하기 위하여 감수분열을 사용한다. 왜 감수분열을 이해하는 것이 도움이 될까?
3. 멘델식 유전학이 유전인자들의 실제적 기능을 설명하지 못할 때에도 여전히 가치가 있는 것일까?

## 요약

### 멘델의 법칙

**9.1 멘델은 입자 유전모델을 개발하였다**

- 당시 유행하던 혼합 개념에 따르면, 대조적인 외모의 부모들은 항상 중간 형태의 자손을 낳게 된다. 반면 이와 대조적으로 멘델은 입자 유전모델을 개발하였다. 그는 완두콩을 사용하였는데 이것은 탁월한 실험적 선택이었다. 그 이유는 쉽게 키울 수 있고, 한 세대가 짧으며, 관찰 가능한 자손의 수가 많기 때문이다. 멘델은 지금 우리가 유전자라고 부르는 인자들이 이 현상에 관여되어 있다고 말하였고, 유전자들의 재조합이 자손들에게서 일어난다고 설명하였다.

**9.2 멘델의 분리의 법칙은 배우자들이 형질을 어떻게 전하는가를 설명한다**

- 멘델은 처음에는 '**단성잡종 교배**'를 시행하였다. 그는 **P 세대**로 시작하였고, 그 다음은 **$F_1$ 세대**, 그리고는 **$F_2$ 세대**로 실험하였다.
- 멘델은 수학적 접근을 통해 '**분리의 법칙**'을 체계화하였다: 즉, 한 개체는 각 형질에 대하여 두 개의 인자들을 갖고 있는데, 이것들은 생식세포 형성 시에 분리되어 각 생식세포마다 오직 반수(하나)의 인자만을 가지게 된다.
- 오늘날 우리는 각 형질마다 두 '**대립유전자들**'을 가지며, 그 '**우성 대립유전자**'는 '**열성 대립유전자**'의 발현을 가려버린다(감춘다)는 것을 잘 알고 있다. 한 **동형접합성** 우성 개체는 우성 대립유전자의 두 개 복사본들을 갖는다. 동형접합성 열성 개체는 열성 대립유전자의 두 복사본들을 갖는다. **이형접합성**의 생물은 '**유전자좌**'(유전자자리)에 각 대립유전자 형의 하나를 갖는다. '**유전자형**'은 개체의 유전자 구성 형태를 의미한다. **표현형**은 개체의 외형을 의미한다. 분리의 법칙에 근거하면 *Tt* × *Tt*는 다음 결과가 된다.

| 배우자(세포)들 |
|---|
| *T* = 큰 키 식물 |
| *t* = 작은 식물 |

| 표현형 비율 | |
|---|---|
| 3 | 큰 키 |
| 1 | 작은 키 |

- 한 염색체상의 모든 대립유전자들은 **연관군**을 형성하는데, 이 연관군은 교차로 인하여 깨어질 수 있다.

**9.3 멘델의 독립의 법칙은 복수 형질의 유전을 설명한다**

- 멘델의 두 특성 교배들을 '**양성잡종 교배**'라고 부른다. 양성잡종 교배를 통해 멘델은 **독립의 법칙**을 체계화하였다. 따로 분리된 염색체들 상의 각 인자 쌍은 독립적으로 분리(assort, separate)된다. 따라서 인자들의 모든 가능한 조합들이 배우자의 딸세포에서 나타난다. 그래서 만약 *TtGg* × *TtGg*라 한다면:

| 배우자(세포)들 |
|---|
| *TG* |
| *Tg* |
| *tG* |
| *tg* |

| 표현형 비율 | |
|---|---|
| 9 | 큰 키 식물, 녹색 꼬투리 |
| 3 | 큰 키 식물, 노란 꼬투리 |
| 3 | 작은 키 식물, 녹색 꼬투리 |
| 1 | 작은 키 식물, 노란 꼬투리 |

**9.4 멘델의 법칙에 대한 증거는 다양하다**

- 멘델의 법칙들에 대한 일관성은 이형접합성 개체와 동형접합성 열성 개체와의 교배에서 자손들의 표현형 비율이 1:1로 나온 것에서 확인할 수 있다. 이 '**검정교배**'는 한 우성 표현형이 동형접합성 우성 또는 이형접합성인 것을 밝혀주는 것이다.
- 두 가지 형질에 대한 이형접합성 개체와 열성인 동형접합성 개체와의 교배에서 표현형 비율이 1:1:1:1로 확인되었다.
- 멘델의 결과들은 확률의 법칙과도 일관성을 보이고 있다. 유전자형과 표현형에 대한 차세대에서의 확률은 **푸네상자**를 사용하여 계산할 수 있다.

### 멘델 법칙의 인간들에 대한 적용

**9.5 가계도는 유전의 패턴을 나타낼 수 있다**

- **가계도**는 어떤 질병에 대한 유전 양식을 보여준다. 대부분의 대립유전자들은 **상염색체들**(비

성염색체들)상에 있다. 한 형질이 상염색체 열성이고 아이에게서는 발현되더라도, 부모들은 그렇지 않을 수 있다. 반대로 한 형질이 상염색체상에서 우성일 때, 아이는 부모에게서 발현되었더라도 비발현일 수 있다. 형질의 **보인자들**은 겉으로는 정상으로 보이지만 유전 질환을 앓는 아이를 낳을 수 있다.

**9.6 어떤 유전적 장애들은 상염색체 열성이고, 어떤 것은 상염색체 우성이다**

- 타이새크스 병, 낭포성 섬유증, 페닐케톤뇨증(PKU), 낫형적혈구증 들은 상염색체 열성 유전 장애의 예인데, 상염색체의 단일쌍 대립유전자들에 의해서 야기된다. 신경섬유종증, 헌팅턴 병, 연골무형성증 등은 상염색체 우성의 유전적 장애들인데, 상염색체상에 있는 단일 쌍의 대립유전자들에 의해서 야기된다.

### 멘델의 법칙들을 넘어서

**9.7 열성/우성 대립유전자 관계성에서 변이들이 발생한다**

- **'불완전 우성'**의 경우에 동형접합 양친 사이에서 나온 이형접합체는 중간 표현형을 발현한다(예: 분꽃의 분홍꽃). $F_2$ 세대에서는 세 가지 유전자형이 모두 다시 재발현되어 나타난다.
- **복대립유전자**들은 유전자가 몇 개의 대립유전자 형태로 존재하며, 이들이 합쳐서 한 가지 형질을 조절한다. 사람의 ABO 혈액형 유전은 복합대립유전자와 **공동 우성**의 예이다.

**9.8 단일유전자 - 단일형질 관계성에서 변이들이 발생한다**

- **다면발현**은 단일 유전자(1유전자)가 한 가지 이상의 영향을 미칠 때, 종종 증후군을 일으킨다. 예로는 마르판 증후군과 낫형적혈구증이 있다.

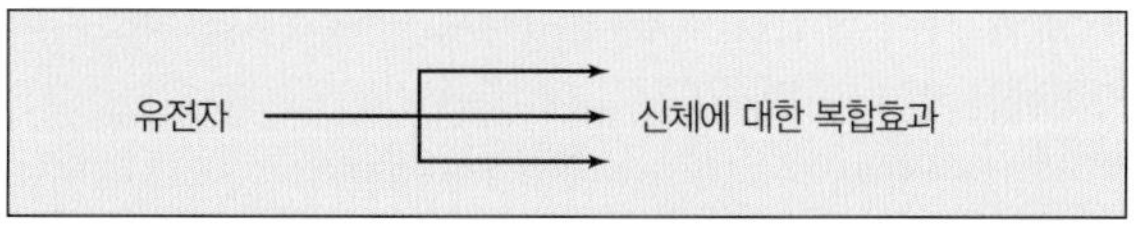


- **다유전자성 유전**이란 한 가지 형질이 둘 또는 그 이상의 대립인자 세트에 의해서 지배를 받는 것인데, 표현형에 지속적으로 변이가 생겨 그래프상으로 종 모양의 곡선을 나타낸다.

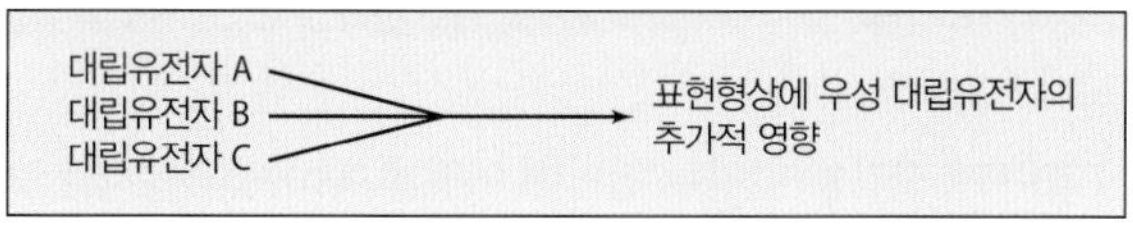


### 반성유전

**9.9 X 염색체를 통해 전달되는 형질들은 독특한 유전양식을 갖고 있다**

- X - 염색체 연관에서, 여성들은 두개의 X 염색체들을 보유하므로 이형접합이거나 동형접합일 수 있다. 남성들은 X 염색체가 하나이므로(Y 염색체는 X - 연관 대립유전자가 없다) X 염색체상의 열성 대립유전자는 항상 남성에게서 발현된다. 따라서 여성들 보다 남성들이 가계도상에서 더 영향을 받는다.

**9.10 인간들은 X - 연관 열성장애들을 갖고 있다**

- 사람들에게서 발견되는 X - 연관 열성 장애들에는 색맹, 근육퇴행위축증, 그리고 혈우병 등이 있다. 여성들보다 남성들에게 X - 연관 장애들이 더 많은데 그 이유는 열성 대립유전자는 우성 대립유전자에 의해서 가려지지(감추어지지) 않기 때문이다. X - 연관 열성 가계도를 보면 조부로부터 한 보인자(carrier)인 딸을 통해서 손자에게로 전해진다.

## 자기 테스트

### 멘델의 법칙

1. 완두콩은 유전학 연구에 유용한데, 그 이유는

a. 자가 - 수분을 할 수가 없어서　　b. 세대 기간이 길어서
c. 기르기가 쉬워서　　d. 대부분의 식물들 보다 특성이 더 적어서

2. **개념적 사고** 혼합 유전모델이 진화 발생에 필요한 변이를 발생시키지 않지만, 멘델이 이끌어 낸 미립자형 유전모델은 진화를 받쳐 준다. 어떤 이유인지를 설명하라.
3. 다음 것 중에서 분리의 법칙과 일관성이 없는 것은 어떤 것인가?
   a. 각 배우자는 양친에게 있는 인자들의 각 쌍으로부터 온 인자를 포함하고 있다.
   b. 배우자 형성 중에 인자들이 분리된다.
   c. 수정 다음에 새 개체가 각 형질에 대한 두 인자들을 보유한다.
   d. 각 개체는 각 특성에 대해 한 인자를 갖는다.
4. 긴 날개에 대하여 이형접합성인 초파리와 동일 유전자형의 다른 개체와 교배시켰다. 두 초파리의 유전자형은 무엇인가?
   a. *LL* b. *ll* c. *Ll* d. *LlLl*
5. 문제 4에서 기술한 초파리들의 자손들 가운데 표현형 비율은 무엇인가?
   a. 2:1 b. 1:1 c. 4:1 d. 3:1
6. 문제 4의 이형집합성 초파리의 검정교배에서 표현형 비율이 1:1이었다. 이 비율을 설명한 것은 어떤 것인가?
   a. 짧은 날개 초파리 한 마리당 긴 날개 초파리 한 마리
   b. 동형접합성 열성 초파리 한 마리당 동형접합성 우성 초파리 한 마리
   c. 모든 친계 초파리당 열성 초파리 한 마리
   d. 모든 설명이 옳다.
7. 만일 짧은 손가락(우성)을 가진 양친들이 긴 손가락의 아이를 갖는다면, 그들의 다음번 아이들이 긴 손가락을 가질 기회들은 얼마나 될까?
   a. 25% b. 50% c. 75% d. 100%
8. 인간에 있어서, 뾰족한 눈썹들(*B*)은 부드러운 눈썹들(*b*)에 대하여 우성이다. 마리의 아버지는 뾰족한 눈썹들을 가졌으나, 마리와 그 모친은 부드러운 눈썹들이다. 아버지의 유전자형은 무엇인가?
   a. *BB* b. *Bb* c. *bb* d. *BbBb*
   e. 이들 중 어느 것이나 맞을 수 있다.
9. **개념적 사고** 그림 9.2B는 유전자들이 연관 집단에 어떻게 속하게 되는지를 보여주고 있는가?
10. 독립의 법칙에 따르면,
   a. 모든 가능한 인자들은 배우자들 내에서 일어날 수 있다.
   b. 배우자들의 친계 조합만 배우자 내에서 일어날 수 있다.
   c. 오직 배우자 세포의 비친계조합들만 배우자 세포들에서 일어날 수 있다.
11. 이들 중 어느 것이 양성잡종의 유전자형인가?
   a. *LlGG* b. *LlGg*
   c. *LLgg* d. 이들 중 아무것도 맞지 않는다.
12. 두 형질에 대한 이형접합성 초파리는 동일 유전자형의 다른 개체와 교배시켰다. 무슨 결과가 나올 것인가?
   a. 3:1 b. 1:1 c. 9:3:3:1 d. 1:1:1:1
13. 검정 교배가 보기의 유전자형들 간에 일어날 수 있는 교배이다. 바른 것은
   a. *aaBB* × *AABB* b. *AABb* × *A?Bb* c. *A?B?* × *aabb*
14. *aabb* 개체가 *AaBb* × *aabb* 교배로부터 나올 확률을 결정하라.
15. **개념적 사고** 어떤 부부가 수정이 일어난 후에 그 생명을 잘 지키는 데에 큰 관심을 갖고 있다. 유전적 장애들을 탐지하고자 어떤 과정(태아, 배아, 또는 난자 검사)을 추천하겠는가? 설명하라(그림 적용 9B, 236 페이지 참조).

### 멘델 법칙의 인간들에 대한 적용

문제들 16–20에 대하여, 키(열쇠) 속의 각 조건과 결부시켜 연결하라.

키(열쇠):

a. 타이새크스 질환　b. 낭포성 섬유증　c. 페닐케톤뇨 병(PKU)
d. 낫형적혈구증　e. 헌팅턴 병

16. 비정상적 헤모글로빈
17. 미국 백인종들 중에 가장 치명적인 유전적 장애
18. 효소 헥스 A가 없을 때 리소좀 내의 기질 축적으로 일어나는 결과
19. 아미노산 페닐알라닌의 물질대사 불능으로 생기는 결과들
20. 후발성 근위축성 유전장애
21. 두 발현 양친이 한 비발현 어린이를 가졌다. 그 특성은
    a. 상염색체 열성　b. 불완전 우성
    c. 복대립유전자에 의해서 지배됨　d. 상염색체 우성

### 멘델의 법칙들을 넘어서

22. 만일 혈액형 AB인 남성이 부친 혈액형이 O형인 A형 여성과 결혼한다면, 그들 아이는 무슨 표현형을 가질까?
    a. A형만 나온다.　b. A, AB, B, O　c. AB만 나온다　d. A, AB, B
23. 빈혈인 사람이 많은 병증들을 갖고 있는데, 쇠약증세, 피로감, 빠른 맥박, 심장 두근거림, 발목부종 등이다.
    a. 다면발현　b. 반성유전　c. 다원유전　d. 공우성

### 반성유전

24. *A*와 *a* 대립유전자들을 사용하면, 별표가 있는 개체의 유전자형은 무엇인가?

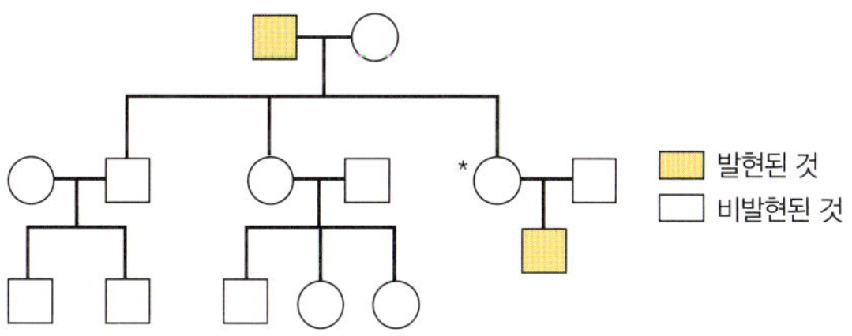


## 참여하기

1. 여러분은 새로 발견된 Drosophila 특징이 우성인지 열성인지를 밝히기를 원한다. 이 수컷 초파리가 이 특성을 가진 다른 초파리와 교배하기를 기다릴 것인가 또는 당장 이 특징이 없는 초파리와 교배시킬 것인가? 설명해 보라.
2. 한 식물의 잎의 문양이 그 환경에서의 비료 양에 의해서 영향을 받는지를 검사하고 싶을 때 무엇을 할지 말하라.

## 미디어 연구 도구

mhhe.com/ maderconcepts3

상호작용 학습도구들, 연습문제들 등을 이용하여 여러분의 학습을 강화하라. 또한 ConnetPlus를 통해 이용가능한 학습자료들에 대해서도 여러분의 선생님에게 문의하라. ConnetPlus에는 개인별 맞춤형 학습 프로그램인 LearnSmart와 영상매체가 풍부한 eBook이 포함되어 있다.

# 제 10 장

# 유전 분자생물학

**본 장의 개요**



**적용 사례들**



## 애기장대는 모델 생물이다

애기장대(*Arabitopsi thaliana*)는 양배추, 겨자와 가까운 작은 화훼식물로서 식물 분자유전학 연구의 좋은 재료이다. *Arabidopsis*의 상업적 가치는 거의 없다–사실 이것은 잡초에 불과하다. 그러나 지금은 식물분자유전학 연구에 모델로서 유명해진 식물이다. 이외에 유전학 모델로는 멘델이 사용했던 완두콩과 모건이 연구했던 초파리가 있다. 모델들을 연구하여 얻어진 결과는 다른 개체들에 적용될 수 있다. 예를 들어 멘델이 주창한 두 가지 유전 법칙들은 모든 생물체에 적용되고 있으며, 모건이 발견한 X–연관 이론 역시 거의 모든 유성생식 동물에게 적용된다. 애기 장대는 아래의 이유들 때문에 대단히 유용한 식물 모델이다:

19세기 말에 멘델이 완두콩을 가지고 실험했을 때 가정한 것은 부모로부터 자손에게 유전적 요소(대립인자)가 반드시 전해져야 한다는 것이다. 20세기에 들어 유전학 연구의 진보로 DNA가 유전물질이라는 것이 최초로 확립되었다. 그러고는 과학자들은 DNA의 구조와 세포 내에서 어떻게 기능하는가를 발견하였다. 오늘날에는 연구 중심이 개체의 유전인자, 특히 DNA에 관한 특이 기능

*Arabidotopsis thaliana*

*Arabidotopsis thaliana*
(확대 그림)

연구에 모아지고 있다.

모든 생물체는 고유한 DNA 염기 서열을 가지고 있다. 우리는 이미 사람과 애기장대를 포함한 여러 생물체들의 염기 순서를 밝혀낸 바 있다. 애기장대의 씨에 방사선을 쪼이면 염기 순서가 바뀌는 돌연변이가 일어난다. 애기장대에서 일어난 돌연변이는 어떤 유전자가 어떤 기능을 수행하는지 파악하는 데 유용한 정보를 제공한다. 예를 들어 돌연변이 식물에서 잎의 기공이 없어졌다면 변화된 유전자가 기공 형성에 관여한다는 증거이기 때문이다.

이 장에서 우리는 DNA의 구조가 어떻게 유전자 기능에 적합한지를 조사함으로써 분자 유전학에 대한 공부를 시작할 것이다. 궁극적인 목표는 DNA가 유전물질로서의 기준에 적합하다는 것을 보여주는 것이다: 즉 (1) DNA의 유전자 구성은 종마다 다르며, 종간의 차이를 나타낼만한 정보가 저장되기에 적합하다. (2) 같은 종내에서는 DNA가 일정하다. 그리고 세포분열을 통해 정확하게 복제될 수 있다. (3) DNA는 때로 진화의 원동력인 돌연변이를 일으킬 수 있다.

*애기장대* 꽃

돌연변이된 꽃

돌연변이된 꽃

옆으로 평평한 *애기장대*

실험실

# DNA와 RNA 구조와 기능

Watson과 Crick은 다른 과학자들의 연구 자료들을 종합하여 DNA 구조를 추론하였다. 화학자들은 왓슨과 크릭에게 핵산이 뉴클레오티드의 중합체들이라는 사실, 그리고 DNA 염기쌍에는 질서가 있는데, A라고 기호를 부친 아데닌 염기는 항상 T(티민)와 짝을 이루고, C(시토신)는 G(구아닌)와 짝을 짓는다는 사실을 알려주었다. 또 비슷한 시기에 X-선 회절분석의 결과로 DNA가 2중나선 형태임을 보여주었다. DNA의 구조는 각 생물종마다 어떻게 염기쌍의 순서가 구별되는지, 그리고 어떻게 DNA가 복제되는지를 잘 설명해주고 있다.

## 10.1 DNA와 RNA는 뉴클레오티드들의 중합체들이다

### 학습 성과들

본 절을 공부하고 나면 다음에 대한 이해와 능력이 향상될 것이다.

1. DNA와 RNA의 구조적 차이 설명하기
2. DNA 구조가 어떻게 변이성과 불변성을 모두 제공하는지를 이해하기

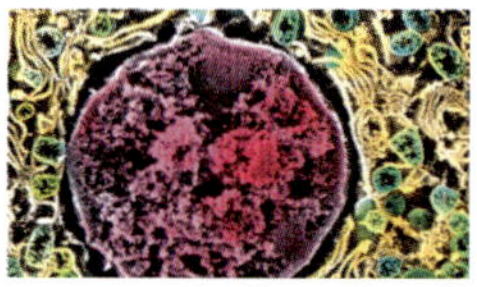

인조색으로 된 EM 핵

1950년대가 되어서야 비로소 Postdoc 과정이었던 James Watson과, 물리학자였던 Francis Crick은 그동안의 알려진 정보들을 종합하여 DNA 구조의 실제 모델을 만드는 데 성공하였다. 그들이 한 일은 잔디밭에 흩어진 부속들을 조립하여 온전한 자전거를 만들어낸 것과 같다. 그들의 업적은 DNA의 각 구성 요소만을 알고 있을 때 이들을 조립하여 온전한 구조로 만들어낸 것이다. 일단 DNA 구조가 알려지자 생물학자들은 곧이어 그것이 어떻게 세포 내에서 기능하는지를 밝혀내었다. Watson과 Crick이 처음에 DNA 모델을 조립해서 세우려고 했을 때 가지고 있던 정보는 무엇인가?

**DNA와 RNA** DNA의 구조는 기능에 적합하다. 그리고 이는 초기 연구자들이 DNA를 세포학에서 발견하였다는 사실과 부합된다. 1869년에 스위스의 의사인 Johann Miescher는 고름 세포들에서 핵을 추출하였고, 그 안에 뉴클레인이라고 명명한 물질이 들어있음을 발견하였다. 뉴클레인에는 인이 풍부하며 황은 없었다. 게다가 이 물질의 성질은 단백질과 매우 달랐다. 나중에 또 다른 화학자들은 뉴클레인이 산성을 띠고 있음을 확인하였고, 그래서 이 분자를 **'핵산'**이라 부르기로 결정하였다.

**뉴클레오티드들** 1900년대 초에 과학자들은 핵산이 뉴클레오티드를 포함하고 있음을 발견하였다. **뉴클레오티드**는 다시 세 개의 부분으로 나뉜다. 5탄당(5-탄소당), 인, 그리고 질소 함유 염기이다. 그림에서 보듯 당의 탄소들은 번호로 구별된다:

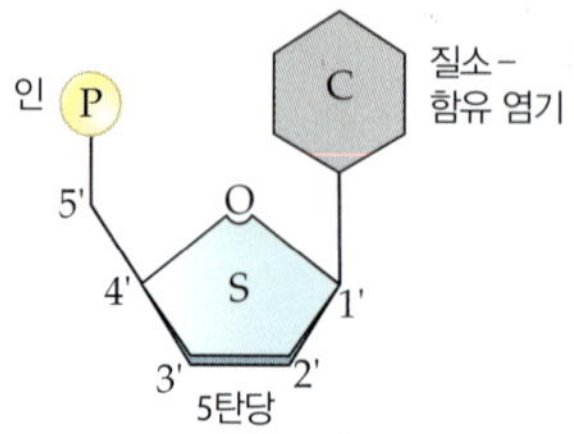

뉴클레오티드의 당과 염기는 서로 다를 수 있다. 이를테면 그림 10.1A*a*에는 두 종류의 당이 표시되어 있다. 만약 디옥시리보스 당을 선택하면 DNA 뉴클레오티드이고, 리보스 당을 선택하면 RNA 뉴클레오티드이다. DNA 뉴클레오티드에는 4종류의 염기가 있으며, 이들은 각각 **C**, **T**, **A**, 그리고 **G**로 표시한다. RNA 뉴클레오티드 역시 4종류의 염기가 있는데 T 대신 **U**가 들어 있는 것을 제외하면 전체적으로 동일하다. 즉, 핵산 내에 T를 발견하였다면 DNA를 말하는 것이며, U를 발견하였다면 RNA를 다루고 있는 것이다(그림 10.1B). 염기가 하나의 고리를 지닌 경우 피리미딘이라 하며, 두 개의 고리를 지닌 경우 퓨린이라 한다(그림 10.1A*b*).

**중합체** 핵산 내에는 뉴클레오티드들이 특별한 방법으로 연결되어 있다. 그림 10.1B에서 당들이 어떻게 인산 분자들에 의해서 연결되는지를 주목해보라. DNA와 RNA 중합체의 뼈대에는 당(sugar group)이 인산기를 통해 서로 연결되어 있으며, 염기들은 각각 옆으로 돌출해 있다. 그림 10.1B의 어두운 부분은 분자의 뼈대를 나타낸다. 화학자 Erwin Chargaff는 매우 중요한 특징을 발견했는데 그것은 염기들의 순서가 생물종마다 다르다는 것이다. DNA 구조의 이런 특징(다양성)이 없다면, DNA는 유전물질로서 적합하지 못할 것이다(그림 10.1C).

**Chargaff의 법칙** 1940년대에 들어서 새로운 화학적 기술들이 개발됨에 따라 Erwin Chargaff는 여러 생물종들에서 DNA 염기의 함유량을 분석하였다. 그 당시 연구자들은 4개 염기들이 변화없이 모든 종에서 동일하게 반복될 것으로 생각하였다. 즉, ATGC, ATGC, ATGC처럼 4각형 구조가 이어져 있을 것이라는 생각이었다. 만약 그렇다면 모든 종에서 염기서열은 동일할 것이며, DNA는 유전자로서의 기능적 가치가 없을 것이다. 그러나 샤가

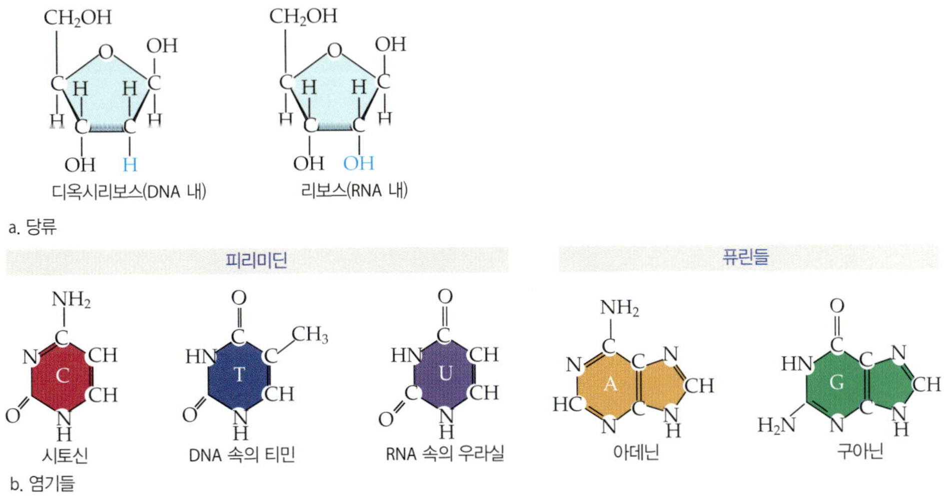


**그림 10.1A** a. DNA 뉴클레오티드는 항상 디옥시리보스 당을 가지며, 반면 RNA 뉴클레오티드는 리보스 당을 갖는다. 디옥시리보스에는 산소가 없음을 주목하라(리보스에는 산소가 있다). b. DNA 뉴클레오티드에는 4개의 염기들이 있는데, 기호는 C, T, A, G이다. RNA 뉴클레오티드들의 4개 염기들은 C, A, U, G이다. 피리미딘 염기에는 한 개의 고리만 있고, 반면에 퓨린염기에는 두 개의 고리가 있다.

프는 DNA 염기 구성이 종들 간에 서로 다르다는 것을 발견하였다. 그의 자료 중 한 예를 그림 10.1D가 보여준다. 어떤 종은 각각의 뉴클레오티드를 약 25% 정도로 균등하게 보유하지만 대부분은 그렇지 않았다. 오히려 각 뉴클레오티드의 백분율이 종간에 상당한 차이를 나타내 보였다. DNA의 이중나선 구조가 왓슨과 크릭에게 중요했던 것처럼, 샤가프는 DNA 염기순서에 다양성이 있으면서도 A의 양은 T와 같고, G의 양은 C와 같다는 것을 발견하였다.

▶ **10.1 진도 체크**

1. DNA와 RNA는 뉴클레오티드들의 중합체들이다
2. 어떠한 방식으로 DNA가 종간 차이를 나타내는지 설명하라.

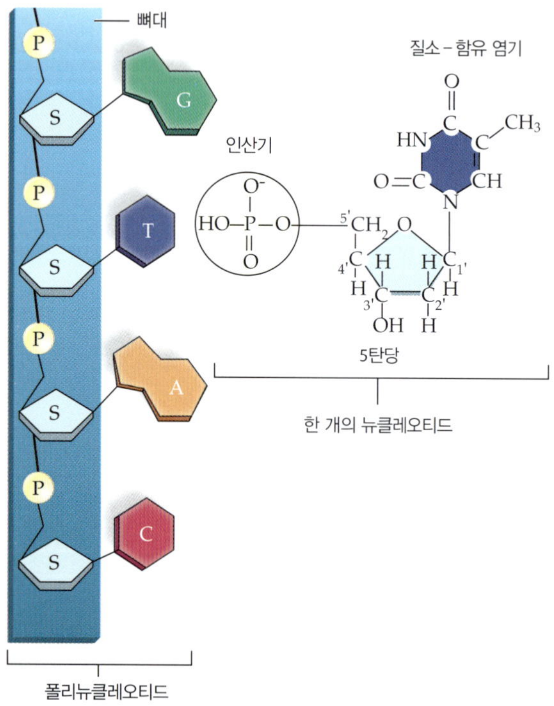


**그림 10.1B** 핵산들은 뉴클레오티드들의 폴리뉴클레오티드들이다. 뉴클레오티드들은 당-인산 뼈대 형성에 참여하며 염기들은 옆으로 돌출한다. 염기 순서는 다양할 수 있다.

**그림 10.1C** 식물과 고릴라는 DNA 염기 순서가 서로 다르다고 연구자 Dian Fossey가 말하였다. 이것은 DNA가 종들 간에 표현형의 차이가 생기는 것을 설명하는 유전정보들을 저장하고 있다는 증거이다.

| 다양한 종간의 DNA 구성(%) | | | | |
|---|---|---|---|---|
| 종 | A | T | G | C |
| Homo sapiens(인간) | 31.0 | 31.5 | 19.1 | 18.4 |
| Drosophila melanogaster(초파리) | 27.3 | 27.6 | 22.5 | 22.5 |
| Zea mays(옥수수) | 25.6 | 25.3 | 24.5 | 24.6 |
| Neurospora crassa(곰팡이) | 23.0 | 23.3 | 27.1 | 26.6 |
| Escherichia coli(박테리아) | 24.6 | 24.3 | 25.5 | 25.6 |

**그림 10.1D** 샤가프의 데이터는 다양한 종의 DNA 구성이 다르다는 것을 보여준다. 예를 들면, 사람에서는 A와 T의 백분율이 31%이지만, 초파리는 약 27%이다. 그러나 모든 생물체들에서 A의 양 = T의 양이며, G의 양 = C의 양이다.

## 10.2 DNA는 이중나선이다

### 학습 성과들

본 절을 공부하고 나면 다음에 대한 이해와 능력이 향상될 것이다.

1. X-선 회절 사진에 나타난 DNA의 모습이 왓슨과 크릭에게 어떤 의미였는지를 조명하기
2. 상보적 염기쌍이 수소결합에 의존한다는 것을 이해하기

1950년대 중반에는 DNA의 구조를 밝히려는 과학자들 사이에 경쟁이 매우 치열하였다. 그럼에도 불구하고 많은 과학자들이 벌써 어느 정도 예측은 하고 있었다. 그들은 DNA가 뉴클레오티드들의 중합체이며, 샤가프의 데이터에 따라서, 염기량 A = T이고, 염기량 C = G라는 것을 이미 알고 있었다. 이 분자들의 결합 방식이 왓슨과 크릭의 주요 관심사였다. 이들은 당시 런던 킹스대학에서 연구하던 Rosalind Franklin과 Maurice H. F. Wilkins의 연구 결과로부터 큰 도움을 받았다.

**DNA에 대한 X-선 회절분석** 프랭클린(Franklin)과 윌킨스(Wilkins)는 X-선 결정체 연구방법을 사용하여 DNA 구조를 연구하였다. 프랭클린은 DNA 용액을 농축시켜서 점성을 높인 다음 섬유체 형태로 분리시킬 수 있었다. 조건만 맞으면 이렇게 만든 DNA 섬유는 마치 결정체(원자들이 뚜렷한 방식으로 정렬이 되는 고체성 물질) 같아서 X-선을 회절시켰고, 이에 따라 DNA 구조를 밝혀낼 수 있었다(그림 10.2A *왼쪽*). 왓슨과 크릭 역시 수소, 산소, 탄소 원자를 구슬모양으로 만들어 쌓아 조립하는 방식으로 **DNA**가 **'이중나선'** 형태라고 발표하였다(그림 10.2A). 나선 모양은 그림 10.2A 오른쪽의 사진중앙에서 교차(X)하는 모습으로 나타난다. 사진의 최상부와 최하부의 검정색 부분들은 이중 나선의 일부가 반복됨을 가리켜준다.

왓슨과 크릭은 일부 단백질도 나선 구조를 하고 있고, 아미노산들 간에 수소결합으로 유지되기에 DNA도 이와 유사할 것이라 생각하였다. 그리고 이런 결과들을 종합하여 DNA가 이중나선(*double-stranded helix*)이라고 결론지었다.

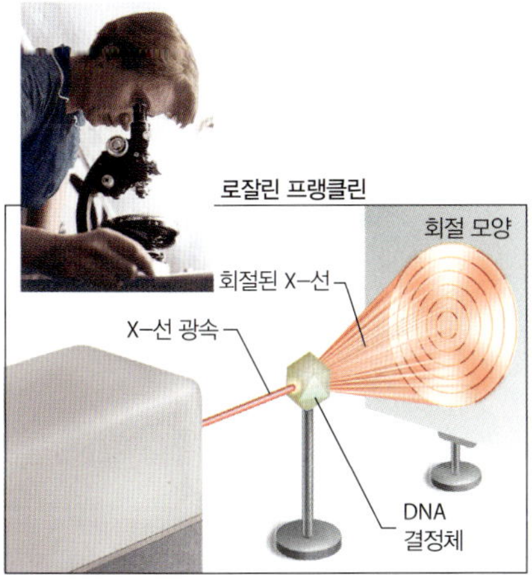


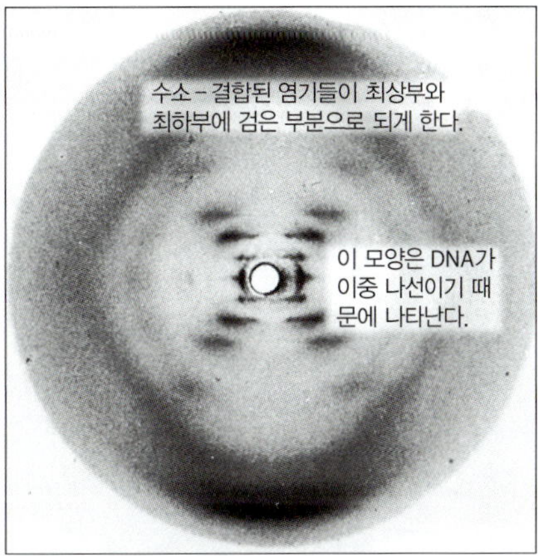


**그림 10.2A** 좌측: 결정체에 X-선을 조사할 때, 빛은 회절되기 때문에 결정체들의 분자 모양을 반사시켜 준다. 우측: DNA 회절 사진을 보면 중앙부에 X자 모양이 생겼는데, 이것으로 왓슨과 클릭은 DNA가 나선구조인 것을 확신하게 되었다. 상부와 하부의 검은 색 부분들은 일부 모양이 반복해서 계속 나타나는 것을 의미한다. 왓슨과 크릭은 그 모양들이 수소결합으로 인한 염기쌍인 것으로 결정을 내렸다.

**왓슨과 크릭이 만든 모델** 그림 10.2B*a*에서 보듯이 DNA는 꼬인 사다리 모양이다. 당과 인산기들은 사다리 옆의 지지대를 구성하며, 염기쌍들은 사다리의 발판에 해당한다. X-선 회절 데이터로 제시된 수학적 측정치들을 기반으로 왓슨과 크릭은 두 가닥 사이의 공간이 상당히 크다는 것과 염기쌍들이 필요 공간에 적합하기 위해서는 퓨린이 반드시 피리미딘과 연결되어야 한다는 것을 알았다. 샤가프가 예측했던 대로 염기쌍들은 수소결합에 의해 A와 T가, C와 G가 결합하였다. 이러한 염기쌍을 **'상보적 염기쌍'**이라고 부른다. 또한 그림에서 보는 것처

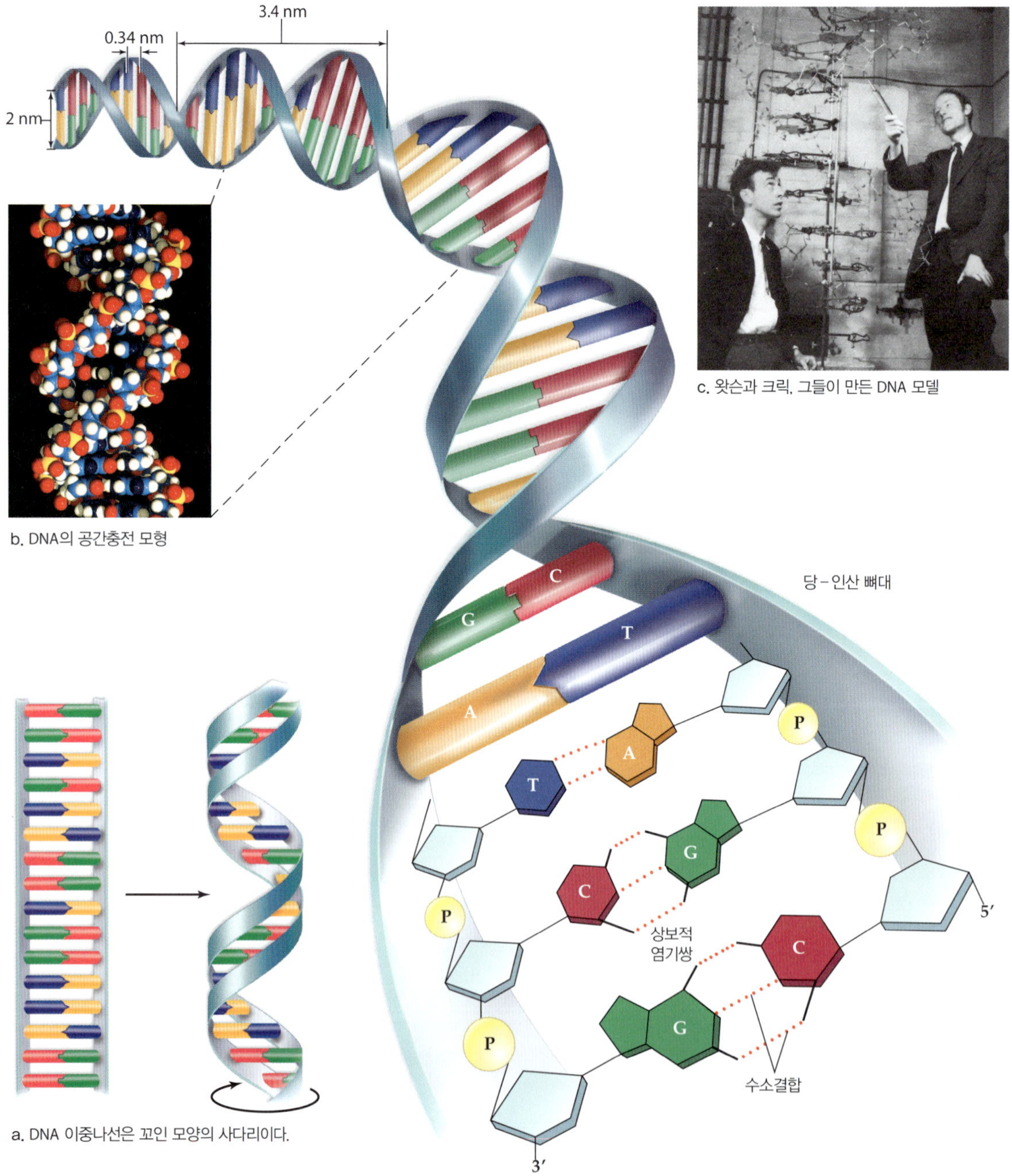

b. DNA의 공간충전 모형

c. 왓슨과 크릭, 그들이 만든 DNA 모델

a. DNA 이중나선은 꼬인 모양의 사다리이다.

**그림 10.2B** a. DNA의 사다리 형태. 꼬인 사다리가 이중 나선을 만든다. b. 공간 충전모형과 이중 나선의 확대. 분자의 각 가닥은 당-인산 뼈대를 갖고 있고, 염기 중에 A는 항상 수소결합으로 T와, C는 G와 결합한다. c. 왓슨과 크릭은 X-선 회절법으로 DNA 모양을 알아냈고 이중나선 모형을 만들었다.

럼 두 개의 분자 가닥이 서로 반대 방향으로 달릴 경우에만 수소결합이 생성될 수 있다.

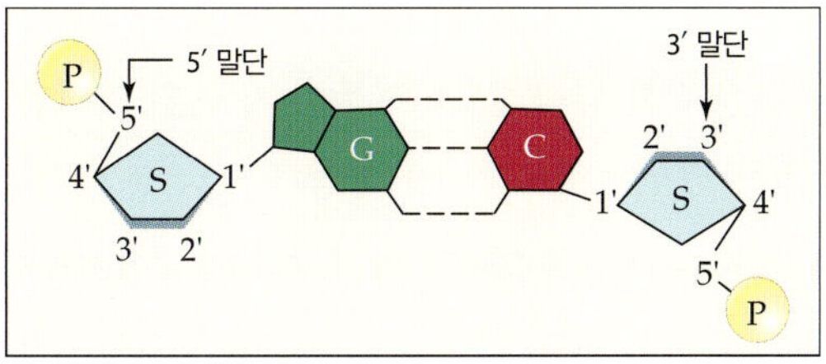


그림 10.2B*b*의 당들이 취하고 있는 위치를 주목해보면, 우측 가닥의 당은 좌측 가닥의 당과 비교할 때 위 · 아래가 바뀌어 있음을 알 수 있다.

▶ **10.2 진도 체크**

1. 애기장대와 사람의 DNA가 어떻게 동일한 X-선 회절 모양을 나타내는지 논하라.

## DNA 복제

DNA 복제는 서로 정확하게 닮은 두 개의 이중나선 분자가 만들어진다는 뜻에서 일종의 복사이다. DNA가 복제되는 과정은 상보적 염기쌍 형성에 의존한다. 즉, 딸세포의 DNA 이중나선은 모세포의 주형가닥 하나와 새로 만들어진 가닥 하나의 조합으로 구성된다.

### 10.3 DNA 복제는 반보존적이다

#### 학습 성과들

본 절을 공부하고 나면 다음에 대한 이해와 능력이 향상될 것이다.

1. DNA가 어떻게 복제되며, 어째서 복제는 반보존적인가를 요약 설명하기
2. 어째서 DNA 복제과정에서 오류가 거의 일어나지 않는지에 대해 설명하기

'**DNA 복제**'라는 용어는 새로운 DNA 분자를 복사해 만드는 과정을 말한다. 복제가 끝나면 보통 DNA 이중나선의 정확한 복사가 이루어진다. Watson과 Crick은 DNA 이중나선 구조를 완성한 직후 우리가 "예측했던 대로 유전물질의 복제 가능한 메커니즘은 특이적인 염기쌍 형성이 맞다"라고 언급하였다.

DNA 복제 중 원본 DNA가닥은 새로운 가닥을 위한 주형으로 작용한다. **주형**은 자기 자신에 상보적인 가닥을 만들기 위한 패턴을 제공한다. DNA 복제는 **반보존적 복제**라고 말할 수 있는데, 원본 가닥 중 하나가 새로운 DNA 분자(새로운 이중나선) 내에 보존되기 때문이다(그림 10.3).

복제는 다음과 같은 단계들을 거친다.

1. *풀림.* 원본 DNA 분자를 구성하는 두 개의 가닥들이 풀려서 '지퍼가 열린'(즉, 염기쌍 간의 약한 수소결합들이 깨어짐) 상태가 된다. 이때 헬리카제라는 특별한 효소가 분자를 풀어준다.

2. *상보적 염기쌍 형성*. 새로운 뉴클레오티드들이 주형에 맞추어 상보적 염기쌍 법칙에 따라 배치된다.
3. *결합*. 주형에 배치된 상보적 뉴클레오티드들이 새로운 가닥을 형성하기 위하여 서로 결합한다. 이렇게 해서 새로 만들어진 DNA 분자는 주형가닥과 새로운 가닥으로 구성된다. 복제된 DNA 분자는 원본 DNA와 염기 순서가 동일하다.

단계 2와 3은 '**DNA 중합효소**'라고 불리는 효소 복합체에 의해서 진행된다. DNA 중합효소는 또한 복제 과정 중 혹시나 있을 수도 있는 오류를 항상 감지하면서 잘못된 것을 옳은 것으로 교체하는 교정작업을 한다. 이런 방법으로 교정이 끝나면 오류는 최소화된다. 10억 개의 뉴클레오티드 복제가 끝나면 한 개 미만의 오류가 발생한다.

요약하기는 쉽지만, 사실 DNA의 복제는 매우 복잡한 과정을 거쳐 일어난다. 그중의 하나는 DNA 중합효소가 스스로 복제를 개시시킬 수 없다는 것이다. 대신 상보적인 짧은 RNA 뉴클레오티드 조각을 복제가 시작될 지점에 더함으로써 시작된다. 이 RNA 단편은 나중에 제거되어 DNA로 대치된다.

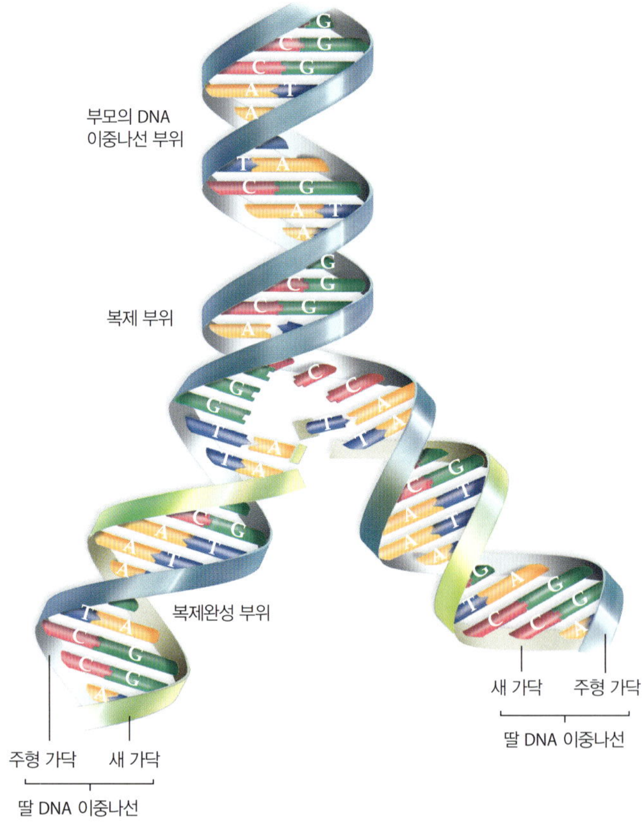


그림 10.3 반보존적 복제. 각 새로운 이중나선은 주형 가닥과 새로운 가닥을 포함하고 있다.

▶ **10.3 진도 체크**

1. 동일한 DNA 분자들을 만들어내는 주요 과정들을 설명하라.
2. DNA 복제가 왜 세포분열보다 앞서 일어나야 하는지 설명하라.

## 생물학은 우리 삶에 어떻게 영향을 주는가?

중합효소연쇄반응(PCR)은 시험관에서 특정 DNA 부분을 선택해 증폭하는 강력한 분자생물학적 방법이다(그림 10A). DNA 중합효소가 선택된 DNA 부위만을 계속 복제하기 때문에 중합효소연쇄반응이라고 부른다. 일단 반응이 시작되면 연속적으로 복제가 일어나 동일한 DNA 분절의 복사본이 수천 내지 수만 개 이상 될 때까지 계속된다. 중요한 점은 복제할 DNA 부분을 잘 선택하는 것이다. 어떤 프라이머를 사용하느냐에 따라 바이러스 DNA, 사람 DNA, 식물 DNA – 또는 그 외에 어떤 종류의 특별한 DNA 일지라도 모두 찾아내어 증폭할 수 있다.

'**DNA 지문**'이라는 표현은 특정 개체를 확인하기 위해 PCR을 적용하는 것을 말하는 것이다. 마치 재래식 지문처럼 특정 DNA 부분의 염기서열은 그 개체에게만 유일무이한 것이기 때문이다. 혹시나 두 사람 간의 유전적 지문이 동일할 수 있는 최소한의 기회마저 차단하기 위해서 2개 이상의 프라이머 세트를 사용해 PCR을 진행하기도 한다.

DNA 지문이 적용된 사례는 다양하다. Arthur Whitefield는 강간죄로 22년을 이미 감옥에서 지낸 상황이었다. 그러나 피해자의 질에서 채취한 정액을 DNA 지문검사법으로 확인한 결과 그가 강간범이 아닌 것으로 판명되었다. DNA 증거에 근거하여 버지니아 주정부는 그를 석방하였다. 신체의 어느 부분이라도, 가령 혈액 한 방울이건 또는 범죄 현장의 모근 하나라도 용의자를 확인하는 데에 사용될 수 있다. 수사관들은 2001년 9.11 테러 사건으로 희생된 사람들과 미국을 공격한 테러리스트를 확인하기 위해 칫솔에서 채취한 몇 개 안되는 세포의 DNA와 시신으로부터 얻은 DNA를 서로 비교하는 방법을 선택하였다. 친자 검사에도 DNA 지문법을 활용할 수 있다. 예를 들어 Anna Nicole Smith의 딸인 Danielinn의 생물학적 아버지는 사진작가 Larry Birkhead인 것으로 밝혀졌는데, 이것 역시 DNA 지문법에 의한 것이었다.

생물학자들은 또한 PCR의 응용범위를 계속 넓혀가고 있다. 수천 년 전의 미이라에 대해서도 PCR 분석이 사용될 수 있다. 예를 들면 모발, 근육, 피부, 또는 뼈 검체들로부터 미이라의 성별을 밝히는 것이 가능하다. 한 가지 흥미로운 다원유전적 문제는 네안데르탈인과 현대인들과의 관계성이다. 미토콘드리아 DNA에 근거한 PCR 연구 결과에 따르면 이들 인구 집단들이 동시에 존재했던 어느 곳에서 이종 교배가 있었다는 증거가 발견되었다. 생태학자들은 동물들의 배설물에 대한 PCR 분석을 통해서 특수 서식지 내에 사는 희귀동물 규모 추산과 식이습성들을 추론할 수 있다.

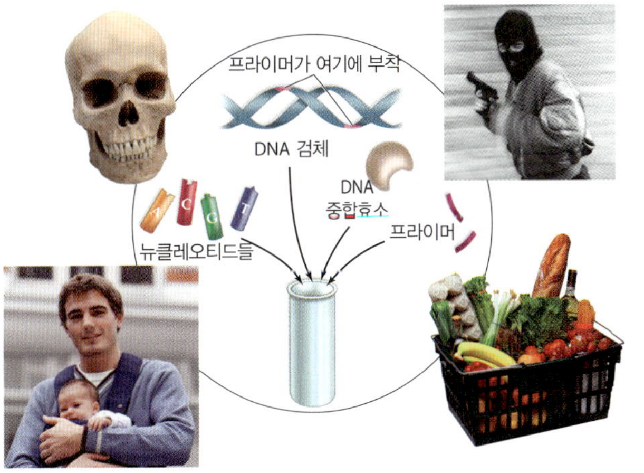


**그림 10A** PCR을 위한 필요 사항들은 적지만, 응용 분야는 많고 다양하다. 진화 관계성을 밝힐 수 있으며, 범죄자들을 확인할 수 있고, 식품 오염 여부를 검사할 수 있고, 친부모도 확인할 수 있다.

## 유전자 발현

세포의 단백질 생산에는 두 개의 단계가 요구된다. 전사와 해석, 또는 번역과정이다. 전사 중에는 DNA가 RNA 생산을 위한 주형(틀)으로 작용한다. 그리고 번역과정을 통해 전령 RNA(mRNA) 내에 암호화된 염기 순서가 폴리펩티드의 아미노산 서열로 바뀐다. 운반 RNA(tRNA)와 리보솜 RNA(rRNA)들은 번역과정에서 단백질 합성을 위한 도구로 사용된다.

## 10.4 유전자 발현에서 전사는 첫 단계이다

### 학습 성과들

본 절을 공부하고 나면 다음에 대한 이해와 능력이 향상될 것이다.

1. mRNA 분자가 어떻게 유전암호를 갖게 되는지 설명하기
2. mRNA가 어떻게 형성되는지, 그리고 전사의 진행 단계들을 설명하기

그림 10.4A는 유전자 발현에 대한 개관을 보여주고 있다. 일단 새로운 단백질이 만들어지면 **전사**는 종결된다. 첫째, 전사과정 중에는 주형 DNA 가닥에 상보적인 RNA 가닥이 형성된다. 전사는 정확한 복사본을 만든다는 의미인데, DNA의 뉴클레오티드 서열이 RNA 뉴클레오티드 서열로 복사되는 과정이다. 형성된 RNA는 유전자의 전사물이다. 둘째, **번역**은 정보를 다른 언어로 전환하는 것을 의미한다. 이 경우, 뉴클레오티드 서열이 아미노산 서열로 번역된다. 오직 DNA와 mRNA의 염기서열이 아미노산을 암호화하고 있는 경우에 한해 번역이 일어나며, 이 암호를 **유전암호**라고 한다.

**유전 암호** 유전암호가 있어야 된다는 것을 인식하면서, 과학자들은 어떻게 4 종류의 염기(A, C, G, U)만으로 20개 아미노산들을 위한 암호를 충분하게 제공할 수 있는지 알고 싶어 하였다. 만일 암호가 한 개의 염기서열(단염기, 염기 한 개가 아미노산 한 개를 암호화함을 의미)로 되어있다면, 오직 4개 아미노산들만 암호화될 수 있을 것이다. 만약에 암호가 더블릿(이염기, 두 개의 염기들이 한 개 아미노산을 암호화)이라면 역시 20개 아미노산들에 대한 부호화는 불가능할 것이다. 그러나 암호가 '**트리플릿**'(삼염기)이라면, 4종류의 염기가 조합될 가능성이 64개이므로 이것은 20개 아미노산들에 필요한 암호 개수를 훨씬 상회하는 것이다.

**코돈**은 mRNA 분자에서 발견되는 3개 염기(트리플릿)로 구성된 암호 단위이다. 여러 연

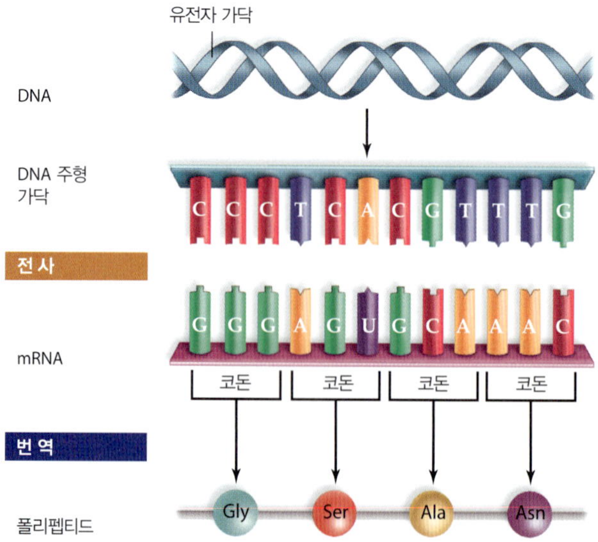


**그림 10.4A** 전사는 주형 DNA 가닥과 상보적 염기 순서를 지닌 mRNA가 형성되면서 진행된다. mRNA 내의 코돈들의 순서가 폴리펩티드 내의 아미노산 순서를 결정하면서 번역이 일어난다.

구자들에 의해 mRNA의 64개 코돈들이 어떤 아미노산에 해당하는지 완전히 밝혀져 있다(그림 10.4B). 이중 61개 코돈은 각각 특정한 아미노산을 의미한다. 나머지 3개 코돈은 '**종결코돈**'인데, 이것들은 폴리펩티드의 종결시점을 알리는 신호이다. **개시코돈**은 항상 메티오닌의 코돈이다. 이는 폴리펩티드의 번역 개시를 말하는 코돈이다. 주목할 것은 대부분의 아미노산들이 한 개 이상의 코돈을 갖는다는 점이다. 예를 들어 류신, 세린, 그리고 알기닌은 6개나 되는 상이한 코돈들을 갖는다는 것이다. 이 때문에 염기 순서를 변화시킬 수도 있는 유해한 돌연변이들로부터 개체가 어느 정도 보호받을 수 있다.

**전사의 과정** 목재로 된 발판의자 하나를 만들고자 할 경우, 목공 백과사전 전체를 공작실로 들고 갈 필요는 없다. 발판의자 제작 설명 부분만을 종이 한 장에 복사하여 공작실로 가져가는 것이 훨씬 간편할 것이다. 핵 속의 DNA를 목공 백과사전으로 비유할 수 있다. 그 복사된 종이 한 장은 발판의자 제작 설명서가 들어 있는 mRNA 분자로 볼 수 있으며, 여기에 특정 폴리펩티드에 대한 정보가 담겨져 있다.

전사과정에서 주형 DNA 가닥으로부터 RNA가 전사된다(그림 10.4C). 비록 3종의 RNA가 모두 전사를 통해 형성된다 해도 관심의 주된 초점은 유전암호가 들어 있는 **전령 RNA(mRNA)**이다. 전사는 RNA 중합효소가 DNA 나선을 풀어가면서 상보적인 염기쌍을 이어갈 때 진행이 된다. RNA 중합효소가 적절한 RNA 뉴클레오티드들을 결합시켜 주면 mRNA 분자가 형성된다. 이제 mRNA는 '**유전자 가닥**'의 원본과 염기서열이 동일한 복사본이다. 다만 U가 T의 자리를 대신 채우고 있다.

**mRNA 가공과정** 진핵세포에서는 새로 합성된 mRNA가 세포질 내로 들어가기 전에 가공되어야 한다. 여기서 가공이란 유전암호가 없는 인트론을 제거하는 것과 좌, 우에 보호장치를 붙이는 과정이다. 먼저 mRNA 전구체의 한쪽 끝에 변형된 구아닌 뉴클레오티드(그림 10.4D)인 캡구조가 붙는다. 반대편 끝에는 폴리 A 꼬리가 있는데, 이는 수십 내지 수천 개의 아데

두 번째 염기

| 첫 번째 염기 | U | C | A | G | 세 번째 염기 |
|---|---|---|---|---|---|
| U | UUU, UUC – phenylalanine(Phe)<br>UUA, UUG – leucine(Leu) | UCU, UCC, UCA, UCG – serine(Ser) | UAU, UAC – tyrosine(Tyr)<br>UAA 종결<br>UAG 종결 | UGU, UGC – cysteine(Cys)<br>UGA 종결<br>UGG tryptophan(Trp) | U<br>C<br>A<br>G |
| C | CUU, CUC, CUA, CUG – leucine(Leu) | CCU, CCC, CCA, CCG – proline(Pro) | CAU, CAC – histidine(His)<br>CAA, CAG – glutamine(Gln) | CGU, CGC, CGA, CGG – arginine(Arg) | U<br>C<br>A<br>G |
| A | AUU, AUC, AUA – isoleucine(Ile)<br>AUG methionine(Met)(개시) | ACU, ACC, ACA, ACG – threonine(Thr) | AAU, AAC – asparagine(Asn)<br>AAA, AAG – lysine(Lys) | AGU, AGC – serine(Ser)<br>AGA, AGG – arginine(Arg) | U<br>C<br>A<br>G |
| G | GUU, GUC, GUA, GUG – valine(Val) | GCU, GCC, GCA, GCG – alanine(Ala) | GAU, GAC – aspartic acid(Asp)<br>GAA, GAG – glutamic acid(Glu) | GGU, GGC, GGA, GGG – glycine(Gly) | U<br>C<br>A<br>G |

**그림 10.4B** 표에서 보다시피 각각의 코돈은 3개의 알파벳으로 되어 있다. 예를 들어 C가 첫 번째 염기인 칸을 보면 A가 두 번째 염기이고, U, C, A, G 중 하나가 세 번째 염기이다. CAU와 CAC는 아미노산 His(히스티딘)의 코돈이고, CAA와 CAG는 Gln(글루타민)의 코돈이다.

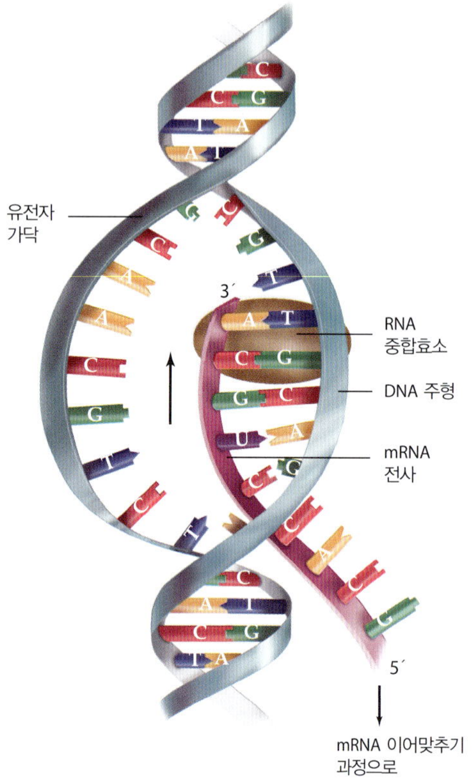


**그림 10.4C** 전사 중에, 상보적 RNA가 DNA 주형 가닥으로부터 만들어진다. DNA 부분이 일부 풀리고 RNA중합효소의 부착점에서 지퍼가 풀린다. DNA 주형가닥 내 염기들 순서에 의해서 지시받은 서열에 따라 상보적 염기들이 결합할 때 mRNA 가닥이 생산된다.

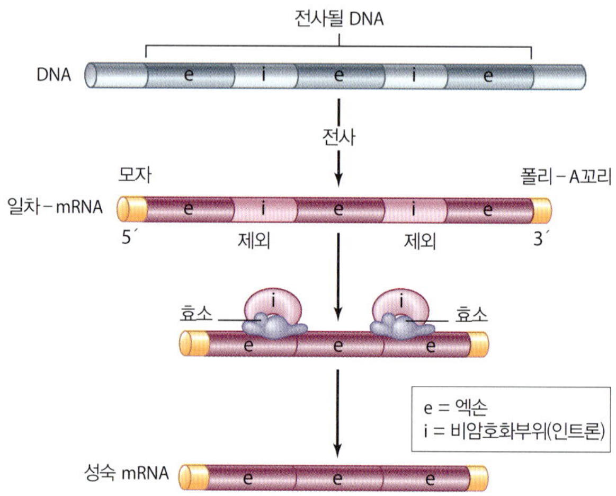


**그림 10.4D** Cap 구조와 poly(A) 꼬리가 일차 RNA 전사체의 말단에 부착하며, 비암호화부위(intron)가 제거되어 오직 엑손(exon)들만 남는다. 이 성숙한 mRNA 분자는 세포의 세포질 내로 이동하는데, 여기서 번역이 일어난다.

노신 뉴클레오티드들이 주욱 연결된 것이다. 이러한 변형은 mRNA에게 안정성을 부여한다. 캡구조와 폴리 A 꼬리를 지닌 mRNA만 세포 내에서 안정적으로 자기 기능을 발휘한다.

대부분의 사람 유전자들은 단백질을 암호화 하지 않는 DNA 부위에 의해서 유전암호가 나뉘어 있다. 이런 부분들을 **인트론**(비암호화부위, **intron**)이라고 한다. 그 밖의 유전자 부분들을 '**엑손(exon)**'이라 하는데, 엑손에는 단백질 합성을 위한 유전암호가 들어있다. 핵 속에서 전사된 mRNA의 전구체에는 인트론이 아직 들어있기 때문에 이어맞추기(splicing) 과정을 통해서 인트론을 제거하고 엑손들만 연결시켜는 작업이 필요하다. 이렇게 연속된 엑손들로 구성되어 있는 성숙한 mRNA 분자만이 세포질로 나와 리보솜을 만나서 번역될 수 있다.

mRNA 이어맞추기 과정에서 그 유전자의 모든 엑손들이 연결되는 것은 아니다. 어떤 경우에는 몇몇 엑손들만이 선택적으로 연결되어 mRNA를 형성하기도 한다. 결과적으로 어떤 엑손들이 이어지느냐에 따라서 하나의 유전자로부터 여러 다른 단백질이 생산될 수 있다. 다른 말로 하자면 소위 '**선택적 mRNA 이어맞추기**'는 단일 유전자로부터 만들어지는 단백질의 수를 증가시켜준다.

▶ **10.4 진도 체크**

1. 유전암호와 코돈이라는 용어를 mRNA 구조와 연결하여 설명하라.
2. 유전자 발현에 대한 전사의 의미를 분석하라.
3. 선택적 'mRNA 이어맞추기'가 유전자 발현에 어떻게 영향을 주는가?

## 10.5 번역은 유전자 발현의 두 번째 단계이다: 개론

### 학습 성과들

본 절을 공부하고 나면 다음에 대한 이해와 능력이 향상될 것이다.

1. 번역과정에 참여하는 여러 종류의 RNA들을 기능적 차원에서 비교하기

번역은 유전자 발현의 제 2단계로서 진핵세포들의 세포질에서 일어난다. 그리고 다음과 같은 종류의 RNA가 요구된다.

- **전령 RNA(mRNA)**는 핵 내에서 만들어지며 DNA 유전암호의 복사본으로 작용한다. 이런 유형의 RNA는 DNA의 유전정보를 단백질을 합성하는 세포질로 운반한다. mRNA는 그 안의 염기들이 코돈을 구성하기 때문에 필요하며, 각 코돈은 특정 아미노산에 대한 암호를 지정하고 있다. 각 코돈은 특별한 아미노산에 대한 3개 염기로 구성된 조합이다(그림 10.4B).
- **리보솜 RNA(rRNA)**는 핵 속의 DNA으로부터 만들어진다. 리보솜 RNA는 세포질 내에서 만들어진 단백질과 결합하여 두개의 리보솜 소단위들을 형성한다. 소단위체들은 핵을 떠나 단백질 합성이 시작될 때 세포질 내에 모인다. 단백질 합성이 필요할 때 mRNA는 리보솜과 결합한다. 대부분의 리보솜들은 조면소포체에 부착되어 있거나 세포질에 자유롭게 폴리리보솜이라는 다발을 만들어 존재한다.
- **운반 RNA(tRNA)**는 역시 핵 속의 DNA로부터 만들어지지만 mRNA처럼 세포질에서 기능을 나타낸다. tRNA는 아미노산을 리보솜에게 운반하며, 여기서 아미노산들은 결합하고 단백질을 형성한다. 대부분의 유기분자들처럼, tRNA의 구조도 여러 가지 모델

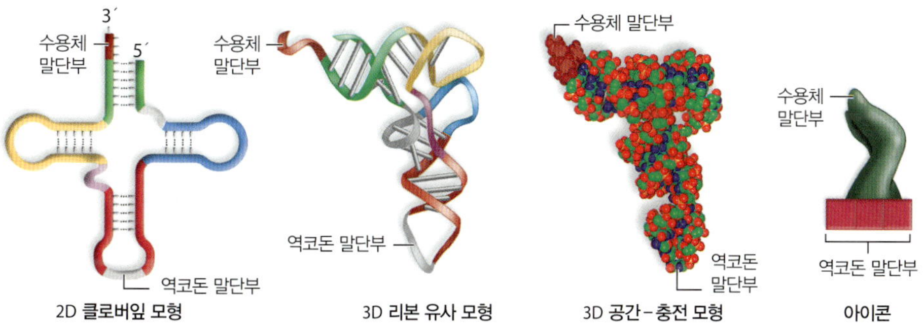


**그림 10.5A** tRNA의 클로버잎 모형을 보면 아미노산이 부착된 역코돈 고리와 수용체 말단부를 만들어 내는 분자 내의 염기쌍 형성이 분명해진다. 리본형 모형은 분자를 만드는 폴리뉴클레오티드 연쇄의 실제 모형을 보여준다. 3D 충전형 모형은 분자의 실제 모양을 보여준다. 이 책에서 사용된 tRNA를 위한 아이콘은 공간 충전형 모형에 근거하고 있다.

로 설명할 수 있다. 모델에 따라 실제 분자의 특정한 부분들이 강조된다(그림 10.5A). 공간 충전 모형을 보면 분자들의 3차원적 형태를 알 수 있지만, 그보다 클로버잎 모형이 tRNA의 기능을 이해하기 더 쉽다. tRNA에는 분자내 염기쌍이 있는 부위들이 상당수 있다. 이 염기쌍으로 인해 tRNA는 두 개의 말단 부위를 갖게 된다. **수용말단**은 아미노산과 결합하는 부분이다. **안티코돈 말단**은 그 아미노산을 위한 코돈과 상보적으로 결합하여 유전암호를 읽어내는 부분이다. 예를 들어 류신에 대한 안티코돈은 GAA가 될 것이다. 왜냐하면 GAA는 류신에 대한 코돈인 CUU와 결합하기 때문이다(RNA에는 T 대신에 U가 존재함을 기억해야 한다).

**번역 과정** 번역과정을 설명하기에 앞서서 DNA는 목공작업의 백과사전으로, mRNA는 받침의자 제작을 위한 설명서의 복사본으로 비유하였다. 그 비교를 계속하자면 리보솜은 받침의자를 만드는 작업실의 탁상이라 볼 수 있다. DNA와 RNA는 뉴클레오티드들로 만들어졌고, 폴리펩티드들은 아미노산들로 만들어졌으므로, 번역이란 용어는 적절하다고 보겠다. 달리 표현하면, 한 언어(핵산)가 다른 언어(단백질)로 번역되는 것이다.

번역을 통하여, 리보솜에서 mRNA 내의 코돈 배열은 폴리펩티드 아미노산들 배열로 바뀐다. tRNA–아미노산의 복합체들이 코돈들의 배열에 의해 지시된 순서대로 mRNA와 결합하기 때문이다. 아미노산마다 해당되는 코돈 수가 다르기 때문에 어떤 아미노산에 대해서는 여러 개의 tRNA가 있을 수 있다(그림 10.4B). 이는 DNA 염기배열에 다소 변화가 발

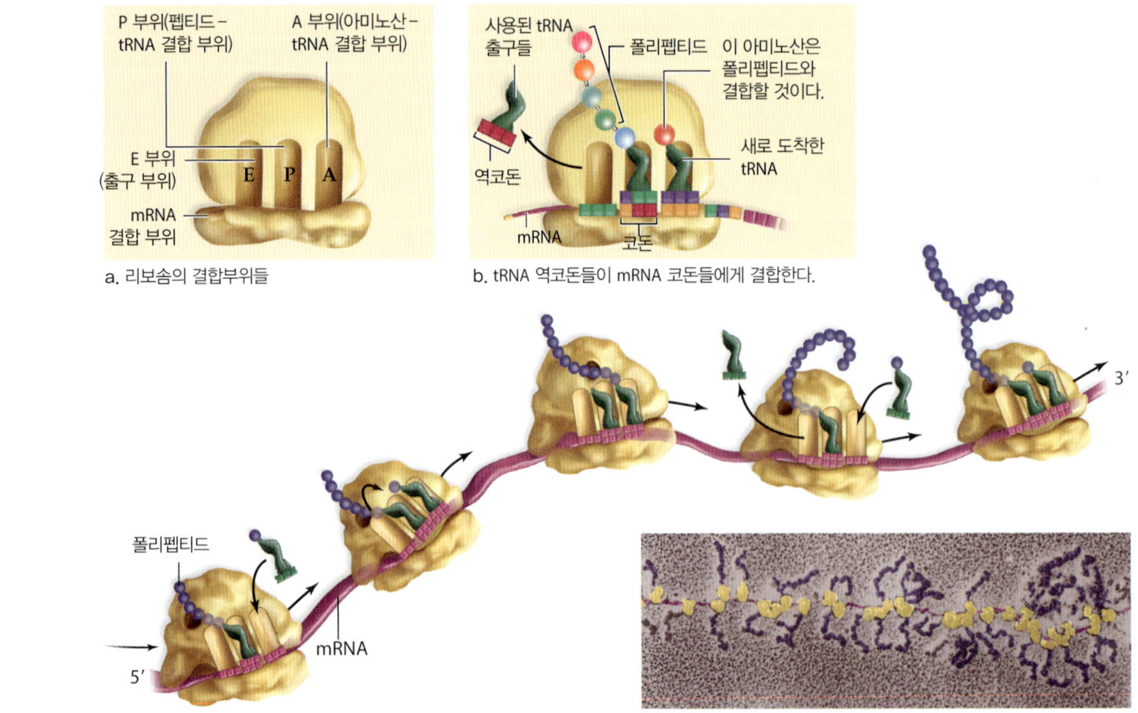


a. 리보솜의 결합부위들

b. tRNA 역코돈들이 mRNA 코돈들에게 결합한다.

c. 폴리리보솜을 형성하는 몇 개의 리보솜들이 동일한 mRNA를 반복적으로 번역해낸다.

d. 폴리리보솜

**그림 10.5B** a. 리보솜은 3개의 결합부위를 가지고 있다. b. tRNA의 역코돈은 코돈과 결합한다. c., d. 폴리리보솜은 여러 개의 리보솜들로 구성된 것인데, 동일한 mRNA 전사를 반복해서 번역해낸다. 이것은 번역을 더욱 효율적으로 만든다.

생해도 아미노산의 배열은 비교적 안정되어 동일하게 유지될 수 있다는 것을 의미한다. 물론 이런 설명이 모든 경우에 들어맞는 것은 아니다.

번역이 어떻게 이루어지는가를 그림 10.4B에서 다시 한 번 살펴보자. 만일 코돈의 배열이 ACC, GUA, 그리고 AAA일 경우라면, 이에 대한 역코돈과 아미노산 배열은 어떻게 될 것인가? 다음 표에 대한 여러분의 대답은 어떠할까 체크해보라.

| 코돈 | 역코돈 | 아미노산 |
|---|---|---|
| ACC | UGG | 아미노산 |
| GUA | CAU | 발린 |
| AAA | UUU | 라이신 |

**리보솜의 기능** 원핵세포와 진핵세포 모두 세포 한 개당 수천 개의 리보솜들을 가지고 있다. 그 이유는 단백질 합성에 필요하기 때문이다. 리보솜은 mRNA에 대한 결합부위 및 tRNA을 위한 결합 부위 등 모두 3개의 결합부위들을 갖고 있다(그림 10.5B*a*). 이 결합부위들은 각각 **A 부위**, **P 부위**, 그리고 **E 부위**이다. A 부위에 위치한 tRNA에는 새로 들어올 아미노산 하나가 붙어 있는 반면, P 부위의 tRNA에는 아미노산이 계속 연결되어 길어지는 펩타이드가 붙어 있다. 역할이 끝난 tRNA는 리보솜으로부터 떨어져 나가기 때문에 더 이상 아무것도 붙어 있지 않다. tRNA의 다른 결합부위들은 tRNA 안티코돈과 mRNA 코돈 간에 상보적 염기쌍 형성을 용이하게 해준다.

때로는 3개의 tRNA들이 리보솜에 동시에 결합되어 있을 수 있다. 그러나 대개의 경우 아미노산-tRNA가 결합되고, 아미노산을 폴리펩티드에 전달한 다음이라면 이제 비어 있는 tRNA는 떠나는 것이 보통이다(그림 10.5B*b*). 이는 마치 부모가 학생을 학교에 데려다주고 교실에 들어가는 것을 확인하기 위해 계속 기다리는 것과 같다. tRNA는 아미노산을 리보솜에 가져다주고는 아미노산이 성장하고 있는 폴리펩티드에 연결된 후 리보솜에서 분리되어야한다. 한 폴리펩티드 내에 아미노산이 자리 잡게 하는 방법은 10.6절에서 논한다.

그러면 리보솜의 기능은 무엇일까? 리보솜은 폴리펩티드 내의 아미노산들이 DNA에 의해서 정해진 순서에 따라 배열되도록 해준다. 이것은 tRNA의 역코돈이 특별한 염기서열의 코돈과 결합하기 때문에 가능하다.

**폴리리보솜**은 여러 개의 리보솜들이 mRNA에 동시에 부착되어 번역 작업을 수행하는 경우이다(그림 10.5B*c*,*d*). mRNA의 처음 부분이 리보솜에 의해 번역되자마자 그 리보솜은 그 mRNA의 다음 부위로 진행해가고, 새로운 리보솜이 mRNA의 그 자리를 차지한다. 폴리리보솜은 번역 효율을 대폭 증가시켜 단위 시간에 생산되는 단백질 양을 증가시킨다. 단백질의 평균 합성 속도는 초당 약 20개의 펩티드결합을 만드는 것이다. 여러 개의 리보솜이 동일한 단백질을 합성하는 상황을 고려한다면 이 속도는 더욱 빨라져서 초당 2,000개까지도 가능하다. *E.coli*는 자기 에너지의 90%를 기질 공급과 단백질 합성에 사용한다.

항생제들은 번역을 방해하는 방식으로 박테리아를 공격한다. 테트라사이클린계 항생제는 박테리아 리보솜의 A 부위를 차단하여 tRNA들이 이 부위와 결합하지 못하게 한다. 그리고 스트렙토마이신 항생제는 유전암호를 잘못 읽게 하여 불완전한 단백질이 생산되게 한다. 이러한 항생제들의 작용으로 박테리아는 죽게 된다.

**10.5 진도 체크**

1. 만일 RNA 코돈들이 CCA, UAC, AGA라면, P 부위에 위치한 tRNA에 부착된 폴리펩티드의 3개 아미노산은 무엇인지 밝혀라.

## 10.6 번역 중에, 폴리펩티드 합성이 한 아미노산에서 일시에 일어난다

### 학습 성과들

본 절을 공부하고 나면 다음에 대한 이해와 능력이 향상될 것이다.

1. 단백질 합성에서 시작과 신장과정을 이해하고 설명하기

단백질 합성을 이야기할 때 어떤 단백질은 한 개 이상의 폴리펩티드로 되어 있음을 기억할 필요가 있다. 즉, 폴리펩티드 합성이 리보솜에서 일어난다고 표현하는 것이 더욱 정확하다. 폴리펩티드의 합성은 시작, 신장, 종결의 3단계로 이루어진다. 이들 3개 단계가 제대로 일어나려면 효소가 필요하며, 시작과 신장에는 에너지 투입 또한 요구된다.

**개시** 개시하는 동안 번역에 필요한 모든 요소들이 한자리에 모인다. 개시 인자라고 불리는 단백질들이 리보솜의 소단위, mRNA, 그리고 개시 tRNA를 모아준다.

개시는 그림 10.6A에 나타나 있다. 원핵생물들에서는 mRNA가 작은 리보솜 소단위와 결합부위를 통해 결합한다. 개시 코돈인 AUG는 이제 리보솜의 P 부위에 위치해 있다. 그 안티코돈이 UAC이므로 개시 tRNA가 이 코돈과 쌍을 이룬다. 그림 10.4B를 살펴보면 AUG는 메티오닌 코돈이다. 메티오닌은 폴리펩티드의 첫 번째 아미노산이다. 작은 리보솜 소단위가 부착한 다음 큰 리보솜 소단위가 작은 소단위와 결합한다. 비록 여러 방식에서 유사하지만, 진핵생물들에서의 개시는 훨씬 복잡하다.

그림 10.6A를 보면, 리보솜에 세 개의 tRNA 결합부위가 존재한다. 2번째 부위에는 일반적으로 아미노산이 부착된 tRNA가 결합하지만 메티오닌을 지닌 개시 tRNA도 결합한다. 다음 순서의 아미노산-tRNA는 A 부위에 결합한다.

**신장과 종결** **신장** 과정 중에는 폴리펩티드에 아미노산이 하나씩 결합하며 길이가 증가한다. tRNA의 참여 외에도, 신장요소라는 단백질이 있어 tRNA의 안티코돈이 mRNA의 코돈에 결합하는 것을 용이하게 해준다.

신장은 그림 10.6B에 설명되고 있는데, ❶ 아미노산-tRNA가 P 부위에 결합되어 있으며, 다른 아미노산-tRNA가 A 부위에 도착해 있다. ❷ 다른 아미노산-tRNA가 A 부위에 자리를 잡으면, 펩티드가 이 아미노산-tRNA로 옮겨져 새로운 아미노산과 결합한다. 이 펩티드 운반에는 에너지와 리보자임 효소가 필요하다. **리보자임**은 큰 리보솜 단위체 내에

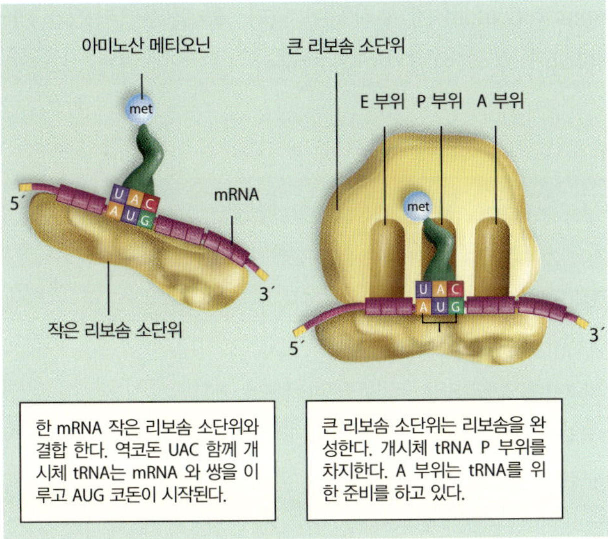


**그림 10.6A** 원핵생물에 있어서의 개시 작용은 참여 물질들이 위의 그림에서처럼 모인다. 첫 번째 아미노산은 전형적으로 메티오닌이다.

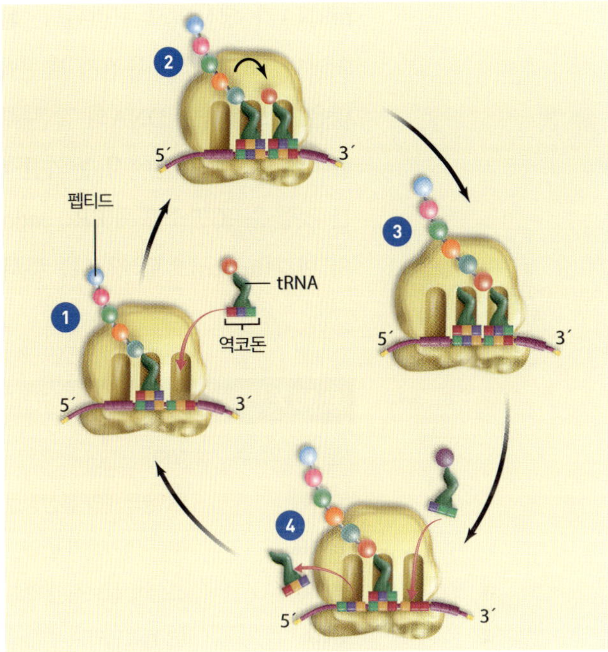


**그림 10.6B** 연장 중에, 폴리펩티드는 하나의 아미노산에 의해 일시에 증가한다. # 1과 # 2의 결과로서, P 부위에 있는 펩티드는 A 부위에 막 도착한 아미노산에게로 전해진다. 그러면 # 3과 # 4 사이에 전좌가 발생한다: 리보솜은 앞으로 이동하고 펩티드-tRNA가 이제 P 부위에 위치한다. 비어있는 tRNA는 떨어져 나간다.

위치하고 있는 효소로서 단백질 대신 RNA로 구성되어 있다. 리보자임은 P 부위의 펩티드를 A 부위로 옮겨 부착시켜준다. 이 결합은 펩티드결합에 의해 형성된다(그림 3.7C 참조). ❸ 이 펩티드결합이 형성된 후에 펩티드는 아미노산 한 개만큼 길이가 길어진 상태이다. ❹ 최종적으로 **위치 이동**이 일어난다. 리보솜은 *앞으로 이동*하고, 펩티드-tRNA는 리보솜의 P 부위로 이동하게 된다. 사용된 tRNA는 E 부위로부터 떨어져 나간다. 새로운 코돈이 A 부위에 위치하며 다른 tRNA와 결합할 준비를 갖추게 된다. 만일, 리보솜이 종결코돈에 이르게 되면, 번역은 **종료**된다. 동시에 폴리펩티드는 분리된다.

▶ **10.6 진도 체크**

1. 신장과정 중 아미노산의 연결이 어떻게 올바른 순서로 진행될 수 있는지 설명하라.

## 10.7 유전자 발현의 재검토

### 학습 성과들

본 절을 공부하고 나면 다음에 대한 이해와 능력이 향상될 것이다.

1. 유전자 발현을 단계별로 기술하기

유전자 발현은 두 단계에 걸쳐 일어난다. 전사와 번역이다. 그림 10.7에 나와 있듯이 진핵세포에서 전사는 핵에서, 번역은 세포질에서 일어난다. ❶과 ❷에서 핵을 떠나기 전에

mRNA가 생산되고 처리된다. ❸-❻ mRNA가 리보솜과 연결된 후 폴리펩티드 합성이 일어난다. 표 10.7은 유전자 발현에 참여하는 물질들을 검토한 것이다.

많은 리보솜들이 DNA의 같은 부분을 동시에 번역할 수 있으며, 이런 리보솜들을 폴리리보솜이라고 한다. 앞에서 논의한 바대로 어떤 리보솜들은 세포질 내에 자유롭게 머물며, 다른 것들은 조면소포체(ER: endoplasmic reticulum)에 부착되어 있다. ❼ 폴리펩티드가 ER의 내강(lumen)으로 경로를 통하여 들어간 후에 입체적으로 접히며, 당, 인산기들, 지방질

**표 10.7 유전자 발현에 참여하는 분자들**

| 분자들의 수 | 의미 |
|---|---|
| DNA | 한 생물체의 유전정보를 구성하는 DNA 배열순서 |
| mRNA | RNA 염기들의 배열순서, DNA에 상보적, 코돈들을 구성 |
| tRNA | 코돈에 상보적인(역코돈이라고부른) 3개의 RNA 염기들을 연속적으로 가짐 |
| rRNA | 한 폴리펩티드가 합성되는 리보솜 내에 존재하는 구조적 RNA |
| 아미노산 | tRNA에 의해 리보솜으로 이동되는 폴리펩티드의 소단위 |
| 폴리펩티드 | DNA에 의해 특이화 한 일련의 아미노산들과 효소적 또는 세포 내에서 구조적 기능을 수행 |

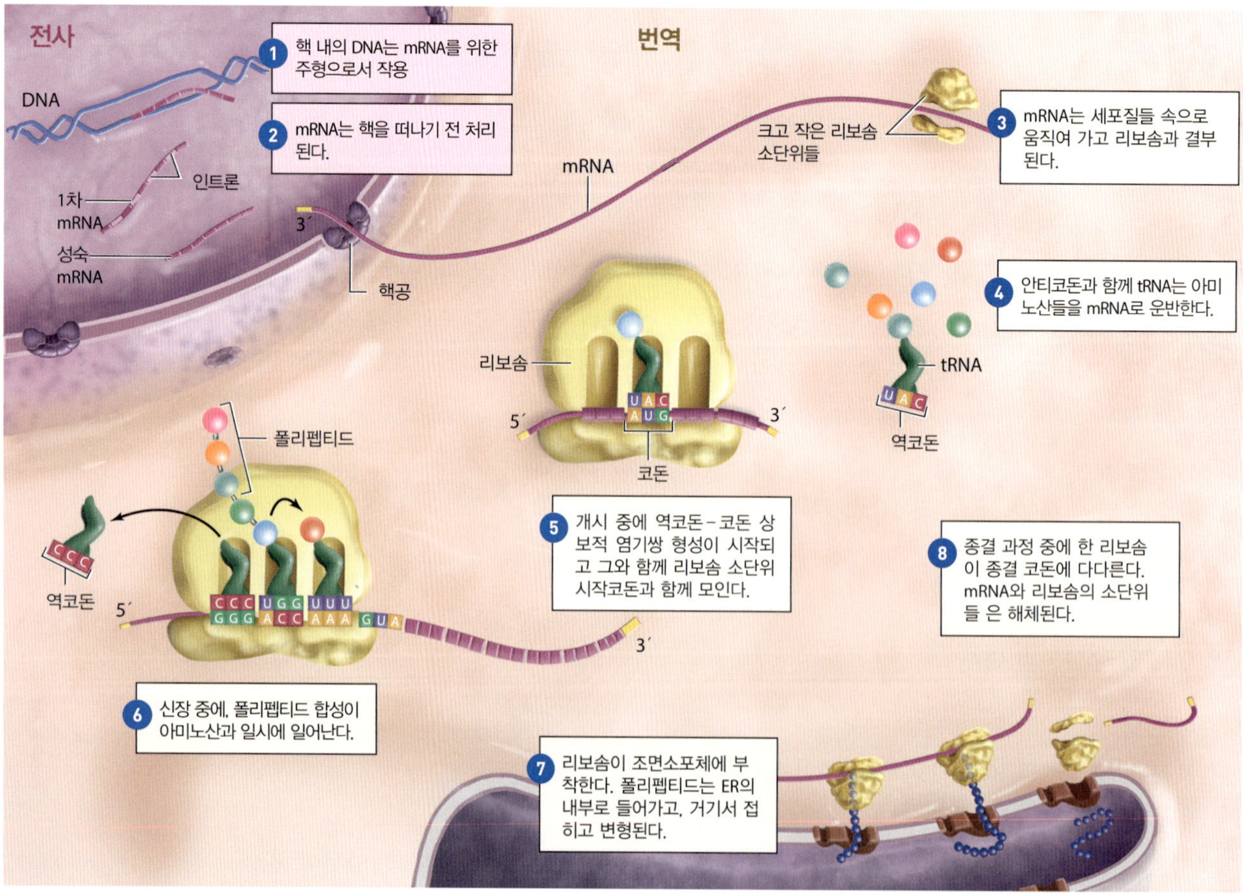

**그림 10.7** 진핵생물에서의 유전자 발현 요약

들이 결합하는 가공 과정을 거친다. ❽ 종결코돈에 다다르면 리보솜과 mRNA가 떨어져 나가면서 생성된 폴리펩티드가 방출된다.

우리는 유전자 발현에 대한 조사를(단백질 만들기) 마쳤다. 본 장의 다음 절에서는 우리는 돌연변이에 대한 생화학적 공부를 하게 될 것이다.

▶ **10.7 진도 체크**

1. DNA에 의해 저장된 유전정보를 가지고 세포는 무엇을 하는지를 설명하라.
2. 소포체(ER: 4.6절, P. 106) 내부에서 완결된 단백질을 설명하라.

## 돌연변이: 변형된 유전자 발현

돌연변이는 정상적인 유전자 발현을 방해하여 장애를 유발할 수 있다. 이를테면 제9장에서 공부했던 유전 장애들, 가령 헌팅턴병, 마르판 증후군 등은 돌연변이에 기인한 것이다. 다른 측면에서 본다면 돌연변이는 진화의 원천이다. 돌연변이 없이는 집단 구성체들 간에 다양성이 일어날 수가 없기 때문이다. 돌연변이라고 해서 다 해로운 것은 아니다. 자연도태는 한 집단의 구성체들에게 유익한 변이가 발현될 때만 가능한 것이다. 우리는 본 절에서 유전적 돌연변이들과 염색체 돌연변이들의 양면을 조사할 것이다.

### 10.8 유전적 돌연변이들은 한 특이 대립유전자에게 영향을 준다

#### 학습 성과들

본 절을 공부하고 나면 다음에 대한 이해와 능력이 향상될 것이다.

1. 여러 가지 유형의 점(點)돌연변이 영향에 관하여 기술하기
2. 트리플릿 유전암호의 반복(삼자암호반복)으로 인한 확장의 유전적 특성을 설명하기

**유전적 돌연변이**란 유전자의 염기배열을 영구적으로 변화시키는 것이다. 우리가 특별히 관심을 갖는 것은 유전자 발현을 변화시키고, 그 결과 질환을 일으키는 돌연변이이다. 이들 질환에 대해서는 차차 논의하도록 하겠다. 어떤 돌연변이들은 자연발생적이다. 즉, 우연하게 일어난다. 반면에 돌연변이원에 의해서도 유발된다. 다양한 방사선들, 가령 X-선, 자외선(UV), 그리고 특정한 유기화학물질, 이를테면 살충제와 담배연기 속의 화합물 등은 유전자들과 염색체들 내의 변화들을 유발하는 돌연변이원들이다. 신체 세포의 DNA 염기변화는 암을 유발시킬 수 있다. 생식세포들이 만들어질 때 일어나는 염기변화는 그 개체의 자손들에게 영향을 줄 수 있다. 이런 변이를 추적하는 것은 쉽지 않다. 그럼에도 불구하고 1900년대 초기에 빅토리아 여왕의 자손들에게 널리 전파되었던 혈우병은 아마도 그녀, 또는 그녀의 부모세대에 생식세포 차원의 돌연변이가 일어났기 때문이라 여겨진다.

**점(點)돌연변이** DNA 염기서열에 단일염기변화가 나타나는 경우를 '**점돌연변이**'라 한다. 점돌연변이에 의해 아미노산 배열과 단백질 모양의 변화가 발생할 수 있다. 단백질은 입체적

인 모양이 올바를 때만 적절하게 기능을 할 수 있다. 점돌연변이들을 연구해 온 생물학자들은 그림 10.8A에서 보는 바와 같이 몇 가지로 분류하였는데 그 내용들은 다음과 같다.

**숨은 돌연변이** 그림 10.8A*a*에서 발견된 정상 배열에 비해 그림 10.8A*b*에서는 단일 염기변화가 발생하였다. 그러나 동일한 아미노산의 암호를 담은 코돈은 여러 개가 존재할 수 있으므로, 아미노산 배열에는 변화가 없다. 이런 돌연변이를 '**숨은 돌연변이**'라고 한다. 생물학자들은 인간유전체(게놈)가 단일 뉴클레오티드 다형성(SNPs)이라고 부르는 여러 변화를 내포하고 있으며, SNP의 특별한 패턴을 통해 한 사람의 가계 추적이 가능하다는 것을 알아내었다. 특정인의 SNP를 구별할 수 있으면 그 사람에 대한 정확한 치료와 약 처방이 가능해질 것이다.

**정지 돌연변이** DNA 내의 염기치환으로 인해 아미노산을 위한 코돈 대신 종결코돈으로 변화하는 경우이다. 이 변화는 대개의 경우 기능이 상실된 단백질을 만들어내므로 그 결과

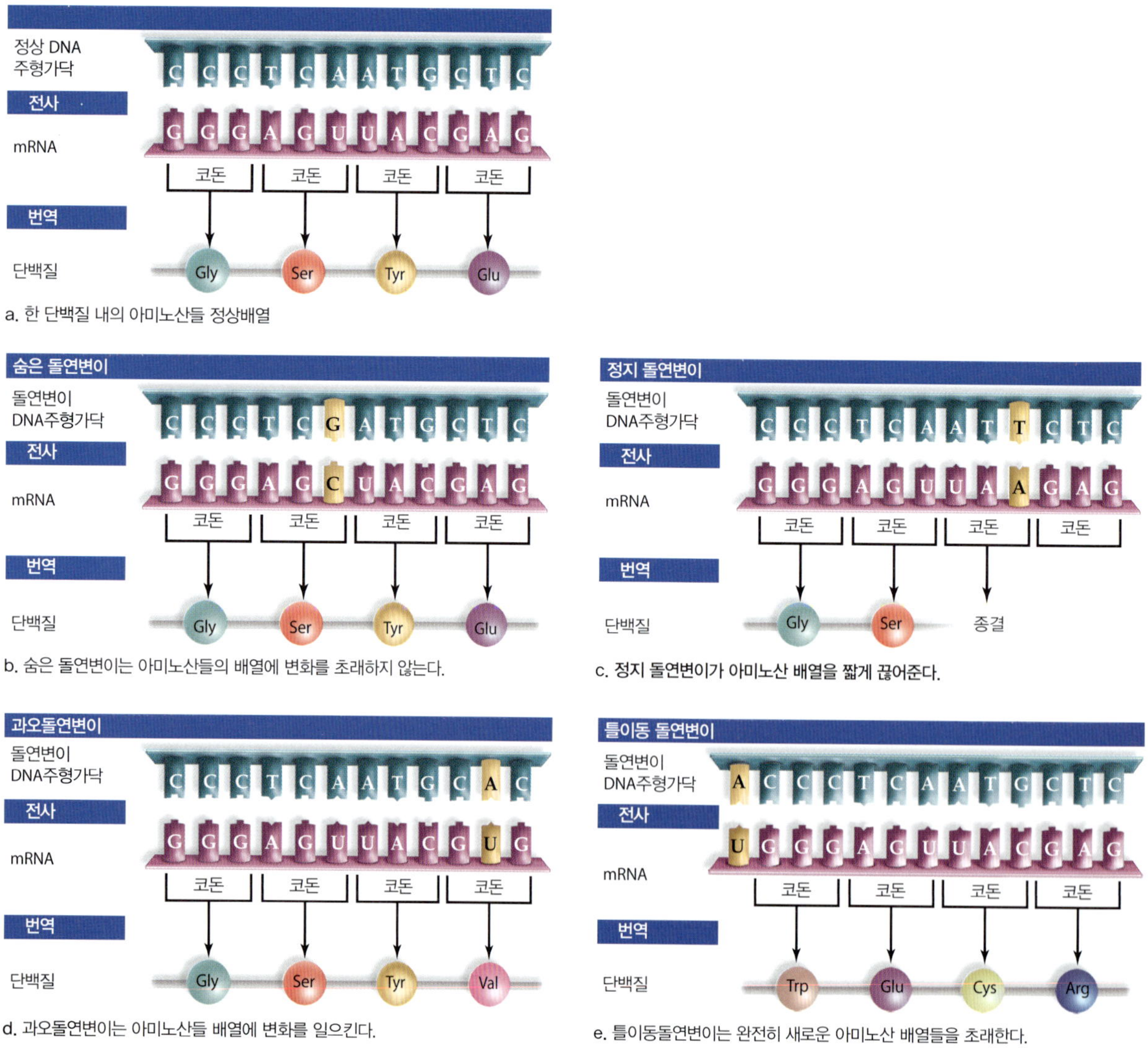


**그림 10.8A** 점돌연변이들의 유형들. 염기쌍들이 노란색으로써 점돌연변이들을 나타낸다.

가 심각하다(그림 10.8A*c*). 이것을 '**정지 돌연변이**'라고 하는데, 세포 내에서 한 단백질이 사라지거나 기능이 소실되기 때문이다. 논리에 따라(265 페이지 참조), 의자를 만드는 지시문(유전자에 대한 DNA 부분)이 설명서에서 빠졌다고 하자. 결과적으로 의자(단백질)를 만들 수 없는 것이다. 낭포성 섬유증과 드세인 근위축증은 정지 돌연변이들로 인해서 발병한다.

**과오(過誤)돌연변이** **과오돌연변이**(그림 10.8A*d*)의 경우에는 단백질이 생성은 되지만, DNA 내의 단일 염기변화 때문에 입체적 모양이 변형될 수 있다. 적혈구에서 발견되는 과오돌연변이는 글루탐산(Glu)이 발린(Val)으로 치환되는 것이다. 친수성의 글루탐산이 소수성의 발린으로 바뀜으로써 헤모글로빈은 다소 딱딱한 막대모양이 되고, 그 결과 세포는 낫모양이 된다(그림 10.8B). 이 돌연변이 환자는 여러 가지 증상에 시달리게 되는데, 기형세포들이 혈관을 막거나 정상 세포보다 더 빨리 소멸되는 것이 대표적이다.

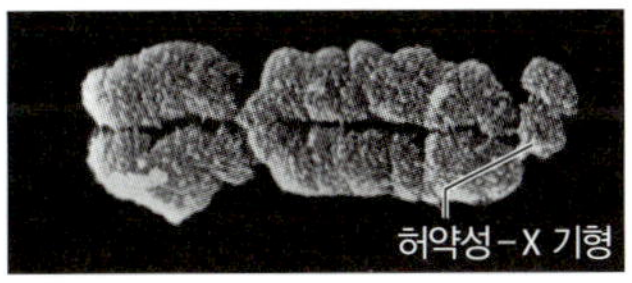


**틀이동(移動) 돌연변이** 하나 또는 그 이상의 뉴클레오티드들이 삽입되거나 DNA로부터 삭제될 때 단백질 변화가 나타날 수 있다. 이것은 아미노산들의 배열 변화 때문이다. 이러한 돌연변이를 **틀이동 돌연변이**라고 부르는데 해독틀이 바뀌어 버렸기 때문이다(그림 10.8A*e*). 코돈들의 배열은 특이한 출발점에서부터 읽히게 되는데, 마치 이런 문장과 같다. "THE CAT ATE THE RAT". 만약에 C가 이 문장에서 빠지면 해독틀이 바뀌는데, 결과는 "THE ATA TET HER AT"이다. 무슨 뜻인지 전혀 알 수 없게 되는 것이다. 낭포성 섬유증은 이따금 틀이동 돌연변이 때문에 발생하는 것으로 알려져 있는데, 마치 과오돌연변이처럼 특별한 단백질이 그 평상적 기능을 수행하지 못하기 때문이다.

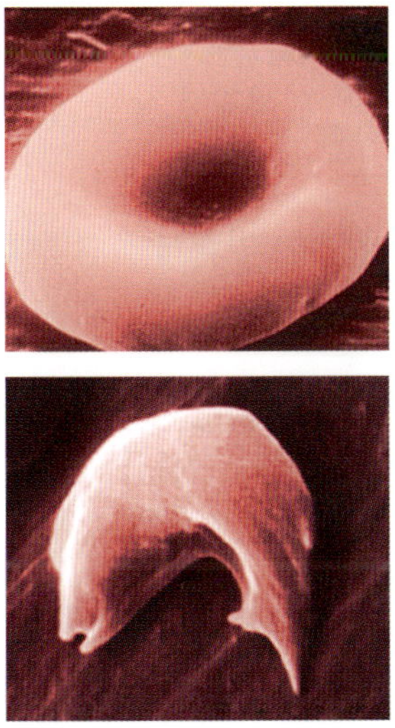


**그림 10.8B** 정상 적혈구 세포들을 낫형적혈구 세포들과 비교하였다.

**그림 10.8C** 100개의 반복염기들을 가진 어머니와 딸이 경증 근긴장퇴행위축증을 가지고 있는 반면, 아이는 1,000개의 반복성을 지녔고, 중증 근긴장퇴행위축증을 가지고 있다.

**삼자암호반복(三者暗號反復) 증가병** 허약성 X증후군은 가장 흔한 유전적 지적 장애의 하나이다. 그 용어의 기원은 X 염색체의 끝이 가느다란 실에 의해서 염색체의 나머지 부분에 부착된 것 같은 모양을 하고 있기 때문이다. 이 질환은 CGG의 반복으로 인해 나타난다. 어떤 유전자들에는 정상적으로 3개의 뉴클레오티드들(**삼자암호반복**)이 반복되려는 성질이 있다. 가령 CTGCTGCTG 같은 경우이다. 아마도 감수분열 전 복제 오류 때문인 듯 하며, 이렇게 반복된 수는 한 세대에서 다른 세대로 가면서 증가될 수 있다. 결과적으로 자손대에 이르러 지나치게 많은 반복서열을 유전받아 병의 원인이 되는 것이다. 헌팅턴 질환은 CAG의 반복 때문으로 알려져 있으며, 근긴장퇴행위축은 근쇠약성과 근긴장증(근육 수축 후의 늦은 이완) 등이 특징인데 CTG의 반복 때문이다(그림 10.8C).

**▶ 10.8 진도 체크**

1. DNA 내에서 ATA로부터 ATT(힌트: 그림 10.4B 참조)로 변화되었을 때 유전적 장애의 원인을 분석하라.
2. 숨은 돌연변이와 틀이동 돌연변이를 비교하고 대조하라.

## 10.9 염색체 돌연변이는 여러 대립유전자에게 영향을 준다

### 학습 성과들

본 절을 공부하고 나면 다음에 대한 이해와 능력이 향상될 것이다.

1. 염색체 결실(삭제), 중복, 전좌, 그리고 역위에 대하여 설명하기
2. 염색체 구조 변화로 야기되는 장애들에 대한 설명하기

**염색체 돌연변이**에는 염색체 수와 염색체 구조의 변화가 모두 해당된다. 8.7절에서 염색체 수의 변화로 유병되는 증후군들에 관해서 살펴보았다. 본 절에서는 염색체 구조 변화와 유관한 증후군들을 논의하도록 한다. 증후군이란 동시 발생적이며, 특별한 증상을 나타내는 질환을 지칭하는 용어이다. 염색체는 여러가지 원인–방사선, 유기화합물, 바이러스–등에 의해 분절될 수 있다. 분절이 일어난 후에 절편들이 온전히 재결합하면 원래 염기서열을 회복할 수 있다. 그러나 분절된 후 적절히 재결합되지 못할 경우 염색체에 삭제, 중복, 역위, 전좌 등 여러 돌연변이가 발생할 수 있다.

정상세포가 암세포로 변화할 때 염색체 돌연변이가 흔히 발생한다. 염색체 돌연변이들은 감수분열 중에도 일어날 수 있으며, 혹 자손들이 비정상 염색체를 물려받았으면 증후군으로 발전할 수 있다. 그런 증후군 예들은 염색체 돌연변이들이 의학적 의미가 있음을 보여준다. 본 절의 말미에서 논하겠지만 염색체 돌연변이는 의학적 중요성을 지니는 동시에 생명 진화에 있어서도 중요한 의미를 가지고 있다.

**삭제, 중복, 그리고 역위** **삭제**란 염색체에 단절이 발생하여 말단 조각을 잃거나 중간 부위를 상실하는 경우이다. 그런 염색체는 이전보다 더 짧아지기 때문에 특정한 대립유전자들이 그 염색체들로부터 소실될 수밖에 없다. 부모 한쪽으로부터 정상 염색체를 다른 한쪽으

로부터 삭제된 염색체를 물려받은 개체는 더 이상 특정 대립유전자들을 갖지 못해 증후군이 발생할 수 있다. 윌리암 증후군은 7번 염색체의 끝부분이 소실되어 생기는 질환이다(그림 10.9A). 이런 아이들은 들창코, 커다란 입, 작은 턱, 큰 귀로 인해 마치 동화속 요정같은 모습을 하고 있다. 학습능력은 떨어지지만, 뛰어난 언어능력과 음악적 재능을 보통 나타낸다. 엘라스틴(elastin)이라는 탄성섬유가 발현되지 않기 때문에 심혈관계에 이상이 종종 있고, 피부도 조로해지기 쉽다. 이런 아이들은 성격이 매우 친화적이지만 질서있는 생활 습관이 요구된다. 아마도 뇌에서 발현되는 단백질을 만드는 유전자가 결핍되어 있기 때문일 것이다. 묘성증후군은 염색체 5번의 끝부분이 소실되었을 때 초래된다. 아이의 머리가 작고, 지적 능력도 떨어지며, 얼굴 모습도 기형적이다. 성대와 인두의 비정상적인 발달이 가장 특징적인 증상이며, 이 때문에 고양이 울음소리를 낸다.

**중복**의 경우, 염색체 분절이 동일염색체 내에서 또는 비상동염색체 내에서 반복된다. 중복이 발생한 염색체는 길어진다. 왜냐하면 한 대립유전자의 다중 복사체를 갖기 때문이다. 그래서 개체는 일정 형질에 대해 두 개 이상의 대립유전자들을 갖게 될 것이다. 역위중복은 주로 15번 염색체에서 발생하는 것으로 알려져 있다. '**역위**'란 한 분절이 정상과는 반대 방향에 결합하는 것을 의미한다. 이 질환은 쌍중심절 15(inv dup 15 syndrome)라 부르는데, 근육의 발달이 미약하며, 지적 능력도 떨어진다. 간질과 휘어진 척추, 언어 소통의 어려움, 눈을 미주치지 못하는 등 자폐 현상을 나타낸다(그림 10.9B).

**전좌** '**전좌**'란 두 개의 비상동염색체들 간에 일어나는 염색체 분질의 교환이다. 여기에 포함(전좌)된 두 염색체가 정상적 유전물질 양을 갖고 있는 사람은 염색체 교환이 대립유전자를 두 조각들로 단절시키지만 않는다면 건강하다. 전좌 염색체들의 하나만 물려받은 사람은 어떤 대립유전자들의 한 복사체만 갖고, 세 복사체는 다른 대립유전자들로 이루어질 것이다.

약 5%의 사례에서 보면, 이전 세대에 염색체 21번과 14번 사이에 일어난 전좌 때문에 다운 증후군이 초래된다. 환자는 정상적인 21번 염색체 2개와, 21번 염색체의 일부분이 붙어 있는 비정상적인 염색체 14번을 갖고 있다. 이런 형태의 다운 증후군 빈도는 모체의 연령

**그림 10.9A** 윌리엄스 증후군은 제7번 염색체의 말단부위가 결실되었을 때 발생한다.

과 상관이 없으며, 그 대신 부계 또는 모계 가족력을 보이는 경향이 있다. 이러한 다운 증후군을 가진 사람들의 공통된 특징은 눈이 위로 비스듬하고, 얼굴이 편평하며, 혀에 커다란 균열이 있고, 근육의 강직성이 다소 부족하며, 손바닥 중심을 가로지르는 깊은 주름이 있다는 것이다. 게다가 심장질환 및 알츠하이머에 걸릴 가능성이 높다. 대부분 지적 능력이 다소 처지는데, IQ 역시 평균보다 낮은 경향을 보인다(211 페이지의 '다운 증후군에 대한 희망'을 보라).

그림 10.9C는 알라질 증후군(Alagille syndrome) 소녀의 전형적인 얼굴 모습이다. 이 질환의 대표적인 증상은 눈과 내장 기관의 기형, 심한 가려움증 등이다. 이 질환은 염색체 2번과 20번 사이에 생긴 전좌 때문에 야기된다. 종종 염색체 20번의 결실에 의해서도 야기되기 때문에 전좌로 인해 20번 염색체의 대립인자가 깨어지는 것이 원인이라 여겨진다. 알라질 증후군의 증상은 개인별 차이가 커서 미미하거나 약할 수도 있고, 어떤 경우는 심각할 수도 있다, 그래서 어떤 사람들은 자기가 이 질환을 가지고 있다는 것을 스스로 인식 못할 수도 있을 정도이다.

**역위** 역위는 염색체의 일부분이 180도 뒤집히는 현상이다. 어떻게 보면 역위가 일어나더라도 똑같은 유전자들이 여전히 존재하기 때문에 별로 문제되지 않는다고 생각할 수 있다. 그러나 대립인자들의 뒤집힌 염기서열로 인해 유전자 활성이 변형될 수 있다. 역위가 일어

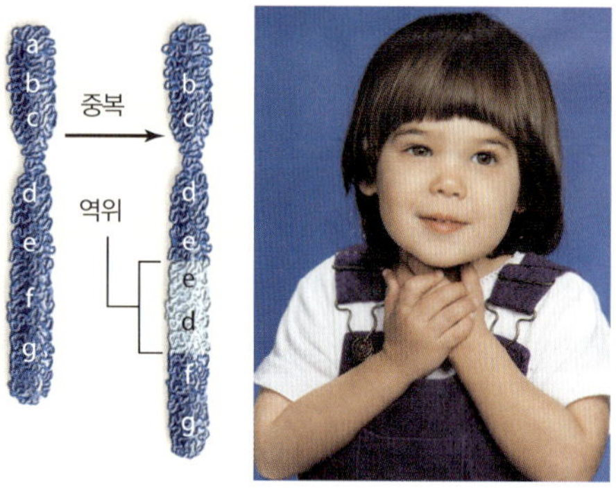


**그림 10.9B** 윌리엄스 증후군은 제7번 염색체의 말단부위가 결실되었을 때 발생한다.

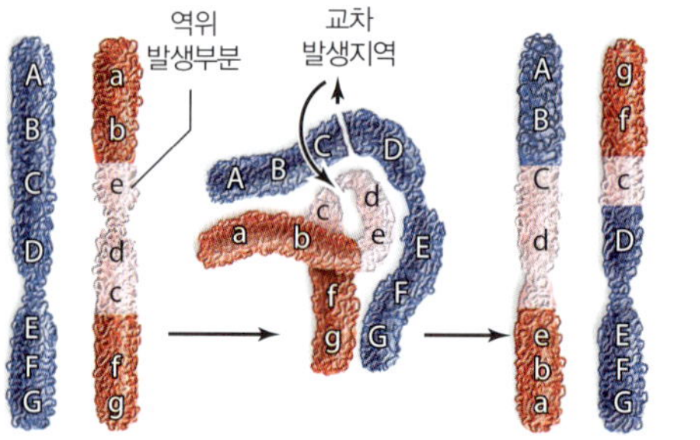


상동염색체의 일부분이 역위(180° 회전)로 인해 상하 위치가 바뀌었다.

염색체와 병렬 접합시, 위치가 역전된 부위가 내부고리를 형성한다.

교차가 일어난 후, 복제와 삭제가 발생한다.

**그림 10.9D** 전좌

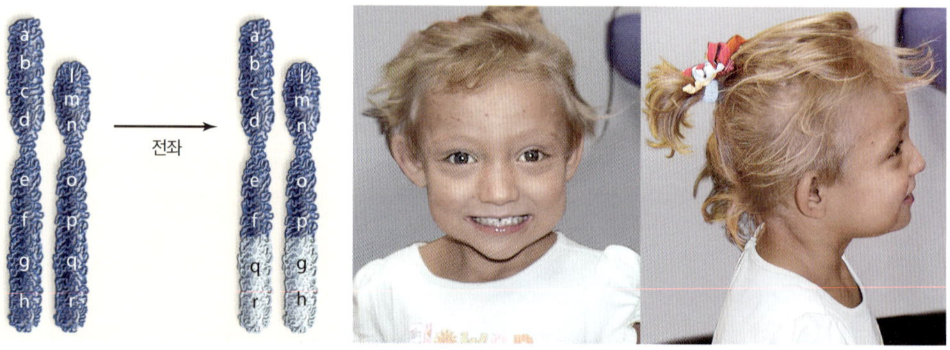


**그림 10.9C** 제2번 염색체와 제20번 염색체 사이의 전좌가 제20번 염색체상의 대립유전자를 교란하면서 Alagille 증후군(간, 심장, 신장, 기타 시스템에 영향을 주는 유전적 장애)이 나타날 수 있다.

난 염색체와 그렇지 않은 염색체 사이에 교차가 일어나면 특정 부분이 중복되거나 또는 결실된 재조합 염색체들이 만들어진다. 역위가 일어난 염색체가 고리를 형성하면서 두 개의 유사한 부분이 나란히 병행 배열될 수 있기 때문이다(그림 10.9D).

**염색체 돌연변이들과 진화** 사람의 헤모글로빈 유전자들은 여러 다양한 종류로 구성되어 있다. 이들은 비슷하면서도 조금씩 상이한 기능들을 가지고 있다. 아마도 교차로 인해 헤모글로빈 유전자의 중복이 발생할 때 크고 작은 점돌연변이가 일어나 전해졌기 때문이라고 보인다. 이 말고도 염색체 돌연변이와 진화의 또 다른 예가 알려져 있다. 사람의 염색체는 침팬지의 것과 조금 다른데 현재로서는 아마도 한 공통 조상 내에서 일어난 전좌 때문이 아닐까 생각을 한다. 침팬지는 24쌍의 염색체들을 갖고 있는 반면, 우리는 두 개의 염색체가 융합되는 바람에 23쌍을 가지고 있다.

▶ **10.9 진도 체크**

1. 왜 중복을 지니는 염색체를 물려받는 사람은 특정 유전자들의 3개 복사체를 갖게 되는지를 설명하라.
2. 그림 10.9C에서 전좌 염색체들 중 우측 염색체만을 물려받은 사람에서 나타날 결실을 말하라.

## 본 장에 대한 리뷰

### 개념들의 연결

유전자로서 적격한 물질은 다음 요구사항들을 충족시킬 수 있어야 한다. 다양한 형태를 취할 수 있어야 하며, 종간의 차이들을 설명할 수 있어야 한다. 복제가 될 수 있어야 하고, 돌연변이가 가능하여야 한다. 이 같은 요구사항들을 충족시킬 DNA의 능력은 바로 염기 서열에 있다. 나아가서 DNA는 한 세대에서 다음 세대에까지 필요한 모든 단백질을 합성할 수 있고, 이를 저장하는 암호화 정보를 가지고 있다. 한 종과 다른 종을 서로 다르게 하는 차이는 단백질에서 비롯된다. 그리고 그 단백질은 DNA의 유전암호에 의해서 결정된다. 세포 내 유전자들의 활성을 연구하면서 유전학자들은 단백질들이 유전형과 표현형의 연결된 산물이라는 것을 확인하였다. 다른 말로 하면, 파란 눈, 갈색 눈, 녹색 눈 색소들은 눈에 있는 세포들 내에 함유되어 있는 효소들(단백질들)의 유형 때문이다.

폴리펩티드 합성은 2단계에 걸쳐 일어난다. 3종류의 RNA(mRNA, rRNA, tRNA)가 폴리펩티드 합성에 참여하지만 오직 mRNA만이 암호화된 정보를 가지고 있다. mRNA는 유전정보를 rRNA로 만들어진 리보솜들에게 운반한다. mRNA는 한 유전자의 정확한 복사체, 즉, DNA의 복사본이다. mRNA의 유전정보는 전사 중에 사용되어 폴리펩티드를 생산한다. tRNA들은 아미노산들을 취하여 리보솜으로 가져온다. tRNA는 코돈들과 정확하게 결합함으로써 아미노산들이 정확한 순서로 배열되도록 해준다.

돌연변이들은 DNA에 영구적 변화가 발생할 때 야기된다. DNA는 다음 세대로 전해지지만 RNA는 전해지지 않는다. 유전물질의 정확한 복사는 세포에게 최우선 과제인데 유전자의 염기순서에 극히 사소한 변화가 있어도 단백질 생산에 심각한 영향을 줄 수 있기 때문이다. 유전자 돌연변이는 때로 진화과정에 필요하다.

우리는 이제 인간게놈프로젝트를 통해 사람 DNA의 염기서열 순서를 모조리 알게 되었다. 놀라운 것은 예상했던 것보다 사람이 훨씬 적은 유전자를 가졌다는 사실이다. 유전자 활동의 조절은 제11장에서 논할 것이며 현대 연구의 초점이 되어 있다.

### 분석과 평가

1. DNA가 유전물질의 기준을 완수하는 것을 설명해 보라(그림으로 보여라).
2. 성숙 세포들은 특별한 기능들에 대하여 전문화 되어 있고 그들 자신의 특이 단백질 세트를 포함하고 있다. 전문화 세포들 내의 단백질 암호화 유전자들의 활동에 관하여 이것은 무엇을 말하는가?
3. 들은 보통 세포 내의 단백질들 활동에 영향을 주는 분자들이다. 미래의 약들은 단백질 합성과정의 어느 부분에 영향을 줄 수 있을까?

## 요약

### DNA와 RNA 구조와 기능

**10.1 DNA와 RNA는 뉴클레오티드들의 중합체들이다**

- 핵산 DNA 내의 뉴클레오티드는 당인 디옥시리보스와 염기들인 아데닌(**A**), 티민(**T**), 시토신(**C**), 그리고 구아닌(**G**)을 포함하고 있다. **RNA**의 뉴클레오티드들은 당인 리보스와 염기들, 즉 A, C, G, 그리고 티민 대신에 우라실(**U**)을 포함하고 있다.
- 샤가프(Chargaff)는 DNA의 기본 구성이 종간에 다르며, 유전물질로서의 변이성을 보여주는 것을 발견하였다. 모든 종들에서 A의 비율과 T의 비율이 항상 동일하고, G의 비율과 C의 비율이 항상 동일하다.

**10.2 DNA는 이중나선이다**

- 왓슨과 크릭은 10.1절에서 언급한 데이터, 그리고 프랭클린과 윌킨스의 X-선 회절분석 자료를 종합하여 최초로 **DNA 이중나선** 모형을 제작하였다. 모형에서 A는 T와, G는 C와 각각 쌍을 이루고 있다. 이것을 '상보적 염기쌍 형성'이라고 부른다. 각 생물종들은 그 종만의 특이한 염기서열 순서를 가지고 있다. 이중나선 모형은 DNA 복제가 어떻게 일어나는지를 제시해 주고 있다.

### DNA 복제

**10.3 DNA 복제는 반보존적이다**

- **반보존적 복제**란 새로운 이중나선이 원본 가닥을 하나 포함하고 있다는 뜻이다. 원본 가닥은 주형으로 작용하며, 새 가닥이 생기면 즉시 그 **주형**에서 분리된다. 복제의 단계들은 풀림, 상보적 염기쌍 형성, 그리고 결합이다. **DNA 중합 효소**는 염기쌍 형성과 결합에 사용된다.

### 유전자 발현

**10.4 유전자 발현에서 전사는 첫 단계이다**

- 유전자 발현(단백질 생산)은 두 단계에 걸쳐 일어난다: 즉, **전사**와 **번역**이다. 전사 중에 DNA 뉴클레오티드의 서열은 RNA 뉴클레오티드들의 서열로 전사된다. **전령 RNA**(**mRNA**) 내의 뉴클레오티드 서열은 단백질을 암호화하지 않는 DNA 가닥과 상보적이다. **유전자**란 DNA의 한 부분이다. **유전암호**는 **트리플렛 코드**이다. mRNA 내의 3개 염기세트를 **코돈**이라고 하는데 각 코돈은 하나의 아미노산을 지정한다. 유전암호에는 **개시**와 **정지코돈**들이 있으며, 대부분의 아미노산들에 대해 한 개 이상의 코돈이 있다.
- 진핵세포에서는 mRNA가 핵을 떠나기 전에 가공된다. mRNA에는 시작부(모자)와 종말부(꼬리부)가 부착되어 보호를 받게 된다. mRNA의 전구체가 가공되면서 '**비발현부위**'들(introns)이 제거되고 '**발현부위**'(exon)들만 남아 성숙한 mRNA 형성에 사용된다. '**선택적 mRNA 이어맞추기**'는 하나의 유전자로부터 여러 종류의 단백질들이 만들어질 수 있음을 의미한다.

**10.5 번역은 유전자 발현의 두 번째 단계이다: 개론**

- RNA의 3개 유형 전부가 번역에 관여한다. (1) mRNA는 DNA 염기서열과 동일한 코돈 서열 순서를 가지고 있다. (2) **리보솜 RNA**(**rRNA**)와 단백질들은 리보솜들을 형성하고, (3) 각 **운반 RNA**(**tRNA**)는 특정한 아미노산을 리보솜에게 운반해준다. tRNA에는 아미노산이 결합되는 **수용체 말단**과 **안티코돈 말단**이 있다. 안티코돈은 3개의 염기로 되어 있고, 아미노산 정보를 담고 있는 코돈에 상보적인 염기서열로 되어 있다.
- 리보솜은 mRNA 결합부위를 갖고 있으며, 3개 tRNA들이 **A 부위**, **P 부위**, 그리고 **E 부위**에 결합한다. 아미노산-tRNA는 A 부위에 위치하고, 펩티드-tRNA는 P 부위에 위치한다. 아미노산이 떨어져 나간 tRNA는 E 부위를 통해 떨어져 나간다. **폴리리보솜**은 여러 개의 리보솜들이 길게 연결되어 있는 형태로 동일한 mRNA에 한꺼번에 부착되어 동시에 번역을 수행한다. 이러한 방식은 단백질 합성의 효율을 증가시킨다.

**10.6 번역 중에, 폴리펩티드 합성이 한 아미노산에서 일시에 일어난다**

- 원핵생물은 **'개시'** 중에 리보솜 소단위, mRNA, 그리고 개시체 tRNA가 함께 모인다. 진핵생물들의 개시는 더욱 복잡하다. 첫번째 아미노산은 메티오닌이다. 메티오닌-tRNA는 메티오닌(Met)을 리보솜의 개시 부분으로 운반해준다.
- **신장**은 그림 10.6B에 설명된 대로 펩티드에 새로운 아미노산을 덧붙이는 방식으로 일어난다. P 부위의 펩티드는 A 부위의 아미노산과 결합한다. **리보자임**(RNA 효소)은 이들 사이에 펩티드결합을 신속하게 형성시켜준다.
- 이제 리보솜의 **위치 이동**이 일어난다. 리보솜이 앞으로 나가고, 펩티드-tRNA는 이제 P 부위에 위치하게 된다. 사용된 tRNA는 E 부위를 통해 떨어져 나간다. 이 과정이 여러 번 반복되면서 폴리펩티드가 신장될 수 있다. **종결**될 때는 리보솜이 종결코돈에 다다르고, 폴리펩티드를 비롯한 모든 요소가 떨어져 나와 방출된다.

**10.7 유전자 발현의 재검토**

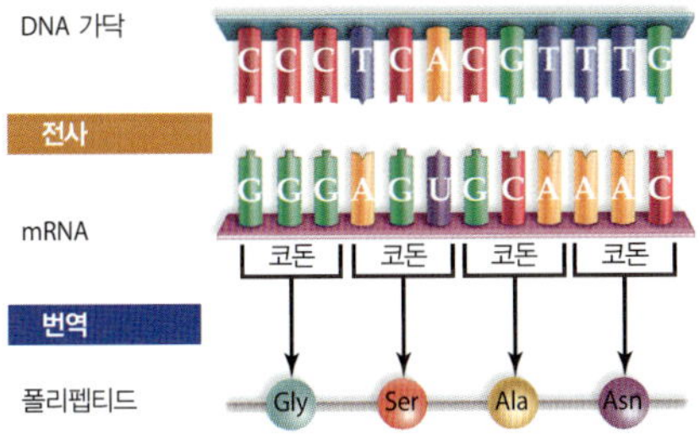


## 돌연변이: 변형된 유전자 발현

**10.8 유전적 돌연변이들은 한 특이 대립유전자에게 영향을 준다**

- **'유전적 돌연변이'**는 유전자의 염기배열에 영구적 변화를 준다. **'점돌연변이'**는 오직 한 염기쌍의 변화이다. **'숨은 돌연변이'**에서 염기쌍 변화는 아미노산 배열에 영향을 주지 않는다; **'정지돌연변이'**는 종결코돈을 만들어 단백질 합성을 일찍 정지시킨다. **'과오돌연변이'**에서는 아미노산의 대체가 일어나고, **'틀이동 돌연변이'**에서는 그 해독틀의 모든 아미노산들이 바뀌게 된다.
- **'삼자암호반복 증가'**(3 염기들은 계속 반복된다)에서는 세대가 반복될수록 더욱 많은 '3염기의 반복'을 전달받아 장애 발생 기회가 증가한다. 보인자들(담체, carriers)은 정상으로 보이지만 그 자녀가 유전적 장애를 가질 수 있다.

**10.9 염색체 돌연변이는 여러 대립유전자에게 영향을 준다**

- **'염색체돌연변이'**들은 염색체 수(8.6절과 8.7절 참조)가 변하거나 염색체 구조에 변화가 일어나 대립유전자들의 기능에 영향을 준다. **'삭제'**에서는 염색체의 한 부분이 사라지며, **'중복'**에서는 염색체 분절이 중복된다. **'역위'**에서는 한 분절이 반대 방향에 결합한다. **'선쇠'**에서는 두 개의 비상동염색체 간에 분절들의 교환이 일어난다.

# 자기 테스트

## DNA와 RNA 구조와 기능

1. 생물체 DNA의 30%가 티민이라면,
   a. 70%는 퓨린이다. b. 10%는 구아닌이다.
   c. 30%는 아데닌이다. d. 70%는 피리미딘이다. e. c와 d가 모두 맞다.
2. DNA분자에서
   a. 뼈대는 당과 인산염 분자이다. b. 염기들은 당들과 공유결합이다.
   c. 당들은 인산염들과 공유결합이다. d. 염기들은 서로 수소결합이다.
   e. 모두가 다 맞다.

3. DNA의 특징에 대한 적당한 설명으로 맞지 않은 것은 어느 것인가?
   a. 종들 간에 변이-염기들의 배열순서가 다르다.
   b. 정보 저장-당-인산염 뼈대들은 결코 변하지 않는다.
   c. 종 내에서 일정하다-상보적 염기쌍 형성에 의해서 복제될 수 있다.
   d. 돌연변이를 일으킬 수 있다-염기들의 배열이 변할 수 있다.
4. DNA 구조에 대한 이들 설명에 있어서 맞는 것은?
   a. 한 당은 인산염과 그리고 한 염기에 결합한다.
   b. 한 당은 두 인산기와만 결합한다.
   c. U는 DNA 내에 존재하지만 RNA에는 없다.
   d. 당은 환형구조이기 때문에 함께 수소결합을 한다.

## DNA 복제

5. 각 딸분자가 DNA의 원본 가닥의 하나를 포함하고 있으므로 DNA 복제는
   a. 보수적　　b. 방부제　　c. 반불연속　　d. 반보존적
6. DNA 복제 과정에서, 원 가닥인 ATTGGC는 복제 가닥에 어떻게 암호화될 것인가?
   a. ATTGGC.　　b. CGGTTA.　　c. TAACCG.　　d. GCCAAT.
7. DNA 중합효소는 복제를 수행하지만, 할 수 없는 것은?
   a. 상보적 염기쌍 형성을 수행한다.
   b. 풀림과 이중나선
   c. 뉴클레오티드들이 함께 결합한다.
   d. 염기쌍 형성의 정밀성에 대한 중합체의 교정
8. **개념적 사고** 아지도티미딘(AZT)은 잘 알려진 HIV 감염 치료약인데, DNA 복제를 방해하는 DNA 염기 유사체이다. 약효와 작용에 대해 설명하라.

## 유전자 발현

문제들 9-13에서, 각 분자를 키 내에서 찾아, 전자 발현에서의 특별한 의미와 연결하라.

키(열쇠):

   a. 세대를 걸쳐 유전 정보를 저장한다.
   b. 3개 RNA 염기들의 배열순서는 DNA에서의 염기 배열에 상보적이다.
   c. 역코돈을 가진다.
   d. 유전자 제품

9. rRNA　10. mRNA 코돈　11. 단백질　12. DNA　13. tRNA
14. 전사는 _____을 생산하고, 반면에 번역은 _____을 생산한다.
   a. DNA, RNA　　b. RNA, 폴리펩티드들　　c. 폴리펩티드들, RNA　　d. RNA, DNA
15. 다음 설명에서 전사 과정을 특징적으로 설명하지 않은 것은 어느 것인가? 맞는 것이 있다면 한 개 이상을 골라라.
   a. 전사과정 중, RNA 뉴클레오티드들 염기가 DNA주형 가닥과 쌍을 이룬다.
   b. RNA를 만들기 위해, 염기 우라실은 아데닌과 쌍을 이룬다.
   c. RNA 중합효소는 RNA를 합성한다.
   d. RNA는 진핵세포들의 세포질에서 만들어진다.
16. 아미노산들보다 코돈들이 더 많기 때문에,
   a. 어떤 아미노산들은 한 개 코돈 이상에 의해서 명시된다.
   b. 어떤 코돈들은 어떠한 아미노산도 명시하지 않는다.
   c. 어떤 아미노산들은 코돈들을 갖지 않는다.
   d. a와 b가 다 맞다.

17. DNA 주형 가닥 내의 염기 배열이 TAGC라면, RNA 내의 염기 배열순서는
 a. ATCG.  b. TAGC.  c. AUCG.  d. GCTA.  e. a와 b가 다 맞다.
18. mRNA의 작용 과정
 a. 전사와 동일하다.
 b. RNA가 전사된 후 발생하는 한 가지 현상이다.
 c. 시간이 지난, 낡아진 RNA의 거절이다.
 d. 단백질 합성 중에 운반 RNA의 기능과 관계가 있다.
 e. b와 d가 다 맞다.
19. 번역 참여자들을 보여주는 이 그림에 표시를 하라.
20. 단백질 합성 중에, 운반 RNA(tRNA) 역코돈이 쌍을 이루는 것은
 a. DNA 뉴클레오티드 염기들
 b. 리보솜 RNA(rRNA) 뉴클레오티드 염기들
 c. 전령 RNA(mRNA) 뉴클레오티드 염기들
 d. 다른 tRNA 뉴클레오티드 염기들
 e. 이들 쌍 형성들의 어느 것도 다 맞다.

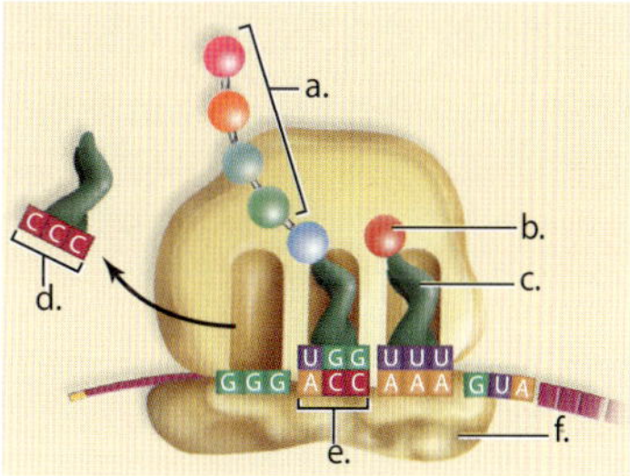


21. 다음은 DNA 문자의 한 분절이다(오직 주형의 한 가닥만 전사된다는 것을 기억하라). (a) RNA 코돈들, (b) RNA 역코돈들, 그리고 (c) 단백질 내 아미노산들의 배열순서는 무엇들인가?

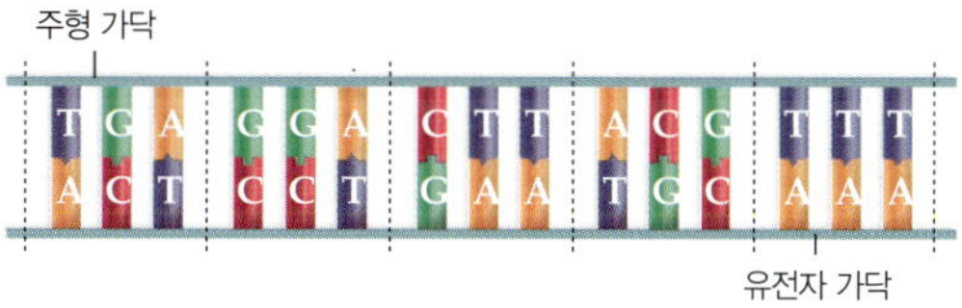


22. **개념적 사고** DNA는 어떤 유형의 정보를 저장하며, 그 정보를 어떻게 저장하는가?

### 돌연변이: 변형된 유전자 발현

23. 유전적 돌연변이가 발생한 것을 어떻게 알겠는가?
 a. 한 사람이 감염성 질환을 가지고 있다.
 b. 한 사람이 유전적 장애를 유전 받았다.
 c. 전사와 번역이 발생했다.
 d. 이들 모두가 맞다.

문제들 24–26과 연관된 돌연변이를 열쇠(키)중에서 골라 연결하라.

키(열쇠):
 a. 숨은 돌연변이  b. 과오돌연변이  c. 정지 돌연변이  d. 틀이동 돌연변이

24. 배열순서에서 한 아미노산이 다른 것과 교체된다.
25. 종결 코돈이 단백질 합성의 완성 전에 나타난다.
26. 아미노산들의 배열이 완전하게 바뀌었다.

문제들 27–29에서, 키에 있는 염색체 돌연변이로 인하여 나타나는 것과 연결하라.

키(열쇠):
 a. 중복  b. 삭제  c. 역위  d. 전좌

27. 분절의 교환은 비상동염색체들 사이에서 발생한다.
28. 염색체의 분절은 다시 존재한다.
29. 염색체의 한 분절은 반대 방향 속으로 들어간다.
30. **개념적 사고** 돌연변이들은 암을 유발할 수 있지만, 다른 면으로 DNA가 돌연변이를 일으키는 것은 중요하다. 이 모순성을 설명하라.

## 참여하기

1. 유전질환인 신경섬유종증이 전이인자 때문이라는 가설을 어떻게 검사할 수 있는가?
2. 여러분들이 조직배양으로 몇 개 세포들로부터 무성생식 식물들(클론)을 얻을 수 있다면, 분리된 애기장대의 대립유전자가 특별한 돌연변이를 유발한 것인지를 어떻게 밝히겠는가?

## 미디어 연구 도구

mhhe.com/ maderconcepts3

상호작용 학습도구들, 연습문제들 등을 이용하여 여러분의 학습을 강화하라. 또한 ConnetPlus를 통해 이용가능한 학습자료들에 대해서도 여러분의 선생님에게 문의하라. ConnetPlus에는 개인별 맞춤형 학습 프로그램인 LearnSmart와 영상매체가 풍부한 eBook이 포함되어 있다.

Mc Graw Hill Education connect plus+ BIOLOGY

# 제 11 장

# 유전자 활동의 조절

## 본 장의 개요



## 본 장을 시작하기 전에

잠깐 돌아보기

유전자 발현에 대한 간단한 개관(그림 4.4B)

유전자발현에 있어서 전사와 번역의 기능(10.7절)

암 세포들에 있어서 세포주기 조절은 어떻게 소실되는가(7.6절)

## 나방과 나비의 날개들이 전하는 이야기

대부분의 곤충학자들은 '비늘이 옛 조상의 섬모에서 유래되어 진화한 것이다'는 데 동의한다. 조상으로부터 나방과 나비에 이르기까지 섬모가 점점 넓고 편평해졌으며 감각기능은 사라졌다. 어떻게 생각하면 비늘은 그다지 중요치 않은 것 같다. 기능적으로도 꼭 필요할 것 같지가 않다. 그러나 여러 증거들을 모아보면 사실은 매우 중요한 기능을 하고 있음을 알게 된다. 예를 들면 비늘들이 쉽게 떨어지는 이유는 나방과 나비들이 거미줄, 또는 여타 포식동물들로부터 더 쉽게 도망하기 위해 오래전부터 개발한 장치이다. 종종 나방이나 나비의 날개에는 둥그런 안점(眼點) 같은 표시가 뚜렷한데 비늘과 함께 보호 작용을 해준다.

이파리날개 나비

다른 동물들도 안점을 가지고 있다. 예를 들어 안점은 연어의 꼬리, 거미와 쐐기벌레의 몸통, 그리고 종종 스라소니의 귓불이나 코브라의 목덜미에서도 발견된다. 안점들은 포식자들을 혼란하게 만들어 신체의 별로 중요치 않은 다른 부분을 공격하도록 유도한다. 그 결과 자기 자신은 치명적인 손상으로부터 벗어날 수 있다. 이처럼 나방

황소눈 나방

산누에나방의 뒷날개

신축성 안테나

호랑나비의 감귤류 애벌레

이나 나비처럼 연약한 동물들은 가능한 모든 수단과 방법을 다 동원하여 적의 공격으로부터 자신을 지켜낸다.

나방이나 나비에게 있어서 비늘이 중요하다는 증거는 계속해서 더욱 많이 제시되고 있다. 진화학 분야의 전문가인 발생생물학자들은 곤충의 척추 부위를 형성하는 조절 유전자들이 안점 문양 결정에도 관여하고 있음을 발견하였다. 안점들은 마스터 조절 유전자인 ***Hox* 유전자**가 만들어낸 결과이다. 다른 동물들과 마찬가지로 나방이나 나비의 몸통구조도 이들 원시유전자에 의해 결정된다. 이 유전자는 배아세포들이 점차 특정한 구조로 발달되어 가게 만드는 스위치 역할을 하는 중요한 발생조절 유전자이다. 나방과 나비들의 비늘들이 지금의 형태로 된 것은 바로 이런 유전자들의 산물이다. 발생조절 유전자들이 없었다면 오늘날 비늘이 있을 수 없으며, 나방이나 나비 자체가 아예 존재할 수 없었을 것이다. 유전자의 적절한 조절은 생물이 출생하기도 전에 벌써 중요한 기능을 하며, 출생 후에도 건강과 복지에 있어 중요한 역할을 담당한다.

이번 장에서는 암에 대해서 논하기 앞서 원핵세포와 진핵세포에서의 유전자 조절기작을 살펴보기로 한다. 암은 곧 적절한 유전자 조절의 결핍으로 인한 결과이다.

인도의 (안점 있는) 코브라

## 전사 조절

유전자 조절에 대한 개념은 원핵생물들에게서 먼저 발견되었다. 원핵생물의 오페론에 관한 연구를 통해 우리는 유전자 조절에 대해 세부적인 이해가 가능해졌다. 본 장에서는 배아 발생에 중요한 유전자 발현 조절에 DNA 결합 단백질들이 참여하고 있다는 개념을 소개할 것이다.

### 11.1 DNA-결합 단백질은 원핵생물에서 유전자 발현을 막는다

#### 학습 성과들

본 절을 공부하고 나면 다음에 대한 이해와 능력이 향상될 것이다.

1. 오페론의 다양한 구성 성분들에 대해 기능을 설명하고, 억제인자의 특이 역할에 대하여도 리스트를 작성하여 설명하기

여러분도 알다시피 유사분열을 통해 우리는 신체 모든 조직의 세포들이 동일한 수의 염색체들과 유전자들을 포함하고 있음을 알고 있다. 그러나 우리 몸은 여러 가지 다른 기능을 하는 조직들로 구성되어 있다. 예를 들어 근육조직, 신경조직, 그리고 골격조직 등등이다. 만일 모든 세포들이 동일한 유전자를 갖는다면 기능적 다양성은 어떻게 가능한 것일까? 이 수수께끼에 대한 해답이 바로 유전자 발현의 조절이다. 비록 모든 세포에 들어 있는 유전자가 같을지라도, 각 조직별로 다르게 필요한 몇 개의 유전자 세트들만 활성화되기 때문에 여기에서 만들어진 단백질들은 그 조직의 세포들을 특이한 기능과 구조에만 특수화되도록

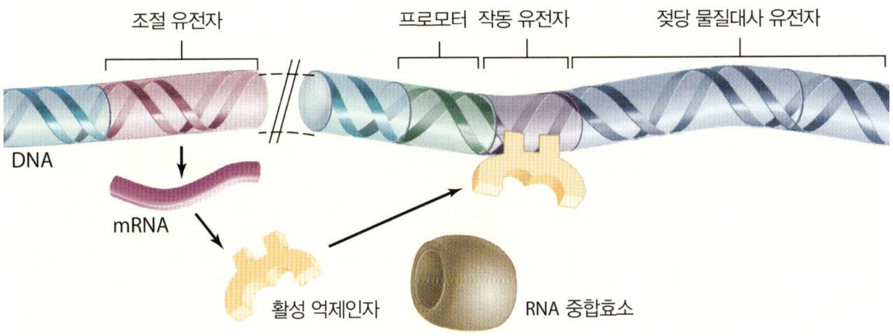


**그림 11.1A** 비활성화된 젖당 오페론: 유전자들의 작동이 멈추고, 젖당 효소들은 생산되지 않는다.

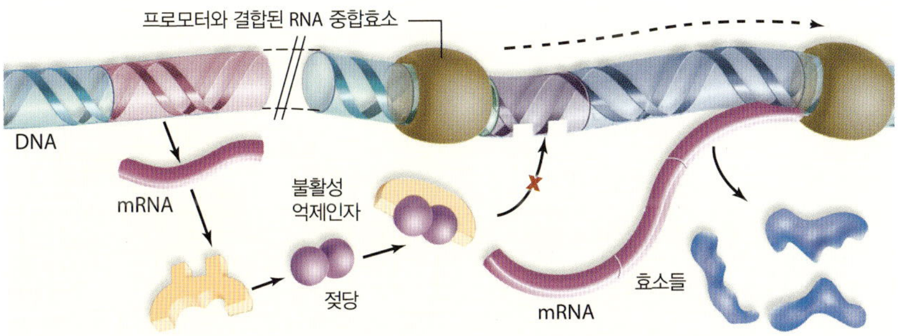


**그림 11.1B** 활성화된 젖당 오페론: 유전자들이 전사되고 있고, 젖당 효소들이 생산된다.

한다. 그러면 유전자의 조절은 어떻게 이루어질까? 첫 번째 단서는 사람의 장에 서식하는 *Escherichia coli*(*E. coli*) 박테리아에 대한 연구로부터 왔다. *E. coli*가 이용할 수 있는 영양물질은 그 숙주의 식이성에 많이 의존하고 있다. 때문에 숙주가 섭취하지도 않은 음식물을 대사시키려고 필요치 않은 효소를 박테리아가 만든다면 그것은 그저 낭비일 것이다. 1961년에 프랑스 미생물학자 Fracois Jacob과 Jacues Monod는 *Escherichia coli*가 상황에 따라 필요로 하지 않는 유전자 발현을 중단시킬 수 있다는 것을 발견하였다. 다른 말로 하자면 박테리아는 어떤 유전자를 발현시킬 것인가를 스스로 조절할 수 있다.

**오페론 모델** Jacob과 Monod는 원핵생물의 유전자 발현을 설명하기 위해 **오페론** 모델을 제안 하였다. 그리고 후에 이들은 노벨상을 수상하였다. 그림 11.1A에 표시한 오페론 모델의 구성요소들을 주목하라.

- **조절 유전자**는 오페론 바깥쪽에 위치한다. 조절 유전자에는 '**억제인자**'로 작용하는 DNA 결합 단백질의 유전암호가 들어 있다. 억제인자가 일단 활성화되면 작동 유전자와 결합하여 유전자 작동을 멈추게 한다.
- '**프로모터**'는 유전자들이 전사될 때 RNA 중합효소가 최초로 부착하는 DNA의 짧은 염기서열이다. 기본적으로 프로모터는 신호를 내어 오페론이 활동 개시되도록 한다.
- **작동 유전자**는 활성화된 억제인자와 결합하는 DNA의 또다른 염기서열 부분이다. 활성화된 억제인자가 작동 유전자와 결합할 때, RNA 중합효소는 프로모터에 부착할 수 없고 전사가 이루어지지 않는다. 그러므로 작동 유전자는 RNA 중합효소의 진행을 정지시키도록 행동한다(그림 11.1A, **구조 유전자**들은 젖당 물질대사에 관여하는 유전자들이다).

그림 11.1A와 그림 11.1B는 젖당 오페론이 어떻게 켜지고, 꺼지는지 잘 보여주고 있다. 그림 11.1A은 젖당이 존재하지 않는 경우이다. 억제인자가 작동 유전자와 결합하므로 젖당 대사 유전자들의 작용은 멈춘다. 그림 11.1B에서 RNA 중합효소는 프로모터와 결합하고 젖당 대사 유전자들이 작동을 시작하게 된다. 즉, 전사가 일어나서 이 효소들의 mRNA가 만들어지고, 이어서 젖당 효소들이 생성된다. 그러면 오페론에 도대체 무슨 일이 일어난 것일까? 젖당이 억제인자와 결합하여 모양을 변화시킴으로써 억제인자가 불활성화되었고, 그 결과 오페론이 활성화된 것이다.

대장균의 젖당 오페론은 보통 꺼져 있다. 젖당보다 대사시키기 더 좋은 포도당이 통상 환경 속에 존재하기 때문이다. 젖당 오페론 말고 몇몇 다른 오페론들도 필요할 때만 대장균에서 활성화된다. 예를 들어 아미노산 트립토판(tryptophan)을 만드는 데 필요한 효소는 트립토판 합성을 필요로 할 때만 활성화된다. 환경 속에 트립토판이 넘친다면 *E.coli*는 트립토판을 직접 합성하기보다 그냥 환경으로부터 섭취하고

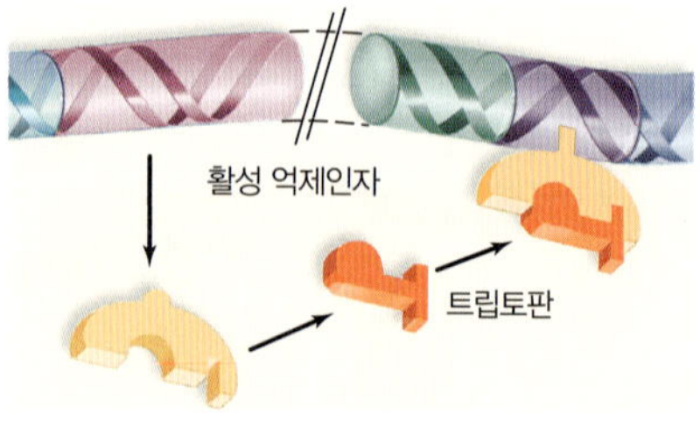

**그림 11.1C** 트립토판이 억제인자와 결합할 때 활성화된다.

오페론은 정지시킨다. 오페론을 다시 끄는 것은 억제인자가 작동 유전자와의 결합이 요구되는데, 그러나 이런 예에서는 억제인자가 트립토판과 결합한 후에 활성화된다(그림 11.1C).

요약하자면, DNA-결합 단백질을 암호화하는 조절 유전자와, 여기서 만들어진 결합 단백질들이 DNA와 결합함으로써 유전자 발현에 영향을 준다. 원핵생물들에 있어서는 전사가 일어나기 위해 DNA-결합 조절 단백질이 불활성 상태로 존재해야 한다.

▶ **11.1 진도 체크**

1. 언제, 그리고 어떻게, 젖당 억제인자가 박테리아 내에서 불활성화되는가?

## 11.2 진핵세포의 DNA-결합 단백질은 유전자를 활성화시킨다

### 학습 성과들

본 절을 공부하고 나면 다음에 대한 이해와 능력이 향상될 것이다.

1. 진핵세포에서 유전자를 활성화시키는 DNA-결합 단백질을 이해하기

진핵세포의 유전자들 중 어떤 것은 거의 모든 세포내에서 일반적이고 공통적인 기능을 수행하기 때문에 항존유전자(housekeeping gene)라고 불린다. 일반적으로 항존유전자들은 거의 모든 세포에서 발현되어 활성을 나타낸다. 반면에 적혈구에서 헤모글로빈을 합성하는 유전자, 췌장세포에서 인슐린을 합성하는 유전자, 근육세포에서 미오신을 합성하는 유전자처럼 특수화된 세포에서만 특화된 기능을 보이는 유전자들도 있다.

유전자의 활성 여부는 보통 전사 차원에서 조절된다. 그리고 전사는 DNA-결합 단백질에 의해서 조절된다(그림 11.2). 조절 단백질들은 대부분 ❶ **'전사인자'**이다. 즉, RNA 중합효소가 DNA 주형과 결합하도록 돕는(방지 대신에) 단백질들이다. 세포는 많은 전사인자들을 갖고 있으며, 이중 하나만 없어도 그에 해당하는 유전자의 전사가 일어날 수 없게 된다. 심지어는 모든 전사인자들이 다 있어도 어떤 하나의 전사활성인자의 도움이 없으면 전사가

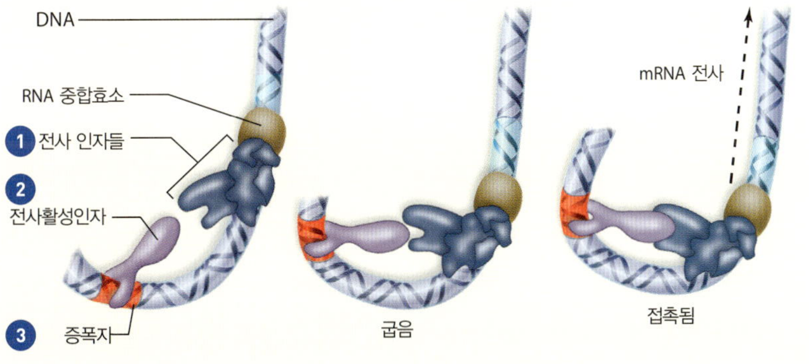


**그림 11.2** 진핵세포에서 전사가 일어나려면 전사인자들이 프로모터와 결합하고 전사활성인자들은 증폭자와 결합하는 것이 필요하다. 증폭자는 프로모터와 멀리 떨어져 있지만, DNA가 굽어져 고리를 이루면 활성인자와 결합할 수 있다. 그런 다음에 전사가 개시되고 그럼으로써 pre-mRNA의 전사가 이루어진다.

시작되지 않는다. ❷ '**전사활성인자**'는 '**증폭자**'라고 부르는 DNA 부위에 결합한다. 세포에는 여러 종류의 전사활성인자가 있어서 종합적으로 유전자의 활성을 조절해준다. ❸ 증폭자들은 위치가 때때로 프로모터로부터 멀리 떨어져 있기도 하다. 이럴 때는 조절부위의 DNA가 활처럼 굽어져 전사활성인자와 증폭자가 서로 근접할 수 있도록 조절해준다. 일단 전사활성인자와 조절단백질 복합체 간에 접촉이 이루어지면 전사는 시작되고, 그 결과로 mRNA의 전구체(pre-mRNA)가 만들어진다.

전사를 활성화시키기 위한 조절단백질이 많이 있어야 하는 이유는 유전자 발현의 조절이 세포마다 다르다는 것을 의미한다. 또한 세포들마다의 유전자 발현 정도를 미세하게 조절하기 위해서라는 것을 의미하기도 한다. 11.3절에서 보듯이 전사가 개시되려면 해당 유전자에 대한 접근이 먼저 이루어져야 한다.

▶ **11.2 진도 체크**

1. 전사인자(transcription factor)와 전사 증폭자(transcription enhancer)를 구별하라.

## 11.3 히스톤들은 전사를 위한 DNA의 접근성을 조절한다

### 학습 성과들

본 절을 공부하고 나면 다음에 대한 이해와 능력이 향상될 것이다.

1. 염색질의 응축 수준을 참고하여 이질염색질과 진정염색질의 차이를 설명하기
2. 염색질 리모델링(개조) 복합체의 역할에 대해 설명하기

진핵생물의 DNA는 항상 많은 단백질들과 연결되어 있다. 이렇게 연결된 상태를 크로마틴이라고 한다. **크로마틴**은 휴지기 핵 내에서 실(줄)같이 관찰되는 상태의 염색질이다. **히스톤**은 DNA가 실 감기듯 감기는 실타래에 해당하며, 그들 역시 유전자 조절에 참여한다. 히스톤이 없으면 DNA는 핵 내부에 존재할 수 없다. 사람의 세포 하나에 들어 있는 DNA는 길이가 약 2m 정도이고, 폭은 5~8μm이다. 세포분열 시에는 염색질이 단단히 뭉치면서 염색체를 형성한다(그림 11.3A).

**염색질 구조의 단계** 우리는 염색질이 응축되어서 세포분열 시 관찰 가능한 염색체를 형성한다고 배웠다. 응축된 염색질 형태를 이루기 위하여 DNA는 먼저 8개의 히스톤으로 구성된 뉴클레오솜에 감겨야 한다. 이런 뉴클레오솜이 길게 늘어져 있으면 마치 줄에 끼어 있는 구슬 같은 형태를 이룬다. 여기에서 각각의 구슬을 **뉴클레오솜**이라고 부른다. 이 줄은 계속해서 이리저리 굽어지고, 응축되어서 앞, 뒤로 고리를 형성한다. 이 정도까지 다져지면 응축된 염색질을 '**진정염색질**'이라고 부른다. 진정염색질에는 RNA 중합효소와 전사를 촉진하는 데에 필요한 전사인자들이 접근할 수 있다. 진정염색질은 짙게 염색되지 않는다.

반면에 현미경으로 보면 짙게 염색된 염색질(그림 11.3B*a*)이 종종 관찰된다. 이것들은 염색질이 아주 많이 감긴 영역으로서 '**이질염색질**'이라고 부른다. 이질염색질은 불활성 염색질

이라고 여겨지는데 왜냐하면 이 부분에 위치한 유전자들은 거의 전사되지 않기 때문이다.

세포분열에 앞서 단백질 스캐폴드(기능불명단백질기초물질)가 염색질 응축을 도와 중기 염색체의 특징을 나타내게 한다. 중기 때에는 염색체가 최대로 응축되어 있어 늘어진 염색질보다 양극으로의 이동이 용이하다.

**이질염색질은 전사되지 않는다** 이질염색질에 대한 놀라운 예는 포유동물의 암컷에서 볼 수 있다. 암컷들은 작고 진하게 염색된 응축 염색질을 갖고 있는데 바깥쪽 핵막에 붙어있다. 이 구조는, 이것을 발견한 사람 Murray Barr의 이름을 따서 '**바소체**'라고 한다. 바소체는 불활성화된 X 염색체이다. 무작위적으로 관찰해 보았을 때, X 염색체 중 하나는 암컷의 배아 세포 내에서 불활성 상태로 존재한다. 불활성된 X 염색체는 유전자 발현이 되지 않으므로 암컷 세포들은 X 염색체 하나만큼의 단백질 생산양이 감소된 셈이다.

그러면 바소체들이 유전자가 발현되지 않는 불활성 X 염색체인 것을 어떻게 알 수 있는가? 만약 세포들의 50%에서 둘 중 한 개의 X 염색체만 활성화되었고, 또 다른 50%의 세포에서는 다른 X 염색체가 활성인 것으로 가정해 보라. 이런 이형접합성 여성의 몸은 유전적으로 다른 세포들이 동시에 존재하는 것과 같은 상태가 될 것이다. 이것이 바로 연구자들이 발견해낸 왜 X 염색체 하나가 불활성화되어야 하는지에 대한 이론적 근거이다. 눈백색증의 X-연관 열성형에 대하여 이형접합성인 여성들은 눈의 뒷부분에 색소 세포와 비색소 세포가 동시에 존재한다. 드쉐인 근위축증에 대하여 이형섭합성인 여성들은 성상 근육조직과 퇴행성 근육조직(정상조직의 크기와 힘은 결함이 있는 조직을 보완하기 위해 증가한다)의 짜깁기형이 된다. 그리고 땀샘이 없는 X-연관 유전병에 대하여 이형접합성인 여성은 땀샘 없는 피부와 땀샘 피부가 혼합해 존재하게 된다. 암컷 얼룩 고양이 역시 그 세포 내의 X -연관 불활성 차이에 대하여 흥미로운 예이다. 이들 고양이들에서는 검은색의 대립유전자가 한 쪽 X 염색체에 있고 오렌지색의 상응하는 대립유전자는 다른 X 염색체상에 있다. 이형접합인 경우 검은색과 오렌지색 털이 동시에 발현되어 나타난다. 즉, 이 현상들은 세포들의 바소체 내에 있는 X 염색체와 관련이 있다(그림 11.3B*b*).

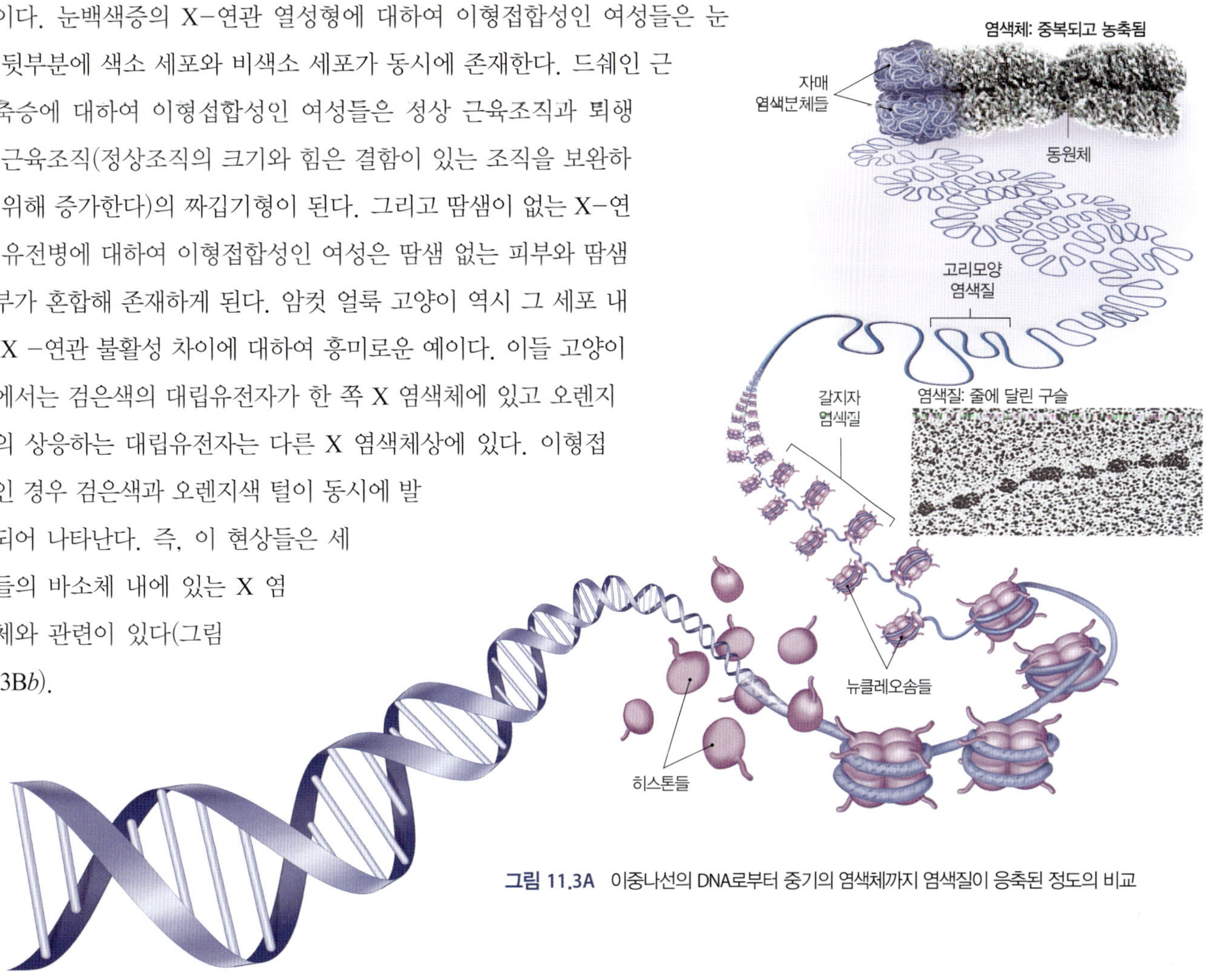


**그림 11.3A** 이중나선의 DNA로부터 중기의 염색체까지 염색질이 응축된 정도의 비교

**진정염색질이 전사된다** 진핵세포에서 유전자의 활성은 비교적 느슨하게 뭉쳐진, 덜 응축된 진정염색질과 관계가 있다. 히스톤들은 DNA에 대한 접근성을 조절하고, 진정염색질은 히스톤들이 더 이상 DNA의 접근성을 제한하지 않을 때 유전적으로 활성화된다. 진정염색질 내에서 DNA가 전사될 때, 소위 염색질 **리모델링**(개조) **복합체**가 뉴클레오솜의 히스톤 부분을 옆으로 밀어냄으로써 DNA에게 접근하게 되고 전사가 시작되는 것이다(그림 11.3B*c*). **풀림현상**이 일어나면, 음축이 풀리면서 많은 고리구조가 염색체 중심축으로부터 방사상으로 뻗어나온다. 이때의 염색체를 램프솔 염색체라 부르는데 그 형태가 램프를 닦는 솔과 유사하기 때문이다.

그러면 염색질이 진정염색질로 존재하느냐 혹은 이질염색질로 존재하느냐 여부를 무엇이 조절해주는가? 히스톤 분자들은 아미노산 사슬의 꼬리를 가지고 있는데 이 꼬리가 뉴클레오솜의 주요부분을 넘어서까지 길게 연장되어 붙어 있다(그림 11.3B*c*). 진정염색질의 히스톤 꼬리에는 아세틸기(—$COCH_3$)가 부착되는 경향이, 이질염색질의 히스톤 꼬리에는 메틸기(—$CH_4$)가 부착되는 경향이 있다.

▶ **11.3 진도 체크**

1. 인에서 전사할 때 이용되는 염색질의 유형을 특징지어라.

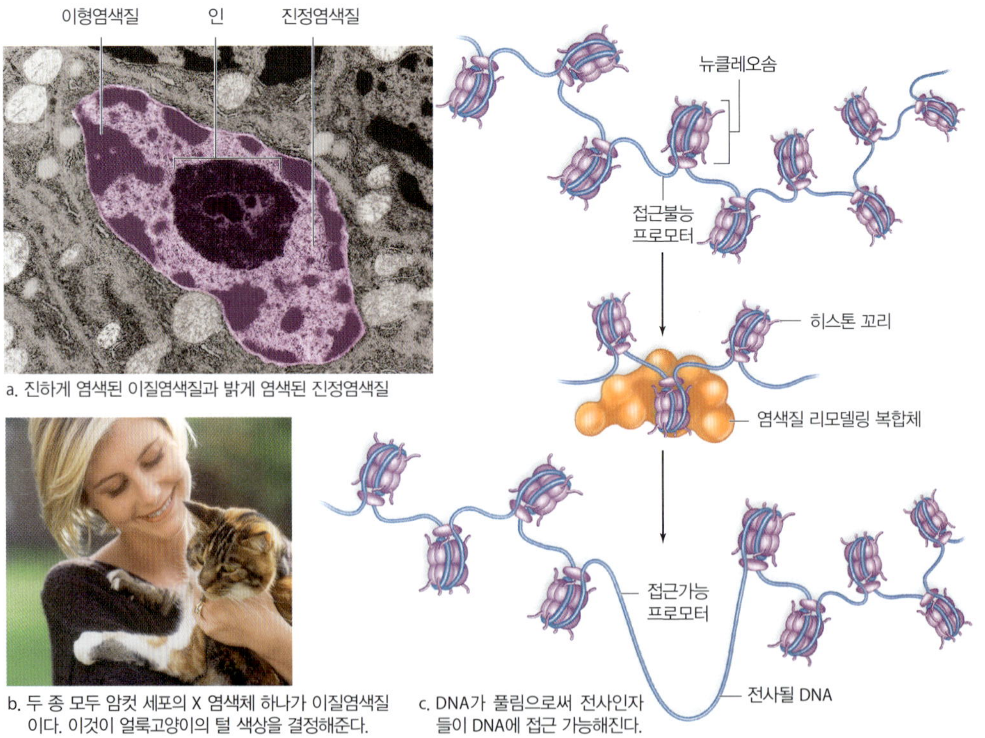


**그림 11.3B** a. 핵에는 불활성(전사되지 않는) 이질염색질과 활성(전사되는) 진정염색질이 들어 있다. b. 얼룩고양이는 검은색과 오렌지색 털이 혼합된 고양이이다. 검은색은 X 염색체가 오렌지색 대립유전자를 가지고 있어 불활성일 때 나타나고, 오렌지색은 X 염색체가 검은색 대립유전자를 가지고 있을 때 불활성화되어 나타난다. c. 진정염색질이 전사될 때 염색질 리모델링 복합체가 뉴클레오솜들의 히스톤 부분들을 옆으로 밀어내어 RNA 중합체와 전사인자들이 전사될 유전자에게 접근한다.

## 11.4 혹스(Hox) 단백질들은 DNA-결합 단백질들로서 발생의 각 과정들을 조절해준다

### 학습 성과들

본 절을 공부하고 나면 다음에 대한 이해와 능력이 향상될 것이다.

1. 혹스 유전자들이 주된 발생조절 유전자라는 의미를 설명하기

과학자들은 실험동물인 초파리와 생쥐에서 발생을 조절하는 유전자들을 여럿 발견해내었다. 이들은 시그널 단백질이나 전사인자(이 역시 단백질임)들을 암호화하는 조절 유전자들이다. 앞서 133 페이지, 그림 5B의 설명처럼 시그널 단백질들은 형질도입경로를 활성화시키며, 형질도입경로의 마지막은 DNA에 결합하는 전사인자를 발현시키는 것이다. 그리고 이 전사인자들이 또 다른 유전자들의 발현을 조절한다.

**혹스 유전자는 혹스 단백질을 암호화한다** **혹스 유전자**는 혹스 단백질을 암호화한다. 혹스 유전자들은 발생 과정 중 몸통과 다양한 체절의 기본 조화를 이루는 기능을 한다(여기에서 조화란 어느 쪽이 동물의 머리가 되고, 어느 쪽이 꼬리가 될지를 구분하는 것이다). 초파리와 생쥐 같은 체절동물들은 여러 개의 체절로 몸통이 구성되어 있다. 초파리의 혹스 유전자는 어느 체절에서 날개가 나오고, 어느 체절에서 다리가 생길지를 결정해 준다. 만일 혹스 유전자에 돌연변이가 생기면 그 결과로 기형이 발생한다. 예를 들어 더듬이가 있어야 할 자리에 다리가 나오거나, 다리가 있어야 할 자리에 날개가 생기는 것 같은 현상이다(그림 11.4A).

혹스 유전자들은 여러 종류의 다른 생물체들에서 발견이 된다. 그들은 **호메오박스**라고 부르는 특별한 공통염기서열이 있다는 점이 특징이다(그림 11.4A). 혹스 유전자는 **주된 발생조절 유전자**이다. 왜냐하면 이들이 암호화하여 만들어지는 전사인자들은 또 다른 발생조절 유전자들에 순차적으로 결합하며, 연쇄적으로 다음 순서의 유전자들을 활성화시키기 때문이다. 호메오도메인은 전사인자 단백질의 DNA-결합 부위이다. 호메오도메인의 다양한 서열로 인해 어느 목표 유전자가 다음에 조절될 것인지 결정된다. 그리고 목표 유전자는 형태 형성, 또는 그 동물이 최종 어떤 모습을 하게 될지를 직접 결정해준다.

혹스 유전자는 생쥐와 사람 같은 포유동물에 이르기까지 다양한 생물체에서 발견되는데, 그 구조가 대단히 잘 보존되어 있어 처음에는 중요성이 일부 간과되었다. 파리와 포유동물의 염색체상에 있는 혹스 유전자 위치는 몸통의 전방-후방 위치와 일치한다. 염색체상의

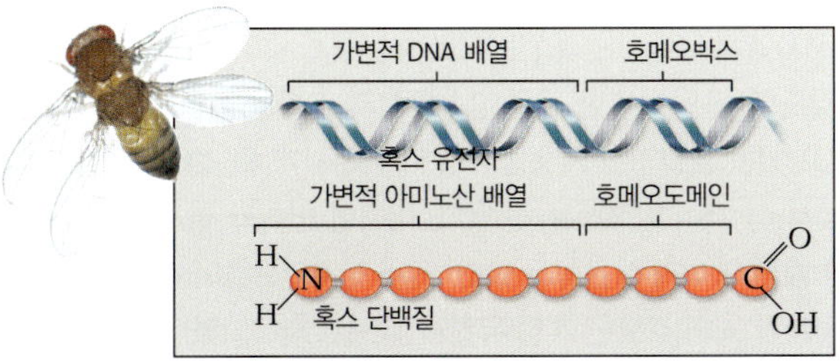


**그림 11.4A** 혹스 유전자에는 호메오도메인을 암호화하는 호메오박스가 들어 있다. 이는 다양한 생물 종에서 발견되는 주된 발생조절 유전자이다. 만일 초파리의 혹스 유전자가 기능을 상실하면 여러 쌍의 날개가 생기게 된다.

첫 번째 혹스 유전자 군은 체절의 전방 부분 발생을 결정하는 반면, 그다음 혹스 유전자들은 체절의 후방 부분 발생을 결정해준다.

포유동물의 혹스 유전자에서 돌연변이가 일어나면 초파리에서 발견되는 형태 이상과 비슷한 결과가 초래된다. 예를 들어 생쥐에서 두 개의 인접한 혹스 유전자가 돌연변이 되면 방사상 뼈와 척골이 사라져서 짧은 앞다리가 초래된다. 사람에서도 혹스 유전자의 돌연변이 때문에 야기된 합체다지증(synpolydactyly)–손가락과 발가락 수가 보통 사람보다 많고, 일부는 서로 붙어 있는 증상–이 보고되어 있다.

혹스 유전자가 체절 발생을 주로 결정하지만, 이외에도 다양한 발생 유전자들이 있다. 한 가지 놀라운 발견은 파리, 사람, 오징어 등 다양한 생물체들의 눈 구조가 완전히 다름에도 불구하고, 이들의 눈 발생을 주도하는 유전자는 Pax6라는 공통 유전자라는 것이다(그림 11.4B).

## 생명은 어떻게 변화하는가?

어린 침팬지는 어머니에게 매달릴 수 있다. 어미의 양손이 자유로워 나무를 기어오를 수 있다.

사람의 아이는 스스로 매달릴 수 없기에 부모가 아이를 안아야 한다.

인간, 즉 호모 사피엔스 속(genus)에 가장 가까운 조상 화석을 보면 그들이 나무타기를 좋아했다는 점과, 또 그들이 유인원과 비슷한 형질을 많이 갖고 있었다는 것을 알 수 있다. 일부 신체 조직의 모양, 가령 유인원의 것과 비교하면 다리보다 팔들이 오히려 길었다. 우리 조상들은 허리가 강했고, 손가락과 발가락이 길고 굽어 있었다. 이런 특성들은 나무타기와, 나무열매 및 결과류를 수집하고, 하이에나와 사자 같은 맹수들을 피해 높은 데서 잠자는 데에 유용했을 것이다.

우리들의 뇌가 자몽 크기만 한 데 비해 옛날 사람들의 뇌는 겨우 오렌지 크기 정도였다 – 이것은 침팬지의 뇌보다 약간 더 큰 정도이다. 옛날에 우리 조상들이 석기 도구를 만들어 사용했다는 직접적인 증거는 없다. 짐작컨대 아마도 그 정도까지 총명하지는 않았을 것이다.

사람이라는 속(genus)의 기원은 일종의 진화학적 타협물이다. 인간들은 진화의 결과로 큰 뇌를 얻었으나, 장기간에 걸친 무력한 영아 시기를 떠안아야만 하게 되었다. 큰 뇌에 대한 긍정적인 가치는 장기간에 걸친 무력한 영아 시기라는 부정적인 면과 비교할 때, 가령 아이를 안고 나무에 오를 수 없다는 점 등 보다 이점이 더 컸음이 틀림없다. 아기를 안고 나무를 탈 수 있는 능력이 있었다면 거기서 더 진화하지 못했을 것이다. 큰 뇌를 가졌다는 것은 인간들이 무기를 제조할 만큼 영리해서 포식자들을 물리치고 미래를 멀리 내다볼 수 있었다는 뜻이 된다.

만약에 조절 유전자들이 이 과정에 적절히 관여하였다면 영아 시기에 큰 뇌를 보유하기 위한 유전적 변화가 거의 필요치 않았을 것이다. 그저 *Pax* 유전자처럼 주요 발생조절 유전자에서 일어나는 돌연변이로 충분했을 것이다. 사람 유전체에 관하여 배우면 배울수록 우리는 옛 조상들로 하여금 큰 뇌를 갖도록 해준 특별한 유전자나 유전자 조합들을 밝힐 수 있을 것이다. 아마도 이에 대한 데이터가 계속해서 쌓이면 지금은 모르고 있는 놀랄만한 사실들이 많이 밝혀지게 될 것이다. 연구에 따르면 유전자 발현의 변화가 뇌보다는 다른 기관들(간과 같은)에서 더 자주 발생하는 것 같다. 어떠한 변화라 할지라도 어쨌든 그 결과는 놀라운 것일 수밖에 없다. 이것은 사람의 뇌의 독특한 발생 양식과 상관성이 있다. 뇌는 신경세포들이 생겨 연결되면서 점차 크기가 증대된다. 최근에 프로토카데린이라고 하는 유전자가 뇌의 주요한 조절 유전자 후보로 지목되었다. 이 유전자를 유인원의 뇌에서와 비교하면 아마도 인간 뇌에서 좀 더 다르게 기능할 것이라는 결론에 다다른다.

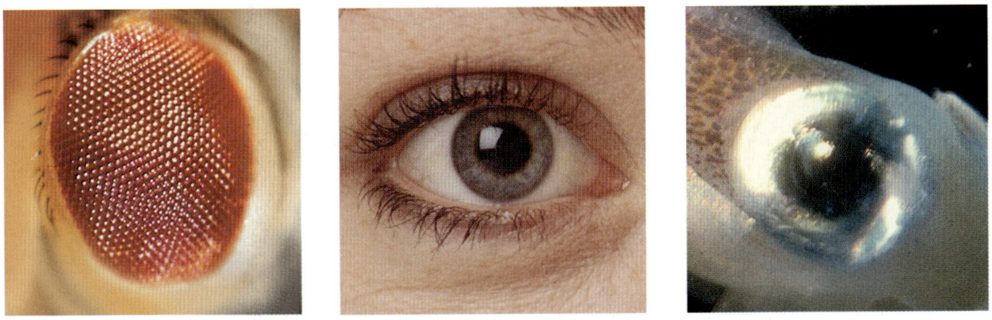

그림 11.4B Pax6는 파리, 사람, 오징어들에서 눈 발생을 조절하는 주된 유전자이다.

▶ **11.4 진도 체크**

1. 주된 발생조절 유전자가 왜 몸통 전체에 영향을 미치는지 설명하라.

# 전사 후 조절

유전자 발현에 있어서 RNA의 역할은 최근에 와서야 중요하게 인식되고 의미를 부여받게 되었다. 선택적 mRNA 이어맞추기는 이전에도 알려져 있었지만, 분자량이 작은 mRNA들이 세포내에 존재한다는 사실과 유전자발현에서 조절 능력을 발휘한다는 것은 새로운 발견이다. 생물학자들이 궁금해하는 것은 다음과 같은 문제들이다. RNA는 단순히 DNA의 조력자인가? 아니면 RNA는 세포와 생물체가 장차 어떻게 발달할지를 조절하는 주요 물질인가?

## 11.5 선택적 mRNA 이어맞추기는 다양한 유전자 생산물을 만든다

### 학습 성과들

본 절을 공부하고 나면 다음에 대한 이해와 능력이 향상될 것이다.

1. 선택적 mRNA 이어맞추기는 유전자의 특이단백질을 어떻게 조절하는지 설명하기

mRNA의 전구체에서 인트론(비발현부위: 비암호화 부위)들이 제거되고, 엑손(발현부위)들만 남아 이어 맞추어진다. mRNA 전구체의 인트론이 제거되는 과정에서 엑손들의 **선택적 mRNA 이어맞추기**가 일어날 수 있으며 이것이 유전자 발현에 영향을 미친다. 예를 들면, 전사된 mRNA 전구체에 포함된 엑손일지라도 이어맞추기 과정에서 건너뛰어질 수 있으며, 옆에 있는 인트론과 함께 제거될 수 있다(그림 11.5). 이렇게 선택적으로 이어 맞추어져 형성된 성숙한 mRNA(mature mRNA)는 엑손의 배열이 달라지며, 그 결과 단백질 생성물도 달라진다. 때로는 미처 제거되지 않은 인트론이 mRNA 전사물에 남아 있기도 한다. 이런 일이 발생하면 단백질의 암호화 배열이 당연히 달라진다.

세포 내에서 선택적 mRNA 이어맞추기의 예는 다양하다. 시상하부와 갑상선은 모두 칼시토닌이라는 단백질 호르몬을 생산하는데 이들의 mRNA가 동일하지 않다. 즉, 갑상선에서 만들어지는 칼시토닌은 시상하부의 것과 비교할 때 구조가 약간 다르다. 선택적 mRNA

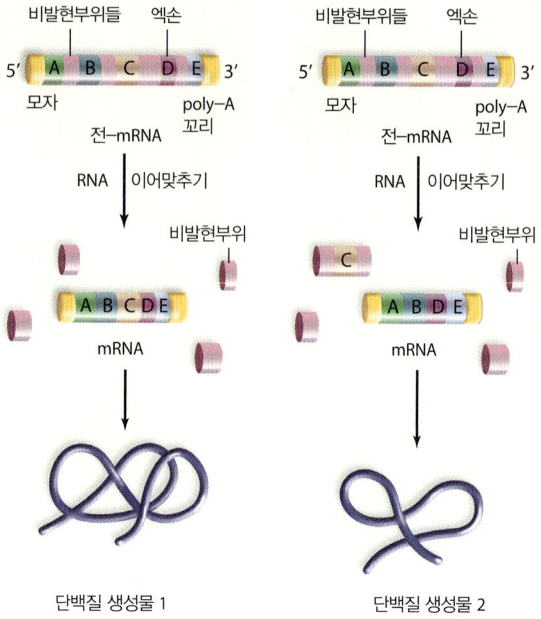


**그림 11.5** pre–mRNA들이 두 개의 세포들에서 다르게 이어 맞추어져 다른 단백질들이 생성된다. 이것은 유전자 발현에 있어서 전사 후 조절의 한 형태이다.

이어맞추기의 증거는 다른 세포들에서도 발견된다. 신경전달물질, 근육조절단백질, 그리고 항체들의 경우가 이런 예이다. 이어맞추기 과정은 하나의 유전자로부터 여러 개의 다양한 단백질들을 만들기 위한 유전자 재조합 방식인 것이다.

과학자들은 어떻게 인트론들과 소형 mRNA들이 11.6절에서 논의하는 바처럼 mRNA 이어맞추기 과정과 전사에 영향을 줄 수 있는지를 밝히기 위해 활발하게 연구 중이다.

선택적 이어맞추기 외에, 유전자 발현의 전사 후 조절 역시 mRNA가 핵으로부터 세포질로 이동하는 속도를 변화시키는 방식으로 진행될 수 있다. 다양한 여러 가지 mRNA 분자들이 핵공을 통과하는 데 걸리는 시간이 차이가 난다는 증거가 있는데, 이는 전사 후 만들어진 유전자 생성물의 양에 영향을 미치게 된다.

▶ **11.5 진도 체크**

1. 그림 11.5에서 이어맞추기가 발생하지 않을 경우, mRNA 분자의 구성 성분이 어떻게 될지 설명하라.

## 11.6 소형 RNA(sRNA) 분자들이 유전자 발현을 미세 조정한다

### 학습 성과들

본 절을 공부하고 나면 다음에 대한 이해와 능력이 향상될 것이다.

1. 유전자 생성물의 양을 조절하는 데 있어서 소형 RNA의 역할 설명하기

과학자들은 유전자 발현에 대한 전반적인 과정을 이해했지만 또다시 난관에 봉착하였다. 핵에는 세포 내에서 발견되는 단백질의 양보다 훨씬 많은 DNA가 들어 있기 때문이다. 이

말은 어떤 DNA 부분은 단백질을 암호화하지 않는다는 말이다. 이렇게 단백질을 암호화하지 않는 DNA를 처음에 '폐기물' DNA('junk' DNA)라고 불렀다. 그 당시에는 이에 대한 기능이 알려지지 않았기 때문이었다. 그러나 이제 과학자들은 이 DNA의 세포 내 역할을 조금씩 이해하기 시작하였다. 그리고 이러한 작업을 통해 유전학 연구에 새로운 활력이 불어넣어지고 있다.

우리는 이제 비암호화 DNA가 소형 RNA(sRNA) 분자들을 형성하는 데 사용된다는 것을 알게 되었다. sRNA 분자들은 여러 가지 방법으로 유전자 발현을 조절하고 있는 것이다. 어떻게 세포가 sRNA 분자들을 형성하고 또 어떻게 유전자 발현을 조절하는가? 그림 11.6을 보면, 전사된 RNA는 이따금 염기들 간에 수소결합으로 고리들을 형성할 수 있다. 세포 내에 있는 효소들이 이 이중가닥을 잘라서(dsRNA) **소형 RNA(sRNAs)**들을 만든다. 이들 sRNA 분자 중 일부는 전사를 조절하고, 또 다른 것들은 번역의 조절에 관여한다. 특별히, sRNA가 유전자 발현을 조절하는 세 가지 방법들이 발견되었다:

- 소형 RNA들은 DNA가 압축되는 것을 변형시켜서 유전자들이 전사될 수 없도록 조절한다.
- 소형 RNA는 **미세 RNA들(miRNAs)**의 공급원이다. miRNA는 작은 RNA 조각으로서 mRNA에 결합하여 세포질에서 해석되는 정도를 감소시킬 수 있다. 그 결과 발현되는 생성물의 양이 조절된다.
- 소형 RNA는 또한 **소형 간섭 RNA(siRNAs)**의 공급원으로서 효소와 결합한다. 그 결과로 RNA-유도 침묵 복합체(RNA-Induced Silensing Complex: RISC)를 형성한다. 이 복합체는 특정한 mRNA를 분해하는 기능이 있다.

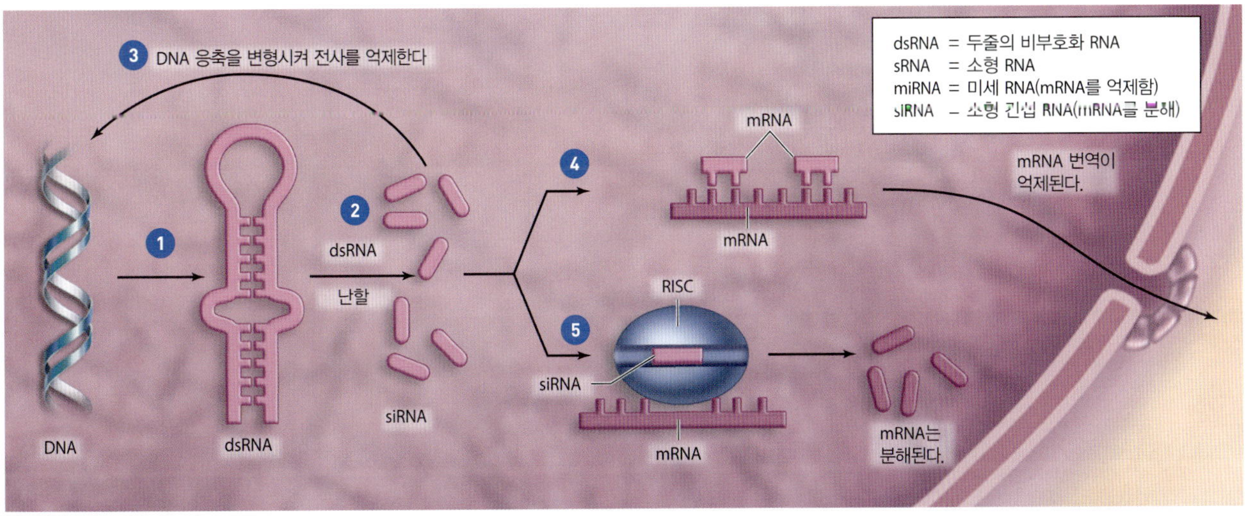


**그림 11.6** DNA 전사는 ❶ RNA가 고리를 형성하거나 두줄(이중)의 RNA(dsRNA)를 형성하게 해준다. ❷ dsRNA가 끊어지고, 깨어지면서 많은 소형 RNA(sRNA) 분자들이 만들어진다. ❸ sRNA는 DNA가 응축되는 현상을 더욱 촉진시켜주고, 경우에 따라서는 miRNA 또는 siRNA가 될 수도 있다. ❹ miRNA는 상보적인 염기서열을 가진 mRNA 분자들과 결합함으로써 해석과정을 억제시킨다. ❺ siRNA는 RISC(RNA-유도 침묵 복합체)라고 불리는 복합체를 형성한다. 그리고 siRNA에 상보적인 mRNA를 분해시킨다. 그 결과 이 mRNA가 번역되지 않게 한다.

miRNA와 siRNA 분자들의 조합을 사용하여, 세포는 세포 내에서 단백질 생산물의 양을 미세하게 조절할 수 있는데, 마치 전기 스위치가 조명도를 다양하게 조절하여 밝게도 하고 끄기도 하는 이치와 같다. 이전의 과학자들은 유전자 조절에 있어서 RNA가 이같이 활발하게 작용하는 것을 미처 인지하지 못하였다. 그러나 이제는 이러한 연구결과물들의 의미에 대해 새롭게 가설을 세우고 이를 개체 발생에 적용하기 시작하였다. 예를 들면 소형 RNA들이 어떻게 발생을 조절하며, 종간의 차이가 왜 발생하는지를 설명할 수 있을 것으로 보고 있다. 무척추 동물에 비해 척추동물에서 소형 RNA가 더 많이 발견되기 때문에, 일부 과학자들은 인간을 포함한 여러 척추동물의 진화 과정에서 소형 RNA가 상당한 역할을 하고 있다는 가설을 세우고 있다. 다른 과학자들도 이들 새로운 연구결과를 다양한 방법으로 응용하는 데에 관심을 쏟고 있다.

**siRNAs와 miRNAs의 이용들** 어떤 바이러스들은 RNA를 유전물질로 갖고 있다. 그래서 siRNA를 이용하여 이들 바이러스가 세포 감염을 못하도록 예방하는 것도 가능하다. 오늘날 siRNA는 세포가 바이러스 감염 시 자신을 방어하는 중요한 기작이다. 이를 이용하면 바이러스에 의한 질병 치료가 가능해질 것이다.

의사들은 siRNA를 알츠하이머 질환, 심혈관계 질환 또는 암을 유발시키는 유전자 발현을 억제하는 치료제로서의 사용 가능성을 모색하고 있다. 2006년도 생리의학분야 노벨상을 공동 수상한 Andrew Fire와 Craig Mello는 최초로 인공 siRNA를 합성하여 특이 유전자 발현을 억제시켰다.

최근의 연구는 miRNA들이 유전자변형 식물에게 유용할지도 모른다는 것을 보여주고 있다. 애기장대 식물들은 인산염을 다량으로 요구하는데 잘 살펴보면 뿌리 세포에 인산염 운반 단백질 수가 증가되어 있다. 왜냐하면 miRNA가 운반체 단백질을 분해하는 효소 생산을 억제시켰기 때문이다. 이 연구 결과는 miRNA가 여러 가지 스트레스로 가득한 환경에 알맞는 품종 개발에 이용될 가능성을 제기한 것이다.

▶ **11.6 진도 체크**

1. 세포 내에서 siRNAs와 miRNAs의 활동을 구별하라.
2. 과학자들이 소형 RNA와 그 기능들에 대한 최근의 연구 성과에 큰 흥미를 가지는지 그 이유를 설명하라.

## 번역과 번역 후 조절

번역을 위한 mRNA의 안정성과 번역된 단백질 생성물의 안정성은 다양하다. 노후된 단백질들, 또는 입체 구조가 부정확하게 접혀서 세포가 더 이상 사용하지 않는 단백질들은 단백질 분해효소복합체에 의해 분해된다.

## 11.7 mRNA의 활성과 단백질 생산은 모두 조절된다

### 학습 성과들

본 절을 공부하고 나면 다음에 대한 이해와 능력이 향상될 것이다.

1. 세포질에서 유전자 발현을 조절할 수 있는 방법들을 열거하기

**번역 조절**은 이어맞추기가 끝나 완성된 mRNA 분자들이 세포질에 도달할 때, 그리고 단백질 생성물이 만들어지기 전에 시작된다. 번역 조절에는 리보솜과 함께 번역에 이용되는 mRNA가 관여한다.

5' cap의 여부와 성숙한 mRNA의 3' poly-A(아데닌 뉴클레오티드) 꼬리 길이는 그 mRNA가 얼마나 오래 활성을 유지하느냐를 결정한다. 만약 히스톤 단백질들이 필요하지 않게 되면 히스톤 mRNA의 poly-A 꼬리가 사라지고, 가수분해효소에 의해서 몇 분 내로 분해된다. 그 반면 포유류의 헤모글로빈 mRNA는 cap과 긴 poly-A 꼬리 덕분에 적혈구의 수명만큼이나 오랫동안 안정하다.

번역은 mRNA에 부착된 miRNA의 존재에 의해서, 또는 번역 억제 단백질의 존재에 의해서도 억제될 수 있다. 예를 들면 철분-저장 단백질인 페리틴은 철이 존재하지 않는 한 만들어지지 않는다. 만약 철이 존재하지 않으면 **'번역 억제 단백질'**이 mRNA의 시작부위에 결합하여 mRNA가 리보솜에 결합할 수 없게 한다. 철분이 세포 내로 들어가면 철이 억제 단백질과 결합하여 페리틴 mRNA로부터 분리시킨다. 이제 번역이 시작된다. 원핵세포에서의 억제 단백질 역할과 달리, 이것은 억제 단백질을 사용한 번역조절의 예이다.

**번역 후 조절** 일단 한 단백질이 합성되어 활성화되면 시작된다. 번역 후 조절은 세포가 유전자 발현에 영향을 주는 마지막 단계이다. 일부 단백질들은 합성 후 즉각적으로 활성화되지 않는다. 예를 들면 소의 인슐린 전구체는 처음에 긴 폴리펩티드로서 만들어지고, 이어서 3차원적 구조로 접히게 된다. 전달과정에 의해 두 개의 작은 사슬들이 형성되고 이것들은 이황화물(S—S)결합에 의해서 서로 결합된다. 이러한 과정을 거치면 비로소 활성 인슐린으로 작용할 수 있다.

단백질이 세포 내에서 얼마나 오래 지속되는가는 단백질 분해 효소들인 프로테아제의 작용에 의해서 조절된다. 세포를 보호하기 위해서 **'프로테아제들'**은 전형적으로 리소좀이나 **'단백질분해효소복합체'**라고 불리는 특수 구조 내부에 존재한다(그림 11.7). 단백질이 '단백질분해효소복합체'로 들어가려면, 단백질분해효소복합체의 cap 구조가 인식하는 신호 단백질로 표지해주어야 한다. 이 cap이 그 표지를 인식할 때 복합체가 열리고 단백질이 내부로 유입된다. 이 복합체에서 단백질은 펩티드 조각들로 소화된다. 단백질분해효소복합체들이 p53 같은 조절단백질을 소화하면 암 발생에 영향을 주게 된다(301 페이지 참조). p53은 세포주기 조절과 암 예방을 돕는 단백질이기 때문이다. 단백질분해효소복합체의 활성을 억제하여 p53의 수준을 높이는 약제들은 현재 암 치료 연구대상이다. 다른 단백질들을 분해시키는 단백질분해효소복합체들도 있다. 이들 역시 알츠하이머, 파킨슨, 그리고 광우병 같은 질환

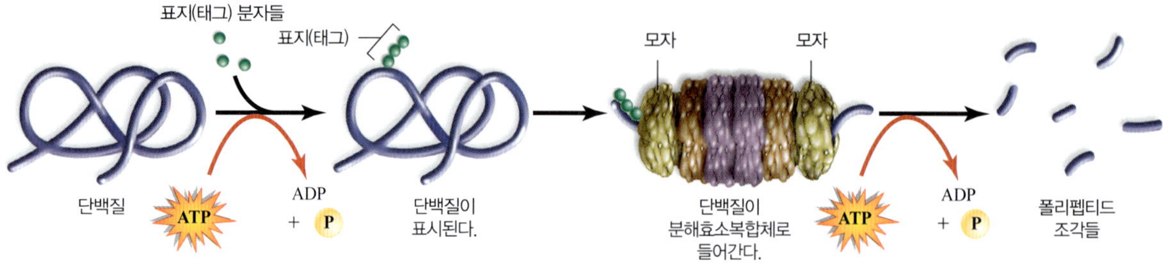


**그림 11.7** 분해될 단백질들에 신호 분자가 붙어서 먼저 표시(태그)된다. 그리고 이것은 프로테아제가 들어 있는 큰 원통형 복합체인 단백질분해효소복합체로 들어간다. 프로테아제 효소들은 단백질을 소화하여 폴리펩티드 조각들로 만든다.

과 관련이 있는 것으로 보인다. 유전자 발현 조절에 있어서 단백질분해효소복합체의 기능을 주목해야 되는데, 그 이유는 세포질 내에서의 단백질 생성량의 조절을 돕기 때문이다.

▶ **11.7 진도 체크**

1. 번역 조절과 번역 후 조절을 각각 예시를 들어 구분하라.

## 암: 세포주기 조절의 부족

우리는 이제 세포주기 조절 유전자들, 즉, 원발암유전자들 또는 종양억제유전자들이라고 불리는 유전자들에 대해 공부할 것이다. 이 유전자들은 원형질막에서부터 그들이 위치한 핵에까지 뻗쳐 있는 조절 경로에 포함되어 있다. 이 경로에 포함된 단백질들이 기능을 바르게 하지 못할 경우 암이 발생한다.

### 11.8 두 가지 유형의 유전자들이 세포주기를 조절한다

#### 학습 성과들

본 절을 공부하고 나면 다음에 대한 이해와 능력이 향상될 것이다.

1. 원발암유전자의 신호전달 경로들과 종양억제유전자들을 대조하여 설명하기
2. 유전자발생을 다단계 과정으로서 기술하기

세포주기에는 유사분열이 뒤따르는 간기(휴지기)가 있음을 상기해보자. 일반적으로 세포주기 기능을 정상으로 유지하는 두 유형의 유전자들은 원발암유전자들과 종양억제유전자들이다.

1. **원발암유전자들**은 세포주기를 촉진하고 세포자살을 억제한다. 그들은 마치 자동차의 가속페달과 유사한데 그들이 세포주기를 진행시키기 때문이다. 원발암유전자가 돌연변이를 일으키면 그들은 **발암성 유전자**, 즉, 암유전자가 되고, 그 결과 세포주기를 과잉 자극한다. 또한 세포자살이 억제된다.
2. **종양억제유전자들**은 세포주기를 억제하고 세포자살을 촉진하는 조절 유전자들이다. 그들은 자주 자동차의 제동장치와 비유된다. 그들이 세포주기를 억제하고 세포분열을 중

단시키기 때문이다. 종양억제유전자들이 돌연변이를 일으키면 종양화가 진행되며 세포자살은 억제된다.

이 유전자들은 원형질막에서 핵까지 이어지는 신호전달 경로들의 한 부분이다(그림 11.8A). 정상적인 촉진 경로는 원발암유전자로 끝난다. 경로는 자극성(촉진성) 성장인자, 수용체, 신호 단백질들, 그리고 전사인자로 구성된다. 전사인자가 수용체와 결합하면 자극성 경로는 활성화된다. 전사인자는 자극성 경로 부분인 단백질을 부호화하는 원발암유전자를 작동시키는 데 필요하다. 예를 들면 Ras 단백질들은 자극성 경로의 한 부분이다. 원발암유전자가 돌연변이를 일으키면, 결과는 세포주기를 과잉 자극하는 Ras 단백질이 될 수도 있다. Ras 단백질은 사람에서 발견되는 모든 암세포의 약 1/3과 관련되어 있다. 자극성 경로에서 신호 단백질을 암호화하는 어느 한 유전자에라도 돌연변이가 일어나면 세포주기를 과잉 자극하게 될 수 있고, 세포자살을 과도하게 억제시킬 수도 있다.

정상적인 억제 경로 역시 신호 단백질들, 수용체, 그리고 전사인자를 포함한다. 그러나 이 경우 외부 신호는 성장 억제인자이며, 전사인자는 종양억제유전자를 가동시킨다. 단백질 p53은 세포주기를 정지시키고 염색체 수리 효소들을 활성화시키는 전사인자 기구이다. 만일에 수리가 불가능하면 p53 단백질이 세포자살을 촉진한다. 여러분은 세포자살에 대하여 세포의 죽음이 한 세포 내부에서의 특별한 효소 방출 때문에 발생하는 한 과정인 것을 상기할 것이다(187 페이지, 7.5절 참조). 만일에 종양억제유전자가 돌연변이를 일으키면 세포주기를 억제할 수 없거나 세포자살을 촉진시킬 수 없다는 신호를 줄 것이다. p53의 부족은 사람에서 나타나는 암의 절반 이상에 대한 원인이다. 망막모세포종 단백질(RB)은 암억제 단백질로서 여러 유형의 암에서 역기능을 한다.

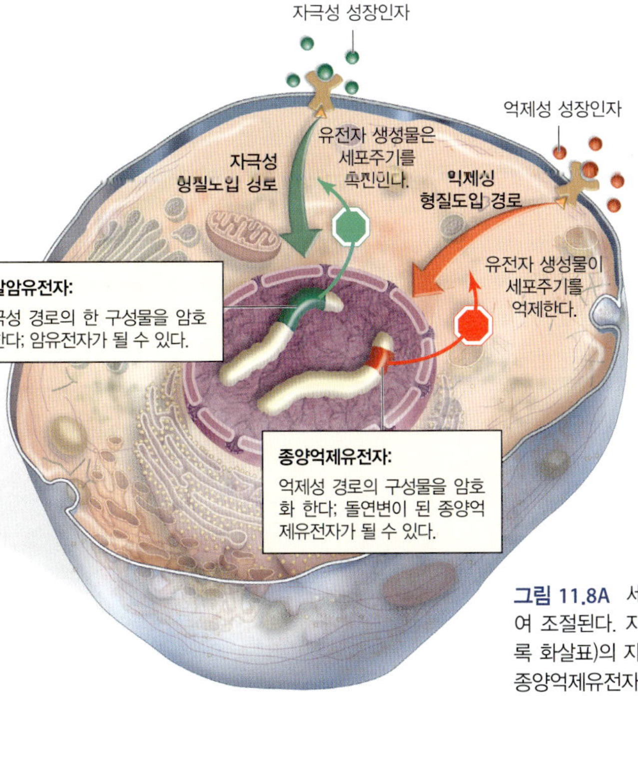


**그림 11.8A** 세포주기는 유전자 발현의 제어를 통하여 조절된다. 자극 신호전달 경로는 원발암유전자(초록 화살표)의 자극에서 끝난다. 억제 신호전달 경로는 종양억제유전자(붉은 화살표)의 자극으로 종결된다.

**암의 발생** 우리가 지금까지 본 대로, 두 유형의 신호전달경로들은 정상적인 세포주기 진행과 세포자살 조절에 있어 기본적으로 중요하다. 그러므로 이 경로에 유전적으로나 획득성 결함이 생길 경우 **발암**에 영향을 준다(그림 11.8B). 유전되는 암 유발 유전자의 일부는 알려져 있다:

***BRCA1*과 *BRCA2*** 1990년에 유방암 발생율이 높은 가족들을 많이 모아서 DNA 연관 실험을 실시한 결과 유방암과 관련된 첫 번째 유전자가 확인되었다. 과학자들은 이 유전자를 유방암 1번, 또는 *BRCA1*(브라카라고 발음)이라 이름 붙였다. 나중에 과학자들은 다른 가족들로부터 *BRCA2*라고 하는 또 다른 유방암 유전자를 발견하였다. 두 대립유전자는 모두 돌연변이 종양억제유전자인데, 상염색체 열성방식으로 유전된다. 만일 한 돌연변이 대립유전자를 어느 부모로부터든지 물려받았다면 암의 성향이 증가되기 전에 다른 대립유전자에서 돌연변이가 발생해야 한다. 만일 두 번째 돌연변이가 유방 내에 일어나면, 유방암으로 발전할 수 있다. 두 번째 돌연변이가 자궁 내에 일어나고 추가적인 암유발성 돌연변이들이 발생할 경우 자궁암으로 발전할 수 있다.

***RB* 유전자** *RB 유전자* 또한 종양억제유전자이다. 그 이름은 망막모세포종이라는 눈 종양과의 연관성에서 왔는데 이것은 처음에 망막 내의 한 물질로 나타난다. 눈의 종양은 아주 흔한데 그 이유는 암으로 발생할 수 있기 전 두 대립유전자들이 모두 돌연변이를 일으키기 때문이다. 돌연변이 대립유전자들을 물려받은 아이들은 양 눈에 종양이 발생하기 쉽다.

***RET* 유전자** *RET 유전자*의 비정상적 대립유전자는 갑상선암에 취약하게 하며, 부모로부터 아이들에게 전해질 수 있다. *RET*는 체세포 우성 방법으로 전해지는 원발암유전자로 알려져 있는데, 오직 한 개의 돌연변이만 있어도 암에 대한 취약성이 증가한다. 갑상선암으로 발전하기 위해 필요한 잔여 돌연변이들은 획득되어야 한다(물려받는 것이 아니다).

그림 11.8B는 암 발생에 몇 개의 돌연변이가 요구됨을 보여주고 있다. 첫째, 단일 세포의

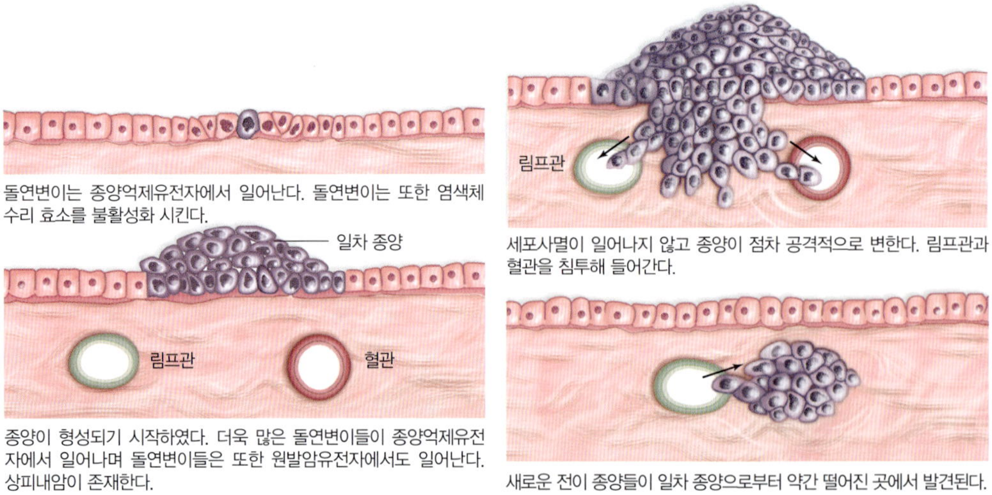


돌연변이는 종양억제유전자에서 일어난다. 돌연변이는 또한 염색체 수리 효소를 불활성화 시킨다.

종양이 형성되기 시작하였다. 더욱 많은 돌연변이들이 종양억제유전자에서 일어나며 돌연변이들은 또한 원발암유전자에서도 일어난다. 상피내암이 존재한다.

세포사멸이 일어나지 않고 종양이 점차 공격적으로 변한다. 림프관과 혈관을 침투해 들어간다.

새로운 전이 종양들이 일차 종양으로부터 약간 떨어진 곳에서 발견된다.

**그림 11.8B** 암 발생에는 일련의 돌연변이들이 요구된다. 처음에는 일정한 국부에 종양이 발생하지만, 그다음에 전이 종양으로 가게 된다. 암 발생 단계를 보면 대부분 유전적으로 변경된 다음 공격적인 세포는 우성형 종양이 된다. 계속 분열하는 배아세포의 특징을 그대로 간직한 세포들이 분화되지 않으면서 제어할 수 없는 방향으로 분열한다.

신속한 분열을 유발하는 돌연변이가 일어나야 한다. 이 세포의 자손들 중에는 돌연변이가 강화되어 종양화가 시작될 수 있다. 종양으로 발전하면 이런 경우를 제자리 암이라 한다. 왜냐하면 처음 발생한 그 자리에 머물러 있기 때문이다. 종양이 완두콩보다 더 커지려면, 종양은 영양분들과 산소를 잘 공급할 수 있는 발달된 모세혈관망이 있어야 한다. 종양 세포들은 새로운 혈관의 형성을 위해 **'혈관형성인자'**를 만들어 공급한다. 암 치료의 한 가지 방법으로 종양 인접의 새 모세혈관을 억제하는 약을 사용하는 것이다.

새로운 돌연변이는 종양 세포로 하여금 비조직화된 세포골격을 갖게 하며, 순수 액틴 필라멘트가 상실되게 한다. 암세포는 이동할 수 있는 세포들이고, 그래서 하부 조직으로 침범할 수 있는데, 그 이유는 그들이 세포외기질을 분해하는 단백질분해효소들을 생산하기 때문이다. 다른 돌연변이들은 암 세포들이 림프관을 침범할 능력을 갖게 하고, 이것이 신체의 다른 부분들로 옮겨가게 한다. **'악성종양'**이 존재할 경우는 암세포들이 림프절 인접 부위에서 발견된다. 암세포가 일차 종양에서 떨어져 있는 곳에 새로운 종양을 만들기 시작하면 전이가 발생한 것이다. **전이**를 일으키는 암 세포의 종류는 많지 않지만(아마도 1/10,000) 일단 전이가 일어나면 완치 확률이 매우 낮아진다.

**▶ 11.8 진도 체크**

1. 원발암유전자에서의 돌연변이와 종양억제유전자 내에서의 돌연변이를 대조하라.
2. 암을 유발하는 돌연변이 유전자 3가지를 예시와 함께 설명하고, 그들이 종양억제유전자들인지 혹은 종양형성유전자들인지를 설명하라.

## 생물학은 우리 삶에 어떻게 영향을 주는가?

나는 *BRCA1* 여성이다(그림 11B에 나온 자매들). *BRCA1* 돌연변이는 초기에 유방암으로 보이지만 자궁암으로 결과가 나올 수도 있다. 어머니와 동생, 그리고 내가 유전자 검사를 받은 결과 우리 모두 *BRCA1* 돌연변이를 갖고 있는 것으로 나타났다. 유전자 검사와 유전 분야 상담가와 상담을 나눈지 한 달 후, 나는 35세의 나이로 자궁암 3기 단계(stage 3c)라는 진단을 받았다. 5일 후, 난소, 난관, 그물막(복부 내피 부분)의 절제수술을 받았다. 암은 그물막에 퍼져 있었고, 복수는 7리터 이상이나 과잉 상태로 찼다. 나는 수술 결과 13.6kg이나 체중이 빠졌다. 그리고 3주 후부터 3개월간에 걸친 화학요법을 받았다. 나는 또 좌측 대퇴부에 심부(深部)정맥혈전증 진단을 받아 6개월간 와파린(혈전치료제)을 복용해야만 했다. CT 촬영의 결과로는 하부 그물막에 일부 암이 있는 것으로 나왔지만 크기는 경미했고, 월별 CA-125(암항체) 혈액검사를 한 결과 자궁암은 개선되고 있었다.

진단 3주 후, 동생이 유방암 1기의 진단 결과를 받았다. 그 유방암은 동생이 난소절제와 자궁제거를 하기 위하여 예방 조사를 받기 전 정기검사를 진행할 때 발견되었다. 유방암이 발견된 후 내 동생은 유방절제와 자궁절제를 받기로 결정했으며 화학요법이 진행되었다. 그녀는 지금 암이 없는 상태이며 지속적인 약물치료를 면밀하게 검토하고 있다.

우리는 우리 가족에게 생식 계통의 가족력이 있음을 알고 있었다. 나의 외조모와 아주머니는 40대에 난소암으로 사망하였고, 나의 어머니는 46세 때에 난관의 암을 조기 발견하였다(*BRCA1* 암은 보통 난소암으로 오진된다). 그녀는 화학요법을 감내하였고, 추가적으로 자궁 절제수술과 인접한 림프절의 조직검사도 받았다. 의사는 그녀에게 유방암과 자궁절제수술을 둘 다 받도록 권유하였다. 그러나 우리 가족들의 지식과 경험으로는 생식기관 암이 유전적 돌연변이의 결과라는 것을 알 수 없었다.

암의 심리학적 영향은 무력감, 우울증, 슬픔, 그리고 혼란스러움이었다. 우리 남편들은 그런 중에도 대단한 지원을 보여주었다. 우리 아이들은 처음에는 충격을 받았지만 빠르게 회복되었다. 그들은 가족 전체의 긍정적 롤 모델이었으며, 그들의 생기 있는 모습은 고무적이었다. 우리는 Mayo Clinic으로부터 '가족역으로서의 유방암과 난소암 연구' 발표에 초청받았다. 이것은 우리들에게 흥분이 되는 뉴스인데 이 사례 연구들에 참여하고 연구 그룹들을 만나는 것은 우리들이 이들 암의 치료법을 발견하는 데에 있어서 큰 기여가 되게 하였기 때문이었다. 이 특별한 연구는 기타 다른 난소 및 유방암에 관한 유전적 및 환경적 인자들을 정확하게 찾는 데에 있어서 기여를 하게 할 것이며, 또한 여러 경미한 *BRCA1*이나 또는 *BRCA2* 유전자 돌연변이들에 의해서 유병될 수도 있는 여러 사소한 암들도 도움을 받을 수가 있을 것이다.

동생과 나는 우리 아이들도 돌연변이를 가질 수 있을 것이라는 것이 관심 사항이다. 몇 분의 의사들과 유전문제 상담사들을 만나 상담하였는데, 그들은 한결같이 아이들이 돌연변이에 관련된 문제들을 알고 있어야 한다고 강조하였다. 다만 그 정보는 연령 수준에 맞는 것이어야 한다는 것이다. 그들이 추천하기로는 아이들이 사춘기가 지났을 때나 20대 초반에 들어가면 유전 문제 상담을 받도록 하며, 그들의 분별력에 따라 검사를 받도록 하라는 것이다. 일반적으로 검사는 25세까지는 기다린 다음 시행할 수 있다. 이때쯤이면 대개 여성이 아기를 가졌는지 또는 가지려 하는지를 알게 되므로 정기적으로 부인과 의사와의 상담을 하는 것이 더 좋을 것이다. 혹시 *BRCA1*이나 *BRCA2* 돌연변이가 있는 사람은 30세부터 유방암 진단과 흉부 MRI 검사를 매년 받아야 한다.

생활 스타일의 많은 변화 역시 관계가 있다. 건강한 식사와 정기적인 운동은 아주 중요한 추천 항목이다. 나는 하루 20~30분씩 매일 운동하고 있으며 생활에 흥미를 일으키는 새로운 활동을 꾸준히 추구하고 있다. 내 동생은 엄격한 건강식을 하며 규칙적으로 신체 단련을 하고 있다. 실제로 동생은 5K를 30분 이내에 달릴 수 있다. 어머니는 정규적 운동 일정을 세우지는 않았지만, 아버지와 더불어 일주일에 여러 번씩 자전거 타기를 한다. 암과 *BRCA1* 돌연변이의 결과로 인해서 가족들이 인내심을 갖고 행하는 도전들은 한편으로는 벅차 보이지만, 가족과 친구와, 그리고 의사들이 지원하는 유전 검사와 건강한 생활 습관으로 인해 이 만성질환을 대하는 우리들의 태도에 있어서 완전한 차이를 만들어 주었다.

주사전자현미경으로 본 암세포

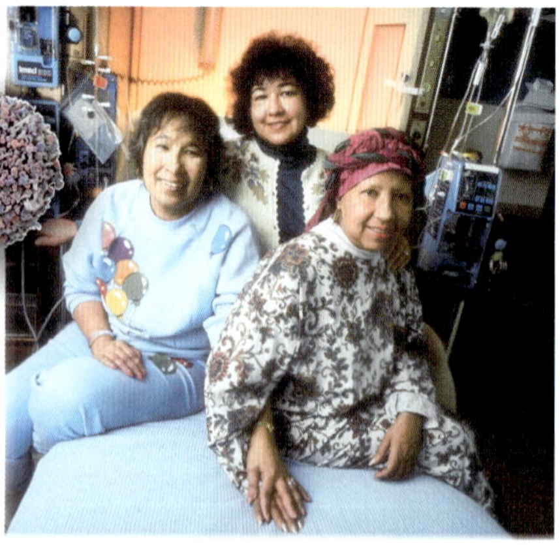

**그림 11B** 이들 세 자매들은 모두 유방암을 갖고 있었다. 유전 검사를 통해 부인들이 유방암의 위험에 있음을 확인하였으며, 그들은 조기발견을 위하여 자주 검사받기로 하였다.

## 본 장에 대한 리뷰

### 개념들의 연결

유전자 조절에는 상이한 단계들이 있다. 음식을 만들어 본 사람이라면 누구나 모든 것이 잘 되고 있지만 조절이라는 것이 얼마나 중요할 수 있는지를 알고 있다. 음식은 조화가 있어야 하며, 음식의 양은 먹는 사람의 수에 적절하게 맞아떨어져야 한다. 마찬가지로 세포는 에너지를 낭비하지 않기 위하여 당장 필요한 단백질만 만들 필요가 있다. 원핵생물과 진핵생물 모두에 있어서, 조절 유전자들의 생성물은 어느 유전자가 전사될 것인지를 결정하는 DNA-결합 단백질들이다. 만약에 유전자가 진정염색질에 위치하고 있으면, 전사인자들과 전사 활성인자가 전사를 유발하고 그 결과로 전구체 mRNA 분자가 만들어진다. 전사 후 조절은 세포 특수화의 첫 단계로서 매우 중요한 스텝임에도 불구하고, 이제야 그 중요성이 제대로 인식되고 있는 중이다. mRNA의 선택적 이어맞추기는 세포의 특별한 단백질 생성물에 영향을 줄 수 있으며, 소형RNA들(miRNAs와 siRNAs)은 어떤 mRNA가 번역되며, 어느 정도의 양으로 발현될 것인지를 결정한다. 어떤 과학자들은 소형 RNA들이 유전자 발현에서 가장 중요한 수단일 것으로 생각한다.

세포질에서 유전자 조절이 일어난다. 단백질 합성이 필요한 만큼 일어나려면 모든 필요한 물질들이 있어야 한다. 또한 mRNA도 필요한 만큼 활성화되어야 한다. 만약 세포가 만들어진 모든 단백질들을 사용하지 못한다면 에너지 차원에서 불균형이 일어나 그 세포는 죽고 말 것이다. 단백질분해효소복합체들은 이전에 만든 잉여 단백질들을 분해해준다. 이제 여러분은 유전자 조절활동이 세포들 내에서 왜 절대적으로 필요한 것인지 잘 인지하였을 것이다.

또한, 유전자가 어떻게 조절되는지에 대한 지식은 세포들의 특수화뿐만 아니라 인간과 침팬지 같은 종 간의 기본적 유전상의 차이가 어떻게 일어났는지도 설명할 수 있게 해 준다.

제12장에서 우리는 분자에 관한 지식이 생물공학 혁명에도 기여해 왔음을 알게 될 것이다. 우리는 이제 생물체의 유전자 분리법과 이종 생명체 간 유전자를 재조합시키는 기술도 알고 있다. 우리는 이미 사람의 DNA 염기배열을 모조리 밝혔으며, 현재 우리들의 상황에 대한 유전학적 연구도 상당하게 진전되었다. 이런 것들은 모두 우리 삶의 질을 높이는 데에 유익하게 사용될 수 있다.

#### 분석과 평가

1. 사람 속(屬)의 진화가 어떻게 조절 유전자를 이해하는 근거가 될 수 있는가?
2. 조절에 관한 지식이 질병 치료에 어떻게 사용될 수 있는가?
3. 세포 내에서의 유전 조절의 중요성을 비유로 설명해보라.

## 요약

### 전사 조절

**11.1 DNA 결합 단백질은 원핵생물에서 유전자 발현을 막는다**

- **오페론** 모델은 원핵생물에서의 유전자 조절을 설명해준다. 원핵생물에서 '**조절 유전자**'는 '**억제인자**'를 암호화한다. '억제인자'는 DNA-결합 단백질이다. 오페론은 '**프로모터**', '**작동 유전자**'(*스위치 단절*), 그리고 '**구조 유전자들**'로 구성되어 있다. 이것들은 모두 결합단백질이 붙는 DNA의 부분들이다. 중요한 개념은 DNA-결합 단백질, 즉, 활성 억제인자가 있어서 작동 유전자와 결합하여 구조 유전자들을 정지(단절)시킨다는 것이다. 그러면 RNA 중합효소가 촉진제와 결합할 수 없고 전사가 멈추게 된다.
- 젖당오페론에서는 억제인자가 평상시에 활성을 띠고 있기에 구조 유전자들은 중지되어 있다. 젖당은 세균이 선호하는 음식이 아니다. 만일 젖당이 존재하여 소화될 필요가 있으면 억제인자는 락토스와 결합한 후 그 활성을 잃게 된다. trp 오페론에서는 억제인자가 트립토판에 의해서 활성화된다. 트립토판이 존재할 때는 트립토판(구조적 유전자들에 의해서 암호화되는)을 만들 효소가 더 이상 필요하지 않기 때문이다.

**11.2 진핵세포의 DNA-결합 단백질은 유전자를 활성화시킨다**

- 진핵생물의 조절 유전자는 **'전사인자'**, 그리고 **'전사활성인자'**들과 함께 작용한다. 이들 단백질들은 조절 유전자에 결합하여 그와 관련된 구조 유전자들을 하나하나씩 가동시켜준다. 전사인자들은 프로모토와 결합하여 RNA중합효소와 결합하도록 돕는다. 때로는 전사활성인자가 거리상 조금 떨어져 있는 **'증폭자'**와 결합할 때 까지 전사가 시작되지 않을 수도 있다. 염색체가 구부러지면 증폭자가 전사인자 근처로 접근할 수 있다.

**11.3 히스톤들은 전사를 위한 DNA의 접근성을 조절한다**

- **뉴클레오솜**의 DNA는 히스톤 복합체를 감고 있다. 뉴클레오솜들은 갈지자로 쌓여 염색질이 응축되면서 꼬이게 된다.

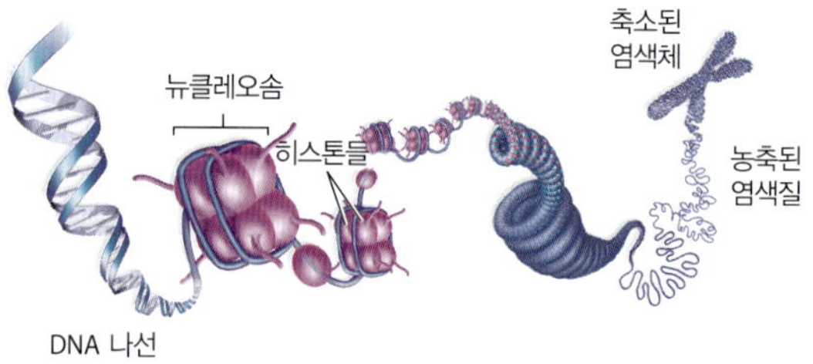


- 고도로 응축된 **'염색질'**을 **'이질염색질'**이라고 한다. **바소체**들은 불활성 X 염색체들이다. 바소체 내의 유전자들은 발현되지 않는다.
- **진정염색질**은 헐겁게 응축된 염색질로 구성되어 있다. 진정염색질의 유전자들은 **염색질 재배치 복합체**가 DNA를 노출시키기 위하여 히스톤을 옆으로 밀어낸 후, 전사인자들과 RNA 중합효소에 접근할 수 있다. 이것을 DNA **풀림현상**이라고 부른다.

**11.4 혹스(Hox) 단백질들은 DNA-결합 단백질들로서 발생의 각 과정들을 조절해준다**

- **혹스 유전자**는 주요한 **'발생조절 유전자'**이다. 여기에서 만들어지는 단백질 역시 이름이 **혹스 단백질**이다.
- 혹스 유전자에는 호메인도메인을 암호화하는 호메오박스가 들어 있다. **호메오박스**는 여러 다른 종류의 체절 동물들에서 발견되는 혹스 유전자를 선별하는 데 활용된다. 혹스 단백질은 체절의 조절하는 유전자들을 활성화시키는 전사인자이다.
- 발생에 영향을 주는 또 다른 조절 유전자와 단백질복합체들이 많이 있다. 과학자들은 ***Pax 6*** 유전자가 여러 동물에서 눈의 형성을 지시한다는 사실도 발견하였다.

## 전사 후 조절

**11.5 선택적 mRNA 이어맞추기는 다양한 유전자 생산물을 만든다**

- 유전자 발현의 전사 후 조절은 핵 내에서 일어나며, mRNA 전구체를 가공하고, 성숙한 mRNA가 핵을 떠나는 속도를 조절한다. 선택적 이어맞추기의 결과 엑손들의 조합이 다양해지기 때문에 **mRNA의 선택적 이어맞추기**는 하나의 유전자에서 여러 종류의 단백질을 만들어 낼 수 있다.

**11.6 소형 RNA(sRNA) 분자들이 유전자 발현을 미세 조정한다**

- **'소형 RNA(sRNA)'**는 DNA 주형으로부터 전사되는데, '폐기물 DNA'라 불리는 곳으로부터 전사된다. 폐기물 DNA는 단백질을 암호화하지 않는다. 소형 RNA들은 DNA 응축과 변형에 영향을 주며, 이로 인해 일부 유전자들은 전사될 수 없다. 소형 RNA들의 대부분은 **'마이크로 RNA들(microRNAs)'**이다. 작은 RNA 조각인데 세포질 내에서 정상적인 mRNA와 결합할 수 있다. 소형 RNA들은 또한 **'소형 간섭 RNA들(siRNAs)'**라고도 부른다. 이들은 효소와 결합하여 RISC(RNA-유도 침묵 복합체)를 형성한다. RISC는 목표가 되는 mRNA에 달라붙어 분해시켜버리는데 이때 siRNA의 염기서열이 mRNA와 상보적이다.

### 번역과 번역 후 조절

**11.7 mRNA의 활성과 단백질 생산은 모두 조절된다**

- '**번역 조절**'은 가공된 mRNA로부터 단백질 생성물이 아직 만들어지기 전, 그 mRNA가 세포질에 도달할 때부터 시작된다. mRNA의 번역은 다양한 방식으로 조절된다. (1) poly-A 꼬리가 제거되거나 변화되면 mRNA는 핵산가수분해효소에 의해 분해된다. (2) '**번역 억제 단백질**'이 mRNA에 부착하여 그것이 리보솜에 결합하는 것을 방지한다.
- '**번역 후 조절**'은 일단 단백질이 합성된 다음에 활성화된다. 생성되는 단백질의 양을 조절하는 방식인데 다음의 여러 가지 방법으로 조절된다: (1) 단백질은 탄수화물 사슬의 추가나 절단에 의해서 가공된다. (2) 노후된, 그리고 사용되지 않은, 또는 잘못 접힌 단백질들은 보통 단백질효소가 포함된 구조인 '**단백질분해 효소복합체**(프로테아좀)'에 의해서 분해된다.

### 암: 세포주기 조절의 부족

**11.8 두 가지 유형의 유전자들이 세포주기를 조절한다**

- **원발암유전자**들은 세포주기를 촉진하며 세포자살을 억제한다. 자극성 신호 도입 경로가 세포주기 자극 생성물을 생성하는 원발암유전자를 가동시킨다. 암이 발생하면 '**암유전자**'의 생성물이 경로를 과잉 자극하게 되고 세포주기는 세포자살을 과도하게 억제한다.
- **종양억제유전자**들은 세포주기를 억제시키고 세포자살을 촉진한다. 억제 신호 도입 경로는 종양억제유전자를 가동시키는데 이 유전자 생성물은 세포주기를 억제하고 세포자살을 촉진한다.
  - 암이 발생할 때는 돌연변이 종양억제유전자가 세포주기 정지에 실패하고 세포자살 촉진에도 실패한다.
- '**발암작용**'은 반복되는 돌연변이들로 인한 종양 형성이다. '**혈관형성**'(새로운 혈관들의 형성)이 증식되는 종양에게 영양분을 제공한다. 악성의 정도는 이동성 세포들이 림프관과 혈관들을 침범할 때에 나타난다. 새로운 종양이 첫 번 발생한 곳으로부터 먼 곳에서 다시 발생할 때 '**전이**'가 일어난 것이다.

## 자기 테스트

### 전사 조절

1. 한 오페론의 그림에 표시를 달아라.

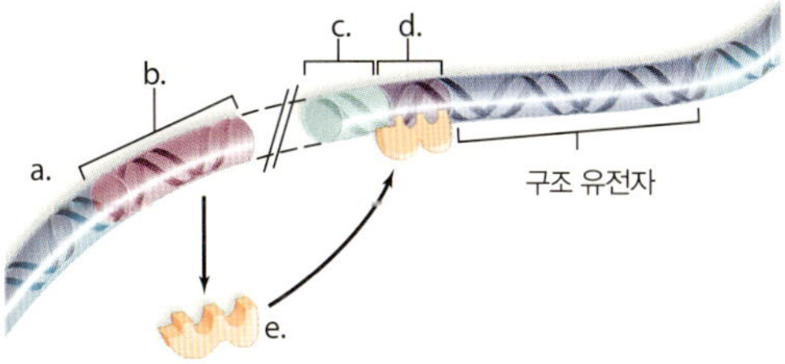


2. 오페론 모델에서 프로모터의 기능은
   a. 억제인자 단백질에 대한 암호　b. RNA 중합효소와 결합
   c. 억제인자와 결합　d. 조절 유전자에 대한 암호
3. 젖당 오페론에 대한 조절 유전자의 기능에 대하여 바르게 설명한 것은 어느 것인가?
   a. 전사 발생의 방지
   b. 억제인자에 대해 부호화하는 DNA 배열
   c. 억제인자가 작동 유전자와 결합하는 것을 방지
   d. 젖당이 존재할 때까지 오페론을 멀리 있게 한다.
   e. b와 d가 모두 맞다.

4. 관계들이 잘못 연결된 것은 어느 것인가?
   a. 느슨하게 응축된 염색질 – 유전자는 활성화될 수 있다.
   b. 전사 인자들 – 유전자는 불활성화 된다.
   c. mRNA–번역을 시작할 수 있다.
   d. 단백질분해효소 복합체들 – 단백질은 불활성이다.
5. 초파리에서 몸의 어느 부분들이 각 체절에 형성되는가를 결정하는 유전자를 ________유전자라고 부른다.
   a. 프로모터 b. 발현부위 c. 비발현부위 d. 혹스
6. 다음 중 어느 것이 DNA와 결합하는 전사인자의 부분인가?
   a. 호메오박스 b. 호메오도메인 c. 비발현부위 d. 비코이드(Bicoid) 단백질
7. **개념적 사고** 원핵생물과 진핵생물의 전사조절을 비교하고, 유사점들과 차이점들을 지적하라.

### 전사 후 조절

8. 연구자들은 다음 사항을 발견하고 놀랐는데 그것은
   a. 전사조절이 발생한다.
   b. 소형 RNA들이 mRNA의 활성(활동)에 영향을 준다.
   c. 단백질분해효소 복합체들이 단백질들을 소화한다.
   d. 염색질 농축이 발생한다.
   e. 모두가 옳다.
9. 오직
   a. miRNA가 상보적 염기서열에 결합한다.
   b. siRNA가 mRNA 분해를 돕는다.
   c. siRNA는 DNA 주형으로부터 만들어진다.
   d. siRNA가 핵 내에서 작용한다.
10. 선택적 pre-mRNA 이어맞추기는
   a. miRNA와 siRNA를 생산한다.
   b. 다른 단백질 생산물이 만들어진다.
   c. 전사인자들을 생산한다.
   d. 세포질과 핵 내에서 발생한다.
11. **개념적 사고** 소형 RNA들에 의한 조절은 생물체가 앞으로 될 모습에 어떻게 영향을 미칠 것인가?

### 번역과 번역 후 조절

12. 다음 중 어느 것이 옳은 설명인가?
   a. 일단 mRNA가 만들어지면, 항상 생성물이 뒤따른다.
   b. mRNA의 번역은 단백질 생성물을 바꿀 수 있다.
   c. 번역 조절은 단백질 생성물의 양을 바꿀 수 있다.
   d. 단백질분해 복합체들은 mRNA를 분해한다.
13. 단백질분해효소복합체
   a. 적절하게 표지된 단백질만 수용한다.
   b. 세포 구조 중 하나이다.
   c. 촉매성 효소를 함유하고 있다.
   d. 단백질 복합체이다
   e. 위의 답이 모두 맞다.
14. **개념적 사고** 조절 유전자를 조절해주는 여러 단계들이 궁극적으로 번역이 일어날지 말지를 결정하는 예를 들어라.

문제들 15-19에 관해서, 열쇠(키)에 있는 유전자 발현 조절 기전들에 대하여 맞는 예들을 서로 연결지어라. 각각의 답은 여러 번 반복 사용할 수 있다.

키(열쇠):

a. 염색질 구조　　　b. 전사 조절
c. 전사 후 조절　　　d. 번역 조절　　　e. 번역 후 조절

15. 인슐린은 30개의 아미노산들이 단백질 분자로부터 끊어져 나오기 전에는 활성화되지 않는다.
16. 비텔린을 위한 mRNA는 그것이 poly-A 꼬리를 가지고 있는 한 수명이 더 길다.
17. 바소체 내의 유전자들은 불활성이다.
18. 칼시토닌은 시상하부와 갑상선 모두에서 생성되지만, 이어맞추기 때문에 서로 형태가 다르다.
19. DNA-결합 단백질들은 활성화되어 있다.
20. **개념적 사고**　진핵세포에서는 여러 가지 다른 기전들이 유전자 발현을 조절한다. 이러한 조절의 장단점들은 무엇인가?

### 암: 세포주기 조절의 부족

문제 21-24에 있어서, 각 유전자에 대하여 두 개의 답을 선택하라.

키(열쇠):

a. 세포주기는 촉진되고 세포자살은 억제된다.
b. 세포주기는 억제되며 세포자살은 촉진된다.
c. 신호 형질도입 경로는 정상단백질들을 함유한다.
d. 신호 형질도입 경로는 비정상 단백질들을 함유한다.

21. 종양억제유전자
22. 원발암유전자
24. 돌연변이 종양억제유전자
25. 암으로 진행되는 이들 작용들의 배열 순서
    a. 세포들은 중요한 조직을 침범할 능력을 얻는다.
    b. 이전된 종양이 발생한다.
    c. 세포분열은 종양으로 된다
    d. 혈관들이 생겨 종양을 돕는다.

## 참여하기

1. 생쥐뿐 아니라 초파리에서도 몇 개의 호메오박스 유전자를 발견하였기 때문에 이들이 서로 유사하다는 결론을 내렸다. 그러나 이로 인해 많은 비판을 받았는데 무슨 이유 때문인가? (11.4절 참조)
2. 유능한 세포학자로서 특수한 환경 유해물질이 세포분열을 조절 불능으로 만든다는 것을 보여주고 싶다. 어떻게 할 것인가? (11.7절 참조)

## 미디어 연구 도구

mhhe.com/ maderconcepts3

상호작용 학습도구들, 연습문제들 등을 이용하여 여러분의 학습을 강화하라. 또한 ConnetPlus를 통해 이용가능한 학습자료들에 대해서도 여러분의 선생님에게 문의하라. ConnetPlus에는 개인별 맞춤형 학습 프로그램인 LearnSmart와 영상매체가 풍부한 eBook이 포함되어 있다.

# 제 12 장 생명공학과 유전체학

## 본 장의 개요



**적용 사례들**

잠깐 돌아보기
원핵세포 구조(4.2절)
세포 주기에 일어나는 일들(7.1절)
DNA 구조와 기능(10.1절과 10.7절)

## 유전공학의 발전

유전공학은 1973년경부터 시작되어 현재는 유전자변형생명체(genetically modified organisms, GMO)를 거의 마음대로 제작할 수준에까지 이르렀다. 외래 유전자를 이식받아 크기가 몇 배 커진 물고기와 소도 이미 만들어졌다. 사람에게로 이식이 적합한 장기를 만들도록 유전자변형된 돼지들도 존재한다. 추위에 얼지 않는 딸기와 감자, 그리고 바이러스, 세균, 곰팡이 따위의 병원체에 강력한 저항성을 지닌 콩이 유전자변형을 통해 개발되었다. 지금은 인슐린뿐만 아니라 여러 중요한 약물들이 세균을 통해 생산되고 있다. 심지어 제대로 기능하지 못하는 유전자를 대체하기 위해 정상적인 유전자를 인체로 직접 삽입하는 유전자 치료도 현실화되었다.

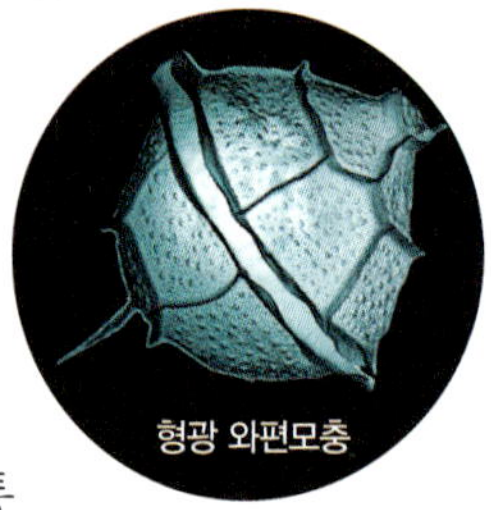
형광 와편모충

GMO를 비롯한 많은 예시들을 통해 한 생명체의 유전자를 다른 생명체에게 전달하는 일이 가능하다는 것을 증명하기는 이제 어렵지 않을 것이다. 그러나 이를 어떻게 증명할 수 있을까? 우선 눈에 보이는 특징을 발현하는 유전자가 하나 필요할 것이다. 그렇다면 형광을 발현하는 유전자를 이용하는 것은 어떠할까? 몇몇 생명체, 예를 들어 반딧불이나 해파리, 개똥벌레 유충, 딱정벌레, 다양한 물고기들에서 형광 유전자가 발견된다. 이들은 이 유전자로 인해 스스로 빛을 낼 수 있다. 생체 발광의 장점은 여러 가지이다. 개똥벌레 유충들은 자신의 빛을 이용하여 먹이를 끌어들이고, 반딧불들은 짝을 끌어들이기 위해 빛을 낸다. 해파리의 생체발광 유전자는 녹색형광단백질(green fluorescent protein, GFP)의 유전정보를 담고 있는데, 이 유전자가 다른 생명체로 옮겨질 경우 녹색형광단백질 유전자를 받은 생명체는 빛을 낼 수 있게 된다.

불개미 둔덕

유전자들은 종간의 장벽을 쉽게 넘을 수 있다. 포유류의 유전자들은 세균에서도 잘 작동하며, 발광 유전자 같은 무척추 동물의 유전자도 포유류 내에서 아무런 문제없이 작동할 수 있다. 모든 생명체의 유전자들은 DNA로 구성되며, 단백질 합성(그리고 합성된 단백질의 기능까지) 과정은 DNA가 어디에서 유래되었는지와 상관없이 유사하다. 빛을 내는 돼지, 쥐, 토끼들은 종간 유전자 교환의 가능성과, 모든 세포들이 기본적으로 같은 단백질 생산 공정을 지니고 있음을 확실하게 증명해주는 살아 있는 증거라 할 수 있다.

이번 장에서는 우선적으로 생명체와 유전자 클로닝을 고찰한 후 다양한 목적을 위한 제품 생산 및 변형 생명체를 살펴보면서 유전공학을 자세히 다루어보고자 한다. 사람의 유전체에 대한 연구는 유전체의 염기서열을 알아내어 그 기능을 발견하는 방식으로 진행되어왔다. 사람이 포함된 자연 세계의 이익을 위해 유전체 지식을 적용하는 것은 완전히 새로운 시도이며, 앞으로 이러한 시도는 계속해서 더욱 증가할 것이다. 비교유전체학은 우리 인간들과 다른 동물들 간의 관계를 유전자 차원에서 해명해줄 것으로 기대되고 있다. 프로테오믹스와 생명정보학은 컴퓨터 기술에 많이 의존하는 새로운 분야이다. 뉴스미디어들은 크레이그 벤터가 연구실 내에서 컴퓨터를 이용하여 온전한 세균의 유전체를 생산했을 때 그가 새로운 세포를 창조해 냈다고 보도했다. 크레이그 벤터가 컴퓨터로 생산한 유전체를 DNA가 제거된 세균에 주입했더니 그 유전체가 완벽하게 생명체로서 기능한 것이다.

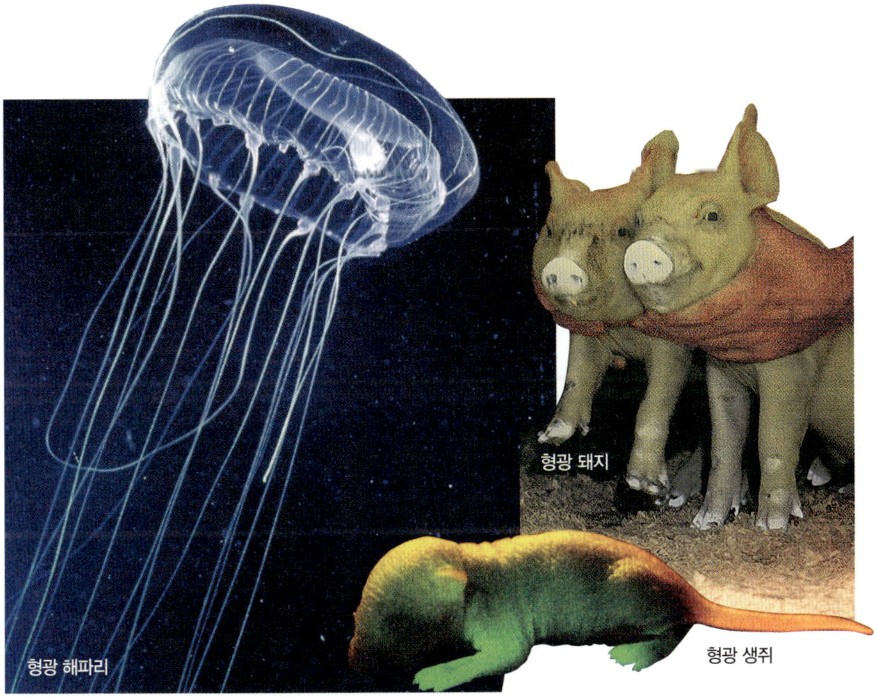
형광 해파리

형광 돼지

형광 생쥐

# 생명체, 유전자, DNA 조각 클로닝

**생명공학기술**은 사람들이 원하는 목적을 이루거나 제품을 생산하기 위해 천연 생물학적인 체계를 사용한다. 오늘날 우리는 한 생명체의 유전자 전체(핵), 유전자 하나, 또는 DNA 조각을 거의 마음대로 클로닝 할 수 있게 되었다. 한 생명체가 클로닝되었을 때, 클로닝 산물은 핵을 제공한 생명체와 꼭 닮은 외형을 갖게 된다. 유전자 하나가 클로닝될 경우라면 복제된 유전자가 삽입된 생명체의 일부 유전형을 바꿀 수 있다. 그리고 DNA의 조각이 클로닝될 경우, 그 조각들은 DNA 조각이 유래된 개체를 찾는 데 사용될 수 있다.

## 12.1 동물들은 대리모를 이용하여 클로닝될 수 있다

### 학습 성과들

본 절을 공부하고 나면 다음에 대한 이해와 능력이 향상될 것이다.

1. 생명체를 클로닝하는 과정에 대해 설명하기

**복제를 위해 클로닝**을 시행할 경우, 원하는 목적은 본래의 개체와 정확히 같은 개체를 얻는 것이다. 그림 12.1A는 동물 클로닝을 위한 단계들을 보여준다.

❶ 클로닝될 동물을 선택한 후, 2n 핵을 얻기 위한 세포를 하나 취한다.

❷ 핵이 제거된 난자에 ❶에서 얻은 핵을 삽입한다.

❸ 발생이 시작되면 배아를 대리모의 자궁에 넣어 일정기간 동안 발생이 지속되도록 한다.

❹ 이 과정을 통해 태어난 동물은 2n 핵을 제공한 동물과 똑같은 클론이 된다.

복제 클로닝은 2n 핵이 생명체를 생산하는 데 필요한 모든 유전자를 포함하고 있음을 보여주고 있다. 그럼에도 불구하고 세포 하나가 현재의 분화 상태를 벗어나 처음부터 시작하기 위해서는 세포에 들어 있는 모든 유전자가 다시 발현되어야 한다. 한때 연구자들은 포유동물에서는 이같은 한계를 극복하기가 어려울 것으로 생각했다. 그러나 1997년 3월 스코틀랜드 연구자들이 도세트 종의 양을 성공적으로 클로닝하였고, 돌리(Dolly)라는 이름을 붙여주었다. 그들의 클로닝 과정은 다른 이들이 시도한 방법과 어떻게 달랐던 것일까? 그

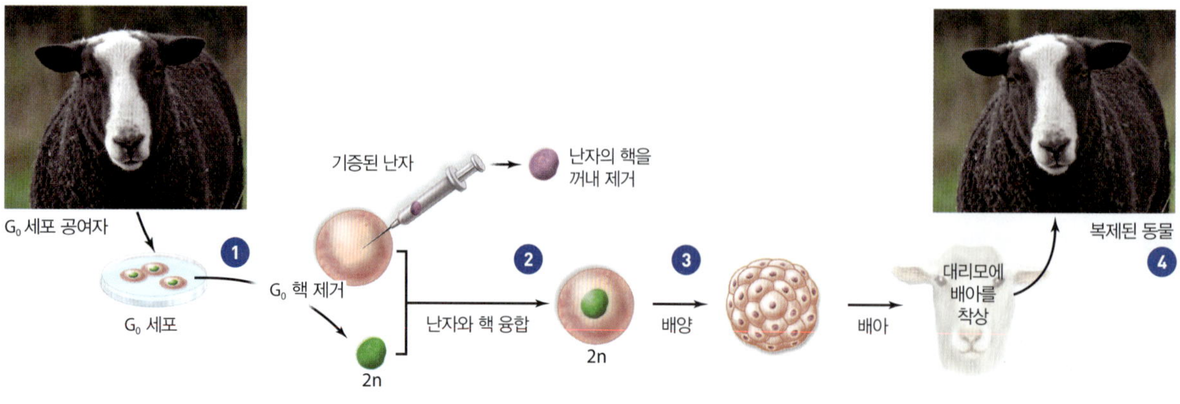


**그림 12.1A** 복제를 통해 2n 핵을 제공한 동물과 닮은 동물을 생산하게 된다. 난자의 세포질 혹은 대리모의 자궁과 같은 환경에 의해 영향을 받는 것이 아니다.

**그림 12.1B** 사진에서 보듯이 돼지 같은 가축들의 복제는 오늘날 일상적으로 시행된다.

들도 마찬가지로 핵이 제거된 난자 내로 성숙한 핵을 주입하였다. 차이점은 핵을 얻기 전에 세포를 영양결핍 상태로 유지시켜 주어 세포가 분열을 멈추고 휴지기 상태가 되도록 하였다는 것이다(세포분열의 $G_0$기)(그림 12.1A). 그들은 $G_0$기의 핵이 발생을 개시토록하는 세포질 신호를 더 잘 받아들인다는 사실에 착안한 것이다.

오늘날에는 좋은 형질을 지닌 가축을 클로닝하는 일이 일상적으로 이루어지고 있다. 심지어 멸종위기의 희귀 동물을 클로닝하는 일도 일상적이 되었다. 그러나 가축을 클로닝하는 작업은 여전이 비효율적이다. 돌리의 경우를 봐도 29개의 클론 중 오직 한 개의 클론만 성공하였으며 클로닝된 동물들은 건강에 문제가 있을 수 있다. 돌리 역시 폐암, 관절염에 의한 절름발이로 고통을 받다가 2003년에 안락사시켰다. 돌리의 수명은 도세트종 양의 정상 수명의 겨우 반 정도에 해당하는 것이었다. 미국에서는 사람을 복제하기 위한 어떠한 실험에도 연방정부의 연구비가 사용될 수 없도록 규제하고 있다.

돌리 이후로 쥐, 토끼, 고양이, 개, 사슴, 말, 소, 노새, 붉은털 원숭이 등을 포함한 많은 포유류 동물들이 성공적으로 복제되었다. 그러나 동물복제에 대한 격렬한 논쟁은 지금도 여전하다. 복제된 식물을 섭취하는 데 반대하지 않는 사람들도 그림 12.1B에서 보는 바와 같이 복제된 돼지고기를 음식물로 섭취하는 것에 대해서는 반대 입장을 나타낸다. 그럼에도 불구하고 현재로서는 클로닝(복제)이 멸종 위기의 동물들을 구하는 유일한 방법이다.

▶ **12.1 진도 체크**

1. 그림 12.1A에서 소개된 핵의 성숙도를 복제에 사용된 세포질의 성숙도와 비교하라.

## 12.2 유전자는 박테리아 내로 클로닝될 수 있다

### 학습 성과들

본 절을 공부하고 나면 다음에 대한 이해와 능력이 향상될 것이다.

1. 유전자를 클로닝하기 위한 DNA 재조합 기술에 대해 설명하기

**유전자 클로닝**은 동일한 유전자의 복사본을 만들기 위해 수행된다. 유전자 클로닝을 위해서는 **재조합 DNA(rDNA)**가 필요한데, 재조합 DNA란 두 종류 이상의 공급원으로부터 얻은

DNA를 말한다. rDNA를 조합하기 위해서는 먼저 **벡터**가 필요하다. 그리고 벡터를 통해 유전자가 숙주세포, 종종 대장균 같은 세균들, 내부로 유입된다. 흔히 사용되는 벡터는 **플라스미드**이다. 플라스미드는 세균 내에서 발견되는 작은 보조 DNA 고리이다. 이 DNA 고리는 세균의 염색체와 별개이며 스스로 복제될 수 있다.

그림 12.2는 유전자를 클로닝하는 과정을 보여준다.

❶ 플라스미드를 절단하기 위해 **제한효소**가 사용된다. 세균 내에는 수백 개의 제한효소가 있다. 제한효소는 자연적으로 존재하는 것으로 세균 내로 침입하는 바이러스의 DNA를 잘라주는 것이 원래의 임무이다. 제한효소라고 호칭되는 이유는 바이러스의 성장을 '제한하기' 때문이며, 또한 DNA의 특정한 부위를 자르는 분자 가위로써 기능하기 때문이기도 하다. 예를 들어 *Eco*RI이라는 제한효소는 그림과 같이 언제나 DNA의 특정한 부위를 절단한다.

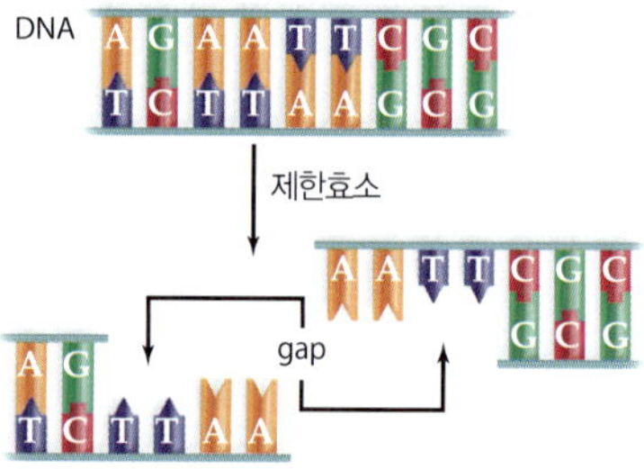


절단 후에는 DNA상에 일정한 간격의 염기서열이 노출되는데, 동일한 제한효소에 의해 절단되어 상보적인 염기를 가진 다른 DNA 조각이 있다면 끼어 들어가 재조합이 연결될 수 있다. 이를 확인하고자 할 경우라면 DNA를 다시 잘라보면 된다. 예를 들어 인슐린 유전자가 들어 있는 염색체[혹은 녹색형광단백질(GFP)가 들어 있는 해파리의 염색체]는 같은 종류의 제한효소에 의해 잘려지고, 또 재조합될 수도 있다.

❷ **DNA 리가아제**, 연결효소는 DNA 조각을 제한효소로 잘려진 플라스미드 부위에 재조합해 이어 붙일 때 사용된다. 잘려진 DNA의 끝이 상보적인 단일가닥일 경우 이를 '점착성 말단'이라 부르는데, 이 부위가 상보적인 염기서열 간의 결합을 통해 다른 DNA와 연결될 수 있다. 점착성 말단은 플라스미드 DNA와 삽입하려하는 유전자 DNA 간의 결합을 손쉽게 한다. 연구자들은 제한효소와 연결효소를 이용하여 원하는 DNA 부위를 잘라서 원하는 부위에 결합시킬 수 있다. 이제 벡터 제작이 완성되었으며, 재조합 DNA 분자도 준비되었다.

❸ 박테리아 세포막의 투과성을 향상시키는 조작을 가하면 재조합된 플라스미드가 세균의 내부로 유입된다.

4a 유입된 플라스미드가 스스로 복제됨에 따라 유전자의 복제가 일어난다. 과학자들은 많은 이유로 유전자의 복제를 진행시킨다. 특정 유전자의 연기서열을 밝혀 다른 복제된 유전자의 염기서열과 비교할 수도 있다. 또는 다른 생명체를 유전적으로 변형시키고자 복제된 유전자를 사용할 수도 있다.

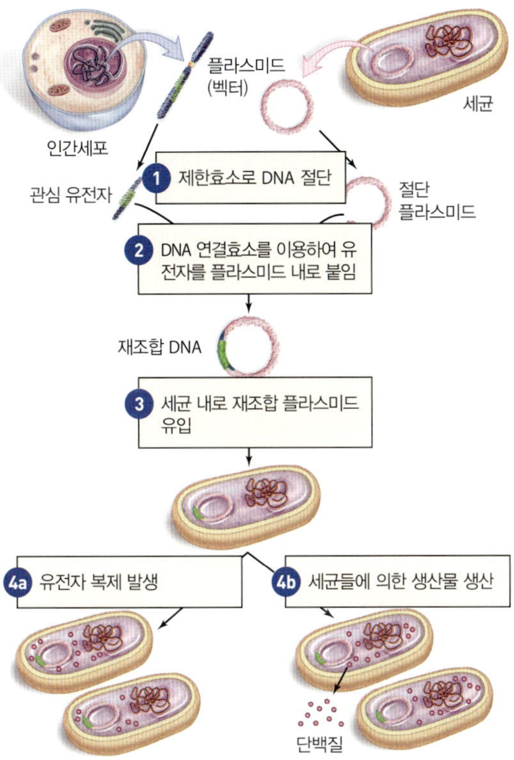


**그림 12.2 생산물을 만들어내는 유전자 클로닝.** 사람의 DNA와 플라스미드 DNA가 특정한 제한효소에 의해 잘려진다. 관심 유전자를 포함하고 있는 사람 DNA는 DNA 연결효소에 의해 플라스미드에 연결된다. 세균들이 재조합 플라스미드를 자신의 내부로 유입시킨 후에 유전자의 클로닝이 완성된다. 예상대로 유전자가 정상 작동한다면 단백질 생산이 진행될 것이다.

4b 상기의 세균들은 **유전적으로 조작**된 것이며, 예전에는 생산할 수 없었던 생산물을 생산해 내는 **유전자변형생명체(GMO)**가 된 것이다.

▶ **12.2 진도 체크**

1. 클로닝하고자 하는 유전자가 들어 있는 사람의 DNA가 제한 효소에 의해 형성된 플라스미드 부위의 '틈'에 어떻게 맞아 들어갈 수 있는지 설명하라(그림 12.2).

## 12.3 DNA조각들은 시험관 내에서 클론닝 될 수 있다

### 학습 성과들

본 절을 공부하고 나면 다음에 대한 이해와 능력이 향상될 것이다.

1. 중합효소연쇄반응(PCR)과 DNA 조각들을 분석하는 과정 설명하기
2. 인간 사회에 유익을 가져다줄 PCR의 응용 나열하기

**중합효소연쇄반응(PCR)**은 생명공학연구실에서 빠른 시간 내 DNA 조각들의 복사본을 많이 만들어내기 위해 광범위하게 사용된다. 앞서 DNA 복제의 관점에서 PCR을 논의해 보았으나(263 페이지에 '시험관 내 DNA 복제'를 보라), 지금은 생명공학적 관점에서 PCR을 살펴보고자 한다. 어떤 DNA 서열의 위치를 파악하기 위해 프라이머를 사용하며, 이를 통해

DNA 중합효소는 목표로 하는 DNA 부위만을 찾아내서 증폭시킬 수 있다(복사본을 제작). 때로 목표로 하는 DNA 부분은 전체 DNA 시료의 백만분의 일보다 더 작은 부분일 수도 있다. PCR 반응에는 열에 안정한 DNA 중합효소가 사용되기 때문에 고열처리를 하여도 그때마다 효소를 새로 첨가할 필요가 없다(DNA조각을 복제하는 작업을 진행하는 PCR 기기의 설명을 위해 그림 12.8A를 보라). PCR은 합성이 진행되는 동안 목표 DNA가 반복적으로 복제되기 때문에 연쇄반응이라 붙여진 이름이다.

**DNA 분석** PCR이 개발되기 전에는 과학자들이 제한효소를 사용하여 세포로부터 분리한 DNA를 잘라내었고, 그 패턴을 비교, 분석하였다. 사람마다 고유한 제한효소 작용 부위를 지니고 있기 때문에, 제한효소를 처리한 결과는 다른 사람의 DNA 조각들과는 구분되는 고유한 결과로 볼 수 있다. **겔전기영동** 과정을 진행하는 동안, DNA 조각들은 전류의 흐름을 따라 겔 내를 이동하게 되며, 이를 통해 크기에 따라 DNA 조각들이 분리된다. 때로는 X선 필름상에 특정 DNA 조각만을 선별적으로 나타내기 위해 방사능 탐침자를 사용해왔다. 개인에 따라 고유한 관찰 결과 패턴이 나타나기 때문에 **DNA 지문인식 과정**이라 부르기도 한다. 그림 12.1A에서는 모친으로부터 물려받은 조각은 보라색을 띠고 다른 조각은 붉은색을 띠는 것을 나타내고 있다. 이것은 아이의 붉은색 조각은 1번 남성으로부터 물려받은 것임을 알 수 있다. 그러므로 1번 남성이 아이의 부친이다.

이제 PCR의 도래로 인해 DNA 지문인식을 위해 사용되는 방법을 단연쇄반복분석이라 한다. **단연쇄반복**은 TCG′TCG′TCG′TCG 식으로 반복되는 염기를 지니는 DNA를 의미한다. 이 예에서는 4개의 반복 염기만 존재하지만 실제 세포 내에서는 더 많은 염기서열이 더 많은 반복서열을 나타낸다. 반복 염기의 수는 유전되며 개인마다의 독특한 고유 성질이다. 단연쇄반복분석기술을 적용하면 굳이 사람을 비교하기 위해 전체 DNA 염기서열을 분석할 필요가 없다. 왜냐하면 PCR을 통해 단연쇄반복을 포함하는 DNA 부분만을 표적하여 복제할 수 있기 때문이다. PCR를 위해 사용하는 프라이머에 형광물질을 붙여 사용하면 각 단연쇄반복마다 형광색을 띠게 된다. 겔전기영동이 끝난 후 DNA 조각들은 크기에 따라 분리되고 레이저를 사용하여 형광을 띤 단연쇄반복 서열만을 발광시킨다. 그 다음에 형광측정기가 발생하는 모든 색을 측정하여 증폭된 각 DNA마다 포함된 단연쇄반복 서열의 수를 분석해낸다. 그림 12.3B에 소개되는 것 같은 결과가 DNA 지문인식 결과인데 각 사람마다 고유한 결과를 나타낸다.

PCR의 응용은 과학자들이 상상하는 그 이상으로 거의 무제한 범위가 넓다. 예를 들어,

- 증폭시킨 DNA 서열이 알려진 바이러스와 변이유전자의 DNA 서열과 동일한지 여부를 확인함에 따라 바이러스감염, 유전질환, 혹은 종양 등의 질환이 확진될 수 있다.
- 범죄현장에서 얻은 혈액 혹은 조직을 이용한 DNA 지문인식을 통해 용의자, 범죄자 검색과 오심에 의한 무혐의 확증이 성공적으로 시행되고 있다.
- 단연쇄반복 분석을 통한 DNA 지문인식은 인도네시아와 일본에서 발생한 쓰나미 같은

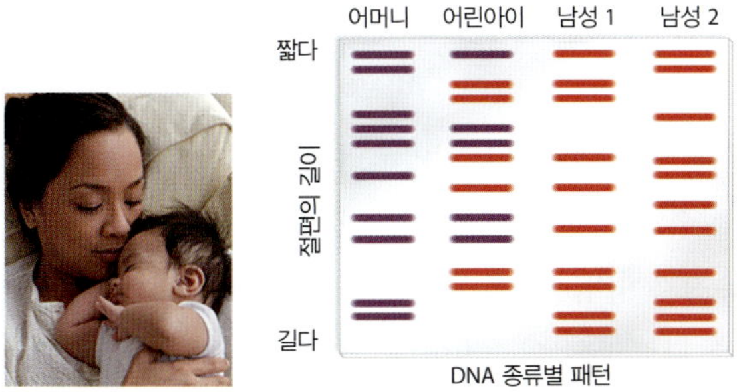


**그림 12.3A** DNA 단연쇄반복을 표적으로 하고, 겔 전기영동을 이용한 DNA 지문인식 과정을 통해 친자확인이 가능하다. 아이의 프로파일은 모친과 1번 남성의 프로파일과 일치한다.

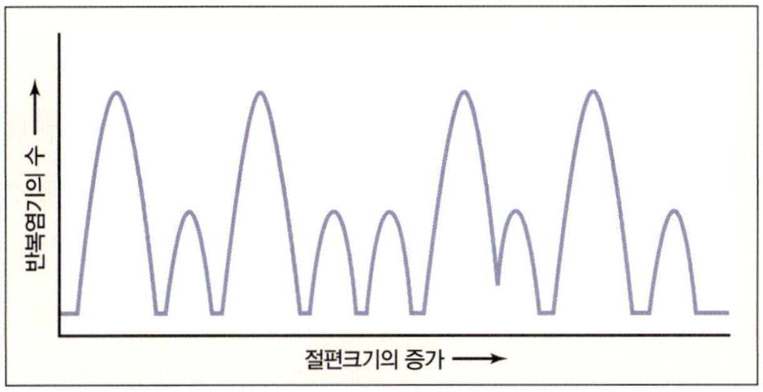


**그림 12.3B** DNA 지문 추적을 수행하는 자동화 시스템에서, 단연쇄반복 서열들은 형광으로 표지되며, 감지기가 형광 색깔당 서열의 반복 수를 측정한다.

자연재해 희생자들을 식별하기 위해 광범위하게 사용되고 있다.

- 친족들을 찾을 수 있으며, 친자 확인 소송을 해결할 수 있고(그림 12.3A), 유전질환을 진단할 수 있으며, 불법적으로 채취되고 사냥된 상아와 야생동물의 조직도 이 기술을 사용하여 인식될 수 있다.
- 고대의 표본으로부터 추출한 DNA를 살아 있는 생물체의 DNA와 비교하여 진화 연구에도 새로운 전기를 마련하고 있다.

▶ **12.3 진도 체크**

1. 재조합 DNA의 목적과 과정을 PCR 반응의 단계들과 대조하라.
2. PCR 과정의 유용한 응용들을 몇 가지 나열해 보라.

# 생명공학 생산물과 유전자변형생물체

DNA 재조합 기술을 이용하여 유전적으로 변형시킨 세균은 클로닝된 유전자를 이용하여 생명공학 생산물을 제조하거나 다양한 서비스를 수행하기 위한 공급자로 사용될 수 있다. 지금은 식물과 동물, 심지어는 사람까지도 유전적으로 변형시킬 수 있다. 사람에서의 유전자변형 시도 과정을 유전자 치료라 부른다.

## 12.4 유전자변형 세균들은 유용한 생산물들을 만들어낸다

### 학습 성과들

본 절을 공부하고 나면 다음에 대한 이해와 능력이 향상될 것이다.

1. 유전자변형 세균들의 여러 유용한 점들에 대해 논의하기

유전자변형 세균은 다양한 방법으로 사용될 수 있다:

1. **유전자변형 세균에 클로닝된 유전자는 따로 분리되어 기초 연구에 사용 가능하다.** 예를 들어 식물들이 낮과 밤의 주기를 구별하도록 도와주는 유전자가 있는데, 현재 이 유전자의 기능을 Scribbs 연구소에서 연구 중이다. 비슷한 목적으로 토론토 대학의 과학자들은 알츠하

이머 질환 초기 발병에 관련된 유전자의 기능을 밝히는 연구의 첫 걸음으로써 이 유전자를 클로닝하였다. 알츠하이머 환자들은 종종 낮과 밤이 뒤바뀌기 때문이다.

2. **유전자변형 세균은 상업적 생산물 제조에도 이용 가능하다.** 아마도 당신은 유전자변형 세균이 생산해내는 **생명공학 생산물**에 더 직접적인 관심을 갖고 있을 것이다. 만일 그림 12.2의 유전자가 인간 인슐린을 합성하는 유전자이며, 이 유전자가 유전자변형 세균 내에서 발현된다면 그 세균에 의해 만들어지는 단백질은 인슐린이다. 유전자변형 세균은 바이오리액터라고 불리는 거대한 통에서 자라나며, 유전자 발현산물은 배지로부터 취합, 분리, 포장 후 상업적 생산물로서 팔려나가게 된다.

   그림 12.4에서 소개된 생산물들은 당신의 관심을 끌 것이다. 유전자변형 세균은 의류제작과 세탁에 도움을 주며, 테러리스트로부터 우리를 안전하게 보호해준다. 또 의학용 생명공학 생산물을 제조하는 데 도움을 줄 수 있다. 그림 속 젊은 소녀에게 주입되고 있는 인슐린의 예시 외에도 유전자변형 세균을 통해 응고인자 VIII, 인간 성장호르몬, 조직 플라스미노겐 활성자, 그리고 B형 간염백신 같은 여타의 의료용 산물을 현재 생산하고 있다.

   그림 12.4에 소개되지 않은 다른 생산물도 있다. 예를 들어 장어와 유사한 등가시치과 물고기는 항냉동 단백질을 자연적으로 만들어낸다. 이것은 유전자변형 세균에 의해 만들어지며 아이스크림에 얼음 결정이 형성되는 것을 원치 않는 생산업자들이 활용하고 있다. 과거에 치즈생산업계는 레닛이라는 물질에 의존하였는데, 당시 이 물질은 송아지 위벽 내면을 감싸고 있는 부위에서 얻어졌다. 그런데 송아지 육축 산업이 사양화되자, 레닛 공급 부족현상이 나타났고 더 만족할 만한 대체물이 발견되지 않았다. 치즈생산을 위한 레닛 내의 결정적인 성분은 키모신이라는 물질이다. 이제는 키모신 유전자가 송아지 세포로부터 분리되었고, 세균에 클로닝되어 대량생산되면서 치즈 생산업계가 되살아나게 되었다.

3. **유전자변형 세균은 식물을 변형시키기 위해서도 사용될 수 있다.** 예를 들면 식물에 기생하여 얼음 결정 형성을 촉진하는 세균을 얼음 형성 감소성으로 변형시켜 냉해 저항성 딸기 같

a. 생분해성 개 배설물 처리 봉투와 청바지 염료 생산에 도움을 준다.

b. 더 적은 양의 세제를 사용하게끔 해주는 효소의 생산

c. 거미줄 실크의 생산

d. 생화학 무기가 존재할 경우 어둠 속에서 빛을 냄.

e. 백신 생산

f. 인슐린 생산

**그림 12.4** 유전적으로 변형된 세균은 위와 같이 다양한 방법으로 유익하게 사용된다.

## 생물학은 우리 삶에 어떻게 영향을 주는가?

유전자조작식품의 안전에 대해 많은 걱정을 하고 있는 사람들조차도 유전자조작 곡물로 인해 전통적인 농업종사자들이 화학적인 살충제와 제초제를 덜 사용하게 되었다는 것을 인정한다. 그러나 그렇다고 해도 그들은 여전히 아래와 같은 질문을 던진다.

### 유전자조작식품들이 미처 알려지지 않은 질병을 일으킬 수 있지 않을까?

유전자조작식품이 상점에서 팔리기 전에 식품의약청(FDA)은 사람의 섭취를 위해 승인을 해야 한다. 식약청은 유전자조작식품이 독성이 없으며 사람들에게 과민반응을 일으키는 알러젠을 포함하고 있지 않다고 확인하는 시험을 주로 실시한다. 알러젠 확인을 위해서는 지금보다 더 많은, 그리고 더 적절한 시험들이 시행되어야 할 것이지만, 현재로서는 Bt 옥수수 같은 유전조작 식품들이 사람들에게 질병을 일으킬 알러젠을 포함하고 있지는 않은 것으로 보인다.

Bt 옥수수는 투린지엔시스균(*Bacillus turingiensis*)으로부터 얻은 외부 유전자를 포함하고 있기 때문에 Bt라는 표시가 추가되었다. 이 유전자를 통해 옥수수는 천공충에 대한 저항성을 갖게 된다. 옥수수, 감자, 심지어 토마토를 포함하여 약 12개의 Bt 종자들이 식용으로 허가되었다. 그리고 Bt 옥수수 재배는 몇 년에 걸쳐 꾸준히 증가하고 있다(그림 12A). 식품 섭취를 통한 알러젠의 체내 유입을 막기 위해 과학자들은 콩과 다른 곡물로부터 알러젠 유전자를 제거해 나갔다. 그리고 손상된 곡물 알속에 독소를 넣는 진균들에 의해 공격을 받지 않기 때문에 Bt 옥수수가 사실상 사람에 더 안전한 듯하다. 진균의 독소들은 암과 선천성질환을 유발할 수 있다.

조명충나방 저항성 Bt 옥수수

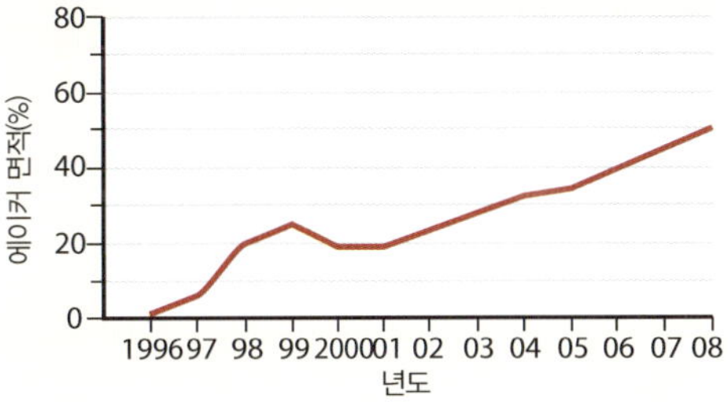


1996년 이후부터 Bt 옥수수 사용

**그림 12A** Bt 옥수수(위)는 수확량을 줄이는 옥수수 좀벌레 같은 해충에 대한 저항성을 갖게 하는 세균유전자를 발현하도록 유전적으로 변형을 가했다. 그래프는 몇 년에 걸쳐 Bt 옥수수의 재배가 얼마나 증가했는가를 보여준다.

사람들은 유전자변형 식품들에 분명하게 표시를 하여 소비자들이 그것을 구입할지 말지 자유롭게 선택할 수 있기를 원하고 있다. 그러나 불행하게도 대부분의 옥수수 가루가 일반 옥수수와 유전자변형 옥수수 모두에서 얻어지기 때문에 이런 제도의 시행은 어려운 것으로 판명이 났다. 현재로서는 대량생산할 경우 특정한 원재료만을 다른 식품재료로부터 구분하여 처리하는 것이 쉽지 않다. 그러나 몇몇 건강식품 판매처에서는 유전자변형 유기물이 포함되어 있지 않다는 표시를 하기 시작했다.

### 유전자변형 곡물들은 환경적으로 안전한가?

이 질문에 답하기 위해서도 많은 연구가 수행되어 왔다. 연구에 의하면 단순히 유전자가 변형되었다고 해서 식물들이 환경에 해를 끼치는 것은 아니라는 결론이 내려졌다. 유전자변형 식물들이 야생 식물들과 함께 해충과 제초제에 저항성을 가진 괴물 잡초를 생산할 가능성은 어떠한가? 우려와 달리 아직까지 이런 일이 실제로 발생하지는 않았다. 2003년에 테네시 대학의 환경학자들이 Bt 유채꽃 식물을 야생 유채꽃 식물과 교잡을 시행하였다. 이렇게 교잡된 식물은 서식지를 차지하지 못하는 허약한 경쟁력을 나타냈다. 전통적인 살충제처럼 유전자변형 곡물들이 수분자인 곤충들 마저 박멸할 가능성이 있지는 않은가? 이에 대해서는 몇 년 전에 제주왕나비과의 나비 유충에 대한 연구가 있었다. 나비 유충이 해를 입을 만큼의 꽃가루를 섭취하지는 않기 때문에 성숙하여 나비가 될 것이고, 일단 성숙하면 Bt 살충제가 포함되지 않은 꽃 부분을 섭취할 것이라는 것이다. 물론 여전히 전통적인 살충제처럼 곤충들 중에 Bt 살충제에 저항성을 나타내는 곤충이 나타날 수 있다. 이 같은 일을 방지하기 위해 과학자들은 한 가지 이상의 독소 유전자를 지닌 유전자 변형 종들을 재생산하여 내성이 쉽게 발생하지 못하도록 하고 있다.

은 새로운 작물들을 만들어낸 것이다. 또한 옥수수 식물 뿌리에 기생하는 세균무리에 다른 세균무리가 지니고 있던 해충을 죽이는 독소 유전자를 이식해주어 해충으로부터 식물의 뿌리를 지킬 수 있게 되었다.

4. **유전자변형 세균은 환경오염을 방지하는 데 이용될 수 있다.** 유전자변형 세균은 다양한 삶의 현장에서 이익을 제공해주고 있다. 우리는 이제 특정한 물질을 분해하는 능력을 지닌 세균을 선택할 수 있으며 유전공학적 방법으로 더욱 강화시킬 수 있다. 예를 들어 기름을 섭취하는 자연발생 세균을 유전공학적으로 조작하여 기름 유출 후에 해변을 청소하는 작업에 사용할 수 있다. 석탄을 태우기 전에 황을 제거할 수 있는 세균으로 황을 제거하면 차후 유독 폐기물을 청소하는 데 도움을 얻을 수 있다. 이런 종류의 세균 종은 다른 종의 세균을 죽일 정도의 독소를 깨끗이 제거할 수 있는 유전자를 부여받은 세균이다. 더 나아가 이런 세균들에게 자살 유전자를 도입하여 작업이 끝나면 스스로 제거되도록 유전자변형이 가능하다.

▶ **12.4 진도 체크**

1. 우리 사회가 유적적으로 변형시킨 세균을 사용할 수 있는 4가지 방법을 나열하고 설명하라.

## 12.5 동물들은 유전적으로 변형이 가능하다

### 학습 성과들

본 절을 공부하고 나면 다음에 대한 이해와 능력이 향상될 것이다.

1. 유전자변형 동물들의 유용성 3가지를 나열하고 설명하기

동물 난자에 유전자를 삽입할 수 있는 기술들이 개발되어 왔다. 수동으로 외부 유전자들을 난자에 주입시키는 것도 가능하지만 많은 경우에 교반기를 이용한다. DNA와 난자를 실리콘-카바이드 바늘과 함께 교반기에 올려놓는다. 바늘이 작은 구멍을 만들고 이 구멍을 통해 DNA가 유입된다. 이 난자들이 수정이 되면 출생되는 새끼들은 유전자변형 동물이 되는 것이다.

유전자변형 동물의 바람직한 결과는 생산량 증가이다. 동물 난자에 소성장호르몬의 유전자를 삽입할 경우 태어나는 동물들은 물고기, 소, 돼지 토끼, 양 등을 막론하고 모두 유전자 삽입 이전보다 더 크기가 커진다.

**유전자 제약**은 유전자변형 동물을 이용한 약품 생산을 의미하며 많은 회사에서 추진 중이다. 치료용, 또는 진단용 단백질의 유전 정보를 담고 있는 유전자들을 동물의 DNA에 삽입하면 해당 단백질이 동물의 젖에서 발현된다(그림 12.5A). 이 방법을 통해 낭포성 섬유증, 종양, 혈액질환 등 여러 질병 치료를 위한 의약품 생산 계획이 진행 중이다. 그림 12.5A는 유전자변형 동물 제작을 위한 과정을 간략히 설명하고 있다. ❶ 관심 유전자(이 경우는, 사람의 성장 호르몬)를 공여 난자에 미세주입시킨다. ❷ 시험관 내 수정 후, 수정란들을 암컷 숙주 내에 집어넣어 발생시킨다. ❸ 태어난 유전자변형 동물 암컷이 성숙 과정을 거친 후, 유전자 산물이 그들의 젖을 통해 분비된다. 그런 다음 복제를 통해 같은 산물을 만들어내

는 동물을 여러 마리 얻을 수 있다. ❹ 핵을 제거한 공여 난자와 유전자변형 동물의 2n 핵을 융합한다. 융합 난자의 시험관 내 발생을 진행시킨다. ❺ 복제동물이 태어날 때까지 암컷 숙주 내에서 발생을 지속시킨다. ❻ 새롭게 태어난 암컷은 젖을 통해 동일한 산물을 분비하는 복제동물이다.

유전자변형 동물들은 기초 연구를 위해서도 사용된다. 그림 12.5B는 *SRY*(sex-determining region of Y chromosome, Y 염색체의 성 결정 부위)라고 하는 DNA 조각에 의해 수컷 동물이 만들어진다는 사실을 과학자들이 어떻게 규명했는지를 보여준다. *SRY* DNA를 복제 후 두 개의 X 염색체를 가진 단일 배아세포 내로 미세주입 시킨다. *SRY* DNA가 주입된 배아세포는 수컷으로 발생되지만 주입되지 않은 배아세포는 암컷으로 발생된다. 유전자변형 쥐 역시 질병 연구를 위해 제작되었다. 낭포성 섬유증의 유전자를 쥐의 배아줄기세포에 주입하면 종종 낭포성 섬유증에 대해 동형접합체의 쥐 배아가 만들어질 수 있다. 이 배아가 발생하여 낭포성 섬유증 환자와 유사한 표현형을 지닌 돌연변이 쥐가 될 수 있다. 이 쥐를 이용하여 낭포성 섬유증 치료를 위한 신약 시험이 진행될 수 있다.

**이종장기이식**은 이식환자에게 인간 장기를 이식하는 대신 동물의 장기를 이식하는 것이

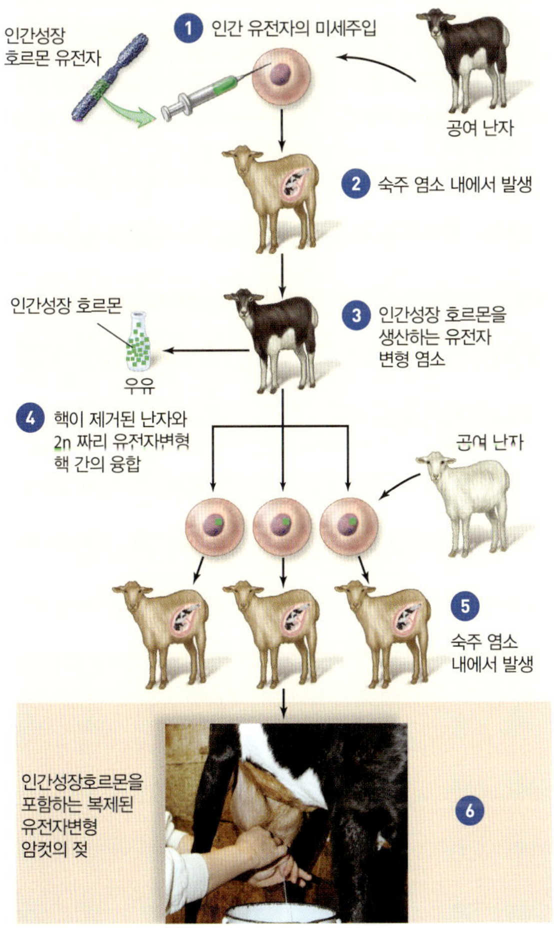


**그림 12.5A** 동일 산물을 생산하는 암컷 복제 동물을 제작하는 과정

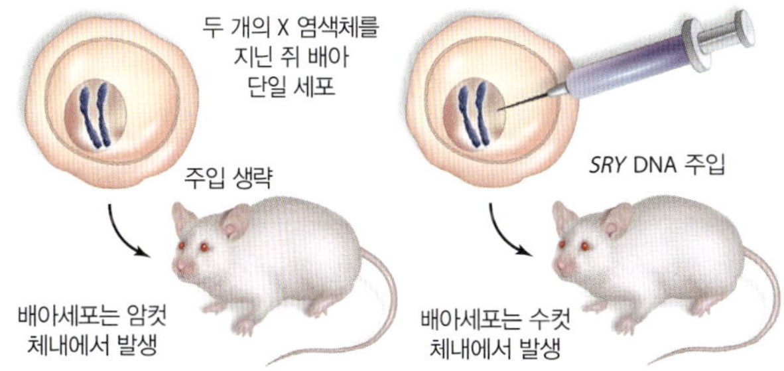


**그림 12.5B** SRY DNA에 의해 수컷 발생이 결정됨을 보여주는 유전자변형 쥐

다. 과학자들은 연구를 위해 돼지를 선택하였는데, 돼지는 다산이 가능하며 식용으로 오랜 기간 동안 길러왔기 때문에 사람에게 새로운 질병을 전할 확률이 낮기 때문이다. 사람의 면역성으로 인한 거부반응을 감소시키기 위해 돼지들의 면역학적 유전자를 사람의 것과 유사하게 변형시키는 것이다. 이 방법으로 언젠가는 돼지의 장기를 이식용으로 자유롭게 이용할 수 있는 날이 올 것으로 기대한다.

▶ **12.5 진도 체크**

1. 유전자변형 동물의 다양한 이용에 대해 설명하라.

## 12.6 인간의 유전체는 변형이 가능하다

### 학습 성과들

본 절을 공부하고 나면 다음에 대한 이해와 능력이 향상될 것이다.

1. 체외 유전자 치료와 체내 유전자 치료의 차이점을 설명하고 각각 예를 들기

생명체의 직접적인 유전자조작은 유전자 치료라는 과정을 통해 사람에게까지 확대될 수 있다. **유전자 치료**는 질병 치료를 목적으로 사람 세포 안으로 외부의 유전자를 삽입하는 것을 말한다. 유전자 치료는 심혈관질환과 암 같은 일반적인 질병 치료는 물론이고, 선천성 대사질환의 치료에도 사용되어 왔다. 체외 유전자 치료는 신체에서 분리한 세포에 유전자를 삽입하는 것을 의미하는 반면, 체내 유전자 치료는 유전자가 직접 체내로 전달되는 것을 의미한다. 그림 12.6은 다양한 유전자 전달 방법을 통해 정상 유전자의 복사본들이 전달된 신체 부위들을 보여준다. 유전자조작을 통해 안전해진 바이러스들이 유전자를 체내로 옮기는 일에 벡터로서 사용될 수 있으며, 리포좀 역시 이용 가능하다. 리포좀은 미세구형 지방으로서 정상 유전자를 감싸기 위해 특별하게 제작된다. 그렇지 않으면 종종 유전자를 신체 특정 부위에 직접 주입하기도 한다.

**체외 유전자 치료** 중증복합면역결핍(SCID)를 앓고 있는 어린이들은 아데노신 디아미나아제(adenosine deaminase, ADA) 효소 결핍을 나타내는데, 이 효소는 백혈구의 성숙에 관여하는 효소이다. 그러므로 이 어린이들은 지속적으로 감염에 취약하여 적절히 치료하지 않을 경우 사망에 이를 수도 있다. 유전자 치료를 수행하기 위해서 환자의 골수에서 골수 줄기세포를 분리하고, 여기에 정상적인 아데노신 디아미나아제 효소의 정상 유전자를 재조합 바이러스를 감염시킨다. 이후에 바이러스 감염 줄기세포들을 다시 환자에게 넣어주게 되면 환자의 체내에서 정상 유전자와 함께 증식하면서 새로운 혈구를 많이 생산해줄 수 있다.

가족성 고콜레스테롤혈증은 높은 수치의 혈중 콜레스테롤로 인해 젊은 나이에 치명적인 심장발작이 발생하는 상태를 말한다. 체외 유전자 치료를 통해 간의 작은 부위를 외과적으로 떼어낸 후 콜레스테롤 수용체의 정상 유전자를 담고 있는 바이러스에 감염시켜 다시 환자의 체내로 넣어주게 된다. 이러한 처치 후 환자들은 정상적으로 낮아진 콜레스테롤 수치

를 유지할 수 있게 된다.

연구자들은 페닐케톤뇨증(PKU)의 치료에 대한 연구도 수행 중이다. PKU는 지능 저하를 초래할 수 있는 유전성 질환이다. 만일 초기에 진단되면, 아이는 출생 초기 몇 년 동안 특별한 식이처치를 받게 되지만 이 처치는 불편한 점이 매우 많다. PKU 치료를 연구하는 과학자들은 잘라낸 간세포의 DNA 내에 직접 유전자를 주입한 후 다시 환자에게 투여할 수 있을 것으로 믿고 있다.

**체내 유전자 치료** 낭포성 섬유증 환자들은 염소 이온을 운반해주는 막 통과 운반 단백질의 유전자가 없다. 그들은 종종 생명을 위협할 수 있는 다수의 호흡기관 감염에 시달리게 된다. 낭포성 섬유증 유전자 치료의 방법 중 하나는 낭포성 섬유증 치료에 요구되는 유전자를 비강 내에 뿌리거나 리포좀 혹은 바이러스를 이용하여 하부기도관으로 전달하는 것이다. 이 치료는 제한적이기는 하지만 성공적인 것으로 확인되었다.

유전자는 관상 순환 저하 같은 의학적 상황을 치료하는 데도 이용될 수 있다. 과학자들은 혈관내피세포성장인자(vascular endothelial growth factor, VEGF)가 새로운 혈관 성장을 유발할 수 있음을 인지해왔다. 이 성장인자의 유전정보를 담고 있는 유전자는 단독으로, 혹은 바

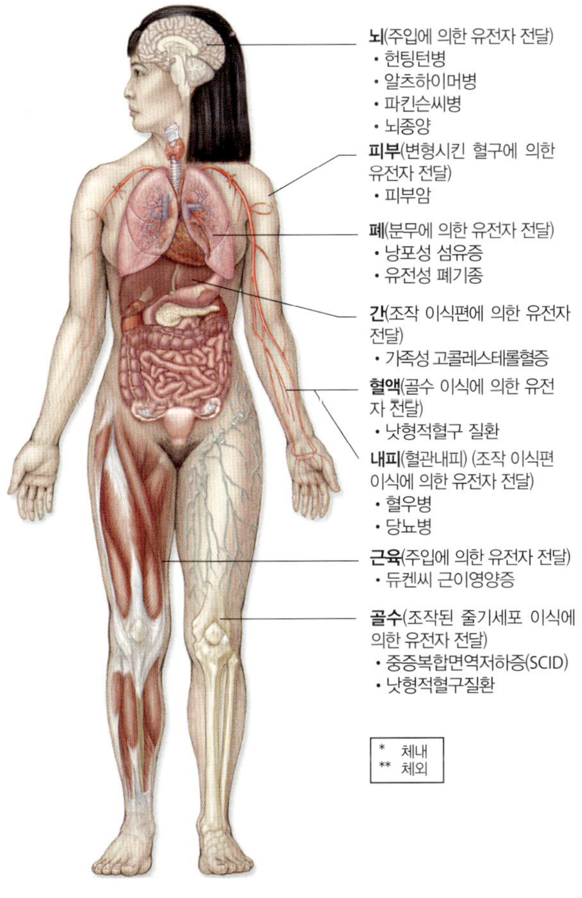


**그림 12.6** 표기된 상태를 치료하기 위한 체외, 체내 유전자 치료 부위

이러스에 담겨 심장 내로 주입되어 관상 혈관의 분지 형성을 자극할 수 있다. 치료를 받은 환자들에게서 흉통이 감소하였고, 운동기구를 이용해 더 오래 뛸 수 있었다는 보고가 있다.

유전자 치료는 암 치료의 한 방법으로서 사용 범위가 점차 증가하고 있다. 건강한 세포들은 화학요법에 더 잘 견디게 만들고, 암세포는 화학요법에 더 민감하게 만드는 유전자를 사용하기도 한다. *p53* 유전자는 세포사멸사를 초래하는데, 이 유전자를 암세포에 주입하여 세포사멸사를 유도하는 방식으로 암세포를 죽여 없애는 노력도 이루어지고 있다.

**▶ 12.6 진도 체크**

1. 그림 12.6에 소개된 유전자 치료 방법 중 하나를 선택하여 설명하라.

## 유전체, 그리고 인간 유전체는 어떻게 기능하는가?

**유전체**는 세포 내에 들어 있는 모든 DNA를 의미한다. 인간 유전체와 많은 다른 생명체의 유전체의 염기서열이 이미 밝혀진바, 세포의 유전체와 단백질의 기능을 밝히고 이해하는 유전체학 분야가 등장하였다. 컴퓨터와 마이크로어레이 기술의 사용이 이러한 목표를 달성하는데 앞으로도 많은 도움을 줄 것이다. 마이크로어레이는 질병 진단에 있어서 의료계의 많은 관심을 받고 있다. 과학자들은 사람과 다른 생명체의 유전체 구조 및 기능을 비교하기 위해 노력하고 있다.

### 12.7 인간 유전체의 염기서열이 밝혀지다

#### 학습 성과들

본 절을 공부하고 나면 다음에 대한 이해와 능력이 향상될 것이다.

1. 인간게놈프로젝트의 목표에 대해 설명하고, 어떻게 진행되어 왔는지 과정과 결과 이해하기

과학자들은 그동안 DNA의 구조, 그리고 어떻게 DNA가 복제되는지, DNA와 RNA가 단백질 합성에 어떻게 관여하는지를 발견해냈다. 21세기의 유전학은 사람과 다른 생명체의 DNA 전체에 대한 비교 연구인 유전체학으로 발전할 것이다. 현재 우리는 사람 유전체의 염기서열을 모두 알고 있으며, 유전체의 모든 구성 성분의 기능에 대한 연구를 시작하고 있다.

약 32억개에 달하는 염기쌍으로 구성된 인간 유전체의 염기서열을 밝히는 작업은 실로 어마어마하였다. 간단히 설명하자면 그 모든 정보를 기록하기 위해서는 오십만 쪽에 해당하는 책이 한 권 필요하다. 하루 8시간 동안 일 초에 다섯 개의 염기서열을 소리내어 읽을 때, 모든 염기를 읽기 위해 60년의 세월이 소요된다는 사실도 이미 계산되었다. 염기서열을 밝히는 계기는 **인간게놈프로젝트(HGP)**를 통해서 달성되었는데 이 프로젝트는 전 세계의 대학들과 사설 연구소의 공동 참여로 13년간에 걸쳐 진행되었다.

중합효소연쇄반응을 수행하는 온도순환기계인 PCR과 고속 DNA 염기서열기를 포함한 자동화 연구시설을 이용하지 않았다면 아마도 이 업적 달성은 불가능했을 것이다. 인간게

놈프로젝트를 위해 사람의 DNA를 먼저 제한효소로 조각 조각 잘라내었고, PCR을 통해 각 조각들을 다시 양적으로 증폭시켰다. 그림 12.7A에 소개된 온도순환기(PCR 기계)는 자동으로 온도를 변화시켜 주기 때문에 붙여진 이름이다. 표적 DNA를 복제하기 위해 DNA 합성효소를 첨가하기 전에 DNA 두 가닥을 먼저 변성시켜야 하는데 이때 높은 온도가 요구된다. 이 고온을 견뎌내는 DNA 중합효소의 발견 역시 중요한 사건이었다. 이런 고열에 견디는 DNA 중합효소는 *Thermus aquaticus* 세균으로부터 추출되었는데, 이 세균은 온천에 사는 세균이다. 그러므로 이 효소를 *Taq DNA* 중합효소라 부른다.

몇 년 전까지만 해도 과학자들은 염기서열을 해독하기 위해 일일이 실험실에서 손으로 작업을 하였다. 그리고 이를 위해서는 동일한 DNA의 많은 복사본이 요구되었던 불편함이 컸다. 하지만 자동화기법이 소개되자(그림 12.7B) 과학자들은 박차를 가하기 시작했고, 인간게놈프로젝트의 속도가 그만큼 빨라지게 되었다. 인간게놈프로젝트가 진행된 13년간에 걸쳐 DNA 염기서열 자동분석기는 지속적으로 기능이 향상되었고, 지금은 24시간이면 30억 개의 염기서열을 모두 자동으로 분석할 수 있는 수준에 이르렀다. 그러면 DNA는 어디에서 얻을 수 있을까? 보통은 정자의 DNA가 선택되었다. 그 이유는 단백질과 대비한 DNA 함량이 다른 세포에 비해 현저히 높기 때문이다. 여성 공여자의 경우는 백혈구 세포가 종종 사용된다. 당시 DNA 공여자들은 유럽인, 아프리카인, (남북)아메리카인, 그리고 아시아 혈통의 다양한 사람들이었다.

**▶ 12.7 진도 체크**

1. 인간 유전체의 서열을 밝히는 데 필수적인 실험실 기계 두 가지를 말하라.

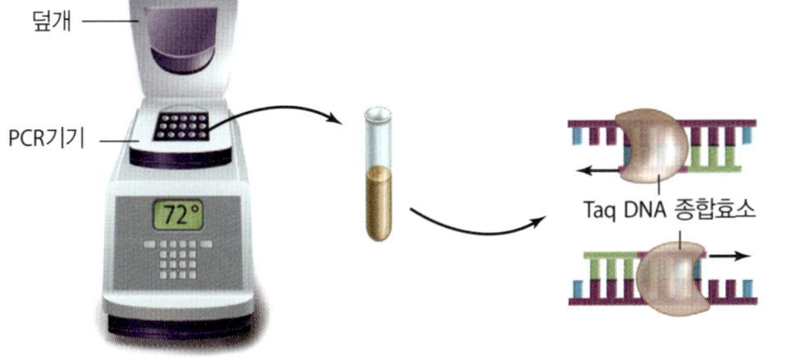


**그림 12.7A** RCR 반응은 자동으로 온도를 바꾸어 주는 온도순환기 내에서 진행된다. 프라이머(초록) 사이의 표적 DNA(보라)는 72℃의 온도에서 복제된다. 표적 DNA가 복제될 때 마다 DNA의 양은 두 배가 된다.

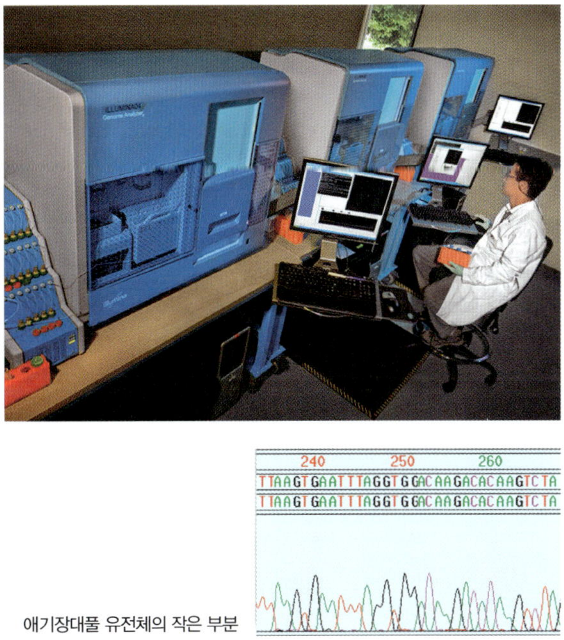


**그림 12.7B** 자동화 DNA 염기서열 분석기는 일련의 패턴을 생성하는데, 컴퓨터가 이를 분석하여 염기서열을 밝혀준다.

## 12.8 유전체는 유전정보를 담고 있는 DNA와 담고 있지 않은 DNA로 구성되어 있다

### 학습 성과들

본 절을 공부하고 나면 다음에 대한 이해와 능력이 향상될 것이다.

1. 단백질 유전정보를 담고 있는 DNA와 유전정보가 없는 다양한 DNA들을 구별하기

**유전정보 보유 DNA** 우리가 종종 단백질 유전자에 대해 이야기하는 동안, 그림 12.8는 오직 엑손만이 mRNA로 전사되어 리보솜에서 단백질 합성에 참여한다는 점을 상기시킨다. 우리의 유전체 중 오직 2%만이 단백질 유전정보를 담고있는 엑손이라는 점은 매우 놀라운 발견이다. 단백질 유전정보를 담고 있는 유전자의 개수는 23,000개이다. 유전체가 30억 개의 염기짝을 지니고 있음을 감안하면 훨씬 큰 숫자를 기대했다. 유전체는 각 단백질 유전자의 복사본을 한 개 이상 보유할 수 있다. 동일한 유전자의 복사본을 다량 지니고 있음을 통해 한 생명체가 짧은 시간 동안 매우 많은 유전자 산물을 생산할 수도 있다. 또한 유전자 하나가 둘로 늘어났다는 것은 어떠한 유전자가 진화에 도움을 줄 유익한 변이를 겪을 가능성이 둘로 늘어남을 의미한다. **가짜 유전자**라는 용어는 변이로 인해 기능을 하지 않는 유전자의 복사본들을 위해 사용된다.

**유전정보 비보유 DNA** 유전체에는 상당한 양(98%)의 유전정보 비보유 DNA가 들어 있다. 유전정보 비보유 DNA가 부모와 자손 사이에 다를 것으로 생각할 수 있지만 그렇지 않다. 각 부모는 특별한 순서로 유전정보 보유 DNA와 비보유 DNA를 지니고 있는 염색체의 반을 자손에게 전달한다. 유전정보 비보유 DNA도 종종 RNA로 전사될 수 있다는 최근의 발견은 인간을 포함한 진핵세포들이 원핵세포와 비교해 얼마나 복잡한지를 단적으로 말해주는 것이다. 진핵세포의 이러한 복잡성은 이전에 간과해버린 새로운 조절네트워크가 있음을 강력히 시사해준다.

유전정보 비보유 DNA 중 24%는 **인트론**이다. 한때 단순한 유전자 서열로 여겨졌으나 인트론은 유전자 발현의 또 다른 조절자일 수 있다. 인트론이 있음으로써 엑손들이 다양한 조합으로 연결되어 다양한 염기서열을 갖게 되고, 결국 하나의 유전자로부터 서로 다른 mRNA들, 그리고 여러 개의 단백질이 만들어질 수 있게 된다. 일반적으로 복잡한 생명체일수록 더 많고, 더 큰 인트론들을 보유하고 있다. 인트론은 또한 작은 RNA(small RNA)가 만들어지는 근원이 될 수 있다.

나머지 유전정보 비보유 DNA는 그림 12.8에서 붉은색으로 표현되었다. 이 중에서 **반복 DNA** 서열은 보통 큰 부분을 차지한다(59%). 이는 한때 '정크 DNA'라 불렸던 유전체의 일부분이다. 비록 많은 과학자들이 여전히 반복 DNA를 기능이 없다고 일축하고 있지만, 어떤 사람들은 동원체와 염색체 끝부분이 반복서열들로 구성되어 있음을 지적하면서, 이것이 생각한 것처럼 쓸모없는 부분이 아닐 수 있다는 점을 상기시켜준다. 예를 들어 동원체의 반복 요소들은 세포분열 중 염색체가 뭉치는 것을 도와줄 가능성이 있다.

반복 DNA는 한줄 반복배열과 산재성 반복배열로 나타날 수 있다. 한줄 반복은 반

복되는 염기서열이 염색체상에서 서로 이어져 나타나는 것을 의미한다. 예를 들어 ACTGACTGACTG 서열은 **한줄 반복배열**이다. 한줄 반복배열의 수와 타입은 개인 간 분명한 차이를 보이기 때문에 유전적 지표로 사용할 가치가 높다. '짧은 한줄 반복배열' 혹은 'STR'이라고 불리는 한줄 염기반복의 타입을 결정하는 것은 법의학 분야에서 DNA 지문 감식 중 개인 간 구분을 위해 흔히 사용되는 방법이다. 두 번째 타입의 반복 DNA는 **산재성 반복배열**이다. 이는 하나의 염색체 혹은 여러 개의 염색체에 걸쳐 중간 중간 나타나는 반복 형태를 뜻한다. 그들의 공통적인 발생 때문에 산재성 반복배열은 새로운 유전자의 진화에 어떠한 역할을 할 것으로 생각되고 있다.

**트랜스포존**은 한 염색체 내에서 그리고 염색체들 간에 이동할 수 있는 능력을 지닌 DNA 염기서열 반복을 일컫는 용어이다. *Alu* 요소라 알려진 반복 DNA는 염색체상에서 위치를 이동할 수 있다. 이것은 사람의 DNA 내에서 5,000 염기쌍마다 한 번씩 반복적으로 나타난다. 트랜스포존은 거의 대부분의 생명체에서 발견되었다. 바바라 맥클린톡은 옥수수에서 트랜스포존을 발견한 공로로 1983년에 노벨상을 수상하였다.

트랜스포존은 새로운 위치로 움직이면서 종종 이웃한 유전자들의 변이를 초래하는데, 특히 이웃한 유전자들의 발현을 감소시킨다. 다른 말로 트랜스포존은 때때로 조절 유전자처럼 작동한다. 트랜스포존이 유전체상에서 이동하는 현상은 생명체 진화의 원동력으로 생각되고 있다. 사실 많은 과학자들이 현재 여러 반복 DNA 요소들은 원래 트랜스포존으로부터 유래되었다 생각한다.

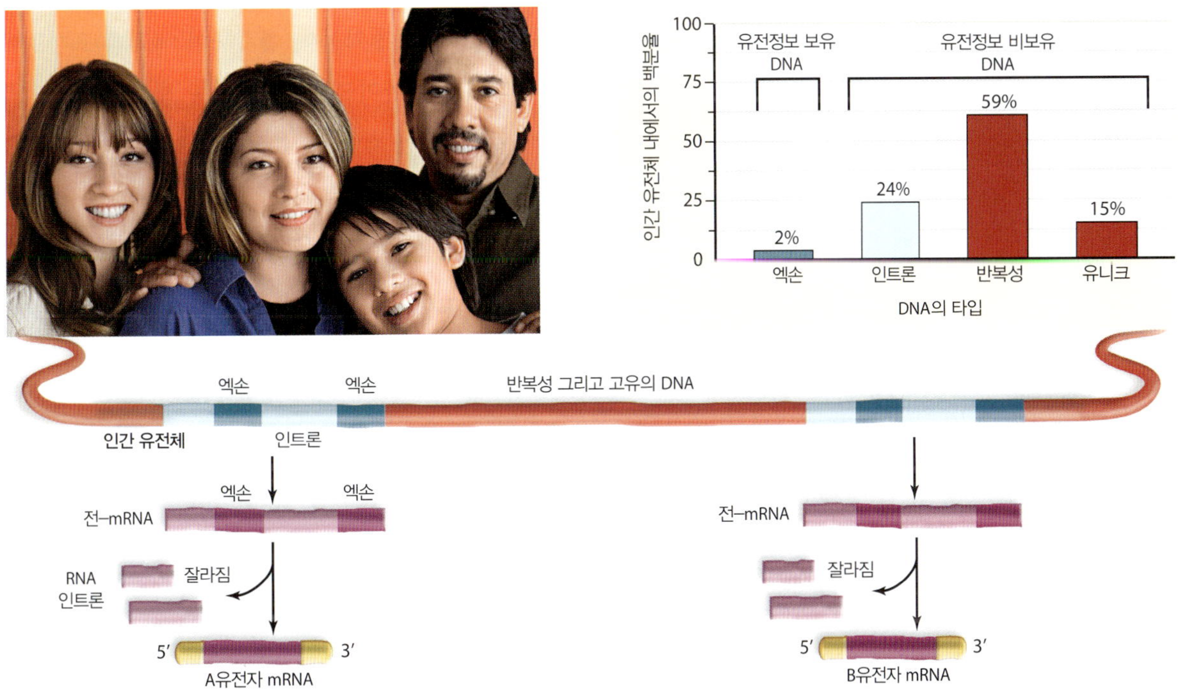


**그림 12.8** 유전체는 엑손(짙은 파란색)이라 불리는 단백질 유전정보 보유 DNA, 인트론(옅은 파란색)이라 불리는 유전정보 비보유 DNA, 그리고 그 밖에 여타의 중간 배치 염기서열(붉은색)로 되어 있다. 오직 엑손만 mRNA에 나타나며 단백질 합성을 위한 암호를 지시한다. 자녀들은 그들의 부모로부터 유전정보 보유 DNA와 비보유 DNA 모두를 물려받는다.

**고유 유전정보 비보유 DNA**에 대해서는 거의 알려진 것이 없는데 아마도 반복 DNA 구역과 함께 11장에서 논의한 작은 조절 RNA 단편들을 생산할 가능성이 있다고 여겨진다. 이처럼 과거에는 '정크 DNA'라며 거대한 버려진 땅으로 여겼던 것이 이제 하나씩 그 기능이 밝혀지면서 유전자 발현을 조절하는 매우 중요한 부분으로 재평가될 수 있다. 과거에 간과되었던 이 RNA 신호전달 체계는 심지어 인간이 구조적 복합성을 획득하는 것을 가능하게 할 수도 있다. 종합적으로 볼 때 우리는 몇 십 년 전만 하더라도 단순하게 보였던 유전체를, 훨씬 더 복잡하고 역동적인 정보의 창으로서 마주하고 있는 셈이다.

**▶ 12.8 진도 체크**

1. 유전정보 비보유 DNA의 3가지 타입을 설명하라.
2. 유전체상의 가장 많은 비율을 차지하는 유전정보 비보유 DNA의 타입과 그의 기능을 설명하라.

## 12.9 기능, 비교 유전체학은 인간의 유전체를 분석하는 학문이다

### 학습 성과들

본 절을 공부하고 나면 다음에 대한 이해와 능력이 향상될 것이다.

1. 기능 유전체학과 비교 유전체학을 구분하여 설명하기
2. 이 분야 연구자들에 의해 그동안 수행되어온 연구 자료에 대해 논의하기

**기능 유전체학** 연구자들이 인간 게놈의 서열을 완전히 확정한 후에, 그들은 유전물질들이 어떻게 상호 기능하는지에 대한 지식 습득에 관심을 기울였다. 이들은 기본적인 유전자 발현 지식과 별도로, 기능유전체학을 통해 다양한 유전자들이 협력하여 어떻게 표현형에 영향을 미치는지 구체적으로 알고자 하였다. DNA 마이크로어레이라는 새로운 기술이 기능유전학에 도움을 주고 있다. DNA 어레이란 실리콘 칩 위에 점처럼 찍힌 미세한 양의 DNA 올리고머들을 말한다. 여기에 mRNA 분자가 상보적으로 결합하면 세포 내에서 어떤 형질이 활성을 나타내는지를 말해줄 수 있다. 개개인마다 염기서열이 조금씩 다르므로 이를 개인의 유전자 프로필이라고 부른다. 유전자 프로필은 유전 질병의 유무를 나타낼 수 있으며, 'DNA 마이크로어레이 기술'은 유전 질환을 앓고 있는 개인을 위해 가장 적절한 약물 치료 방법을 제공할 수 있다. 또한 개개인의 유전체 염기서열에서 발견되는 다양한 단일 염기 다형성(SNP), 혹은 특정한 점돌연변이를 알려준다. 비록 단일염기서열다형성이 극적인 표현형의 변화를 일으키지는 않을지라도 특정한 단일염기서열변화 패턴은 질병 민감성의 원인이 될 수 있으며, 의학적 치료에 대한 접근방법을 바꾸어줄 수 있다.

기능유전체학은 또한 그림 12.9A에 나타낸 것처럼 세포들 간의 유전적 차이점을 연구하기도 한다. 간세포에서는 대사효소에 대한 유전자들을 발현하는 반면에, 근육 세포들은 이완과 수축에 관련된 단백질 유전자를 훨씬 더 많이 발현하고 있다.

11장에서 논의된 바와 같이 우리는 이런 차이점들이 유전적 연관성 때문에 나타남을 잘

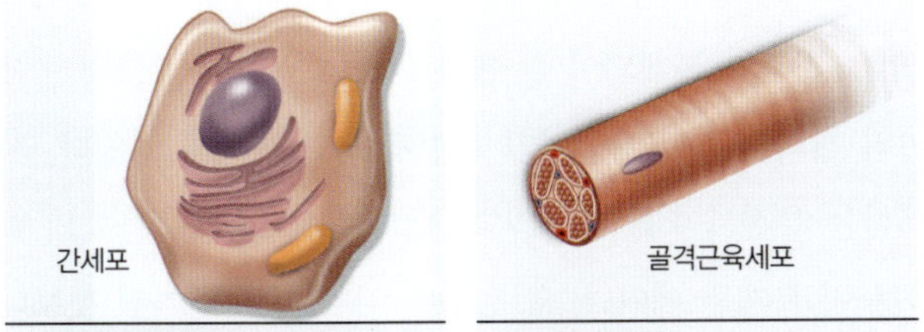


| 유전체 내의 양 | 간세포 | 골격근육세포 |
|---|---|---|
| 대사효소 유전자 | 25% | 25% |
| 구조단백질 유전자 | 5% | 5% |
| 운동단백질 유전자 | <2% | <2% |

| 세포 내의 양 | 간세포 내의 양 | 골격근육세포 내의 양 |
|---|---|---|
| 대사효소 | >50% | <10% |
| 구조단백질 | <10% | 20–30% |
| 운동단백질 | <5% | 25–40% |

**그림 12.9A** 간과 골격근의 유전체는 동일하지만, 발현되는 유전자는 세포내 단백질의 양을 통해 드러나듯이 서로 다르다.

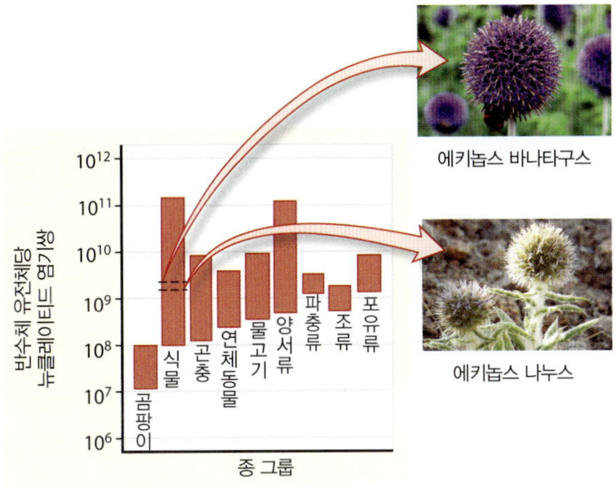


**그림 12.9B** 식물 유전체의 크기는 다배수성(유전물질의 중복)으로 인해 포유류의 것보다 더 큰 경향이 있다. 이 사실은 또한 왜 절굿대속의 바나티구스가 같은 속의 나누스보다 두 배의 염기쌍을 가졌는지를 설명해준다.

알고 있다. 기능유전체학에 유전자 조절이란 분야가 접목됨으로써 유전학 분야가 더욱 광범위해지고 복잡해졌다. 과거에 숨겨져 있던 유전자 발현 조절 방법이 완전히 드러나게 되기까지는 앞으로도 수 년 이상 걸릴 것이다.

**비교 유전체학** 비교유전체학의 목적은 표 12.9에 나열된 생물들과 인간의 유전체를 비교하고, 나아가 지구상 모든 종들의 유전체를 서로 비교하는 것이다. 과학자들이 많은 생물들의 유전체 염기서열을 밝히는 작업을 진행 중이기 때문에 비교 유전체학의 성과는 앞으로 몇 년 안에 매우 확장될 것이다. 표 12.9에 나열된 생명체들은 모델 생명체들이며 그렇게 불리는 이유는 그들에게서 알려진 연구 결과는 모든 다른 형태의 생명체에 적용될 수 있기 때문이다.

표 12.9의 첫 줄은 유전체의 염기쌍(A=T; G=C) 수를 통해 생명체들의 유전체 크기를 비교한 것이다. 대체적으로 한 생명체의 복잡성은 그 유전체 크기로 판단할 수 있다. 예를 들어 사람 유전체의 크기는 세균보다 훨씬 더 크다. 언제나 이러한 가정이 맞는 것은 아니다. 그림 12.9B의 막대 그래프를 보면 예상치 못했던 불일치성이 발견된다. 그림 12.9의 막대 그래프는 식물 DNA에 동물보다 더 많은 염기쌍이 존재함을 보여준다. 이런 차이점은 무엇을 야기하는 것일까? 심지어 두 종류의 연관된 식물들도 서로 다른 유전체 크기를 지닐 수 있다. 절굿대(globethistle) 속의 *바나티쿠스*는 같은 속의 나누스보다 두 배가량 많은 염기쌍을 갖고 있다. 아마 이 사실은 다배수성이 이러한 유전체 차이를 초래한다는 단서가 될 수 있을 것이다. 식물 간에 공통적인 배수성은 왜 식물들이 동물보다 더 많은 유전물질을 보유하고 있는지, 그리고 왜 어떤 식물들은 다른 식물들에 비해 더 많은 유전물질을 보유하는지에 대해 설명해준다.

표 12.9의 다음 줄은 표 내의 생물들이 가지고 있는 유전자 수를 비교한 것이다. 여기에 다시 한 번 설명이 필요한 놀라운 사실이 드러나 있다. 애기장대의 유전자들 중 많은 수가 복제된 유

전자에서 기인한 것이라는 설명이다. 만일 동일한 유전자가 두 개씩 존재한다면, 이는 숫자상 두 개의 유전자로 간주된다(만일 하나의 유전자가 복제되어 두 개가 되었다면 이론상 그렇게 세어서는 안될 것이다). 헤모글로빈은 여러 개의 유사한 유전자가 유전자 집단을 이루고 있다. 사람의 경우는 복제로 인해 두 개로 존재하는 유전자가 많지는 않다. 태아 헤모글로빈, 근육의 미오글로빈, 그리고 적혈구의 헤모글로빈들이 복제된 예이다. 표 12.9은 쥐가 사람이 가진 것보다 약간 많은 수의 유전자를 보유하고 있음을 알려준다. 이 유전자들이 같은 단백질 정보를 담고 있는지, 그리고 사람과 같은 방법으로 조절되는지 앞으로 자세하게 조사되어야 할 문제이다. 과학자들은 사람의 유전체를 거대 유인원과 비교하는 것에 큰 관심을 갖고 있는데, 둘 간의 유전체가 매우 유사하다고 알려져 있기 때문이다. 336 페이지의 '우리는 침팬지와 매우 가까운 관계이다'라는 제목에서 보듯이 사람의 염색체와 침팬지의 염색체를 비교하는 것은 흥미로운 일이다.

우리는 자연스럽게 표 12.9에서 언급되는 모든 유전자는 단백질 유전정보를 보유한 유전자일 것으로 추측한다. 그러나 어떤 경우에는 그 유전자가 어떤 단백질 정보를 담고 있는지조차 알 수 없는 경우도 있다. 더 나아가 몇몇 단백질 유전정보 보유 유전자는 미처 알려지지 않은 단백질의, 미처 알려지지 않은 아미노산 유전정보를 담고 있는 것으로 보인다. 또 다른 질문은 포유류의 유전자 개수는 왜 유전체의 염기 수에 비해 그렇게 적은가 하는 것이다. 우리가 알고 있듯이 인간 유전체의 많은 부분은 반복적이며 유전정보를 담고 있지 않은 결정적인 기능을 지닌 염기서열들로 구성되어 있다(그림 12.8 참조). 이들은 단백질 유전자의 발현 조절에 관여하고 있다. 이들의 기능이 모호한 이유는 오직 유전자 발현의 최종 결과–세포 내의 다양한 단백질–만이 표현형을 결정하기 때문이다. 한편 같은 타입의 유전자들이 사람부터 세균에 이르기까지 광범위한 생명체에 나타날 수 있다는 점도 발견되었다. 이 유전자들은 때로 보존유전자(housekeeping gene)라 일컫는데, 진화 과정에서 이 유전자들은 그들이 존재하는 그대로 보존되며, 작은 변화만을 거치면서 거의 모든 생명체

| 표 12.9 | 인간과 몇몇 모델 생명체들의 유전체 크기 | | | | | |
|---|---|---|---|---|---|---|
| 생명체 |  *Homo sapiens* (인간) |  *Mus musculus* (쥐) |  *Drosophila melanogaster* 초파리 | 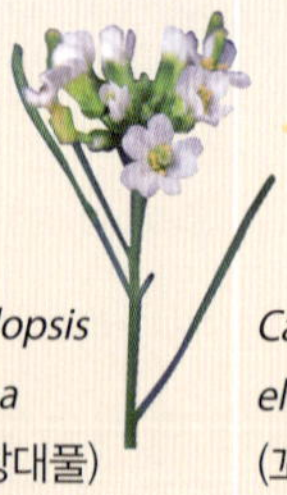 *Arabidopsis thaliana* (애기장대풀) |  *Caenorhabditis elegans* (꼬마선충) |  *Saccharomyces cerevisiae* (효모) |
| 추정 크기 | 32억 개 염기 | 2천5만 개 염기 | 1억8천만 개 염기 | 1억2천5백만 개 염기 | 9천7백만 개 염기 | 1천2백만 개 염기 |
| 유전자의 추정 수 | ~23,000 | ~30,000 | 13,600 | 25,500 | 19,100 | 6,300 |
| 평균적인 유전자 밀도 | 염기 100,000개 당 유전자 1개 | 염기 100,000개 당 유전자 1개 | 염기 9,000개 당 유전자 1개 | 염기 4,000개 당 유전자 1개 | 염기 5,000개 당 유전자 1개 | 염기 2,000개 당 유전자 1개 |

에 그대로 전달되기 때문이다. 잘 알려진 예는 발생에 관여하는 *Hox* 유전자이다. 이 유전자는 발생의 결과는 다르더라도 생명체 전반에 걸쳐 나타난다.

아직도 연구할 주제들이 많은 기능유전체학과 비교유전체학은 오늘날 가장 역동적이고도 활동적인 생물학 분야이다.

▶ **12.9 진도 체크**

1. 기능 유전체학 및 비교 유전체학의 목표와 부합되는 연구 형태를 정의하라.

## 12.10 단백질체학은 인간 세포 내의 단백질을 분석한다

### 학습 성과들

본 절을 공부하고 나면 다음에 대한 이해와 능력이 향상될 것이다.

1. 단백질체 연구가 왜 더 많은 노력과 새로운 기술을 요구하는지 설명하기
2. 단백질체를 구성하는 단백질들의 다양한 기능 요약하기

유전체에 저장되어 있는 정보에 따라 세포질에서 단백질이 만들어진다. 세포는 일정한 단백질의 공급 없이는 생명을 지속할 수 없다. **단백질체학**은 세포 혹은 생명체 내의 세포 단백질들 간의 상호작용, 기능, 구조 등을 연구하는 새로운 학문 분야다. **단백질체**라는 용어는 한 종의 단백질 전체 집단을 일컫는다. 세포 하나에서 만들어지는 단백질 수는 수십만 개에 달하는데 이 숫자는 유전체 내의 유전정보 보유 유전자 수를 초과하는 것이다.

단백질체가 유전체보다 더 큰 이유에 대해 두 가지로 설명할 수 있다. 핵 내에서 일어나는 선택적 전구체 mRNA 이어맞추기와, 세포질 내에서 일어나는 번역 후 변형과정이다. 주형 DNA 가닥으로부터 전구체 mRNA가 만들어질 때, 여기에는 엑손(단백질 유전정보 보유 지역)뿐 아니라 인트론(단백질 유전정보 비보유 지역)도 모두 포함되어 있다. 이어맞추기 과정을 통해 오직 엑손들만 성숙한 RNA에 남게 되고, 엑손 사이 사이에 있는 인트론은 선택되어 잘려나간다. 이때 다른 엑손들의 조합이 성숙한 RNA에서 나타나기 때문에 선택적인 이어맞추기의 결과가 여기서 발생한다. 다른 엑손의 선택은 다른 단백질이 세포에서 만들어짐을 의미한다. 세포 내에 예상보다 많은 단백질이 만들어지는 또 다른 이유는 번역 후 변형 때문이다. 이 과정은 조면소포체와 골지체에서 일어난다. 리보솜에 의해 만들어진 후 폴리펩티드들은 조면 소포체 내부 공간으로 진입하게 되고, 소포들에 의해 골지체로 이송된다(그림 12.10A). 조면소포체와 골지체에 머무는 동안, 폴리펩티드들에 다양한 종류의 곁가지들이 붙게 되고, 이들은 다른 다양한 방법으로 재정리된다. 개개의 폴리펩티드는 제각각 세포의 필요에 따라 변형되기 때문에 골지체를 떠나는 다양한 단백질들의 수는 그들이 골지체에 유입될 때보다 더 많게 된다.

단백질은 고유한 구조를 지니며 그 구조는 단백질이 세포 내에서 갖게 될 고유한 기능에 적합해야 한다(그림 12.10B). 세포질 내의 여러 단백질들은 구조와 기능을 연구하기 원하

는 생물학자들에게 매력적인 대상이다. 이는 마치 백화점에서 수많은 종류의 물건들을 소비자에게 소개할 때 논리적으로 잘 설명해야 하는 것과 같다. 모든 백화점에서 동일한 물건을 판매하는 것이 아닌 것처럼 세포마다 다양한 단백질을 만들어낸다는 사실은 대단히 흥미롭다. 그러나 그만큼 이들의 기능과 숨겨진 기작을 밝혀야 할 생물학자들의 임무는 복잡해질 수밖에 없다. 우리 몸을 이루는 각각의 세포들은 각각 고유한 단백질 집합을 지니고 있다(그림 12.9A 참조). 대부분의 경우는 mRNA와 DNA 마이크로어레이 칩을 이용하여 세포 내에서 어떤 단백질이 발현되는지를 확인하는 것이 가능하다. 그러나 mRNA의 출현이 항상 단백질의 출현을 의미하지는 않으며, mRNA가 출현할 단백질의 양을 대변하지도 않기 때문에 경우에 따라서는 그다지 신뢰할만한 방법이 되지 못한다. 이론적으로 DNA 칩과 단백질 마이크로어레이 칩은 동일한 원리로 작동된다. 한 생명체로부터 얻은 수백 혹은 수천의 다른 단백질들은 칩 위의 알려진 위치에 인쇄를 하듯 찍어 올려진다. 한 세포로부터 얻어진 단백질에 형광 꼬리표가 붙여지고, 이 칩이 세포 단백질에 노출되면 몇몇 단백질들은 특별한 위치에 달라붙게 된다. 그러나 이것은 이론적일 뿐 실제 실험에서는 그렇지 않을 때가 많다. 왜냐하면 단백질은 핵산처럼 상보적인 염기쌍에 의해 결합하지 않기 때문이다. 단백질들은 그들의 화학적 성질이 매우 다양하다. 예를 들어 어떤 것들은 소수성을 띠고, 어떤 것들은 친수성을 띤다. 단백질들은 몇 가지 타입의 비공유결합을 통해 서로 결합한다. 그러므로 단백질체학은 섬세한 실험기법을 사용하며 고성능의 실험기기를 통해 단백질의 존재와 출현 단백질의 양을 확인해야 한다.

단백질체학의 한 가지 목표는 단백질의 구조가 어떠한지, 대사과정 중 그들이 어떻게 기능하는지를 이해하는 것이다. 예를 들어 현재 전 세계에 걸쳐 컨소시엄을 이루고 있는 단백질정보은행에 저장된 자료를 얻기 위해 세계의 과학자들은 X선 결정기술과 핵자기공명 분광광도기술을 포함한 여러 기술을 이용하였다. 어느 특별한 인쇄기(Z 코퍼레이션 프린터라 불리는)는 이 정보들을 이용하여 37,136 종류의 단백질의 삼차원 모델을 제작할 수 있다(그림 12.10B 참조). 그런 모델들은 단백질의 형태 연구와 그들이 어떻게 다른 분자들과 결합하는지에 대한 연구도 더욱 수월하게 만들어준다. 단백질 모델들이 많이 만들어지

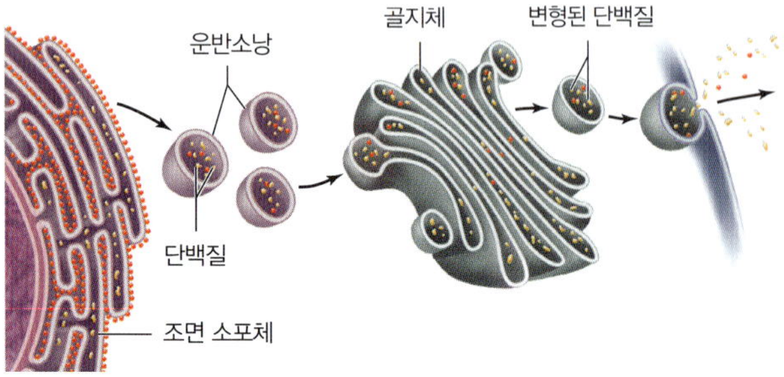


**그림 12.10A** RER에서 만들어진 단백질들은 골지체로 운반되어 변형되기에 더욱 다양해진다.

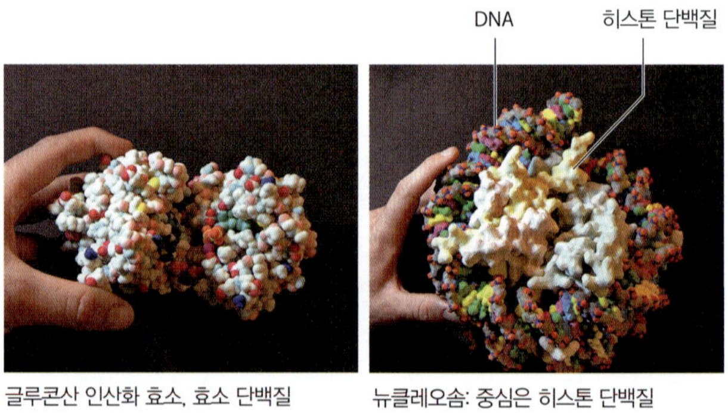


**그림 12.10B** 효소(왼쪽)와 뉴클레오솜의 히스톤 단백질(오른쪽)에 대한 3D 모델을 통해 단백질의 구조가 어떻게 기질과 결합하고 기능하는지에 대한 이해가 증진될 수 있다.

면, 과학자들은 이에 준하여 아미노산 서열로부터 단백질의 최종적인 삼차원 형태를 예측할 수 있을 것이다. 심지어 DNA 돌연변이가 단백질의 형태와 기능에 미칠 영향도 예측할 수 있을 것이다. 그런 후에는 특정 단백질의 작용을 방해하기 위한 약물의 디자인도 가능하고, 언젠가 특정 단백질체에 대한 약물 치료를 개인별 맞춤으로 고안할 수 있을 것이다.

생물학자들은 세포 내 단백질들의 일반적인 기능을 잘 파악하고 있다(표 12.10). 세포 내에서의 모든 반응은 최소한의 에너지 투입만으로도 일어나며 이때 효소를 사용한다. 이는 효소들이 그들의 기질에 대해 특이적임을 의미한다. 세포막에는 다양한 단백질들이 포함되어 있다. 그들 중 많은 것들이 세포 대사에 영향을 주는 수용체 분자들이기 때문에 세포신호전달과정에 관여한다. 세포는 자신을 둘러싸고 있는 환경과 물질교환을 하지 않고서는 존재할 수 없다. 어떤 세포막 단백질들은 채널 혹은 운반자인데 이들은 분자들이 세포 내외를 오갈 수 있도록 해준다. 식물이 셀룰로스와 다른 비단백 분자들을 생성함으로 스스로를 지탱하는 반면, 동물들은 세포 외부와 근육, 뼈 내부의 콜라겐 단백질에 크게 의지하여 스스로를 지탱한다. 액틴과 미오신은 근육 내부에서 상호작용하여 움직임을 만들어낸다. 세포 내에서는 이들이 미세소관을 따라 분자들이 이동하는 것을 도와준다. DNA 결합 단백

**표 12.10** 0인간과 몇몇 모델 생명체들의 유전체 크기

| 기능 | 예 | 기능 | 예 |
|---|---|---|---|
| 대사 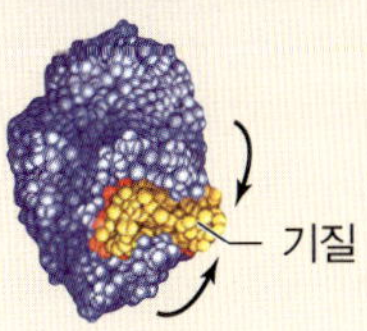  | 세포 내에서 효소는 반응물과 함께 작용하여 화학반응의 속도를 높여준다. 효소는 반응에 특이적이며 체온에서도 기능을 나타낸다. | 운반 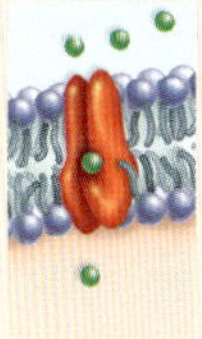 | 세포막 내의 채널 단백질, 운반 단백질은 물질들이 세포 내로 유입, 유출되도록 한다. 혈색소는 산소를 운반하는 복합 단백질이다. |
| 신호전달 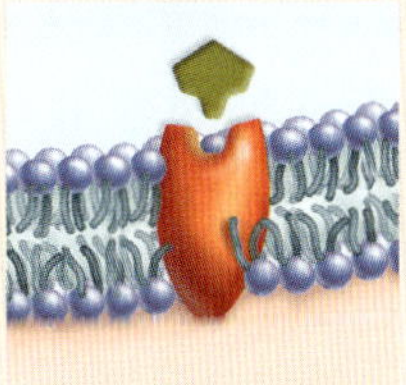 | 호르몬들은 세포 내 신호전달자의 기능을 수행한다. 예를 들어, 인슐린은 표적 세포의 대사에 영향을 주다. 성장호르몬은 한 개인의 키를 결정한다. | 유전자 발현 조절 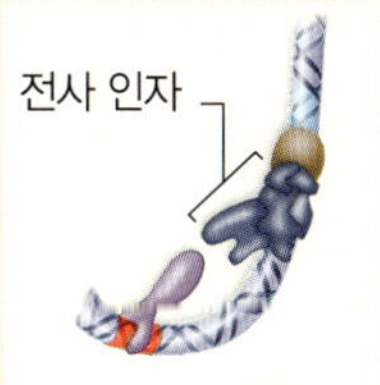  | 세포 내의 전사과정은 DNA 결합 단백질들에 의해 대부분 조절되는데, 전사요소, 촉진자, 억제자 등이 포함된다. 리보솜 단백질은 번역을 돕는다. |
| 운동 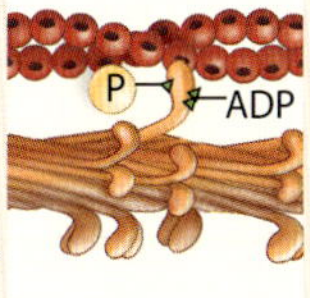  | 수축 단백질 액틴과 미오신은 세포의 부분이 움직이도록 하며 근육이 수축되도록 한다. 근육 수축은 동물로 하여금 장소를 이동할 수 있도록 해준다. | 방어 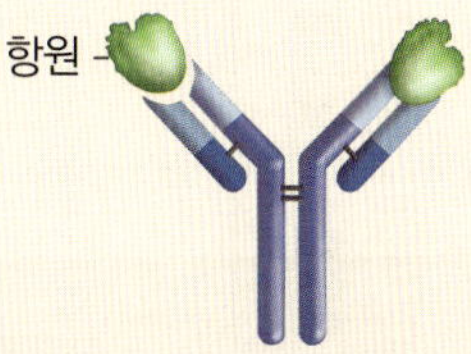  | 항체라 불리는 단백질은 질병 초래 요소들과 결합하여 그들이 세포를 파괴하여 항상성을 교란시키는 것을 방지한다. |
| 지지   | 케라틴은 손톱을 구성하는 섬유성의 질긴 단백질이다. 또 다른 지지 단백질의 예로는 세포외기질 내의 콜라겐과 거미줄의 실크 단백질이 있다. | 삼투성 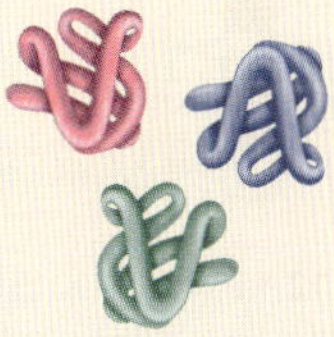 | 혈장 단백질은 삼투성에 관여하며, 어떤 것들은 신호전달, 방어, 혈액응고, 운반에 특화되어 있다. 연구자들은 혈장 속에서 325 종류의 다른 단백질들을 찾아냈다. |

질은 원핵세포와 진핵세포 모두에서 비슷한 방식으로 전사를 조절한다. 복잡한 동물들에서는 항체 단백질을 생산하는데 이는 질병 초래 항원들에 대해 방어력을 제공한다. 어떤 세포질내 단백질들은 세포의 부피 유지 같은 중요한 기능을 수행하여 혈압을 유지시켜준다.

▶ **12.10 진도 체크**

1. 왜 세포에는 유전자에 담긴 단백질 암호보다 더 많은 단백질이 들어 있는지 설명하라.
2. 단백질의 구조와 기능을 연구할 수 있는 두 가지 실험기술을 말하라.

## 12.11 생명정보학은 유전체학과 단백질체학을 지원한다

### 학습 성과들

본 절을 공부하고 나면 다음에 대한 이해와 능력이 향상될 것이다.

1. 생명정보학이 어떻게 유전체학과 단백질체학 분야를 지원하는지에 대해 설명하기
2. 데이터베이스는 무엇이며, 연구자들은 이를 어떻게 이용하는지 설명하기

많은 양의 데이터가 인간 유전체의 염기서열을 밝히기 위해 수집되었다. 마찬가지로 단백질체에 들어 있는 많은 단백질을 밝히기 위해서 다량의 데이터가 수집되었다. 다행히 오늘날에는 고성능 컴퓨터가 있어 이 모든 데이터를 저장할 수 있다. 단백질 **데이터베이스**는 모든 자료를 한 곳에 저장하여 접근하기 쉽도록 정리해 놓은 것이다. 이와 비슷한 데이터베이스인 유전자은행에는 염색체 별로 접근 가능한 유전자 서열 정보가 담겨 있다(그림 12.11).

컴퓨터 기술의 응용, 특별히 개발된 소프트웨어, 그리고 데이터베이스 내 생물학 정보를 연구하기 위한 통계학적 기술들, 이것을 합쳐서 **생물정보학**이라 한다. 유전자를 찾고 그 기능에 대한 추정과 결정을 내리기 위한 첫 번째 소프트웨어 체계는 헤모필러스 인플루엔자 박테리아의 유전체를 연구하기 위해 1995년에 개발되었다. 그 이후부터의 소프트웨어는 인간 유전체 내의 정상 유전자와 변이된 유전자를 찾고, 그들이 담고 있는 폴리펩티드 내 아미노산 서열을 밝히기 위하여 개발되어 왔다. 또한 인간 유전자 혹은 단백질이 다른 생명체들과 얼마나 맞는지 알아보기 위해 데이터베이스를 활용하고 있다. 예를 들어 네안데르탈인에 해당하는 유전체 정보를 현대인의 유전체 정보와 비교하는 것이다. 이 정보는 네안데르탈인과 인간 사이의 진화적 관계를 연구하는 사람들에게 매우 유익한 정보이다. 가장 최근의 연구들은 두 그룹이 겹쳐지는 몇 군데 지역에서 근대 인간이

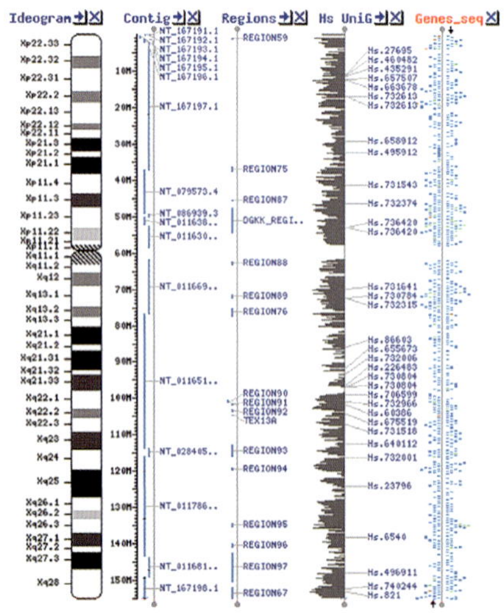

**그림 12.11** 이러한 X 염색체 정보는 National Center for Biotechnology Information(NCBI) 웹사이트에서 찾아 이용할 수 있다.

네안데르탈인과 교배를 했음을 제안하고 있다.

인간 유전체에는 30억 개의 염기쌍이 들어 있기에 컴퓨터 없이 이 정보들을 확인하는 것은 거의 불가능할 것이다. 기초 지역 나열 추적 도구(basic location alignment search tool)를 의미하는 블라스트(BLAST)는 전사 프로그램으로, 이를 이용하여 다양한 생명체의 유전체 사이에서 동형 유전자를 밝힐 수 있다. **동형 유전자**는 염기서열은 약간 다르더라도 동일한 단백질의 유전정보를 담고 있는 유전자이다. 그 차이들이 생명체 그룹 간 진화의 역사를 쫓는 데 도움을 줄 수 있다. 단백질체학에서도 블라스트를 통해 과학자들이 동형 단백질을 찾을 수 있다. 동형 단백질 모델링을 통해 과학자들이 유사한 아미노산 서열을 지닌 다른 단백질들의 구조를 예측하는 데 도움을 받을 수 있다.

생물정보학은 지구상의 다양한 인종들에 대한 연구에도 도움을 줄 수 있다. 예를 들어 인간은 현재 반수체형(반수체와 유전형으로부터 유래된)으로 알려진 염기서열 차이 패턴을 물려받는다. 만일 염색체의 특정 영역에 시토신보다 구아닌을 많이 가지고 있다면, 이러한 변화는 구아닌 근처의 또 다른 염기서열 차이와 동반되어 나타날 것이다. 과학자들은 아프리카인, 아시아인, 유럽인들 간에 가장 공통적인 반수체형을 발견하길 원하고 있는데 이를 위해 수 천 명의 사람들로부터 정보를 얻고 저장하고 비교해야만 할 것이다. 만일 다른 인종들이 서로 다른 반수체형을 지니고 있다면 특정한 의학적 치료에 다르게 반응함을 의미할 수 있다. 이러한 정보는 의료계에 매우 유익할 것이다. 또한 254-255 페이지의 '애기장대는 모델 생물이다'를 보라. 모델 생명체에서 낭포성 섬유증 유전자의 기능을 알았기 때문에 과학자들은 그 기능을 사람에 적용시킬 수 있었다. 이는 낭포성 섬유증에 특이적인 치료를 개발하기 위한 필요한 과정이었다. 그리고 컴퓨터가 특이한 질병을 앓고 있는 사람 간의 유전적 차이를 연관시키는 데 도움을 줄 수 있다. 예를 들어 한 개인의 유전체는 종종 한 유전자의 복사본 여러 개를 지니고 있음을 우리는 알고 있다. 그러나 개인 간 복사본 수는 다를 수 있으며, 이를 복사본수 다양성이라 부른다. 현재 우리는 유전체 내의 복사본 수가 특정 질환과 연관되어 있는 것으로 보고 있다.

생명정보학 없인 DNA서열의 기능 파악, 우리 유전체와 다른 모델 생명체의 유전체와 비교, 그리고 세포 내에서 어떻게 유전자와 단백질이 상호작용하는지 파악하는 일 등에 대한 진보가 매우 더딜 것이 확실하다. 대신 생명정보학의 도움이 있다면, 앞서 소개된 작업들과 여타 분야에서 진보는 매우 빠르게 진행될 것이다.

▶ **12.11 진도 체크**

1. 인간 유전체의 염기서열이 밝혀진 후에 왜 현대적인 분야인 생명정보학이 도래했는지 이유를 요약하라.
2. 세계 단백질 정보 은행같은 단백질데이터베이스에서 당신이 찾을 수 있을 것으로 기대하는 정보의 종류를 말하라.

## 생명은 어떻게 변화하는가?

침팬지는 48개의 염색체를 갖고 있고 인간은 46개만 갖고 있다는 관찰에도 불구하고, 많은 유전학적 증거가 인간과 침팬지는 매우 가깝게 연관되어 있음을 보여준다. 첫 번째로, 염색체 수의 차이는 의미 있다고 여겨지며 – 이 의미로 인해 거대 영장류(침팬지, 고릴라, 그리고 오랑우탄)와 인간은 서로 다른 과로 구분된다. 영장류는 오랑우탄과에 포함되었으며, 사람은 사람과에 포함되었다. 그러나 1991년, 예일대학교의 연구자들이 인간의 2번 염색체가 두 개의 침팬지 염색체와 융합되어 있음을 밝혀냈다.

사람의 유전체에는 어마어마한 양의 트랜스포존이 존재한다. 이들 중 대부분이 더 이상 위치이동을 하지 않고 대신에 하나의 위치에 머물고 있다. 그들은 과거 유전체에 발생했던 레트로바이러스 감염의 유전이다. 레트로바이러스는 RNA 유전체와 역전사효소라는 이름의 효소를 보유하고 있다. 이 효소는 바이러스의 유전체를 DNA로 복제시키고, 이 DNA는 숙주의 유전체에 끼어 들어간다. 여러 연구 중, 과학자들은 인간과 침팬지가 그들의 유전체 내에 유사한 패턴의 트랜스포존을 보유하고 있다는 사실을 발견했다. 이는 어떻게 Alu 요소(일종의 트랜스포존)가 스스로 헤모글로빈 유전자 근처인 인간, 침팬지의 유전체에 삽입되었는지 보여주는 예이다.

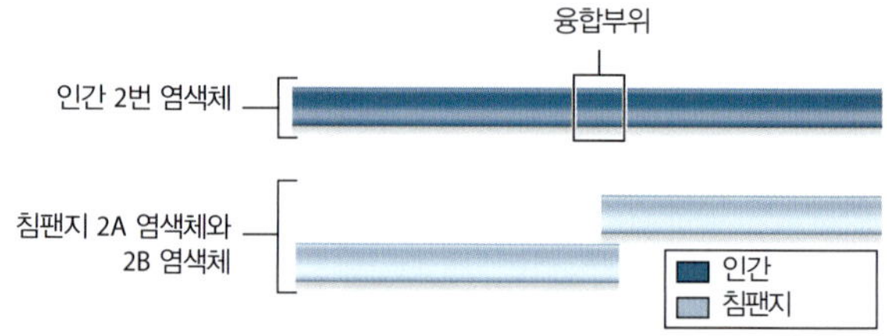


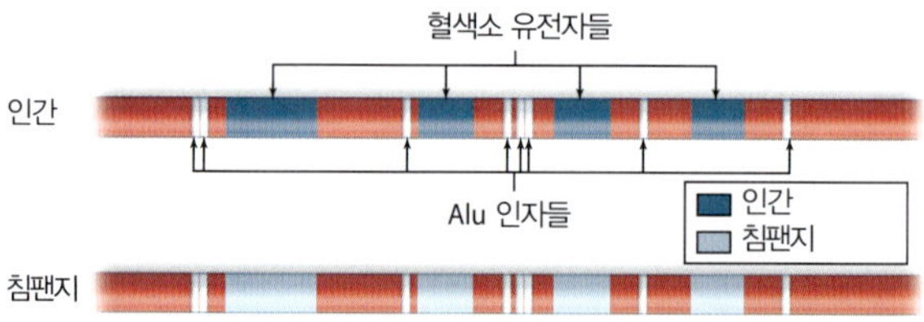


가성유전자는 과거에 활성을 나타냈지만 현재는 기능이 없는 유전자 복사본이다. 가성유전자는 기능을 갖는 단백질의 유전자 정보를 담지 못하게 하는 돌연변이로 인해 현재는 활성을 나타내지 않는다. 인간 DNA 내에서 가성유전자 패턴은 침팬지의 패턴과 가장 유사하며, 다른 고등 유인원과는 덜 유사하다. 이러한 연구와 다른 연구들은 인간과 가장 가깝게 연관된 영장류들의 재분류를 초래했다. 모든 고등 유인원들은 이제 인간과 같은 과에 속한다. 침팬지는 같은 아과에 포함된다(인간과).

최근에 알려진 유전체 정보에 따르면 침팬지와 인간의 DNA 염기서열이 겨우 1.5% 정도밖에 차이가 없음을 보여준다. 이제 인간과 침팬지가 유전적으로 유사하다는 점은 확실한 사실로 받아들이고 있으며, 어떤 유전적 요소들이 침팬지와 우리를 다르게 하는지 밝혀내는 것이 유전학자들의 임무가 되었다. 비록 염기서열이 매우 유사하지만 여전히 의미 있는 차이점들이 존재하기 때문이다. 예를 들어 침팬지와 사람의 유전체를 비교해 보면 많은 DNA 가닥(약 5백만)이 하나 혹은 다른 유전체에서 발견되지 않는다. 우리는 포유류의 진화 중에 유전정보보유 유전자에 비해 비보유 염기서열의 양이 폭발적으로 증가했던 것을 알고 있다. 그래서 포유류의 공통 조상은 아마도 많은 양의 유전정보 비보유 DNA를 보유했을 것이며, 각 포유류 종들은 그들의 후손이 분리되면서부터 다른 DNA 가닥들을 상실했을 것이다. 많은 예들이 유전정보 비보유 DNA가 몇 년 전에 생각하던 대로 단순한 폐품이 아니며, 각 영장류가 어떤 유전자비보유 DNA 가닥을 보유하고 있는가에 따라 영장류의 해부학적 차이점들이 결정될 가능성이 매우 높다. 마이크로어레이 칩 정보는 침팬지의 어떤 유전자들은 인간과 비슷한 정도로 발현되지 않는다는 결론을 뒷받침해 준다. 그러면 어떤 유전자들이 이러한가? 뇌의 발생을 조절하는 유전자들이 침팬지 유전체와 사람 유전체 간에 나타나는 차이로 인해 가장 강하게 영향을 받는다는 증거들이 모이고 있다. 이는 왜 인간의 뇌가 오늘날 침팬지의 뇌보다 더 큰지 설명할 수 있을 것이다.

우리는 이제 침팬지가 생각보다 훨씬 더 인류와 가깝다는 것을 알게 되었다. 연구의 방향 역시 해부학적 차이를 야기시키는 유전자 구조를 규명하는데 맞추어지고 있다.

## 본 장에 대한 리뷰

### 개념들의 연결

본 장은 생명공학기술에 대한 학습과 유전체학에 대한 학습의 두 부분으로 나뉜다. 생명공학기술은 인간의 이익을 위해 생명체들을 사용하는 것인데, 유전체를 조작하기 위해 많은 현대적 기술들이 여기에 활용되었다. 생명체, 유전자, 혹은 DNA 조각의 복사본을 제작하기 위해 클로닝 기술이 사용된다. 제조합 DNA(rDNA) 기술을 통해 과학자들은 세균을 이용하여 인간의 유전자를 복제하고, 백신, 호르몬, 성장인자 같은 단백질 산물을 생산할 수 있게 되었다. 한 생명체로부터 다른 생명체로 유전자를 옮길 수 있게 됨으로써 유전자변형 식물, 동물의 제작, 그리고 인간의 유전자 치료가 가능해졌다. 오늘날 식물과 동물은 특정 산물을 생산하거나 원하는 성질을 갖도록 유전적으로 조작될 수 있다. 유전자 치료는 근무력증, 낭포성 섬유증, 혈우병 등 여러 유전질환의 치료를 약속하고 있다.

우리는 PCR 자동화와 DNA 염기서열 자동분석기의 개발 덕분에 인간 유전체의 염기서열을 예상보다 빨리 알게 되었다. 우리의 유전체는 총 30억 개의 염기쌍을 지니고 있지만 그 안에 겨우 23,000개의 단백질 유전정보 보유 유전자만을 갖고 있다. 우리 유전체의 98%가 단백질 유전정보를 담고 있지 않고, 대부분 인트론과 반복 DNA 서열로 구성되어 있으며, 트랜스포존을 포함하고 있음이 연구를 통해서 밝혀진 것이다. 그럼에도 불구하고 연구자들은 RNA로 전사되는 것으로 여겨지는 유전자정보 비보유 DNA의 유용성을 발견하기 위해 계속 노력 중이다. 인간의 복잡성을 광대한 RNA 조절망이 궁극적으로 설명해줄 수 있을까?

인간 유전체의 염기서열 확인은 새로운 연구 분야의 도래를 이끌었다. 기능, 비교 유전체학은 인간 유전체를 분석하는 분야이다. 단백질체학은 세포 내 많은 단백질을 연구하는 분야이며, 생명정보학은 유전체학과 단백질체학 연구를 지원하는 분야이다. 각 분야는 의학적 연구에 많은 공헌을 하고 있다.

종종 유전적 변이의 결과로서 종의 변화로 정의되기도 하는 진화는 본 도서의 다음 부분의 토픽이다. 유전자에 대한 어떠한 지식도 없었던 찰스 다윈은 진화가 발생한다는 분명한 증거를 소개한 최초의 사람이었다.

### 분석과 평가

1. 생명공학은 응용 생물학의 한 형태로서 의미가 명확한 이름이다. 이를 뒷받침하기 위한 예를 들어보라.
2. 생명공학 생산물은 어떻게 인간에게 이득을 가져다 주는가?
3. 인간 유전체의 염기서열을 확인하는 작업으로 인해 많은 연구가 도래될 수 있었다. 예를 3개 들어보라.

## 요약

### 생명체, 유전자, DNA 조각 클로닝

**12.1 동물들은 대리모를 이용하여 클로닝될 수 있다**

- **복제 클로닝**의 바람직한 결과는 원래 개체와 똑같은 새로운 개체를 만들어내는 것이다. 많은 가축과 애완동물들이 오늘날 복제되고 있으며, 복제는 몇몇 멸종 위기의 종들을 지켜낼 수 있는 유일한 길일 수 있다.

**12.2 유전자는 박테리아 내로 클로닝될 수 있다**

- **재조합 DNA(rDNA)**를 이용한 **유전자 클로닝**을 통해 특정 유전자와 동일한 복사본들을 제작할 수 있다. **재조합 DNA**를 만들기 위해서, 플라스미드는 외부 유전자를 받아들이도록 준비된 일종의 벡터인데, 이때 플라스미드와 외부 유전자는 모두 동일한 **제한효소**에 의해 절단된다. **DNA 리가아제**(연결효소)는 외부 DNA를 플라스미드에 붙이고, 플라스미드는 숙주세포 내로 외부 유전자를 이동시킨다-대부분의 경우 숙주는 박테리아가 된다. 이제 외부 유전자를 전달 받은 박테리아는 **유전적으로 조작**되었으며, **유전자변형생명체(GMO)**이다.

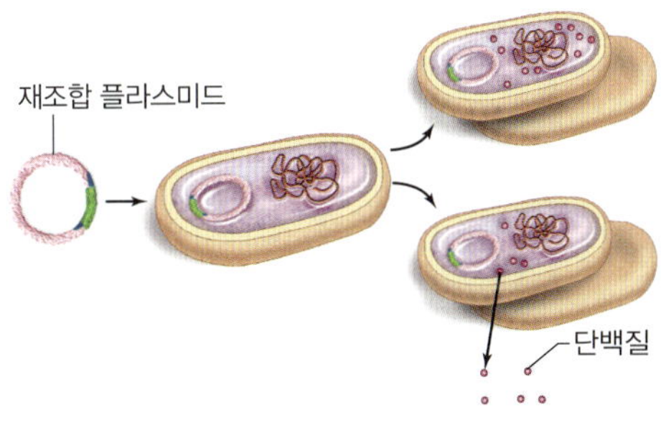


- 플라스미드가 복제되면서 유전자는 복제되며, 그 박테리아는 새롭고 다른 단백질 산물을 생

산하게 된다.

### 12.3 DNA조각들은 시험관 내에서 클론닝 될 수 있다

- **중합효소연쇄반응(PCR)**은 DNA 중합효소를 사용하여 DNA 상의 특정 부위의 복사본을 반복적으로(연쇄반응) 빠른 속도로 증폭해낸다. 이전에는 DNA 지문분석을 수행하기 위해서 제한효소를 이용하여 전체 유전체를 조각내었지만, 현재는 PCR 기술을 통해 **단연쇄반복[short tandem repeats**(예, ATGATGATG)] 부위만의 복사본을 증폭해낼 수 있다. 결과는 **겔 전기영동**(조각들이 전류장 내의 젤을 통과하여 이동한다) 기술을 통해 DNA 절편의 크기를 비교함으로써 확인할 수 있다. 그러나 오늘날에는 형광을 이용하여 반복 서열이 포함된 정도를 파악한다. 유전체 연구를 위해 중합효소연쇄반응을 어떻게 응용할지를 위해 다양한 방법들이 제시되었다.

## 생명공학 생산물과 유전자변형생물체

### 12.4 유전자변형 세균들은 유용한 생산물들을 만들어낸다

- **유전자변형 세균**은 의학적(예를 들어, 백신, 성장호르몬) 혹은 상업적(예를 들어, 기름 유출을 제거하는 산물) 생명공학 생산물을 만들어낸다. 유전자 변형 세균은 그 외에도 다른 많은 용도가 있는데 유출된 기름을 제거하거나 냉해와 병충해로부터 곡물을 보호하는 데 이용된다.

### 12.5 동물들은 유전적으로 변형이 가능하다

- 유전자들은 동물의 수정란에 삽입될 수 있다. **유전자 조작**을 통해 제약회사에서는 유전자변형 동물들을 만들어내었고, 이를 활용하여 의약품을 생산한다. 유전자 변형 쥐가 연구를 위해 사육되어 신약의 효과를 테스트하는 것이 가능하다. **이종장기이식**은 변형 동물의 장기를 인간 이식환자에게 사용하는 것이다.

### 12.6 인간의 유전체는 변형이 가능하다

- **유전자 치료**는 두 가지 방법으로 시행될 수 있다. 체외 치료를 이용할 경우 신체로부터 세포 혹은 조직을 떼어내서 정상 유전자를 주입한 후 신체로 다시 주입한다. 체내 치료를 이용할 경우 유전자는 신체 내로 직접 전달된다.

## 유전체, 그리고 인간 유전체는 어떻게 기능하는가?

### 12.7 인간 유전체의 염기서열이 밝혀지다

- **인간게놈프로젝트(HGP)**의 결과 사람의 게놈에 들어 있는 염기순서가 결정되었다. **중합효소연쇄반응**과 자동화 기술(PCR 기기, DNA 염기서열분석기)로 인해 프로젝트의 완성이 앞당겨졌다.

### 12.8 유전체는 유전정보를 담고 있는 DNA와 담고 있지 않은 DNA로 구성되어 있다

- 유전정보 보유 DNA(엑손)는 mRNA로 전사되어 단백질 합성이 일어나는 리보솜에 결합한다. 몇몇 단백질 유전정보 보유 유전자는 다수의 복사본이 존재한다. **가짜유전자**는 기능이 없는 복사본을 의미한다. 유전정보 비보유 DNA에는 (1) **인트론**, (2) **반복배열 DNA**, 그리고 (3) **특정한 유전정보 비보유 DNA**들이 포함된다. 놀랍게도 이 DNA가 RNA로 전사되면, 그 RNA가 조절 기능을 보유한 것으로 생각된다. 반복배열 DNA는 **연쇄반복**, **산재성 반복배열**, 그리고 **트랜스포존**을 포함한다. 특정한 유전정보 비보유 DNA의 기능은 여전히 밝혀지지 않고 있다.

### 12.9 기능, 비교 유전체학은 인간의 유전체를 분석하는 학문이다

- **기능 유전체학**은 유전체가 조건에 따라 어떻게 다르게 발현되는지를 연구한다; 예를 들어 **단일염기다형성**의 출현 등에 의해 나타나는 차이를 연구한다. 실리콘칩상에 DNA 조각들을 올려놓은 **DNA 마이크로어레이**는 단일 세포 내 혹은 개별 개체 내에서 유전적 활성을 밝히는 데 이용될 수 있다. 이를 개개의 **유전자 프로파일**이라 부른다. **비교 유전체학**에서는 종들 간에 연관성이 어떠한지를 연구하며, 그들의 유전자를 사람과 비교하는 데에 집중한다. **보존 유전자**는 조상 개체 가장 초기에 나타나 후손에게 전달되며 이 과정에서 변하지 않는다.

### 12.10 단백질체학은 인간 세포 내의 단백질을 분석한다

- **세포 단백질**들의 구조, 기능, 그리고 상호작용을 연구한다. 인간의 **단백질체**는 인간이 생산하는

단백질의 완전한 총합이다.

**12.11 생명정보학은 유전체학과 단백질체학을 지원한다**

- **생명정보학**은 유전체학과 단백질체학을 포함하는 유전체 연구를 위한 컴퓨터 기술의 응용이다. **데이터베이스**는 연구자들이 다양한 종에서 **유사 유전자**를 발견하는 데 도움을 준다.

## 자가 평가

### 생명체, 유전자, DNA 조각 클로닝

1. 복제클로닝 과정 중, __________은(는) __________의 내부에 자리잡게 된다.
   a. 핵 제거 난자, 성숙 세포의 핵　　b. 성숙 세포의 핵, 핵 제거 난자
   c. 난자 핵, 핵 제거 성숙 세포　　d. 핵 제거 성숙 세포, 난자 핵
2. 동물 복제의 가장 주요한 과제는,
   a. 대리모를 찾는 것이다.
   b. 충분한 양의 핵 제거 난자를 얻는 일이다.
   c. 복제된 동물의 건강이다.
   d. 배아를 살아 있는 상태로 배양하는 것이다.
3. 아래 보기 중 클론이 아닌 것은?
   a. 동일한 세균, 세포들의 집락
   b. 동일한 다섯 쌍둥이
   c. 동일한 나무의 숲
   d. 난자 발생을 통해 형성된 난자들
   e. 중합효소연쇄반응을 통해 제작된 유전자의 복사본들
4. 재조합 DNA가 들어 있는 플라스미드를 제작하기 위한 방법을 예문에서 보고, 순서대로 나열하라.
   a. 제한효소를 사용한다.
   b. DNA 연결효소(DNA ligase)를 사용한다.
   c. 모세균으로부터 플라스미드를 제거하고 공여 진핵 DNA를 준비한다.
   d. 플라스미드를 새로운 숙주 세균 내로 유입시킨다.
5. 세균에서 발견된 제한효소들은 보통
   a. DNA 복제 과정 중에 사용된다.
   b. 세균의 DNA를 자르기 위해 사용된다.
   c. 세균 내로 침입한 바이러스 DNA를 자르기 위해 사용된다.
   d. DNA 조각들을 서로 붙이기 위해 사용된다.
6. 재조합 DNA 기술은
   a. 유전자 치료에 사용된다.
   b. 유전자를 복제하기 위해 사용된다.
   c. 유전자 변형 세균을 얻기 위해 사용된다.
   d. b와 c 모두 맞다.
7. 제한효소 *Eco*RI은 아래와 같은 방식으로 이중나선 DNA를 자른다. 삽입될 외부 DNA 조각의 처음과 끝 염기쌍은 무엇인가?

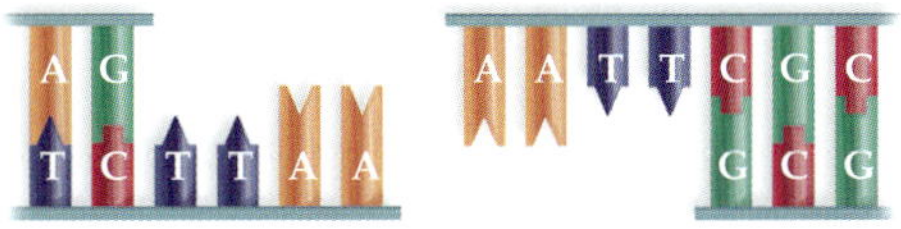


8. **개념적 사고**　생명체, 유전자 그리고 DNA 조각을 복제하는 의미는 무엇인가?

### 생명공학 생산물과 유전자변형생물체

9. 보기 중 여러분이 생명공학 생산물로 기대하지 않는 것은 무엇인가?
   a. 인지질　b. 단백질 호르몬　c. 변형 효소　d. 응고 효소
10. 보기 중 유전자 변형 식물의 바람직한 결과는 무엇인가?
   a. 염분 저항 곡물　b. 가뭄 저항 곡물
   c. 단백질 풍부 식품　d. 제초제에 저항할 수 있는 곡물　e. 모두 맞다.
11. **개념적 사고** 사람의 유전자를 발현하는 식물의 능력을 이용하여, 하나의 근원으로부터 생명체가 진화되었다는 가설을 뒷받침해보라.
12. 유전자 제약은,
   a. 유전적으로 조작된 농장 동물을 이용하여 치료 약물을 제작한다.
   b. DNA 중합효소를 이용하여 표적 유전자의 복사본을 다량 제작한다.
   c. 제한효소를 사용하여 세균의 유전체를 변형시킨다.
   d. 모두 맞다.
13. 농부가 유전자 변형 산물로서 유전자 변형 염소를 제작하기로 결정하였다. 왜냐하면,
   a. 사전 준비 없이 더 많은 유전자 변형 염소를 얻기 위해서는 많은 시도를 해야 하기 때문이다.
   b. 유전자 변형 염소에게 색깔을 입히기 원하기 때문이다
   c. 유전자 변형 염소를 제작하는 것이 교배로 얻는 것보다 가능성이 높기 때문이다.
   d. a와 c 모두 맞다.
14. 체외 또는 체내 유전자 치료의 사용을 보면
   a. 오직 한 가지 타입의 치료만 성공적일 것이다.
   b. 신체 내로 유익한 유전자를 주입하는 방법은 한 가지 이상이 있다.
   c. 인간 세포들은 유익한 유전자를 직접 받아들이거나 또는 바이러스 벡터를 통해 받아들인다.
   d. 이중 어떤 방식을 사용할지 연구자들에게는 결정권이 없다.
   e. b와 c 모두 맞다.
15. **개념적 사고** 유전자 치료 연구자들이 백혈구 자체보다 백혈구의 줄기세포를 유전자 변형하는 것을 더 선호하는 이유는 무엇인가?

### 유전체, 그리고 인간 유전체는 어떻게 기능하는가?

16. 보기 중 중합효소연쇄반응에 필요하지 않은 것은?
   a. DNA 중합효소　b. RNA 중합효소　c. DNA 주형　d. 뉴클레오티드
17. 오늘날 중합효소연쇄반응(PCR)은
   a. RNA 중합효소를 사용한다.
   b. 거대한 생합성기에서 진행된다.
   c. 열저항 효소를 사용한다.
   d. 서로 다른 DNA 복사본을 많이 제작한다.
18. **개념적 사고** 여러분은 30개의 공룡 유전자를 갖고 있다. 각 유전자의 양을 증폭시키기 위해 중합효소연쇄반응 기술을 사용하더라도 공룡을 만드는 것이 불가능한 이유를 설명하라.
19. 인간게놈프로젝트로 인해 우리는
   a. 우리 DNA의 염기쌍 서열을 알게 되었다.
   b. 인간 염색체 상의 모든 유전자 서열을 알게 되었다.
   c. 유전질환을 유발하는 모든 돌연변이들을 알게 되었다.
   d. 모두 맞다.
   e. a와 c가 맞다.

20. 보기 중 어떤 짝이 맞지 않는가?
  a. 반복 DNA–반복배열과 산재성 반복배열
  b. 반복배열–ACGACGACG
  c. 트랜스포존–이동 유전자
  d. 인트론–엑손과 동일함
  e. a와 c 모두 맞지 않다.
21. 반복 유전자는
  a. 세포 내 조절 기능을 수행하는 작은 RNA의 근본이 될 수 있다.
  b. 인간의 복잡성에 필요한 RNA 망을 설명할 수 있다.
  c. 예전에 생각한 것보다 더 중요할 수 있다.
  d. 모든 설명이 맞다.
22. 어떤 짝이 잘못 연결되었는가?
  a. 유전체–한 개인의 모든 유전자
  b. 단백질체–한 개인의 모든 단백질
  c. 생명정보학–생명체에 나타나는 모든 유전 정보
  d. 유전 프로파일–한 개인의 돌연변이를 포함
23. 비교 유전체학 분야의 내용에 해당하지 않는 것은?
  a. 유전 산물의 기능
  b. 다양한 생명체 내 유전자의 수
  c. 누가 누구와 연관되어 있나
  d. 인간 유전질환을 어떻게 고치는가
24. 보기 중 맞는 언급은?
  a. 한 생명체의 복잡성은 유전자의 수와 항상 연관이 있는 것은 아니다.
  b. 유전체는 유전정보 보유 DNA와 비보유 DNA를 모두 포함하지 않는다.
  c. 생명정보학은 유전체 연구를 위한 노구로써 사용되지 않는다.
  d. 현존하는 유전자의 선택적 이어맞추기는 가능하지 않다.
25. 만일 우리가 염색체상의 유전자 염기서열을 알고 있었다면,
  a. 어떤 세포 내에서 어떤 유전자가 활성화 되는지 밝혀졌을 것이다.
  b. 세포 내에서 유전자가 어떻게 조절되는지 밝혀졌을 것이다.
  c. 더 많은 유전자가 분리되어 유전자 치료에 사용되었을 것이다.
  d. 모두 맞다.

## 참여하기

1. 유전자 치료 연구를 수행할 때, 체내 치료과정 대신 체외 치료 과정을 이용하는 것의 장점은 무엇인가?(12.6 부분 참조)

## 미디어 연구 도구

mhhe.com/ maderconcepts3

상호작용 학습도구들, 연습문제들 등을 이용하여 여러분의 학습을 강화하라. 또한 ConnetPlus를 통해 이용가능한 학습자료들에 대해서도 여러분의 선생님에게 문의하라. ConnetPlus에는 개인별 맞춤형 학습 프로그램인 LearnSmart와 영상매체가 풍부한 eBook이 포함되어 있다.

# 부록 | 정답 및 해설

## 제1장

### 진도체크

**1.1** 1. 관찰은 자연세계의 흥미로운 사실에 대해 정보를 수집하는 것으로부터 시작된다. 가설의 설정은 그 연구가 무엇에 대한 것인지를 확실하게 하는 데 도움이 된다. 실험을 하고 관찰을 함으로써 가설을 검증할 수 있다. 결론을 내림으로써 그 가설이 옳은지 여부를 최종 결정할 수 있다. 2. 세포설: 생물체는 세포로 구성되어 있고, 그 세포들은 미리 존재한 다른 세포로부터 유래한다. 유전자설: 유전자가 개체의 형태와, 기능과, 행동패턴을 결정한다. 진화설: 모든 생물체들은 하나의 공통 조상으로부터 유래되었고, 환경에 적응하면서 갈라져 나왔다. 항상성설: 생물체들은 조절 가능한 내적 환경을 유지하고 있다. 생태계설: 생물체들은 생태권역의 구성원으로서 늘 주변 생태계와 교류하고 있다. **1.2** 1. 실험군에는 합성질소비료를 뿌리거나, 또는 비둘기콩을 미리 심어놓는다. 대조군에는 비료를 뿌리지 않는다. 2. 그 가설이 받아들여지지 않으면 새로운 가설을 설정해야 한다. **1.3** 1. 조직도를 보면 세포에서 개체까지 단계별로 묘사되어 있다. 2. 새로운 세포는 이전에 미리 존재한 세포가 분열되어 만들어진다. 세포는 외부로부터 영양분과 에너지를 습득하여야 한다. **1.4** 1. DNA는 그 세포와 개체가 어떤 형태로 될 것인지를 지시해준다. 모세포의 DNA는 복제를 통해 자손에게 물려진다. 2. DNA 기술은 세포 구조와 기능, 한 개체가 다른 개체들과 어떻게 다른지, 그리고 개체들이 서로 어떻게 연관되어 있으며 진화하였는지 등에 대한 이해를 도와준다. **1.5** 1. 사람을 비롯한 포유동물에서는 호르몬이 당과 같은 물질들의 혈중 농도를 조절해준다. 여러 종류의 동물들이 일광욕을 통해 체온을 따듯하게 유지한다. 2. 이런 것들은 자극에 대한 반응으로 나타난다. 예를 들면 저혈당이 오면 호르몬이 반응해 분비되고, 저체온증이 오면 동물들은 햇빛을 향해 반사적으로 움직인다. **1.6** 1. 한 집단에서 다른 집단으로 화학물질이 이동할 때(회색 화살표들) 그들은 순환한다. 에너지는 한 집단에서 다음 집단으로 넘어갈 때(오렌지색에서 빨간색 화살표들로) 소실되지 않는다. 그러므로 에너지는 순환하지 않는다. 2. 인간이 집을 짓고, 마을을 세우고, 도시를 건설하면서 생태계가 파괴되고 있다. 인간은 여기에 환경오염까지 더하고 있다. **1.7** 1. 모든 생물의 근본을 추적하면 공동된 근원에서 시작되었다는 이론이 공통조상의 개념이다. 화석 연구, 비교해부학, 생리학, 그리고 발생학들은 모두 진화론을 뒷받침한다. 2. 진화계보도는 공통 조상으로부터 유래한 한 종이 다른 종들과 서로 어떻게 연관되어 있는지를 나타내 보여준다. **1.8** 1. 첫 번째 영역은 세균과 고세균 영역이다. 나중에 진핵세포 영역이 고생물계보로부터 갈라져 나왔다. 2. 학명을 보면 그 개체가 속한 속 및 대표적인 특징을 파악할 수 있다. 3. 불개미들은 진핵세포군에 속하는 동시에 동물계에 속한다. **1.9** 1. 시나리오: 한 집단 내에서 더 빨리 헤엄치는 물고기들은 포식자인 상어의 공격을 더 잘 피할 수 있다. 이들 물고기는 느린 물고기보다 더 많은 자손을 퍼뜨릴 수 있고, 결국 시간이 지나면 그 집단은 대부분 빠른 물고기들로 가득 차게 될 것이다. **1.10** 1. 매는 생존을 위해 여러 단계별로 잘 조직화되어 있다. 자신과 자손을 위해 물고기를 잡고, 자극에 대해 반응할 수 있어 항상성도 유지한다. 반사막 환경 지대에 살고 있으며, 날아다니는 데에 잘 적응되어 있다.

### 분석과 평가

**26쪽:** 1. 두 가지 이론이 있을 때 이들의 상호 관계를 보여주는 좋은 예는 생태계와 진화의 관련성이다. 동일한 생태계에서 살고 있는 서로 다른 종들은 그 생태계를 구성하는 생물학적(다른 개체들) 조건들, 그리고 무생물학적(물리적) 조건들에 적응하여야 한다. 2. 한 집단을 이루는 세균들 중에서도 어떤 것은 더 강한 항생제 내성을 보일 수 있다. 그렇기 때문에 이런 세균은 항생제 환경에서 생존력이 더 강하고, 결과적으로 번식 또한 훨씬 왕성할 것이다. 결국 몇 세대를 지나고 나면 그 집단은 항생제 내성 개체들로 가득차게 된다.

### 자기 테스트

1. a; 2. d; 3. c; 4. 과학적 이론은 수많은 관찰과 실험에 의해 발생한다. 5. b; 6. c; 7. b; 8. c; 9. 세포는 미세하다. 10. c; 11. d; 12. 각각의 생물체는 그들의 유전자 고유의 염기 배열을 가지고 있다. 13. e; 14. e; 15. 세포질; 16. d; 17. a; 18. d; 19. d; 20. 대학 캠퍼스는 생태계와 마찬가지로 하나의 장소에 있다. 학생, 교수, 관리자의 집단은 물리적 환경(건물) 안에서 서로 의사소통한다. 21. c; 22. e; 23. d; 24. d; 25. c; 26. a; 27. c; 28. c; 29. e; 30. f; 31. c; 32. g; 33. 진화는 다른 모든 이론들과 관련이 있다; 예를 들어, 모든 생물체는 세포로 이루어져 있는데 그들의 공통된 조상이 세포이기 때문이다.

### 참여하기

1. 농지를 셋으로 구분하고, 같은 종의 토마토를 각각 심어준다. 각 구획들은 똑같은 조건으로 처리하되 대조군인 1번 구획에는 비료를 전혀 주지 않는다. 2번 구획에는 실험하려는 회사의 비료를, 3번 구획에는 일반적인 비료를 동량으로 뿌려준다. 그런 다

음 각 구획으로 부터 수확되는 토마토의 양과 평균 사이즈를 조사한다. 어떤 구획에서 가장 큰 토마토를 수확할 수 있는지 확인한다. 2. a. 세균은 염료가 존재하는 한 햇빛 때문에 죽지는 않는다. b. 염료는 자외선에 대해 보호작용을 나타낸다. c. 실험에는 대조군과 함께 자외선 실험을 위한 실험군을 포함시킨다. d. 가설이 인정받지 못하였다.

## 제2장

### 진도체크

**2.1** 1. 탄소, 질소, 인, 황. 2. 그림 2.2, 39쪽을 보라. 3. 칼슘(40)은 20개의 중성자를, 칼슘(48)은 28개의 중성자를 가지고 있다. **2.2** 1. 수소에는 두 개의 전자로 완성된 전자각이 하나 있다; 2. 인(원자번호 15)에는 세 개의 전자각이 있다. 첫 번째에는 두 개의 전자가, 두 번째에는 8개의 전자가, 가장 바깥쪽에는 5개의 전자가 각각 위치한다. 3. 산소는 최외곽의 전자각을 완성하기 위해 두 개의 전자를 받아들인다. **2.3** 1. 만약 소듐(Na)이 전자를 하나 포기하고, 염소(Cl)가 그 전자를 받아들이면 이들은 각각 최외각 전자각을 완성할 수 있다. 2. $H^+$, $OH^-$. **2.4** 1. 분자의 한쪽 끝은 음성이고, 다른 끝은 양성이다. 왜냐하면 산소가 수소보다 전자를 더 강하게 끌어당기기 때문이다. 2. 그렇다. 전기적으로 양성인 수소가 음성인 산소 또는 질소를 끌어당기기 때문이다. **2.5** 1. 물분자들은 상호 점착성이 강하다(수소결합이 물분자들을 서로 결합하게 해준다), 물분자는 다른 분자들에 대해서도 점착성이 있다(수소결합으로 인해 물분자가 다른 극성분자들과 결합할 수 있다). 2. 사람과 식물은 모두 물을 운송 수단으로 사용한다. 46쪽의 그림 2.5를 참조하라. **2.6** 1. 얼음조각들이 덮고 있어 내부의 열이 바깥 환경으로 방출되지 않도록 막아준다. 2. 공기는 패드를 적신 물이 증발함에 따라 열을 소실한다. **2.7** 1. 극성 때문에 유화제는 친수성이다. **2.8** 1. 산이 물에 더해지면 수소이온($H^+$)을, 염기가 물에 더해지면 수산화기($OH^-$)를 물이 획득한다. **2.9** 1. 물은 $H^+$를 더 많이 가지고 있어서 pH가 5.6이며, 산성이다. 2. 산성 조건에서는 중탄산 이온이 $H^+$와 결합하여 탄산을 형성한다. 염기성 조건에서는 $H^+$를 내어 놓으면서 $OH^-$와 결합하여 물을 형성한다.

### 분석과 평가

**55쪽:** 1. 메탄가스($CH_4$)는 탄소원자에 수소가 4개 결합하여 형성된다. 메탄의 결합은 각 원자들이 전자를 고르게 공유하는 극성 공유결합이다. 이때 결합의 방향들은 사면체의 가장 구석을 향한다. 물은 두 개의 수소 원자가 산소와 결합하여 형성된다. 물분자는 굽은 형태이며, 내부적으로 전자를 공유하는 정도가 각 원자 간에 동등하지 않다. 산소의 전기음성도가 수소의 전기음성도보다 크기 때문에 전자를 더 강하게 끌어당겨서 결국 극성 분자가 된다. 2. 물분자의 구조로 인해 야기되는 물의 성질은 생명 현상에 매우 중요하다. 접착과 부착, 표면장력, 열보존 능력, 높은 증발열 등은 모두 수소결합의 결과이다. 물은 이런 성질 때문에 용매로 적합하며, 생물체의 체온 유지에 적합하다. 물과 얼음의 밀도가 다르기 때문에 얼음 층 아래에 있는 생물들이 보호될 수 있다. 극성 분자로서 물은 물질대사가 일어나게 해주는 보편적 용매로 작용한다.

### 자기 테스트

1. c; 2. b; 3. e; 4. d; 5. a; 6. c; 7. 원소 주기의 특징; 예를 들면 첫째 줄의 원자들은 모두 외각 전자가 하나 있다. 8. c; 9. d; 10. 질소는 안정되기 위해 외각에 전자를 3개 더 필요로 한다. 11. a; 12. c; 13. b; 14. a; 15. b; 16. d; 17. d; 18. 여섯 개의 전자를 획득하여 공유하는 가능성은 2개의 전자를 잃고 이온이 되는 확률보다 낮다. 19. a; 20. b; 21. c; 22. e; 23. 혈액은 관(혈관)을 통해 이동되고, 물은 점착성과 응집력으로 인해 관을 가득 채울 수 있다. 24. a; 25. a; 26. a; 27. b; 28. c; 29. 중탄산 용액은 $H^+$ 또는 $OH^-$와 즉시 결합하여 혈액의 pH를 중화시켜 준다. 호흡을 통해 혈액에서 이산화탄소가 제거되고, $H_2CO_3$의 농도가 천천히 낮아진다. 신장에는 $H^+$가 느리게 배출되는 반응이 3가지 있다. 그런 동시에 신장은 pH 변화를 극대화시킬 수도 있다.

### 참여하기

1. $Na^+Cl^-$은 낮은 온도에서 얼음 격자가 형성되지 못하도록 수소결합을 방해한다. 2. 화학적 성질은 외각 전자 수에 따라 결정되며, 핵 속의 중성자 숫자와는 무관하다.

## 제3장

### 진도체크

**3.1** 1. 탄소는 동시에 4개 원소와 결합이 가능하다. 또한 탄소끼리 결합해서 기다란 사슬 구조를 형성할 수 있으며, 이중 결합 또한 가능하다; 탄화수소의 이중결합으로 고리 모양이 형성될 수 있다. 2. 탄수화물, 단백질, 지질과 핵산. 3. 테스토스테론과 에스트로겐은 단지 어떤 기능기가 붙어 있느냐에 따라 구별된다. 그리고 그 차이로 인해 이들이 신체에 미치는 영향은 심각하게 달라진다. **3.2** 1. 탈수반응에 의해 단위체들이 서로 결합하고, 가수분해반응에 의해 각각 분리된다. 2. 전분은 포도당으로, 단백질은 아미노산으로, 지방은 글리세롤과 지방산으로 분해된다. **3.3** 1. 포도당은 모든 생물체가 신속한 에너지원으로 사용하는 6탄당이다. 수크로오즈는 2당류로서 가수분해 반응을 통해 사용된다. 식물의 주된 운반 당이다. **3.4** 1. 모든 복합탄수화물은 에너지의 저장물질로 사용된다. 이들은 포도당의 중합체이다; 글리코겐은 가지를 치고 있으며, 전분은 가지를 치기도 하고, 가지가 없기도 하다. 섬유소, 키틴, 펩티도글리칸 등에서 발견되는 결합은 우리 소화관에서 분해되지 않는다. 따라서 이들은 에너지원으로 사용되기보다 세포 구조물로 더 많이 사용된다. 키틴과 펩티도글리칸에는 아미노기와 펩티드 사슬이 붙어 있다. **3.5** 1. 탄소 사슬에 이중 결합이 없는 포화 지방산은 혈전을 형성시킨다. 그러나 이중 결합이 있는 불포화지방산은 혈전 형성을 막아준다. **3.6** 1. 콜레스테롤(동물세포의 원형질막을 안정시켜주는)은 고리 구조로 되어 있다. 인지질(원형질막을 구성하는)과 납(보호기능을 하는)은 기다란 탄화수소를 포함하고 있다. **3.7** 1. 생물에서 발견되는 대부분의 효소들은 원형 단백질 형태이다. 구조 단백질은 보통 섬유 모양으로 길다. 식물은 구조 화합물로서 단백질을 사용하지 않는다. 2. 모든 아미노산은 아미노기와 산성기, 그리고 *R*기로 되어 있다. 3. 펩티드 결합은 극성 결합이다. 산소는 전기적으로 약한 음성이며, 수소결

합은 약한 양성이다. **3.8** 1. 대부분의 효소들은 원형단백질이며, 식물세포에서도 많은 효소 반응이 발견된다. 구조 단백질들은 기다란 섬유성이다. 식물은 섬유소를 구조 화합물로 사용한다. **3.9** 1. 상보적인 DNA 염기서열은 CTAGGT이다. 2. RNA의 당은 리보오스이고, DNA의 당은 디옥시리보오스이다. RNA는 이중나선이 아닌 외줄의 사슬 구조이다. 3. 돌연변이는 DNA의 염기서열이 변하는 현상이다. 그 결과 mRNA의 상보적 염기서열이 변화한다. **3.10** 1. 글리코겐은 포도당의 저장 형태이다. 세포는 포도당으로부터 ATP를 만들어낸다. ATP가 지속적으로 공급되지 않으면 그 세포는 죽고 만다.

### 분석과 평가

**86쪽:** 1. (a) 에너지 저장과 사용: 지질에는 에너지가 저장된 결합들이 많이 있다. 대표적인 탄수화물은 글리코겐과 전분이다. 이들은 신속한 에너지 공급원이다. (b) 유전정보의 저장: RNA와 DNA 같은 핵산의 염기서열 속에 유전 정보가 저장되어 있다. (c) 세포 현상: 단백질은 세포 골격과 구조를 이루어 세포를 지지해준다. 또한 화학반응을 빠르게 해주고, 세포가 필요로 하는 물질들(예를 들어 산소 분자)을 운반해 준다. 면역반응으로 몸을 보호하며, 다양한 생리적 조절도 단백질의 기능이다. 지질은 세포막을 구성하며, 또한 호르몬으로 작용한다. 납의 형태로써 동식물을 보호도 해준다. 2. 알파벳은 겨우 26개 글자로 되어 있지만 수많은 조합의 단어를 만들어낼 수 있다. 이처럼 DNA에도 4개 염기밖에 없지만 다양한 유선사 소납이 가능하나. 즉 유선사 넝령에 따라 만들어지는 단백질의 아미노산 순서도 그만큼 다양하다는 뜻이다.

### 자기 테스트

1. c; 2. c; 3. b; 4. b; 5. 탄소와 마찬가지로 실리콘도 4개의 외곽 전자를 가지고 있다. 이로 인해 모래의 주성분인 $SiO_2$처럼 4개의 공유결합이 가능하다. 탄소는 2개, 실리콘은 3개의 전자각을 가지고 있다. 덩치가 크기 때문에 실리콘은 사슬 구조를 잘 형성하지 않는다. 게다가 서로 다른 4종류의 원자들과 결합하지도 않는다. 6. b; 7. a; 8. d; 9. c; 10. d; 11. c; 12. c; 13. 셀룰로오스는 수소결합으로 다발을 이루어 섬유를 형성한다. 전분은 가지 때문에 다발을 이루기 어려워 섬유 구조를 형성할 수 없다. 14. a; 15. b; 16. d; 17. d; 18. c; 19. 친수성 머리는 물을 향해 바깥쪽으로 배열되고, 소수성 꼬리는 서로 마주보며 내부를 향해 배열된다. 20. c; 21. c; 22. d; 23. c; 24. d; 25. DNA 염기서열에 따라 단백질 구조가 결정된다. 그러나 실제로 세포에서 기능을 발휘하는 것은 단백질이다. 26. e; 27. a; 28. c; 29. 핵산에는 뉴클레오티드의 서열이 들어있고, 단백질에는 아미노산의 서열이 들어 있다.

### 참여하기

1. a. 함유된 기름의 양과 종류를 알고 있는 온대식물과 열대식물의 씨를 뿌리고, 영하에서 영상에 이르기까지 다양한 온도별 단계에서 이 식물들이 얼마나 오래 살아남는지를 관찰하라. b. 온대식물의 씨에 함유된 불포화 지방이 환경에 적응하게 만들어주는 요인일 것이다. 2. 가능한 가설: (1) 비정상적인 효소는 단위 시간당 정상적인 효소만큼 반응 산물을 만들지 못한다. (2) 비정상적인 효소는 구조 변화로 말미암아 정상적인 효소와 형태가 다르다.

## 제4장

### 진도체크

**4.1** 1. 사람의 신체는 세포들로 구성되어 있다. 세포는 생명의 기본 단위이다. 새로운 세포는 기존의 세포로부터 유래된다. 2. 표면적과 부피의 비율이 높다는 사실은 환경과 세포 내용물 사이에 적절한 교환이 충분히 일어날 수 있다는 것을 시사해준다. 이로 인해 세포는 더욱 효율적으로 살아갈 수 있다. **4.2** 1. 고세균과 세균은 형태적으로 비슷하지만 DNA와 RNA의 생화학적 구조가 서로 다르다. 2. 필리(pili)는 표면에 붙어 있는 부속지이다; 리보솜은 물질대사에 필수적인 각종 단백질들을 만들어준다. 인에는 세포 현상을 적절히 조절하는 크로마틴이 들어 있다. 원형질막은 세포의 물질 이동이 일어나는 경계이다. 세포벽과 캡슐은 세포를 보호하는 외막이다. 편모는 세포가 용액 속에서 이동하는 수단이다. **4.3** 1. 세포소기관들로 말미암아 세포는 특수한 기능을 효율적으로 수행할 수 있다. 식물의 엽록체는 광합성이 일어나는 곳이다. 세포들은 생존을 위해 끊임없이 ATP를 공급받아야 한다. **4.4** 1. 핵막에는 핵공이 있어 이를 통해 물질 이동이 일어난다. 인에서는 리보솜의 소단위체들이 만들어진다. 유전자의 복사본인 RNA는 핵에서 나와 리보솜으로 이동하고, 여기에서 만들어진 단백질은 소포체 속으로 들어간다. **4.5** 1. 조면소포체에 붙어 있는 리보솜에서 단백질이 만들어진다. 소낭은 만들어진 단백질을 조면소포체에서 골지체로 운반하고, 또 골지체에서 변형된 단백질을 원형질막으로 이동시킨다. 2. 리소좀에는 가수분해효소들이 있어 다양한 생체 분자들과 세포의 일부분이 소화된다. 소낭은 생체 분자들을 소기관들 사이에서 운반해준다. 골지체는 여러 겹의 막이 쌓아 올려진 구조이다. 각각의 막에서는 특수 기능의 단백질들이 만들어진다. **4.6** 1. 소포체는(만들어내고), 골지체는(변형시키며), 리소좀은(분해시킨다) **4.7** 1. 액포는 용액으로 가득차 있어서 원형질을 밀어 압박한다. 세포벽은 세포의 형태를 유지시켜준다. 세포에는 색소들, 분비할 분자들, 곤충에 독성을 발휘하는 물질 등 다양한 생체분자들이 있다. **4.8** 1. 페록시좀에는 과산화수소를 분해하는 효소가 들어 있다. 또 여기에서 지질이 합성되거나 분해된다. 리소좀에는 분해 효소들이 있어서 분자량이 큰 생체분자들, 그리고 세포의 일부분들을 소화시켜 준다. **4.9** 1. 식물은 태양빛을 받아들여 탄수화물을 만들어낸다. 미토콘드리아는 탄수화물의 에너지를 ATP로 바꾸어준다. **4.10** 1. 세포골격섬유는 (1) 중간 필라멘트가 핵막을 지지하듯이 세포를 지지해준다. 그리고 (2) 미세소관을 통해 소낭이 움직이는 통로가 되고, 세포의 각 부분이 운동 분자의 도움으로 이동할 수 있게 해준다. 2. 액틴 필라멘트는 액틴 분자들이 두 줄로 꼬인 것이다. 액틴 필라멘트는 세포 구조를 지지해준다. 미세소관은 13줄의 튜불린으로 되어 있다. 미세소관은 세포의 형태를 유지해주고, 동시에 세포소기관들이 이동하는 통로로 작용한다. 미세소관 또한 방추사를 형성해서 세포분열 때 염색체가 양극으로 이끌려가는 것을 도와준다. 3. 운동 분자들은 ATP를 에너지로 사용하여 위치를 바꾸거나 이동을 가능하게 해준다.

### 분석과 평가

**116쪽:** 1. 원핵세포는 진핵세포보다 작을지라도 자체 DNA와 리보솜을 가지고 있다. 2. 소포체는 접힌 구조로 되어있어서 표면적이 넓다. 따라서 바깥쪽에는 리보솜들이 달라붙을 수 있고, 안쪽에는 효소가 들어있다. 막의 특성으로 인해 운반 소낭이 형성된다. 3. 세포골격은 세포와 그 부속물의 이동을 가능하게 해준다. 섬모와 편모, 그리고 세포질의 미세소관은 이러한 운동 기능을 가능하게 해준다.

### 자기 테스트

1. c; 2. a; 3. c; 4. d; 5. c; 6. d; 7. b; 8. c; 9. a; 10. 핵막에는 핵공이 있어 이를 통해 소낭이 이동한다. 11. c; 12. c; 13. e; 14. 해부학적, 그리고 실험적 데이터; 15. d; 16. d; 17. a; 18. a; 19. d; 20. 엽록체는 태양 에너지를 받아들여 탄수화물로 전환시킨다. 탄수화물은 미토콘드리아에서 ATP로 변환된다. 21. d; 22. b; 23. b; 24. c; 25. b; 26. a; 27. e; 28. d

### 참여하기

1. RNA 표지하기. RNA가 핵에서 발견되고, 핵공을 통해 나오며, 조면소포체로 들어가는 것을 확인하고 싶다. 2. 미토콘드리아에는 자체 DNA가 있어서 스스로 단백질을 만들 수 있다. 따라서 RNA도 존재한다. 미토콘드리아의 이중막에는 열린 통로가 없다.

## 제5장

### 진도체크

**5.1** 1. 모자이크가 색종이를 이리저리 덧붙여 만든 장식인 것처럼 막에도 여러 단백질들이 산발적으로 박혀있다. 2. 세포인식 단백질은 세포들을 구분한다; 수용체 단백질은 신호분자들을 받아들인다; 효소단백질은 효소 반응을 수행한다; 결합단백질은 세포들을 서로 결합시켜준다. **5.2** 1. 촉진확산은 에너지가 필요없는 확산 방식이다. 왜냐하면 물질들이 운반단백질을 통해서 농도구배를 따라 이동하기 때문이다. 2. 저장액에서는 적혈구가 터져버린다. 고장액에서는 적혈구가 쭈그러든다(톱니처럼 쭈글쭈글해진다). **5.3** 1. 운반단백질의 형태를 변형시켜(형태변화) 물질의 이동을 돕기 위해서 능동수송처럼 ATP가 소모된다. 2. 화살표들을 반대 방향으로 표시하라. **5.4** 1. 두 개의 세포를 서로 결합시키고, 물질 이동을 돕기 위해서. 2. 탄수화물은 식물의 세포벽 구성 성분이고, 동물세포의 ECM에는 단백질이 포함되어 있다. **5.5** 1. 생물체들은 에너지가 풍부한 저장에너지(잠재에너지)의 지속적인 공급을 필요로 한다. 그래야만 세포 내에서 운동에너지(세포분열, 신경전도, 근육수축 등)를 제공할 수 있기 때문이다. 2. 말은 스스로 에너지를 만들어낼 수 없다. 그래서 근육수축(달리기)을 위한 ATP를 공급하기 위해 필요한 에너지를 미리 저장해 두어야 한다. **5.6** 1. 화폐를 사용해 물건을 사고 팔듯이 세포가 일(단백질 합성, 신경전도 등)을 하려면 ATP가 소모된다. 큰 단위의 화폐보다 작은 화폐가 쓰기 편한 것처럼, ATP는 포도당 분자보다 훨씬 적은 에너지를 품고 있어서 세포가 사용하기에 편리한 에너지 형태이다. 2. 그림 5.3A는 운반단백질이 ATP를 분해한 후에 인이 달라붙고, 그로 인해 형태가 변해서 물질이 이를 통해 세포 내로 들어가는 것을 보여준다. 그림 5.6C는 근육이 수축할 때 인이 어떻게 미오신에 달라붙어서 액틴을 잡아끄는지 보여주고 있다. **5.7** 1. 기능기가 없다면 효소 반응이 일어날 수 없다. 기능기에서 효소와 기질이 서로 붙어 복합체를 형성해야하기 때문이다. 2. 효소가 선호하는 환경조건을 알 수 있으면 연구(의학 연구를 포함)뿐 아니라 상업적인 응용도 촉진시킬 수 있다. 3. 효소를 억제하는 것이 세포가 필요로 하는 만큼만 반응산물을 만들도록 조절하는 좋은 방법이다. 불행하게도 사고나 테러리스트들이 살포한 독성물질에 의해 효소 활성이 억제되면 사망을 초래하게 된다.

### 분석과 평가

**145쪽:** 1. 효소는 반응물들을 활성부위에 서로 가깝게 위치시킴으로써 활성화에너지를 낮추어준다. 이것은 효소의 특수한 구조와 형태로 인해 가능한 것이다. 효소의 모양은 반응물(들)의 형태(들)와 상보적이라서 이들이 상호 화학적으로 반응하는 것을 도와준다. 2. 폴리펩티드의 합성 반응은 아미노산들과, 효소들, 그리고 적절한 핵산들이 없으면 일어나지 않는다. 반응 환경의 pH와 온도 역시 적절해야만 한다. 에너지 흡수 반응이 일어나기 위해 요구되는 화학에너지 제공자로서 ATP가 반드시 있어야 한다. 3. 세포인식 당단백질, 수용체 단백질, 원형질막에서 발견되는 결합단백질들은 모두 세포간 연락에 필요하다.

### 자기 테스트

1. c; 2. b; 3. b; 4. b; 5. c; 6. d; 7. c; 8. 삼투압으로 인해 용질은 혈액의 혈장 부분을 유지시켜준다. 그럼으로써 혈액이 혈관 속에서 흐를 수 있게 해준다. 9. a,b,c; 10. b,c,d; 11. d; 12. b,d; 13. d; 14. e; 15. c; 16. a; 17. c; 18. d; 19. a; 20. 찬장에 많은 음식물들이 저장되어 들어 있다; 글리코겐은 간과 근육에 저장된 에너지이다. 음식물은 당신이 다시 식사를 할 때까지 필요한 만큼의 에너지만 제공한다; ATP는 반응에 꼭 필요한 만큼의 에너지이다. 21. a; 22. e; 23. c; 24. b

### 참여하기

1. 에너지는 새로 창조되지 않는다. 때문에 생태계는 에너지의 근원을 필요로 한다. 생태계는 지속적인 에너지 공급을 필요로 한다. 왜냐하면 에너지가 변환될 때마다 열이 방출되기 때문이다. 흡수된 모든 에너지는 궁극적으로 열로 방출되어 생태계 속으로 사라지게 된다. 2. 당신은 효소와 기질의 적절한 농도 비율, 유리시험관의 종류, 반응시간, 온도와 pH의 조절 방법, 반응산물의 검증 방법 등을 결정해야 한다.

## 제6장

### 진도체크

**6.1** 1. $NAD^+$와 FAD는 포도당이 깨지면서 만들어지는 산물들로부터 수소원자를 떼어내고, 전자를 전자전달계로 운반한다. 2. 준비반응과 크렙스회로에서 이산화탄소가 방출된다. **6.2** 1. 해당과정에서 산화가 일어나면서 2분자의 $NAD^+$가 NADH로 된다; 2분자의 ATP가 반응을 일으키기 위해 소모되고, 4분자의 ATP가 기질차원합성반응으로 만들어진다. 따라서 순 생산량은 2분자의 ATP이다. 2. 기질에는 ATP를 만들어내기 위해 ADP로 전달되는 고에너지의 인산결합이 반드시 있어야 한다. **6.3** 1. 피르브산은 수소 원자가 제거되면서 산화되고, 이때 $CO_2$ 분자가 방출된다. 포도당 한 분자당 반

응이 두 번 일어나기 때문에 포도당 한 분자에서 $CO_2$가 두 개 만들어진다. **6.4** 1. 크렙스회로에서 포도당 한 분자당 2개의 ATP와 6개의 NADH, 그리고 2개의 FAD가 만들어진다. 이것은 크렙스회로를 통해 포도당 한 분자당 24개의 ATP가 만들어진다는 의미이다. **6.5** 1. 전자전달계에서는 $H^+$를 막 사이의 공간으로 펌프질해준다. $H^+$가 농도구배를 따라서 ATP 합성효소를 통해 이동할 때 ATP가 만들어진다. **6.6** 1. 미토콘드리아 밖에서 일어나는 해당과정에서는 2개의 ATP만 만들어진다. 크렙스회로에서도 2개의 ATP가 만들어진다. 이것은 전자전달계에서 최소한 30개의 ATP가 만들어지는 것과 비교가 된다. 2. 세포질에서 일어나는 반응이 먼저 생겨났을 것이다. 왜냐하면 원시 대기에는 미토콘드리아가 사용할 수 있는 산소가 없었기 때문이다. **6.7** 1. 해당과정에서 NAD는 기질 분자를 산화시키고, 전자를 호흡연쇄반응으로 전달한다; 발효과정에서는 NAD가 산화반응을 거쳐 수소이온을 피르브산으로 전달한다. 피르브산은 $CO_2$를 방출하면서 두 분자의 젖산과 두 분자의 알코올로 분해된다. **6.8** 단백질에서 유래한 아미노산들, 다당류에서 유래한 포도당들, 지방과 기름에서 유래한 지방산들은 모두 깨어져서 acetyl CoA가 된다. Acetyl CoA는 이들의 합성을 위한 시작점이다.

### 분석과 평가

**171쪽:** 1. 진핵세포의 조상들은 비생물학적으로 생산된 유기 분자들을 발효하면서 살았을 것이다. 세포호흡은 광합성이 먼저 나타나고, 그 결과 산소가 원시대기를 채울 때까지 불가능했을 것이다. 진핵세포는 세포호흡이 가능한 원핵세포와 공생을 시작한 후에야 비로소 세포호흡을 할 수 있게 되었다. 2. 구조적으로 유사하면 종종 진화과정에서도 비슷한 것을 알 수 있다. 엽록체와 미토콘드리아는 둘 다 다양한 복합체들이 위치한 내막계를 가지고 있다. 이들의 내부는 효소의 물질대사가 이루어지는 반유동적인 구조로 되어 있다. 또한 둘 다 외막을 통해 물질 출입이 이루어진다.

### 자기 테스트

1. a; 2. c; 3. b; 4. 포도당 분해는 해당과정부터 시작된다; 산소는 전자전달계의 마지막 단계에서 물로 전환된다; 이산화탄소는 준비단계와 크렙스회로에서 만들어진다. ATP는 해당과정(2 ATP), 크렙스회로(2 ATP/2회 반응), 그리고 전자전달계(32~34 ATP)에서 만들어진다. 5. a; 6. e; 7. d; 8. b; 9. b; 10. c; 11. d; 12. d; 13. b; 14. a. 내막의 공간은 수소이온들이 ATP합성효소복합체를 통과하기 전에 모이는 장소다. b. 기질은 준비반응과 크렙스회로가 일어나는 곳이다; c. 주름 부분에 전자전달계와 ATP합성효소복합체가 위치해 있다. 15. 겨우 39%의 에너지만 ATP로 전환되고, 나머지는 열로 방출된다. 16. c; 17. d; 18. c; 19. b; 20. b; 21. c; 22. 엽록체와 미토콘드리아는 원래 독립적인 원핵세포였다. 원핵세포들은 전자전달계를 가지고 있는 공통 조상으로부터 진화하였다.

### 참여하기

1. ATP가 만들어지기 때문에 산성이다. $H^+$는 ATP합성효소복합체를 통해서 흘러야 한다. 2. 크렙스회로로 들어가는 아세틸기는 $CO_2$로 산화된다.

## 제7장

### 진도체크

**7.1** 1. 새로 만들어지는 모든 세포들은 그 개체의 완전한 DNA 복사본을 필요로 한다. 2. 세포가 분열할 준비가 되면 $G_1$, S, $G_2$(성장과 합성) 시기들이 시작된다; 세포가 분열할 때 핵 분열(체세포 분열)과 세포질 분열이 동시에 일어난다. **7.2** 1. 모세포와 딸세포는 동일한 염색체들을 가지고 있다; 길고 빨간 것 하나와 길고 파란 염색체 하나이다. 2. 딸세포 역시 길고 빨간 것 하나와 길고 파란 염색체 하나를 가지고 있다. **7.3** 1. 복제된 염색체들은 염색분체들이 서로 분리될 수 있도록 적도판에 나열된다. 2. 염색분체들이 일단 분리되면 점차 딸세포의 염색체가 된다. **7.4** 1. 세포판이 있어서 식물세포는 새로운 세포벽을 형성할 수 있다. 동물세포에는 세포벽이 없다. **7.5** 1. $G_1$ 시기에는 DNA의 손상된 부분이 없는지 점검하고, $G_2$ 시기에는 DNA가 적절하게 복제되었는지를 확인한다. 만약 필요하다면 세포사멸사(apoptosis)가 일어난다. 2. 세포사멸(apoptosis)은 보통 암세포화되고 있는 세포를 사멸시킨다. **7.6** 1. 종양은 세포주기가 고장났음을 의미한다. 종양은 분화(특수화)하지 않고, 비정상적인 핵을 가진 세포들의 집단이다.

### 자기 테스트

1. a; 2. a; 3. b; 4. d; 5. a; 6. c; 7. e; 8. c; 9. a; 10. b; 11. c; 12. a; 13. d; 14. c; 15. b; 16. c; 17. 염색체의 염색분체 또는 복제된 염색체; b. 중심립; c. 방추사 또는 성상체; d. 핵막(절편); 18. e; 19. a; 20. b; 21. b; 22. c; 23. a; 24. c; 25. b

### 참여하기

1. 간기는 세포가 더 크게 자라고 새로운 단백질과 새로운 세포소기관들을 만들어내야 하므로 가장 긴 시기이다.

## 제8장

### 진도체크

**8.1** 1. 상동염색체는 모양도 동일하고, 같은 형질에 대한 대립인자들을 갖고 있는 염색체들이다; 이 대립인자들은 서로 다를 수 있다. 각각의 복제된 상동염색체에는 염색분체들이 있다; 염색분체에는 동일한 대립인자들이 들어 있다. **8.2** 1. DNA 복제의 결과 2개의 동일한 염색분체가 만들어진다. 2. 상동염색체들은 감수분열 중에 분리된다. 3. 길고 빨간 것과 길고 파란 염색체는 상동염색체이고, 감수분열 때 서로 분리된다. 딸세포에는 동원체의 수가 절반이다. **8.3** 1 자매염색분체가 아닌 경우에는 서로 다른 대립인자를 갖고 있으며, 교차로 인해 서로를 교환할 수 있다. 어머니의 염색체(예를 들어 빨간 것) 모두가 하나의 딸세포로 갈 수도 있고, 아버지의 염색체(예를 들어 파란 것) 모두가 또 다른 딸세포로 전해질 수 있다. 즉 염색체는 서로 섞이지 않는다. **8.4** 1. 4분체가 만들어지면 교차가 가능하며, 상동염색체가 제1감수분열 동안에 분리될 수 있다. 2. 후기II은 상동염색체가 분리되는 시기로서, 양쪽 극에는 복제된 염색체들이 위치한다. **8.5** 1. 체세포분열은 복제된 염색체의 수를 유지시키지만 감수분열에서는 상동염색체가 분리되기 때문에 염색체가 수적으로 감소한다. **8.6** 1. 만약 상동염색체가 제1감수분열에서 분리하는 데 실패하

면, 염색분체들은 동일한 딸세포로 들어가 버린다. 따라서 난자는 하나 이상 더 많은 염색체를 받아들이게 된다. **8.7** 1. 터너증후군이 있는 사람은 X 염색체가 하나이다. 클라인펠터증후군을 가진 사람은 Y 염색체가 하나지만 X 염색체는 여러 개이다. 다운증후군 환자는 XX 또는 XY이다.

### 분석과 평가

**214쪽:** 1. 염색체가 접합할 때 상동염색체는 서로 접근한다. 그럼으로써 유전 정보의 교환이 가능하다. 상동염색체들은 접합 시 독자적으로 움직여 배열된다. 2. 염색체 교차와 상동염색체의 독립적인 배열 이외에도 무작위적인 수정으로 인해 자손의 유전적 다양성이 증가할 가능성은 더욱 높아진다. 3. 앞서 말한 것처럼 진화는 처음부터 다시 시작하는 것이 아니고 현재 있는 것에 추가로 "더하는 것"이다. 체세포분열과 감수분열은 DNA가 복제되어 새로운 세포에 전해진다는 점에서 유사하다. 잘못 진행된 체세포분열이 최초의 감수분열이었을 가능성도 있다. 예를 들어 체세포분열이 일어나는 중 실수로 상동염색체가 쌍을 이루는 유전적 결함이 생긴다면 교차가 이들 염색체 사이에서 일어날 것이고, 우연히 그 결과가 개체에 유익한 새로운 대립인자의 조합이었을 수도 있다. 이렇게 변형된 체세포분열이 다음 세대로 이어지면서 감수분열이 자리 잡게 된 것이다.

### 자기 테스트

1. c; 2. a; 3. b; 4. 기다란 염색체끼리, 그리고 짧은 염색체끼리 서로 상동염색체 관계이다. 상동염색체는 제1감수분열 중 서로 분리된다. 딸세포 하나가 길고 빨간 염색체를 받아들인다면, 다른 딸세포는 길고 파란 염색체를 받게 된다. 짧은 염색체의 경우도 비슷하다. 5. e; 6. 상동염색체는 동일한 형질에 대한 동일한 종류의 유전자를 가지고 있지만, 이들 유전자의 세부 구조는 약간씩 다르다. 상동염색체가 유사한 정도가 아니라 완전히 같은 유전자를 가지고 있다면 교차가 아무리 일어나도 유전적 다양성이 확보될 수 없다. 7. c; 8. b; 9. d; 10; d; 11. a; 12. e; 13. c; 14. a; 15. b; 16. d; 17. b; 18. c; 19. a; 20. a; 21. a. 2n b. 체세포분열 c. 2n d. 2n e. 체세포분열 f. 2n g. 수정 h. n I. n j. 감수분열 d; 22 d; 23. d; 24. d

### 참여하기

1. 난자가 이 염색체를 가지고 있지 않은 대신, 정자가 이 염색체를 2개 가지고 있음이 분명하기 때문에 양쪽 부모 모두이다. 2. 이론적으로는 가능하지만, 이런 개체를 만들 수 있는 완전히 동일한 유전자 정보를 가진 두 개의 생식세포를 발견하기 어렵기 때문에 실제로는 불가능하다.

## 제9장

### 진도체크

**9.1** 1. 혼합모델에 따르면 모든 자손들은 중간 키가 되어야 한다. 입자모델에 따르면 자손들은 크거나 작아야 하며, 중간 키가 나올 수 없다. **9.2** (1) a. *RR* b. *Rr* (2) a. 모두 *W*; b. 1/2 *R*, 1/2 *r*; c. 1/2 *T*, 1/2 *t*; d. 모두 *T*; (3) *bb* (4) 검정 토끼 3마리: 흰토끼 1마리; 120마리 중 30마리가 흰색이다. **9.3** 1. 모든 자손은 둥근 씨, 그리고 보라색 꽃을 피운다. 2. *WS*, *Ws*, *wS*, *ws* **9.4** (1) 긴 날개와 회색 몸통 1, 길고 검정 1, 짧은 회색 1, 짧은 검정 1; (2) *Tt x tt*, *tt* (3) 75%; (4) 9:3:3:1, 1/16. **9.5** 1. 비공식적인 자료에 의하면, III번 열에 대해 사육자들이 미처 몰랐던 사실은 모두가 사촌 간으로서, 고관절형성이상에 관한 열성 대립인자를 가지고 있다는 사실이다. **9.6** (1) 각 부모는 이형접합성이다. (2) 25% **9.7** (1) 자손의 잠재적 표현형은 1/4 정상, 1/2 심장질환(성인초기), 1/4 심장질환(소아기)이다. (2) 소아: *ii*, 어머니: $I^Ai$, 아버지: $I^Ai$, *ii*, $I^B$; **9.8** (1) 낭포성섬유증은 신체 전반에 걸쳐 염소 채널이 제대로 기능하지 못하는 질환이다. 피부, 폐 췌장 등 여러 장기에서 문제가 발생한다. (2) 224쪽의 그림 9.8C를 보라. (3) 내성이란 염색체 X와 2, 3번에 대립인자들이 위치한 다인성 형질이다. (4) 음식은 환경적 영향을 받는다. **9.9** $X^rY$; $X^rX^r$ **9.10** (1) 어머니 $X^BX^b$, 아버지 $X^bY$, 딸 $X^bX^b$; (2) $X^RX^r$, $X^RY$; (3) (b); 1:1

### 분석과 평가

**249쪽:** 1. 동전을 여러 번 던지면 앞면과 뒷면이 나올 확률이 각각 50%에 가까워지듯이, 이형접합 부모에서 나온 $F_2$ 식물은 궁극적으로 3:1 비율에 육박할 것이다. 왜냐하면 식물들이 수정될 때 특정한 생식세포끼리 만날 확률은 무작위적이기 때문이다. 2. 감수분열로 멘델의 법칙이 설명될 수 있다. 상동염색체 쌍이 제1감수분열 때 분리되는 것은 멘델이 주장한 분리의 법칙과 부합된다. 상동염색체 쌍이 제1감수분열의 중기 때 적도판에 쌍으로 배열되는 것은 독립의 법칙과 부합된다. 3. 멘델의 유전은 궁극적으로 유전자 기능에 대한 이해를 높여준다. 멘델의 법칙은 사람에게도 적용이 가능하기 때문에 우리로 하여금 상염색체 열성 유전질환과 우성유전질환 등이 어떤 패턴으로 유전되는지를 이해할 수 있게 해준다. 오늘날 우리는 수많은 질환들에 대해 혹시 그 부모가 보인자인지를 조사하고, 멘델의 법칙에 따라 특정한 질환을 다음 세대로 전달할 가능성이 있는지 여부에 대해 상담 지도도 할 수 있다.

### 자기 테스트

1. c; 2. 혼합모델에 의하면 변이가 나타날 수 없는 반면, 멘델의 실험 결과를 보면 자손들에게 다양한 변이들이 나타난다. 진화가 일어나려면 변이가 있어야한다. 3. d; 4. c; 5. d; 6. a; 7. a; 8. b; 9. 염색체(그리고 염색분체)에는 일련의 대립인자들이 들어 있다; 10. a; 11. b; 12. c; 13. c; 14. b; 15. 잘못된 대립인자가 없는 난자만을 수정시키는 난자 검사. 16. e; 17. b; 18. a; 19. c; 20. e; 21. a; 22. d; 23. a; 24. $X^AX^a$

### 참여하기

1. 어떤 특성이 결핍된 파리와 그것을 교배시켜라. 대부분의 경우 파리는 이형접합이며, 단지 하나의 상염색체 돌연변이만 일어날 수 있다. 그런 까닭에 교배는 *Aa* × *aa*일 것이며, 그 결과는 1:1이다. 만일 그 특성이 수놈에게서 사라졌다면 다시 나타나는지를 보기 위해 $F_1$ 파리를 교배시켜라; 어쩌면 X-연관일 수도 있다. 2. 특별한 잎 패턴을 가진 식물에게 아예 비료를 주지 않거나 혹은 지나칠 정도까지 단계별로 제공하고 결과를 관찰하라. 물을 비롯한 그 외의 다른 조건들은 동일하게 유지시킨다.

## 제10장

### 진도체크

**10.1** 1. DNA는 디옥시리보오스와 염기 T로 되어 있다. RNA는 리보오스로 되어 있고, T 대신 염기 U를 가지고 있다. 2. 뉴클레오티드 염기의 특별한 서열. **10.2** 1. 모든 생물체의 DNA는 이중나선 구조를 하고 있다. **10.3** 1. 주형과 새로 만들어진 줄 사이의 상보적 염기 결합 2. 각각의 세포는 그 개체 DNA의 정확한 복사본을 가지고 있다. 그리고 이에 따라 자기 단백질을 만들어낸다. **10.4** 1. 유전암호는 "3개 염기의 조합"이다. mRNA의 3염기조합을 코돈(유전암호)이라고 부른다. 코돈에 따라 아미노산이 결정된다. 2. 전사(mRNA의 생산)는 유전자 발현의 첫 단계이다. 3. 인트론들이 잘려나가는 방식에 따라 유전자 발현에 변화가 오고, 어떤 단백질이 특별하게 만들어질지가 결정된다. **10.5** 1. 프롤린, 티로신, 아르기닌; **10.6** 1. 연장이 일어나는 동안 tRNA는 코돈 순서에 맞추어 아미노산을 운반한다. **10.7** 1. 세포는 리보솜(rRNA)에서 전사(DNA 주형에 맞추어 mRNA가 만들어지는 과정)와 번역(tRNA가 mRNA의 코돈과 결합하는 과정)을 통해 단백질을 합성한다. 2. 단백질은 소낭에 의해 골지체로 운반된다. **10.8** 1. 세포는 ATT가 정지코돈에 해당하기 때문에 단백질을 만들지 못할 것이다. 2. 잠재성돌연변이는 아미노산 서열에 변화가 없는 경우이다. 틀이동돌연변이는 염기서열이 완전히 틀어져 달라져 있다. **10.9.** 1. 복제가 되면 두 개의 복사본이 생기고, 여기에 다른 부모가 3번째 염색체를 제공한다. 2. 만일 짧은 염색체의 전위가 일어나면, 염색분체의 $q$ 또는 $r$ 부분에서 결실이 나타날 것이다.

### 분석과 평가

**279쪽:** 1. 유전물질의 기준: (1) 종간의 차이를 충분히 나타낼 수 있는 다양성. DNA는 다양성을 나타낸다. DNA 염기쌍의 차이는 단백질의 차이를 나타나기 때문에 종간의 다양성 역시 보장된다. (2) 복제가 가능해야 한다. DNA는 반보존모델을 통해 복제될 수 있다. (3) 돌연변이가 일어날 수 있어야 한다. DNA의 돌연변이는 개체 변화를 야기시킨다. DNA는 복제 과정에서 방사선 같은 외부 요인이나 트랜스포존처럼 이동해 다니는 인자들에 의해 돌연변이 된다. 그 결과 유전자 발현이 바뀌게 되고, 개체에까지 영향을 주어 변화하게 만든다. 2. 이것은 어떤 세포의 세포주기 중 다른 시기마다 단백질을 만드는 유전자가 활성화되거나 비활성화된다는 것을 의미한다. 3. 미래의 신약은 초기 단백질 합성과정에 영향을 미칠 것이다. 즉 mRNA가 리보솜에 도착하기도 전에 변이를 일으켜서 그에 해당하는 단백질이 바뀌거나 만들어지지 못하게 만들 것이다.

### 자기 테스트

1. c; 2. e; 3. b; 4. a; 5. d; 6. c; 7. b; 8. DNA와 유사한 물질은 새로운 DNA의 합성을 억제한다. 새로 바이러스가 만들어지려면 새 DNA가 합성되어야 한다. 9. d; 10. b; 11. c; 12. a; 13. c; 14. b; 15. d; 16. d; 17. c; 18. b; 19. a. 폴리펩티드 b. 아미노산 c. tRNA d. 안티코돈 e. 코돈 f. 리보솜 20. c; 21. a. ACU CCU GAA UGC AAA; b. UGA GGA CUU ACG UUU; c. 트레오닌–프롤린–글루탐산–시스테인–리신; 22. 염기서열에 들어 있는 유전정보; 23. b; 24. b; 25. c; 26. d; 27. d; 28. a; 29. c; 30. 돌연변이가 없다면 새로운 환경에의 적응이 불가능하고 따라서 새로운 생명 형태가 나타날 수 없다.

### 참여하기

1. 신경섬유종 유전자 내에 트랜스포존 유전자가 존재하는지를 결정하라. 2. 분리한 유전자를 애기장대풀 세포에 넣고 유전자 재조합된 성체 식물에서 돌연변이 여부를 확인하라.

## 제11상

### 진도체크

**11.1** 젖당은 활성화된 억제인자와 결합하고, 이 복합체는 억제인자를 비활성화 시킨다. **11.2** 전사인자는 RNA 중합효소가 프로모터와 결합하는 것을 도와주는 단백질들이다. 전사활성인자인 촉진자(enhancer)는 DNA에 결합하여 전사를 촉진시켜주는 인자이다. **11.3** 진정염색질은 DNA가 다소 풀린 상태를 말하는데 전사가 가능한 상태이다. **11.4** 마스터 인자는 발생 유전자들의 발현 단계에서 초기에 작용하여 순차적으로 다른 유전자들의 발현을 조절하는 인자이다. 그럼으로써 유전자 발현의 전체적인 효과를 극대화시킨다. **11.5** 만약 이어맞추기가 일어나지 않는다면 mRNA에 인트론과 엑손이 그대로 들어 있어 전구체와 아무런 차이를 보이지 않을 것이다. **11.6** miRNA는 mRNA의 번역 과정을 억제하는 반면, siRNA는 mRNA를 아예 저해시켜 번역이 일어날 수 없게 만든다. **11.7** 번역 조절은 단백질이 어느 정도로 만들어지는지 양적인 면을 결정한다. 예를 들어 miRNA가 여전히 mRNA에 달라붙어 있다면 번역이 일어날 수 없다. 번역 후 조절은 단백질이 세포 내에서 얼마나 오랫동안 그 기능을 발휘할지를 조절한다. 예를 들어 적절하게 표지된 단백질은 단백질분해효소복합체에 의해 분해되어 수명을 다하게 된다. **11.8** 암유발유전자의 전구체에서 돌연변이가 일어나면 세포주기가 지나치게 촉진된다. 암억제유전자에서 돌연변이가 일어나면 심지어 세포가 비정상적일지라도 세포주기가 억제되지 않는다.

### 분석과 평가

**305쪽:** 1. 원숭이와 사람의 해부학적 차이는 아마도 유전자 조절의 차이로 인해 야기되었을 것이다. 예를 들어 뇌 발달과 유아의 생존력에서 나타나는 차이는 발생 중 특별한 단백질의 활성 차이 때문일 수 있다. 2. 조절에 대한 지식은 특별한 질환이 언제 시작될지, 그리고 앞으로 어떻게 진행될지에 대한 이해를 도와준다. 특별히 그 질환이 단백질 생산에 영향을 주는 돌연변이로 인한 것이라면 더욱 유용하다. 단백질 합성을 어떻게 켜고 끄는지 이해할 수 있다면 우리는 인위적으로 해로운 단백질을 만드는 스위치를 꺼버릴 방법을 강구할 수 있을 것이다. 3. 강의실에 교수가 필요한 것처럼, 유전자 조절은 세포가 필요로 하는 문제이다. 학생들(세포들)은 무슨 일을 해야 할지(언제 단백질 합성이 일어나야 하는지)에 대해 정확한 정보를 필요로 한다. 그렇지 않으면 재앙(질병)이 일어나고 말 것이다.

### 자기 테스트

1. a. DNA; b. 조절유전자; c. 프로모터; d. 작동자(오퍼레이터); e. 활성억제인자; 2. b; 3. b; 4. b; 5. d; 6. b; 7. 원핵세포와 진핵세포 모두에서 DNA–결합단백질이 발견된다.

원핵세포에서는 이들이 유전자를 끄며, 진핵세포에서는 켜준다. 진핵세포에는 원핵세포보다 더 많은 조절 단계들이 있다. RNA가 전사후 조절에 관여한다. 8. b; 9. b; 10. b; 11. 작은 RNA들은 어떤 단백질이 만들어질지, 그리고/또한 어느 정도까지 그 단백질이 활성화될지를 조절하여 그 결과 개체의 모습이 어떻게 될지를 조절한다. 12. c; 13. e; 14. 전사인자와 작은 RNA들은 번역에 필요한 mRNA가 세포질로 나올 수 있을지 여부를 결정한다. 15. e; 16. d; 17. a; 18. c; 19. b; 20. 장점은 조절을 보다 정확하게 할 수 있다는 것이고, 단점은 조절 기회를 놓칠 가능성이 더 높다는 것이다; 21. b; 22. a,c; 23. a,d; 24. a,d; 25. c,d,a,b

### 참여하기

1. 호메오박스 유전자들이 여러 발생 단계들을 어떻게 조화를 이루며 조절하는지 설명하라 2. 배양액에 오염물질을 집어넣고 정상세포를 배양하면서 그 결과를 관찰하라. 오염물질을 넣지 않고 같은 방법으로 동일한 세포를 배양하면서 결과를 관찰하라.

## 제12장

### 진도체크

**12.1** 핵은 성체로부터, 그리고 세포질은 신선한 난자로부터 제공받았다. **12.2** 사람의 DNA와 플라스미드를 동일한 제한효소로 절단하면 동일한 염기서열의 절단 부위가 만들어진다. 동일한 효소로 절단된 사람의 DNA와 플라스미드는 서로 연결될 수 있다. **12.3** DNA재조합기술로 여러 가지 유전자들을 클로닝할 수 있는 반면, PCR은 DNA 상의 특정한 염기서열만을 선택적으로 클로닝하는 데 사용된다. PCR 기술을 응용하면 바이러스의 감염을 확인할 수 있고, DNA 지문 인식에도 유용하다. 또한 진화적 관계를 밝히는 데에도 사용될 수 있다. **12.4** 유전자변형 세균은 (1) 질병으로 고통받는 사람들을 치료할 수 있는 의료적 방법을 제공하고, (2) 감염성 질환으로 고통받는 사람들을 보호하며, (3) 의복을 세척하는 데 필요한 효소를 생산하고, (4) 유출된 기름이나 그 외 환경 오염물질을 청소하기 위한 효소를 생산하는 데 사용된다. **12.5** 소의 성장호르몬 유전자를 재조합받은 동물은 훨씬 더 크게 성장할 수 있으며, 고기의 양도 늘리고, 우유 속으로 의학적 가치가 있는 물질을 분비할 수도 있다. 사람의 질병 유전자를 재조합한 생쥐는 과학자들이 이 질병에 관해 연구할 수 있는 동물모델이 된다. **12.6** SCID를 치료하기 위해 골수의 줄기세포를 먼저 분리해낸다. 이들 줄기세포를 아데노신 디아미나아제 효소 유전자가 재조합된 바이러스로 감염시킨다. 이 유전자는 환자로 하여금 백혈구를 만들게 해주는 효소이다. 그러고 나서 재조합된 줄기세포를 환자에게 되돌려 주사해준다. **12.7** PCR 실험은 열순환장치를 이용해 수행하고, DNA 염기서열은 자동화 염기서열 분석기로 확인한다. 유전암호가 들어 있지 않은 DNA 부분이 3종류 알려져 있다. 이들은 인트론, 반복염기서열, 특이염기서열들이다. **12.8** 이 중에서 반복염기서열이 게놈상에 가장 많고, 유전자들의 활성을 조절하는 기능을 한다. **12.9** 기능유전체학은 게놈상에서 일어나는 변이들(즉, 돌연변이와 SNP)이 표현형에 어떤 영향을 미치는지를 연구하는 학문이다. 비교유전체학은 사람의 게놈을 다른 생물의 게놈들과 비교하여 진화적 관계를 결정짓는 학문이다. **12.10** 1. 세포 내 단백질의 양을 늘리는 방법은 두 가지이다. (1) 조직특이적 RNA 이어맞추기에 의해 다양한 종류의 성숙한 mRNA가 만들어진다. (2) 단백질들은 골지체에서 변형되는데 이를 번역 후 변형이라고 부른다. 2. 그동안 단백질의 기능을 연구하기 위해 많은 연구가 진행되어 왔다. 지금은 과학자들이 단백질의 형태와 기능과의 관계를 연구하기 위해서 노력 중이다. X-선 결정체학과 핵자기공명이 연구과정에서 많은 데이터를 수집할 수 있도록 도와준 핵심 기술이다. **12.11** 1. 인간게놈 프로젝트에 따르면 그동안 너무나 많은 데이터가 구축되었기 때문에 최신 컴퓨터와 특수 소프트웨어 프로그램이 있어야 이들을 적절하게 보존하고 운용할 수 있다. 2. 데이터베이스는 주로 단백질의 아미노산 서열들, 그리고 기능과 구조에 대한 것들이다.

### 분석과 평가

**337쪽:** 1. 바이오테크놀로지는 게놈에 대한 정보를 기반으로 하고 있으며, 기술 발전이 인류에게 유용한 결과를 도출하기 때문에 적절하게 붙여진 용어이다. 예를 들어 DNA 재조합기술은 질병 치료를 위한 약물 개발에 적용되며, PCR 기술은 바이러스 감염 질환을 진단하는 데 사용된다. 2. 바이오테크놀로지가 만들어낸 산물에는 (1) 질병 치료를 위한 약품들; (2) 식품의 질을 향상시키거나 환경 정화를 위한 효소들; (3) 삶의 질을 높이는 상업적 제품들, 그리고 살충제를 덜 필요로 하는 작물들, 성장률이 빨라 식용 가능한 가축들이 있다. 3. 인간 게놈의 전체 염기서열을 밝힘으로써 기능유전체학과 비교유전체학, 그리고 프로테오믹스의 장이 열렸다.

### 자기 테스트

1. a; 2. a; 3. d; 4. c,a,b,d; 5. c; 6. d; 7. AATT로 시작하고, TTAA로 끝난다; 8. 클로닝 과정을 통해 사람이 필요로 하는 개체나 유전자, DNA 절편의 수를 늘릴 수 있다. 9. a; 10. e; 11. 식물과 동물은 공통조상으로부터 출발하였다. 때문에 식물에서도 사람의 유전자를 발현시킬 수 있다. 12. a; 13. c; 14. e; 15. 유전자 변형된 줄기세포는 그 변형된 형질을 무한정으로 자손들(많은 백혈구들)에게 전달해 줄 수 있다. 16. b; 17. c; 18. 각각의 유전자는 한 가지 기능만 발휘한다. 따라서 유전자 숫자가 증가하더라도 30개의 기능만이 나타나게 된다. 19. a; 20. d; 21. d; 22. c; 23. d; 24. a; 25. c

### 참여하기

1. ex vivo 방법은 체외에서 실시하는 실험이다. 때문에 체내 실험을 할 때 환자에게 있을 수 있는 잠재적 위험을 피해갈 수 있다.

# 찾아보기

## [한글]

## [영문]

### A



### B



### C



### D



### E



### F



### G



### H



### I, J



### M



### N



### O, P



### R



### S

### T



### U, V, X, Y



## [기타]

역자소개

**유 민** 계명대학교 생명과학 전공

역자와의 협의로 인지생략

# Concepts of Biology 3rd Edition
# 생명과학개론 제3판


발 행 일 2022년 1월 10일 인쇄
2022년 1월 20일 발행

저 자 Sylvia S. Mader

역 자 유 민

발 행 인 김재민

발 행 처 정문각JMK
서울특별시 마포구 백범로 104, 봉회빌딩 4층

출판등록 2011년 1월 19일 제2011-000035호

전 화 02)713-0421~3

팩 스 02)704-6265

전자우편 jmk@jmkp.co.kr

홈페이지 www.jmkp.co.kr




정 가 **32,000원**



ISBN 979-11-6260-221-8 93590